가스산업기사
실기

서상희 저

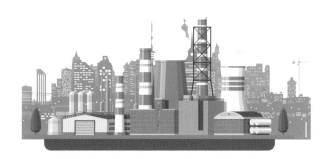

일진사

책머리에 ...

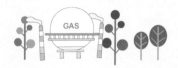

　우리나라는 첨단산업 및 중화학 공업의 발전과 더불어 가스분야 산업이 획기적으로 발전을 하고 있으며 우리의 일상생활에서 전기, 수도, 통신과 함께 가스는 없어서는 안 될 필수 불가결한 분야가 되었습니다.

　이에 따라 가스산업기사 자격증을 취득하려는 수험생이 증가하는 추세에 있고, 2014년 배관 작업형 시험이 폐지되고 필답형 시험의 비중이 높아지면서 과년도 문제의 중요성이 커지게 되었습니다.

　이에 저자는 현장 실무와 강의 경험을 토대로 가스산업기사 실기시험을 준비하는 수험생을 위한 교재를 내놓게 되었습니다.

　　이 책은 수험생이 공부하기 쉽도록 다음과 같은 부분에 중점을 두었습니다.

첫째 한국산업인력공단의 출제기준에 맞추어 필답형과 동영상 시험으로 분리하였습니다.

둘째 필답형 시험은 2002년부터 2023년까지 년도별 모의고사를 자세한 해설과 함께 수록했습니다.

셋째 동영상 시험은 대부분 반복 출제되는 경향이 크기 때문에 2010년부터 2023년까지 년도별 모의고사를 수록했습니다.

넷째 동영상 모의고사를 적게 수록하는 대신 동영상 문제를 쉽게 익히고 학습할 수 있도록 분야별로 예상문제와 함께 자세한 해설을 수록하였습니다.

다섯째 계산문제와 관련된 가스관련 공식 100선을 부록으로 수록하였습니다.

　끝으로 저자는 이 책으로 공부하는 수험생 여러분이 가스산업기사 자격증에 합격하는 영광이 있기를 기원하며, 책이 출판될 때까지 많은 도움을 주신 분들과 도서출판 **일진사** 임직원 여러분께 깊은 감사를 드립니다.

저자 씀

가스산업기사 출제기준 (실기)

직무 분야	안전관리	자격 종목	가스산업기사	적용 기간	2024. 1. 1 ~ 2027. 12. 31

- ■ 직무 내용 : 가스 및 용기 제조의 공정 관리, 가스의 사용 방법 및 취급 요령 등을 위해 예방을 위한 지도 및 감독 업무와 저장, 판매, 공급 등의 과정에서 안전관리를 위한 지도 및 감독 업무를 수행하는 직무이다.
- ■ 수행 준거 : 1. 가스 제조에 대한 전문적인 지식 및 기능을 가지고 각종 가스를 제조, 설치 및 정비작업을 할 수 있다.
  2. 가스 설비, 운전, 저장 및 공급에 대한 취급과 가스 장치의 고장 진단 및 유지 관리를 할 수 있다.
  3. 가스 기기 및 설비에 대한 검사 업무 및 가스 안전관리에 관한 업무를 수행할 수 있다.

실기 검정 방법	복합형	시험 시간	• 필답형 : 1시간 30분 • 작업형 : 1시간 30분 정도

실기 과목명	주요 항목	세부 항목	세세 항목
가스 실무	1. 가스 설비 실무	1. 가스 설비 설치하기	1. 고압가스 설비를 설계·설치 관리할 수 있다. 2. 액화석유가스 설비를 설계·설치 관리할 수 있다. 3. 도시가스 설비를 설계·설치 관리할 수 있다. 4. 수소설비를 설계·설치 관리할 수 있다.
		2. 가스 설비 유지 관리하기	1. 고압가스 설비를 안전하게 유지 관리할 수 있다. 2. 액화석유가스 설비를 안전하게 유지 관리할 수 있다. 3. 도시가스 설비를 안전하게 유지 관리할 수 있다. 4. 수소설비를 설계·설치 관리할 수 있다.
	2. 안전관리 실무	1. 가스 안전 관리하기	1. 용기, 가스 용품, 저장탱크 등 가스 설비 및 기기의 취급 운반에 대한 안전 대책을 수립할 수 있다. 2. 가스 폭발 방지를 위한 대책을 수립하고, 사고발생 시 신속히 대응할 수 있다. 3. 가스 시설의 평가, 진단 및 검사를 할 수 있다.

실기과목명	주 요 항 목	세 부 항 목	세 세 항 목
		2. 가스 안전검사 수행하기	1. 가스 관련 안전인증대상 기계·기구와 자율안전 확인 대상 기계·기구 등을 구분할 수 있다.
			2. 가스 관련 의무안전인증 대상 기계·기구와 자율안전 확인대상 기계·기구 등에 따른 위험성의 세부적인 종류, 규격, 형식의 위험성을 적용할 수 있다.
			3. 가스 관련 안전인증 대상 기계·기구와 자율안전 대상 기계·기구 등에 따른 기계·기구에 대하여 측정장비를 이용하여 정기적인 시험을 실시할 수 있도록 관리계획을 작성할 수 있다.
			4. 가스 관련 안전인증 대상 기계·기구와 자율안전 대상 기계·기구 등에 따른 기계·기구 설치방법 및 종류에 의한 장단점을 조사할 수 있다.
			5. 공정진행에 의한 가스 관련 안전인증 대상 기계·기구와 자율안전 확인 대상 기계·기구 등에 따른 기계 기구의 설치, 해체, 변경 계획을 작성할 수 있다.

실기시험 수험자 유의사항

◆ 일반사항

1 시험문제를 받은 즉시 응시하고자 하는 종목의 문제지가 맞는지 여부를 확인하여야 합니다.

2 시험문제지의 총면수, 문제번호 순서, 인쇄 상태 등을 확인하고(**확인 이후 시험문제지 교체 불가**), 수험번호 및 성명을 답안지에 기재하여야 합니다.

3 부정 또는 불공정한 방법(시험문제 내용과 관련된 메모지 사용 등)으로 시험을 치른 자는 부정행위자로 처리되어 당해 시험을 중지 또는 무효로 하고, 3년간 국가기술자격검정의 응시자격이 정지됩니다.

4 저장 용량이 큰 전자계산기 및 유사 전자제품 사용 시에는 반드시 저장된 메모리를 초기화한 후 사용하여야 하며, 시험위원이 초기화 여부를 확인할 시 협조하여야 합니다. 초기화되지 않은 전자계산기 및 유사 전자제품을 사용하여 적발 시에는 부정행위로 간주합니다.

5 시험 중에는 통신기기 및 전자기기(휴대용 전화기 및 스마트워치 등)를 지참하거나 사용할 수 없습니다.

6 문제 및 답안(지), 채점기준은 공개하지 않습니다.

7 복합형 시험의 경우 시험의 전 과정(필답형, 작업형)을 응시하지 않은 경우 채점 대상에서 제외합니다.

◆ 채점사항

1 수검자 인적사항 및 계산식을 포함한 답안작성은 **흑색 필기구만 사용해야 하며**, 그 외 연필류, 빨간색, 청색 등 필기구 및 수정테이프(액)를 사용해 작성한 답항은 0점 처리되오니 불이익을 당하지 않도록 유의해 주시기 바랍니다.

2 답란에는 문제와 관련 없는 불필요한 낙서나 특이한 기록사항 등을 기재하여서는 안 되며, 답안지의 인적사항 기재란 외의 부분에 답안과 관련 없는 **특수한 표시를 하거나 특정인임을 암시하는 경우 답안지 전체를 0점 처리합니다.**

3 계산문제는 반드시 「계산과정」과 「답」란에 기재하여야 하며, **계산과정이 틀리거나 없는 경우 0점 처리됩니다.**

4 계산문제는 최종 결과 값(답)에서 소수 셋째자리에서 반올림하여 둘째자리까지 구하여야 하나 개별문제에서 소수 처리에 대한 요구사항이 있을 경우 그 요구사항에 따라야 합니다.

5 답에 단위가 없으면 오답으로 처리됩니다. (단, 문제의 요구사항에 단위가 주어졌을 경우는 생략되어도 무방합니다.)

6 문제에서 요구한 가지 수(항 수) 이상을 답란에 표기한 경우에는 답란기재 순으로 요구한 가지 수(항수)만 채점하고 한 항에 여러 가지를 기재하더라도 한 가지로 보며 그 중 정답과 오답이 함께 기재되어 있을 경우 오답으로 처리됩니다.

7 답안 정정 시에는 정정하고자 하는 단어에 두 줄(=)을 긋고 다시 작성하시기 바랍니다.

☞ 수험자 유의사항 미준수로 인한 채점상의 불이익은 수험자 본인에게 책임이 있습니다.

차례

Part 1 가스 설비 실무 필답형 핵심 이론 정리

제1장 고압가스의 제조 ································· 10
제2장 LPG 및 도시가스 설비 ····················· 21
제3장 압축기 및 펌프 ······························· 35
제4장 가스 장치 및 설비 일반 ··················· 44
제5장 계측 기기 ······································· 59
제6장 연소 및 폭발 ··································· 64
제7장 안전관리 일반 ································· 70

Part 2 가스 설비 실무 필답형 모의고사

■ 2002년도 가스산업기사 모의고사 ············· 90
■ 2003년도 가스산업기사 모의고사 ············· 99
■ 2004년도 가스산업기사 모의고사 ············· 107
■ 2005년도 가스산업기사 모의고사 ············· 115
■ 2006년도 가스산업기사 모의고사 ············· 124
■ 2007년도 가스산업기사 모의고사 ············· 132
■ 2008년도 가스산업기사 모의고사 ············· 140
■ 2009년도 가스산업기사 모의고사 ············· 148
■ 2010년도 가스산업기사 모의고사 ············· 155
■ 2011년도 가스산업기사 모의고사 ············· 162
■ 2012년도 가스산업기사 모의고사 ············· 169
■ 2013년도 가스산업기사 모의고사 ············· 178
■ 2014년도 가스산업기사 모의고사 ············· 185
■ 2015년도 가스산업기사 모의고사 ············· 194
■ 2016년도 가스산업기사 모의고사 ············· 204
■ 2017년도 가스산업기사 모의고사 ············· 214
■ 2018년도 가스산업기사 모의고사 ············· 224
■ 2019년도 가스산업기사 모의고사 ············· 237
■ 2020년도 가스산업기사 모의고사 ············· 249
■ 2021년도 가스산업기사 모의고사 ············· 267
■ 2022년도 가스산업기사 모의고사 ············· 279
■ 2023년도 가스산업기사 모의고사 ············· 293

Part 3 안전관리 실무 동영상 예상문제

1. 충전용기 ··· 308
2. 계측기기 ··· 320
3. 초저온, 액화산소 ·· 321
4. 압축기, 펌프 ·· 322
5. 배관 부속 ·· 326
6. 가스보일러 ·· 329
7. LPG ·· 332
8. 가스 사용시설 ·· 346
9. 가스미터 ··· 348
10. 도시가스 배관 ·· 351
11. 도시가스 시설 ·· 363
12. CNG ··· 373
13. 폭발 및 방폭 ·· 375

Part 4 안전관리 실무 동영상 모의고사

■ 2010년도 가스산업기사 모의고사 ···································· 382
■ 2011년도 가스산업기사 모의고사 ···································· 391
■ 2012년도 가스산업기사 모의고사 ···································· 400
■ 2013년도 가스산업기사 모의고사 ···································· 408
■ 2014년도 가스산업기사 모의고사 ···································· 417
■ 2015년도 가스산업기사 모의고사 ···································· 426
■ 2016년도 가스산업기사 모의고사 ···································· 435
■ 2017년도 가스산업기사 모의고사 ···································· 444
■ 2018년도 가스산업기사 모의고사 ···································· 453
■ 2019년도 가스산업기사 모의고사 ···································· 462
■ 2020년도 가스산업기사 모의고사 ···································· 471
■ 2021년도 가스산업기사 모의고사 ···································· 485
■ 2022년도 가스산업기사 모의고사 ···································· 494
■ 2023년도 가스산업기사 모의고사 ···································· 505

부록
■ **단위환산 및 자주하는 질문** ··· 518
■ **가스 관련 공식 100선(選)** ··· 529

Industrial Engineer Gas

Part 1

가스 설비 실무
필답형 핵심 이론 정리

제1장   고압가스의 제조
제2장   LPG 및 도시가스 설비
제3장   압축기 및 펌프
제4장   가스 장치 및 설비 일반
제5장   계측 기기
제6장   연소 및 폭발
제7장   안전관리 일반

제 **1** 장 | 고압가스의 제조

1 열역학 기초

1-1 압력 (pressure)

(1) **표준대기압 (atmospheric)** : 0℃, 위도 45° 해수면을 기준으로 지구중력이 9.8 m/s^2 일 때 수은주 760 mmHg로 표시될 때의 압력으로 1 atm으로 표시한다.

※ 1atm = 760 mmHg = 76 cmHg = 0.76 mHg = 29.9 inHg = 760 torr
= 10332 kgf/m^2 = 1.0332 kgf/cm^2 = 10.332 mH$_2$O = 10332 mmH$_2$O
= 101325 N/m^2 = 101325 Pa = 101.325 kPa = 0.101325 MPa
= 1.01325 bar = 1013.25 mbar = 14.7 lb/in^2 = 14.7 psi

(2) **게이지압력** : 대기압을 기준으로 대기압 이상의 압력으로 압력계에 지시된 압력

(3) **진공압력** : 대기압을 기준으로 대기압 이하의 압력

(4) **절대압력** : 절대진공(완전진공)을 기준으로 그 이상 형성된 압력

※ 절대압력 = 대기압 + 게이지압력 = 대기압 - 진공압력

(5) **압력 환산**

$$환산\ 압력 = \frac{주어진\ 압력}{주어진\ 압력의\ 표준대기압} \times 구하려\ 하는\ 표준대기압$$

 참고 SI단위와 공학단위의 관계

① 1 MPa = 10.1968 kgf/cm^2 ≒ 10 kgf/cm^2
② 1 kPa = 101.968 mmH$_2$O ≒ 100 mmH$_2$O

1-2 동력

① 1 PS = 75 kgf·m/s = 632.2 kcal/h = 0.735 kW
② 1 kW = 102 kgf·m/s = 860 kcal/h = 1.36 PS = 3600 kJ/h
③ 1 HP = 76 kgf·m/s = 640.75 kcal/h

1-3 비열 및 비열비

(1) **비열** : 물질 1 kg의 온도를 1℃ 상승시키는 데 소요되는 열량으로 정압비열과 정적비열이 있다.

(2) **비열비** : 정압비열과 정적비열의 비

$$k = \frac{C_p}{C_v} > 1 \ (C_p > C_v \text{이므로 } k > 1 \text{이 되어야 한다.})$$

$$C_p - C_v = R \qquad C_p = \frac{k}{k-1} R \qquad C_v = \frac{1}{k-1} R$$

여기서, C_p : 정압비열(kJ/kg·K) $\qquad$ C_v : 정적비열(kJ/kg·K)

$\qquad$ R : 기체상수$\left(\dfrac{8.314}{M} \text{kJ} / \text{kg} \cdot \text{K} \right)$

[공학단위]

$$C_p - C_v = AR \qquad C_p = \frac{k}{k-1} AR \qquad C_v = \frac{1}{k-1} AR$$

여기서, k : 비열비

$\qquad$ C_p : 정압비열(kcal/kgf·K)
$\qquad$ C_v : 정적비열(kcal/kgf·K)

$\qquad$ A : 일의 열당량$\left(\dfrac{1}{427} \text{kcal} / \text{kgf} \cdot \text{m} \right)$

$\qquad$ R : 기체상수$\left(\dfrac{848}{M} \text{kgf} \cdot \text{m} / \text{kg} \cdot \text{K} \right)$

1-4 현열과 잠열

(1) **현열 (감열)** : 상태변화는 없이 온도변화에 총 소요된 열량

$$Q = G \cdot C \cdot \Delta t$$

여기서, Q : 현열(kcal)
$\qquad$ G : 물체의 중량(kgf)
$\qquad$ C : 비열(kcal/kgf·℃)
$\qquad$ Δt : 온도변화(℃)

(2) **잠열** : 온도변화는 없이 상태변화에 총 소요된 열량

$$Q = G \cdot \gamma$$

여기서, Q : 잠열(kcal)
$\qquad$ G : 물체의 중량(kgf)
$\qquad$ γ : 잠열량(kcal/kgf)

① 물의 증발잠열 : 539 kcal/kgf

② 얼음의 융해잠열 : 79.68 kcal/kgf

1-5 열에너지

(1) **내부에너지** : 모든 물체는 그 물체 자신이 외부와 관계없이 감열과 잠열로 열을 비축하고 있는데 이를 내부에너지라 한다.

(2) **엔탈피** : 어떤 물체가 갖는 단위중량당 열량으로 내부에너지와 외부에너지의 합이다.

$$h = U + A \cdot P \cdot v$$

여기서, h : 엔탈피(kcal/kgf) 　　　　　　 U : 내부에너지(kcal/kgf)

A : 일의 열당량$\left(\dfrac{1}{427}\,\text{kcal/kgf} \cdot \text{m}\right)$ 　 P : 압력(kgf/m²)

v : 비체적(m³/kgf)

[SI 단위]

$$h = U + P \cdot v$$

여기서, h : 엔탈피(kJ/kg) 　　　　　　 U : 내부에너지(kJ/kg)

P : 압력(kPa) 　　　　　　 v : 비체적(m³/kg)

1-6 열역학 법칙

(1) **열역학 제0법칙** : 열평형의 법칙

$$t_m = \frac{G_1 \cdot C_1 \cdot t_1 + G_2 \cdot C_2 \cdot t_2}{G_1 \cdot C_1 + G_2 \cdot C_2}$$

여기서, t_m : 평균온도(℃) 　　　　　　 G_1, G_2 : 각 물질의 중량(kgf)

C_1, C_2 : 각 물질의 비열(kcal/kgf · ℃) 　 t_1, t_2 : 각 물질의 온도(℃)

(2) **열역학 제1법칙** : 에너지보존의 법칙

$$Q = A \cdot W \qquad W = J \cdot Q$$

여기서, Q : 열량(kcal)

W : 일량(kgf · m)

A : 일의 열당량$\left(\dfrac{1}{427}\,\text{kcal}\,/\,\text{kgf} \cdot \text{m}\right)$

J : 열의 일당량(427 kgf · m/kcal)

[SI 단위]

$$Q = W$$

여기서, Q : 열량(kJ) 　　　　　　 W : 일량(kJ)

※ SI 단위에서는 열과 일은 같은 단위(kJ)를 사용한다.

(3) **열역학 제2법칙** : 방향성의 법칙

(4) **열역학 제3법칙** : 절대온도 0도(-273℃)를 이룰 수 없다.

1-7 비중, 밀도, 비체적

(1) 비중

① 가스 비중 $= \dfrac{\text{기체 분자량(질량)}}{\text{공기의 평균 분자량}(29)}$

② 액체 비중 $= \dfrac{t\,℃ \text{ 물질의 밀도}}{4\,℃ \text{ 물의 밀도}}$

(2) 가스 밀도(g/L, kg/m³) $= \dfrac{\text{분자량}}{22.4}$

(3) 가스 비체적(L/g, m³/kg) $= \dfrac{22.4}{\text{분자량}} = \dfrac{1}{\text{밀도}}$

1-8 가스의 기초 법칙

(1) 보일의 법칙 : 일정온도 하에서 일정량의 기체가 차지하는 부피는 압력에 반비례한다.

(2) 샤를의 법칙 : 일정압력 하에서 일정량의 기체가 차지하는 부피는 절대온도에 비례한다.

(3) 보일-샤를의 법칙 : 일정량의 기체가 차지하는 부피는 압력에 반비례하고, 절대온도에 비례한다.

$$\frac{P_1 \cdot V_1}{T_1} = \frac{P_2 \cdot V_2}{T_2}$$

여기서, P_1 : 변하기 전의 절대압력 P_2 : 변한 후의 절대압력
V_1 : 변하기 전의 부피 V_2 : 변한 후의 부피
T_1 : 변하기 전의 절대온도(K) T_2 : 변한 후의 절대온도(K)

(4) 이상기체 상태 방정식

① 이상기체의 성질

㉮ 보일-샤를의 법칙을 만족한다.

㉯ 아보가드로의 법칙에 따른다.

㉰ 내부에너지는 체적에 무관하며, 온도에 의해서만 결정된다.

㉱ 비열비는 온도에 관계없이 일정하다.

㉲ 기체의 분자력과 크기도 무시되며 분자간의 충돌은 완전 탄성체이다.

㉳ 줄의 법칙이 성립한다.

② 이상기체 상태 방정식

(가) $PV = nRT$ $\qquad$ $PV = \dfrac{W}{M}RT$ $\qquad$ $PV = Z\dfrac{W}{M}RT$

여기서, P : 압력(atm) $\qquad$ V : 체적(L)

n : 몰(mol)수 $\qquad$ R : 기체상수(0.082 L·atm/mol·K)

M : 분자량(g) $\qquad$ W : 질량(g)

T : 절대온도(K) $\qquad$ Z : 압축계수

(나) $PV = GRT$

여기서, P : 압력(kgf/m²·a) $\qquad$ V : 체적(m³)

G : 중량(kgf) $\qquad$ T : 절대온도(K)

R : 기체상수$\left(\dfrac{848}{M}\mathrm{kgf \cdot m / kg \cdot K}\right)$

(다) SI 단위

$PV = GRT$

여기서, P : 압력(kPa·a) $\qquad$ V : 체적(m³)

G : 질량(kg) $\qquad$ T : 절대온도(K)

R : 기체상수$\left(\dfrac{8.314}{M}\mathrm{kJ / kg \cdot K}\right)$

(5) 실제기체 상태 방정식(Van der Waals 식)

① 실제기체가 1mol의 경우 : $\left(P + \dfrac{a}{V^2}\right)(V - b) = RT$

② 실제기체가 $n$mol의 경우 : $\left(P + \dfrac{n^2 \cdot a}{V^2}\right) \cdot (V - n \cdot b) = nRT$

여기서, a : 기체분자 간의 인력(atm·L²/mol²)

b : 기체분자 자신이 차지하는 부피(L/mol)

1-9 혼합가스의 성질

(1) 돌턴의 분압법칙 : 혼합기체가 나타내는 전압은 각 성분기체의 분압의 총합과 같다.

(2) 아메가의 분적법칙 : 혼합가스가 나타내는 전부피는 같은 온도, 같은 압력하에 있는 각 성분기체의 부피의 합과 같다.

(3) 전압

$$P = \frac{P_1 V_1 + P_2 V_2 + P_3 V_3 + \cdots + P_n V_n}{V}$$

여기서, P : 전압

V : 전부피

$P_1,\ P_2,\ P_3,\ P_n$: 각 성분기체의 분압

$V_1,\ V_2,\ V_3,\ V_n$: 각 성분기체의 부피

(4) 분압

$$분압 = 전압 \times \frac{성분몰수}{전몰수} = 전압 \times \frac{성분부피}{전부피} = 전압 \times \frac{성분분자수}{전분자수}$$

(5) 혼합가스의 확산속도 (그레이엄의 법칙) : 일정한 온도에서 기체의 확산속도는 기체의 분자량(또는 밀도)의 평방근(제곱근)에 반비례한다.

$$\frac{U_2}{U_1} = \sqrt{\frac{M_1}{M_2}} = \frac{t_1}{t_2}$$

여기서, U_1, U_2 : 1번 및 2번 기체의 확산속도 M_1, M_2 : 1번 및 2번 기체의 분자량
t_1, t_2 : 1번 및 2번 기체의 확산시간

(6) 르샤틀리에의 법칙 (폭발한계 계산) : 폭발성 혼합가스의 폭발한계를 계산할 때 이용한다.

$$\frac{100}{L} = \frac{V_1}{L_1} + \frac{V_2}{L_2} + \frac{V_3}{L_3} + \frac{V_4}{L_4} + \cdots 에서$$

$$L = \frac{100}{\dfrac{V_1}{L_1} + \dfrac{V_2}{L_2} + \dfrac{V_3}{L_3} + \dfrac{V_4}{L_4}} 이다.$$

여기서, L : 혼합가스의 폭발한계치
V_1, V_2, V_3, V_4 : 각 성분 체적(%)
L_1, L_2, L_3, L_4 : 각 성분 단독의 폭발한계치

2 ㅇ 고압가스의 분류 및 성질

2-1 고압가스의 분류

(1) 상태에 따른 분류

① 압축가스 : 일정한 압력에 의하여 압축되어 있는 것
② 액화가스 : 가압, 냉각에 의하여 액체 상태로 되어 있는 것으로서 대기압에서 비점이 40℃ 이하 또는 상용의 온도 이하인 것
③ 용해가스 : 용제 속에 가스를 용해시켜 취급되는 것으로 아세틸렌(C_2H_2)이 해당

(2) 연소성에 의한 분류

① 가연성 가스 : 폭발한계 하한이 10 % 이하이거나 폭발한계 상한과 하한의 차가 20 % 이상의 것
② 조연성 가스 : 다른 가연성 가스의 연소를 도와주거나(촉진) 지속시켜 주는 것

③ 불연성 가스 : 가스 자신이 연소하지도 않고 다른 물질도 연소시키지 않는 것

(3) 독성에 의한 분류

① 독성 가스 : 허용농도가 100만분의 5000 이하인 가스

② 비독성 가스 : 독성 가스 이외의 독성이 없는 가스

2-2 가스의 성질

(1) 수소 (H_2)

① 무색, 무취, 무미의 가스이다.

② 고온에서 강재, 금속재료를 쉽게 투과한다.

③ 확산속도(1.8 km/s)가 대단히 크다.

④ 열전달률이 대단히 크고, 열에 대해 안정하다.

⑤ 폭발범위가 넓다 : 공기 중 폭발범위 4 ~ 75 v%, 산소 중 폭발범위 4 ~ 94 v%

⑥ 폭굉속도는 1400~3500 m/s에 달한다.

⑦ 산소와 수소의 혼합가스를 연소시키면 2000℃ 이상의 고온도를 발생시킬 수 있다.

⑧ 수소폭명기 : 공기 중 산소와 체적비 2 : 1로 반응하여 물을 생성한다.

⑨ 염소폭명기 : 수소와 염소의 혼합가스는 빛(직사광선)과 접촉하면 심하게 반응한다.

⑩ 수소취성 : 고온, 고압 하에서 강재 중의 탄소와 반응하여 탈탄작용을 일으킨다.

　※ 수소취성 방지원소 : 텅스텐(W), 바나듐(V), 몰리브덴(Mo), 티타늄(Ti), 크롬(Cr)

(2) 산소 (O_2)

① 상온, 상압에서 무색, 무취이며 물에는 약간 녹는다.

② 공기 중에 약 21 % 함유하고 있다.

③ 강력한 조연성 가스이나 그 자신은 연소하지 않는다.

④ 액화산소는 담청색을 나타낸다.

⑤ 화학적으로 활발한 원소로 모든 원소와 직접 화합하여(할로겐 원소, 백금, 금 등 제외) 산화물을 만든다.

⑥ 철, 구리, 알루미늄선 또는 분말을 반응시키면 빛을 내면서 연소한다.

⑦ 산소 + 수소 불꽃은 2000~2500℃, 산소+아세틸렌 불꽃은 3500~3800℃까지 오른다.

⑧ 산소 또는 공기 중에서 무성방전을 행하면 오존(O_3)이 된다.

⑨ 비점 −183℃, 임계압력 50.1 atm, 임계온도 −118.4℃

> **참고** ● 공기액화 분리장치의 폭발원인 및 대책
>
> | 폭발원인 | 폭발방지 대책 |
> |---|---|
> | ① 공기 취입구로부터 아세틸렌의 혼입 | ① 장치 내에 여과기를 설치한다. |
> | ② 압축기용 윤활유 분해에 따른 탄화수소의 생성 | ② 아세틸렌이 흡입되지 않는 장소에 공기 흡입구를 설치한다. |
> | ③ 공기 중 질소화합물(NO, NO_2)의 혼입 | ③ 양질의 압축기 윤활유를 사용한다. |
> | ④ 액체공기 중에 오존(O_3)의 혼입 | ④ 장치는 1년에 1회 정도 내부를 사염화탄소(CCl_4)를 사용하여 세척한다. |

(3) 일산화탄소 (CO)

① 무색, 무취의 가연성 가스이다.

② 독성이 강하고(TLV-TWA 50 ppm), 불완전연소에 의한 중독사고가 발생될 위험이 있다.

③ 철족의 금속(Fe, Co, Ni)과 반응하여 금속카르보닐을 생성한다.

④ 상온에서 염소와 반응하여 포스겐($COCl_2$)을 생성한다 (촉매 : 활성탄).

⑤ 압력 증가 시 폭발범위가 좁아지며, 공기 중 질소를 아르곤, 헬륨으로 치환하면 폭발범위는 압력과 더불어 증대된다.

(4) 이산화탄소 (CO_2)

① 건조한 공기 중에 약 0.03 % 존재한다.

② 액화가스로 취급되며, 드라이아이스(고체 탄산)를 만들 수 있다.

③ 무색, 무취, 무미의 불연성 가스이다.

④ 독성(TLV-TWA 5000 ppm)이 없으나 88 % 이상인 곳에서는 질식의 위험이 있다.

⑤ 수분이 존재하면 탄산을 생성하여 강재를 부식시킨다.

⑥ 지구온난화의 원인가스이다.

(5) 염소 (Cl_2)

① 상온에서 황록색의 심한 자극성이 있다.

② 비점(-34.05℃)이 높아 액화가 쉽고, 액화가스는 갈색이다(충전용기 도색 : 갈색).

③ 조연성, 독성(TLV-TWA 1 ppm) 가스이다.

④ 수분과 작용하면 염산(HCl)이 생성되고 철을 심하게 부식시킨다.

⑤ 수소와 접촉 시 폭발한다(염소폭명기).

⑥ 메탄과 작용하면 염소치환제를 만든다.

(6) 암모니아 (NH_3)

① 가연성 가스 (폭발범위 : $15 \sim 28\,\%$)이며, 독성 가스(TLV-TWA 25 ppm)이다.

② 물에 잘 녹는다(상온, 상압에서 물 1 cc에 대하여 800 cc가 용해).

③ 액화가 쉽고(비점 : $-33.3℃$), 증발잠열(301.8 kcal/kg)이 커서 냉동기 냉매로 사용된다.

④ 동과 접촉 시 부식의 우려가 있다(동 함유량 $62\,\%$ 미만 사용 가능).

⑤ 액체암모니아는 할로겐, 강산과 접촉하면 심하게 반응하여 폭발, 비산하는 경우가 있다.

⑥ 염소(Cl_2), 염화수소(HCl), 황화수소(H_2S)와 반응하면 백색연기가 발생한다.

⑦ 동, 동합금, 알루미늄 합금에 심한 부식성이 있으므로 장치나 계기에는 동이나 황동 등을 사용할 수 없다(동 함유량 $62\,\%$ 미만 사용 가능).

참고 ─◉ 암모니아 합성공정의 분류 : 하버 - 보시법

구 분	반응 압력	종 류
고압 합성	$600\sim1000\,kgf/cm^2$	클라우드법, 카자레법
중압 합성	$300\,kgf/cm^2$	IG법, 뉴파우더법, 뉴데법, 동공시법, JCI법, 케미크법
저압 합성	$150\,kgf/cm^2$	켈로그법, 구데법

(7) 아세틸렌 (C_2H_2)

① 무색의 기체이고 불순물로 인한 특유의 냄새가 있다.

② 폭발범위가 가연성 가스 중 가장 넓다 : 공기 중 $2.5\sim81\,\%$, 산소 중 $2.5\sim93\,\%$

③ 액체 아세틸렌은 불안정하나, 고체 아세틸렌은 비교적 안정하다.

④ 15℃에서 물 1 L에 1.1 L, 아세톤 1 L에 25 L 녹는다.

⑤ 동(Cu), 은(Ag), 수은(Hg) 등의 금속과 접촉 반응하여 폭발성 아세틸드가 생성된다.

⑥ 아세틸렌을 접촉적으로 수소화하면 에틸렌(C_2H_4), 에탄(C_2H_6)이 생성된다.

⑦ 아세틸렌의 폭발성

㉮ 산화폭발 : 공기 중 산소와 반응하여 일으키는 폭발

㉯ 분해폭발 : 가압, 충격에 의하여 탄소와 수소로 분해되면서 일으키는 폭발

㉰ 화합폭발 : 동(Cu), 은(Ag), 수은(Hg) 등과 접촉할 때 아세틸드가 생성되어 일으키는 폭발

⑧ 제조방법

㉮ 카바이드(CaC_2)를 이용한 제조 : 카바이드(CaC_2)와 물(H_2O)을 접촉시켜 제조하는 방법

$$CaC_2 + 2H_2O \rightarrow Ca(OH)_2 + C_2H_2$$

Ⓗ 탄화수소에서 제조 : 메탄, 나프타를 열분해 시 얻어진다.

⑨ 아세틸렌 충전작업

㉮ 용제 : 아세톤[$(CH_3)_2CO$], DMF(디메틸포름아미드)

㉯ 다공물질의 종류 : 규조토, 석면, 목탄, 석회, 산화철, 탄산마그네슘, 다공성 플라스틱 등

㉰ 다공도 기준 : 75~92 % 미만

⑩ 충전 작업 시 주의사항

㉮ 충전 중 압력은 2.5 MPa 이하로 할 것

㉯ 충전 후 24시간 정치할 것

㉰ 충전 후 압력은 15℃에서 1.5 MPa 이하로 할 것

㉱ 충전은 서서히 2~3회에 걸쳐 충전할 것

㉲ 충전 전 빈 용기는 음향검사를 실시할 것

㉳ 아세틸렌이 접촉하는 부분에는 동 또는 동 함유량 62 %를 초과하는 동합금 사용을 금지한다.

㉴ 충전용 지관에는 탄소 함유량 0.1 % 이하인 강을 사용한다.

(8) 메탄 (CH_4)

① 파라핀계 탄화수소의 안정된 가스이다.

② 천연가스(NG)의 주성분이다.

③ 무색, 무취, 무미의 가연성 기체이다(폭발범위 : 5~15 %).

④ 유기물의 부패나 분해 시 발생한다.

⑤ 공기 중에서 연소가 쉽고 화염은 담청색의 빛을 발한다.

⑥ 염소와 반응하면 염소화합물이 생성된다.

(9) 시안화수소 (HCN)

① 독성 가스(TLV – TWA 10 ppm)이며, 가연성 가스(6~41 %)이다.

② 액체는 무색(투명)이나 감, 복숭아 냄새가 난다.

③ 액화가 용이하다(비점 : 25.7℃).

④ 중합폭발을 일으킬 염려가 있다.

※ 안정제 사용 : 황산, 동, 동망, 염화칼슘, 인산, 오산화인, 아황산가스

⑤ 알칼리성 물질(암모니아, 소다)을 함유하면 중합이 촉진된다.

(10) 포스겐 ($COCl_2$)

① 맹독성 가스(TLV – TWA 0.1 ppm)로 자극적인 냄새(푸른 풀 냄새)가 난다.

② 사염화탄소(CCl_4)에 잘 녹는다.

③ 가수분해하여 이산화탄소와 염산이 생성된다.

④ 건조한 상태에서는 금속에 대하여 부식성이 없으나 수분이 존재하면 금속을 부식시킨다.

⑤ 건조제로 진한 황산을 사용한다.

⑥ TLV−TWA가 50 ppm 이상 존재하는 공기를 흡입하면 30분 이내에 사망한다.

(11) 산화에틸렌 (C_2H_4O)

① 무색의 가연성 가스이다(폭발범위 : 3~80 %).

② 독성 가스이며, 자극성의 냄새가 있다(TLV−TWA 50 ppm).

③ 물, 알코올, 에테르에 용해된다.

④ 산, 알칼리, 산화철, 산화알루미늄 등에 의해 중합폭발한다.

⑤ 액체 산화에틸렌은 연소하기 쉬우나 폭약과 같은 폭발은 없다.

제2장 LPG 및 도시가스 설비

1 LPG 설비

1-1 LPG(액화석유가스)

(1) LP가스의 정의 : Liquefied Petroleum Gas의 약자이다.

(2) LP가스의 조성 : 석유계 저급탄화수소의 혼합물로 탄소 수가 3개에서 5개 이하인 것으로 프로판(C_3H_8), 부탄(C_4H_{10}), 프로필렌(C_3H_6), 부틸렌(C_4H_8), 부타디엔(C_4H_6) 등이 포함되어 있다.

(3) 제조법
　① 습성천연가스 및 원유에서 회수 : 압축냉각법, 흡수유에 의한 흡수법, 활성탄에 의한 흡착법
　② 제유소 가스(원유 정제공정)에서 회수
　③ 나프타 분해 생성물에서 회수
　④ 나프타의 수소화 분해

1-2 LP가스의 특징

(1) 일반적인 특징
　① LP가스는 공기보다 무겁다.　　② 액상의 LP가스는 물보다 가볍다.
　③ 액화, 기화가 쉽다.　　　　　　④ 기화하면 체적이 커진다.
　⑤ 기화열(증발잠열)이 크다.　　　⑥ 무색, 무미, 무취하다.
　⑦ 용해성이 있다.

(2) 연소 특징
　① 타 연료와 비교하여 발열량이 크다. ② 연소 시 공기량이 많이 필요하다.
　③ 폭발범위(연소범위)가 좁다.　　　 ④ 연소속도가 느리다.
　⑤ 발화온도가 높다.

1-3 LP가스의 충전설비

(1) 차압에 의한 방법 : 펌프 등을 사용하지 않고 압력 차를 이용하는 방법(탱크로리 > 저장탱크)

(2) 액펌프에 의한 방법

① 분류 : 기상부에 균압관이 없는 경우, 기상부에 균압관이 있는 경우

② 특징

㉮ 재액화 현상이 없다.　　㉯ 드레인 현상이 없다.

㉰ 충전시간이 길다.　　㉱ 잔가스 회수가 불가능하다.

㉲ 베이퍼 로크 현상이 발생한다.

(3) 압축기에 의한 방법

① 특징

㉮ 펌프에 비해 이송시간이 짧다.

㉯ 잔가스 회수가 가능하다.

㉰ 베이퍼 로크 현상이 없다.

㉱ 부탄의 경우 재액화 현상이 일어난다.

㉲ 압축기 오일로 인한 드레인의 원인이 된다.

② 부속기기 : 액트랩(액분리기), 자동정지 장치, 사방밸브(4-way valve), 유분리기

(4) 충전(이송) 작업 중 작업을 중단해야 하는 경우

① 과충전이 되는 경우

② 충전작업 중 주변에서 화재 발생 시

③ 탱크로리와 저장탱크를 연결한 호스 등에서 누설이 되는 경우

④ 압축기 사용 시 워터해머(액 압축)가 발생하는 경우

⑤ 펌프 사용 시 액 배관 내에서 베이퍼 로크가 심한 경우

1-4 LP가스 저장설비

(1) 횡형 원통형 저장탱크에 의한 방법

① 내용적 계산식

$$V = \frac{\pi}{4} D_1^2 \cdot L_1 + \frac{\pi}{12} D_1^2 \cdot L_2 \times 2$$

② 표면적 계산식 : 경판을 평판으로 가정하여 계산

$$A = \pi \cdot D_2 \cdot L_1 + \frac{\pi}{4} D_2^2 \times 2$$

여기서, V : 저장탱크 내용적(m^3) A : 저장탱크 표면적(m^2)
    D_1 : 저장탱크 안지름(m) D_2 : 저장탱크 바깥지름(m)
    L_1 : 원통부의 길이(m) L_2 : 경판의 길이(m)

(2) 구형(球形) 저장탱크에 의한 저장

① 내용적 계산식

$$V = \frac{4}{3}\pi \cdot r^3 = \frac{\pi}{6}D^3$$

여기서, V : 구형 저장탱크의 내용적(m^3) r : 구형 저장탱크의 반지름(m)
    D : 구형 저장탱크의 안지름(m)

② 특징
 ㉮ 표면적이 작고, 강도가 높다
 ㉯ 기초가 간단하여 건설비가 적게 소요된다.
 ㉰ 외관 모양이 안정적이다.

1-5 LP가스 공급설비

(1) 기화방식 분류

① 자연 기화방식
 ㉮ 부하 변동이 비교적 적을 경우
 ㉯ 연간 온도 차이가 크지 않을 경우
 ㉰ 용기 설치 장소를 용이하게 확보할 수 있을 경우

② 강제 기화방식
 ㉮ 선정 목적(이유)
  ㉠ 부하 변동이 비교적 심한 경우
  ㉡ 한랭지에서 사용하는 경우
  ㉢ 용기 설치 장소를 확보하지 못하는 경우
 ㉯ 공급방법 : 생가스 공급방식, 공기혼합가스 공급방식, 변성가스 공급방식

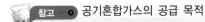
참고 ● **공기혼합가스의 공급 목적**

① 발열량 조절   ② 연소효율 증대
③ 누설 시 손실 감소 ④ 재액화 방지

(2) 기화기(vaporizer)

① 기능 : 액상의 LP가스를 열교환기에서 열매체와 열교환하여 가스화 시키는 장치이다.

② 구성 3요소 : 기화부, 제어부, 조압부

③ 기화기 사용 시 장점

   ㈎ 한랭시에도 연속적으로 가스 공급이 가능하다.

   ㈏ 공급가스의 조성이 일정하다.   ㈐ 설치 면적이 작아진다.

   ㈑ 기화량을 가감할 수 있다.   ㈒ 설비비, 인건비가 절약된다.

(3) 집합공급설비 용기 수 계산

① 피크 시 평균 가스소비량(kg/h)

   =1일 1호당 평균 가스소비량(kg/day)×세대 수×피크 시의 평균 가스 소비율

② 필요 최저 용기 수

$$= \frac{\text{피크 시 평균 가스소비량(kg/h)}}{\text{피크 시 용기 가스발생능력(kg/h)}}$$

③ 2일분 용기 수

$$= \frac{\text{1일 1호당 평균 가스소비량(kg/day)}\times 2\text{일}\times\text{세대 수}}{\text{용기의 질량(크기)}}$$

④ 표준 용기 설치 수=필요 최저 용기 수+2일분 용기 수

⑤ 2열 합계 용기 수=표준용기 수×2

(4) 영업장의 용기 수 계산 : 발생되는 소수는 무조건 용기 1개로 계산

$$\text{용기 수}= \frac{\text{최대소비수량(kg/h)}}{\text{표준가스 발생능력(kg/h)}}$$

(5) 용기 교환주기 계산 : 발생되는 소수는 무조건 버린다.

$$\text{용기 교환주기}= \frac{\text{가스 총량}}{\text{1일 가스소비량}}$$

1-6 LP가스 사용설비

(1) 충전용기

① 탄소강으로 제작하며 용접용기이다.

② 용기 재질은 사용 중 견딜 수 있는 연성, 전성, 강도가 있어야 한다.

③ 내식성, 내마모성이 있어야 한다.

④ 안전밸브는 스프링식을 부착한다.

(2) 조정기(調整器 : Regulator)

① 기능 : 유출압력 조절로 안정된 연소를 도모하고, 소비가 중단되면 가스를 차단한다.

② 조정기의 분류

　(개) 1단 감압식 조정기 : 저압 조정기와 준저압 조정기로 구분

　(내) 2단 감압식 조정기 : 1차 조정기와 2차 조정기를 사용하여 가스를 공급한다.

　(대) 자동교체식 조정기 : 분리형과 일체형으로 구분

　(래) 자동교체식 일체형 준저압 조정기 및 그 밖의 압력 조정기

(3) 가스 미터(gas meter)의 종류 및 특징

구분	막식(diaphragm type) 가스 미터	습식 가스 미터	Roots형 가스 미터
장점	① 가격이 저렴하다. ② 유지관리에 시간을 요하지 않는다.	① 계량이 정확하다. ② 사용 중에 오차의 변동이 적다.	① 대유량의 가스 측정에 적합하다. ② 중압가스의 계량이 가능하다. ③ 설치면적이 작다.
단점	① 대용량의 것은 설치면적이 크다.	① 사용 중에 수위조정 등의 관리가 필요하다. ② 설치면적이 크다.	① 여과기의 설치 및 설치 후의 유지관리가 필요하다. ② 적은 유량($0.5\,\mathrm{m^3/h}$)의 것은 부동(不動)의 우려가 있다.
용도	일반 수용가	기준용, 실험실용	대량 수용가
용량 범위	$1.5{\sim}200\,\mathrm{m^3/h}$	$0.2{\sim}3000\,\mathrm{m^3/h}$	$100{\sim}5000\,\mathrm{m^3/h}$

1-7 배관설비

(1) 배관 내의 압력손실

① 마찰저항에 의한 압력손실

　(개) 유속의 2승에 비례한다(유속이 2배이면 압력손실은 4배이다).

　(내) 관의 길이에 비례한다(길이가 2배이면 압력손실은 2배이다).

　(대) 관 안지름의 5승에 반비례한다(관 안지름이 1/2로 작아지면 압력손실은 32배이다).

　(래) 관 내벽의 상태와 관련 있다(내면에 요철부가 있으면 압력손실이 커진다).

　(마) 유체의 점도와 관련 있다(유체의 점성이 크면 압력손실이 커진다).

　(바) 압력과는 관계가 없다.

② 입상배관에 의한 압력손실

$$H = 1.293(S-1)h$$

여기서, H : 입상배관에 의한 압력손실(mmH$_2$O)

　　　S : 가스의 비중
　　　h : 입상높이(m)

※ 가스 비중이 공기보다 작은 경우 "−"값이 나오면 압력이 상승되는 것이다.

(2) 배관 지름의 결정

① 저압 배관의 유량 결정

$$Q = K\sqrt{\frac{D^5 \cdot H}{S \cdot L}} \qquad D = \sqrt[5]{\frac{Q^2 \cdot S \cdot L}{K^2 \cdot H}} \qquad H = \frac{Q^2 \cdot S \cdot L}{K^2 \cdot D^5}$$

여기서, Q : 가스의 유량(m^3/h) D : 관 안지름(cm)
         H : 압력손실(mmH_2O) S : 가스의 비중
         L : 관의 길이(m) K : 유량계수(폴의 상수 : 0.707)

② 중·고압배관의 유량 결정

$$Q = K\sqrt{\frac{D^5 \cdot (P_1^2 - P_2^2)}{S \cdot L}} \qquad D = \sqrt[5]{\frac{Q^2 \cdot S \cdot L}{K^2 \cdot (P_1^2 - P_2^2)}}$$

여기서, Q : 가스의 유량(m^3/h) D : 관 안지름(cm)
         P_1 : 초압($kgf/cm^2 \cdot a$) P_2 : 종압($kgf/cm^2 \cdot a$)
         S : 가스의 비중 L : 관의 길이(m)
         K : 유량계수(코크스의 상수 : 52.31)

1-8 연소기구

(1) 연소방식의 분류 및 특징

① 적화(赤化)식 : 연소에 필요한 공기를 2차 공기로 취하는 방식

  (개) 역화의 위험성이 없다.

  (내) 자동온도 조절장치 사용이 용이하다.

  (대) 가스압이 낮은 곳에서도 사용할 수 있다.

  (래) 불꽃의 온도가 낮아 국부적인 과열현상이 없다.

  (매) 버너 내압이 높으면 선화현상이 발생한다.

  (배) 고온을 얻기 어렵다.

  (사) 연소실이 작으면 불완전연소의 우려가 있다.

② 분젠식 : 가스를 노즐로부터 분출시켜 주위의 공기를 1차 공기로 흡입하는 방식

  (개) 불꽃은 내염, 외염을 형성한다.

  (내) 연소속도가 크고, 불꽃길이가 짧다.

  (대) 연소온도가 높고 연소실이 작아도 된다.

  (래) 선화현상이 일어나기 쉽다.

  (매) 소화음, 연소음이 발생한다.

  (배) 공기조절기 조정이 필요하다.

③ 세미분젠식 : 적화식과 분젠식의 혼합형(1차 공기량 40 % 미만 취함)

㈎ 역화의 위험이 적다.

㈏ 불꽃의 온도가 1000℃ 정도이다.

㈐ 고온을 요하는 곳에는 적당하지 않다.

④ 전1차 공기식 : 송풍기로 공기를 압입하여 연소용 공기를 1차 공기로 하여 연소하는 방식

㈎ 버너를 어떤 방향으로도 설치할 수 있다.

㈏ 가스가 갖는 에너지의 70 % 정도를 적외선으로 전환할 수 있다.

㈐ 고온의 노(爐) 내부에 버너를 설치할 수 없다.

㈑ 구조가 복잡하고 가격이 비싸다.

㈒ 압력조정기(governor)의 설치가 필요하다.

(2) 염공(炎孔) 및 노즐

① 염공(炎孔)이 갖추어야 할 조건

㈎ 모든 염공에 빠르게 불이 옮겨서 완전히 점화될 것

㈏ 불꽃이 염공 위에 안정하게 형성될 것

㈐ 가열 불에 대하여 배열이 적정할 것

㈑ 먼지 등이 막히지 않고 청소가 용이할 것

㈒ 버너의 용도에 따라 여러 가지 염공이 사용될 수 있을 것

※ 염공부하(kcal/mm$^2 \cdot$h) : 가스가 완전히 연소할 수 있는 염공의 단위면적에 대한 가스의 In-put이다.

② 노즐

㈎ 가스 분출량 계산

$$Q = 0.011 K \cdot D^2 \sqrt{\frac{P}{d}} = 0.009 D^2 \sqrt{\frac{P}{d}}$$

여기서, Q : 분출가스량(m³/h)　　　　K : 유출계수(0.8)

　　　　D : 노즐의 지름(mm)　　　　P : 노즐 직전의 가스압력(mmH$_2$O)

　　　　d : 가스 비중

㈏ 노즐 조정

$$\frac{D_2}{D_1} = \frac{\sqrt{WI_1 \sqrt{P_1}}}{\sqrt{WI_2 \sqrt{P_2}}}$$

여기서, D_1 : 변경 전 노즐 지름(mm)　　　D_2 : 변경 후 노즐 지름(mm)

　　　　WI_1 : 변경 전 가스의 웨버지수　　WI_2 : 변경 후 가스의 웨버지수

　　　　P_1 : 변경 전 가스의 압력(mmH$_2$O)　P_2 : 변경 후 가스의 압력(mmH$_2$O)

※ 웨버지수 $WI = \dfrac{H_g}{\sqrt{d}}$

여기서, H_g : 도시가스의 발열량(kcal/m³)　　　d : 도시가스의 비중

(3) 연소기구에서 발생하는 이상 현상

① 역화 : 연소속도가 가스 유출속도보다 클 때 불꽃이 노즐 선단에서 연소하는 현상

② 선화 : 가스의 유출속도가 연소속도보다 클 때 염공을 떠나 공간에서 연소하는 현상

역화의 원인	선화의 원인
① 염공이 크게 되었을 때 ② 노즐의 구멍이 너무 크게 된 경우 ③ 콕이 충분히 개방되지 않은 경우 ④ 가스의 공급압력이 저하되었을 때 ⑤ 버너가 과열된 경우	① 염공이 작아졌을 때 ② 공급압력이 지나치게 높을 경우 ③ 배기 또는 환기가 불충분할 때 (2차 공기량 부족) ④ 공기 조절장치를 지나치게 개방하였을 때 (1차 공기량 과다)

③ 블로오프(blowoff) : 불꽃 주변 기류에 의하여 불꽃이 염공에서 떨어져 연소하다 꺼져버리는 현상

④ 옐로 팁(yellow tip) : 불꽃의 끝이 적황색으로 되어 연소하는 현상으로 연소반응이 충분한 속도로 진행되지 않을 때, 1차 공기량이 부족하여 불완전연소가 될 때 발생한다.

⑤ 불완전연소의 원인
   ㈎ 공기 공급량 부족
   ㈏ 배기 불충분
   ㈐ 환기 불충분
   ㈑ 가스 조성의 불량
   ㈒ 연소기구의 부적합
   ㈓ 프레임의 냉각

(4) 연소기구가 갖추어야 할 조건

① 가스를 완전연소시킬 수 있을 것

② 연소열을 유효하게 이용할 수 있을 것

③ 취급이 쉽고 안전성이 높을 것

2 ○ 도시가스 설비

2-1 도시가스의 원료

(1) **천연가스(NG : Natural Gas)** : 지하에서 생산되는 탄화수소를 주성분으로 하는 가연성 가스

① 도시가스 원료 : C/H 비가 3이므로 그대로 도시가스로 공급할 수 있다.

② 정제 : 제진, 탈유, 탈탄산, 탈황, 탈습 등 전처리 공정에 해당하는 정제설비 필요

③ 공해 : 사전에 불순물이 제거된 상태이기 때문에 환경문제 영향이 적다.

④ 저장 : 천연가스는 상온에서 기체이므로 가스홀더 등에 저장하여야 한다.

(2) **액화천연가스(LNG : Liquefaction Natural Gas)** : 지하에서 생산된 천연가스를 $-161.5℃$ 까지 냉각, 액화한 것이다.

① 불순물이 제거된 청정연료로 환경문제가 없다.

② LNG 수입기지에 저온 저장설비 및 기화장치가 필요하다.

③ 불순물을 제거하기 위한 정제설비는 필요하지 않다.

④ 초저온 액체로 설비재료의 선택과 취급에 주의를 요한다.

⑤ 냉열 이용이 가능하다.

(3) **정유가스(Off gas)** : 석유정제 또는 석유화학 계열공장에서 부산물로 생산되는 가스

(4) **나프타(Naphtha : 납사)** : 원유를 상압에서 증류할 때 얻어지는 비점이 $200℃$ 이하인 유분(액체성분)으로 경질의 것을 라이트 나프타, 중질의 것을 헤비 나프타라 부른다.

(5) **LPG(액화석유가스)** : 도시가스로 공급하는 방법으로 직접 혼입방식, 공기 혼합방식, 변성 혼입방식으로 구분

> **참고** ○ LNG에서 발생되는 현상
>
> ① Roll over 현상 : LNG 저장탱크에서 상이한 액체 밀도로 인하여 층상화된 액체의 불안정한 상태가 바로 잡힐 때 생기는 LNG의 급격한 물질 혼입 현상으로 상당한 양의 증발가스(BOG)가 발생하는 현상이다. 발생 원인으로는 외부에서 열량 침투 시, 탱크 벽면을 통한 열전도 등이다.
> ② BOG(boil off gas) : LNG 저장시설에서 자연 입열에 의하여 기화된 가스로 증발가스라 한다. 처리방법에는 발전에 사용, 탱커의 기관(압축기 가동)에 사용, 대기로 방출하여 연소하는 방법이 있다.

2-2 가스의 제조

(1) 가스화 방식에 의한 분류

① 열분해 공정(thermal craking process) : 고온 하에서 탄화수소를 가열하여 수소(H_2), 메탄(CH_4), 에탄(C_2H_6), 에틸렌(C_2H_4), 프로판(C_3H_8) 등의 가스상의 탄화수소와 벤젠, 톨루엔 등의 조경유 및 타르 나프탈렌 등으로 분해하고, 고열량 가스($10000 \, kcal/Nm^3$)를 제조하는 방법이다.

② 접촉분해 공정(steam reforming process) : 촉매를 사용해서 반응온도 400~800℃에서 탄화수소와 수증기를 반응시켜 메탄(CH_4), 수소(H_2), 일산화탄소(CO), 이산화탄소(CO_2)로 변환하는 공정이다.

③ 부분연소 공정(partical combustion process) : 탄화수소의 분해에 필요한 열을 노(爐) 내에 산소 또는 공기를 흡입시킴으로써 원료의 일부를 연소시켜 연속적으로 가스를 만드는 공정이다.

④ 수첨분해 공정(hydrogenation cracking process) : 고온, 고압 하에서 탄화수소를 수소 기류 중에서 열분해 또는 접촉분해하여 메탄(CH_4)을 주성분으로 하는 고열량의 가스를 제조하는 공정이다.

⑤ 대체천연가스 공정(substitute natural process) : 수분, 산소, 수소를 원료 탄화수소와 반응시켜 수증기 개질, 부분연소, 수첨분해 등에 의해 가스화하고, 메탄합성, 탈산소 등의 공정과 병용해서 천연가스의 성상과 거의 일치하게끔 가스를 제조하는 공정으로 제조된 가스를 대체천연가스(SNG)라 한다.

(2) 원료의 송입법에 의한 분류

① 연속식 : 원료가 연속적으로 송입되며 가스의 발생도 연속으로 된다.

② 배치(batch)식 : 일정량의 원료를 가스화 실에 넣어 가스화하는 방법이다.

③ 사이클릭(cyclic)식 : 연속식과 배치식의 중간적인 방법이다.

(3) 가열방식에 의한 분류

① 외열식 : 원료가 들어 있는 용기를 외부에서 가열하는 방법이다.

② 축열식 : 반응기 내에서 연료를 연소시켜 충분히 가열한 후 원료를 송입하여 가스화하는 방법이다.

③ 부분 연소식 : 원료에 소량의 공기와 산소를 혼합하여 반응기에 넣어 원료의 일부를 연소시켜 그 열을 이용하여 원료를 가스화 열원으로 한다.

④ 자열식 : 가스화에 필요한 열을 발열반응에 의해 가스를 발생시키는 방식이다.

2-3 부취제(付臭製)

(1) 부취제의 종류

① TBM(tertiary butyl mercaptan) : 양파 썩는 냄새가 나며 내산화성이 우수하고 토양투과성이 우수하며 토양에 흡착되기 어렵다.

② THT(tetra hydro thiophen) : 석탄가스 냄새가 나며 산화, 중합이 일어나지 않는 안정된 화합물이다. 토양의 투과성이 보통이며, 토양에 흡착되기 쉽다.

③ DMS(dimethyl sulfide) : 마늘 냄새가 나며 안정된 화합물이다. 내산화성이 우수하며 토양의 투과성이 우수하고 토양에 흡착되기 어렵다.

(2) 부취제의 구비조건

① 화학적으로 안정하고 독성이 없을 것

② 보통 존재하는 냄새(생활취)와 명확하게 식별될 것

③ 극히 낮은 농도에서도 냄새가 확인될 수 있을 것

④ 가스관이나 가스 미터 등에 흡착되지 않을 것

⑤ 배관을 부식시키지 않을 것

⑥ 물에 잘 녹지 않고 토양에 대하여 투과성이 클 것

⑦ 완전연소가 가능하고 연소 후 냄새나 유해한 성질이 남지 않을 것

(3) 부취제의 주입방법

① 액체 주입식 : 부취제를 액상 그대로 가스흐름에 주입하는 방법으로 펌프 주입방식, 적하 주입방식, 미터 연결 바이패스 방식으로 분류

② 증발식 : 부취제의 증기를 가스흐름에 혼합하는 방법으로 바이패스 증발식, 위크 증발식으로 분류

(4) 냄새 측정방법

① 오더미터법(냄새측정기법) : 공기와 시험가스의 유량 조절이 가능한 장비를 이용하여 시료기체를 만들어 감지희석배수를 구하는 방법

② 주사기법 : 채취용 주사기로 채취한 일정량의 시험가스를 희석용 주사기에 옮기는 방법으로 시료기체를 만들어 감지희석배수를 구하는 방법

③ 냄새주머니법 : 일정한 양의 깨끗한 공기가 들어 있는 주머니에 시험가스를 주사기로 첨가하여 시료기체를 만들어 감지희석배수를 구하는 방법

④ 무취실법

(5) 희석배수 : 500배, 1000배, 2000배, 4000배

(6) 착취농도 : 1/1000의 농도(0.1 %)

(7) 부취제 누설 시 제거방법

① 활성탄에 의한 흡착 : 소량 누설 시 적합하다.

② 화학적 산화처리 : 대량으로 누설 시 차아염소산나트륨을 사용하여 분해 처리한다.

③ 연소법 : 부취제 용기, 배관을 기름으로 닦고 그 기름을 연소하는 방법이다.

2-4 도시가스 공급설비

(1) 공급방식의 분류

① 저압 공급방식 : 0.1 MPa 미만

② 중압 공급방식 : 0.1~1 MPa 미만

③ 고압 공급방식 : 1 MPa 이상

(2) LNG 기화장치

① 오픈랙(open rack) 기화법 : 베이스로드용으로 바닷물을 열원으로 사용하므로 초기시설비가 많으나 운전비용이 저렴하다.

② 중간매체법 : 베이스로드용으로 프로판(C_3H_8), 펜탄(C_5H_{12}) 등을 사용한다.

③ 서브머지드(submerged)법 : 피크로드용으로 액중 버너를 사용한다. 초기시설비가 적으나 운전비용이 많이 소요된다.

(3) 가스홀더(gas holder)

① 기능

㉮ 가스수요의 시간적 변동에 대하여 공급가스량을 확보한다.

㉯ 공급설비의 일시적 중단에 대하여 어느 정도 공급량을 확보한다.

㉰ 공급가스의 성분, 열량, 연소성 등의 성질을 균일화 한다.

㉱ 소비지역 근처에 설치하여 피크 시의 공급, 수송효과를 얻는다.

② 종류 : 유수식, 무수식, 구형 가스홀더

③ 가스홀더의 활동량(Nm³) 계산

$$\Delta V = V \times \frac{(P_1 - P_2)}{P_0} \times \frac{T_0}{T_1}$$

여기서, ΔV : 가스홀더의 활동량(Nm^3)

V : 가스홀더의 내용적(m^3)

P_0 : 표준대기압($1.0332\ kgf/cm^2$)

P_1 : 가스홀더의 최고사용압력($kgf/cm^2 \cdot a$)

P_2 : 가스홀더의 최저사용압력($kgf/cm^2 \cdot a$)

T_0 : 표준상태의 절대온도(273 K)

T_1 : 가동상태의 절대온도(K)

※ 가스홀더의 내용적 : $V = \dfrac{4}{3}\pi \cdot r^3 = \dfrac{\pi}{6}D^3$

④ 가스홀더의 용량 결정식

$$S \times a = \frac{t}{24} \times M + \Delta H \text{에서 1일의 최대 필요 제조능력 } M = (S \times a - \Delta H) \times \frac{24}{t}$$

가 된다.

여기서, M : 1일의 최대 필요 제조능력 　　　S : 1일의 최대 공급량
　　　　 a : 17시~22시 공급률 　　　　　　　ΔH : 가스홀더 활동량
　　　　 t : 시간당 공급량이 제조능력보다도 많은 시간(피크사용시간)

2-5 정압기(governor)

(1) 정압기의 기능(역할)

① 감압기능 : 도시가스 압력을 사용처에 맞게 낮추는 기능
② 정압기능 : 2차측의 압력을 허용범위 내의 압력으로 유지하는 기능
③ 폐쇄기능 : 가스의 흐름이 없을 때는 밸브를 완전히 폐쇄하여 압력 상승을 방지하는 기능

(2) 정압기의 특성

① 정특성 : 유량과 2차 압력의 관계
　(개) 로크업(lock up) : 유량이 0으로 되었을 때 끝맺은 압력과 기준압력(P_s)과의 차이
　(내) 오프셋(offset) : 유량이 변화했을 때 2차 압력과 기준압력(P_s)과의 차이
　(대) 시프트(shift) : 1차 압력의 변화에 의하여 정압곡선이 전체적으로 어긋나는 것
② 동특성(動特性) : 부하 변동에 대한 응답의 신속성과 안정성이 요구됨
　(개) 응답속도가 빠르면 안정성은 떨어진다.
　(내) 응답속도가 늦으면 안정성은 좋아진다.
③ 유량특성 : 메인밸브의 열림과 유량의 관계
　(개) 직선형 : 메인밸브의 개구부 모양이 장방향의 슬릿(slit)으로 되어 있으며 열림으로부터 유량을 파악하는 데 편리하다.
　(내) 2차형 : 개구부의 모양이 삼각형(V자형)의 메인밸브로 되어 있으며 천천히 유량을 증가하는 형식으로 안정적이다.
　(대) 평방근형 : 접시형의 메인밸브로 신속하게 열(開) 필요가 있을 경우에 사용하며 다른 것에 비하여 안정성이 좋지 않다.
④ 사용 최대 차압 : 메인밸브에 1차와 2차 압력이 작용하여 최대로 되었을 때 차압
⑤ 작동 최소 차압 : 정압기가 작동할 수 있는 최소 차압

2-6 웨버지수와 연소속도지수

(1) 웨버지수

$$WI = \frac{H_g}{\sqrt{d}}$$

여기서, H_g : 도시가스의 발열량(kcal/m^3)

　　　　d : 도시가스의 비중

(2) 연소속도지수

$$C_p = K\frac{1.0H_2 + 0.6(CO + C_mH_n) + 0.3CH_4}{\sqrt{d}}$$

여기서, C_p : 연소속도지수

　　　　H_2 : 가스 중의 수소함량(vol %)

　　　　CO : 가스 중의 일산화탄소 함량(vol %)

　　　　C_mH_n : 가스 중의 탄화수소의 함량(vol %)

　　　　d : 가스의 비중

　　　　K : 가스 중의 산소 함량에 따른 정수

(3) 유해성분 측정

① 측정주기 및 장소 : 매주 1회씩 가스홀더 출구에서 검사

② 유해성분의 양 : 0℃, 101325 Pa의 압력에서 건조한 도시가스 1 m^{3}당 황전 량 0.5 g 이하, 황화수소 0.02 g 이하, 암모니아 0.2 g 이하

(4) 도시가스 성분 중 일산화탄소 함유율 측정

① 도시가스(천연가스 또는 액화석유가스에 공기를 혼합한 것은 제외)의 성분 중 일산화탄소는 매주 1회씩 가스홀더의 출구(가스홀더가 없는 경우에는 정압 기의 출구)에서 KS M ISO 2718(가스 크로마토그래피에 의한 화학분석방법 표준 구성)에 따른 분석방법으로 검사하고 일산화탄소 성분검사 기록표를 작 성하여야 한다.

② 측정한 도시가스성분 중 일산화탄소의 함유율은 7부피 %를 초과하지 아니하 여야 한다.

제 3 장 : 압축기 및 펌프

1 ○ 압축기(compressor)

1-1 용적형 압축기

(1) 왕복동식 압축기

① 특징

(가) 용적형으로 고압이 쉽게 형성된다.

(나) 급유식(윤활유식) 또는 무급유식이다.

(다) 배출가스 중 오일이 혼입될 우려가 있다.

(라) 압축이 단속적이므로 맥동현상이 발생한다(소음 및 진동 발생).

(마) 형태가 크고 설치면적이 크다.

(바) 접촉부가 많아서 고장 시 수리가 어렵다.

(사) 용량조절범위가 넓고(0~100 %), 압축효율이 높다.

(아) 반드시 흡입밸브, 토출밸브가 필요하다.

② 피스톤 압출량 계산

(가) 이론적 피스톤 압출량

$$V = \frac{\pi}{4} D^2 \times L \times n \times N \times 60$$

(나) 실제적 피스톤 압출량

$$V' = \frac{\pi}{4} D^2 \times L \times n \times N \times \eta_v \times 60$$

여기서, V : 이론적인 피스톤 압출량(m^3/h)
D : 피스톤의 지름(m)
n : 기통수
η_v : 체적효율

V' : 실제적인 피스톤 압출량(m^3/h)
L : 행정거리(m)
N : 분당 회전수(rpm)

③ 압축기 효율

(가) 체적효율(η_v) : $\eta_v = \dfrac{\text{실제적 피스톤 압출량}}{\text{이론적 피스톤 압출량}} \times 100$

(나) 압축효율(η_c) : $\eta_c = \dfrac{\text{이론 동력}}{\text{실제 소요동력(지시동력)}} \times 100$

(다) 기계효율(η_m) : $\eta_m = \dfrac{\text{실제 소요동력(지시동력)}}{\text{축동력}} \times 100$

④ 용량 제어법

  (가) 연속적인 용량 제어법

    ㉮ 흡입 주 밸브를 폐쇄하는 방법

    ㉯ 타임드 밸브 제어에 의한 방법

    ㉰ 회전수를 변경하는 방법

    ㉱ 바이패스 밸브에 의해 압축가스를 흡입측에 복귀시키는 방법

  (나) 단계적인 용량 제어법

    ㉮ 클리어런스 밸브에 의한 방법

    ㉯ 흡입밸브 개방에 의한 방법

⑤ 다단 압축의 목적

  (가) 1단 단열압축과 비교한 일량의 절약

  (나) 이용효율의 증가

  (다) 힘의 평형이 양호해진다.

  (라) 온도상승을 피할 수 있다.

⑥ 압축비(a)

  (가) 1단 압축비

$$a = \frac{P_2}{P_1}$$

여기서, a : 압축비
      P_1 : 흡입 절대압력

  (나) 다단 압축비

$$a = \sqrt[n]{\frac{P_2}{P_1}}$$

n : 단수
P_2 : 최종 절대압력

⑦ 윤활유

  (가) 구비조건

    ㉮ 화학반응을 일으키지 않을 것

    ㉯ 인화점은 높고 응고점은 낮을 것

    ㉰ 점도가 적당하고 항유화성이 클 것

    ㉱ 불순물이 적을 것

    ㉲ 잔류탄소의 양이 적을 것

    ㉳ 열에 대한 안정성이 있을 것

  (나) 각종 가스 압축기의 윤활유

    ㉮ 산소압축기 : 물 또는 묽은 글리세린수(10 % 정도)

    ㉯ 공기압축기, 수소압축기, 아세틸렌 압축기 : 양질의 광유(디젤 엔진유)

    ㉰ 염소압축기 : 진한 황산

    ㉱ LP가스 압축기 : 식물성유

    ㉲ 이산화황(아황산가스) 압축기 : 화이트유, 정제된 용제 터빈유

    ㉳ 염화메탄(메틸 클로라이드) 압축기 : 화이트유

(2) 회전식 압축기

① 용적형이며, 오일 윤활방식(급유식)으로 소용량에 사용된다.

② 압축이 연속적으로 이루어져 맥동현상이 없다.

③ 왕복압축기와 비교하여 구조가 간단하며, 동작이 단순하다.

④ 고진공을 얻을 수 있다.

⑤ 직결 구동이 용이하고, 고압축비를 얻을 수 있다.

⑥ 종류 : 고정익형과 회전익형이 있다.

(3) 나사 압축기(screw compressor)

① 용적형이며 무급유식 또는 급유식이다.

② 흡입, 압축, 토출의 3행정을 가지고 있다.

③ 압축이 연속적으로 이루어져 맥동현상이 없다.

④ 용량조정이 어렵고(70~100 %), 효율이 낮다.

⑤ 소음방지 장치가 필요하다.

⑥ 토출압력 변화에 의한 용량변화가 적다.

⑦ 고속회전이므로 형태가 작고, 경량이다.

⑧ 두 개의 암(female), 수(male)의 치형을 가진 로터의 맞물림에 의해 압축한다.

1-2 터보(turbo)형 압축기

(1) 원심식 압축기

① 특징

㈎ 원심형 무급유식이다.

㈏ 연속토출로 맥동이 적다.

㈐ 고속회전이 가능하므로 모터와 직결사용이 가능하다.

㈑ 형태가 적고 경량이어서 기초면적, 설치면적이 작게 차지한다.

㈒ 용량조정범위가 좁고(70~100 %), 어렵다.

㈓ 압축비가 적고 효율이 나쁘다.

㈔ 운전 중 서징(surging) 현상에 주의하여야 한다.

㈕ 다단식은 압축비를 높일 수 있으나 설비비가 많이 소요된다.

㈖ 토출압력 변화에 의해 용량변화가 크다.

② 용량 제어법

㈎ 속도 제어에 의한 방법

㈏ 토출밸브 조정에 의한 방법

㈐ 흡입밸브 조정에 의한 방법

    (라) 바이패스에 의한 방법

  ③ 상사의 법칙

    (가) 풍량 $Q_2 = Q_1 \times \left(\dfrac{N_2}{N_1}\right) \times \left(\dfrac{D_2}{D_1}\right)^3$

    (나) 풍압 $P_2 = P_1 \times \left(\dfrac{N_2}{N_1}\right)^2 \times \left(\dfrac{D_2}{D_1}\right)^2$

    (다) 동력 $L_2 = L_1 \times \left(\dfrac{N_2}{N_1}\right)^3 \times \left(\dfrac{D_2}{D_1}\right)^5$

    여기서, Q_1, Q_2 : 변경 전, 후 풍량
             P_1, P_2 : 변경 전, 후 풍압
             L_1, L_2 : 변경 전, 후 동력
             N_1, N_2 : 변경 전, 후 임펠러 회전수
             D_1, D_2 : 변경 전, 후 임펠러 지름

  ④ 서징(surging) 현상 : 토출측 저항이 커지면 유량이 감소하고 맥동과 진동이 발생하며 불안전운전이 되는 현상으로 방지법은 다음과 같다.

    (가) 우상(右上)이 없는 특성으로 하는 방법

    (나) 방출밸브에 의한 방법

    (다) 베인 컨트롤에 의한 방법

    (라) 회전수를 변화시키는 방법

    (마) 교축밸브를 기계에 가까이 설치하는 방법

(2) 축류 압축기

  ① 특징

    (가) 동익식인 경우 날개의 각도 조절에 의하여 축동력을 일정하게 한다.

    (나) 효율이 좋지 않다.

    (다) 압축비가 작아서 공기조화설비에 사용된다.

  ② 베인의 배열

    (가) 후치 정익형 : 반동도 80~100 %

    (나) 전치 정익형 : 반동도 100~120 %

    (다) 전후치 정익형 : 반동도 40~60 %

2 ○ 펌프(pump)

2-1 터보(turbo)식 펌프

(1) 원심펌프

① 특징

㉮ 원심력에 의하여 유체를 압송한다.

㉯ 용량에 비하여 소형이고 설치면적이 작다.

㉰ 흡입밸브, 토출밸브가 없고 액의 맥동이 없다.

㉱ 기동 시 펌프 내부에 유체를 충분히 채워야 한다.

㉲ 고양정에 적합하다.

㉳ 서징 현상, 캐비테이션 현상이 발생하기 쉽다.

② 종류

㉮ 벌류트 펌프 : 임펠러에 안내 베인이 없는 펌프

㉯ 터빈 펌프 : 임펠러에 안내 베인이 있는 펌프

③ 터보 펌프의 구조 및 특징

㉮ 특성곡선 : 횡축에 토출량(Q)을, 종축에 양정(H), 축동력(L), 효율(η)을 취하여 표시한 것으로 펌프의 성능을 나타낸다.

㉮ $H-Q$ 곡선 : 양정곡선

㉯ $L-Q$ 곡선 : 축동력곡선

㉰ $\eta-Q$ 곡선 : 효율곡선

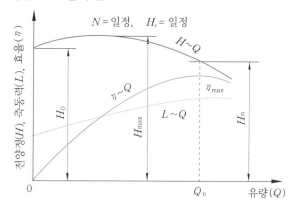

원심펌프의 특성곡선

㉯ 축봉장치 : 축이 케이싱을 관통하여 회전하는 부분에 설치하여 액의 누설을 방지하는 것이다.

㉮ 그랜드 패킹 : 내부의 액이 누설되어도 무방한 경우에 사용

　　　　㉯ 메커니컬 실 : 내부의 액이 누설되는 것이 허용되지 않는 가연성, 독성 등의 액체 이송 시 사용한다.

(2) 사류 펌프 : 액체의 흐름이 축에 대하여 비스듬히 토출되는 형식이다.

(3) 축류 펌프 : 축 방향으로 흡입하여 축 방향으로 토출되는 형식이다.

2-2 용적식 펌프

(1) 왕복 펌프 : 실린더 내의 피스톤 또는 플런저를 왕복시켜 액체를 흡입하여 압출하는 형식이다.

　① 특징

　　㉮ 소형으로 고압, 고점도 유체에 적당하다.

　　㉯ 회전수가 변하여도 토출압력의 변화가 적다.

　　㉰ 토출량이 일정하여 정량토출이 가능하고 수송량을 가감할 수 있다.

　　㉱ 송출이 단속적이라 맥동이 일어나기 쉽고 진동이 있다.

　　㉲ 고압으로 액의 성질이 변할 수 있고, 밸브의 그랜드패킹 고장이 많다.

　② 종류

　　㉮ 피스톤 펌프 : 용량이 크고, 압력이 낮은 경우에 사용

　　㉯ 플런저 펌프 : 용량이 적고, 압력이 높은 경우에 사용

　　㉰ 다이어프램 펌프 : 특수약액, 불순물이 많은 유체를 이송할 수 있고 그랜드패킹이 없어 누설을 방지할 수 있다.

(2) 회전 펌프 : 회전자의 회전에 의해 생기는 원심력을 이용하여 유체를 이송한다.

　① 특징

　　㉮ 왕복펌프와 같은 흡입밸브, 토출밸브가 없다.

　　㉯ 연속으로 송출하므로 맥동현상이 없다.

　　㉰ 점성이 있는 유체의 이송에 적합하다.

　　㉱ 고압 유압펌프로 사용된다(안전밸브를 반드시 부착한다).

　② 종류 : 기어펌프, 나사펌프, 베인펌프 등

2-3 특수 펌프

(1) 제트 펌프 : 노즐에서 고속으로 분출된 유체에 의하여 주위의 유체를 흡입하여 토출하는 펌프로 2종류의 유체를 혼합하여 토출하므로 에너지손실이 크고 효율(약 30 % 정도)이 낮으나 구조가 간단하고 고장이 적은 이점이 있다.

(2) **기포 펌프** : 압축공기를 이용하여 유체를 이송한다.

(3) **수격 펌프** : 유체의 위치에너지를 이용한다.

2-4 펌프의 성능

(1) 펌프의 효율

① 체적효율(η_v) : $\eta_v = \dfrac{\text{실제적 흡출량}}{\text{이론적 흡출량}} \times 100$

② 수력효율(η_h) : $\eta_h = \dfrac{\text{최종 압력 증가량}}{\text{평균 유효압력}} \times 100$

③ 기계효율(η_m) : $\eta_m = \dfrac{\text{실제적 소요동력(지시동력)}}{\text{축동력}} \times 100$

④ 펌프의 전효율(η) : $\eta = \dfrac{L_w}{L_s} = \eta_v \times \eta_h \times \eta_m$

여기서, η : 펌프의 전효율　　　L_w : 수동력　　　　L_s : 축동력

　　　　η_v : 체적효율　　　　η_h : 수력효율　　　η_m : 기계효율

(2) 축동력

① PS

$$PS = \frac{\gamma \cdot Q \cdot H}{75 \cdot \eta}$$

여기서, γ : 액체의 비중량(kgf/m^3)

　　　　H : 전양정(m)

② kW

$$kW = \frac{\gamma \cdot Q \cdot H}{102 \cdot \eta}$$

Q : 유량(m^3/s)

η : 효율

> **참고** ···○ **압축기의 축동력**
>
> ① $PS = \dfrac{P \cdot Q}{75 \cdot \eta}$ 　　　② $kW = \dfrac{P \cdot Q}{102 \cdot \eta}$
>
> 여기서, P : 압축기의 토출압력(kgf/m^2)　　Q : 유량(m^3/s)　　　η : 효율

(3) 원심펌프의 상사법칙

① 유량 $Q_2 = Q_1 \times \left(\dfrac{N_2}{N_1} \right) \times \left(\dfrac{D_2}{D_1} \right)^3$

② 양정 $H_2 = H_1 \times \left(\dfrac{N_2}{N_1} \right)^2 \times \left(\dfrac{D_2}{D_1} \right)^2$

③ 동력 $L_2 = L_1 \times \left(\dfrac{N_2}{N_1} \right)^3 \times \left(\dfrac{D_2}{D_1} \right)^5$

여기서, Q_1, Q_2 : 변경 전, 후 유량 H_1, H_2 : 변경 전, 후 양정
$\quad\quad\quad L_1$, L_2 : 변경 전, 후 동력 N_1, N_2 : 변경 전, 후 임펠러 회전수
$\quad\quad\quad D_1$, D_2 : 변경 전, 후 임펠러 지름

(4) 원심펌프의 운전 특성
① 직렬 운전 : 양정 증가, 유량 일정
② 병렬 운전 : 양정 일정, 유량 증가

2-5 펌프에서 발생되는 현상

(1) 캐비테이션(cavitation) 현상 : 유수 중에 그 수온의 증기압력보다 낮은 부분이 생기면 물이 증발을 일으키고 기포를 다수 발생하는 현상

① 발생조건
   ㉮ 흡입양정이 지나치게 클 경우
   ㉯ 흡입관의 저항이 증대될 경우
   ㉰ 과속으로 유량이 증대될 경우
   ㉱ 관로 내의 온도가 상승될 경우

② 일어나는 현상
   ㉮ 소음과 진동이 발생
   ㉯ 깃(임펠러)의 침식
   ㉰ 특성곡선, 양정곡선의 저하
   ㉱ 양수 불능

③ 방지법
   ㉮ 펌프의 위치를 낮춘다(흡입양정을 짧게 한다).
   ㉯ 수직축 펌프를 사용한다.
   ㉰ 회전차를 수중에 완전히 잠기게 한다.
   ㉱ 펌프의 회전수를 낮춘다.
   ㉲ 양흡입 펌프를 사용한다.
   ㉳ 두 대 이상의 펌프를 사용한다.

(2) 수격작용(water hammering) : 펌프에서 물을 압송하고 있을 때 정전 등으로 펌프가 급히 멈춘 경우 관내의 유속이 급변하면 물에 심한 압력변화가 생기는 현상이다.

① 발생원인
   ㉮ 밸브의 급격한 개폐
   ㉯ 펌프의 급격한 정지

㈐ 유속이 급변할 때

② 방지법

㈎ 배관 내부의 유속을 낮춘다(관지름이 큰 배관을 사용한다).

㈏ 배관에 조압수조(調壓水槽 : surge tank)를 설치한다.

㈐ 펌프에 플라이휠(flywheel)을 설치한다.

㈑ 밸브를 송출구 가까이 설치하고 적당히 제어한다.

(3) 서징(surging) 현상 : 맥동현상이라 하며 펌프를 운전 중 주기적으로 운동, 양정, 토출량이 규칙 바르게 변동하는 현상이다.

① 발생원인

㈎ 양정곡선이 산형 곡선이고 곡선의 최상부에서 운전했을 때

㈏ 유량조절 밸브가 탱크 뒤쪽에 있을 때

㈐ 배관 중에 물탱크나 공기탱크가 있을 때

② 방지법

㈎ 임펠러, 가이드 베인의 형상 및 치수를 변경하여 특성을 변화시킨다.

㈏ 방출밸브를 사용하여 서징 현상이 발생할 때의 양수량 이상으로 유량을 증가시킨다.

㈐ 임펠러의 회전수를 변경시킨다.

㈑ 배관 중에 있는 불필요한 공기탱크를 제거한다.

(4) 베이퍼 로크(vapor lock) 현상 : 저비점 액체 등을 이송 시 펌프의 입구에서 발생하는 현상으로 액의 끓음에 의한 동요를 말한다.

① 발생원인

㈎ 흡입관 지름이 작을 때

㈏ 펌프의 설치위치가 높을 때

㈐ 외부에서 열량 침투 시

㈑ 배관 내 온도 상승 시

② 방지법

㈎ 실린더 라이너 외부를 냉각

㈏ 흡입배관을 크게 하고 단열처리

㈐ 펌프의 설치위치를 낮춘다.

㈑ 흡입관로의 청소

제 **4** 장 | 가스 장치 및 설비 일반

1 ◦ 저온장치

1-1 가스 액화의 원리

(1) **단열팽창 방법** : 줄–톰슨 효과에 의한 방법(단열팽창 사용)

(2) **팽창기에 의한 방법**
　① 린데(Linde) 액화 사이클 : 단열팽창(줄–톰슨효과)을 이용
　② 클라우드(Claude) 액화 사이클 : 피스톤 팽창기에 의한 단열교축 팽창 이용
　③ 캐피자(Kapitsa) 액화 사이클 : 터보 팽창기, 열교환기에 축랭기 사용, 공기압축 압력 7 atm
　④ 필립스(Philips) 액화 사이클 : 실린더에 피스톤과 보조피스톤 사용, 냉매는 수소, 헬륨 사용
　⑤ 캐스케이드 액화 사이클 : 다원 액화 사이클이라 하며 암모니아, 에틸렌, 메탄을 냉매로 사용

(3) **액화 분리장치 구성**
　① 한랭 발생장치 : 가스액화 분리장치의 열 제거를 돕고 액화가스에 필요한 한랭을 공급
　② 정류(분축, 흡수)장치 : 원료가스를 저온에서 분리, 정제하는 장치
　③ 불순물 제거장치 : 원료가스 중의 수분, 탄산가스 등을 제거하기 위한 장치

1-2 저온 단열법

(1) **상압 단열법** : 단열공간에 분말, 섬유 등의 단열재 충전

(2) **진공 단열법**
　① 고진공 단열법 : 단열공간을 진공으로 처리
　② 분말 진공 단열법 : 샌다셀, 펄라이트, 규조토, 알루미늄 분말 사용

③ 다층 진공 단열법 : 고진공 단열법에 알루미늄 박판과 섬유를 이용하여 단열 처리

2 ○ 금속재료

2-1 응력(stress)

(1) 원주방향 응력

$$\sigma_A = \frac{PD}{2t}$$

(2) 축방향 응력

$$\sigma_B = \frac{PD}{4t}$$

여기서, σ_A : 원주방향 응력(kgf/cm^2) σ_B : 축방향 응력(kgf/cm^2)

P : 사용압력(kgf/cm^2) D : 안지름(mm)

t : 두께(mm)

참고

원주방향 응력, 축방향 응력 단위를 kgf/mm^{2}으로 계산하면 공식은 다음과 같다.

① 원주방향 응력 : $\sigma_A = \frac{PD}{200t}$ ② 축방향 응력 : $\sigma_B = \frac{PD}{400t}$

2-2 저온장치용 금속재료

(1) 저온취성 : 철강재료는 온도가 내려감에 따라 인장강도, 항복응력, 경도가 증대하지만 연신율, 수축률, 충격치가 온도 강하와 함께 감소하고, 어느 온도(탄소강의 경우 −70℃) 이하가 되면 0으로 되어 소성변형을 일으키는 성질이 없어지게 되는 현상을 말한다.

(2) 저온장치용 재료

① 응력이 극히 적은 부분 : 동 및 동합금, 알루미늄, 니켈, 모넬메탈 등

② 어느 정도 응력이 생기는 부분

㉮ 상온보다 약간 낮은 온도 : 탄소강을 적당하게 열처리한 것 사용

㉯ −80℃까지 : 저합금강을 적당하게 열처리한 것 사용

㉰ 극저온 : 오스테나이트계 스테인리스강(18−8 STS) 사용

2-3 열처리의 종류

(1) **담금질(quenching)** : 강도, 경도 증가

(2) **불림(normalizing)** : 결정조직의 미세화

(3) **풀림(annealing)** : 내부응력 제거, 조직의 연화

(4) **뜨임(tempering)** : 연성, 인장강도 부여, 내부응력 제거

2-4 금속재료의 부식(腐蝕)

(1) **부식의 정의** : 금속이 전해질 속에 있을 때 「양극 → 전해질 → 음극」이란 전류가 형성되어 양극부위에서 금속이온이 용출되는 현상으로서 일종의 전기화학적인 반응이다. 즉 금속이 전해질과 접하여 금속표면에서 전해질 중으로 전류가 유출하는 양극반응이다. 양극반응이 진행되어 부식이 발생되는 것이다.

(2) **습식** : 철이 수분의 존재 하에 일어나는 것으로 국부전지에 의한 것이다.

① 부식의 원인
  ㈎ 이종 금속의 접촉
  ㈏ 금속재료의 조성, 조직의 불균일
  ㈐ 금속재료의 표면상태의 불균일
  ㈑ 금속재료의 응력상태, 표면온도의 불균일
  ㈒ 부식액의 조성, 유동상태의 불균일

② 부식의 형태
  ㈎ 전면부식 : 전면이 균일하게 부식되므로 부식량은 크나 쉽게 발견하여 대처하므로 피해는 적다.
  ㈏ 국부부식 : 특정부분에 부식이 집중되는 현상으로 부식속도가 빠르고, 위험성이 높다. 공식(孔蝕), 극간부식(隙間腐蝕), 구식(溝蝕) 등이 있다.
  ㈐ 선택부식 : 합금의 특정부문만 선택적으로 부식되는 현상으로 주철의 흑연화 부식, 황동의 탈아연 부식, 알루미늄 청동의 탈알루미늄 부식 등이 있다.
  ㈑ 입계부식 : 결정입자가 선택적으로 부식되는 현상으로 스테인리스강에서 발생한다.

(3) **건식**

① 고온가스 부식 : 고온가스와 접촉한 경우 금속의 산화, 황화, 할로겐 등의 반응이 일어난다.

② 용융금속에 의한 부식 : 금속재료가 용융금속 중 불순물과 반응하여 일어나는 부식이다.

(4) 가스에 의한 고온부식의 종류

① 산화 : 산소 및 탄산가스

② 황화 : 황화수소(H_2S)

③ 질화 : 암모니아(NH_3)

④ 침탄 및 카르보닐화 : 일산화탄소(CO)가 많은 환원가스

⑤ 바나듐 어택 : 오산화바나듐(V_2O_5)

⑥ 탈탄작용 : 수소(H_2)

2-5 방식(防蝕) 방법

(1) 부식을 억제하는 방법

① 부식환경의 처리에 의한 방식법

② 부식억제제(인히비터)에 의한 방식법

③ 피복에 의한 방식법

④ 전기방식법

(2) 전기방식법 : 매설배관의 부식을 억제 또는 방지하기 위하여 배관에 직류전기를 공급해 주거나 배관보다 저전위 금속(배관보다 쉽게 부식되는 금속)을 배관에 연결하여 철의 전기 화학적인 양극반응을 억제시켜 매설배관을 음극화하는 방법이다.

① 종류

㈎ 희생양극법(유전양극법, 전기양극법, 전류양극법) : 양극(anode)과 매설배관(cathode : 음극)을 전선으로 접속하고 양극금속과 배관 사이의 전지작용(고유 전위차)에 의해서 방식전류를 얻는 방법이다. 양극재료로는 마그네슘(Mg), 아연(Zn)이 사용되며 토양에 매설되는 배관에는 마그네슘이 사용되고 있다.

㉮ 시공이 간편하다.

㉯ 단거리 배관에 경제적이다.

㉰ 다른 매설 금속체로의 장해가 없다.

㉱ 과방식의 우려가 없다.

㉲ 효과 범위가 비교적 좁다.

㉳ 장거리 배관에는 비용이 많이 소요된다.

㉴ 전류 조절이 어렵다.

㉵ 관리장소가 많게 된다.

㉶ 강한 전식에는 효과가 없다.

(내) 외부전원법 : 외부의 직류전원장치(정류기)로부터 양극(anode)은 매설배관이 설치되어 있는 토양에 설치한 외부전원용 전극(불용성 양극)에 접속하고, 음극(cathode)은 매설배관에 접속시켜 부식을 방지하는 방법으로 직류전원장치(정류기), 양극, 부속배선으로 구성된다.

㉮ 효과 범위가 넓다.

㉯ 평상시의 관리가 용이하다.

㉰ 전압, 전류의 조성이 일정하다.

㉱ 전식에 대해서도 방식이 가능하다.

㉲ 초기 설비비가 많이 소요된다.

㉳ 장거리 배관에는 전원 장치 수가 적어도 된다.

㉴ 과방식의 우려가 있다.

㉵ 전원을 필요로 한다.

㉶ 다른 매설금속체로의 장해에 대해 검토가 필요하다.

(대) 배류법(선택배류법) : 직류 전기철도의 레일에서 유입된 누설전류를 전기적인 경로를 따라 철도레일로 되돌려 보내서 부식을 방지하는 방법으로 전철이 가까이 있는 곳에 설치하며 배류기를 설치하여야 한다.

㉮ 유지관리비가 적게 소요된다.

㉯ 전철과의 관계 위치에 따라 효과적이다.

㉰ 설치비가 저렴하다.

㉱ 전철 운행 시에는 자연부식의 방지효과도 있다.

㉲ 다른 매설 금속체로의 장해에 대해 검토가 필요하다.

㉳ 전철 휴지기간에는 전기방식의 역할을 못한다.

㉴ 과방식의 우려가 있다.

② 전기방식 유지관리 기준

(개) 전기방식 전류가 흐르는 상태에서 토양 중에 있는 배관 등의 방식전위는 포화황산동 기준전극으로 $-0.85\,V$ 이하(황산염 환원 박테리아가 번식하는 토양에서는 $-0.95\,V$ 이하)이어야 하고, 방식전위 하한값은 전기철도 등의 간섭 영향을 받는 곳을 제외하고는 포화황산동 기준전극으로 $-2.5\,V$ 이상이 되도록 한다.

(내) 전기방식 전류가 흐르는 상태에서 자연전위와의 전위변화가 최소한 -300 mV 이하일 것

(대) 배관에 대한 전위측정은 가능한 한 가까운 위치에서 기준전극으로 실시한다.

③ 전기방식시설의 설치기준

(개) 전위측정용 터미널(TB) 설치 거리

㉮ 희생 양극법, 배류법 : 300 m 간격

　　　　㉯ 외부 전원법 : 500 m 간격

　　　㈏ 절연이음매를 사용하여야 할 장소

　　　　㉮ 교량횡단 배관 양단

　　　　㉯ 배관 등과 철근콘크리트 구조물 사이

　　　　㉰ 배관과 강재 보호관 사이

　　　　㉱ 지하에 매설된 배관 부분과 지상에 설치된 부분의 경계

　　　　㉲ 타 시설물과 접근 교차지점　　㉳ 배관과 배관지지물 사이

　　　　㉴ 저장탱크와 배관 사이　　　　㉵ 기타 절연이 필요한 장소

　　　㈐ 전기방식시설의 점검

　　　　㉮ 관대지전위(管對地電位) 점검 : 1년에 1회 이상

　　　　㉯ 외부 전원법 전기방식시설 점검 : 3개월에 1회 이상

　　　　㉰ 배류법 전기방식시설 점검 : 3개월에 1회 이상

　　　　㉱ 절연부속품, 역 전류방지장치, 결선(bond), 보호절연체 점검 : 6개
　　　　　월에 1회 이상

2-6 비파괴검사

(1) 육안검사(VT : Visual Test)

(2) 음향검사 : 간단한 공구를 이용하여 음향에 의해 결함 유무를 판단하는 방법

(3) 침투탐상검사(PT : Penetrant Test) : 표면의 미세한 균열, 작은 구멍, 슬러
　그 등을 검출하는 방법

(4) 자분탐상검사(MT : Magnetic Particle Test) : 자분검사라고 하며 피검사물의
　자화한 상태에서 표면 또는 표면에 가까운 손상에 의해 생기는 누설 자속을 사
　용하여 검출하는 방법

(5) 방사선 투과검사(RT : Radiographic Test) : X선이나 γ선으로 투과한 후 필
　름에 의해 내부결함의 모양, 크기 등을 관찰하는 방법. 검사 결과의 기록이 가능

(6) 초음파탐상검사(UT : Ultrasonic Test) : 초음파를 피검사물의 내부에 침입시
　켜 반사파를 이용하여 내부의 결함과 불균일층의 존재 여부를 검사하는 방법

(7) 와류검사 : 교류전원을 이용하여 금속의 표면이나 표면에 가까운 내부의 결함이
　나 조직의 부정, 성분의 변화 등의 검출에 적용되며 비자성 금속재료인 동합금,
　18-8 STS의 검사에 사용

(8) 전위차법 : 결함이 있는 부분에의 전위차를 측정하여 균열의 깊이를 조사하는
　방법

3 가스배관 설비

3-1 강관

(1) 특징
① 인장강도가 크고, 내충격성이 크다. ② 배관작업이 용이하다.
③ 비철금속관에 비하여 경제적이다.   ④ 부식으로 인한 배관 수명이 짧다.

(2) 스케줄 번호(schedule number) : 배관 두께의 체계를 표시하는 것으로 번호가 클수록 두께가 두껍다.

$$\mathrm{Sch\,No} = 10 \times \frac{P}{S}$$

여기서, P : 사용압력$(\mathrm{kgf/cm^2})$

S : 재료의 허용응력$(\mathrm{kgf/mm^2})$ $\left(S = \dfrac{\text{인장강도}(\mathrm{kgf/mm^2})}{\text{안전율}(4)} \right)$

3-2 밸브의 종류 및 특징

(1) 고압밸브의 특징
① 주조품보다 단조품을 이용하여 제조한다.
② 밸브시트는 내식성과 경도가 높은 재료를 사용한다.
③ 밸브시트는 교체할 수 있도록 한다.
④ 기밀 유지를 위하여 스핀들에 패킹이 사용된다.

(2) 밸브의 종류
① 글로브 밸브(glove valve) : 스톱 밸브라 하며 유량 조정에 사용된다.
② 슬루스 밸브(sluice valve) : 게이트 밸브라 하며 유로의 개폐에 사용된다.
③ 체크 밸브(check valve) : 유체의 역류를 방지하기 위하여 사용하는 밸브이다.

(3) 안전밸브(safety valve) : 가스설비의 내부압력 상승 시 파열사고를 방지할 목적으로 사용된다.
① 스프링식 : 기상부에 설치하며 일반적으로 가장 많이 사용된다.
② 파열판식 : 구조가 간단하며 취급, 점검이 용이하다.
③ 가용전식 : 일정온도 이상이 되면 용전이 녹아 가스를 배출하는 것으로 구리(Cu), 주석(Sn), 납(Pb), 안티몬(Sb) 등이 사용된다.
④ 릴리프 밸브(relief valve) : 액체 배관에 설치하여 액체를 저장탱크나 펌프의 흡입측으로 되돌려 보낸다.

3-3 신축 조인트

(1) 종류

① 루프형 : 곡관의 형태로 만들어진 것으로 구조가 간단하다.

② 슬리브형 : 이중관으로 만들어진 것으로 누설의 우려가 있어 가스관에는 부적합하다.

③ 벨로스형 : 주름통형으로 만들어진 것으로 설치장소의 제약이 없다.

④ 스위블형 : 2개 이상의 엘보를 이용한 것으로 누설의 우려가 있어 가스관에는 부적합하다.

⑤ 상온 스프링(cold spring) : 배관의 자유팽창량을 미리 계산하여 자유팽창량의 1/2 만큼 짧게 절단하여 강제배관을 함으로써 열팽창을 흡수하는 장치이다.

⑥ 볼 조인트(ball joint) : 볼 조인트와 오프셋 배관을 이용해서 신축을 흡수하는 방법으로 설치공간이 적고, 평면상의 변위뿐만 아니라 입체적인 변위까지도 안전하게 흡수하므로 어떤 현상에 의한 신축에도 배관이 안전한 신축이음장치이다.

(2) 열팽창에 의한 신축길이 계산

$$\Delta L = L \cdot \alpha \cdot \Delta t$$

여기서, ΔL : 관의 신축길이(mm)

L : 관의 길이(mm)

α : 선팽창계수(강관 : 1.2×10^{-5}/℃)

Δt : 온도차(℃)

4 ○ 압력용기 및 충전용기

4-1 압력용기(저장탱크)

(1) 고압 원통형 저장탱크 구조

① 동체(동판)와 경판으로 구성되며 수평형(횡형)과 수직형(종형)으로 나눈다.

② 경판의 종류 : 접시형, 타원형, 반구형

③ 부속기기 : 안전밸브, 유체 입출구, 드레인밸브, 액면계, 온도계, 압력계 등

④ 동일용량, 동일압력의 구형저장탱크에 비하여 철판두께가 두껍다(표면적이 크다).

⑤ 수평형이 강도, 설치 및 안전성이 수직형에 비해 우수하며, 수직형은 바람, 지진 등의 영향을 받기 때문에 철판두께를 두껍게 하여야 한다.

(2) 구형(球形) 저장탱크 구조

① 원통형 저장탱크에 비해 표면적이 작고, 강도가 높다.

② 기초가 간단하고 외관 모양이 안정적이다.

③ 부속기기 : 상하 맨홀, 유체의 입출구, 안전밸브, 압력계, 온도계 등

④ 단열성이 높아 −50℃ 이하의 액화가스를 저장하는 데 적합하다.

(3) 구면 지붕형 저장탱크 : 액화산소, 액화질소, LPG, LNG 등의 액화가스를 대량으로 저장할 때 사용한다.

(4) LNG 저장설비의 방호(containment) 종류 및 분류

① 단일 방호(single containment)식 저장탱크 : 내부탱크와 단열재를 시공한 외부벽으로 이루어진 것으로 저장탱크에서 LNG의 유출이 발생할 때 이를 저장하기 위한 낮은 방류둑으로 둘러싸여 있는 형식이다.

② 이중 방호(double containment)식 저장탱크 : 내부탱크와 외부탱크가 각각 별도로 초저온의 LNG를 저장할 수 있도록 설계, 시공된 것으로 유출되는 LNG의 액이 형성하는 액면을 최소한으로 줄이기 위해 외부탱크는 내부탱크에서 6 m 이내의 거리에 설치하여 내부탱크에서 유출되는 액을 저장하도록 되어 있는 형식이다.

③ 완전 방호(full containment)식 저장탱크 : 내부탱크와 외부탱크가 모두 독립적으로 초저온의 액을 저장할 수 있도록 설계, 시공된 것으로 외부탱크 또는 벽은 내부탱크에서 1~2 m 사이에 위치하여 내부탱크의 사고 발생 시 초저온의 액을 저장할 수 있으며 누출된 액에서 발생된 BOG를 제어하여 벤트(vent)시킬 수 있도록 되어 있는 형식이다.

4-2 충전용기

(1) 용기 재료의 구비조건

① 내식성, 내마모성을 가질 것

② 가볍고 충분한 강도를 가질 것

③ 저온 및 사용 중 충격에 견디는 연성, 전성을 가질 것

④ 가공성, 용접성이 좋고 가공 중 결함이 생기지 않을 것

(2) 용기의 종류

① 이음매 없는 용기(무계목[無繼目] 용기, 심리스 용기)

㉮ 압축가스 또는 액화 이산화탄소 등을 충전

㉯ 제조 방법 : 만네스만식, 에르하트식, 디프 드로잉식

② 용접용기(계목[繼目]용기, 웰딩용기)

㉮ 액화가스 및 아세틸렌 등을 충전

㉯ 제조 방법 : 심교용기, 종계용기

이음매 없는 용기 특징	용접용기 특징
① 고압에 견디기 쉬운 구조이다. ② 내압에 대한 응력분포가 균일하다. ③ 제작비가 비싸다. ④ 두께가 균일하지 못할 수 있다.	① 강판을 사용하므로 제작비가 저렴하다. ② 이음매 없는 용기에 비해 두께가 균일 하다. ③ 용기의 형태, 치수 선택이 자유롭다.

③ 초저온 용기

㉮ 정의 : −50℃ 이하인 액화가스를 충전하기 위하여 단열재로 용기를 씌우거나 냉동설비로 냉각시키는 등의 방법으로 용기 내의 가스 온도가 상용의 온도를 초과하지 아니하도록 조치를 한 용기이다.

㉯ 재료 : 알루미늄 합금, 오스테나이트계 스테인리스강(18-8 STS강)

④ 화학 성분비 제한

구 분	탄소(C)	인(P)	황(S)
이음매 없는 용기	0.55 % 이하	0.04 % 이하	0.05 % 이하
용접용기	0.33 % 이하	0.04 % 이하	0.05 % 이하

(3) 용기 밸브

① 충전구 형식에 의한 분류

㉮ A형 : 충전구가 수나사

㉯ B형 : 충전구가 암나사

㉰ C형 : 충전구에 나사가 없는 것

② 충전구 나사형식에 의한 분류

㉮ 왼나사 : 가연성 가스 용기(단, 액화암모니아, 액화브롬화메탄은 오른나사)

㉯ 오른나사 : 가연성 가스 외의 용기

(4) 충전용기 안전장치

① LPG 용기 : 스프링식 안전밸브

② 염소, 아세틸렌, 산화에틸렌 용기 : 가용전식 안전밸브

③ 산소, 수소, 질소, 액화이산화탄소 용기 : 파열판식 안전밸브

④ 초저온 용기 : 스프링식과 파열판식의 2중 안전밸브

4-3 저장능력 산정식

(1) 압축가스의 저장탱크 및 용기

$$Q = (10P + 1) \cdot V_1$$

(2) 액화가스 저장탱크

$$W = 0.9\,d \cdot V_2$$

(3) 액화가스 용기(충전용기, 탱크로리)

$$W = \frac{V_2}{C}$$

여기서, Q : 압축가스 저장능력(m^3) P : 35℃에서 최고충전압력(MPa)

V_1 : 내용적(m^3) W : 액화가스 저장능력(kg)

V_2 : 내용적(L) d : 액화가스의 비중

C : 액화가스 충전상수(C_3H_8 : 2.35, C_4H_{10} : 2.05, NH_3 : 1.86)

(4) 안전공간

$$Q = \frac{V - E}{V} \times 100$$

여기서, Q : 안전공간(%) V : 저장시설의 내용적

E : 액화가스의 부피

4-4 두께 산출식

(1) 용접용기 동판 두께 산출식

$$t = \frac{P \cdot D}{2S \cdot \eta - 1.2P} + C$$

여기서, t : 동판의 두께(mm) P : 최고충전압력(MPa)

D : 안지름(mm) S : 허용응력(N/mm^2)

η : 용접효율 C : 부식여유수치(mm)

(2) 산소용기 두께 산출식

$$t = \frac{P \cdot D}{2S \cdot E}$$

여기서, t : 두께(mm) P : 최고충전압력(MPa)

D : 바깥지름(mm) S : 인장강도(N/mm^2)

E : 안전율

(3) 구형 가스홀더 두께 산출식

$$t = \frac{P \cdot D}{4f \cdot \eta - 0.4P} + C$$

여기서, t : 동판의 두께(mm) P : 최고충전압력(MPa)

D : 안지름(mm) f : 허용응력(N/mm^2)

η : 용접효율 C : 부식여유수치(mm)

4-5 **용기의 검사**

(1) 신규검사 항목

① 강으로 제조한 이음매 없는 용기 : 외관검사, 인장시험, 충격시험(Al용기 제외), 파열시험(Al용기 제외), 내압시험, 기밀시험, 압궤시험

② 강으로 제조한 용접용기 : 외관검사, 인장시험, 충격시험(Al용기 제외), 용접부 검사, 내압시험, 기밀시험, 압궤시험

③ 초저온 용기 : 외관검사, 인장시험, 용접부 검사, 내압시험, 기밀시험, 압궤시험, 단열성능시험

④ 납붙임 접합용기 : 외관검사, 기밀시험, 고압가압시험

※ 파열시험을 한 용기는 인장시험, 압궤시험을 생략할 수 있다.

(2) 재검사

① 재검사를 받아야 할 용기

㈎ 일정한 기간이 경과된 용기

㈏ 합격표시가 훼손된 용기

㈐ 손상이 발생된 용기

㈑ 충전가스 명칭을 변경할 용기

㈒ 유통 중 열영향을 받은 용기

② 재검사 주기

구 분		15년 미만	15년 이상~20년 미만	20년 이상
용접용기 (LPG용 용접용기 제외)	500 L 이상	5년	2년	1년
	500 L 미만	3년	2년	1년
LPG용 용접용기	500 L 이상	5년	2년	1년
	500 L 미만	5년		2년
이음매 없는 용기	500 L 이상	5년		
	500 L 미만	신규검사 후 경과 연수가 10년 이하인 것은 5년, 10년을 초과한 것은 3년마다.		

(3) 내압시험

① 수조식 내압시험 : 용기를 수조에 넣고 내압시험에 해당하는 압력을 가했다가 대기압상태로 압력을 제거하면 원래 용기의 크기보다 약간 늘어난 상태로 복귀한다. 이때의 체적변화를 측정하여 영구증가량을 계산하여 합격, 불합격을 판정한다.

② 비수조식 내압시험 : 저장탱크와 같이 고정설치된 경우에 펌프로 가압한 물의 양을 측정해 팽창량을 계산한다.

$$\Delta V = (A - B) - \{(A - B) + V\} \times P \times \beta$$

여기서, ΔV : 전증가량(cm^3)

A : 내압시험압력 P에서의 압입수량(수량계의 물 강하량) (cm^3)

B : 내압시험압력 P에서의 수압펌프에서 용기까지의 연결관에 압입된 수량(용기 이외의 압입수량) (cm^3)

V : 용기 내용적(cm^3)

P : 내압시험압력(MPa)

β : 내압시험 시 물의 온도에서의 압축계수

t : 내압시험 시 물의 온도(℃)

※ $t[℃]$에서의 압축계수 계산

$$\beta_t = (5.11 - 3.8981\,t \times 10^{-2} + 1.0751\,t^2 \times 10^{-3} - 1.3043\,t^3 \times 10^{-5} - 6.8\,P \times 10^{-3}) \times 10^{-4}$$

③ 항구(영구)증가율(%) 계산

$$항구(영구)증가율(\%) = \frac{항구증가량}{전증가량} \times 100$$

④ 합격기준

㈎ 신규검사 : 항구증가율 10 % 이하

㈏ 재검사

㉮ 질량검사 95 % 이상 : 항구증가율 10 % 이하

㉯ 질량검사 90 % 이상 95 % 미만 : 항구증가율 6 % 이하

(4) 초저온 용기의 단열성능시험

① 침입열량 계산식

$$Q = \frac{W \cdot q}{H \cdot \Delta t \cdot V}$$

여기서, Q : 침입열량(J/h·℃·L)

W : 측정중의 기화가스량(kg)

q : 시험용 액화가스의 기화잠열(J/kg)

H : 측정시간(h)

Δt : 시험용 액화가스의 비점과 외기와의 온도차(℃)

V : 용기 내용적(L)

② 합격기준

내용적	침입열량(kcal/h·℃·L)
1000 L 미만	0.0005 이하 (2.09 J/h·℃·L 이하)
1000 L 이상	0.002 이하 (8.37 J/h·℃·L 이하)

③ 시험용 액화가스의 종류 : 액화질소, 액화산소, 액화아르곤

(5) 충전용기의 시험압력

구 분	최고충전압력(FP)	기밀시험압력 (AP)	내압시험압력 (TP)	안전밸브 작동압력
압축가스 용기	35℃, 최고충전압력	최고충전압력	$FP \times \frac{5}{3}$ 배	$TP \times 0.8$배 이하
아세틸렌 용기	15℃에서 최고압력	$FP \times 1.8$배	$FP \times 3$배	가용전식(105 ± 5℃)
초저온, 저온 용기	상용압력 중 최고압력	$FP \times 1.1$배	$FP \times \frac{5}{3}$ 배	$TP \times 0.8$배 이하
액화가스 용기	$TP \times \frac{3}{5}$ 배	최고충전압력	액화가스 종류별로 규정	$TP \times 0.8$배 이하

4-6 합격용기의 각인

(1) 신규검사에 합격된 용기

① 용기 제조업자의 명칭 또는 약호
② 충전하는 가스의 명칭
③ 용기의 번호
④ V : 내용적(L)
⑤ W : 초저온 용기 외의 용기는 밸브 및 부속품을 포함하지 않은 용기의 질량 (kg)
⑥ TW : 아세틸렌가스 충전용기는 ⑤의 질량에 다공물질, 용제, 밸브의 질량을 합한 질량(kg)
⑦ 내압시험에 합격한 연월
⑧ TP : 내압시험압력(MPa)
⑨ FP : 압축가스를 충전하는 용기는 최고충전압력(MPa)
⑩ t : 동판의 두께(mm) → 내용적 500 L 초과하는 용기만 해당
⑪ 충전량(g) → 납붙임 또는 접합용기만 해당

(2) 용기종류별 부속품 기호

① AG : 아세틸렌가스를 충전하는 용기의 부속품
② PG : 압축가스를 충전하는 용기의 부속품
③ LG : 액화석유가스 외의 액화가스를 충전하는 용기의 부속품
④ LPG : 액화석유가스를 충전하는 용기의 부속품
⑤ LT : 초저온용기 및 저온용기의 부속품

(3) 용기의 도색 및 표시

가스 종류	용기의 도색		글자의 색깔		띠의 색상 (의료용)
	공업용	의료용	공업용	의료용	
산소(O_2)	녹 색	백 색	백 색	녹 색	녹 색
수소(H_2)	주황색	–	백 색	–	–
액화탄산가스(CO_2)	청 색	회 색	백 색	백 색	백 색
액화석유가스	밝은 회색	–	적 색	–	–
아세틸렌(C_2H_2)	황 색	–	흑 색	–	–
암모니아(NH_3)	백 색	–	흑 색	–	–
액화염소(Cl_2)	갈 색	–	백 색	–	–
질소(N_2)	회 색	흑 색	백 색	백 색	백 색
아산화질소(N_2O)	회 색	청 색	백 색	백 색	백 색
헬륨(He)	회 색	갈 색	백 색	백 색	백 색
에틸렌(C_2H_4)	회 색	자 색	백 색	백 색	백 색
사이클로 프로판	회 색	주황색	백 색	백 색	백 색
기타의 가스	회 색	–	백 색	백 색	백 색

[비고] ① 스테인리스강 등 내식성 재료를 사용한 용기 : 용기 동체의 외면 상단에 10 cm 이상의 폭으로 충전가스에 해당하는 색으로 도색
② 가연성 가스 : "연"자, 독성 가스 : "독"자 표시
③ 선박용 액화석유가스 용기 : 용기 상단부에 2 cm의 백색 띠 두 줄, 백색 글씨로 선박용 표시

제 **5** 장 　　　 # 계측기기

1-1 가스 검지법

(1) 시험지법

검지가스	시험지	반응	비 고
암모니아(NH₃)	적색리트머스지	청 색	산성, 염기성가스도 검지 가능
염소(Cl₂)	KI-전분지	청갈색	할로겐가스, NO₂도 검지 가능
포스겐(COCl₂)	해리슨 시약지	유자색	
시안화수소(HCN)	초산벤지딘지	청 색	
일산화탄소(CO)	염화팔라듐지	흑 색	
황화수소(H₂S)	연당지	회흑색	초산납시험지라 불린다.
아세틸렌(C₂H₂)	염화제1구리착염지	적갈색	

(2) 검지관법 : 발색시약을 충전한 검지관에 시료가스를 넣은 후 표준표와 비색 측정을 하는 것

(3) 가연성 가스 검출기 : 안전등형, 간섭계형, 열선형, 반도체식 검지기

1-2 가스 분석기

(1) 가스 분석의 구분

① 화학적 가스 분석계 : 가스의 연소열을 이용한 것, 용액 흡수제를 이용한 것, 고체 흡수제를 이용한 것

② 물리적 가스 분석계 : 가스의 열전도율을 이용한 것, 가스의 밀도, 점도차를 이용한 것, 빛의 간섭을 이용한 것, 전기전도도를 이용한 것, 가스의 자기적 성질을 이용한 것, 가스의 반응성을 이용한 것, 적외선 흡수를 이용한 것

(2) 흡수 분석법

① 오르사트(Orsat)법

㈎ CO_2 : KOH 30 % 수용액

㈏ O_2 : 알칼리성 피로갈롤 용액

㈐ CO : 암모니아성 염화제1구리용액

㈑ N_2 : 나머지 양으로 계산

② 헴펠(Hempel)법

㈎ CO_2 : 수산화칼륨(KOH) 30 % 수용액

㈏ $C_m H_n$: 무수황산을 25 % 포함한 발연황산

㈐ O_2 : 알칼리성 피로갈롤 용액

㈑ CO : 암모니아성 염화제1구리($CuCl_2$) 용액

③ 게겔(Gockel)법

㈎ CO_2 : 33 % KOH 수용액

㈏ 아세틸렌 : 요오드수은(옥소수은) 칼륨 용액

㈐ 프로필렌, $n-C_4H_8$: 87 % H_2SO_4

㈑ 에틸렌 : 취화수소(HBr) 수용액

㈒ O_2 : 알칼리성 피로갈롤 용액

㈓ CO : 암모니아성 염화제1구리 용액

(3) 가스 크로마토그래피

① 특징

㈎ 여러 종류의 가스 분석이 가능하다.

㈏ 선택성이 좋고 고감도로 측정한다.

㈐ 미량성분의 분석이 가능하다.

㈑ 응답속도가 늦으나 분리능력이 좋다.

㈒ 동일가스의 연속측정이 불가능하다.

② 구성 : 분리관(칼럼), 검출기, 기록계

③ 캐리어 가스 : 수소(H_2), 헬륨(He), 아르곤(Ar), 질소(N_2)

④ 검출기(Detector)의 종류

㈎ 열전도형 검출기(TCD) : 유기 및 무기화학종에 감응하며 일반적으로 사용

㈏ 수소염 이온화 검출기(FID) : 탄화수소에서 감도가 최고

㈐ 전자포획 이온화 검출기(ECD) : 할로겐 및 산소 화합물 감도 최고

㈑ 염광 광도형 검출기(FPD) : 인, 유황 화합물 검출

㈒ 알칼리성 이온화 검출기(FTD) : 유기질소 화합물 및 유기인 화합물 검출

2 ○ 가스 계측기기

2-1 온도계

(1) 접촉식 온도계

① 유리제 봉입식 온도계, 알코올 유리온도계, 베크만 온도계, 유점 온도계
② 바이메탈 온도계 : 열팽창률이 서로 다른 2종의 얇은 금속판을 밀착시킨 것
③ 압력식 온도계 : 액체나 기체의 체적 팽창을 이용
④ 전기식 온도계
　㉮ 저항 온도계 : 백금 측온 저항체, 니켈 측온 저항체, 동 측온 저항체
　㉯ 서미스터(thermistor) : 반도체를 이용하여 온도 측정
⑤ 열전대 온도계
　㉮ 원리 : 제베크(Seebeck) 효과
　㉯ 종류 : 백금-백금로듐(P-R), 크로멜-알루멜(C-A), 철-콘스탄트(I-C), 동-콘스탄트(C-C)
⑥ 제게르 콘(Seger cone) : 벽돌의 내화도 측정에 사용
⑦ 서모컬러(thermo color) : 온도 변화에 따른 색이 변하는 성질 이용

(2) 비접촉식 온도계

① 광고온도계 : 측정대상물체의 빛과 전구 빛을 같게 하여 저항을 측정
② 광전관식 온도계 : 광전지 또는 광전관을 사용하여 자동으로 측정
③ 방사 온도계 : 스테판-볼츠만 법칙 이용
④ 색 온도계 : 물체에서 발생하는 빛의 밝고 어두움을 이용

2-2 압력계

(1) 1차 압력계

① 액주식 압력계(manometer) : 단관식 압력계, U자관식 압력계, 경사관식 압력계 등
② 침종식 압력계 : 아르키메데스의 원리 이용, 단종식과 복종식으로 구분
③ 자유 피스톤형 압력계 : 부르동관 압력계의 교정용으로 사용

(2) 2차 압력계

① 탄성 압력계 : 부르동관 압력계, 벨로스식 압력계, 다이어프램 압력계, 캡슐식
② 전기식 압력계 : 전기저항 압력계, 피에조 전기 압력계, 스트레인 게이지

2-3 유량계

(1) 유량의 측정 방법

① 직접법 : 유체의 부피나 질량을 직접 측정하는 방법

② 간접법 : 유속을 측정하여 유량을 계산하는 방법으로 베르누이 정리를 응용한 것이다.

   (개) 체적 유량 : $Q = A \cdot V$

   (내) 질량 유량 : $M = \rho \cdot A \cdot V$

   (대) 중량 유량 : $G = \gamma \cdot A \cdot V$

      여기서, Q : 체적 유량($\mathrm{m^3/s}$) M : 질량 유량($\mathrm{kg/s}$) G : 중량 유량($\mathrm{kgf/s}$)

              ρ : 밀도($\mathrm{kg/m^3}$) γ : 비중량($\mathrm{kgf/m^3}$) A : 단면적($\mathrm{m^2}$)

              V : 유속($\mathrm{m/s}$)

(2) 직접식 유량계

① 종류 : 오벌 기어식, 루츠식, 로터리 피스톤식, 로터리 베인식, 습식 가스 미터, 왕복 피스톤식

② 특징

   (개) 정도가 높아 상거래에 사용된다.

   (내) 고점도 유체나 점도 변화가 있는 유체의 측정에 적합하다.

   (대) 맥동의 영향을 적게 받는다.

   (래) 이물질의 유입을 차단하기 위하여 입구측에 여과기를 설치한다.

   (매) 회전자의 재질로 포금, 주철, 스테인리스강이 사용된다.

(3) 간접식 유량계

① 차압식 유량계(조리개 기구식)

   (개) 측정 원리 : 베르누이 정리(베르누이 방정식)

   (내) 종류 : 오리피스미터, 플로어노즐, 벤투리미터

   (대) 유량 계산식

$$Q = CA\sqrt{\frac{2g}{1-m^4} \times \frac{P_1 - P_2}{\gamma}} = CA\sqrt{\frac{2gh}{1-m^4} \times \frac{\gamma_m - \gamma}{\gamma}}$$

      여기서, Q : 유량($\mathrm{m^3/s}$)

             C : 유량계수

             g : 중력가속도($9.8\mathrm{m/s^2}$)

             A : 교축부 단면적($\mathrm{m^2}$)

             m : 교축비$\left(\dfrac{D_2^2}{D_1^2}\right)$

             h : 액주계 높이 차(m)

             P_1 : 교축기구 입구측 압력($\mathrm{kgf/m^2}$)

             P_2 : 교축기구 출구측 압력($\mathrm{kgf/m^2}$)

γ_m : 액주계 액체 비중량(kgf/m^3)

γ : 유체 비중량(kgf/m^3)

② 면적식 유량계 : 부자식(플로트식), 로터미터

③ 유속식 유량계 : 임펠러식 유량계, 피토관 유량계, 열선식 유량계

   ⑺ 피토관 유속 계산식

$$V = C\sqrt{2g \times \frac{P_t - P_s}{\gamma}} = \sqrt{2gh \times \frac{\gamma_m - \gamma}{\gamma}}$$

     여기서, V : 유속(m/s)

              C : 피토관 계수

              g : 중력가속도$(9.8m/s^2)$

              P_t : 전압$(kgf/m^2, \ mmH_2O)$

              P_s : 정압$(kgf/m^2, \ mmH_2O$

              h : 액주계 높이차(m)

              γ_m : 액주계(미노미터) 액체 비중량(kgf/m^3)

              γ : 유체 비중량(kgf/m^3)

④ 전자식 유량계 : 패러데이의 전자유도법칙을 이용

⑤ 와류식 유량계 : 소용돌이(와류)의 주파수 특성이 유속과 비례관계를 유지하는 것을 이용

⑥ 초음파 유량계 : 도플러 효과 이용

2-4 액면계

(1) 직접식 액면계의 종류

① 유리관식 액면계

② 부자식 액면계(플로트식 액면계)

③ 검척식 액면계

(2) 간접식 액면계의 종류

① 압력식 액면계   ② 저항 전극식 액면계

③ 초음파 액면계   ④ 정전 용량식 액면계

⑤ 방사선 액면계   ⑥ 차압식 액면계(햄프슨식 액면계)

⑦ 다이어프램식 액면계   ⑧ 편위식 액면계

⑨ 기포식 액면계   ⑩ 슬립 튜브식 액면계

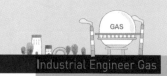
제6장 : 연소 및 폭발

1 가스의 연소

1-1 연소(燃燒)

(1) **연소의 정의** : 가연성 물질이 산소와 반응하여 빛과 열을 수반하는 화학반응

(2) **연소의 3요소**
  ① 가연성 물질 : 연료
  ② 산소 공급원 : 공기
  ③ 점화원 : 전기불꽃, 정전기, 단열압축, 마찰 및 충격불꽃 등

(3) **연소의 분류**
  ① 표면연소 : 목탄 및 코크스 등과 같이 열분해 없이 표면에서 산소와 반응, 연소하는 것
  ② 분해연소 : 일반적인 고체연료의 연소
  ③ 증발연소 : 액체연료의 연소
  ④ 확산연소 : 기체연료의 연소
  ⑤ 자기연소 : 산소 공급 없이도 연소가 가능한 것으로 제5류 위험물로 분류

1-2 인화점 및 발화점

(1) **인화점** : 가연성 가스가 공기 중에서 점화원에 의해 연소할 수 있는 최저의 온도

(2) **발화점(착화점, 발화온도)** : 가연성 가스가 공기 중에서 점화원 없이 스스로 연소를 개시할 수 있는 최저의 온도

2 ○ 가스 폭발 및 폭굉

2-1 폭발의 종류

(1) 물리적 폭발

① 증기(蒸氣)폭발 : 보일러 폭발 등
② 금속선(金屬線)폭발 : Al 전선에 과전류가 흐를 때 발생
③ 고체상(固體相) 전이(轉移) 폭발 : 무정형 안티몬이 결정형 안티몬으로 고상 전이할 때 발생
④ 압력폭발 : 고압가스 용기의 폭발

(2) 화학적 폭발

① 산화(酸化)폭발 : 가연성 물질이 산화제와 산화반응에 의해 폭발하는 것
② 분해(分解)폭발 : 압력이 일정압력 이상으로 가했을 때 분해에 의한 단일가스의 폭발로 아세틸렌(C_2H_2), 산화에틸렌(C_2H_4O), 오존(O_3), 히드라진(N_2H_4) 등의 폭발
③ 중합(重合)폭발 : 시안화수소(HCN), 염화비닐(C_2H_3Cl), 산화에틸렌(C_2H_4O), 부타디엔(C_4H_6) 등이 중합반응으로 인한 중합열에 의한 폭발
④ 촉매폭발 : 염소폭명기에서 직사광선이 촉매로 작용하여 일어나는 폭발
⑤ 분진폭발 : 가연성 고체의 미분(微分) 또는 가연성 액체가 공기 중 일정농도로 존재할 때 혼합기체와 같은 폭발을 일으키는 것
　㉮ 폭연성 분진 : 금속분(Mg, Al, Fe분 등)
　㉯ 가연성 분진 : 소맥분, 전분, 합성수지류, 황, 코코아, 리그린, 석탄분, 고무분말 등

2-2 가스 폭발

(1) 가연성 혼합기체의 폭발범위 : 르샤틀리에 법칙

$$\frac{100}{L} = \frac{V_1}{L_1} + \frac{V_2}{L_2} + \frac{V_3}{L_3} + \frac{V_4}{L_4} + \cdots$$

여기서, L : 혼합가스의 폭발한계치
　　　　V_1, V_2, V_3, V_4 : 각 성분 체적(%)
　　　　L_1, L_2, L_3, L_4 : 각 성분 단독의 폭발한계치

(2) 위험도 : 폭발범위 상한과 하한의 차를 폭발범위 하한값으로 나눈 것으로 H로 표시한다.

$$H = \frac{U - L}{L}$$

여기서, H : 위험도 U : 폭발범위 상한값 L : 폭발범위 하한값

① 위험도는 폭발범위에 비례하고 하한값에는 반비례한다.

② 위험도 값이 클수록 위험성이 크다.

(3) 안전간격 : 8 L 정도의 구형 용기 안에 폭발성 혼합가스를 채우고 착화시켜 가스가 발화될 때 화염이 용기 외부의 폭발성 혼합가스에 전달되는가 여부를 보아 화염을 전달시킬 수 없는 한계의 틈을 말한다(안전간격이 작은 가스일수록 위험하다).

폭발등급	안전간격	대상 가스의 종류
1등급	0.6 mm 이상	일산화탄소, 에탄, 프로판, 암모니아, 아세톤, 에틸에테르, 가솔린, 벤젠 등
2등급	0.4~0.6 mm	석탄가스, 에틸렌 등
3등급	0.4 mm 미만	아세틸렌, 이황화탄소, 수소, 수성가스 등

(4) 블레이브 및 증기운 폭발

① BLEVE(Boiling Liquid Expanding Vapor Explosion : 비등액체팽창증기폭발) : 가연성 액체 저장탱크 주변에서 화재가 발생하여 기상부의 탱크가 국부적으로 가열되면 그 부분이 강도가 약해져 탱크가 파열된다. 이때 내부의 액화가스가 급격히 유출, 팽창되어 화구(fire ball)를 형성하여 폭발하는 형태이다.

② 증기운 폭발(UVCE : Unconfined Vapor Cloud Explosive) : 대기 중에 대량의 가연성 가스나 인화성 액체가 유출 시 다량의 증기가 대기 중의 공기와 혼합하여 폭발성 증기운(vapor cloud)을 형성하고 이때 착화원에 의해 화구(fire ball)를 형성하여 폭발하는 형태이다.

2-3 폭굉(detonation)

(1) 폭굉의 정의 : 가스 중의 음속보다도 화염 전파속도가 큰 경우로서 가스의 경우 1000~3500 m/s 정도에 달하여 파면선단에 충격파라고 하는 압력파가 생겨 격렬한 파괴작용을 일으키는 현상으로 폭굉범위는 폭발범위 내에 존재한다.

(2) 폭굉유도거리(DID) : 최초의 완만한 연소가 격렬한 폭굉으로 발전할 때까지의 거리

① 폭굉유도거리가 짧아질 수 있는 조건

㈎ 정상 연소속도가 큰 혼합가스일수록

㈏ 관속에 방해물이 있거나 지름이 작을수록

ⓒ 압력이 높을수록

ⓓ 점화원의 에너지가 클수록

② 폭굉유도거리가 짧은 가연성 가스일수록 위험성이 큰 가스이다.

2-4 전기기기의 방폭구조

(1) 방폭구조의 종류

① 내압(耐壓) 방폭구조(d) : 방폭 전기기기의 용기(이하 "용기"라 함) 내부에서 가연성 가스의 폭발이 발생할 경우 그 용기가 폭발압력에 견디고, 접합면, 개구부 등을 통하여 외부의 가연성 가스에 인화되지 아니하도록 한 구조

② 유입(油入) 방폭구조(o) : 용기 내부에 절연유를 주입하여 불꽃, 아크 또는 고온 발생부분이 기름 속에 잠기게 함으로써 기름면 위에 존재하는 가연성 가스에 인화되지 아니하도록 한 구조

③ 압력(壓力) 방폭구조(p) : 용기 내부에 보호가스(신선한 공기 또는 불활성 가스)를 압입하여 내부압력을 유지함으로써 가연성 가스가 용기 내부로 유입되지 아니하도록 한 구조

④ 안전증 방폭구조(e) : 정상운전 중에 가연성 가스의 점화원이 될 전기불꽃, 아크 또는 고온부분 등의 발생을 방지하기 위하여 기계적, 전기적 구조상 또는 온도 상승에 대하여 특히 안전도를 증가시킨 구조

⑤ 본질안전 방폭구조(ia, ib) : 정상 시 및 사고(단선, 단락, 지락 등) 시에 발생하는 전기불꽃, 아크 또는 고온부에 의하여 가연성 가스가 점화되지 아니하는 것이 점화시험, 기타 방법에 의하여 확인된 구조

⑥ 특수 방폭구조(s) : ①번에서부터 ⑤번까지에서 규정한 구조 이외의 방폭구조로서 가연성 가스에 점화를 방지할 수 있다는 것이 시험, 기타 방법에 의하여 확인된 구조

(2) 가연성 가스의 폭발등급과 발화도(위험등급)

① 내압 방폭구조의 폭발등급 분류

최대 안전틈새 범위(mm)	0.9 이상	0.5 초과 0.9 미만	0.5 이하
가연성 가스의 폭발등급	A	B	C
방폭 전기기기의 폭발등급	ⅡA	ⅡB	ⅡC

[비고] 최대 안전틈새는 내용적이 8 L이고 틈새 깊이가 25 mm인 표준용기 내에서 가스가 폭발할 때 발생한 화염이 용기 밖으로 전파하여 가연성 가스에 점화되지 아니하는 최댓값

② 본질안전 방폭구조의 폭발등급 분류

최소 점화전류비의 범위(mm)	0.8 초과	0.45 이상 0.8 이하	0.45 미만
가연성 가스의 폭발등급	A	B	C
방폭 전기기기의 폭발등급	ⅡA	ⅡB	ⅡC

[비고] 최소 점화전류비는 메탄가스의 최소 점화전류를 기준으로 나타낸다.

(3) 가연성 가스의 발화도 범위에 따른 방폭 전기기기의 온도등급

가연성 가스의 발화도(℃) 범위	방폭 전기기기의 온도등급
450 초과	T1
300 초과 450 이하	T2
200 초과 300 이하	T3
135 초과 200 이하	T4
100 초과 135 이하	T5
85 초과 100 이하	T6

2-5 위험성 평가기법

(1) 정성적 평가기법

① 체크리스트(checklist) 기법 : 공정 및 설비의 오류, 결함상태, 위험상황 등을 목록화한 형태로 작성하여 경험적으로 비교함으로써 위험성을 파악하는 것이다.

② 사고예상 질문 분석(WHAT-IF) 기법 : 공정에 잠재하고 있으면서 원하지 않은 나쁜 결과를 초래할 수 있는 사고에 대하여 예상 질문을 통해 사전에 확인함으로써 그 위험과 결과 및 위험을 줄이는 방법을 제시하는 것이다.

③ 위험과 운전 분석(hazard and operability studies : HAZOP) 기법 : 공정에 존재하는 위험 요소들과 공정의 효율을 떨어뜨릴 수 있는 운전상의 문제점을 찾아내어 그 원인을 제거하는 것이다.

(2) 정량적 평가기법

① 작업자 실수 분석(human error analysis) 기법 : 설비의 운전원, 정비 보수원, 기술자 등의 작업에 영향을 미칠만한 요소를 평가하여 그 실수의 원인을 파악하고 추적하여 실수의 상대적 순위를 결정하는 것이다.

② 결함수 분석(fault tree analysis : FTA) 기법 : 사고를 일으키는 장치의 이상이나 운전자 실수의 조합을 연역적으로 분석하는 것이다.

③ 사건수 분석(event tree analysis : ETA) 기법 : 초기사건으로 알려진 특정한

장치의 이상이나 운전자의 실수로부터 발생되는 잠재적인 사고결과를 평가하는 것이다.

④ 원인 결과 분석(cause-consequence analysis : CCA) 기법 : 잠재된 사고의 결과와 이러한 사고의 근본적인 원인을 찾아내고 사고 결과와 원인의 상호관계를 예측, 평가하는 것이다.

(3) 기타

① 상대 위험순위 결정(dow and mond indices) 기법 : 설비에 존재하는 위험에 대하여 수치적으로 상대 위험순위를 지표화하여 그 피해정도를 나타내는 상대적 위험순위를 정하는 것이다.

② 이상 위험도 분석(failure modes effect and criticality analysis : FMECA) 기법 : 공정 및 설비의 고장의 형태 및 영향, 고장 형태별 위험도 순위를 결정하는 것이다.

제 7 장 | 안전관리 일반

1 ㅇ 고압가스 안전관리

1-1 저장능력 및 냉동능력 계산식

(1) 저장능력 산정기준 계산식

① 압축가스 저장탱크 및 용기

$$Q = (10P+1) \cdot V_1$$

② 액화가스

㉮ 저장탱크 : $W = 0.9\,d \cdot V_2$

㉯ 용기(충전용기, 탱크로리) : $W = \dfrac{V_2}{C}$

여기서, Q : 압축가스 저장능력($\mathrm{m^3}$)　　P : 35℃에서 최고충전압력(MPa)
V_1 : 내용적($\mathrm{m^3}$)　　　　　　W : 액화가스 저장능력(kg)
V_2 : 내용적(L)　　　　　　　　d : 상용온도에서의 액화가스의 비중(kg/L)
C : 액화가스 충전상수

(2) 1일 냉동능력(톤) 계산

① 원심식 압축기 : 원동기 정격출력 1.2 kW
② 흡수식 냉동설비 : 발생기를 가열하는 입열량 6640 kcal/h

1-2 보호시설

(1) 1종 보호시설

① 학교, 유치원, 어린이집, 놀이방, 어린이놀이터, 학원, 병원(의원을 포함), 도서관, 청소년수련시설, 경로당, 시장, 공중목욕탕, 호텔, 여관, 극장, 교회 및 공회당(公會堂)
② 사람을 수용하는 건축물로서 사실상 독립된 부분의 연면적이 1000 $\mathrm{m^2}$ 이상인 것

③ 예식장, 장례식장 및 전시장, 그 밖에 이와 유사한 시설로서 300명 이상 수용할 수 있는 건축물

④ 아동복지시설 또는 장애인복지시설로서 20명 이상 수용할 수 있는 건축물

⑤ 「문화재보호법」에 따라 지정문화재로 지정된 건축물

(2) 2종 보호시설

① 주택

② 사람을 수용하는 건축물로서 사실상 독립된 부분의 연면적이 $100 \, \text{m}^2$ 이상 $1000 \, \text{m}^2$ 미만인 것

1-3 저장설비

(1) 가스방출장치 설치 : $5 \, \text{m}^3$ 이상

(2) 저장탱크 사이 거리 : 저장탱크 최대지름을 더한 길이의 4분의 1 이상의 거리 유지(1 m 미만인 경우 1 m 유지)

(3) 저장탱크 설치기준

① 지하 설치기준

㉮ 천장, 벽, 바닥의 두께 : 30 cm 이상의 철근콘크리트

㉯ 저장탱크의 주위 : 마른 모래를 채울 것

㉰ 매설깊이 : 60 cm 이상

㉱ 2개 이상 설치 시 : 상호간 1 m 이상 유지

㉲ 지상에 경계표지 설치

㉳ 안전밸브 방출관 설치(방출구 높이 : 지면에서 5 m 이상)

② 실내 설치기준

㉮ 저장탱크실과 처리설비실은 구분 설치하고 강제통풍시설을 갖출 것

㉯ 천장, 벽, 바닥의 두께 : 30 cm 이상의 철근콘크리트

㉰ 가연성 가스 또는 독성 가스의 경우 : 가스누출검지 경보장치 설치

㉱ 저장탱크 정상부와 천장과의 거리 : 60 cm 이상

㉲ 2개 이상 설치 시 : 저장탱크실을 구분하여 설치

㉳ 저장탱크실 및 처리설비실의 출입문 : 각각 따로 설치(자물쇠 채움 등의 조치)

㉴ 주위에 경계표지 설치

㉵ 안전밸브 방출관 설치(방출구 높이 : 지상에서 5 m 이상)

③ 저장탱크의 부압파괴 방지 조치

㉮ 압력계, 압력경보설비, 진공안전밸브

    (내) 다른 저장탱크 또는 시설로부터의 가스도입배관(균압관)

    (대) 압력과 연동하는 긴급차단장치를 설치한 냉동 제어설비

    (래) 압력과 연동하는 긴급차단장치를 설치한 송액설비

  ④ 과충전 방지 조치 : 내용적의 90 % 초과 금지

1-4 사고예방설비 및 피해저감설비 기준

(1) 사고예방설비

① 가스누출 검지 경보장치 설치 : 독성 가스 및 공기보다 무거운 가연성 가스

    (개) 종류 : 접촉연소 방식(가연성 가스), 격막 갈바닉 전지방식(산소), 반도체 방식(가연성, 독성)

    (내) 경보농도(검지농도)

      ⑦ 가연성 가스 : 폭발하한계의 1/4 이하

      ⑭ 독성 가스 : TLV-TWA 기준농도 이하

      ⑭ 암모니아(NH_3)를 실내에서 사용하는 경우 : 50 ppm

    (대) 경보기의 정밀도 : 가연성(±25 % 이하), 독성 가스(±30 % 이하)

    (래) 검지에서 발신까지 걸리는 시간 : 경보농도의 1.6배 농도에서 30초 이내 (단, 암모니아, 일산화탄소의 경우는 1분 이내)

② 긴급차단장치 설치

    (개) 동력원 : 액압, 기압, 전기, 스프링

    (내) 조작위치 : 당해 저장탱크로부터 5 m 이상 떨어진 곳(특정제조의 경우에는 10 m 이상)

③ 역류방지장치(밸브) 설치

    (개) 가연성 가스를 압축하는 압축기와 충전용 주관과의 사이 배관

    (내) 아세틸렌을 압축하는 압축기의 유분리기와 고압건조기와의 사이 배관

    (대) 암모니아 또는 메탄올의 합성탑 및 정제탑과 압축기와의 사이 배관

④ 역화방지장치 설치

    (개) 가연성 가스를 압축하는 압축기와 오토클레이브와의 사이 배관

    (내) 아세틸렌의 고압건조기와 충전용 교체밸브 사이 배관

    (대) 아세틸렌 충전용 지관

⑤ 정전기 제거설비 설치 : 가연성 가스 제조설비

    (개) 탑류, 저장탱크, 열교환기, 회전기계, 벤트스택 등은 단독으로 접지

    (내) 접지 접속선 단면적 : 5.5 mm^2 이상

    (대) 접지 저항값 총합 : 100 Ω 이하(피뢰설비 설치한 것 : 10 Ω 이하)

(2) 피해저감설비

① 방류둑 설치

㈎ 구조

㉮ 방류둑의 재료 : 철근콘크리트, 철골·철근콘크리트, 금속, 흙 또는 이들을 혼합

㉯ 성토 기울기 : 45° 이하, 성토 윗부분 폭 : 30 cm 이상

㉰ 출입구 : 둘레 50m마다 1개 이상 분산 설치(둘레가 50 m 미만 : 2개 이상 설치)

㉱ 집합 방류둑 내 가연성 가스와 조연성 가스, 독성 가스의 혼합 배치 금지

㉲ 방류둑은 액밀한 구조 및 액두압에 견디고, 액의 표면적은 작게 한다.

㉳ 방류둑에 고인 물을 외부로 배출할 수 있는 조치를 할 것(배수조치는 방류둑 밖에서 하고 배수할 때 이외에는 반드시 닫아 둔다.)

㉴ 집합 방류둑에는 가연성 가스와 조연성 가스, 가연성 가스와 독성 가스의 혼합 배치 금지

㈏ 방류둑 용량 : 저장능력 상당용적

㉮ 액화산소 저장탱크 : 저장능력 상당용적의 60 %

㉯ 집합 방류둑 내 : 최대저장탱크의 상당용적＋잔여 저장탱크 총 용적의 10 %

㉰ 냉동설비 방류둑 : 수액기 내용적의 90 % 이상

② 방호벽 설치 : 아세틸렌가스 또는 9.8 MPa 이상인 압축가스를 용기에 충전하는 경우

㈎ 압축기와 충전장소 사이

㈏ 압축기와 가스충전용기 보관장소 사이

㈐ 충전장소와 가스충전용기 보관장소 사이

㈑ 충전장소와 충전용 주관밸브 조작밸브 사이

③ 독성 가스 확산 방지 및 제독제 구비

㈎ 대상 : 포스겐, 황화수소, 시안화수소, 아황산가스, 산화에틸렌, 암모니아, 염소, 염화메탄

㈏ 제독제 종류

㉮ 물을 사용할 수 없는 것 : 염소, 포스겐, 황화수소, 시안화수소

㉯ 물을 사용할 수 있는 것 : 아황산가스, 암모니아, 산화에틸렌, 염화메탄

㉰ 소석회를 사용하는 것 : 염소, 포스겐

④ 벤트스택(vent stack) : 가연성 가스, 독성 가스설비의 내용물을 대기 중으로 방출하는 시설

  (개) 높이

    ㉮ 가연성 가스 : 착지농도가 폭발하한계값 미만

    ㉯ 독성 가스 : TLV-TWA 기준농도값 미만(제독조치 후 방출)

  (내) 방출구 위치 : 작업원이 정상작업 장소 및 항시 통행하는 장소로부터 긴급용은 10 m 이상, 그 밖의 것은 5 m 이상 유지

⑤ 플레어스택(flare stack) : 긴급이송설비로 이송되는 가스를 연소에 의하여 처리하는 시설

  (개) 위치 및 높이 : 지표면에 미치는 복사열이 $4000\,kcal/m^2\cdot h$ 이하 되도록

  (내) 역화 및 공기와 혼합폭발을 방지하기 위한 시설

    ㉮ liquid seal 설치

    ㉯ flame arrestor 설치

    ㉰ vapor seal 설치

    ㉱ purge gas(N_2, off gas 등) 의 지속적인 주입

    ㉲ molecular seal 설치

(3) 고압가스 설비의 내압시험 및 기밀시험

① 내압시험 : 수압에 의하여 실시

  (개) 내압시험압력 : 상용압력의 1.5배 이상

  (내) 공기 등에 의한 방법 : 상용압력의 50 %까지 승압하고, 10 %씩 단계적으로 승압

② 기밀시험

  (개) 공기, 위험성이 없는 기체의 압력에 의하여 실시(산소 사용 금지)

  (내) 기밀시험압력 : 상용압력 이상

1-5 제조 및 충전기준

(1) 가스설비 및 배관 : 상용압력의 2배 이상의 압력에서 항복을 일으키지 아니하는 두께

(2) 충전용 밸브, 충전용 지관 가열 : 열습포 또는 40℃ 이하의 물 사용

(3) 제조 및 충전작업

① 시안화수소 충전

  (개) 순도 98 % 이상, 아황산가스, 황산 등의 안정제 첨가

  (내) 충전 후 24시간 정치, 1일 1회 이상 질산구리벤젠지로 누출검사 실시

㈐ 충전용기에 충전연월일을 명기한 표지 부착

㈑ 충전 후 60일이 경과되기 전에 다른 용기에 옮겨 충전할 것(단, 순도가 98 % 이상으로서 착색되지 않은 것은 제외)

② 아세틸렌 충전

㈎ 아세틸렌용 재료의 제한 : 동 함유량 62 %를 초과하는 동합금 사용 금지, 충전용 지관에는 탄소 함유량 0.1 % 이하인 강을 사용

㈏ 2.5 MPa 압력으로 압축 시 희석제 첨가 : 질소, 메탄, 일산화탄소, 에틸렌 등

㈐ 습식 아세틸렌 발생기 표면은 70℃ 이하 유지, 부근에서 불꽃이 튀는 작업 금지

㈑ 다공도 : 75 % 이상 92 % 미만, 용제 : 아세톤, 디메틸포름아미드

㈒ 충전 중 압력 2.5 MPa 이하, 충전 후에는 15℃에서 1.5 MPa 이하

③ 산소 또는 천연메탄 충전

㈎ 밸브, 용기 내부의 석유류 또는 유지류 제거

㈏ 용기와 밸브 사이에는 가연성 패킹 사용 금지

㈐ 산소 또는 천연메탄을 용기에 충전 시 압축기와 충전용 지관 사이에 수취기 설치

㈑ 밀폐형 수전해조에는 액면계와 자동급수장치를 할 것

④ 산화에틸렌 충전

㈎ 저장탱크 내부에 질소, 탄산가스로 치환하고 5℃ 이하로 유지

㈏ 저장탱크 또는 용기에 충전 시 질소, 탄산가스로 바꾼 후 산, 알칼리를 함유하지 않는 상태

㈐ 저장탱크 및 충전용기에는 45℃에서 압력이 0.4 MPa 이상이 되도록 질소, 탄산가스 충전

(4) 압축 및 불순물 유입 금지

① 고압가스 제조 시 압축 금지

㈎ 가연성 가스(C_2H_2, C_2H_4, H_2 제외) 중 산소용량이 전용량의 4 % 이상의 것

㈏ 산소 중 가연성 가스(C_2H_2, C_2H_4, H_2 제외) 용량이 전용량의 4 % 이상의 것

㈐ C_2H_2, C_2H_4, H_2 중의 산소용량이 전용량의 2 % 이상의 것

㈑ 산소 중 C_2H_2, C_2H_4, H_2의 용량 합계가 전용량의 2 % 이상의 것

② 분석 및 불순물 유입금지

㈎ 가연성 가스, 물을 전기분해하여 산소를 제조할 때 1일 1회 이상 분석

㈏ 공기액화 분리기에 설치된 액화산소통 안의 액화산소 5 L 중 아세틸렌 질량이 5 mg, 탄화수소의 탄소의 질량이 500 mg을 넘을 때에는 운전을 중지하고 액화산소를 방출시킬 것

1-6 점검 및 치환농도 기준

(1) 점검기준

 ① 압력계 점검기준 : 표준이 되는 압력계로 기능 검사

  ㈎ 충전용 주관(主管)의 압력계 : 매월 1회 이상

  ㈏ 그 밖의 압력계 : 3개월에 1회 이상

  ㈐ 압력계의 최고눈금 범위 : 상용압력의 1.5배 이상 2배 이하

 ② 안전밸브

  ㈎ 압축기 최종단에 설치한 것 : 1년에 1회 이상

  ㈏ 그 밖의 안전밸브 : 2년에 1회 이상

  ㈐ 저장탱크 방출구 : 지면으로부터 5 m 또는 저장탱크 정상부로부터 2 m 중 높은 위치

(2) 치환농도

 ① 가연성 가스의 가스설비 : 폭발범위하한계의 1/4 이하

 ② 독성 가스의 가스설비 : TLV-TWA 기준농도 이하

 ③ 산소가스설비 : 산소농도 22 % 이하

 ④ 가스설비 내 작업원 작업 : 산소농도 18~22 %를 유지

1-7 특정설비 및 특정고압가스

(1) 특정설비 종류 : 안전밸브, 긴급차단장치, 기화장치, 독성 가스 배관용 밸브, 자동차용 가스 자동주입기, 역화방지기, 압력용기, 특정고압가스용 실린더 캐비닛, 압축천연가스 완속 충전설비, 액화석유가스용 용기 잔류가스 회수장치

(2) 특정고압가스 종류

 ① 법에서 정한 것(법 20조) : 수소, 산소, 액화암모니아, 아세틸렌, 액화염소, 천연가스, 압축모노실란, 압축디보란, 액화알긴, 그 밖에 대통령령이 정하는 고압가스

 ② 대통령령이 정한 것 : 포스핀, 셀렌화수소, 게르만, 디실란, 오불화비소, 오불화인, 삼불화인, 삼불화질소, 삼불화붕소, 사불화유황, 사불화규소

 ③ 특수고압가스 : 압축모노실란, 압축디보란, 액화알긴, 포스핀, 셀렌화수소, 게르만, 디실란 그 밖에 반도체의 세정 등 산업통상자원부 장관이 인정하는 특수한 용도에 사용하는 고압가스

1-8 고압가스 저장 및 용기 안전 점검기준

(1) 고압가스 저장

① 화기와의 거리

㈎ 가스설비, 저장설비 : 2 m 이상

㈏ 가연성 가스설비, 산소의 가스설비, 저장설비 : 8 m 이상

② 용기 보관장소 기준

㈎ 충전용기와 잔가스용기는 각각 구분하여 놓을 것

㈏ 가연성 가스, 독성 가스 및 산소의 용기는 각각 구분하여 놓을 것

㈐ 용기 보관장소에는 계량기 등 작업에 필요한 물건 외에는 두지 않을 것

㈑ 용기 보관장소 2 m 이내에는 화기, 인화성, 발화성 물질을 두지 않을 것

㈒ 충전용기는 40℃ 이하로 유지하고, 직사광선을 받지 않도록 조치

㈓ 가연성 가스 용기 보관장소에는 방폭형 휴대용 손전등 외의 등화 휴대 금지

㈔ 밸브가 돌출한 용기(내용적 5 L 미만 용기 제외)의 넘어짐 및 밸브 손상 방지조치

(2) 용기의 안전 점검기준 : 고압가스 제조자, 고압가스 판매자가 실시

① 용기의 내, 외면에 위험한 부식, 금, 주름이 있는지 확인 할 것

② 용기는 도색 및 표시가 되어 있는지 확인할 것

③ 용기의 스커트에 찌그러짐이 있는지 확인할 것

④ 유통 중 열영향을 받았는지 점검하고, 열영향을 받은 용기는 재검사를 받아야 한다.

⑤ 용기 캡이 씌워져 있거나 프로텍터가 부착되어 있는지 확인할 것

⑥ 재검사기간의 도래 여부를 확인할 것

⑦ 용기 아랫부분의 부식상태를 확인할 것

⑧ 밸브의 몸통, 충전구나사, 안전밸브에 흠, 주름, 스프링의 부식 등이 있는지 확인할 것

⑨ 밸브의 그랜드너트가 고정핀에 의한 이탈 방지 조치가 있는지 여부를 확인할 것

⑩ 밸브의 개폐조작이 쉬운 핸들이 부착되어 있는지 확인할 것

⑪ 충전가스의 종류에 맞는 용기부속품이 부착되어 있는지 확인할 것

1-9 고압가스의 운반

(1) 차량의 경계표지

① 경계표지 : "위험 고압가스" 차량 앞뒤에 부착. 운전석 외부에 적색삼각기

　　　게시

　　② 가로치수 : 차체 폭의 30 % 이상

　　③ 세로치수 : 가로치수의 20 % 이상

　　④ 전사각형 : 600 cm^2 이상

(2) 혼합 적재 금지

　　① 염소와 아세틸렌, 암모니아, 수소

　　② 가연성 가스와 산소는 충전용기 밸브가 마주보지 않도록 적재하면 운반 가능

　　③ 충전용기와 소방기본법이 정하는 위험물

　　④ 독성 가스 중 가연성 가스와 조연성 가스

(3) 차량에 고정된 탱크

　　① 내용적 제한

　　　㈎ 가연성 가스(LPG 제외), 산소 : 18000 L 초과 금지

　　　㈏ 독성 가스(액화암모니아 제외) : 12000 L 초과 금지

　　② 액면요동 방지조치 : 방파판 설치

　　③ 탱크 및 부속품 보호 : 뒷범퍼와 수평거리

　　　㈎ 후부 취출식 탱크 : 40 cm 이상

　　　㈏ 후부 취출식 탱크 외 : 30 cm 이상

　　　㈐ 조작상자 : 20 cm 이상

2　　액화석유가스 안전관리

2-1　용기 및 자동차 용기 충전

(1) 용기 충전

　　① 저장설비 기준

　　　㈎ 냉각살수장치 설치

　　　　㉮ 방사량 : 저장탱크 표면적 1 m^2 당 5 L/min 이상의 비율

　　　　㉯ 준내화구조 저장탱크 : 2.5 L/min·m^2 이상

　　　　㉰ 조작위치 : 5 m 이상 떨어진 위치

　　　㈏ 저장탱크 지하 설치

　　　　㉮ 저장탱크실 재료 규격 : 레디믹스 콘크리트(ready-mixed concrete)

항 목	규 격	항 목	규 격
굵은 골재의 최대치수	25 mm	공기량	4 % 이하
설계강도	21 MPa 이상	물-결합재비	50 % 이하
슬럼프(slump)	120~150 mm	그 밖의 사항	KS F 4009에 따름

㉯ 저장탱크실 바닥은 침입한 물 또는 생성된 물이 모이도록 구배를 갖도록 하고, 집수구를 설치하여 고인 물을 배수할 수 있도록 조치

ⓐ 집수구 크기 : 가로 30 cm, 세로 30 cm, 깊이 30 cm 이상

ⓑ 집수관 : 80 A 이상

ⓒ 집수구 및 집수관 주변 : 자갈 등으로 조치, 펌프로 배수

ⓓ 검지관 : 40 A 이상으로 4개소 이상 설치

㉰ 저장탱크 설치거리

ⓐ 내벽 이격거리 : 바닥면과 저장탱크 하부와 60 cm 이상, 측벽과 45 cm 이상, 저장탱크 상부와 상부 내측벽과 30 cm 이상 이격

ⓑ 저장탱크실의 상부 윗면은 주위 지면보다 최소 5 cm, 최대 30 cm 까지 높게 설치

㉱ 점검구 설치

ⓐ 설치 수 : 저장능력이 20톤 이하인 경우 1개소, 20톤 초과인 경우 2개소

ⓑ 위치 : 저장탱크 측면 상부의 지상에 맨홀 형태로 설치

ⓒ 크기 : 사각형 0.8 m × 1 m 이상, 원형은 지름 0.8 m 이상의 크기

(다) 폭발방지장치 설치

㉮ 설치대상 : 주거지역, 상업지역에 설치하는 10톤 이상의 저장탱크, LPG 탱크로리

㉯ 열전달 매체 : 다공성 벌집형 알루미늄 박판

(라) 방류둑 설치 : 저장능력 1000톤 이상

(마) 지하에 설치하는 저장탱크 : 과충전 경보장치 설치

② 과압안전장치 작동압력

(가) 스프링식 안전밸브는 상용의 온도에서 액화가스의 상용의 체적이 해당 가스설비 등 안의 내용적의 98 %까지 팽창하게 되는 온도에 대응하는 압력에서 작동하는 것으로 한다.

(나) 프로판용 및 부탄용 가스설비 안전밸브 설정압력 : 1.8 MPa (단, 부탄용 저장설비의 경우에는 1.08 MPa로 한다.)

③ 환기설비 설치

(가) 자연환기설비 설치

⑦ 환기구는 바닥면에 접하고, 외기에 면하게 설치

⑭ 통풍 가능 면적 : 바닥면적 $1\,m^2$ 마다 $300\,cm^2$의 비율(1개의 면적 2400 cm^2 이하)

⑭ 사방을 방호벽 등으로 설치한 경우 2방향 이상으로 분산 설치

㈏ 강제환기설비 설치

⑦ 통풍능력 : 바닥면적 $1\,m^2$ 마다 $0.5\,m^3/min$ 이상

⑭ 흡입구 : 바닥면 가까이에 설치

⑭ 배기가스 방출구 높이 : 지면에서 5 m 이상

④ 냄새나는 물질의 첨가

㈎ 냄새측정방법 : 오더(order) 미터법(냄새측정기법), 주사기법, 냄새주머니법, 무취실법

㈏ 용어의 정의

⑦ 패널(panel) : 미리 선정한 정상적인 후각을 가진 사람으로서 냄새를 판정하는 자

⑭ 시험자 : 냄새 농도 측정에 있어서 희석조작을 하여 냄새농도를 측정하는 자

⑭ 시험가스 : 냄새를 측정할 수 있도록 액화석유가스를 기화시킨 가스

㉺ 시료기체 : 시험가스를 청정한 공기로 희석한 판정용 기체

㈊ 희석배수 : 시료기체의 양을 시험가스의 양으로 나눈 값

㈐ 시료기체 희석배수 : 500배, 1000배, 2000배, 4000배

(2) 자동차 용기 충전

① 고정충전설비(dispenser : 충전기) 설치

㈎ 충전기 상부에는 닫집 모양의 차양(캐노피)을 설치, 면적은 공지면적의 1/2 이하

㈏ 충전기 주위에 가스누출검지 경보장치 설치

㈐ 충전호스 길이는 5 m 이내, 끝에는 정전기 제거장치 설치

㈑ 충전호스에 부착하는 가스주입기 : 원터치형

㈒ 충전기 보호대 설치

⑦ 재질 : 두께 12 cm 이상의 철근콘크리트, 100 A 이상의 강관

⑭ 높이 : 80 cm 이상

⑭ 철근콘크리트제 보호대는 콘크리트 기초에 25 cm 이상의 깊이로 묻는다.

㉺ 강관제 보호대는 콘크리트 기초에 25 cm 이상의 깊이로 묻거나 앵커볼트로 고정

㈊ 세이프티 커플링(safety coupling) : 충전기와 가스주입기가 분리될 수 있는 안전장치

㉮ 분리성능 : 커플링은 연결된 상태에서 압력을 가하여 2.7~3.3 MPa 에서 분리될 것

㉯ 당김성능 : 커플링은 연결된 상태에서 30±10 mm/min의 속도로 당겼을 때 490.4~588.4 N에서 분리되는 것

② 충전소에 설치할 수 있는 건축물, 시설

㉮ 충전을 하기 위한 작업장

㉯ 충전소의 업무를 행하기 위한 사무실과 회의실

㉰ 충전소의 관계자가 근무하는 대기실

㉱ 액화석유가스 충전사업자가 운영하고 있는 용기를 재검사하기 위한 시설

㉲ 충전소 종사자의 숙소

㉳ 충전소의 종사자가 이용하기 위한 연면적 100 m² 이하의 식당

㉴ 비상발전기 또는 공구 등을 보관하기 위한 연면적 100 m² 이하의 창고

㉵ 자동차의 세정을 위한 세차시설

㉶ 충전소에 출입하는 사람을 대상으로 한 자동판매기와 현금자동지급기

㉷ 자동차 등의 점검 및 간이정비(용접, 판금 등 화기를 사용하는 작업 및 도장작업을 제외)를 하기 위한 작업장

㉸ 충전소에 출입하는 사람을 대상으로 한 소매점 및 자동차 전시장, 자동차 영업소

㉹ ㉯, ㉰, ㉳, ㉴, ㉷, ㉸의 용도에 제공하는 부분의 연면적의 합은 500 m² 를 초과할 수 없다.

㉺ 허용된 건축물 또는 시설은 저장설비, 가스설비 및 탱크로리 이입, 충전장소의 외면과 직선거리 8 m 이상의 거리를 유지할 것

③ 식별표지 및 위험표지

㉮ 충전 중 엔진 정지 : 황색 바탕에 흑색 글씨

㉯ 화기엄금 : 백색 바탕에 적색 글씨

2-2 소형저장탱크 설치

(1) 이격거리

충전질량(kg)	가스충전구로부터 토지경계선에 대한 수평거리(m)	탱크간 거리(m)	가스충전구로부터 건축물 개구부에 대한 거리(m)
1000 kg 미만	0.5 이상	0.3 이상	0.5 이상
1000~2000 kg 미만	3.0 이상	0.5 이상	3.0 이상
2000 kg 이상	5.5 이상	0.5 이상	3.5 이상

(2) 설치방법

① 동일장소에 설치하는 소형저장탱크 수는 6기 이하, 충전질량 합계는 5000 kg 미만

② 기초가 지면보다 5 cm 이상 높게 설치된 콘크리트 등에 설치

③ 안전밸브 방출구 : 수직상방으로 분출하는 구조

④ 경계책 설치 : 높이 1 m 이상 (충전질량 1000 kg 이상만 해당)

⑤ 소형저장탱크와 기화장치와의 우회거리 : 3 m 이상

⑥ 충전량 : 내용적의 85 % 이하

2-3 용기에 의한 사용시설

(1) 화기와의 거리

① 저장설비, 감압설비 및 배관과 화기와의 거리 : 주거용 시설은 2 m 이상

저장능력	화기와의 우회거리
1톤 미만	2 m 이상
1톤 이상 3톤 미만	5 m 이상
3톤 이상	8 m 이상

② 저장설비 등과 화기를 취급하는 장소와의 사이에 높이 2 m 이상의 내화성 벽을 설치

(2) 저장설비 설치

① 100 kg 이하 : 용기, 용기밸브, 압력조정기가 직사광선, 눈, 빗물에 노출되지 않도록 조치

② 100 kg 초과 : 용기보관실 설치

③ 250 kg 이상(자동절체기 사용 시 500 kg 이상) : 고압부에 과압안전장치 설치

④ 500 kg 초과 : 저장탱크, 소형저장탱크 설치

⑤ 사이펀 용기 : 기화장치가 설치되어 있는 시설에서만 사용

(3) 가스설비 설치

① 중간밸브 설치 : 연소기 각각에 대하여 퓨즈 콕, 상자 콕 설치

② 호스설치 : 호스길이 3 m 이내, T형으로 연결하지 않을 것

③ 가스설비 성능

㈎ 내압시험압력 : 상용압력의 1.5배 이상(공기, 질소 등의 기체 1.25배 이상)

㈏ 압력조정기 출구에서 연소기 입구까지의 기밀시험압력 : 8.4 kPa 이상

3 ◦ 도시가스 안전관리

3-1 가스도매사업 제조소 및 공급소

(1) 다른 설비와의 거리

① 고압인 가스공급시설의 안전구역 면적 : $20000\,\mathrm{m}^2$ 미만

② 안전구역안의 고압인 가스공급시설과의 거리 : $30\,\mathrm{m}$ 이상

③ 둘 이상의 제조소가 인접하여 있는 경우 다른 제조소 경계까지 : $20\,\mathrm{m}$ 이상

④ 액화천연가스의 저장탱크와 처리능력이 20만m3 이상인 압축기와의 거리 : $30\,\mathrm{m}$ 이상

⑤ 저장탱크와의 거리 : 두 저장탱크의 최대지름을 합산한 길이의 1/4 이상에 해당하는 거리 유지($1\,\mathrm{m}$ 미만인 경우 $1\,\mathrm{m}$ 이상의 거리 유지) → 물분무장치 설치 시 제외

(2) 사업소 경계와의 거리 : 액화천연가스의 저장설비 및 처리설비

$$L = C \times \sqrt[3]{143000\,W}$$

여기서, L : 유지하여야 하는 거리(m) (단, 거리가 $50\,\mathrm{m}$ 미만의 경우에는 $50\,\mathrm{m}$)

C : 상수(저압 지하식 탱크 : 0.240, 그 밖의 가스저장설비 및 처리설비 : 0.576)

W : 저압 지하식 저장탱크는 저장능력(톤)의 제곱근, 그 밖의 것은 그 시설 안의 액화천연가스의 질량(톤)

(3) 방류둑 설치 저장탱크 : 저장능력 500톤 이상

3-2 일반 도시가스사업 제조소 및 공급소

(1) 배치기준

① 가스혼합기, 가스정제설비, 배송기, 압송기, 가스공급시설의 부대설비(배관제외)와 사업장 경계까지 : $3\,\mathrm{m}$ 이상(고압인 경우 $20\,\mathrm{m}$ 이상, 제1종 보호시설과 $30\,\mathrm{m}$ 이상)

② 화기와의 거리 : $8\,\mathrm{m}$ 이상의 우회거리

③ 사업소 경계와의 거리 : 가스발생기 및 가스홀더

㉮ 최고사용압력이 고압 : $20\,\mathrm{m}$ 이상

㉯ 최고사용압력이 중압 : $10\,\mathrm{m}$ 이상

㉰ 최고사용압력이 저압 : $5\,\mathrm{m}$ 이상

(2) 환기설비 설치

① 통풍구조

㉮ 공기보다 무거운 가스 : 바닥면에 접하고

㉯ 공기보다 가벼운 가스 : 천장 또는 벽면 상부에서 30 cm 이내에 설치

㉰ 환기구 통풍가능 면적 : 바닥면적 $1 m^2$ 당 $300 cm^2$ 비율(1개 환기구면적 $2400 cm^2$ 이하)

㉱ 사방을 방호벽 등으로 설치할 경우 : 환기구를 2방향 이상으로 분산 설치

② 기계환기설비의 설치기준

㉮ 통풍능력 : 바닥면적 $1 m^2$마다 $0.5 m^3$/분 이상

㉯ 배기구는 바닥면(공기보다 가벼운 경우에는 천장면) 가까이 설치

㉰ 배기가스 방출구 높이 : 지면에서 5 m 이상 (공기보다 가벼운 경우 3 m 이상)

③ 공기보다 가벼운 공급시설이 지하에 설치된 경우의 통풍구조

㉮ 통풍구조 : 환기구를 2방향 이상 분산 설치

㉯ 배기구 : 천장면으로부터 30 cm 이내 설치

㉰ 흡입구 및 배기구 관지름 : 100 mm 이상

㉱ 배기가스 방출구 높이 : 지면에서 3 m 이상

(3) 가스설비의 시험

① 내압시험

㉮ 시험압력 : 최고사용압력의 1.5배 이상(기체일 경우 최고사용압력의 1.25배 이상)

㉯ 내압시험을 기체에 의하여 하는 경우 : 상용압력의 50 %까지 승압하고 그 후에는 상용압력의 10 %씩 단계적으로 승압

② 기밀시험 : 최고사용압력의 1.1배 이상

3-3 일반 도시가스사업 제조소 및 공급소 밖의 배관

(1) 공동주택 등에 설치하는 압력조정기

① 중압 이상 : 전체 세대수 150세대 미만

② 저압 : 전체 세대수 250세대 미만

(2) 배관 설비기준

① 굴착 및 되메우기 방법

㉮ 기초재료(foundation) : 모래 또는 19 mm 이상의 큰 입자가 포함되지 않은 양질의 흙

㉯ 침상재료(bedding) : 배관에 작용하는 하중을 수직방향 및 횡방향에서 지

지하고 하중을 기초 아래로 분산시키기 위하여 배관 하단에서 배관 상단 30 cm까지 포설하는 재료

(다) 되메움재료 : 배관에 작용하는 하중을 분산시켜 주고 도로의 침하 등을 방지하기 위하여 침상재료 상단에서 도로 노면까지에 암편이나 굵은 돌이 포함하지 아니하는 양질의 흙

(라) 도로가 평탄한 경우 배관의 기울기 : 1/500~1/1000

② 배관설비 표시

(가) 배관외부 표시사항 : 사용가스명, 최고사용압력, 가스의 흐름방향

(나) 라인마크 설치기준 : 배관 길이 50 m마다 1개 이상, 주요 분기점 구부러진 지점 및 그 주위 50 m 이내 설치

(다) 표지판 설치 간격 : 200 m 간격으로 1개 이상

③ 지하매설배관의 설치(매설깊이)

(가) 공동주택 등의 부지 내 : 0.6 m 이상

(나) 폭 8 m 이상의 도로 : 1.2 m 이상

(다) 폭 4 m 이상 8 m 미만인 도로 : 1 m 이상

3-4 일반 도시가스사업 정압기

(1) 정압기실 시설 및 설비

① 과압안전장치 설치

(가) 분출부 크기

정압기 입구 압력		배관크기
0.5 MPa 이상		50 A 이상
0.5 MPa 미만	설계유량 1000 Nm³/h 이상	50 A 이상
	설계유량 1000 Nm³/h 미만	25 A 이상

(나) 설정압력

구 분		상용압력 2.5 kPa	그 밖의 경우
이상압력통보설비	상한값	3.2 kPa 이하	상용압력의 1.1배 이하
	하한값	1.2 kPa 이상	상용압력의 0.7배 이상
주정압기에 설치하는 긴급차단장치		3.6 kPa 이하	상용압력의 1.2배 이하
안전밸브		4.0 kPa 이하	상용압력의 1.4배 이하
예비정압기에 설치하는 긴급차단장치		4.4 kPa 이하	상용압력의 1.5배 이하

(다) 가스방출관 설치 : 지면으로부터 5 m 이상(전기시설물과 접촉우려가 있는 곳은 3 m 이상)

② 가스누출검지 통보설비 설치

㉮ 검지부 : 바닥면 둘레 20 m에 대하여 1개 이상의 비율

㉯ 작동상황 점검 : 1주일에 1회 이상

③ 위험감시 및 제어장치 설치

㉮ 경보장치 : 정압기 출구 배관에 설치하고 가스압력이 비정상적으로 상승할 경우 안전관리자가 상주하는 곳에 통보

㉯ 출입문 및 긴급차단장치 개폐통보장치

④ 수분 및 불순물 제거장치 설치 : 정압기 입구에 설치

⑤ 동결 방지 조치 : 가스에 포함된 수분의 동결에 의해 정압기능이 저해할 우려가 있는 정압기

⑥ 가스공급 차단장치 설치

㉮ 가스차단장치 : 정압기 입구 및 출구에 설치

㉯ 지하에 설치되는 정압기 : 정압기실 외부의 가까운 곳에 추가 설치

⑦ 부대설비 설치

㉮ 비상전력설비

㉯ 압력기록장치 : 정압기 출구의 압력을 측정, 기록

㉰ 조명설비 설치 : 조명도 150룩스

㉱ 외부인 출입감시장치 설치

⑧ 경계표지 : 정압기실 주변의 보기 쉬운 곳에 게시. 시설명, 공급자, 연락처 등을 표기

⑨ 경계책 높이 : 1.5 m 이상의 철책, 철망

(2) 점검기준

① 정압기 : 2년에 1회 이상 분해 점검

② 필터 : 가스 공급 개시 후 1개월 이내 및 매년 1회 이상 분해 점검

③ 작동상황 점검 : 1주일에 1회 이상

3-5 사용시설

(1) 가스 계량기

① 화기와 2 m 이상 우회거리 유지

② 설치 높이 : 1.6~2 m 이내(보호상자 내에 설치 시 바닥으로부터 2 m 이내 설치한다.)

③ 유지거리

㉮ 전기계량기, 전기개폐기 : 60 cm 이상

㉯ 단열조치를 하지 않은 굴뚝, 전기점멸기, 전기접속기 : 30 cm 이상

㈐ 절연조치를 하지 않은 전선 : 15 cm 이상

(2) 배관설비

① 배관이음부와 유지거리(용접이음매 제외)

㈎ 전기계량기, 전기개폐기 : 60 cm 이상

㈏ 전기점멸기, 전기접속기 : 15 cm 이상

㈐ 절연조치를 하지 않은 전선, 단열조치를 하지 않은 굴뚝 : 15 cm 이상

㈑ 절연전선 : 10 cm 이상

② 배관 고정장치 : 배관과 고정장치 사이에는 절연조치를 할 것

㈎ 호칭지름 13 mm 미만 : 1 m마다

㈏ 호칭지름 13 mm 이상 33 mm 미만 : 2 m마다

㈐ 호칭지름 33 mm 이상 : 3 m마다

㈑ 호칭지름 100 mm 이상의 것은 3 m를 초과하여 설치할 수 있음

호칭지름	지지간격(m)	호칭지름	지지간격(m)
100 A	8	400 A	19
150 A	10	500 A	22
200 A	12	600 A	25
300 A	16	–	–

③ 배관 도색 및 표시

㈎ 배관 외부에 표시 사항 : 사용가스명, 최고사용압력, 가스흐름방향(매설관 제외)

㈏ 지상 배관 : 황색

㈐ 지하 매설배관 : 중압 이상 – 붉은색, 저압 – 황색

㈑ 건축물 내·외벽에 노출된 배관 : 바닥에서 1 m 높이에 폭 3 cm의 황색 띠를 2중으로 표시한 경우 황색으로 하지 아니할 수 있음

(3) 점검기준

① 가스사용시설에 설치된 압력조정기 : 1년에 1회 이상(필터 청소 : 3년에 1회 이상)

② 정압기와 필터 분해점검 : 설치 후 3년까지는 1회 이상, 그 이후에는 4년에 1회 이상

(4) 내압시험 및 기밀시험

① 내압시험(중압 이상 배관) : 최고사용압력의 1.5배 이상

② 기밀시험 : 최고사용압력의 1.1배 또는 8.4 kPa 중 높은 압력 이상

(5) 연소기

① 호스 길이 : 3 m 이내, "T"형으로 연결 금지

② 연소기의 설치 방법

(가) 개방형 연소기 : 환풍기, 환기구 설치

(나) 반밀폐형 연소기 : 급기구, 배기통 설치

(다) 배기통 재료 : 스테인리스강, 내열 및 내식성 재료

(4) 월사용예정량 산정 기준

$$Q = \frac{(A \times 240) + (B \times 90)}{11000}$$

여기서, Q : 월사용예정량(m^3)

A : 산업용으로 사용하는 연소기의 명판에 기재된 가스소비량의 합계(kcal/h)

B : 산업용이 아닌 연소기의 명판에 기재된 가스소비량의 합계(kcal/h)

① 가스소비량 합계에서 가정용으로 사용하는 연소기의 가스소비량은 합산 대상에서 제외한다.

② 연소기의 용도로서 산업용과 비산업용의 구분 : 당해 가스를 이용하여 직접 제품을 생산, 판매(일반적인 유통방법에 의한 판매를 말한다.)하는 경우는 '산업용'으로, 그 밖의 경우는 '비산업용'으로 계산하며, 그 예는 다음과 같다.

(가) 공장 등 산업체의 식당에서 취사용으로 사용하는 경우는 산업체에서 사용하는 경우라도 제품을 직접 생산 판매하는 용도가 아니므로 '비산업용'으로 계산한다.

(나) 학교 실습실에 설치된 도자기로 등은 제품을 생산하나 판매가 수반되지 아니하므로 '비산업용'으로 계산한다.

(다) 제과공장에서 빵을 만드는 데 사용하는 연소기는 제품의 생산과 판매가 수반되므로 '산업용'으로 계산한다. 다만, 제과점의 연소기는 일반적인 유통방법에 의한 판매가 이루어지지 않으므로 '비산업용'으로 계산한다.

(라) 세탁공장은 넓은 의미에서 산업의 일환인 서비스업으로 볼 수 있고, 상시적이고 고정적인 기업 활동이 이루어지므로 이곳의 연소기는 '산업용'으로 계산한다.

(마) 세탁소, 방앗간 등은 상시적이고 고정적인 기업 활동으로 보기 어려우므로 이곳의 연소기는 '비산업용'으로 계산한다.

(바) 자동차 정비업체의 도장부스에 사용하는 연소기는 제품 수리에 사용하므로 이곳의 연소기는 '비산업용'으로 계산한다.

Part 2

가스 설비 실무
필답형 모의고사

2002년도 가스산업기사 모의고사

제1회 **○ 가스산업기사 필답형**

01 가연성가스의 제조설비, 저장설비 중 전기설비는 방폭성능을 가지는 것이어야 한다. 방폭전기기기의 종류 4가지를 쓰시오.

해답 ① 내압방폭구조 ② 유입방폭구조
③ 압력방폭구조 ④ 안전증방폭구조
⑤ 본질안전방폭구조 ⑥ 특수방폭구조

02 액체공기 50 kg 중 산소와 질소의 질량은 몇 kg인가? (단, 공기의 분자량은 29이며, 공기의 조성은 체적으로 산소 21 %, 질소 78 %, 아르곤 1 %이다.)

풀이 (1) 산소 질량 계산
① 액체공기 50 kg을 체적으로 환산한 후 산소체적 계산
$$29 \, \text{kg} : 22.4 \, \text{m}^3 = 50 \, \text{kg} : x[\text{m}^3]$$
$$x = \frac{50 \times 22.4}{29} \times 0.21 = 8.110 \fallingdotseq 8.11 \, \text{m}^3$$
② 산소체적을 산소질량으로 계산
$$32 \, \text{kg} : 22.4 \, \text{m}^3 = y[\text{kg}] : 8.11 \, \text{m}^3$$
$$y = \frac{32 \times 8.11}{22.4} = 11.585 \fallingdotseq 11.59 \, \text{kg}$$
(2) 질소 질량 계산
① 액체공기 50 kg을 체적으로 환산한 후 질소체적 계산
$$29 \, \text{kg} : 22.4 \, \text{m}^3 = 50 \, \text{kg} : x[\text{m}^3]$$
$$x = \frac{50 \times 22.4}{29} \times 0.78 = 30.124 \fallingdotseq 30.12 \, \text{m}^3$$
② 질소체적을 질소질량으로 계산
$$28 \, \text{kg} : 22.4 \, \text{m}^3 = y[\text{kg}] : 30.12 \, \text{m}^3$$
$$y = \frac{28 \times 30.12}{22.4} = 37.65 \, \text{kg}$$

해답 (1) 산소 질량 : 11.59 kg (2) 질소 질량 : 37.65 kg

03 LPG 사용시설에서 기화기 사용 시 장점 4가지를 쓰시오.

해답 ① 한랭시에도 연속적으로 가스공급이 가능하다.
② 공급 가스의 조성이 일정하다.
③ 설치 면적이 적어진다.

④ 기화량을 가감할 수 있다.
⑤ 설비비 및 인건비가 절약된다.

04 흡수식 냉동설비에서 발생기를 가열하는 1시간의 입열량이 66400 kcal일 때 냉동능력은 몇 톤인가?

풀이 1일의 냉동능력 계산에서 흡수식 냉동설비는 발생기를 가열하는 1시간의 입열량이 6640 kcal를 1톤으로 계산한다.

$$\therefore \ \text{냉동능력} = \frac{1\text{시간의 입열량}}{6640} = \frac{66400}{6640} = 10\text{톤}$$

해답 10톤

해설 1일의 냉동능력(톤) 계산
① 원심식 압축기 : 원동기 정격출력 1.2 kW
② 흡수식 냉동설비 : 발생기를 가열하는 입열량 6640 kcal/h
③ 그 밖의 것 : 다음의 산식으로 계산

$$R = \frac{V}{C}$$

여기서, R : 1일의 냉동능력(톤)
V : 피스톤 압출량(m^3/h)
C : 냉매종류에 따른 상수

05 LPG 저장탱크 주위에 액상의 가스가 누출된 경우 그 가스의 유출을 방지하기 위하여 설치하는 것의 명칭은 무엇인가?

해답 방류둑

06 유량(Q)이 3 m^3/s, 유속(V)이 4 m/s로 흐를 때 관지름(D)은 몇 mm인가?

풀이 $Q = AV = \frac{\pi}{4}D^2 V$에서 지름($D$)의 단위는 미터(m)이고, 1 m = 1000 mm이다.

$$\therefore \ D = \sqrt{\frac{4Q}{\pi V}} = \sqrt{\frac{4 \times 3}{\pi \times 4}} \times 1000 = 977.205 \fallingdotseq 977.21 \text{ mm}$$

해답 977.21 mm

07 LPG를 사용하는 연소기구의 밸브가 열려 0.6 mm의 노즐에서 수주 280 mm의 압력으로 LP가스가 4시간 유출하였을 경우 가스분출량은 몇 L인가? (단, LP가스의 분출압력 280 mmH_2O에서 비중은 1.7이다.)

풀이 $Q = 0.009D^2\sqrt{\frac{P}{d}} = \left(0.009 \times 0.6^2 \times \sqrt{\frac{280}{1.7}}\right) \times 4 \times 1000 = 166.325 \fallingdotseq 166.33 \text{ L}$

해답 166.33 L

해설 노즐에서 유출되는 가스량(Q)의 단위는 'm^3/h'이므로 누출된 시간 4시간을 적용하였고, 1 m^3 = 1000 L에 해당되므로 단위 환산을 위해 1000을 적용한 것이다.

08 비파괴검사 방법에서 방사선검사의 특징 4가지를 쓰시오.

해답 ① 내부결함의 검출이 가능하다.
② 결함의 크기, 모양을 알 수 있다.
③ 검사 기록 결과가 유지된다.
④ 장치의 가격이 고가이다.
⑤ 고온부, 두께가 두꺼운 곳은 부적당하다.
⑥ 취급상 방호에 주의하여야 한다.
⑦ 선에 평행한 크랙 등은 검출이 불가능하다.

09 용기에 LPG가 20 kg 충전된 것을 사용하여 1일 동안 가스레인지(0.32 kg/h) 1시간, 가스순간온수기(0.6 kg/h) 1시간, 가스스토브(0.22 kg/h) 3시간을 사용할 때 이 용기의 교환주기는 얼마인가? (단, 용기의 잔액은 18 %일 때 교환하며, 연소기구에 주어진 괄호는 가스 소비량을 의미한다.)

풀이 용기 교환주기 $= \dfrac{\text{가스 총량}}{\text{1일 가스 소비량}} = \dfrac{20 \times 0.82}{(0.32 \times 1) + (0.6 \times 1) + (0.22 \times 3)} = 10.379 ≒ 10$일

해답 10일

해설 ① 용기의 잔액이 18 %일 때 교환한다는 것은 용기에 충전된 LPG 20 kg의 82 %만 사용한다는 것이다.
② 용기 교환주기 계산에서 발생하는 소수는 소수점 처리와 관계없이 무조건 버려야 한다.

10 압축기에서 다단압축의 목적 4가지를 쓰시오.

해답 ① 1단 단열압축과 비교한 일량의 절약 ② 이용 효율의 증가
③ 힘의 평형이 좋아진다. ④ 가스의 온도상승을 피할 수 있다.

제2회 ○ 가스산업기사 필답형

01 2중관으로 하여야 하는 독성가스 종류 4가지와 2중관 규격을 쓰시오.

해답 ① 독성가스의 종류 : 포스겐, 황화수소, 시안화수소, 아황산가스, 산화에틸렌, 암모니아, 염소, 염화메탄
② 2중관 규격 : 외층관 내경은 내층관 외경의 1.2배 이상

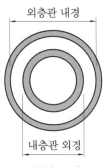

외층관 내경

내층관 외경

2중관 규격

02 내용적이 400 L인 오토클레이브에 20℃에서 수소(H_2)가 12 MPa로 충전되어 있을 때 오토클레이브의 온도가 상승하여 안전밸브가 작동하였다. 안전밸브의 작동이 정상이고 수소를 이상기체로 간주할 때 오토클레이브 내의 온도는 몇 ℃인가? (단, 오토클레이브의 내압시험은 30 MPa이다.)

풀이 ① 안전밸브 작동압력 = 내압시험압력 $\times \dfrac{8}{10} = 30 \times \dfrac{8}{10} = 24$ MPa

② 보일-샤를의 법칙을 적용하여 안전밸브가 작동하였을 때의 온도 계산

$\dfrac{P_1 \cdot V_1}{T_1} = \dfrac{P_2 \cdot V_2}{T_2}$ 에서 오토클레이브의 내용적 변화는 없으므로 $V_1 = V_2$ 이고, 대기압은 0.101325 MPa이다.

$$\therefore T_2 = \dfrac{T_1 \times P_2}{P_1} = \dfrac{(273 + 20) \times (24 + 0.101325)}{12 + 0.101325}$$
$$= 583.546\,\text{K} - 273 = 310.546 ≒ 310.55\,℃$$

해답 310.55℃

03 비파괴검사법 중 내부결함을 검사할 수 있는 검사법 2가지를 쓰시오.

해답 ① 방사선투과검사
② 초음파검사

04 3단 압축기에서 1단의 흡입량이 20℃에서 800 m^3/h이다. 3단의 출구에서 유량을 측정한 결과 압력은 2.5 MPa · g, 온도는 60℃에서 18 m^3/h이었다면 체적효율(%)은 얼마인가? (단, 흡입압력은 대기압이며, 대기압은 0.1 MPa이다.)

풀이 ① 3단의 토출가스량(V_2) 18 m^3/h을 1단의 압력, 온도와 같은 조건으로 환산

$\dfrac{P_1 \cdot V_1}{T_1} = \dfrac{P_2 \cdot V_2}{T_2}$ 에서 V_1을 구한다.

$$\therefore V_1 = \dfrac{P_2 V_2 T_1}{P_1 T_2} = \dfrac{(2.5 + 0.1) \times 18 \times (273 + 20)}{0.1 \times (273 + 60)} = 411.783 ≒ 411.78\,\text{m}^3/\text{h}$$

② 체적효율 계산 : 이론적 피스톤 압출량은 흡입가스량이다.

$$\therefore \eta_v = \dfrac{\text{실제적 피스톤 압출량}}{\text{이론적 피스톤 압출량}} \times 100 = \dfrac{411.78}{800} \times 100 = 51.472 ≒ 51.47\,\%$$

해답 51.47 %

05 안지름 10 cm인 배관을 플랜지 이음을 하였고, 이 배관에 5 MPa의 압력이 작용할 때 볼트 1개에 걸리는 힘을 4000 N으로 한다면 필요한 볼트 수는 최소한 몇 개가 있어야 하는가?

풀이 ① 배관에 작용하는 압력을 'Pa = N/m^2'을, 배관의 단면적은 'm'을 적용한다.
② 볼트 수 계산 : 계산된 값에서 나오는 소수는 무조건 1개로 계산한다.

$$\therefore \text{볼트 수} = \dfrac{P \cdot A}{\text{볼트 1개당 걸리는 힘}} = \dfrac{(5 \times 10^6) \times \left(\dfrac{\pi}{4} \times 0.1^2\right)}{4000} = 9.817 ≒ 10\,\text{개}$$

해답 10개

06 토양 중의 조건이 다음과 같을 때 금속의 부식속도의 변화는 어떻게 되는지 '크다', '적다'로 답하시오.

(1) 통기 배수가 불량한 점토 중의 부식속도 :
(2) 통기성이 양호한 토양에서의 부식속도 :
(3) 염기싱 세균이 번식하는 토양 중의 부식속도 :

해답 (1) 크다.
　　(2) 적다.
　　(3) 크다.

07 25℃의 상태에서 지름이 40 m인 구형 가스홀더에 0.6 MPa · g의 압력으로 도시가스가 저장되어 있다. 이 가스를 압력이 0.25 MPa · g로 될 때까지 공급하였을 때 공급된 가스량(Nm³)을 계산하시오. (단, 가스 공급 시 온도 변화는 없으며, 대기압은 0.1 MPa 이다.)

풀이 ① 구형 가스홀더의 내용적(m³) 계산

$$V = \frac{\pi}{6} \times D^3 = \frac{\pi}{6} \times 40^3 = 33510.321 \fallingdotseq 33510.32 \, \text{m}^3$$

② 공급된 가스량(Nm³) 계산 : 'Nm³'의 의미는 표준상태(0℃, 1기압)의 체적이다.

$$\Delta V = V \times \frac{P_1 - P_2}{P_0} \times \frac{T_0}{T_1} = 33510.32 \times \frac{(0.6 + 0.1) - (0.25 + 0.1)}{0.1} \times \frac{273}{273 + 25}$$
$$= 107446.680 \fallingdotseq 107446.68 \, \text{Nm}^3$$

해답 107446.68 Nm³

[별해] 구형 가스홀더의 내용적을 공급된 가스량을 구하는 공식에 적용하여 하나의 식으로 계산

$$\Delta V = V \times \frac{P_1 - P_2}{P_0} \times \frac{T_0}{T_1} = \left(\frac{\pi}{6} \times 40^3 \right) \times \frac{(0.6 + 0.1) - (0.25 + 0.1)}{0.1} \times \frac{273}{273 + 25}$$
$$= 107446.685 \fallingdotseq 107446.69 \, \text{Nm}^3$$

해설 ① Nm³는 표준상태의 체적을 의미하는 것으로 온도는 0℃, 압력은 대기압을 의미하며, Sm³로 주어질 수도 있다.
　　② 계산하는 과정 및 공식에 따라 최종값에서 오차는 발생할 수 있으며, 득점에는 영향이 없다.
　　③ 구형 가스홀더 내용적 계산할 때 '파이(π)'와 '3.14'를 적용하느냐에 따라 오차가 발생하며, 풀이 과정에 그 내용을 기록하면 득점에는 영향이 없다.

08 고압가스 제조시설에서 역화방지장치를 설치하여야 할 곳 2가지를 쓰시오.

해답 ① 가연성가스를 압축하는 압축기와 오토클레이브와의 사이 배관
　　② 아세틸렌의 고압건조기와 충전용 교체밸브 사이의 배관
　　③ 아세틸렌 충전용 지관

해설 **역류방지밸브 설치할 곳**
　　① 가연성가스를 압축하는 압축기와 충전용 주관과의 사이
　　② 아세틸렌을 압축하는 압축기의 유분리기와 고압건조기와의 사이
　　③ 암모니아 또는 메탄올의 합성탑 및 정제탑과 압축기와의 사이 배관

09 도시가스 제조공정에서 접촉분해공정에 대하여 설명하시오.

해답 촉매를 사용해서 반응온도 400~800℃에서 탄화수소와 수증기를 반응시켜 메탄(CH_4), 수소(H), 일산화탄소(CO), 이산화탄소(CO_2)로 변환하는 공정이다.

해설 도시가스의 가스화 방식에 의한 분류
① 열분해 공정   ② 접촉분해 공정
③ 부분연소 공정   ④ 대체천연가스(SNG) 공정
⑤ 수소화 분해 공정

제4회 **○ 가스산업기사 필답형**

01 바닥의 넓이 40 m², 높이가 2.7 m인 실내에 C_3H_8 가스가 6 kg 누설되었을 때 폭발위험이 있는지 계산으로 판별하시오. (단, 실내의 온도는 0℃이고, 압력은 표준대기압 상태이다.)

풀이 ① 누설된 프로판 6 kg을 체적으로 계산

$$44 \text{ kg} : 22.4 \text{ m}^3 = 6 \text{ kg} : x[\text{m}^3]$$

$$x = \frac{6 \times 22.4}{44} = 3.054 ≒ 3.05 \text{ m}^3$$

② 누설된 프로판이 실내 체적에 대한 비율 계산

$$비율 = \frac{누설 \ 가스량}{실내 \ 체적} \times 100 = \frac{3.05}{40 \times 2.7} \times 100 = 2.824 ≒ 2.82 \%$$

해답 프로판의 폭발범위 2.1~9.5 vol%에 해당되므로 폭발의 위험이 있다.

[별해] 이상기체 상태방정식을 적용하여 누설된 프로판 6 kg을 체적으로 계산
① $PV = GRT$에서

$$V = \frac{GRT}{P} = \frac{6 \times \frac{848}{44} \times 273}{10332} = 3.055 ≒ 3.06 \text{ m}^3$$

$$\therefore \ 비율 = \frac{3.06}{40 \times 2.7} \times 100 = 2.833 ≒ 2.83 \%$$

② $PV = \frac{W}{M}RT$에서

$$V = \frac{WRT}{PM} = \frac{6 \times 0.082 \times 273}{1 \times 44} = 3.052 ≒ 3.05 \text{ m}^3$$

$$\therefore \ 비율 = \frac{3.05}{40 \times 2.7} \times 100 = 2.824 ≒ 2.82 \%$$

02 구형 저장탱크에 액비중이 0.52인 액화가스의 저장량이 10톤일 때 저장탱크의 지름(m)은 얼마인가?

풀이 액화가스 저장탱크 저장능력 계산식 $W = 0.9dV$에 구형 저장탱크의 내용적 계산식 $V = \frac{\pi}{6}D^3$을 적용하면 다음의 식으로 만들 수 있다.

$$W = 0.9dV = 0.9d\frac{\pi}{6}D^3$$

$$\therefore \ D = \sqrt[3]{\frac{6W}{0.9\pi d}} = \sqrt[3]{\frac{6\times 10}{0.9\times \pi \times 0.52}} = 3.442 \fallingdotseq 3.44 \, \text{m}$$

해답 3.44 m

해설 ① 액화가스 저장탱크 저장능력 계산식에서 내용적(V)을 '리터(L)' 단위를 적용하면 저장능력은 'kg'으로, 'm^3' 단위를 적용하면 저장능력은 '톤(t)'으로 계산된다.
② 풀이에서 저장능력을 '톤(t)'으로 적용하였기 때문에 저장탱크 내용적이 'm^3'가 되므로 지름은 'm' 단위로 계산된다.

03 LP가스 저압 배관의 유량 계산식을 쓰고 설명하시오.

해답 ① 계산식 : $Q = K\sqrt{\dfrac{D^5 \cdot H}{S \cdot L}}$

② 각 인자 설명
Q : 가스 유량(m^3/h) K : 유량계수(폴의 정수 : 0.707)
D : 관 안지름(cm) H : 압력손실(mmH$_2$O 또는 mmAq)
S : 가스의 비중 L : 관 길이(m)

해설 중고압 배관의 유량 계산식

$$Q = K\sqrt{\frac{D^5 \cdot (P_1^2 - P_2^2)}{S \cdot L}}$$

여기서, Q : 가스 유량(m^3/h) K : 유량계수(코크스의 정수 : 52.31)
D : 관 안지름(cm) P_1 : 초압(kgf/cm$^2 \cdot$ a)
P_2 : 종압(kgf/cm$^2 \cdot$ a) S : 가스의 비중
L : 관 길이(m)

04 가스미터 설치 장소 기준에 대하여 4가지를 쓰시오.

해답 ① 화기와 2 m 이상의 우회거리 유지할 것
② 직사광선, 빗물을 받을 우려가 있는 장소는 격납상자 내에 설치할 것
③ 바닥으로부터 1.6 m 이상 2 m 이내에 수평, 수직으로 설치할 것
④ 전기계량기, 전기개폐기와 60 cm 이상 유지할 것
⑤ 단열조치를 하지 않은 굴뚝, 전기점멸기, 전기접속기와 30 cm 이상 유지할 것
⑥ 절연조치를 하지 않은 전선과 15 cm 이상 유지할 것

05 LPG의 발열량이 24000 kcal/Nm^3, 공급압력이 수주 280 mm, 가스 비중이 1.5일 때 사용하는 연소기구 노즐 지름이 0.9 mm이었다. 이 연소기구를 발열량이 11000 kcal/Nm^3, 공급압력이 수주 250 mm, 가스 비중이 0.55인 LNG를 사용하는 도시가스로 변경할 경우 노즐 지름은 몇 mm인가?

풀이 $\dfrac{D_2}{D_1} = \dfrac{\sqrt{WI_1\sqrt{P_1}}}{\sqrt{WI_2\sqrt{P_2}}} = \sqrt{\dfrac{WI_1\sqrt{P_1}}{WI_2\sqrt{P_2}}}$ 에서

$$D_2 = \sqrt{\frac{WI_1\sqrt{P_1}}{WI_2\sqrt{P_2}}} \times D_1 = \sqrt{\frac{\dfrac{24000}{\sqrt{1.5}}\times \sqrt{280}}{\dfrac{11000}{\sqrt{0.55}}\times \sqrt{250}}} \times 0.9 = 1.064 \fallingdotseq 1.06 \, \text{mm}$$

해답 $1.06\,\mathrm{mm}$

[별해] 변경 전후의 웨버지수(WI)를 구하여 노즐 변경률을 구하는 방법

　① 변경 전 웨버지수 계산

$$WI_1 = \frac{H_{g_1}}{\sqrt{d_1}} = \frac{24000}{\sqrt{1.5}} = 19595.917 \fallingdotseq 19595.92$$

　② 변경 후 웨버지수 계산

$$WI_2 = \frac{H_{g_2}}{\sqrt{d_2}} = \frac{11000}{\sqrt{0.55}} = 14832.396 \fallingdotseq 14832.40$$

　③ 노즐 지름 변경률 계산

$$D_2 = \sqrt{\frac{WI_1\sqrt{P_1}}{WI_2\sqrt{P_2}}} \times D_1 = \sqrt{\frac{19595.92\sqrt{280}}{14832.4\sqrt{250}}} \times 0.9 = 1.064 \fallingdotseq 1.06\,\mathrm{mm}$$

해설 ① 웨버지수는 단위가 없는 무차원수이다.

　② 계산하는 방법에 따라 최종값에서 오차가 발생할 수 있으며, 득점에는 영향이 없으니 선택하여 답안을 작성하길 바랍니다.

06 **아세틸렌의 폭발성 3가지를 설명하시오.**

해답 ① 산화폭발 : 산소와 혼합하여 점화하면 폭발을 일으킨다.

$$C_2H_2 + 2.5O_2 \rightarrow 2CO_2 + H_2O$$

　② 분해폭발 : 가압, 충격에 의하여 탄소와 수소로 분해되면서 폭발을 일으킨다.

$$C_2H_2 \rightarrow 2C + H_2 + 54.2\,\mathrm{kcal}$$

　③ 화합폭발 : 동(Cu), 은(Ag), 수은(Hg) 등의 금속과 화합 시 폭발성의 아세틸라이드를 생성한다.

$$C_2H_2 + 2Cu \rightarrow Cu_2C_2 + H_2$$
$$C_2H_2 + 2Ag \rightarrow Ag_2C_2 + H_2$$

해설 반응식에서 발생되는 열량(또는 흡수하는 열량)은 문제에서 요구하지 않으면 작성하지 않아도 무방하다.

07 **[보기]와 같은 조건의 초저온 용기의 단열성능시험에서 침입열량을 계산하고 합격, 불합격을 판정하시오.**

> ┤ **보기** ├
> • 기화가스량 : $20\,\mathrm{kg}$
> • 시험용 액화가스의 기화잠열 : $213526\,\mathrm{J/kg}$
> • 측정시간 : 4시간
> • 외기온도 : $20\,℃$
> • 산소의 비점 : $-183\,℃$
> • 용기 내용적 : $1000\,\mathrm{L}$

풀이 ① 침입열량 계산

$$Q = \frac{W \cdot q}{H \cdot \varDelta t \cdot V} = \frac{20 \times 213526}{4 \times \{20 - (-183)\} \times 1000} = 5.259 \fallingdotseq 5.26\,\mathrm{J/h \cdot ℃ \cdot L}$$

　② 판정 : 침입열량 합격기준인 $8.37\,\mathrm{J/h \cdot ℃ \cdot L}$를 초과하지 않으므로 합격이다.

해답 ① 침입열량 : 5.26 J/h · ℃ · L

② 판정 : 합격

해설 초저온 용기 단열성능 시험 합격 기준

내용적	침입열량	
	kcal/h · ℃ · L	J/h · ℃ · L
1000 L 미만	0.0005 이하	2.09 이하
1000 L 이상	0.002 이하	8.37 이하

08 유전지대에서 채취되는 습성 천연가스 및 원유에서 LPG를 회수하는 방법 3가지를 쓰시오.

해답 ① 압축 냉각법

② 흡수유(경유)에 의한 흡수법

③ 활성탄에 의한 흡착법

09 압축기에 의한 LPG 이송방식에서 압축기의 흡입측과 토출측을 전환하여 액이송과 가스회수를 동시에 할 수 있는 장치의 명칭을 쓰시오.

해답 사방밸브(또는 4로 밸브, 4-way valve)

10 고압가스 충전용기의 최고충전압력이 150 kgf/cm²일 때 안전밸브의 작동압력(kgf/cm²)은 얼마인가?

풀이 안전밸브 작동압력 = 내압시험압력 $\times \dfrac{8}{10}$

$$= \left(최고\ 충전압력 \times \frac{5}{3}\right) \times \frac{8}{10} = \left(150 \times \frac{5}{3}\right) \times \frac{8}{10} = 200\,\text{kgf/cm}^2$$

해답 200 kgf/cm²

해설 충전용기의 시험압력

구분	최고충전압력(FP)	기밀시험압력(AP)	내압시험압력(TP)	안전밸브 작동압력
압축가스 용기	35℃, 최고충전압력	최고충전압력	FP× $\frac{5}{3}$ 배	TP×0.8배 이하
아세틸렌 용기	15℃에서 최고압력	FP×1.8배	FP×3배	가용전식 (105±5℃)
초저온, 저온 용기	상용압력 중 최고압력	FP×1.1배	FP× $\frac{5}{3}$ 배	TP×0.8배 이하
액화가스 용기	TP× $\frac{3}{5}$ 배	최고충전압력	액화가스 종류별로 규정	TP×0.8배 이하

2003년도 가스산업기사 모의고사

제1회 ● **가스산업기사 필답형**

01 다음 [보기]의 고압가스 충전용기의 외면 도색에 대하여 쓰시오. (단, 공업용 용기이다.)

> **보기**
> ① 수소   ② 아세틸렌   ③ 이산화탄소   ④ 산소

해답 ① 주황색   ② 황색   ③ 청색   ④ 녹색

02 온수를 사용하는 강제기화식 기화기에서 프로판(C_3H_8) 100 kg/h를 기화시킬 때 10000 kcal/h의 열량이 필요하다. 이때 열교환기에 순환되는 온수순환량(L/h)을 계산하시오. (단, 열교환기의 효율은 무시되며, 입구의 온수온도가 50℃, 출구온도가 30℃, 온수의 비열은 1 kcal/kg · ℃, 비중은 1이다.)

풀이 프로판 100 kg/h를 기화시키는데 필요한 열량(Q_1)과 열교환기에 온수가 순환되어 공급되는 열량(Q_2)은 같다.

∴ 필요열량(Q_1) = 공급열량[Q_2 = 순환 온수량(G)×온수비열(C)×온수온도차(Δt)×효율(η)]

∴ $G = \dfrac{Q}{C \times \Delta t \times \eta} = \dfrac{10000}{1 \times (50-30)} = 500\,\text{kg/h} = 500\,\text{L/h}$

해답 500 L/h

해설 비중은 단위가 없는 무차원수이지만 단위 정리를 할 경우에는 'kg/L'을 적용하며, 물은 비중이 1이므로 1 kg은 1 L에 해당된다.

∴ 액체 체적(L) = $\dfrac{무게(kg)}{비중(kg/L)}$

03 아세틸렌(C_2H_2) 용기에 대한 물음에 답하시오.

(1) 용기에 다공물질을 충전하는 이유를 쓰시오.
(2) 다공물질의 구비조건 4가지를 쓰시오.

해답 (1) 용기 내부를 미세한 간격으로 구분하여 분해폭발을 방지하며, 분해폭발이 일어나도 용기 전체로 파급되는 것을 막기 위하여

(2) ① 고다공도일 것
② 기계적 강도가 클 것
③ 가스 충전이 쉽고 안전성이 있을 것
④ 경제적일 것
⑤ 화학적으로 안정할 것

04 용접부에 대한 비파괴검사의 종류 4가지를 쓰시오.

해답 ① 음향검사　　　　　　　　② 침투탐상검사(PT)
　　　③ 자분탐상검사(MT)　　　　④ 방사선투과검사(RT)
　　　⑤ 초음파탐상검사(UT)　　　⑥ 와류검사

05 충전용기의 내압시험에 따른 영구증가율에 대한 물음에 답하시오.

(1) 영구증가율(%)을 구하는 공식을 쓰시오.
(2) 충전용기의 신규검사 시 합격기준을 쓰시오.
(3) 충전용기의 재검사 시 합격기준을 쓰시오.

해답 (1) 영구증가율(%) = $\dfrac{영구증가량}{전증가량} \times 100$

　　　(2) 영구증가율 10 % 이하가 합격
　　　(3) ① 질량검사 시 95 % 이상인 용기 : 영구증가율 10 % 이하가 합격
　　　　　② 질량검사 시 90~95 % 미만인 용기 : 영구증가율 6 % 이하가 합격

06 고압장치의 상용압력이 200 kgf/cm² 일 때 이 장치에 설치된 안전밸브의 작동압력 (kgf/cm²)을 계산하시오.

풀이 안전밸브 작동압력 = 내압시험압력 $\times \dfrac{8}{10}$ = (상용압력 $\times 1.5$) $\times \dfrac{8}{10}$

　　　　　　　　　　= $(200 \times 1.5) \times \dfrac{8}{10} = 240 \text{ kgf/cm}^2$

해답 240 kgf/cm^2

해설 **상용압력** : 내압시험압력 및 기밀시험압력의 기준이 되는 압력으로서 사용 상태에서 해당 설비 등의 각부에 작용하는 최고사용압력을 말한다.

07 압축기에서 다단압축의 목적 4가지를 쓰시오.

해답 ① 1단 단열압축과 비교한 일량의 절약
　　　② 이용 효율의 증가
　　　③ 힘의 평형이 좋아진다.
　　　④ 가스의 온도상승을 피할 수 있다.

08 200 A 강관에 내압이 15 kgf/cm²를 받을 경우 관에 생기는 원주방향 응력(kgf/cm²)과 축방향 응력(kgf/cm²)을 각각 계산하시오. (단, 200 A 강관의 바깥지름(D) 216.3 mm, 두께(t) 5.8 mm이다.)

풀이 ① 원주방향 응력 계산

　　　$\sigma_A = \dfrac{PD}{2t} = \dfrac{15 \times (216.3 - 2 \times 5.8)}{2 \times 5.8} = 264.698 ≒ 264.70 \text{ kgf/cm}^2$

　　　② 축방향 응력 계산

　　　$\sigma_B = \dfrac{PD}{4t} = \dfrac{15 \times (216.3 - 2 \times 5.8)}{4 \times 5.8} = 132.349 ≒ 132.35 \text{ kgf/cm}^2$

해답 ① 원주방향 응력 : 264.7 kgf/cm²

② 축방향 응력 : 132.35 kgf/cm²

해설 ① 응력의 단위가 'kgf/cm²'일 때와 'kgf/mm²'일 때 계산식을 구분하여야 한다.

※ 단위가 'kgf/mm²'일 때 $\sigma_A = \dfrac{PD}{200t}$, $\sigma_B = \dfrac{PD}{400t}$ 를 적용하여야 한다.

② 응력 계산식에서 지름 D는 안지름을 의미하므로 문제에서 주어진 바깥지름에서 안지름을 계산하기 위해서는 좌·우에 있는 두께 2개소를 제외시켜야 안지름이 계산된다는 것 이해하고 있어야 한다.

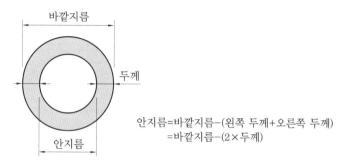

안지름=바깥지름−(왼쪽 두께+오른쪽 두께)
=바깥지름−(2×두께)

③ 안지름과 두께의 단위는 'cm'가 되어야 하지만 분모, 분자에 동일한 단위를 적용하면 약분되어 최종값에는 변화가 없기 때문에 'mm' 단위를 적용해도 이상이 없는 사항이다.

제2회   ○ 가스산업기사 필답형

01 LP가스 저압 배관의 유량 계산식을 쓰고 설명하시오.

해답 $Q = K\sqrt{\dfrac{D^5 \cdot H}{S \cdot L}}$

여기서, Q : 가스의 유량(m³/h) D : 관 안지름(cm)

H : 압력손실(mmH₂O) S : 가스의 비중

L : 관의 길이(m) K : 유량계수(폴의 상수 : 0.707)

참고 ···○ 중·고압 배관의 유량 결정식

$Q = K\sqrt{\dfrac{D^5 \cdot (P_1^2 - P_2^2)}{S \cdot L}}$

여기서, Q : 가스의 유량(m³/h) D : 관 안지름(cm)

P_1 : 초압(kgf/cm² · a) P_2 : 종압(kgf/cm² · a)

S : 가스의 비중 L : 관의 길이(m)

K : 유량계수(코크스의 상수 : 52.31)

02 저장탱크에 법적 충전량인 20톤의 LPG가 충전되어 있을 때 이 저장탱크의 내용적은 얼마인가? (단, LPG의 비중은 0.51, 충전상수는 2.35이다.)

풀이 LPG가 저장탱크에 충전된 상태는 액화가스이므로 액화가스 저장탱크 저장능력 산정식 $W = 0.9dV$에서 내용적 V를 계산한다.

$$\therefore V = \frac{W}{0.9d} = \frac{20}{0.9 \times 0.51} = 43.572 \fallingdotseq 43.57 \, \text{m}^3$$

해답 $43.57 \, \text{m}^3$

해설 액화가스의 질량은 저장탱크의 내용적 단위가 'L'이면 'kg'이 되고, 내용적 단위가 'm³'이면 톤(ton)이 된다.

03 피스톤 행정용량이 $0.003 \, \text{m}^3$, 회전수 160 rpm의 압축기로 1시간에 토출구로 100 kg의 가스가 통과하고 있을 때 토출효율은 몇 %인가? (단, 토출가스 1 kg을 흡입한 상태로 환산한 체적은 $0.2 \, \text{m}^3$이다.)

풀이 $\eta' = \dfrac{\text{실제적 피스톤 압출량}}{\text{이론적 피스톤 압출량}} \times 100 = \dfrac{\text{토출기체를 흡입상태로 환산한 부피}}{\text{흡입된 기체부피}} \times 100$

$\qquad = \dfrac{100 \times 0.2}{0.003 \times 160 \times 60} \times 100 = 69.444 \fallingdotseq 69.44 \, \%$

해답 $69.44 \, \%$

해설 흡입된 기체부피는 피스톤 행정용량에 분당 회전수(rpm)를 곱한 값이고, 토출된 가스량이 시간당이므로 단위시간을 맞춰 주어야 한다.

04 LPG를 사용하는 연소기구의 밸브가 열려 0.6 mm의 노즐에서 수주 280 mm의 압력으로 LP가스가 4시간 유출하였을 경우 가스분출량은 몇 L인가? (단, 분출압력 280 mmH₂O에서 LP가스의 비중은 1.7이다.)

풀이 $Q = 0.009D^2 \sqrt{\dfrac{P}{d}} = \left(0.009 \times 0.6^2 \times \sqrt{\dfrac{280}{1.7}}\right) \times 4 \times 1000 = 166.325 \fallingdotseq 166.33 \, \text{L}$

해답 $166.33 \, \text{L}$

해설 노즐에서 유출되는 가스량(Q)의 단위는 'm³/h'이므로 누출된 시간 4시간을 적용하였고, $1 \, \text{m}^3 = 1000 \, \text{L}$에 해당되므로 단위 환산을 위해 1000을 적용한 것이다.

05 고압가스 제조시설에 설치하는 내부반응 감시장치의 종류를 3가지 쓰시오.

해답 ① 온도감시장치
② 압력감시장치
③ 유량감시장치
④ 가스의 밀도·조성 등의 감시장치

06 지름이 20 m인 구형 가스홀더에 $10 \, \text{kgf/cm}^2 \cdot \text{g}$의 압력으로 도시가스가 저장되어 있다. 이 가스를 압력이 $4 \, \text{kgf/cm}^2 \cdot \text{g}$로 될 때까지 공급하였을 때 공급된 가스량(Nm³)을 계산하시오. (단, 가스 공급 시 온도는 20℃로 일정하다.)

풀이 ① 구형 가스홀더의 내용적(m^3) 계산

$$V = \frac{\pi}{6} \times D^3 = \frac{\pi}{6} \times 20^3 = 4188.790 ≒ 4188.79 \, m^3$$

② 공급된 가스량(Nm^3) 계산 : 20℃에서 공급된 가스량을 표준상태(0℃, 1기압)의 가스량으로 변환하여 계산하는 것이다.

$$∴ \; ΔV = V \times \frac{P_1 - P_2}{P_0} \times \frac{T_0}{T_1} = 4188.79 \times \frac{(10 + 1.0332) - (4 + 1.0332)}{1.0332} \times \frac{273}{273 + 20}$$

$$= 22664.725 ≒ 22664.73 \, Nm^3$$

해답 $22664.73 \, Nm^3$

해설 ① 문제에서 대기압과 관련하여 별도의 언급이 없어 $1.0332 \, kgf/cm^2$로 계산하였지만, 별도로 대기압이 주어지면(예 : $1.033 \, kgf/cm^2$) 주어진 대기압을 대입하여 계산하고, 공급 가스량의 단위가 Nm^3가 아닌 Sm^3로 주어질 수 있으므로 주의하여야 할 문제이다.

② Nm^3, Sm^3의 뜻 : 표준상태의 체적을 의미하는 것으로 온도는 0℃, 압력은 표준대기압을 의미한다.

07 [보기]와 같은 연소기구를 설치하려고 할 때 최대 가스 소비량(m^3/h)을 계산하시오. (단, 동시 사용률은 70 %이다.)

> **보기**
>
> 가스레인지 : $0.35 \, m^3$/h, 온수기 : $0.9 \, m^3$/h, 스토브 : $0.6 \, m^3$/h

풀이 최대 가스 소비량 $= (0.35 + 0.9 + 0.6) \times 0.7 = 1.295 ≒ 1.30 \, m^3$/h

해답 $1.3 \, m^3$/h

08 흡입압력이 대기압과 같으며 최종단의 토출압력이 2.6 MPa · g인 3단 압축기의 압축비는 얼마인가? (단, 대기압은 0.1 MPa이다.)

풀이 $a = \sqrt[n]{\dfrac{P_2}{P_1}} = \sqrt[3]{\dfrac{2.6 + 0.1}{0.1}} = 3$

해답 3

해설 압축비 계산 시 적용하는 압력은 절대압력이다.

09 정압기 입구와 출구에 설치되는 안전장치를 각각 1가지를 쓰시오.

해답 ① 입구 : 긴급차단장치(또는 긴급차단밸브)

② 출구 : 정압기 안전밸브

10 도시가스의 조성을 조사해보니 부피조성으로 H_2 20 %, CH_4 60 %, N_2 20 %이었다. 이 도시가스 $1 \, Nm^3$를 완전연소시키기 위하여 필요한 실제공기량이 $7.43 \, Nm^3$일 때 공기비와 실제 습연소 가스량(Nm^3)을 계산하시오. (단, 공기 중 산소는 부피 조성으로 21 %, 질소는 79 %이다.)

풀이 (1) 공기비 계산

① 가연성 성분의 완전연소 반응식 및 함유율

수소(H_2) : $H_2 + \dfrac{1}{2} O_2 + (N_2) \rightarrow H_2O + (N_2)$: 20 %

메탄(CH_4) : $CH_4 + 2O_2 + (N_2) \rightarrow CO_2 + 2H_2O + (N_2)$: 60 %

② 이론공기량(A_0) 계산 : 기체 연료(가연성분) 1 Nm^3가 완전연소할 때 필요한 이론산소량(Nm^3)은 연소반응식에서 산소 몰수와 같다.

$$\therefore A_0 = \frac{O_0}{0.21} = \frac{\left(\dfrac{1}{2} \times 0.2\right) + (2 \times 0.6)}{0.21} = 6.190 \fallingdotseq 6.19 \, Nm^3/Nm^3$$

③ 공기비(m) 계산

$$m = \frac{A}{A_0} = \frac{7.43}{6.19} = 1.200 \fallingdotseq 1.20$$

(2) 실제 습연소 가스량(Nm^3/Nm^3) 계산 : 실제공기량으로 연소 시 발생하는 수분이 포함된 배기가스로 수소, 메탄이 연소할 때 발생하는 가스와 과잉공기량 및 도시가스 성분 중 질소량이 포함되어 있다.

$\therefore$ 실제 습연소 가스량 = 수소 + 메탄 + 과잉공기량 + 성분 중 질소량

$$= \left\{\left(1 + \dfrac{1}{2} \times 3.76\right) \times 0.2\right\} + \left\{(1 + 2 + 2 \times 3.76) \times 0.6\right\}$$
$$+ \left\{(1.2 - 1) \times 6.19\right\} + (1 \times 0.2)$$
$$= 8.326 \fallingdotseq 8.33 \, Nm^3/Nm^3$$

해답 (1) 공기비 : 1.2

(2) 실제 습연소 가스량 : $8.33 \, Nm^3/Nm^3$

해설 ① 공기 중 부피비율이 산소 21 %, 질소 79 %이므로 이론공기량으로 연소 시 발생되는 질소의 양은 산소의 $\dfrac{79}{21} \fallingdotseq 3.76$배이다.

② 과잉공기량(B) 계산 : $B = (m-1) \times A_0$

제4회   ● 가스산업기사 필답형

01 입상높이 20 m인 곳에 프로판(C_2H_8)을 공급할 때 압력손실(mmH_2O)은 얼마인가? (단, 가스상태의 프로판 비중은 1.50이다.)

풀이 $H = 1.293(S-1)h = 1.293 \times (1.5-1) \times 20 = 12.93 \, mmH_2O$

해답 $12.93 \, mmH_2O$

02 15℃에서 최고충전압력이 150 $kgf/cm^2 \cdot g$인 충전용기에서 온도가 상승되어 안전밸브가 작동되었다면 이때의 온도는 몇 ℃인가 계산하시오.

풀이 ① 안전밸브 작동압력 계산 : 압축가스 용기의 내압시험압력은 최고충전압력의 $\dfrac{5}{3}$배이다.

$$\therefore \text{안전밸브 작동압력} = \text{내압시험압력} \times \frac{8}{10} = \left(\text{최고충전압력} \times \frac{5}{3}\right) \times \frac{8}{10}$$

$$= \left(150 \times \frac{5}{3}\right) \times \frac{8}{10} = 200 \, \text{kgf/cm}^2 \cdot \text{g}$$

② 안전밸브가 작동된 상태의 온도 계산

$$\frac{P_1 V_1}{T_1} = \frac{P_2 V_2}{T_2} \text{에서 충전용기의 체적변화는 없으므로 } V_1 = V_2 \text{이다.}$$

$$\therefore T_2 = \frac{T_1 P_2}{P_1} = \frac{(273 + 15) \times (200 + 1.0332)}{150 + 1.0332} = 383.343 \, \text{K} - 273 = 110.343 \doteqdot 110.34 \, \text{℃}$$

해답 110.34℃

해설 내압시험압력 기준은 충전용기와 배관, 설비 등과는 구별하여야 한다.

03 LPG 사용시설에서 2단 감압방식을 사용할 때 장점 4가지를 쓰시오.

해답 ① 입상배관에 의한 압력손실을 보정할 수 있다.
② 가스 배관이 길어도 공급압력이 안정된다.
③ 각 연소기구에 알맞은 압력으로 공급이 가능하다.
④ 중간 배관의 지름이 작아도 된다.

해설 단점
① 설비가 복잡하고, 검사방법이 복잡하다.
② 조정기 수가 많아서 점검 부분이 많다.
③ 부탄의 경우 재액화의 우려가 있다.
④ 시설의 압력이 높아서 이음방식에 주의하여야 한다.

04 방사선투과검사법의 장점 3가지를 쓰시오.

해답 ① 내부 결함의 검출이 가능하다.
② 결함의 크기, 모양을 알 수 있다.
③ 검사 기록 결과가 유지된다.

해설 단점
① 장치의 가격이 고가이다.
② 방호에 주의하여야 한다.
③ 고온부, 두께가 큰 곳은 부적당하다.
④ 선에 평행한 크랙 등은 검출이 불가능하다.

05 LP가스 저압배관의 유량 계산식을 쓰고 설명하시오.

해답 ① 계산식 : $Q = K\sqrt{\dfrac{D^5 \cdot H}{S \cdot L}}$

② 각 인자 설명
Q : 가스 유량(m^3/h)
K : 유량계수(폴의 정수 : 0.707)
D : 관 안지름(cm)
H : 압력손실(mmH_2O 또는 mmAq)
S : 가스의 비중
L : 관 길이(m)

06 직류 전기철도에 근접한 매설배관에 대하여 전기방식을 하는 방식법의 명칭은 무엇인가?

해답 배류법

07 200 A 강관에 내압이 15 kgf/cm²를 받을 경우 관에 생기는 축방향 응력(kgf/mm²)을 계산하시오. (단, 200 A 강관의 바깥지름(D) 216.3mm, 두께(t) 5.8 mm이다.)

풀이 $\sigma_B = \dfrac{PD}{400t} = \dfrac{15 \times (216.3 - 2 \times 5.8)}{400 \times 5.8} = 1.323 ≒ 1.32 \text{ kgf/mm}^2$

해답 1.32 kgf/mm^2

해설 응력의 단위가 'kgf/cm²'인지 'kgf/mm²'인지를 구별하기 바라며, 자세한 사항은 2003년 제1회 08번 해설을 참고 바랍니다.

08 다음은 원심펌프의 $H-Q$ 곡선이다. 이 곡선에서 운전점(working point)과 최대유량을 도시하고 설명하시오.

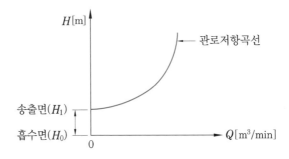

해답 ① 선도 도시

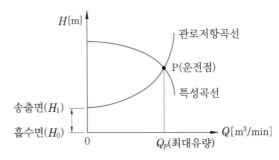

② 설명 : 관로저항곡선을 H_0에서 H_1만큼 종축으로 평행 이동시켜 펌프의 특성곡선과의 교점 P가 펌프의 운전점(working point)이 되고, 이때의 유량 Q_P가 이 펌프에서 송수할 수 있는 최대유량이 된다.

2004년도 가스산업기사 모의고사

제1회 ● **가스산업기사 필답형**

01 LPG 용기의 기밀시험압력은 내압시험압력의 얼마로 해야 하는가?

해답 내압시험압력의 $\frac{3}{5}$ 배 이상

해설 충전용기의 시험압력

구분	최고충전압력(FP)	기밀시험압력(AP)	내압시험압력(TP)	안전밸브 작동압력
압축가스 용기	35℃, 최고충전압력	최고충전압력	FP×$\frac{5}{3}$배	TP×0.8배 이하
아세틸렌 용기	15℃에서 최고압력	FP×1.8배	FP×3배	가용전식 (105±5℃)
초저온, 저온 용기	상용압력 중 최고압력	FP×1.1배	FP×$\frac{5}{3}$배	TP×0.8배 이하
액화가스 용기	TP×$\frac{3}{5}$배	최고충전압력	액화가스 종류별로 규정	TP×0.8배 이하

02 관의 마찰저항은 [보기] 중 어떤 것과 관계가 있는지 번호를 찾아 쓰시오.

보기
① 비례한다.　　　　　　② 제곱에 비례한다.
③ 5제곱에 반비례한다.　④ 무관하다.

(1) 관의 길이 :　　　　　(2) 관의 안지름 :
(3) 유속 :　　　　　　　(4) 유체 압력 :

해답 (1) ①　(2) ③　(3) ②　(4) ④

해설 저압배관의 유량식에서 관마찰저항에 의한 압력손실은 다음과 같다.

$$Q = K\sqrt{\frac{D^5 \cdot H}{S \cdot L}} \rightarrow H = \frac{Q^2 \times S \times L}{K^2 \times D^5}$$

① 유속의 2승에 비례한다(유속이 2배이면 압력손실은 4배이다).

② 관의 길이에 비례한다(길이가 2배이면 압력손실은 2배이다).

③ 관 안지름의 5승에 반비례한다(지름이 $\frac{1}{2}$로 작아지면 압력손실은 32배이다).

④ 관 내벽의 상태와 관계있다(내면의 상태가 거칠면 압력손실이 커진다).

⑤ 유체의 점도와 관계있다(유체의 점도가 커지면 압력손실이 커진다).

⑥ 압력과는 관계없다.

※ 유량(Q)은 단면적(A)과 유속(V)의 곱으로 구하므로 ①번 항목에서 '유속의 2승에 비례한다.'로 설명할 수 있는 것이다.

03 다음 ( ) 안에 알맞은 단어를 쓰시오.

> LP가스 사용시설에는 연소기 각각에 대하여 (①), (②) 또는 이와 같은 수준 이상의 성능을 가진 안전장치를 설치한다. 다만, 가스소비량이 (③) kcal/h를 초과하는 연소기가 연결된 배관 또는 연소기 사용압력이 (④) kPa를 초과하는 배관에는 배관용 밸브를 설치할 수 있다.

해답 ① 퓨즈콕　　　　② 상자콕
　　③ 19400　　　　④ 3.3

04 외부에서 별도로 공급되는 직류전원의 (+)극은 매설배관 등이 설치되어 있는 토양이나 수중에 설치한 외부전원용 전극에 접속하고, 피방식체에 (−)극을 연결하여 피방식체에 방식전류를 공급하는 방법으로 캐소드로 하여 방식하는 전기방식법은 무엇인가?
해답 외부전원법

05 LPG 소비설비에서 용기 본 수 결정 시에 고려할 사항 4가지를 쓰시오.
해답 ① 1일 1호당 평균가스 소비량
　　② 가구 수
　　③ 평균가스 소비율
　　④ 피크 시 가스 발생능력
　　⑤ 용기의 크기
　　⑥ 자동절체식 조정기 사용 유무

06 LPG 조정기의 종류 4가지를 쓰시오.
해답 ① 1단 감압식 저압 조정기
　　② 1단 감압식 준저압 조정기
　　③ 2단 감압식 1차용 조정기
　　④ 2단 감압식 2차용 조정기
　　⑤ 자동절체식 분리형 조정기
　　⑥ 자동절체식 일체형 저압 조정기
　　⑦ 자동절체식 일체형 준저압 조정기
　　⑧ 그 밖의 조정기

07 나프타의 성상과 가스화에 미치는 영향 중 PONA에 대해 쓰시오.
해답 ① P : 파라핀계 탄화수소　　　② O : 올레핀계 탄화수소
　　③ N : 나프텐계 탄화수소　　　④ A : 방향족 탄화수소

08 내용적 40 L의 용기에 물을 상압 하에서 채워두고 여기에 다시 펌프로 물을 660 cc 압입한 후 내용적이 160 cc 증가되었다. 이때 용기 내의 압력은 얼마로 되겠는가? (단, 물의 압축계수는 0.05×10^{-3}/atm이다.)

풀이 $\Delta V = V_0 \cdot \beta \cdot \Delta P$에서

$$\Delta P = \frac{\Delta V}{V_0 \times \beta} = \frac{660 - 160}{(40 \times 10^3 + 660) \times 0.05 \times 10^{-3}} = 245.941 \fallingdotseq 245.94 \, \text{atm}$$

해답 245.94 atm

해설 ① 내압시험압력에서 물의 부피 변화량 계산식 중 ΔV는 물에 압력을 가했을 때 체적이 감소하는 물의 양이다. (압입된 물은 660 cc인데 용기의 내용적이 증가된 것은 160 cc 이므로 차이에 해당하는 500 cc가 체적이 감소된 물의 양이다.)

② V_0는 저장탱크 내용적에 내압시험에 해당하는 압력까지 압입된 물의 양의 합계량이다.

③ 물의 압축계수 의미는 압력이 1 atm 상승하면 물 1 cc에 대하여 0.05×10^{-3} cc만큼 체적이 감소되는 것이다 (또는 압력 1 atm에 대하여 물 1 L에 대하여 0.05×10^{-3} L만큼 체적이 감소되는 것과 같음).

09 바깥지름이 216 mm, 두께가 8 mm인 원통형 용기에 내압이 5 kgf/cm²가 작용할 때 원주방향 응력(kgf/mm²)과 길이방향 응력(kgf/mm²)을 각각 계산하시오.

풀이 ① 원주방향 응력 계산

$$\sigma_A = \frac{PD}{200t} = \frac{5 \times (216 - 2 \times 8)}{200 \times 8} = 0.625 \fallingdotseq 0.63 \, \text{kgf/mm}^2$$

② 길이방향 응력 계산

$$\sigma_B = \frac{PD}{400t} = \frac{5 \times (216 - 2 \times 8)}{400 \times 8} = 0.312 \fallingdotseq 0.31 \, \text{kgf/mm}^2$$

해답 ① 원주방향 응력 : 0.63 kgf/mm²

② 길이방향 응력 : 0.31 kgf/mm²

해설 문제에서 응력의 단위를 'kgf/mm²'으로 질문하였기 때문에 분모에 각각 '200'과 '400'을 대입하여 계산한 것이다.

10 허용압력 손실이 20 mmH₂O, 유량계수가 0.7, 유량은 150 m³/h, 배관길이가 150 m, 가스 비중이 0.64일 때 저압배관을 [보기]에서 선택하시오.

> **보기**
>
> 100 A, 125 A, 150 A, 200 A

풀이 $Q = K\sqrt{\dfrac{D^5 H}{SL}}$ 에서

$$D = \sqrt[5]{\frac{Q^2 SL}{K^2 H}} = \sqrt[5]{\frac{150^2 \times 0.64 \times 150}{0.7^2 \times 20}} \times 10 = 117.123 \fallingdotseq 117.12 \, \text{mm}$$

∴ [보기]에서 117.12 mm 보다 큰 125 A 배관을 선택한다.

해답 125 A

01 [보기]의 탄화수소가 완전연소할 때 물음에 답하시오.

> **보기**
>
> 메탄(CH_4), 에틸렌(C_2H_4), 프로판(C_3H_8), 부탄(C_4H_{10})

(1) 각각의 완전연소 반응식을 완성하시오.
(2) 이론공기량이 가장 많이 필요한 것은 어느 것인가?

해답 (1) ① 메탄(CH_4) : $CH_4 + 2O_2 \rightarrow CO_2 + 2H_2O$
② 에틸렌(C_2H_4) : $C_2H_4 + 3O_2 \rightarrow 2CO_2 + 2H_2O$
③ 프로판(C_3H_8) : $C_3H_8 + 5O_2 \rightarrow 3CO_2 + 4H_2O$
④ 부탄(C_4H_{10}) : $C_4H_{10} + 6.5O_2 \rightarrow 4CO_2 + 5H_2O$
(2) 부탄(C_4H_{10})

해설 탄화수소(C_mH_n)의 완전연소 반응식 : $C_mH_n + \left(m + \dfrac{n}{4}\right)O_2 \rightarrow mCO_2 + \dfrac{n}{2}H_2O$

02 내용적 47 L인 용기를 3 MPa로 내압시험을 한 결과 용기 내용적이 47.125 L가 되었다. 압력을 제거한 후 대기압 상태에서 내용적이 47.004 L가 되었다면 영구증가율은 얼마인가?

풀이 영구증가율(%) $= \dfrac{\text{영구증가량}}{\text{전증가량}} \times 100 = \dfrac{47.004 - 47}{47.125 - 47} \times 100 = 3.2\%$

해답 3.2 %

03 공기액화 분리장치에서 CO_2를 제거하여야 하는 이유를 반응식을 쓰고 설명하시오.

해답 ① 반응식 : $2NaOH + CO_2 \rightarrow Na_2CO_3 + H_2O$
② 제거 이유 : 장치 내에서 드라이아이스가 되어 밸브 및 배관을 폐쇄하여 장애를 발생시키므로 제거하여야 한다.

04 배관이음 방법 3가지를 쓰고 각각 설명하시오.

해답 ① 나사 이음 : 배관 양 끝에 관용테이퍼 나사를 가공하여 관을 연결하는 방법이다.
② 플랜지 이음 : 배관 양 끝에 플랜지를 접합하고 그 사이에 패킹을 넣어 볼트, 너트로 체결하는 방법이다.
③ 용접 이음 : 배관 양 끝을 전기용접으로 접합하는 방법이다.
④ 납땜 이음 : 배관을 가스용접으로 접합하는 방법으로 주로 동관에 적용된다.
⑤ 턱걸이 이음 : 관 부속에 배관을 삽입한 후 전기용접으로 연결하는 방법으로 주로 고압관에 사용한다.

05 일산화탄소(CO)의 실내 누출로 인하여 질식사고가 발생하는 것을 방지하기 위해 반드시 전용 보일러실에 설치하여야 하는 가스보일러 형식은 무엇인가?

해답 강제 배기식 가스보일러(또는 FE방식 가스보일러, 반밀폐식 가스보일러)

06 [보기]의 설계 조건을 이용하여 물음에 답하시오.

> **┤보기├**
>
> [설계 조건]
> - 1일 1호당 평균가스 소비량 : 1.5 kg/day
> - 평균가스 소비율 : 33 %
> - 용기의 가스발생능력 : 1.85 kg/h
> - 세대 수 : 30호
> - 사용 용기 질량 : 50 kg
> - 외기온도 : 0℃

(1) 피크 시 평균가스 소비량(kg/h)을 계산하시오.
(2) 필요 최저 용기 수를 계산하시오.
(3) 2일분 용기 수를 계산하시오.
(4) 표준용기 설치 수는 몇 개인가?
(5) 2열 용기 수는 몇 개인가?

풀이 (1) $Q = q \times N \times \eta = 1.5 \times 30 \times 0.33 = 14.85$ kg/h

(2) 필요 최저 용기 수 $= \dfrac{\text{피크 시 평균가스 소비량}}{\text{용기의 가스발생능력}} = \dfrac{14.85}{1.85} = 8.027 ≒ 8.03$개

(3) 2일분 용기 수 $= \dfrac{\text{1일 1호당 평균가스 소비량}}{\text{용기의 질량}} \times 2일 \times 세대 수$

$\qquad = \dfrac{1.5}{50} \times 2 \times 30 = 1.8$개

(4) 표준용기 설치 수 = 필요 최저 용기 수 + 2일분 용기 수 = 8.03 + 1.8 = 9.83개

(5) 2열 용기 수 = 9.83 × 2 = 19.66 = 20개

해답 (1) 14.85 kg/h   (2) 8.03개   (3) 1.8개   (4) 9.83개   (5) 20개

해설 ① 문제에서 항목별로 질문하였으므로 계산에서 발생하는 소수는 살려 나가는 방법으로 계산 후 최종 2열 용기 수에서 소수는 무조건 1개로 계산하여야 한다.

② (1)항목을 구할 때 1일 1호당 평균가스 소비량 단위 'kg/day'에서 피크 시 평균가스 소비량 단위 'kg/h'로 변환되는 이유는 평균가스 소비율 때문이다. LPG 소비설비에서는 1일 24시간 동안 연속으로 가스를 소비하는 것이 아니고, 24시간 중 소비율에 해당하는 시간 만큼만 가스를 소비하는 것이다 (평균가스 소비량 계산할 때 24시간으로 나눠 주는 것이 아니다).

07 비중이 1.56인 가스를 시간당 30 m³로 이송하는 배관의 길이가 30 m이다. 이때 압력손실이 수주로 20 mm일 때 배관의 안지름(mm)을 계산하시오.

풀이 저압배관 유량식 $Q = K\sqrt{\dfrac{D^5 \cdot H}{S \cdot L}}$ 에서 안지름 D를 계산하며, 안지름의 단위는 'cm'이므로 'mm'로 변환한다.

$\therefore D = \sqrt[5]{\dfrac{Q^2 \times S \times L}{K^2 \times H}} = \left(\sqrt[5]{\dfrac{30^2 \times 1.56 \times 30}{0.707^2 \times 20}}\right) \times 10 = 53.079 ≒ 53.08$ mm

해답 53.08 mm

08 카르노 사이클에서 순환과정 4가지를 쓰시오.

해답 ① 정온(등온)팽창과정   ② 단열팽창과정
③ 정온(등온)압축과정   ④ 단열압축과정

해설 (1) 카르노 사이클(Carnot cycle) : 2개의 등온과정과 2개의 단열과정으로 구성된 열기관의 이론적인 사이클이다.

(2) 카르노 사이클의 순환과정

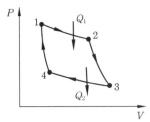

① 1 → 2 과정 : 정온(등온)팽창 과정(열공급)
② 2 → 3 과정 : 단열팽창 과정
③ 3 → 4 과정 : 정온(등온)압축 과정(열방출)
④ 4 → 1 과정 : 단열압축 과정

09 도시가스 사업자는 가스홀더 출구에서 연소속도 및 웨버지수를 측정하여야 한다. 이 때 웨버지수를 구하는 식을 쓰고 설명하시오.

해답 $WI = \dfrac{H_g}{\sqrt{d}}$

여기서, WI : 웨버지수

H_g : 도시가스의 총발열량($kcal/m^3$)

d : 도시가스의 비중

제4회 ○ 가스산업기사 필답형

01 다음 물음에 답하시오.

(1) 프로판(C_3H_8) 용기의 내용적이 94 L일 때 충전질량(kg)을 계산하시오.

(2) 내용적 110 L 용기에 압축가스가 35℃에서 최고충전압력(FP)이 15.5 MPa일 때 이 용기의 저장능력(m^3)을 계산하시오.

풀이 (1) $W = \dfrac{V}{C} = \dfrac{94}{2.35} = 40 \, kg$

(2) $Q = (10P+1)V = (10 \times 15.5 + 1) \times 0.11 = 17.16 \, m^3$

해답 (1) 40 kg

(2) $17.16 \, m^3$

해설 압축가스 저장능력 산정식 구분

구분	산정식(공식)	압력(P) 단위
SI단위	$Q = (10P+1)V$	MPa
공학단위	$Q = (P+1)V$	kgf/cm^2

02 LPG 조정기의 조정압력이 3.3 kPa 이하인 조정기에서 안전장치 작동표준압력(kPa) 은 얼마인가?

해답 7 kPa

해설 조정압력이 3.3 kPa 이하인 조정기에서 안전장치 작동압력
  ① 작동 표준압력 : 7 kPa
  ② 작동 개시압력 : 5.6~8.4 kPa
  ③ 작동 정지압력 : 5.04~8.4 kPa

03 산소압축기 내부윤활제로 사용되는 것의 명칭을 쓰시오.

해답 물 또는 10 % 이하의 묽은 글리세린수

해설 압축기 윤활유 기준
  ① 산소압축기 내부윤활제로 사용이 금지된 것 : 석유류, 유지류, 글리세린
  ② 공기압축기 내부윤활유 : 재생유 사용 금지

잔류탄소 질량	인화점	170℃에서 교반시간
1 % 이하	200℃ 이상	8시간
1 % 초과 1.5 % 이하	230℃ 이상	12시간

04 87℃에서 어떤 기체 3 mol이 7 atm으로 유지되고 있을 때 이 기체가 차지하는 부피 (L)를 계산하시오.

풀이 $PV = nRT$ 에서 부피 V를 계산한다.

$$\therefore \; V = \frac{nRT}{P} = \frac{3 \times 0.082 \times (273 + 87)}{7} = 12.651 \fallingdotseq 12.65 \, \text{L}$$

해답 12.65 L

05 고압가스 배관에 표시되는 사항이 무엇을 의미하는지 설명하시오.

(1) 25 A :   (2) 1 B :

해답 (1) 배관 호칭이 25 A라는 의미이다.
  (2) 배관 호칭이 1 B라는 의미이다.

해설 배관 호칭법
  ① 미터법 : 배관의 숫자 다음에 "A"를 붙여 사용하며 15 A, 20 A, 25 A, 32 A, 40 A, 50 A 등으로 표시한다.
  ② 인치법 : 배관의 숫자 다음에 "B"를 붙여 사용하며 $\frac{1}{2}$ B, $\frac{3}{4}$ B, 1B, $1\frac{1}{4}$ B, 2B 등으로 표시한다.

06 자연기화방식에서 1일 1호당 평균가스 소비량이 1.6 kg/day, 세대 수가 60호, 평균 가스 소비율이 20 %일 때 표준용기 수는 몇 개인가? (단, 용기 1개당 가스발생능력은 1.05 kg/h, 2일분 용기 수는 3.5개이다.)

풀이 ① 필요최저용기 수 $= \dfrac{\text{피크 시 평균가스 소비량}}{\text{용기의 가스발생능력}} = \dfrac{1.6 \times 60 \times 0.2}{1.05} = 18.285 \fallingdotseq 18.29$개

  ② 표준용기 수 = 필요최저용기 수 + 2일분 용기 수 = 18.29 + 3.5 = 21.79 = 22개

해답 22개

해설 필요최저용기 수에서 소수점을 그대로 살려 나간 이유는 문제에서 2일분 용기 수가 주어진 상태에서 표준용기 수를 질문하였기 때문이다.

07 [보기]에서 설명하는 장치의 명칭은 무엇인가?

> ┌ **보기** ┐
> "도시가스 시설에서 1차 압력 및 부하유량의 변동에 관계없이 2차 압력을 일정한 압력으로 유지하는 기능을 가지고 있다."

해답 정압기

08 양정 10 m, 송수량 3 m³/min일 때 축동력을 10.25 PS를 필요로 하는 원심펌프의 효율은 몇 %인가?

풀이 $PS = \dfrac{\gamma \cdot Q \cdot H}{75 \cdot \eta}$ 에서 효율 η를 계산한다.

$$\therefore \ \eta = \frac{\gamma \cdot Q \cdot H}{75\,PS} \times 100 = \frac{1000 \times 3 \times 10}{75 \times 10.25 \times 60} \times 100 = 65.040 \fallingdotseq 65.04\,\%$$

해답 65.04 %

해설 ① 물을 이송시키는 펌프이므로 물의 비중량(γ)은 1000 kgf/m³을 적용한 것이다.

② 축동력 계산식에서 송수량(유량)의 단위가 'm³/s'인데 주어진 조건은 'm³/min'로 주어졌으므로 단위를 맞추기 위해 계산과정에서 분모에 60을 적용한 것이다.

09 용기 종류별 부속품 기호에 대하여 각각 설명하시오.

(1) AG :   (2) PG :   (3) LG :

(4) LT :   (5) LPG :

해답 (1) 아세틸렌가스 충전용기 부속품

(2) 압축가스 충전용기 부속품

(3) 액화석유가스 외의 액화가스 충전용기 부속품

(4) 초저온 용기 및 저온 용기의 부속품

(5) 액화석유가스 충전용기 부속품

10 액화석유가스(LPG) 사용시설의 배관설비 내압성능 및 기밀성능에 대한 내용 중 ( ) 안에 알맞은 용어나 숫자를 넣으시오.

> 배관은 (①) 이상의 압력으로 내압시험을 실시하여 이상이 없는 것으로 하며, 고압배관은 (②) 이상의 압력으로 기밀시험을 실시하여 누출이 없는 것으로 한다.

해답 ① 상용압력의 1.5배   ② 상용압력

해설 **액화석유가스 사용시설(저장탱크, 소형저장탱크, 용기)의 배관설비 성능**

(1) 내압성능 : 배관은 상용압력의 1.5배(그 구조상 물로 하는 내압시험이 곤란하여 공기, 질소 등의 기체로 내압시험을 실시하는 경우에는 1.25배) 이상의 압력으로 내압시험을 실시하여 이상이 없는 것으로 한다.

(2) 기밀성능

① 고압배관은 상용압력 이상의 압력으로 기밀시험(정기검사 시에는 사용압력 이상의 압력으로 실시하는 누출검사)을 실시하여 누출이 없는 것으로 한다.

② 압력조정기 출구에서 연소기 입구까지의 배관은 8.4 kPa 이상의 압력(압력이 3.3 kPa 이상 30 kPa 이하인 것은 35 kPa 이상의 압력)으로 기밀시험(정기검사 시에는 사용압력 이상의 압력으로 실시하는 누출검사)을 실시하여 누출이 없도록 한다.

2005년도 가스산업기사 모의고사

01 대기압 상태의 내용적 200 m³의 저장탱크에 질소가스로 치환시키기 위해 게이지압력 5기압으로 압입한 후 충분한 시간이 지난 후에 가스 방출관의 밸브를 개방하였다. 가스를 방출한 후 내부에 잔류하는 산소의 농도(%)는 얼마인가? (단, 공기 중 산소의 농도는 21 %이다.)

풀이 ① 저장탱크에는 대기압 상태의 공기가 있는 것이므로 질소가스를 가압한 후 저장탱크 내 '질소+공기'를 대기압 상태의 체적으로 환산한다.

$\therefore \ Q = (P+1)V = (5+1) \times 200 = 1200 \ \text{m}^3$

② 저장탱크에는 저장탱크 내용적에 해당하는 200 m³의 공기가 있고, 공기 중 산소의 농도는 21 %이므로 저장탱크 내 산소량을 계산한다.

$\therefore \$ 산소량 = 공기량 × 산소의 체적비율 = $200 \times 0.21 = 42 \ \text{m}^3$

③ 저장탱크에 있는 산소량 42 m³는 질소를 가압하여도 변함없는 양이 된다.

$\therefore \$ 산소 농도 $= \dfrac{\text{산소량}}{\text{공기} + \text{질소량}} \times 100 = \dfrac{42}{1200} \times 100 = 3.5 \ \%$

해답 3.5 %

02 산소를 내용적 40 L의 이음매 없는 용기에 27℃, 130기압으로 압축 저장하여 판매하고자 할 때 물음에 답하시오. (단, 산소는 이상기체로 가정한다.)

(1) 이 용기 속에는 산소가 몇 mol 있는가?

(2) 이 산소는 몇 kg인가?

풀이 (1) $PV = nRT$에서

$n = \dfrac{PV}{RT} = \dfrac{130 \times 40}{0.082 \times (273+27)} = 211.382 ≒ 211.38 \ \text{mol}$

(2) 산소 1 mol은 32 g이므로

$G = 211.38 \times (32 \times 10^{-3}) = 6.764 ≒ 6.76 \ \text{kg}$

해답 (1) 211.38 mol

(2) 6.76 kg

[별해] 이상기체 상태방정식 $PV = GRT$를 이용하여 산소의 질량(kg) 계산 : 1기압은 101.325 kPa이고 체적 V의 단위는 'm³'이다.

$G = \dfrac{PV}{RT} = \dfrac{(130 \times 101.325) \times (40 \times 10^{-3})}{\dfrac{8.314}{32} \times (273+27)} = 6.759 ≒ 6.76 \ \text{kg}$

03 지중에 매설된 배관과 전철의 전원을 전선으로 접속하여 매설배관 등에 유입된 누출전류를 복귀시킴으로써 전기적 부식을 방지하는 데 사용하는 전기방식법 명칭을 쓰시오.

해답 배류법

04 가스미터 중 정확한 계량이 가능하여 기준기 또는 실험실용으로 사용되는 가스미터는 무엇인가?

해답 습식 가스미터

05 도시가스 배관공사에 사용되는 다음 밸브의 역할을 쓰시오.

(1) 안전밸브 :

(2) 체크밸브 :

해답 (1) 이상압력 상승 시 압력을 방출하여 안전사고를 방지한다.

　　(2) 유체의 흐름을 한 쪽 방향으로만 흐르게 하는 역류방지용으로 사용된다.

06 구형 가스홀더의 최소 두께를 산출하는 공식 $t = \dfrac{PD}{400f\eta - 0.4P} + C$ 에서

(1) f와 C는 무엇을 의미하는지 설명하시오.

(2) 구형 가스홀더의 부속설비 2가지를 쓰시오.

해답 (1) f : 허용응력(kgf/mm^2)

　　　　C : 부식여유치(mm)

　　(2) ① 안전밸브

　　　　② 검사용 맨홀

　　　　③ 압력측정용 압력계

　　　　④ 드레인 밸브

　　　　⑤ 수입량 조절용 밸브

　　　　⑥ 어스선

　　　　⑦ 승강용 계단 및 점검용 사다리

해설 구형 가스홀더의 두께 계산식

　　　　① 공학단위 : $t = \dfrac{PD}{400f\eta - 0.4P} + C$

　　　　　여기서, t : 동판의 두께(mm)　P : 최고충전압력(kgf/cm^2)

　　　　　　　　　D : 안지름(mm)　　　S : 허용응력(kgf/mm^2)

　　　　　　　　　η : 용접효율　　　　C : 부식여유수치(mm)

　　　　② SI단위 : $t = \dfrac{PD}{4f\eta - 0.4P} + C$

　　　　　여기서, t : 동판의 두께(mm)　P : 최고충전압력(MPa)

　　　　　　　　　D : 안지름(mm)　　　S : 허용응력(N/mm^2)

　　　　　　　　　η : 용접효율　　　　C : 부식여유수치(mm)

　　　　※ 허용응력(kgf/mm^2, N/mm^2) $= \dfrac{\text{인장강도}(\text{kgf/mm}^2,\ \text{N/mm}^2)}{\text{안전율}}$ 이고 안전율은 주어

　　　　　지지 않으면 '4'를 적용한다.

07 단동 왕복펌프의 송출량이 $Q[\text{m}^3/\text{s}]$, 체적효율이 η_v, 피스톤의 평균속도가 $V_m[\text{m/s}]$라고 할 때 피스톤의 단면적(m^2)을 계산하는 식을 완성하시오.

해답 $Q = A \times V \times \eta_v$에서 $A = \dfrac{Q}{V \times \eta_v}$

08 펌프에서 유체 중에 어느 부분의 정압이 그때의 물의 온도에 해당하는 증기압 이하로 되면 유체가 부분적으로 증발을 일으키고 수중에 용입되어 있는 공기가 낮은 압력으로 인하여 기체로 변하여 기포가 발생하는 현상을 무엇이라 하는가?

해답 캐비테이션(cavitation) 현상 (또는 공동현상)

09 1 kmol의 이상기체($C_p = 5$, $C_v = 3$)가 온도 0℃, 압력 2 atm, 체적 11.2 m^3인 상태에서 압력 20 atm, 체적 1.12 m^3으로 등온 압축하는 경우 압축에 필요한 일(kcal)은 얼마인가?

풀이 ① 기체상수 값 $R = 0.082\,\text{L} \cdot \text{atm/mol} \cdot \text{K} = 1.987\,\text{cal/mol} \cdot \text{K} = 1.987\,\text{kcal/kmol} \cdot \text{K}$이다.

② 이상기체 1 kmol에 대한 압축일(kcal) 계산

$$W_t = nRT \ln \frac{P_1}{P_2} = 1 \times 1.987 \times 273 \times \ln \frac{2}{20} = -1249.039 \fallingdotseq -1249.04\,\text{kcal}$$

해답 $-1249.04\,\text{kcal}$

10 바닥면적 10 m^2인 가스공급시설에 강제통풍장치를 설치하고자 한다면 통풍능력(m^3/분)은 얼마 이상되어야 하는가?

풀이 $Q = 10\,\text{m}^2 \times 0.5\,\text{m}^3/\text{분} \cdot \text{m}^2 = 5\,\text{m}^3/\text{분}$
해답 $5\,\text{m}^3/\text{분}$
해설 강제통풍시설의 통풍능력은 바닥면적 1m^2당 $0.5\text{m}^3/\text{분}$ 이상이다.

제2회 ○ **가스산업기사 필답형**

01 원심펌프에서 발생하는 이상 현상에 대하여 설명하시오.

(1) 캐비테이션 현상 :

(2) 서징 현상 :

해답 (1) 유수 중에 그 수온의 증기압력보다 낮은 부분이 생기면 물이 증발을 일으키고 기포를 다수 발생하는 현상이다.

　　(2) 펌프를 운전 중 주기적으로 운동, 양정, 토출량이 일정하게 변동하는 현상이다.

해설 (1) 캐비테이션(cavitation) 현상
  ① 발생조건
    ㉮ 흡입양정이 지나치게 클 경우
    ㉯ 흡입관의 저항이 증대될 경우
    ㉰ 과속으로 유량이 증대될 경우
    ㉱ 관로 내의 온도가 상승될 경우
  ② 일어나는 현상
    ㉮ 소음과 진동이 발생
    ㉯ 깃(임펠러)의 침식
    ㉰ 특성곡선, 양정곡선의 저하
    ㉱ 양수 불능
  ③ 방지법
    ㉮ 펌프의 위치를 낮춘다(흡입양정을 짧게 한다).
    ㉯ 수직축 펌프를 사용하여 회전차를 수중에 완전히 잠기게 한다.
    ㉰ 양흡입 펌프를 사용한다.
    ㉱ 펌프의 회전수를 낮춘다.
    ㉲ 두 대 이상의 펌프를 사용한다.
(2) 서징(surging) 현상
  ① 발생원인
    ㉮ 양정곡선이 산형 곡선이고 곡선의 최상부에서 운전했을 때
    ㉯ 유량조절 밸브가 탱크 뒤쪽에 있을 때
    ㉰ 배관 중에 물탱크나 공기탱크가 있을 때
  ② 방지법
    ㉮ 임펠러, 가이드 베인의 형상 및 치수를 변경하여 특성을 변화시킨다.
    ㉯ 방출밸브를 사용하여 서징현상이 발생할 때의 양수량 이상으로 유량을 증가시킨다.
    ㉰ 임펠러의 회전수를 변경시킨다.
    ㉱ 배관 중에 있는 불필요한 공기탱크를 제거한다.

---

02 가스의 염공에서 가스 유출 시 가스의 유출속도가 연소속도보다 커서 염공에 접하여 연소하지 않고 염공을 떠나 공간에서 연소하는 현상을 무엇이라 하는가?

해답 선화(lifting)

해설 선화(lifting) 발생원인
  ① 염공이 작아졌을 때
  ② 공급압력이 지나치게 높을 경우
  ③ 배기 또는 환기가 불충분할 때(2차 공기량 부족)
  ④ 공기 조절장치를 지나치게 개방하였을 때(1차 공기량 과다)

---

03 배관 길이가 1 km이고 선팽창계수 $\alpha = 1.2 \times 10^{-5}/℃$일 때 $-10℃$에서 $50℃$까지 사용되는 경우 신축량을 20 mm 흡수할 수 있는 신축이음은 몇 개 설치하여야 하는가?

풀이 ① 온도변화에 따른 신축길이 계산 : 배관길이와 신축길이의 단위는 동일하다.

$$\therefore \Delta L = L \times \alpha \times \Delta t = (1 \times 1000 \times 1000) \times 1.2 \times 10^{-5} \times \{50-(-10)\} = 720 \text{ mm}$$

② 신축이음 수 계산

$$신축이음\ 수 = \frac{신축길이}{1개당\ 흡수길이} = \frac{720}{20} = 36개$$

해답 36개

04 바깥지름 216.3 mm, 두께 5.8 mm인 200 A 강관에 내압이 10 kgf/cm^2 작용할 때 축 방향 응력(kgf/cm^2)을 계산하시오.

풀이 $\sigma_B = \dfrac{PD}{4t} = \dfrac{10 \times (216.3 - 2 \times 5.8)}{4 \times 5.8} = 88.232 ≒ 88.23\ \mathrm{kgf/cm^2}$

해답 88.23 kgf/cm^2

해설 응력 계산식에서 지름 D는 안지름을 의미하므로 문제에서 주어진 바깥지름에서 안지름을 계산하기 위해서는 좌·우에 있는 두께 2개소를 제외시켜야 안지름이 계산된다는 것을 이해하고 있어야 한다.

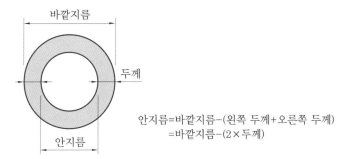

안지름=바깥지름−(왼쪽 두께+오른쪽 두께)
　　　=바깥지름−(2×두께)

05 도시가스 정압기실에서 배기가스 방출구 높이는 지면에서 얼마인가?

해답 5 m 이상

해설 (1) 환기설비 설치 기준

① 통풍구조

㉮ 공기보다 무거운 가스 : 바닥면에 접하고

㉯ 공기보다 가벼운 가스 : 천장 또는 벽면상부에서 30 cm 이내에 설치

㉰ 환기구 통풍가능 면적 : 바닥면적 1 m^2 당 300 cm^2 비율(1개 환기구면적 2400 cm^2 이하)

㉱ 사방을 방호벽 등으로 설치할 경우 : 환기구를 2방향 이상으로 분산 설치

② 기계환기설비의 설치기준

㉮ 통풍능력 : 바닥면적 1 m^2 마다 0.5 m^3/분 이상

㉯ 배기구는 바닥면(공기보다 가벼운 경우에는 천장면) 가까이 설치

㉰ 배기가스 방출구 높이 : 지면에서 5 m 이상(공기보다 가벼운 경우, 전기시설물과의 접촉 등으로 사고 우려가 있는 경우 3 m 이상)

③ 공기보다 가벼운 공급시설이 지하에 설치된 경우의 통풍구조

㉮ 통풍구조 : 환기구를 2방향 이상 분산 설치

㉯ 배기구 : 천장면으로부터 30 cm 이내 설치

㉰ 흡입구 및 배기구 관지름 : 100 mm 이상

㉱ 배기가스 방출구 높이 : 지면에서 3 m 이상

(2) 정압기 안전밸브 방출구 높이 : 지면으로부터 5 m 이상(전기시설물과 접촉 우려가 있는 곳은 3 m 이상)

---

06 안지름이 50 mm, 가스 속도가 5 m/s일 때 시간당 흐르는 유량은 몇 L인가?

풀이 $Q = A \times V = \left(\dfrac{\pi}{4} \times 0.05^2 \times 5 \right) \times 3600 \times 1000 = 35342.917 \fallingdotseq 35342.92 \, \text{L/h}$

해답 35342.92 L/h

해설 풀이과정에서 3600을 곱한 것은 초당 유량을 시간당 유량으로 환산한 것이고, 1000을 곱한 것은 1 m^3는 1000 L에 해당되기 때문이다.

---

07 전기방식법 중 유전양극법의 장점과 단점을 각각 3가지씩 쓰시오.

해답 (1) 장점

    ① 시공이 간편하다.

    ② 단거리 배관에는 경제적이다.

    ③ 다른 매설 금속체로의 장해가 없다.

    ④ 과방식의 우려가 없다.

  (2) 단점

    ① 효과 범위가 비교적 좁다.

    ② 장거리 배관에는 비용이 많다.

    ③ 전류 조절이 어렵다.

    ④ 관리장소가 많게 된다.

    ⑤ 강한 전식에는 효과가 없다.

    ⑥ 양극은 소모되므로 보충하여야 한다.

해설 유전 양극법(희생 양극법) : 양극(anode)과 매설배관(cathode : 음극)을 전선으로 접속하고 양극 금속과 배관 사이의 전지작용(고유 전위차)에 의해서 방식전류를 얻는 방법이다. 양극 재료로는 마그네슘(Mg), 아연(Zn)이 사용되며 토양 중에 매설되는 배관에는 마그네슘이 사용되고 있다.

---

08 도시가스 사용시설의 가스설비 성능에 대한 내용이다 ( ) 안에 알맞은 수치를 넣으시오.

> 가스 사용시설(연소기 제외)은 안전을 확보하기 위하여 최고사용압력의 (①)배 또는 (②) kPa 중 높은 압력 이상에서 기밀성능을 가지는 것으로 한다.

해답 ① 1.1   ② 8.4

---

09 가스설비의 내압성능 기준에 대한 물음에 답하시오.

(1) 고압가스설비의 내압시험압력은 상용압력의 ( )배 이상이다.

(2) 초고압의 고압가스설비와 배관에 대하여는 상용압력의 ( )배 이상이다.

(3) 운전압력이 충분히 제어될 수 있는 경우에는 공기 등의 기체로 상용압력의 ( )배 이상이다.

해답 (1) 1.5   (2) 1.25   (3) 1.1

제4회 ○ **가스산업기사 필답형**

01 지름이 150 mm인 배관에 유량이 25 m³/min로 흐를 때 유속(m/s)을 계산하시오.

풀이 $Q = A \times V = \dfrac{\pi}{4} \times D^2 \times V$에서

$$V = \dfrac{4Q}{\pi D^2} = \dfrac{4 \times 25}{\pi \times 0.15^2 \times 60} = 23.578 \fallingdotseq 23.58 \text{ m/s}$$

해답 23.58 m/s

해설 분모에 60을 계산한 것은 유량이 분(min)당인 것을 초(s)당 유속으로 환산하기 위함이다.

02 구형 가스홀더의 지름이 30 m일 때 내용적(m³)을 계산하시오. (단, π는 3.14를 적용한다.)

풀이 $V = \dfrac{\pi}{6} \times D^3 = \dfrac{3.14}{6} \times 30^3 = 14130 \text{ m}^3$

해답 14130 m³

해설 문제에서 파이(π)값을 별도로 지정해 주면 반드시 이 값으로 계산하여야 한다.

03 LPG 저장탱크를 지하에 매설 시 지면으로부터 저장탱크의 정상부까지의 깊이는 얼마인가?

해답 60 cm 이상

04 배관용 탄소강관은 부식에 대하여 취약하므로 배관 내면과 외면에 아연을 도금하여 부식에 견딜 수 있게 한다. 이와 같이 아연을 도금하는 방식 방법은 무엇인가?

해답 피복에 의한 방식법

05 [보기] 중 내압시험의 정의를 가장 옳게 설명한 것은 어느 것인지 번호를 선택하여 쓰시오.

┌ **보기** ┐
① 물 또는 오일 등을 사용하며 시험압력으로 가압한 후 재료의 변화량에 따른 유무로 그 재질의 내압에 의한 강도 및 경도를 측정하는 시험을 말한다.
② 공기 또는 질소 등의 불연성가스를 사용하여 최대사용압력의 1.1배 이내의 압력에서 비눗물 등을 이용하여 가스 누출 여부를 검사하는 시험을 말한다.
③ 공기 또는 기체를 이용하여 상용압력 이상의 압력으로 하는 것으로 누설 등의 이상이 없을 때 합격으로 한다(가연성 가스 사용이 가능하다).

해답 ①

06 도시가스 배관에 있어서 중·고압배관의 가스유량 계산식을 쓰고 설명하시오.

해답 $Q = K\sqrt{\dfrac{D^5 \cdot (P_1^2 - P_2^2)}{S \cdot L}}$

여기서, Q : 가스의 유량(m^3/h)

K : 유량계수(코크스의 상수 : 52.31)

D : 관 안지름(cm)

S : 가스의 비중

P_1 : 초압($kgf/cm^2 \cdot a$)

P_2 : 종압($kgf/cm^2 \cdot a$)

L : 관의 길이(m)

07 다음 가스압축기의 내부윤활제를 쓰시오.

(1) 산소압축기 :

(2) 공기압축기 :

(3) LP가스압축기 :

해답 (1) 물 또는 10 % 이하의 묽은 글리세린수

(2) 양질의 광유

(3) 식물성유

08 발열량이 24000 kcal/m^3인 LPG(C_3H_8)를 발열량 2000 kcal/m^3로 변경하여 도시가스로 공급하고자 한다. 이 경우 공기를 사용하여 희석이 가능한지 여부를 계산식을 이용하여 판정하시오.

풀이 ① 공기 희석 시 LPG(C_3H_8) 1 m^3당 공기량 계산

$Q = \dfrac{Q_1}{1+x}$ 에서

$x = \dfrac{Q_1}{Q_2} - 1 = \dfrac{24000}{2000} - 1 = 11\ m^3$

② 혼합가스 중의 LPG(C_3H_8)의 체적비율 계산

체적비율 $= \dfrac{C_3H_8\ 가스량}{C_3H_8\ 가스량 + 공기량} \times 100 = \dfrac{1}{1+11} \times 100 = 8.333 ≒ 8.33\ \%$

③ 판정 : 혼합가스는 LPG(C_3H_8)의 폭발범위 2.2~9.5 % 내에 있으므로 희석이 불가능하다.

해답 희석이 불가능하다.

09 불꽃으로 시료 성분이 이온화됨으로써 불꽃 중에 놓여진 전극간의 전기전도도가 증대하는 것을 이용한 검출기로 탄화수소에서 감도가 최고이나, 수소(H_2), 산소(O_2), 일산화탄소(CO), 이산화탄소(CO_2), 아황산가스(SO_2) 등은 감도가 없다. 이 검출기의 명칭을 쓰시오.

해답 수소불꽃 이온화 검출기(또는 FID, 수소염 이온화 검출기)

10 도면은 LPG 기화장치의 구조도이다. 도면에서 ①~⑤의 명칭을 쓰시오.

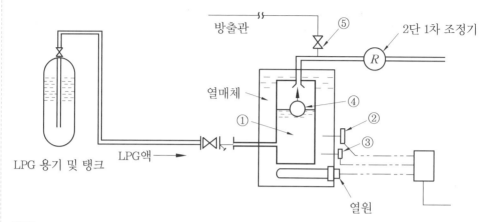

해답 ① 열교환기
② 온도제어장치
③ 과열방지장치
④ 액면제어장치
⑤ 안전밸브

2006년도 가스산업기사 모의고사

제1회 ○ **가스산업기사 필답형**

---

01 정압기 정특성 곡선에서 지시하는 ①, ②, ③의 명칭을 쓰시오.

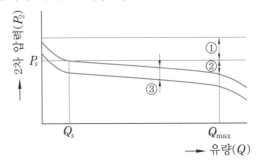

해답 ① 로크업(lock up)
② 오프셋(off set)
③ 시프트(shift)

---

02 금속재료의 부식인자 4가지와 이것을 설명하시오.

해답 ① 국부전지에 의한 부식 : 수분을 포함한 토양에서는 미세한 전지를 형성하여 부식현상이 시작되고, 금속 표면 전면으로 진행한다.
② 이종 금속 접촉에 의한 부식 : 토양 중에서 서로 다른 금속이 접촉한 상태에서 양자간에 전지가 형성되어 가스관이 양극으로 되면서 토양 중으로 금속 이온이 용출하여 부식이 진행된다.
③ 농염전지 작용에 의한 부식 : 금속이 접촉하는 토양 중에 함유된 염류농도, 용존가스(O_2, CO_2) 농도에 차가 있는 경우는 금속 표면에 전지(농담전지)를 형성하며 저농도부에 접하는 금속이 양극으로 되어 부식이 촉진된다.
④ 미주전류에 의한 부식(전식) : 지하에 매설된 가스관에 유입한 미주전류가 다시 토양으로 유출되는 지점에서 양극으로 되므로 급격하게 부식이 된다.
⑤ 박테리아에 의한 부식 : 토양 중에 자라고 있는 박테리아에 의해 부식이 진행되는 것으로 황산성 환원 박테리아는 산소농도가 낮은 pH6~8의 점토질 토양에서 번식한다.

---

03 자성체를 자화할 때 홈 부분에 생기는 누설자속을 이용하는 것으로 강자성체에 미분 말을 뿌리면 홈 부분에 흡착, 폭 넓은 무늬가 되므로 철강제품 등에 적용하나 자성이

약한 재료는 사용하지 못하는 단점이 있고 용접부 내부 결함을 찾을 수 없는 비파괴 검사의 명칭은 무엇인가?

해답 자분탐상검사

---

04 일반도시가스사업의 가스공급시설 및 배관의 접합에 관한 내용이다. (   ) 안에 알맞은 명칭을 쓰시오.

⑴ 최고사용압력이 저압인 가스정제설비에는 압력의 이상 상승을 방지하기 위한 (   )을[를] 설치할 것

⑵ 배관 접합은 용접시공을 원칙으로 하며, 저압 배관 용접부에 대하여 (   )을[를] 실시할 것

⑶ 가스가 통하는 부분에 직접 액체를 이입하는 장치가 있는 가스발생설비에는 액체의 (   )을[를] 방지하는 장치를 설치할 것

해답 ⑴ 수봉기
⑵ 비파괴시험
⑶ 역류

---

05 액화크세논 용기 내용적이 1.5 m³일 때 저장능력은 몇 kg인가?(단, 액화크세논 충전상수 C는 0.81이다.)

풀이 $W = \dfrac{V}{C} = \dfrac{1.5 \times 1000}{0.81} = 1851.851 = 1851.85 \, \text{kg}$

해답 $1851.85 \, \text{kg}$

---

06 15℃에서 15 MPa으로 충전된 산소 저장탱크에서 온도가 40℃로 상승되었을 때 압력은 몇 MPa인가?

풀이 $\dfrac{P_1 V_1}{T_1} = \dfrac{P_2 V_2}{T_2}$ 에서 저장탱크 내용적은 변화가 없으므로 $V_1 = V_2$이고, 대기압은 0.1 MPa 이다.

$\therefore P_2 = \dfrac{P_1 T_2}{T_1} = \dfrac{(15 + 0.1) \times (273 + 40)}{273 + 15} = 16.410 \, \text{MPa} \cdot \text{a} - 0.1 = 16.310 = 16.31 \, \text{MPa} \cdot \text{g}$

해답 $16.31 \, \text{MPa} \cdot \text{g}$

해설 1 atm = 760 mmHg = 10332 kgf/m² = 1.0332 kgf/cm² = 101.325 kPa = 0.101325 MPa에 해당되므로 대기압에 대하여 별도로 언급이 없으면 0.1 MPa를 적용하여도 무방하다.

---

07 안전간격이 0.4 mm 미만인 폭발 3등급에 해당되는 가스 종류 3가지를 쓰시오.

해답 ① 아세틸렌
② 이황화탄소

③ 수소

④ 수성가스

해설 **폭발등급에 따른 안전간격 및 가스 종류**

폭발등급	안전간격	대상 가스의 종류
1등급	0.6 mm 이상	일산화탄소, 에탄, 프로판, 암모니아, 아세톤, 에틸에테르, 가솔린, 벤젠 등
2등급	0.4~0.6 mm	석탄가스, 에틸렌 등
3등급	0.4 mm 미만	아세틸렌, 이황화탄소, 수소, 수성가스 등

08 LPG 사용시설의 기밀성능에 대한 내용 중 ( ) 안에 알맞은 숫자를 넣으시오.

> 압력조정기 출구에서 연소기 입구까지의 배관은 ( ) kPa 이상의 압력으로 기밀시험을
> 실시하여 누출이 없도록 한다.

해답 8.4

09 배관 내 마찰저항에 의한 압력손실은 어떻게 되는지 각각을 설명하시오.

(1) 유속 :

(2) 관 안지름 :

(3) 관 길이 :

(4) 유체 점도 :

해답 (1) 유속의 제곱에 비례한다.

(2) 관 안지름의 5승에 반비례한다.

(3) 관 길이에 비례한다.

(4) 유체의 점도에 관계있다.

10 왕복동 다단 압축기에서 대기 중 20℃의 공기를 흡입하여 최종단에서 25 kgf/cm² · g, 60℃, 28 m³/h의 압축공기를 토출하면 체적효율(%)은 얼마인가? (단, 1단 압축기를 통과할 수 있는 흡입체적은 800 m³/h이고, 대기압은 1.0332 kgf/cm²이다.)

해답 ① 최종단의 토출가스량을 1단의 압력, 온도와 같은 조건으로 환산

$$\frac{P_1 \cdot V_1}{T_1} = \frac{P_2 \cdot V_2}{T_2} \text{에서}$$

$$V_1 = \frac{P_2 V_2 T_1}{P_1 T_2} = \frac{(25+1.0332) \times 28 \times (273+20)}{1.0332 \times (273+60)} = 620.761 ≒ 620.76 \, \text{m}^3/\text{h}$$

② 체적효율 계산 : 흡입체적이 이론적 피스톤 압출량이고, ①번에서 계산된 것이 실제적 피스톤 압출량이다.

$$\therefore \ \eta_v = \frac{\text{실제적 피스톤 압출량}}{\text{이론적 피스톤 압출량}} \times 100 = \frac{620.76}{800} \times 100 = 77.595 ≒ 77.60 \, \%$$

해답 77.6 %

| 제2회 | **가스산업기사 필답형** |

---

01   LPG 사용시설에 사용되는 조정기의 역할을 모두 설명하시오.

[해답] 용기 및 저장탱크 내 충전압력과 관계없이 유출압력을 조절하여 안정된 연소를 도모하고, 소비가 중단되면 가스를 차단한다.

02   안전성 평가기법 종류 4가지를 쓰시오.

[해답] ① 체크리스트 기법
      ② 상대위험순위결정 기법
      ③ 작업자 실수 분석(HEA) 기법
      ④ 사고예상질문 분석(WHAT-IF) 기법
      ⑤ 위험과 운전 분석(HAZOP) 기법
      ⑥ 이상위험도 분석(FMECA) 기법
      ⑦ 결함수 분석(FTA) 기법
      ⑧ 사건수 분석(ETA) 기법
      ⑨ 원인결과 분석(CCA) 기법

03   저장탱크 내의 액화가스가 액체상태로 누출된 경우 액체상태의 가스가 저장탱크 주위의 한정된 범위를 벗어나서 다른 곳으로 유출되는 것을 방지할 목적으로 설치되는 피해저감설비의 명칭은 무엇인가?

[해답] 방류둑

04   가스 조성이 [보기]와 같을 때 이론공기량(m^3/m^3)을 계산하시오.

> H_2 : 50 mol%,   CO : 5 mol%, CH_4 : 25 mol%, CO_2 : 10 mol%, N_2 : 10 mol%

[풀이] ① [보기]의 가연성가스의 완전연소반응식 및 몰(mol)비

     수소(H_2) : $H_2 + \dfrac{1}{2}O_2 \rightarrow H_2O$: 50 %

     일산화탄소(CO) : $CO + \dfrac{1}{2}O_2 \rightarrow CO_2$: 5 %

     메탄(CH_4) : $CH_4 + 2O_2 \rightarrow CO_2 + 2H_2O$: 25 %

② 이론공기량(A_0) 계산 : 가연성가스 1 m^3에 대한 이론산소량(m^3)은 완전연소 반응식에서 산소 몰수에 해당하고, 여기에 몰비(체적비)를 곱하여 합산한다.

$$\therefore A_0 = \frac{O_0}{0.21} = \frac{\left(\dfrac{1}{2} \times 0.5\right) + \left(\dfrac{1}{2} \times 0.05\right) + (2 \times 0.25)}{0.21} = 3.690 \fallingdotseq 3.69 \, m^3/m^3$$

해답 $3.69 \text{ m}^3/\text{m}^3$

해설 ① 이론공기량 계산은 가스조성을 mol비율로 주어졌으므로 체적비율과 같다.

② 이론공기량을 가스체적당 체적으로 질문하였으므로 완전연소반응식에서 산소 mol수에 해당하는 것이 이론산소량(O_0)이며, 여기에 몰비(체적비)를 곱하여 합산한다.

③ 공기 중 산소의 함유율은 체적으로 21 %에 해당된다.

05 250 L의 물을 5℃에서 15분간 가열하여 40℃로 상승시키는 데 가스를 10 m³/h를 사용하였다. 이때 열효율(%)은 얼마인가? (단, 가스의 발열량은 5000 kcal/m³, 물의 비열은 1 kcal/kg · ℃이다.)

풀이 $\eta = \dfrac{\text{유효하게 사용한 열량}}{\text{공급열량}} \times 100 = \dfrac{G \cdot C \cdot \Delta t}{G_f \cdot H_l} \times 100$

$= \dfrac{250 \times 1 \times (40 - 5)}{10 \times 5000 \times \left(\dfrac{15}{60}\right)} \times 100 = 70 \%$

해답 70 %

해설 ① 사용한 가스량은 시간당 10 m³로 주어졌고, 물을 가열한 시간은 15분이므로 시간 단위를 동일하게 맞춰주어야 한다.

② 물 비중은 1이기 때문에 250 L는 250 kg에 해당되어 단위 환산을 생략해도 무방하다.

06 배관길이 30 m인 LPG 배관(관호칭 1 B)의 공사를 완성하고, 공기를 이용하여 15℃에서 기밀시험압력을 수주 1000 mm로 유지했다. 이후 온도가 상승하여 50℃가 되었을 때 배관 내의 공기압력은 수주로 몇 mm가 되겠는가? (단, 배관 1B 의 안지름은 2.76 cm이며, 누설은 없는 것으로 한다.)

풀이 50℃ 상태의 압력 계산 : $\dfrac{P_1 V_1}{T_1} = \dfrac{P_2 V_2}{T_2}$ 에서 배관 내용적은 변화가 없으므로 $V_1 = V_2$이다.

$\therefore P_2 = \dfrac{P_1 T_2}{T_1} = \dfrac{(1000 + 10332) \times (273 + 50)}{273 + 15}$

$= 12709.152 \text{ mmH}_2\text{O} \cdot \text{a} - 10332 = 2377.152 \fallingdotseq 2377.15 \text{ mmH}_2\text{O}$

해답 $2377.15 \text{ mmH}_2\text{O}$

07 가스가 완전연소할 수 있는 염공의 단위면적에 대한 가스의 In-put을 무엇이라 하는가?

해답 염공부하(kcal/h · mm²)

08 [보기]는 도시가스 가스화 프로세스 중 CO의 변성반응식이다. 물음에 답하시오.

┌─ 보기 ─┐

$CO + H_2O \rightleftarrows CO_2 + H_2$ ········ ①

$2CO \rightleftarrows CO_2 + C$ ················· ②

(1) CO 변성반응에 대한 온도, 압력, 수증비에 대하여 설명하시오.

(2) 카본(C) 생성을 방지하기 위하여 온도와 압력은 어떻게 하여야 하는가?

해답 (1) ① 반응온도 : CO의 변성반응은 발열반응이므로 CO를 감소시키기 위해서 저온에서
반응을 행하는 쪽이 결과가 크지만 온도가 낮으면 반응속도가 현저히 감소하기 때
문에 보통 반응온도를 400℃ 전후에서 촉매(철-크롬[Fe_2O_3-Cr_2O_3]계)를 사용해서
행한다.
② 반응압력 : CO의 변성반응은 반응 전후의 mol수가 같은 반응이기 때문에 반응 전
후에 체적변화가 일어나지 않으므로 압력의 영향은 없다.
③ 수증기비 : 수증기량이 증가하면 수증기 분압이 상승하기 때문에 CO 변성이 진행
된다.
(2) 반응온도 : 고온, 반응압력 : 저압

09 HCN의 Andrussow 제조법 반응식을 쓰고 설명하시오.

해답 ① 제조법 : 메탄 암모니아에 공기를 가하고 10 %의 로듐을 포함한 백금망 촉매상을
1000~1100℃로 통하여 HCN(시안화수소)을 함유한 가스를 얻을 수 있고, 이 가스에
서 분리 정제하여 제조한다.

② 반응식 : $CH_4 + NH_3 + \dfrac{3}{2}O_2 \rightarrow HCN + 3H_2O + 11.3\,kcal$

제4회 ○ **가스산업기사 필답형**

01 내용적 3 L의 고압용기에 암모니아를 충전하여 온도를 173℃로 상승시켰더니 압력이
220 atm을 나타내었다. 이 용기에 충전된 암모니아는 몇 g인가? (단, 173℃, 220
atm에서 암모니아의 압축계수는 0.4이다.)

풀이 이상기체 상태방정식 $PV = Z\dfrac{W}{M}RT$에서 질량 W를 계산한다.

$$\therefore\ W = \frac{PVM}{ZRT} = \frac{220 \times 3 \times 17}{0.4 \times 0.082 \times (273+173)} = 766.980 \fallingdotseq 766.98\,g$$

해답 766.98 g

02 길이가 10 m인 배관을 −20℃에서 20℃까지 사용할 경우 신축길이(mm)는 얼마인가?
(단, 선팽창계수 α = 12×10⁻⁶/℃이다.)

풀이 $\Delta L = L \cdot \alpha \cdot \Delta t = (10 \times 1000) \times 12 \times 10^{-6} \times \{20 - (-20)\} = 4.8\,mm$

해답 4.8 mm

해설 배관길이(L)와 신축길이(ΔL)의 단위는 동일하다.

03 [보기]에서 설명된 기호를 이용하여 왕복동형 압축기의 실제 피스톤 압출량 계산식을
완성하시오.

> **보기**
>
> - V : 실제 피스톤 압출량(m^3/h)
> - D : 실린더 지름(m)
> - L : 행정거리(m)
> - N : 분당 회전수(rpm)
> - n : 기통수
> - η_v : 체적효율

해답 $V = \dfrac{\pi}{4} \times D^2 \times L \times N \times n \times \eta_v \times 60$

04 도시가스의 제조 및 공급시설 중 가스홀더의 기능에 대하여 4가지를 쓰시오.

해답 ① 가스수요의 시간적 변동에 대하여 공급 가스량을 확보한다.
② 공급설비의 일시적 중단에 대하여 어느 정도 공급량을 확보한다.
③ 공급가스의 성분, 열량, 연소성 등의 성질을 균일화한다.
④ 소비지역 근처에 설치하여 피크시의 공급, 수송효과를 얻는다.

05 지상에 설치된 LPG 저장탱크에서 BLEVE의 발생을 방지하기 위하여 설치하는 소화설비는 무엇인가?

해답 물분무장치

06 안전확보에 필요한 강도를 갖는 플랜지(flange)의 계산에 사용되는 설계압력 공식을 쓰고 기호에 대하여 설명하시오.

해답 $P_d = P + P_{eq}$

여기서, P : 배관의 설계내압(MPa)

P_{eq} : 상당압력(MPa)으로 다음 식에 의하여 구할 것

$$P_{eq} = \frac{0.16M}{\pi G^3} + \frac{0.04F}{\pi G^2}$$

M : 주하중(主荷重) 등에 의하여 생기는 합성굽힘 모멘트($N \cdot cm$)
F : 주하중 등에 의하여 생기는 축방향의 힘(N). 다만, 인장력을 양(+)으로 한다.
G : 개스킷 반력이 걸리는 위치를 통과하는 원의 지름(cm)

07 도시가스 가스화 프로세스에서 촉매의 피독현상에 대하여 설명하시오.

해답 유황분에 의하여 촉매의 활성점이 반응물질이나 침전물과 결합하여 촉매의 활성이 저하되는 현상이다.

08 도시가스 매설배관에 사용하는 폴리에틸렌관의 최고사용압력(MPa)은 얼마인가?

해답 0.4 MPa

해설 SDR값에 따른 가스용 폴리에틸렌관(PE관) 사용압력 범위

호 칭	SDR 범위	사용압력
1호 관	11 이하	0.4 MPa 이하
2호 관	17 이하	0.25 MPa 이하
3호 관	21 이하	0.2 MPa 이하

※ SDR(standard dimension ration) $= \dfrac{D(\text{바깥지름})}{t(\text{최소두께})}$

09 효율이 80 %인 온수순환식 기화기를 사용하여 부탄 200 kg/h를 기화시키는 데 20000 kcal/h의 열량이 필요한 경우 열교환기에 순환되는 온수량(L/h)은 얼마인가?(단, 열교환기 입구와 출구의 온수 온도는 60℃와 40℃이며, 온수의 비열은 1 kcal/kg · ℃, 비중은 1이다.)

풀이 부탄 200 kg/h를 기화시키는 데 필요한 열량(Q_1)과 열교환기에 온수가 순환되어 공급되는 열량(Q_2)은 같다.

∴ 필요열량(Q_1) = 공급열량[Q_2 = 순환 온수량(G) × 온수비열(C) × 온수온도차(℃) × 효율(η)]

∴ $G = \dfrac{Q}{C \times \Delta t \times \eta} = \dfrac{20000}{1 \times (60-40) \times 0.8} = 1250 \, \text{kg/h} = 1250 \, \text{L/h}$

해답 1250 L/h

해설 비중은 단위가 없는 무차원수이지만 단위 정리를 할 경우에는 'kg/L'을 적용하며, 물은 비중이 1이므로 1 kg은 1 L에 해당된다.

∴ 액체 체적(L) $= \dfrac{\text{무게}(\text{kg})}{\text{비중}(\text{kg/L})}$

10 아세틸렌의 공업적 제조법 중 탄화칼슘을 이용한 제조반응식을 쓰시오.

해답 $CaC_2 + 2H_2O \rightarrow Ca(OH)_2 + C_2H_2$

해설 탄화칼슘(CaC_2) : 카바이드를 지칭하는 것으로 탄화칼슘과 물(H_2O)을 반응시켜 아세틸렌(C_2H_2)을 제조한다.

2007년도 가스산업기사 모의고사

01 액화석유가스 소형 저장탱크에서 충전량은 내용적의 얼마를 넘지 않도록 충전하여야 하는가?

해답 85 %

02 양정 15 m, 송수량 4 m^3/min일 때 축동력 20 PS를 필요로 하는 원심펌프의 효율은 몇 %인가?

풀이 $PS = \dfrac{\gamma \cdot Q \cdot H}{75\eta}$ 에서 효율 η를 구하며, 물의 비중량(γ)은 $1000\,kgf/m^3$을 적용한다.

$\therefore\ \eta = \dfrac{\gamma \cdot Q \cdot H}{75\,PS} \times 100 = \dfrac{1000 \times 4 \times 15}{75 \times 20 \times 60} \times 100 = 66.666 ≒ 66.67\,\%$

해답 66.67 %

03 다음 LP가스 조정기의 입구측 기밀시험압력의 범위는 얼마인가?

(1) 1단 감압식 저압조정기 :
(2) 2단 감압식 1차 조정기 :

해답 (1) 1.56 MPa 이상
　　 (2) 1.8 MPa 이상

04 용접용기 동판 두께를 산출하는 공식에 대한 물음에 답하시오.

$$t = \frac{PD}{2\,S\eta - 1.2\,P} + C$$

(1) "S"는 무엇인가 설명하시오.
(2) "η"는 무엇인가 설명하시오.

해답 (1) 허용응력(N/mm^2)
　　 (2) 용접효율

해설 용접용기 동판 두께 산출 공식(SI단위)
　　 t : 동판 두께(mm)　　　P : 최고충전압력(MPa)
　　 D : 안지름(mm)　　　　S : 허용응력(N/mm^2)
　　 η : 용접효율　　　　　C : 부식여유(mm)

05 아세틸렌을 2.5 MPa 압력으로 압축하는 때에 첨가하는 희석제의 종류 3가지를 쓰시오.

해답 ① 질소　　　　　② 메탄
③ 일산화탄소　　④ 에틸렌

06 상용의 상태에서 가연성가스의 농도가 연속해서 폭발하는 한계 이상으로 되는 장소는 위험장소 분류에서 몇 종 장소에 해당하는가?

해답 0종 장소

07 용기 내장형 가스난방기용으로 사용한 용기밸브에 설치된 안전밸브의 분출유량 계산식을 쓰고 설명하시오.

해답 $Q = 0.0278 PW$
여기서, Q : 분출유량(m^3/min)
P : 작동 절대압력(MPa)
W : 용기 내용적(L)

해설 **안전밸브 작동 시험압력** : 2.0 MPa 이상 2.2 MPa 이하에서 작동하여 분출개시되어야 하고, 1.7 MPa 이상에서 분출이 정지되어야 한다.

08 [보기]와 같은 조건일 때 초저온용기의 침입열량을 계산하고 합격, 불합격을 판정하시오. (단, 소수점 5째 자리에서 반올림하여 4째 자리까지 구하시오.)

> **보기**
> • 측정 전의 액화질소량 : 80 kg　　　　• 24시간 경과 후의 액화질소량 : 67 kg
> • 액화질소의 기화잠열 : 48 kcal/kg　　• 외기온도 : 20℃
> • 질소의 비점 : −196℃　　　　　　　• 초저온용기 내용적 : 190 L

풀이 ① 침입열량 계산
$$Q = \frac{W \cdot q}{H \cdot \Delta t \cdot V} = \frac{(80-67) \times 48}{24 \times \{20-(-196)\} \times 190} = 0.00063 = 0.0006 \text{ kcal/h} \cdot ℃ \cdot \text{L}$$
② 판정 : 0.0005 kcal/h · ℃ · L를 초과하므로 불합격이다.

해답 ① 침입열량 : 0.0006 kcal/h · ℃ · L
② 판정 : 불합격

해설 초저온용기 단열성능시험 합격 기준

내용적	침입열량	
	kcal/h · ℃ · L	J/h · ℃ · L
1000 L 미만	0.0005 이하	2.09 이하
1000 L 이상	0.002 이하	8.37 이하

09 강의 일반적인 열처리 방법 4가지를 쓰시오.

해답 ① 담금질(quenching)　　② 불림(normalizing)
③ 풀림(annealing)　　　　④ 뜨임(tempering)

10 COCl₂에 대한 물음에 답하시오.

(1) COCl₂는 통상 무슨 가스라 하는가?

(2) 이 가스는 무슨 냄새가 나는가?

(3) 일산화탄소(CO)와 염소(Cl₂)를 반응시켜 제조할 때 사용하는 촉매는 무엇인가?

(4) 건조제의 종류는 무엇인가?

해답 (1) 포스겐(또는 염화카르보닐)

(2) 자극적인 냄새 : 푸른 풀 냄새

(3) 활성탄

(4) 진한 황산

11 플레어스택(flare stack)에 대한 물음에 답하시오.

(1) 설치 목적을 쓰시오.

(2) 설치 높이 및 위치 기준을 쓰시오.

해답 (1) 긴급이송설비에 의하여 이송되는 가연성가스를 대기 중에 분출할 때 공기와 혼합하여 폭발성 혼합기체가 형성되지 않도록 연소에 의하여 처리하는 탑 또는 파이프를 일컫는다.

(2) 지표면에 미치는 복사열이 $4000 \, \text{kcal/h} \cdot \text{m}^2$ 이하가 되도록 한다.

제2회 ● 가스산업기사 필답형

01 지름이 14 cm인 관에 8 m/s로 물이 흐를 때 질량유량(kg/s)을 계산하시오.

풀이 $M = \rho \cdot A \cdot V = 1000 \times \left(\dfrac{\pi}{4} \times 0.14^2 \right) \times 8 = 123.150 \fallingdotseq 123.15 \, \text{kg/s}$

해답 $123.15 \, \text{kg/s}$

해설 물의 밀도(ρ)에 대하여 별도의 언급이 없으면 $1000 \, \text{kg/m}^3$을 적용한다.

02 소비호수가 50호인 액화석유가스 사용시설에서 피크 시 평균가스 소비량이 15.5 kg/h이다. 50 kg 용기를 사용하여 가스를 공급하고, 외기온도가 5℃일 경우 가스발생능력이 1.7 kg/h이라 할 때 표준용기 설치 수를 계산하시오. (단, 2일분 용기 수는 4개이다.)

풀이 표준용기 수 = 필요최저용기 수 + 2일분 용기 수 = $\dfrac{15.5}{1.7} + 4 = 13.117 = 14$개

해답 14개

03 도시가스 정압기의 입구압력이 0.5 MPa 이상일 때 안전밸브 방출관은 얼마인가?

해답 50 A 이상

해설 정압기 안전밸브 방출관의 크기
  ① 정압기 입구측 압력이 0.5 MPa 이상 : 50 A 이상
  ② 정압기 입구측 압력이 0.5 MPa 미만
    ㉮ 정압기 설계유량이 1000 Nm^3/h 이상 : 50 A 이상
    ㉯ 정압기 설계유량이 1000 Nm^3/h 미만 : 25 A 이상

04 전기방식법의 종류 3가지를 쓰시오.

해답 ① 희생양극법(또는 유전양극법, 전류양극법)
  ② 외부전원법
  ③ 배류법(또는 선택배류법)
  ④ 강제배류법

05 메탄이 주성분인 도시가스 1 Nm^3가 이론공기량으로 완전연소할 때 공기량은 도시가스량의 몇 배인가? (단, 공기 중 산소는 체적비로 20 %이다.)

풀이 ① 메탄(CH_4)의 완전연소 반응식
  $$CH_4 + 2O_2 \rightarrow CO_2 + 2H_2O$$
  ② 이론공기량(A_0) 계산
  $$A_0 = \frac{O_0}{0.2} = \frac{1 \times 2 \times 22.4}{22.4 \times 0.2} = 10\,Nm^3$$
  ③ 공기량과 도시가스 비율 계산
  $$비율 = \frac{이론공기량}{도시가스량} = \frac{10}{1} = 10배$$

해답 10배

06 고압가스 안전관리법령에서 정의하는 '처리능력'이란 용어에 대하여 설명하시오.

해답 처리설비 또는 감압설비에 의하여 압축·액화 그 밖의 방법으로 1일에 처리할 수 있는 가스의 양으로 온도 0℃, 게이지압력 0 Pa 상태를 기준으로 한다.

해설 ① 용어의 정의는 고압가스 안전관리법 시행규칙 제2조에 규정된 사항이다.
  ② 처리설비 : 압축·액화나 그 밖의 방법으로 가스를 처리할 수 있는 설비 중 고압가스의 제조(충전을 포함)에 필요한 설비와 저장탱크에 딸린 펌프·압축기 및 기화장치를 말한다.
  ③ 감압설비 : 고압가스의 압력을 낮추는 설비를 말한다.

07 도시가스 제조공정에서 접촉분해공정에 대하여 설명하시오.

해답 촉매를 사용해서 반응온도 400~800℃에서 탄화수소와 수증기를 반응시켜 메탄(CH_4), 수소(H_2), 일산화탄소(CO), 이산화탄소(CO_2)로 변환하는 공정이다.

08 다음과 같은 조성을 갖는 제조가스와 발열량이 24000 kcal/m³인 C_3H_8을 혼합한 가스의 발열량이 7000 kcal/m³일 때 이 가스의 웨버지수를 계산하시오. (단, 공기의 평균분자량은 28.9이다.)

가스 명칭	H₂	CO	CO₂	CH₄
mol(%)	60	5	15	20
발열량(kcal/m³)	3050	3020	—	9540

풀이 ① 제조가스의 발열량 $= (3050 \times 0.6) + (3020 \times 0.05) + (9540 \times 0.2) = 3889 \, kcal/m^3$

② 공급가스 중 C_3H_8의 함유율을 x라 하면 제조가스의 함유율은 $1-x$ 이다.

∴ $24000x + 3889 \times (1-x) = 7000 \, kcal/m^3$

$24000x + 3889 - 3889x = 7000$

$x(24000 - 3889) = 7000 - 3889$

∴ $x = \dfrac{7000 - 3889}{24000 - 3889} = 0.1547 = 15.47\%$

③ 제조가스와 C_3H_8 이 혼합된 공급가스와 체적비를 계산하면

$H_2 = 60 \times (1 - 0.1547) = 50.718 ≒ 50.72\%$

$CO = 5 \times (1 - 0.1547) = 4.226 ≒ 4.23\%$

$CO_2 = 15 \times (1 - 0.1547) = 12.679 ≒ 12.68\%$

$CH_4 = 20 \times (1 - 0.1547) = 16.9\%$

$C_3H_8 = 15.47\%$

④ 혼합가스의 분자량 및 비중 계산

$M = (2 \times 0.5072) + (28 \times 0.0423) + (44 \times 0.1268) + (16 \times 0.169) + (44 \times 0.1547)$

$= 17.288 ≒ 17.29$

∴ $d = \dfrac{분자량}{28.9} = \dfrac{17.29}{28.9} = 0.598 ≒ 0.60$

⑤ 혼합가스의 웨버지수 계산

$$WI = \dfrac{H_g}{\sqrt{d}} = \dfrac{7000}{\sqrt{0.6}} = 9036.961 ≒ 9036.96$$

해답 9036.96

해설 웨버지수는 단위가 없는 무차원수이다.

09 지상에 설치된 횡형 원통형 LPG 저장탱크의 바깥지름이 2 m, 동체부 길이가 5 m이다. 이 저장탱크의 냉각용 살수장치 수원의 저장량은 몇 톤(ton)인가? (단, 살수량은 저장탱크 표면적 1 m²당 5 L/min으로서 30분간 계속 살수하여야 하며, 경판은 평판으로 보고 계산한다.)

풀이 ① 동판의 표면적 계산

$F_1 = \pi \cdot D \cdot L = \pi \times 2 \times 5 = 31.415 ≒ 31.42 \, m^2$

② 경판의 표면적 계산 : 경판은 좌측과 우측 2개가 부착된다.

$F_2 = \dfrac{\pi}{4} \cdot D^2 = \dfrac{\pi}{4} \times 2^2 \times 2 = 6.283 ≒ 6.28 \, m^2$

③ 살수 총면적 $= F_1 + F_2 = 31.42 + 6.28 = 37.7 \, m^2$

④ 수원의 양 계산 : 물의 비중은 1이므로 1 L은 1 kg에 해당된다.

∴ 수원의 양 $= \dfrac{(37.7 \times 5 \times 30) \times 1}{1000} = 5.655 ≒ 5.66$톤

해답 5.66톤

10 다음은 제조가스의 열량, 유량을 조절하여 도시가스로 공급하는 계통도이다. ①~④의 기기 명칭을 쓰시오.

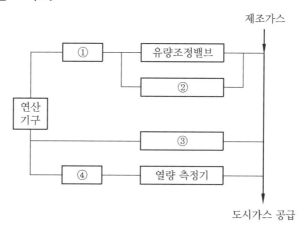

해답 ① 유량비율 조절계　　② 바이패스 밸브
　　③ 온도, 압력 측정기　　④ 열량 조절계

제4회　○ 가스산업기사 필답형

01 다음은 방사선투과검사 시 나타난 용접부 결함이다. 명칭을 쓰시오.

용접부 단면　　　　　　　　　　　방사선투과검사 필름 상태

해답 슬래그 혼입

02 다음에 설명하는 방폭구조의 명칭을 쓰시오.

(1) 방폭전기기기의 용기 내부에 보호가스(신선한 공기 또는 불활성가스)를 압입하여 내부압력을 유지함으로써 가연성가스가 용기 내부로 유입되지 않도록 한 구조
(2) 방폭전기기기의 용기 내부에서 가연성가스의 폭발이 발생할 경우 그 용기가 폭발압력에 견디고 접합면, 개구부 등을 통하여 외부의 가연성가스에 인화되지 않도록 한 구조
(3) 방폭전기기기 용기 내부에 절연유를 주입하여 불꽃, 아크 또는 고온 발생 부분이 기름 속에 잠기게 함으로써 기름면 위에 존재하는 가연성가스에 인화되지 않도록 한 구조
(4) 정상운전 중에 가연성가스의 점화원이 될 전기불꽃, 아크 또는 고온부분 등의 발생을 방지하기 위하여 기계적, 전기적 구조상 또는 온도 상승에 대하여 특히 안전도를 증가시킨 구조

(5) 정상 시 및 사고(단선, 단락, 지락 등) 시에 발생하는 전기불꽃, 아크 또는 고온부
에 의하여 가연성가스가 점화되지 않는 것이 점화시험, 기타 방법에 의하여 확인된
구조

해답 (1) 압력방폭구조
　　 (2) 내압방폭구조
　　 (3) 유입방폭구조
　　 (4) 안전증방폭구조
　　 (5) 본질안전방폭구조

03 [보기]에서 설명하는 전기방식법의 명칭은 무엇인가?

┌─ 보기 ┐

"매설배관보다 저전위 금속을 직접 또는 도선으로 전기적으로 접속하여 양 금속 사이의
고유전위차를 이용하여 방식전류를 주는 전기방식법"

해답 희생양극법(또는 유전양극법, 전류양극법, 전기양극법)

04 가연성가스의 연소한계와 온도와의 관계를 설명하시오.

해답 온도가 상승하면 연소범위가 넓어진다.

05 안지름이 40 mm인 배관에 밀도가 0.8 kg/m³인 기체가 10 m/s의 속도로 흐를 때 유
량(kg/h)은 얼마인가?

풀이 $M = \rho \cdot A \cdot V = \left\{ 0.8 \times \left(\frac{\pi}{4} \times 0.04^2 \right) \times 10 \right\} \times 3600 = 36.191 ≒ 36.19 \, kg/h$

해답 36.19 kg/h

해설 질량 유량의 시간 단위를 초(s)당 유량에서 시간(h)당 유량으로 변환하기 위해 3600을
곱한 것이다.

06 설퍼 프린트 검사방법에 대하여 설명하시오.

해답 강재 중의 유황의 편석상태를 검출하는 비파괴검사법으로 황이 있는 부분은 지면이 황색
으로 변하며 묽은 황산에 침적한 사진용 인화지를 사용한다.

07 다음 가스 압축기의 내부 윤활제를 쓰시오.

(1) 공기 :
(2) 산소 :
(3) LPG :

해답 (1) 양질의 광유
　　 (2) 물 또는 10 % 이하의 묽은 글리세린수
　　 (3) 식물성유

08 프로판을 이론공기량으로 완전연소할 때 혼합가스 중 프로판의 농도(v/v%)는 얼마인가?
(단, 공기 중 산소와 질소의 체적비는 21 : 79이다.)

풀이 ① 프로판(C_3H_8)의 완전연소 반응식

$C_3H_8 + 5O_2 \rightarrow 3CO_2 + 4H_2O$

② 혼합가스(프로판+공기) 중 프로판 농도(v/v%) 계산

$$프로판\ 농도 = \frac{프로판의\ 양}{혼합가스의\ 양} \times 100$$

$$= \frac{22.4}{22.4 + \left(\dfrac{5 \times 22.4}{0.21}\right)} \times 100 = 4.030 ≒ 4.03\ v/v\%$$

해답 $4.03\ v/v\%$

09 프로판(C_3H_8) 1 g·mol 연소에 필요한 이론공기량(A_0)은 몇 L인가? (단, 질소와 산소의 체적비는 79 : 21이다.)

풀이 ① 프로판(C_3H_8)의 완전연소 반응식

$C_3H_8 + 5O_2 \rightarrow 3CO_2 + 4H_2O$

② 프로판(C_3H_8) 1 g·mol 연소에 필요한 산소는 5 mol이고, 1 mol의 체적은 22.4 L이다.

$$\therefore\ A_0 = \frac{O_0}{0.21} = \frac{5 \times 22.4}{0.21} = 533.333 ≒ 533.33\ L$$

해답 $533.33\ L$

10 1 atm, 27℃ 공기를 11 atm까지 단열압축하면 최종온도는 몇 ℃인가? (단, 비열비는 1.150이다.)

풀이 $\dfrac{T_2}{T_1} = \left(\dfrac{P_2}{P_1}\right)^{\frac{k-1}{k}}$ 에서 최종온도 T_2를 구한다.

$$\therefore\ T_2 = T_1 \times \left(\frac{P_2}{P_1}\right)^{\frac{k-1}{k}} = (273+27) \times \left(\frac{11}{1}\right)^{\frac{1.15-1}{1.15}}$$

$$= 410.161\ K - 273 = 137.161 ≒ 137.16\ ℃$$

해답 $137.16℃$

2008년도 가스산업기사 모의고사

제1회 ● 가스산업기사 필답형

---

01 철과 동을 수용액 중에 접촉하였을 때 양극반응을 일으키는 것과 부식이 일어나는 것은?

해답 ① 양극반응 : 철
② 부식 : 철

해설 **부식의 정의** : 금속이 해수 또는 전해질 속에 있을 때 「양극(anode) → 전해질 → 음극(cathode)」이란 전류가 형성되어 양극 부위에서 금속이온이 용출되는 현상으로서 일종의 전기화학적인 반응이다. 즉 금속이 전해질과 접하여 금속표면에서 전해질 중으로 전류가 유출하는 양극반응이다. 양극반응이 진행되는 것이 부식이 발생되는 것이고, 인위적인 방법을 이용하여 양극반응을 억제시켜 금속을 음극화시켜 주는 방법이 전기 방식법이다.

---

02 가스의 유출속도가 연소속도보다 빨라 염공을 떠나 연소하는 현상을 무엇이라 하는가?

해답 선화(lifting)

---

03 액화가스 용기의 저장능력 산정식을 쓰고, 설명하시오.

해답 $W = \dfrac{V}{C}$

여기서, W : 저장능력(kg)
V : 내용적(L)
C : 충전상수

해설 액화가스의 용기 및 차량에 고정된 탱크의 저장능력 산정기준 : 고법 시행규칙 별표1

$W = \dfrac{V_2}{C}$

여기서, W : 저장능력(단위 : kg)
V_2 : 내용적(단위 : L)
C : 저온용기 및 차량에 고정된 저온탱크와 초저온용기 및 차량에 고정된 초저온탱크에 충전하는 액화가스의 경우에는 그 용기 및 탱크의 상용온도 중 최고 온도에서의 그 가스의 비중(단위 : kg/L)의 수치에 10분의 9를 곱한 수치의 역수, 그 밖의 액화가스의 충전용기 및 차량에 고정된 탱크의 경우에는 가스 종류에 따르는 정수

04 접촉분해공정 중 수증기 개질법에서 온도와 압력이 일정할 때 수증비에 의한 가스의 조성 변화를 설명하시오.

해답 수증기비가 증가하면 CH_4, CO가 적고 CO_2, H_2가 많은 가스가 생성된다.

해설 접촉분해공정

① 압력과 온도의 영향

구분		CH_4, CO_2	H_2, CO
압력	상승	증가	감소
	하강	감소	증가
온도	상승	감소	증가
	하강	증가	감소

② 수증비의 영향 : 일정온도, 압력하에서 수증비를 증가시키면 CH_4, CO가 적고, CO_2, H_2가 많은 가스가 생성된다.

③ 카본 생성 방지 방법

반응식 : $CH_4 \rightleftarrows 2H_2 + C$(카본) ············· 반응온도를 낮게, 반응압력을 높게 유지

$2CO \rightleftarrows CO_2 + C$(카본) ·········· 반응온도를 높게, 반응압력을 낮게 유지

05 LPG의 발열량이 24000 kcal/Nm^3, 공급압력이 수주 280 mm, 가스 비중이 1.5일 때 사용하는 연소기구 노즐 지름이 0.9 mm이었다. 이 연소기구를 발열량이 11000 kcal/Nm^3, 공급압력이 수주 250 mm, 가스 비중이 0.55인 LNG를 사용하는 도시가스로 변경할 경우 노즐 지름은 몇 mm인가?

풀이 노즐 지름 변경률 계산식 $\dfrac{D_2}{D_1} = \dfrac{\sqrt{WI_1\sqrt{P_1}}}{\sqrt{WI_2\sqrt{P_2}}}$ 에서 변경된 노즐 지름 D_2를 구한다.

$$\therefore D_2 = \sqrt{\frac{WI_1\sqrt{P_1}}{WI_2\sqrt{P_2}}} \times D_1 = \sqrt{\frac{\frac{24000}{\sqrt{1.5}} \times \sqrt{280}}{\frac{11000}{\sqrt{0.55}} \times \sqrt{250}}} \times 0.9 = 1.064 \fallingdotseq 1.06 \text{ mm}$$

해답 1.06 mm

[별해] 변경 전후의 웨버지수(WI)를 구하여 노즐 변경률을 구하는 방법

① 변경 전 웨버지수 계산

$$WI_1 = \frac{H_{g_1}}{\sqrt{d_1}} = \frac{24000}{\sqrt{1.5}} = 19595.917 \fallingdotseq 19595.92$$

② 변경 후 웨버지수 계산

$$WI_2 = \frac{H_{g_2}}{\sqrt{d_2}} = \frac{11000}{\sqrt{0.55}} = 14832.396 \fallingdotseq 14832.40$$

③ 노즐 지름 변경률 계산

$$D_2 = \sqrt{\frac{WI_1\sqrt{P_1}}{WI_2\sqrt{P_2}}} \times D_1 = \sqrt{\frac{19595.92\sqrt{280}}{14832.4\sqrt{250}}} \times 0.9 = 1.064 \fallingdotseq 1.06 \text{ mm}$$

해설 ① 웨버지수는 단위가 없는 무차원수이다.

② 계산하는 방법에 따라 최종값에서 오차가 발생할 수 있으며, 득점에는 영향이 없으니 선택하여 답안을 작성하길 바랍니다.

06 내용적 20 L인 용기에 20℃에서 수소(H_2)가 50 kgf/cm²로 충전되어 있을 때 용기의 온도가 상승하여 안전밸브가 작동하였다. 안전밸브의 작동이 정상이고 수소를 이상기체로 간주할 때 용기 내의 온도는 몇 ℃인가? (단, 용기의 내압시험압력은 100 kgf/cm²이다.)

풀이 ① 안전밸브 작동압력 계산

$$작동압력 = 내압시험압력 \times \frac{8}{10} = 100 \times \frac{8}{10} = 80 \, kgf/cm^2$$

② 용기 내의 온도 계산 : $\dfrac{P_1 \cdot V_1}{T_1} = \dfrac{P_2 \cdot V_2}{T_2}$ 에서 용기 내용적 변화는 없으므로 $V_1 = V_2$

이고, 상승된 온도 T_2를 구한다.

$$T_2 = \frac{T_1 \cdot P_2}{P_1} = \frac{(273 + 20) \times (80 + 1.0332)}{50 + 1.0332} = 465.240 \, K - 273 = 192.240 ≒ 192.24 \, ℃$$

해답 192.24℃

07 연소기구에 접속된 염화비닐호스가 지름 0.5 mm의 구멍이 뚫려 수주 280 mm의 압력으로 LP가스가 4시간 유출하였을 경우 가스분출량은 몇 L인가? (단, LP가스의 분출압력 수주 280 mm에서 비중은 1.5이다.)

풀이 $Q = 0.009D^2 \times \sqrt{\dfrac{P}{d}} = \left(0.009 \times 0.5^2 \times \sqrt{\dfrac{280}{1.5}}\right) \times 4 \times 1000 = 122.963 ≒ 122.96 \, L$

해답 122.96 L

해설 노즐에서 유출되는 가스량(Q)의 단위는 'm³/h'이므로 누출된 시간 4시간을 적용하였고, 1m³ = 1000 L에 해당되므로 단위 환산을 위해 1000을 적용한 것이다.

08 20℃ 상태에서 지름이 40 m인 구형 가스홀더에 6 kgf/cm² · g의 압력으로 도시가스가 저장되어 있다. 이 가스를 압력이 2.5 kgf/cm² · g로 될 때까지 공급하였을 때 공급된 가스량(Nm³)을 계산하시오. (단, 가스 공급 시 온도 변화는 없으며, 대기압은 1.0332 kgf/cm²이다.)

풀이 ① 구형 가스홀더의 내용적(m³) 계산

$$V = \frac{\pi}{6} \times D^3 = \frac{\pi}{6} \times 40^3 = 33510.321 ≒ 33510.32 \, m^3$$

② 공급된 가스량(Nm³) 계산

$$\Delta V = V \times \frac{P_1 - P_2}{P_0} \times \frac{T_0}{T_1}$$

$$= 33510.32 \times \frac{(6 + 1.0332) - (2.5 + 1.0332)}{1.0332} \times \frac{273}{273 + 20} = 105768.72 \, Nm^3$$

해답 105768.72 Nm³

[별해] 구형 가스홀더의 내용적을 공급된 가스량을 구하는 공식에 적용하여 하나의 식으로 계산

$$\Delta V = V \times \frac{P_1 - P_2}{P_0} \times \frac{T_0}{T_1} = \left(\frac{\pi}{6} \times 40^3\right) \times \frac{(6 + 1.0332) - (2.5 + 1.0332)}{1.0332} \times \frac{273}{273 + 20}$$

$$= 105768.725 ≒ 105768.73 \, Nm^3$$

해설 ① 문제에서 별도로 대기압이 주어지면(예 : 1.033 kgf/cm², 0.101325 MPa, 101.325 kPa 등) 주어진 대기압을 대입하여 계산하여야 한다.

② Nm³는 표준상태의 체적을 의미하는 것으로 온도는 0℃, 압력은 대기압을 의미하며, Sm³로 주어질 수도 있다.

③ 계산하는 과정 및 공식에 따라 최종값에서 오차는 발생할 수 있으며, 득점에는 영향이 없다.

④ 구형 가스홀더 내용적 계산할 때 '파이(π)'와 '3.14'를 적용하느냐에 따라 오차가 발생하며, 풀이 과정에 그 내용을 기록하면 득점에는 영향이 없다.

09 부취제 주입방식 중 액체 주입방식 3가지를 쓰시오.

해답 ① 펌프 주입방식
② 적하 주입방식
③ 미터연결 바이패스방식

10 LNG 기화기의 종류 3가지를 쓰시오.

해답 ① 오픈랙(open rack) 기화기
② 중간매체법
③ 서브머지드(submerged) 기화기

제2회 ○ **가스산업기사 필답형**

01 프로판(C_3H_8)이 기체상태로 20℃에서 1 atm, 1000 m³ 있을 때 액화하면 부피(L)는 얼마인가? (단, 액비중은 0.4819 kg/L이다.)

풀이 ① 프로판의 기체 질량 계산 : 이상기체 상태방정식 $PV = \dfrac{W}{M}RT$에서 질량 W를 구하며, 체적의 단위가 'L'이면 질량은 'g'이 되고, 'm³'이면 'kg'이 된다.

$$\therefore W = \frac{PVM}{RT} = \frac{1 \times 1000 \times 44}{0.082 \times (273 + 20)} = 1831.349 ≒ 1831.35 \text{ kg}$$

② 액상의 프로판의 체적 계산 : 기체질량과 액체질량은 같다.

$$\therefore 액화가스의 체적 = \frac{액화가스의\ 질량(kg)}{액비중(kg/L)} = \frac{1831.35}{0.4819} = 3800.269 ≒ 3800.27 \text{ L}$$

해답 3800.27 L

02 [보기]에 주어진 가스를 동일한 압력 및 온도 조건으로 동일한 배관에 통과시킬 때 가장 많이 흐르는 것에서부터 작게 흐르는 순서대로 번호를 나열하시오.

> **보기**
> ① 수소 ② 천연가스
> ③ 이산화탄소 ④ 질소

해답 ① → ② → ④ → ③

해설 ① 저압배관의 유량식 $Q = K\sqrt{\dfrac{D^5 \cdot H}{S \cdot L}}$ 에서 압력, 온도, 배관 등이 동일할 때 유량(Q)은 가스 비중(S)의 평방근에 반비례된다. 그러므로 제시된 가스에서 분자량이 작은 것일수록 비중이 작으므로 유량은 크게 된다.

② 각 가스의 분자량

가스 종류	수소(H_2)	천연가스(CH_4)	이산화탄소(CO_2)	질소(N_2)
분자량	2	16	44	28

---

03 체적비로 수소 20 %, 메탄 50 %, 에탄 30 %의 혼합기체의 폭발범위 하한값을 계산하시오. (단. 수소, 메탄, 에탄의 폭발범위 하한값은 4 %, 5%, 3 %이다.)

풀이 $\dfrac{100}{L} = \dfrac{V_1}{L_1} + \dfrac{V_2}{L_2} + \dfrac{V_3}{L_3}$ 에서 혼합기체 폭발범위 하한값 L을 구한다.

$$\therefore\ L = \dfrac{100}{\dfrac{V_1}{L_1} + \dfrac{V_2}{L_2} + \dfrac{V_3}{L_3}} = \dfrac{100}{\dfrac{20}{4} + \dfrac{50}{5} + \dfrac{30}{3}} = 4\,\%$$

해답 4 %

---

04 안전장치의 종류 중 급격한 압력상승, 독성가스의 누출, 유체의 부식성 또는 반응생성물의 성상 등에 따라 스프링식 안전밸브를 설치하는 것이 부적당한 경우에 그 대용으로 설치할 수 있는 것 2가지를 쓰시오.

해답 ① 파열판
② 자동압력 제어장치

---

05 카르노 사이클의 순환과정에서 열흡수 단계에 해당하는 과정은?

해답 정온팽창과정(또는 등온팽창과정)

해설 카르노(Carnot) 사이클 순환과정

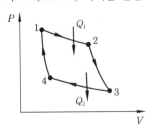

① 1 → 2 : 정온팽창과정(열 흡수)
② 2 → 3 : 단열팽창과정
③ 3 → 4 : 등온압축과정(열 방출)
④ 4 → 1 : 단열압축과정

06 도시가스 시설에 설치되는 정압기(governer)의 역할 3가지를 쓰시오.

해답 ① 도시가스 압력을 사용처에 맞게 낮추는 감압 기능
② 2차측 압력을 허용범위 내의 압력으로 유지하는 정압 기능
③ 가스의 흐름이 없을 때는 밸브를 완전히 폐쇄하여 압력상승을 방지하는 폐쇄 기능

07 유량 $3 \, \text{m}^3/\text{s}$, 유속 $4 \, \text{m/s}$로 흐르는 배관의 지름(mm)은 얼마인가?

풀이 $Q = A \cdot V = \dfrac{\pi}{4} \cdot D^2 \cdot V$ 에서 지름 D를 구하며, 지름의 단위는 'm'이므로 'mm'로 단위 변환을 한다.

$$\therefore \ D = \sqrt{\frac{4Q}{\pi \cdot V}} = \left(\sqrt{\frac{4 \times 3}{\pi \times 4}} \right) \times 1000 = 977.205 \fallingdotseq 977.21 \, \text{mm}$$

해답 $977.21 \, \text{mm}$

08 암모니아의 공업적 제조법인 하버-보시법의 반응식을 쓰시오.

해답 $N_2 + 3H_2 \rightarrow 2NH_3$

09 내용적 50 L인 용기에 액화암모니아를 저장하려고 한다. 이 저장설비의 저장능력은 얼마인가? (단, 액화암모니아의 정수 C는 1.82이다.)

풀이 $W = \dfrac{V}{C} = \dfrac{50}{1.82} = 27.472 \fallingdotseq 27.47 \, \text{kg}$

해답 $27.47 \, \text{kg}$

10 압축기에서 다단압축의 목적 3가지를 쓰시오.

해답 ① 1단 단열압축과 비교한 일량의 절약
② 이용효율의 증가
③ 힘의 평형이 좋아진다.
④ 가스의 온도 상승을 피할 수 있다.

11 SNG의 의미와 주성분은 무엇인가?

해답 ① SNG : 대체천연가스, 합성천연가스
② 주성분 : CH4(메탄)

해설 SNG : 'substitute natural gas'의 약자로 대체천연가스 또는 합성천연가스를 의미한다.

제4회 **🔾 가스산업기사 필답형**

---

01 다음 기호에 대해 설명하시오.

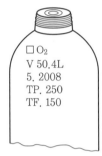

□ O₂
V 50.4L
5. 2008
TP. 250
TF. 150

O₂ – 가스 명칭
V50.4 – 용기 내용적
5. 2008 – 용기 내압시험 날짜
TP.250 – (①)
TF.150 – (②)

해답 ① 내압시험압력 $250\,kgf/cm^2$ ② 최고충전압력 $150\,kgf/cm^2$

해설 ① 압축가스 용기의 내압시험압력과 최고충전압력 단위는 숫자가 3자리이면 'kgf/cm^2'으로, 숫자가 2자리이면 'MPa'로 판단하길 바랍니다.
② 최고충전압력의 기호에 오류가 있으며 FP로 주어져야 옳은 내용이다.

02 웨버지수의 식을 쓰고 설명하시오.

해답 $WI = \dfrac{H_g}{\sqrt{d}}$

여기서, WI : 웨버지수
H_g : 도시가스의 총발열량($kcal/m^3$)
d : 도시가스의 공기에 대한 비중(공기 = 1)

해설 ① 웨버지수는 단위가 없는 무차원수이다.
② '도시가스의 공기에 대한 비중(공기 = 1)'을 '도시가스의 비중'으로 표현할 수 있다.

03 도시가스의 고압, 중압, 저압의 압력 기준을 쓰시오.

해답 ① 고압 : 1 MPa 이상
② 중압 : 0.1~1 MPa 미만
③ 저압 : 0.1 MPa 미만

04 최고사용압력이 $5\,kgf/cm^2$인 충전용기에 30℃에서 $3\,kgf/cm^2$로 충전되어 있다. 최고사용압력까지 압력이 상승되었을 때 온도는 몇 ℃인가 계산하시오. (단, 대기압은 $1\,kgf/cm^2$이다.)

풀이 $\dfrac{P_1 V_1}{T_1} = \dfrac{P_2 V_2}{T_2}$에서 상승된 온도 T_2를 구하며, 용기 내용적은 변화가 없으므로 $V_1 = V_2$이다. 충전용기의 압력은 게이지압력이므로 절대압력으로 변환하여 계산한다.

$\therefore\ T_2 = \dfrac{P_2 T_1}{P_1} = \dfrac{(5+1) \times (273+30)}{3+1} = 454.5\,K - 273 = 181.5\ ℃$

해답 181.5℃

05 일반용 액화석유가스 압력조정기에서 1단 감압식 저압조정기의 입구압력과 조정압력은 각각 얼마인가?

해답 ① 입구압력 : 0.07~1.56 MPa
② 조정압력 : 2.3~3.3 kPa

06 다음 그림은 터빈 펌프의 성능곡선이다. ①, ②, ③ 곡선 명칭을 쓰시오.

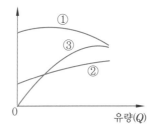

해답 ① 양정곡선
② 축동력 곡선
③ 효율곡선

07 [보기]에 설명하는 공기액화 사이클의 명칭을 쓰시오.

> **보기**
> • 공기의 압축압력은 약 7 atm 정도이다.
> • 열교환기에 축랭기를 사용하여 원료공기를 냉각시킴과 동시에 원료공기 중의 수분과 탄산가스를 제거한다.
> • 공기는 팽창식 터빈에서 −145℃ 정도로 90 % 처리한다.

해답 캐피자 공기액화 사이클

08 저장탱크 내용적이 20000 L일 때 저장능력(kg)을 계산하시오. (단, 액화가스의 비중은 0.55이다.)

풀이 $W = 0.9dV = 0.9 \times 0.55 \times 20000 = 9900\,\mathrm{kg}$
해답 9900 kg

09 과류차단 안전기구가 부착된 콕의 명칭을 쓰시오.

해답 ① 퓨즈콕
② 상자콕
해설 **과류차단 안전기구** : 표시유량 이상의 가스량이 통과되었을 경우 가스유로를 차단하는 안전장치이다.

10 충전용기를 수조식 내압시험장치에서 내압시험을 한 결과 영구증가량이 0.04 L, 전증가량이 0.5 L일 때 영구증가율(%)을 계산하시오.

풀이 영구증가율 $= \dfrac{\text{영구증가량}}{\text{전증가량}} \times 100 = \dfrac{0.04}{0.5} \times 100 = 8\,\%$
해답 8 %

2009년도 가스산업기사 모의고사

01 도시가스 제조공정 중 접촉개질공정에 대하여 설명하시오.

해답 촉매를 사용해서 반응온도 400~800℃에서 탄화수소와 수증기를 반응시켜 메탄(CH_4), 수소(H_2), 일산화탄소(CO), 이산화탄소(CO_2)로 변환하는 공정이다.

02 내진설계에서 평균재현주기 500년 지진지반운동수준에 대한 평균재현주기별 지반운동수준의 비로 나타내는 것은 무엇인가?

해답 위험도계수

03 NH_3 제조설비의 기밀시험을 CO_2로 하는 경우의 물음에 답하시오.

(1) 예상되는 문제점을 설명하시오.
(2) 예상되는 문제점의 반응식을 쓰시오.

해답 (1) 문제점 : 탄산암모늄[$(NH_4)_2CO_3$]이 생성되어 부식의 원인이 된다.
　　(2) 반응식 : $2NH_3 + CO_2 + H_2O \rightarrow (NH_4)_2CO_3$

04 고온, 고압 상태에서 일산화탄소가 철(Fe), 니켈(Ni)과 화합하여 카르보닐이 생성되는 반응식을 쓰시오.

해답 ① $Fe + 5CO \rightarrow Fe(CO)_5$[철-카르보닐]
　　② $Ni + 4CO \rightarrow Ni(CO)_4$[니켈-카르보닐]

05 길이 300 m 배관에 비중이 1.52인 가스를 공급압력 1.5 kgf/cm² · g, 유출압력 1.3 kgf/cm² · g로 시간당 200 m³로 공급하기 위한 배관의 안지름(cm)을 계산하시오. (단, 유량계수 K는 52.31이다.)

풀이 중고압 배관 유량식 $Q = K\sqrt{\dfrac{D^5 \cdot (P_1^2 - P_2^2)}{S \cdot L}}$ 에서 안지름 D를 구한다.

$$\therefore D = \sqrt[5]{\frac{Q^2 \cdot S \cdot L}{K^2 \cdot (P_1^2 - P_2^2)}} = \sqrt[5]{\frac{200^2 \times 1.52 \times 300}{52.31^2 \times \left\{(1.5 + 1.0332)^2 - (1.3 + 1.0332)^2\right\}}}$$

$$= 5.849 \fallingdotseq 5.85 \text{ cm}$$

해답 5.85 cm

06 압축가스 설비 저장능력 산정식을 쓰시오. (단, Q : 저장능력(m^3) P : 35℃에서 최고충전압력(MPa), V : 내용적(m^3)을 의미한다.)

해답 $Q = (10P+1)V$

해설 압축가스 저장능력 산정식 구분

구분	산정식(공식)	압력(P) 단위
SI단위	$Q = (10P+1)V$	MPa
공학단위	$Q = (P+1)V$	kgf/cm^2

07 공기액화 분리장치에서 액화산소 35 L 중 메탄 2 g, 부탄 4 g이 혼입되었을 때의 물음에 답하시오.

(1) 탄화수소의 탄소질량을 계산하시오.
(2) 공기액화 분리장치의 운전 가능 여부를 판정하시오.

풀이 (1) 탄소질량 $= \dfrac{\dfrac{\text{탄화수소 중 탄소질량}}{\text{탄화수소의 분자량}} \times \text{탄화수소량}}{\text{액산의 기준량 대비 배수}}$

$= \dfrac{\left(\dfrac{12}{16} \times 2000\right) + \left(\dfrac{48}{58} \times 4000\right)}{\dfrac{35}{5}} = 687.192 ≒ 687.19 \,\text{mg}$

해답 (1) 687.19 mg

(2) 탄화수소 중 탄소질량이 500 mg을 넘으므로 운전을 중지하고 액화산소를 방출하여야 한다.

해설 **공기액화 분리기의 불순물 유입금지** : 공기액화 분리기(1시간의 공기 압축량이 1000 m^3 이하의 것은 제외한다)에 설치된 액화산소통 안의 액화산소 5 L 중 아세틸렌의 질량이 5 mg 또는 탄화수소의 탄소의 질량이 500 mg을 넘을 때에는 그 공기액화 분리기의 운전을 중지하고 액화산소를 방출한다.

08 지름이 14 cm인 관에 8 m/s로 물이 흐를 때 질량유량(kg/s)을 계산하시오. (단, 물의 밀도는 1000 kg/m^3이다.)

풀이 $m = \rho \cdot A \cdot V = 1000 \times \left(\dfrac{\pi}{4} \times 0.14^2\right) \times 8 = 123.150 ≒ 123.15 \,\text{kg/s}$

해답 123.15 kg/s

09 상용압력이 100 kgf/cm^2인 고압가스설비에 설치된 안전밸브의 작동압력(kgf/cm^2)을 계산하시오.

풀이 안전밸브 작동압력 $=$ 내압시험압력 $\times \dfrac{8}{10} =$ (상용압력$\times 1.5$) $\times \dfrac{8}{10}$

$= (100 \times 1.5) \times \dfrac{8}{10} = 120 \,\text{kgf/cm}^2$

해답 120 kgf/cm^2

10 양정 15 m, 송수량 3.6 m³/min일 때 축동력 15 PS를 필요로 하는 원심펌프의 효율은 몇 %인가?

풀이 $PS = \dfrac{\gamma \cdot Q \cdot H}{75 \cdot \eta}$에서 효율 η를 구하며, 물의 비중량(γ)은 $1000\,\mathrm{kgf/m^3}$을 적용한다.

$$\therefore \ \eta[\%] = \frac{\gamma \cdot Q \cdot H}{75\,PS} \times 100 = \frac{1000 \times 3.6 \times 15}{75 \times 15 \times 60} \times 100 = 80\,\%$$

해답 80 %

제2회 ○ 가스산업기사 필답형

01 도시가스 사용시설의 월사용예정량 산정 공식을 쓰고 설명하시오.

해답 $Q = \dfrac{(A \times 240) + (B \times 90)}{11000}$

여기서, Q : 월사용예정량(m³)

A : 산업용으로 사용하는 연소기의 명판에 기재된 가스소비량의 합계(kcal/h)

B : 산업용이 아닌 연소기의 명판에 기재된 가스소비량의 합계(kcal/h)

02 웨버지수를 계산하는 공식을 쓰고 각 인자에 대하여 설명하시오.

해답 $WI = \dfrac{H_g}{\sqrt{d}}$

여기서, WI : 웨버지수

H_g : 도시가스의 총발열량(kcal/m³)

d : 도시가스의 공기에 대한 비중(공기 = 1)

해설 '도시가스의 공기에 대한 비중(공기 = 1)'을 '도시가스의 비중'으로 표현할 수 있다.

03 다음 기호에 대해 설명하시오.

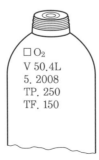

□ O₂
V 50.4L
5. 2008
TP. 250
TF. 150

O₂ – 가스 명칭

V50.4 – 용기 내용적

5. 2008 – 용기 내압시험 날짜

TP.250 – (①)

FP.150 – (②)

해답 ① 내압시험압력 250 kgf/cm²

② 최고충전압력 150 kgf//cm²

해설 압축가스 용기의 내압시험압력과 최고충전압력 단위는 숫자가 3자리이면 'kgf/cm²'으로, 숫자가 2자리이면 'MPa'로 판단하길 바랍니다.

04 충전용기를 수조식 내압시험 장치에서 내압시험을 한 결과 영구증가량이 0.04 L, 전 증가량이 0.5L일 때 영구증가율(%)을 계산하시오.

풀이 영구증가율 $= \dfrac{\text{영구증가량}}{\text{전증가량}} \times 100 = \dfrac{0.04}{0.5} \times 100 = 8\%$

해답 8%

05 최고사용압력이 5 kgf/cm²인 충전용기에 20℃에서 3 kgf/cm²로 충전되어 있다. 최고사용 압력까지 압력이 상승되었을 때 온도는 몇 ℃인가 계산하시오. (단, 대기압은 1 kgf/cm² 이다.)

풀이 $\dfrac{P_1 V_1}{T_1} = \dfrac{P_2 V_2}{T_2}$ 에서 상승된 온도 T_2를 구하며, 용기 내용적은 변화가 없으므로 $V_1 = V_2$ 이다. 충전용기의 압력은 게이지압력이므로 절대압력으로 변환하여 계산한다.

$\therefore \ T_2 = \dfrac{P_2 T_1}{P_1} = \dfrac{(5+1) \times (273+20)}{3+1} = 439.5\,\mathrm{K} - 273 = 166.5\,℃$

해답 $166.5\,℃$

06 [보기]에서 설명하는 공기액화 사이클의 명칭을 쓰시오.

> **보기**
> - 공기의 압축압력은 약 7 atm 정도이다.
> - 열교환기에 축랭기를 사용하여 원료공기를 냉각시킴과 동시에 원료공기 중의 수분과 탄산가스를 제거한다.
> - 공기는 팽창식 터빈에서 $-145\,℃$ 정도로 90% 처리한다.

해답 캐피자 공기액화 사이클

07 저장탱크 내용적이 20000 L일 때 저장능력(kg)을 계산하시오. (단, 액화가스의 비중 은 0.55이다.)

풀이 $W = 0.9\,dV = 0.9 \times 0.55 \times 20000 = 9900\,\mathrm{kg}$

해답 $9900\,\mathrm{kg}$

08 아세틸렌 충전용기의 내압시험압력은 최고충전압력의 몇 배인가?

해답 3배 이상

해설 아세틸렌 충전용기 압력

구분	기준
최고충전압력(FP)	15℃에서 최고압력
기밀시험압력(AP)	최고충전압력의 1.8배 이상
내압시험압력(TP)	최고충전압력의 3배 이상

부록 필답형

09 도시가스의 고압, 중압, 저압의 압력 기준을 쓰시오.

해답 ① 고압 : 1 MPa 이상
② 중압 : 0.1~1 MPa 미만
③ 저압 : 0.1 MPa 미만

10 고압가스 안전관리법령에서 정의하는 '처리능력'이란 용어에 대하여 설명하시오.

해답 처리설비 또는 감압설비에 의하여 압축·액화 그 밖의 방법으로 1일에 처리할 수 있는 가스의 양으로 온도 0℃, 게이지압력 0 Pa 상태를 기준으로 한다.

해설 ① 용어의 정의는 고압가스 안전관리법 시행규칙 제2조에 규정된 사항입니다.
② 처리설비 : 압축·액화나 그 밖의 방법으로 가스를 처리할 수 있는 설비 중 고압가스의 제조(충전을 포함)에 필요한 설비와 저장탱크에 딸린 펌프·압축기 및 기화장치를 말한다.
③ 감압설비 : 고압가스의 압력을 낮추는 설비를 말한다.

제4회 ○ 가스산업기사 필답형

01 도시가스 연소성 측정에 사용되는 2가지 식을 쓰고 설명하시오.

해답 ① 연소속도

$$C_p = K \frac{1.0\,\mathrm{H_2} + 0.6\,(\mathrm{CO} + \mathrm{C}_m\mathrm{H}_n) + 0.3\,\mathrm{CH_4}}{\sqrt{d}}$$

여기서, C_p : 연소속도
K : 도시가스 중 산소 함유율에 따라 정하는 정수
$\mathrm{H_2}$: 도시가스 중의 수소 함유율(용량 %)
CO : 도시가스 중의 일산화탄소 함유율(용량 %)
$\mathrm{C}_m\mathrm{H}_n$: 도시가스 중의 메탄 외의 탄화수소 함유율(용량 %)
$\mathrm{CH_4}$: 도시가스 중의 메탄 함유율(용량 %)
d : 도시가스의 비중

② 웨버지수

$$WI = \frac{H_g}{\sqrt{d}}$$

여기서, WI : 웨버지수
H_g : 도시가스의 총발열량($\mathrm{kcal/m^3}$)
d : 도시가스의 비중

해설 도시가스의 비중(d)을 '도시가스의 공기에 대한 비중(공기 = 1)'과 같이 표현할 수 있다.

02 정압기 특성 중 사용최대차압을 설명하시오.

해답 메인 밸브에는 1차와 2차 압력의 차압이 작용하여 정압성능에 영향을 주나, 이것이 실용적으로 사용할 수 있는 범위에서 최대로 되었을 때의 차압

03 시안화수소(HCN)를 용기에 충전하는 기준에 대한 설명이다. ( ) 안에 알맞은 용어 또는 숫자를 넣으시오.

> 용기에 충전하는 시안화수소(HCN)는 순도가 (①) 이상이고, (②) 등의 안정제를 첨가하고 시안화수소를 충전한 용기는 충전 후 (③)시간 정치하고, 그 후 1일 1회 이 상 (④) 등의 시험지로 가스누출검사를 실시한다.

해답 ① 98 %   ② 아황산가스 또는 황산
③ 24   ④ 질산구리벤젠

해설 **시안화수소(HCN) 충전작업 기준**: 용기에 충전하는 시안화수소는 순도가 98 % 이상이고 아황산가스 또는 황산 등의 안정제를 첨가한 것으로 한다. 시안화수소를 충전한 용기는 충전 후 24시간 정치하고, 그 후 1일 1회 이상 질산구리벤젠 등의 시험지로 가스의 누출 검사를 하며, 용기에 충전 연월일을 명기한 표지를 붙이고, 충전한 후 60일이 경과되기 전에 다른 용기에 옮겨 충전한다. 다만, 순도가 98 % 이상으로서 착색되지 아니한 것은 다른 용기에 옮겨 충전하지 아니할 수 있다.

04 고압가스 운반 시 자동차에 고정된 탱크의 최대 내용적(L)은 얼마인가 ?

(1) LPG를 제외한 가연성가스 :
(2) 액화암모니아를 제외한 독성가스 :

해답 (1) 18000
(2) 12000

05 도시가스 정압기의 기밀시험에 대한 ( ) 안에 알맞은 숫자를 넣으시오.

> 정압기 입구측은 최고사용압력의 (①)배, 출구측은 최고사용압력의 (②)배 또는 (③) kPa 중 높은 압력 이상으로 기밀시험을 실시하여 이상이 없어야 한다.

해답 ① 1.1   ② 1.1   ③ 8.4

06 LPG 충전사업소에서 긴급사태가 발생하였을 경우 이를 신속히 전파할 수 있도록 안전관리자가 상주하는 사업소와 현장사업소와의 사이에 설치해야 하는 통신설비 4가지를 쓰시오.

해답 ① 구내전화   ② 구내방송설비
③ 인터폰   ④ 페이징설비

해설 **통신설비 기준**

사항별(통신범위)	설치(구비)하여야 할 통신설비
안전관리자가 상주하는 사업소와 현장사업소와의 사이 또는 현장사무소 상호 간	구내전화, 구내방송설비, 인터폰, 페이징설비
사업소 안 전체	구내방송설비, 사이렌, 휴대용 확성기, 페이징설비, 메가폰
종업원 상호 간(사업소 안 임의의 장소)	페이징설비, 휴대용 확성기, 트랜시버, 메가폰

07 질소의 비열비가 1.41일 때 정압비열(kJ/kg·K)을 계산하시오.

풀이 $C_p = \dfrac{k}{k-1} R = \dfrac{1.41}{1.41-1} \times \dfrac{8.314}{28} = 1.021 ≒ 1.02$ kJ/kg·K

해답 1.02 kJ/kg·K

해설 정압비열(C_p), 정적비열(C_v) 및 비열비(k)의 관계

$$C_p - C_v = R$$

$$C_p = \dfrac{k}{k-1} R$$

$$C_v = \dfrac{1}{k-1} R$$

여기서, C_p : 정압비열(kJ/kg·K)

$\qquad\quad C_v$: 정적비열(kJ/kg·K)

$\qquad\quad k$: 비열비

$\qquad\quad R$: 기체상수$\left(\dfrac{8.314}{M} [\text{kJ/kg·K}] \right)$

08 비중이 0.64인 가스를 길이 400 m 떨어진 곳에 저압으로 시간당 200 m³로 공급하고자 한다. 압력손실이 수주로 20 mm이면 배관의 최소 관지름(cm)은 얼마인가?

풀이 저압배관의 유량식 $Q = K\sqrt{\dfrac{D^5 \cdot H}{S \cdot L}}$ 에서 안지름 D를 구한다.

$$∴ D = \sqrt[5]{\dfrac{Q^2 \times S \times L}{K^2 \times H}} = \sqrt[5]{\dfrac{200^2 \times 0.64 \times 400}{0.707^2 \times 20}} = 15.925 = 15.93 \text{ cm}$$

해답 15.93 cm

09 액화크세논 용기 내용적이 1.5 m³일 때 저장능력은 몇 kg인가? (단, 액화크세논 C = 0.81이다.)

풀이 $W = \dfrac{V}{C} = \dfrac{1.5 \times 1000}{0.81} = 1851.851 ≒ 1851.85 \text{ kg}$

해답 1851.85 kg

10 내용적 50 L의 고압용기에 0℃에서 100 atm으로 산소가 충전되어 있다. 이 가스 3 kg을 사용하였다면 압력(atm)은 얼마인가? (단, 온도변화는 없는 것으로 한다.)

풀이 ① 충전상태의 질량(g) 계산 : 이상기체 상태방정식 $PV = \dfrac{W}{M} RT$에서 질량 W를 구한다.

$$W = \dfrac{PVM}{RT} = \dfrac{100 \times 50 \times 32}{0.082 \times 273} = 7147.324 ≒ 7147.32 \text{ g}$$

② 사용 후 잔압(atm)

$$P = \dfrac{WRT}{VM} = \dfrac{(7147.32 - 3000) \times 0.082 \times 273}{50 \times 32} = 58.026 ≒ 58.03 \text{ atm}$$

해답 58.03 atm

2010년도 가스산업기사 모의고사

제1회 • 가스산업기사 필답형

01 두께 5 mm, 폭(너비) 20 mm인 강판에 인장하중 1500 kgf을 가했더니 재료가 파열되었다. 이 재료의 인장강도(kgf/cm²)는 얼마인가?

풀이 $\sigma = \dfrac{F}{b \times t} = \dfrac{1500}{2 \times 0.5} = 1500\,\text{kgf/cm}^2$

해답 $1500\,\text{kgf/cm}^2$

02 저온장치에 사용되는 진공단열법의 종류 3가지를 쓰시오.

해답 ① 고진공단열법 ② 분말 진공단열법 ③ 다층 진공단열법

03 메탄(CH_4)을 주성분으로 하는 발열량이 12000 kcal/Nm³인 가스에 공기를 희석하여 3600 kcal/Nm³로 변경하려고 할 때 공기희석이 가능한지 설명하시오.

풀이 ① 공기량(m^3) 계산

$$Q_2 = \frac{Q_1}{1+x} \text{에서}$$

$$\therefore\ x = \frac{Q_1}{Q_2} - 1 = \frac{12000}{3600} - 1 = 2.333 \fallingdotseq 2.33\,\text{m}^3$$

② 혼합가스 중 메탄의 부피(%) 계산

$$\text{메탄}(CH_4)\text{의 부피}(\%) = \frac{\text{메탄의 부피}}{\text{메탄 부피} + \text{공기 부피}} \times 100$$

$$= \frac{1}{1 + 2.33} \times 100 = 30.030 \fallingdotseq 30.03\,\%$$

③ 메탄(CH_4)의 폭발범위 5~15 %를 벗어나므로 혼합이 가능하다.

해답 혼합이 가능하다.

04 고압가스설비에 부착하는 과압안전장치의 작동압력에 대한 기준 중 ( ) 안에 알맞은 숫자를 넣으시오.

> **보기**
> 액화가스의 고압가스설비 등에 부착되어 있는 스프링식 안전밸브는 상용의 온도에 있어서 당해 고압가스설비 등 내의 액화가스의 상용의 체적이 당해 고압가스설비 등 내의 내용적의 ( ) %까지 팽창하게 되는 온도에 대응하는 당해 고압가스설비 등 안의 압력에서 작동하는 것일 것

해답 98

05 용기를 옥외 저장소에서 보관할 때 충전용기와 잔가스용기의 보관장소는 얼마 이상의 이격거리를 유지하여야 하는가?

해답 1.5 m

06 용기 내장형 가스난방기용으로 사용한 용기의 내용적이 100 L, 안전밸브 분출량 결정압력이 절대압력으로 10 MPa일 때 용기밸브에 부착된 안전밸브의 소요 분출량 (m^3/min)을 계산하시오.

풀이 $Q = 0.0278\,P\,W = 0.0278 \times 10 \times 100 = 27.8\,m^3/min$

해답 $27.8\,m^3/min$

07 폭이 8m 이상인 도로에 매설하는 도시가스 중압배관의 매설깊이와 표면색상은?

해답 ① 매설깊이 : 1.2 m 이상 ② 표면색상 : 적색

08 가스누설검지기에 표시된 "LEL"을 설명하시오.

해답 폭발범위 하한계 또는 폭발범위 하한값

해설 ① LEL : Lower Explosive Limit의 약자로 공기 중 가연성 가스의 용량을 %로 나타내는 폭발 최저농도이다.
   ② UEL(Upper Explosive Limit) : 폭발범위 상한계(폭발범위 상한값)

09 CaC_2 1 kg을 25℃, 1기압 상태에서 1 L 물에 넣으면 아세틸렌은 몇 L 생성되는가? (단, Ca의 원자량은 40이다.)

풀이 ① 카바이드(CaC_2)와 물(H_2O)에 의한 아세틸렌 제조 반응식
   $CaC_2 + 2H_2O \rightarrow Ca(OH)_2 + C_2H_2$

② 아세틸렌가스 발생량 계산 : 카바이드(CaC_2) 분자량은 64이다.
   $64g : 22.4\,L = 1000\,g : x[L]$
   $\therefore x = \dfrac{1000 \times 22.4}{64} = 350\,L$

③ 25℃의 상태 체적으로 계산
   $\dfrac{P_1 V_1}{T_1} = \dfrac{P_2 V_2}{T_2}$ 에서 $P_1 = P_2$이므로
   $\therefore V_2 = V_1 \times \dfrac{T_2}{T_1} = 350 \times \dfrac{273 + 25}{273} = 382.051 \fallingdotseq 382.05\,L$

해답 382.05 L

[별해] ① 카바이드(CaC_2) 64 g이 물과 반응하여 아세틸렌 26 g이 생성되므로 카바이드 1000 g이 물과 반응하여 생성되는 아세틸렌 질량을 계산한다.
   $64\,g : 26\,g = 1000\,g : x$

$$\therefore\ x = \frac{26 \times 1000}{64} = 406.25\,\text{g}$$

② 아세틸렌 질량 406.25 g을 이상기체 상태방정식 $PV = \dfrac{W}{M}RT$를 이용하여 25℃ 상태에서의 체적을 계산한다.

$$\therefore\ V = \frac{WRT}{PM} = \frac{406.25 \times 0.082 \times (273 + 25)}{1 \times 26} = 381.812 \fallingdotseq 381.81\,\text{L}$$

해설 아세틸렌 제조 반응식에서 카바이드(CaC_2)와 반응하는 물(H_2O)은 2 mol(다시 말하면 2 mol × 22.4 L/mol = 44.8 L)이기 때문에 문제에서 제시된 물 1 L로는 양이 부족하여 반응이 이루어질 수 없다고 생각할 수 있지만, 44.8 L은 기체(수증기)의 체적이고, 표준상태에서 물 1 L가 기체(수증기)로 되면 약 1244.44 L이 되므로 물이 부족한 상태는 아니다.

---

10 지름이 6 m인 구형 가스홀더에 6 kgf/cm²·g의 압력으로 도시가스가 저장되어 있다. 이 가스를 압력이 2 kgf/cm²·g로 될 때까지 공급하였을 때 공급된 가스량(Nm³)을 계산하시오. (단, 가스공급 시 온도는 25℃로 변화가 없다.)

풀이 ① 구형 가스홀더의 내용적(m³) 계산

$$V = \frac{\pi}{6} \times D^3 = \frac{\pi}{6} \times 6^3 = 113.097 \fallingdotseq 113.10\,\text{m}^3$$

② 공급된 가스량(Nm³) 계산

$$\therefore\ \Delta V = V \times \frac{P_1 - P_2}{P_0} \times \frac{T_0}{T_1}$$

$$= 113.1 \times \frac{(6 + 1.0332) - (2 + 1.0332)}{1.0332} \times \frac{273}{273 + 25} = 401.129 \fallingdotseq 401.13\,\text{Nm}^3$$

해답 401.13 Nm³

제2회 ㅇ 가스산업기사 필답형

01 릴리프식 안전장치가 내장된 조정기를 건축물 내에 설치하는 경우 실외의 안전한 장소에 설치하여야 하는 것은?

해답 가스방출구

02 오스테나이트계 스테인리스강에서 발생하는 입계부식에 대하여 설명하시오.

해답 결정 입자가 선택적으로 부식되는 것으로 오스테나이트계 스테인리스강을 450~900℃로 가열하면 결정 입계로 크롬탄화물이 석출되는 현상이다.

03 [보기]에서 설명하는 가스의 명칭은?

> **보기**
> ① 가연성 가스이다.
> ② 물과 반응하여 글리콜을 생성한다.
> ③ 암모니아와 반응하여 에탄올아민을 생성한다.
> ④ 물, 알코올, 에테르, 유기용제에 녹는다.

해답 산화에틸렌(C_2H_4O)

04 밀도가 0.998g/cm³인 액체가 들어 있는 저장탱크에서 액면 2 m 아래 지점의 절대압력(kPa)은?

풀이 절대압력(kPa) = 대기압 + 게이지압력

$$= 101.325 + (0.998 \times 10^3 \times 9.8 \times 2 \times 10^{-3})$$
$$= 120.885 ≒ 120.89 \ kPa \cdot abs$$

해답 $120.89 \ kPa \cdot abs$

> **참고**
> ① 밀도 $0.998g/cm^3 = 0.998kg/L = 0.998 \times 10^3 \ kg/m^3$
> ② 압력 $P = \gamma \times h = (\rho \times g) \times h [N/m^2 = Pa] = (\rho \times g) \times h \times 10^{-3} [kPa]$
> ③ 비중량(γ)의 절대단위($kg/m^2 \cdot s^2$), $\gamma = \rho \times g$

05 길이 100 m인 배관에 비중이 0.6인 가스를 시간당 20 m³로 이송한다. 입구압력이 120 mmH₂O, 출구압력이 110 mmH₂O일 때 배관의 안지름을 계산하시오. (단, 폴의 정수 K는 0.7이다.)

풀이 $Q = K\sqrt{\dfrac{D^5 H}{SL}}$ 에서

$$D = \sqrt[5]{\frac{Q^2 \times S \times L}{K^2 \times H}} = \sqrt[5]{\frac{20^2 \times 0.6 \times 100}{0.7^2 \times (120 - 110)}} = 5.470 ≒ 5.47 \ cm$$

해답 $5.47 \ cm$

06 원심펌프가 높은 능력으로 운전되는 경우 임펠러 흡입부의 압력이 유체의 증기압력보다 낮아지면 흡입부의 유체는 증발하게 되며 이 증기는 임펠러의 고압부로 이동하여 갑자기 응축하게 된다. 이러한 현상을 무엇이라 하는가?

해답 캐비테이션(cavitation) 현상

07 방류둑 구조에 대한 기준에서 ( ) 안에 알맞은 용어, 숫자를 넣으시오.

(1) 철근콘크리트, 철골·철근콘크리트는 ( ) 콘크리트를 사용하고 균열 발생을 방지하도록 배근, 리베팅 이음, 신축이음 및 신축이음의 간격, 배치 등을 정하여야 한다.
(2) 방류둑은 ( ) 것이어야 한다.

(3) 성토는 수평에 대하여 (   ) 이하의 기울기로 하여 쉽게 허물어지지 않도록 충분히 다져 쌓고, 강우 등에 의하여 유실되지 않도록 그 표면에 콘크리트 등으로 보호한다.

(4) 성토 윗부분의 폭은 (   ) 이상으로 하여야 한다.

해답 (1) 수밀성   (2) 액밀한   (3) 45°   (4) 30 cm

---

08 입상높이 20 m인 곳에 프로판(C_3H_8)을 공급할 때 압력손실은 수주로 몇 mm인가? (단, C_3H_8의 비중은 1.5이다.)

풀이 $H = 1.293(S-1)h = 1.293 \times (1.5-1) \times 20 = 12.93 \text{ mmH}_2\text{O}$

해답 $12.93 \text{ mmH}_2\text{O}$

---

09 수소의 공업적 제조법 중 일산화탄소 전화법의 반응식을 쓰고 설명하시오.

해답 ① 반응식 : $CO + H_2O \rightarrow CO_2 + H_2 + 9.8 \text{ kcal}$

② 일산화탄소에 수증기(H_2O)를 2단으로 구분하여 반응시켜 수소를 제조하는 방법이다.

> **참고** 촉매 및 반응온도

구 분	촉 매	반응온도
제1단 반응(고온 전화반응)	$Fe_2O_3 - Cr_2O_3$ 계	350~500℃
제2단 반응(저온 전화반응)	$CuO - ZnO$ 계	200~250℃

---

10 1일 공급할 수 있는 최대 가스량이 500 m^3, 3시간 동안 200 m^3를 가스홀더에 공급하며 송출량이 제조량보다 많아지는 17시~23시의 송출률이 45 %일 때 필요한 제조 가스량(m^3/day)은 얼마인가?

풀이 $S \times a = \dfrac{t}{24} \times M + \Delta H$에서

$$M = (S \times a - \Delta H) \times \frac{24}{t} = \left(500 \times 0.45 - \frac{200}{3}\right) \times \frac{24}{6} = 633.333 ≒ 633.33 \text{ m}^3/\text{day}$$

해답 $633.33 \text{ m}^3/\text{day}$

> **참고** 가스홀더의 용량 결정식
>
> $$S \times a = \frac{t}{24} \times M + \Delta H$$
>
> 여기서, S : 최대공급량(m^3/day)
> a : t시간의 송출률
> t : 시간당 송출량이 제조능력보다 많은 시간
> M : 최대제조능력(m^3/day)
> ΔH : 가스홀더의 유효가동량(m^3)

제4회 ○ **가스산업기사 필답형**

01 가로, 세로, 높이가 각각 10 m, 8 m, 4 m인 실내에 프로판가스가 폭발할 수 있는 최저농도로 누설되었다면 누설량(m³)은 얼마인가? (단, 프로판의 폭발범위는 2.2~9.5 %이다.)

풀이 프로판 가스량(m³) = 실내체적 × 폭발범위 하한값 = $(10 \times 8 \times 4) \times 0.022 = 7.04\,\mathrm{m}^3$

해답 $7.04\,\mathrm{m}^3$

02 액화석유가스 사용시설에서 압력조정기 출구에서 연소기 입구까지의 배관 및 호스의 기밀시험압력은 얼마인가?

해답 8.4 kPa 이상

해설 용기에 의한 액화석유가스 사용시설 기준(KGS FU431) : 압력조정기 출구에서 연소기 입구까지의 호스는 8.4 kPa 이상의 압력(압력이 3.3 kPa 이상 30 kPa 이하인 것은 35 kPa 이상의 압력)으로 기밀시험을 실시하여 누출이 없도록 한다.

03 발열량이 6000 kcal/Nm³, 비중이 0.6, 공급표준압력이 100 mmH₂O인 가스에서 발열량 10500 kcal/Nm³, 비중 0.66, 공급표준압력이 200 mmH₂O인 LNG로 가스를 변경할 경우 노즐 변경률은 얼마인가?

풀이 $\dfrac{D_2}{D_1} = \sqrt{\dfrac{WI_1\sqrt{P_1}}{WI_2\sqrt{P_2}}} = \sqrt{\dfrac{\dfrac{6000}{\sqrt{0.6}} \times \sqrt{100}}{\dfrac{10500}{\sqrt{0.66}} \times \sqrt{200}}} = 0.650 \fallingdotseq 0.65$

해답 0.65

04 내압시험압력 및 기밀시험압력의 기준이 되는 압력으로서 사용 상태에서 해당설비 등의 각부에 작용하는 최고사용압력을 의미하는 것은?

해답 상용압력

05 가연성 가스의 제조설비 또는 저장설비 중 전기설비 방폭구조를 하지 않아도 되는 가스 2종류를 쓰시오.

해답 ① 암모니아(NH₃)
② 브롬화메탄(CH₃Br)

06 수정이나 전기석 또는 로셀염 등의 결정체의 특정 방향에 압력을 가하면 기전력이 발생하고 발생한 전기량은 압력에 비례하는 현상을 무엇이라 하는가?

해답 압전현상

07 길이 40 m인 배관에 비중이 1.52인 가스를 안지름 4.86 cm인 배관을 통하여 시간당 20 m³로 공급할 때 압력손실은 수주로 몇 mm인가? (단, 폴의 정수 K는 0.7이다.)

풀이 $Q = K\sqrt{\dfrac{D^5 H}{SL}}$ 에서

$$H = \frac{Q^2 \cdot S \cdot L}{K^2 \cdot D^5} = \frac{20^2 \times 1.52 \times 40}{0.7^2 \times 4.86^5} = 18.305 ≒ 18.31\, \mathrm{mmH_2O}$$

해답 $18.31\, \mathrm{mmH_2O}$

08 도시가스 정압기 중 피셔(Fisher)식 정압기의 2차압 이상 상승 원인 4가지를 쓰시오.

해답 ① 메인밸브에 먼지류가 끼어들어 완전차단(cut-off) 불량
② 센터 스템(center stem)과 메인밸브의 접속 불량
③ 파일럿 공급밸브(pilot supply valve)의 누설
④ 메인밸브의 밸브 폐쇄 무
⑤ 바이패스 밸브의 누설
⑥ 가스 중 수분의 동결

09 1kmol의 이상기체($C_p = 5$, $C_v = 3$)가 온도 0℃, 압력 2 atm, 체적 11.2 m³인 상태에서 압력 20 atm, 체적 1.12 m³으로 등온압축하는 경우 압축에 필요한 일(kcal)은 얼마인가?

풀이 ① 기체상수 값 $R = 0.082\, \mathrm{L \cdot atm/mol \cdot K} = 1.987\, \mathrm{cal/mol \cdot K} = 1.987\, \mathrm{kcal/kmol \cdot K}$
② 이상기체 1 kmol에 대한 압축일(kcal) 계산

$$W_t = nRT \ln \frac{P_1}{P_2} = 1 \times 1.987 \times 273 \times \ln \frac{2}{20} = -1249.039 ≒ -1249.04\, \mathrm{kcal}$$

해답 $-1249.04\, \mathrm{kcal}$

10 수소 50 L 중에 포함된 산소가 7500 ppm일 때 압축이 가능한지 판정하시오.

풀이 수소 50 L 중 산소용량비율(%) 계산 : 1 ppm은 $\dfrac{1}{10^6}$ 의 농도에 해당되는 것이다.

$$\therefore 산소(\%) = \frac{7500}{10^6} \times 100 = 0.75\, \%$$

해답 산소용량이 2 % 미만이므로 압축이 가능하다.

> **참고 ··· ○ 압축금지 기준**
>
> ① 가연성 가스(C_2H_2, C_2H_4, H_2 제외) 중 산소용량이 전용량의 4 % 이상의 것
> ② 산소 중 가연성 가스(C_2H_2, C_2H_4, H_2 제외) 용량이 전용량의 4 % 이상의 것
> ③ C_2H_2, C_2H_4, H_2 중의 산소용량이 전용량의 2 % 이상의 것
> ④ 산소 중 C_2H_2, C_2H_4, H_2의 용량 합계가 전용량의 2 % 이상의 것

2011년도 가스산업기사 모의고사

01 플레어스택(flare stack)의 역할에 대하여 설명하시오.

해답 긴급이송설비에 의하여 이송되는 가연성 가스를 대기 중에 분출할 때 공기와 혼합하여 폭발성 혼합기체가 형성되지 않도록 연소에 의하여 처리하는 탑 또는 파이프를 일컫는다.

02 보기에서 설명하는 전기방식법의 명칭은 무엇인가?

> **보기**
> 지중 또는 수중에 설치된 양극(anode)금속과 매설배관(cathode : 음극) 등을 전선으로 연결하여 양극금속과 매설배관 등 사이의 전지작용(고유 전위차)에 의하여 전기적 부식을 방지하는 방법이다.

해답 희생양극법(또는 유전양극법, 전류양극법, 전기양극법)

03 분젠식 연소기에서 불꽃의 이상 연소현상 3가지를 쓰시오.

해답 ① 역화 ② 선화 ③ 옐로 팁 ④ 블로오프

04 비파괴 검사 중 방사선 투과 검사에 Co 60에서는 어떤 선이 나오는가?

해답 감마(γ)선

05 고압가스 설비에서 구조상 물에 의한 내압시험이 곤란하여 공기, 질소 등의 기체에 의하여 내압시험을 실시하는 경우 내압시험압력은 상용압력의 몇 배 이상으로 하여야 하는가?

해답 1.25배
해설 **내압시험압력** : 상용압력의 1.5배 이상(단, 기체로 실시할 때는 상용압력의 1.25배 이상)

06 어떤 고압장치의 상용압력이 20 MPa일 때 안전밸브의 최고 작동압력은 얼마인가?

풀이 안전밸브 작동압력 = 내압시험압력 $\times \dfrac{8}{10}$ = (상용압력 $\times 1.5$) $\times \dfrac{8}{10}$

$$= (20 \times 1.5) \times \frac{8}{10} = 24 \text{ MPa}$$

해답 24 MPa

07 질소의 비열비가 1.41일 때 정압비열(kcal/kg·℃)을 계산하시오.

풀이 $C_p = \dfrac{k}{k-1} AR = \dfrac{1.41}{1.41-1} \times \dfrac{1}{427} \times \dfrac{848}{28} = 0.243 \fallingdotseq 0.24\,\text{kcal/kg} \cdot ℃$

해답 $0.24\,\text{kcal/kg} \cdot ℃$

해설 ① SI단위(kJ/kg·℃)로 구하는 방법

$C_p = \dfrac{k}{k-1} R = \dfrac{1.41}{1.41-1} \times \dfrac{8.314}{28} = 1.021 \fallingdotseq 1.02\,\text{kJ/kg} \cdot ℃$

② 비열 단위에서 온도변화 1℃는 절대온도로 변환해도 1 K이므로 공학단위 kcal/kg·℃ = kcal/kg·K이고, SI단위 kJ/kg·℃ = kJ/kg·K이다.

08 양정 H : 15m, 송수량 Q : 4m³/min이고 회전수가 2900 rpm일 때 축동력 20 PS를 필요로 하는 원심펌프의 효율은 몇 %인가?

풀이 $PS = \dfrac{\gamma \cdot Q \cdot H}{75 \cdot \eta}$ 에서

$\therefore \eta[\%] = \dfrac{\gamma \cdot Q \cdot H}{75\,PS} \times 100 = \dfrac{1000 \times 4 \times 15}{75 \times 20 \times 60} \times 100 = 66.666 \fallingdotseq 66.67\,\%$

해답 66.67 %

09 바깥지름 215 mm, 두께 8 mm인 원통형 용기에 내압이 12 kgf/cm²이 작용할 때 원주방향 응력(kgf/mm²)과 길이방향 응력(kgf/mm²)을 각각 계산하시오.

풀이 ① 원주방향 응력 계산

$\sigma_A = \dfrac{PD}{200t} = \dfrac{12 \times (215 - 2 \times 8)}{200 \times 8} = 1.492 \fallingdotseq 1.49\,\text{kgf/mm}^2$

② 길이방향 응력 계산

$\sigma_B = \dfrac{PD}{400t} = \dfrac{12 \times (215 - 2 \times 8)}{400 \times 8} = 0.746 = 0.75\,\text{kgf/mm}^2$

해답 ① 원주방향 응력 : $1.49\,\text{kgf/mm}^2$
② 길이방향 응력 : $0.75\,\text{kgf/mm}^2$

10 발열량이 10000 kcal/Sm³, 공급압력이 수주 280 mm, 가스 비중이 0.6일 때 사용하는 연소기구 노즐 지름이 1.38 mm이었다. 이 연소기구를 발열량이 20000 kcal/Sm³, 공급압력이 수주 200 mm, 가스 비중이 0.55인 가스를 사용하는 것으로 변경할 경우 노즐 지름은 몇 mm인가?

풀이 $\dfrac{D_2}{D_1} = \dfrac{\sqrt{WI_1}\sqrt{P_1}}{\sqrt{WI_2}\sqrt{P_2}}$ 에서

$\therefore D_2 = \sqrt{\dfrac{WI_1\sqrt{P_1}}{WI_2\sqrt{P_2}}} \times D_1 = \sqrt{\dfrac{\frac{10000}{\sqrt{0.6}} \times \sqrt{280}}{\frac{20000}{\sqrt{0.55}} \times \sqrt{200}}} \times 1.38 = 1.038 \fallingdotseq 1.04\,\text{mm}$

해답 1.04 mm

01 포스겐($COCl_2$) 제조에 대한 물음에 답하시오.

(1) 포스겐 제조 시 일산화탄소(CO)와 염소(Cl_2)는 무슨 촉매를 사용하여 반응시키는가?
(2) 생성된 포스겐 가스를 건조하여 액화할 때 사용되는 건조제의 명칭은 무엇인가?

해답 (1) 활성탄   (2) 진한 황산

02 수소제조시설에서 수소의 누출 여부를 검지하기 위하여 설치하는 가스누설검지 경보 장치의 경보농도는 몇 % 이하로 하는가?

풀이 수소의 폭발범위는 $4\sim75\,\%$이므로 경보농도는 $4\times\dfrac{1}{4}=1\,\%$ 이하이다.

해답 $1\,\%$ 이하

> **참고** ─ 가스누설검지 경보장치 경보농도 기준
>
> ① 가연성 가스 : 폭발하한계의 1/4 이하
> ② 독성 가스 : TLV-TWA 기준농도 이하
> ③ 암모니아(NH_3)를 실내에서 사용하는 경우 : 50 ppm

03 도시가스 사용시설(연소기를 제외한다.)은 안전을 확보하기 위하여 공기 또는 위험성 이 없는 불활성 기체 등으로 기밀시험을 실시해 이상이 없어야 한다. 이 때 기밀시험 압력은 얼마 이상의 압력에서 기밀성능을 가지는 것으로 하여야 하는가?

해답 최고사용압력의 1.1배 또는 8.4 kPa 중 높은 압력 이상

04 50 L의 물이 들어 있는 욕조에 온수기를 사용하여 온수를 넣은 결과 17분 후에 욕조 의 온도가 42℃, 온수량이 150 L가 되었다. 이때의 온수기 효율(%)을 계산하시오. (단, 사용가스의 발열량은 5000 kcal/m³, 온수기의 가스소비량은 5 m³/h, 물의 비열 은 1 kcal/kg·℃, 수도의 수온 및 욕조의 초기 수온은 5℃로 한다.)

풀이 ① 온수기에서 나오는 온수 온도(℃) 계산 : 욕조에 있는 5℃ 물이 온수기에서 나온 온수 와 혼합되어 42℃가 된 것이므로 온수기에서 나오는 온수는 42℃ 보다는 온도가 높다.

혼합된 평균온도 계산식 $t_m=\dfrac{G_1\,C_1\,t_1+G_2\,C_2\,t_2}{G_1\,C_1+G_2\,C_2}$ 에서 온수기에서 나오는 온도 t_2를 구

하는 식을 유도하면

$$G_1\,C_1\,t_1+G_2\,C_2\,t_2=t_m\big(G_1\,C_1+G_2\,C_2\big)$$
$$G_2\,C_2\,t_2=\{t_m\big(G_1\,C_1+G_2\,C_2\big)\}-G_1\,C_1\,t_1$$
$$\therefore\ t_2=\dfrac{\{t_m\big(G_1\,C_1+G_2\,C_2\big)\}-G_1\,C_1\,t_1}{G_2\,C_2}$$
$$=\dfrac{\{42\times(50\times1+100\times1)\}-(50\times1\times5)}{100\times1}=60.5\,℃$$

② 온수기 효율(%) 계산 : 온수기에서 나오는 온수의 양(G_2)은 42℃로 혼합된 온수 150 L 에서 처음부터 욕조에 있던 5℃, 50 L(G_1)의 차이가 되며, 온수를 가열하는 시간 17분 은 1시간 동안 가스를 소비하는 양과 같은 '시간(hour)' 단위로 맞춰 주어야 한다.

$$\therefore\ \eta = \frac{G \cdot C \cdot \Delta t}{G_f \cdot H_l} \times 100 = \frac{(150-50) \times 1 \times (60.5-5)}{5 \times 5000 \times \left(\frac{17}{60}\right)} \times 100 = 78.352 \fallingdotseq 78.35\,\%$$

해답 78.35 %

05 배관의 안지름이 4.16 cm, 길이 20 m인 배관에 비중 1.52인 가스를 저압으로 공급할 때 압력손실이 20 mmH₂O 발생되었다. 이때 배관을 통과하는 가스의 시간당 유량 (m³)을 계산하시오. (단, pole 상수는 0.7이다.)

풀이 $Q = K\sqrt{\dfrac{D^5 \cdot H}{S \cdot L}} = 0.7 \times \sqrt{\dfrac{4.16^5 \times 20}{1.52 \times 20}} = 20.040 = 20.04\ \mathrm{m^3/h}$

해답 20.04 m³/h

06 도시가스 배관의 접합부분은 용접하는 것을 원칙으로 하며, 용접부에 대하여 비파괴 시험을 실시하여 이상이 없어야 하지만, 비파괴시험을 하지 않아도 되는 배관 3가지 를 쓰시오.

해답 ① 가스용 폴리에틸렌관
② 저압으로서 노출된 사용자 공급관
③ 관지름 80 mm 미만인 저압의 매설배관

07 프로판 가스의 총발열량은 24000 kcal/m³이다. 이를 공기와 혼합하여 5000 kcal/m³ 의 발열량을 갖는 가스로 제조하려면 프로판 가스 1 m³에 대하여 얼마의 공기를 희석 하여야 하는지 계산하시오.

풀이 $Q_2 = \dfrac{Q_1}{1+x}$ 에서

$$\therefore\ x = \frac{Q_1}{Q_2} - 1 = \frac{24000}{5000} - 1 = 3.8\,\mathrm{m^3}$$

해답 3.8 m³

08 부취제의 구비조건 4가지를 쓰시오.

해답 ① 화학적으로 안정하고 독성이 없을 것
② 보통 존재하는 냄새(생활취)와 명확하게 식별될 것
③ 극히 낮은 농도에서도 냄새가 확인될 수 있을 것
④ 가스관이나 가스 미터 등에 흡착되지 않을 것
⑤ 배관을 부식시키지 않을 것
⑥ 물에 잘 녹지 않고 토양에 대하여 투과성이 클 것
⑦ 완전연소가 가능하고 연소 후 냄새나 유해한 성질이 남지 않을 것

09 프로판(C_3H_8) 1 g-mol 연소 시 이론공기량은 몇 L가 되는지 표준상태에서 구하시오. (단, 공기 중의 산소와 질소의 부피비는 21 : 79이다.)

풀이 프로판(C_3H_8)의 완전연소반응식 $C_3H_8 + 5O_2 \rightarrow 3CO_2 + 4H_2O$에서
프로판(C_3H_8) 1 g-mol 연소에 필요한 산소는 5 g-mol이므로

$$\therefore A_0 = \frac{O_0}{0.21} = \frac{5 \times 22.4}{0.21} = 533.333 \fallingdotseq 533.33 \, L$$

해답 533.33 L

10 비파괴검사법 중 내부의 결함을 검출할 수 있는 방법 2가지를 쓰시오.

해답 ① 방사선투과검사
② 초음파탐상검사

제4회 **◦ 가스산업기사 필답형**

01 안지름이 200 mm인 저압 배관의 길이가 300 m이다. 이 배관에서 30 mmH$_2$O의 압력손실이 발생할 때 통과하는 가스유량(m^3/h)을 계산하시오. (단, 가스 비중은 0.5, 폴의 정수(K)는 0.7이다.)

풀이 $Q = K\sqrt{\dfrac{D^5 \cdot H}{S \cdot L}} = 0.7 \times \sqrt{\dfrac{20^5 \times 30}{0.5 \times 300}} = 560 \, m^3/h$

해답 560 m^3/h

02 안전확보에 필요한 강도를 갖는 플랜지(flange)의 계산에 사용하는 설계압력 공식을 쓰고 기호에 대해 설명하시오.

해답 $P_d = P + P_{eq}$
여기서, P_d : 안전확보에 필요한 강도를 갖는 플랜지의 계산에 사용하는 설계압력
P : 배관의 설계내압(MPa)
P_{eq} : 상당압력(MPa)으로 다음 식에 따라 구할 것

$$P_{eq} = \frac{0.16M}{\pi G^3} + \frac{0.04F}{\pi G^2}$$

여기서, M : 주하중(主荷重) 등으로 인하여 생기는 합성굽힘 모멘트(Ncm)
F : 주하중 등으로 인하여 생기는 축방향의 힘(N). 다만, 인장력을 양(+)으로 한다.
G : 개스킷 반력이 걸리는 위치를 통과하는 원의 지름(cm)

03 액화가스 저장탱크 주위에 액상의 가스가 누출된 경우에 그 가스의 유출을 방지할 수 있는 기능을 갖는 시설은 무엇인가?

해답 방류둑

04 도시가스 배관 등의 용접부는 전부에 대하여 육안검사와 방사선투과시험을 하여야 하는데 방사선투과시험을 실시하기 곤란한 곳에 대신 할 수 있는 비파괴검사의 종류 2가지를 쓰시오.

해답 ① 초음파탐상시험
② 침투탐상시험

05 바닥면적 $10\ m^2$인 가스공급시설에 강제통풍장치를 설치하고자 할 때 통풍능력 (m^3/min)은 얼마 이상 되어야 하는가?

풀이 $Q = 10\ m^2 \times 0.5\ m^3/min \cdot m^2 = 5\ m^3/min$

해답 $5\ m^3/min$

 참고 ····◉

강제통풍시설의 통풍능력 : 바닥면적 $1\ m^2$ 당 $0.5\ m^3/min$ 이상

06 충전용기에 각인하는 다음 각 기호에 대하여 단위를 포함하여 설명하시오.

(1) V :   (2) W :
(3) TP :   (4) FP :

해답 (1) 내용적(L)
(2) 밸브 및 부속품을 포함하지 않은 용기 질량(kg)
(3) 내압시험압력(MPa)
(4) 압축가스 충전의 경우 최고충전압력(MPa)

07 내용적 50 L인 용기에 액화암모니아를 저장하려고 한다. 이 저장설비의 저장능력은 얼마인가? (단, 액화암모니아의 충전상수는 1.86이다.)

풀이 $G = \dfrac{V}{C} = \dfrac{50}{1.86} = 26.881 ≒ 26.88\ kg$

해답 26.88 kg

08 가연성 가스의 폭발등급 및 방폭전기기기의 폭발등급의 최소점화전류비의 범위 기준이 되는 가스는 무엇인가?

해답 메탄(CH_4)

09 [보기]와 같은 조건일 때 초저온 용기의 침입열량을 계산하고 합격, 불합격을 판정하시오. (단, 소수 5째 자리에서 반올림하여 소수 4째 자리까지 계산하시오.)

> ┌ **보기** ┐
> • 측정전의 액화질소량 : 80 kg
> • 24시간 경과 후의 액화질소량 : 67 kg
> • 액화질소의 기화잠열 : 48 kcal/kg
> • 외기온도 : 20℃
> • 질소의 비점 : −196℃
> • 용기 내용적 : 190 L

풀이 ① 침입열량 계산

$$\therefore\ Q = \frac{W \cdot q}{H \cdot \Delta t \cdot V} = \frac{(80 - 67) \times 48}{24 \times (20 + 196) \times 190} = 0.00063 \fallingdotseq 0.0006\ \text{kcal/h} \cdot \text{℃} \cdot \text{L}$$

② 판정 : 0.0005 kcal/h · ℃ · L를 초과하므로 불합격이다.

해답 ① 0.0006 kcal/h · ℃ · L

② 불합격

10 가스보일러를 전용 보일러실에 설치하지 않아도 되는 경우 3가지를 쓰시오.

해답 ① 밀폐식 가스보일러

② 옥외에 설치한 가스보일러

③ 전용급기통을 부착시키는 구조로 검사에 합격한 강제배기식 가스보일러

2012년도 가스산업기사 모의고사

제1회 | 가스산업기사 필답형

01 발열량이 6000 kcal/Nm^3, 비중이 0.6, 공급표준압력이 100 mmH$_2$O인 가스에서 발열량 10500 kcal/Nm^3, 비중 0.66, 공급표준압력이 200 mmH$_2$O인 LNG로 가스를 변경할 경우 노즐 변경률은 얼마인가?

풀이 $$\frac{D_2}{D_1} = \sqrt{\frac{WI_1\sqrt{P_1}}{WI_2\sqrt{P_2}}} = \sqrt{\frac{\dfrac{6000}{\sqrt{0.6}} \times \sqrt{100}}{\dfrac{10500}{\sqrt{0.66}} \times \sqrt{200}}} = 0.650 ≒ 0.65$$

해답 0.65

02 도시가스 연소성 측정에 사용되는 2가지 식을 쓰고 설명하시오.

해답 ① 연소속도

$$C_p = K\frac{1.0\,\mathrm{H}_2 + 0.6\,(\mathrm{CO} + \mathrm{C}_m\mathrm{H}_n) + 0.3\,\mathrm{CH}_4}{\sqrt{d}}$$

여기서, C_p : 연소속도

K : 도시가스 중 산소 함유율에 따라 정하는 정수

H_2 : 도시가스 중의 수소 함유율(용량 %)

CO : 도시가스 중의 일산화탄소 함유율(용량 %)

$\mathrm{C}_m\mathrm{H}_n$: 도시가스 중의 메탄 외의 탄화수소 함유율(용량 %)

CH_4 : 도시가스 중의 메탄 함유율(용량 %)

d : 도시가스의 비중

② 웨버지수

$$WI = \frac{H_g}{\sqrt{d}}$$

여기서, WI : 웨버지수 H_g : 도시가스의 총발열량(kcal/m^3) d : 도시가스의 비중

03 고압가스 제조시설에 설치되어 있는 압축기, 펌프, 반응설비, 저장탱크 등 가스가 누출하기 쉬운 고압가스설비 등이 설치되어 있는 장소의 주위에는 누출한 가스가 체류하기 쉬운 곳에 가스누출 검지 경보장치의 검출부를 설치하여야 한다. 이들 설비군이 건축물 안에 설치되어 있는 경우 바닥면 둘레 (①) m마다, 건축물 밖에 설치되어 있는 경우 바닥면 둘레 (②) m마다 (③)개 이상의 비율로 계산한 수를 설치하여야 한다. ( ) 안에 알맞은 숫자를 넣으시오.

해답 ① 10 ② 20 ③ 1

04 가스제조시설에 설치된 철근콘크리트 방호벽의 설치기준 4가지를 쓰시오.

해답 ① 지름 9 mm 이상의 철근을 가로·세로 400 mm 이하의 간격으로 배근하고 모서리 부분의 철근을 확실히 결속한 두께 120 mm 이상, 높이 2000 mm 이상으로 한다.
② 일체로 된 철근콘크리트 기초로 한다.
③ 기초의 높이는 350 mm 이상, 되메우기 깊이는 300 mm 이상으로 한다.
④ 기초의 두께는 방호벽 최하부 두께의 120 % 이상으로 한다.

05 고압가스 제조시설에 설치하는 플레어스택(flare stack)의 설치기준 3가지를 쓰시오.

해답 ① 긴급이송설비로 이송되는 가스를 안전하게 연소시킬 수 있는 것으로 한다.
② 플레어스택에서 발생하는 복사열이 다른 제조시설에 나쁜 영향을 미치지 아니하도록 안전한 높이 및 위치에 설치한다.
③ 플레어스택에서 발생하는 최대열량에 장시간 견딜 수 있는 재료 및 구조로 되어 있는 것으로 한다.
④ 파일럿 버너를 항상 점화하여 두는 등 플레어스택에 관련된 폭발을 방지하기 위한 조치가 되어 있는 것으로 한다.
⑤ 플레어스택의 설치 위치 및 높이는 플레어스택 바로 밑의 지표면에 미치는 복사열이 4000 kcal/m^2·h 이하가 되도록 한다.

06 가연성 가스가 폭발할 위험이 있는 농도에 도달할 우려가 있는 장소를 위험장소라 한다. 위험장소 중 0종 장소와 1종 장소를 각각 설명하시오.

해답 ① 0종 장소 : 상용의 상태에서 가연성 가스의 농도가 연속해서 폭발하한계 이상으로 되는 장소(폭발상한계를 넘는 경우에는 폭발한계 이내로 들어갈 우려가 있는 경우를 포함한다.)
② 1종 장소 : 상용상태에서 가연성 가스가 체류해 위험하게 될 우려가 있는 장소, 정비 보수 또는 누출 등으로 인하여 종종 가연성 가스가 체류하여 위험하게 될 우려가 있는 장소

> 참고 → 2종 장소
> ① 밀폐된 용기 또는 설비 안에 밀봉된 가연성 가스가 그 용기 또는 설비의 사고로 인하여 파손되거나 오조작의 경우에만 누출할 위험이 있는 장소
> ② 확실한 기계적 환기조치에 따라 가연성 가스가 체류하지 아니하도록 되어 있으나 환기장치에 이상이나 사고가 발생한 경우에는 가연성 가스가 체류해 위험하게 될 우려가 있는 장소
> ③ 1종 장소의 주변 또는 인접한 실내에서 위험한 농도의 가연성 가스가 종종 침입할 우려가 있는 장소

07 도시가스 사용시설의 정압기 성능 중 기밀시험에 대한 내용이다. (   ) 안에 알맞은 숫자를 넣으시오.

> **보기**
>
> 정압기는 도시가스를 안전하고 원활하게 수송할 수 있도록 하기 위하여 정압기 입구측은 최고사용압력의 (①)배, 출구측은 최고사용압력의 (②)배 또는 (③) kPa 중 높은 압력 이상에서 기밀성능을 갖는 것으로 한다.

해답 ① 1.1 ② 1.1 ③ 8.4

---

08 어떤 고압장치의 사용압력이 35 MPa일 때 이 장치에 설치된 안전밸브의 최고 작동압력은 얼마인가?

풀이 안전밸브 작동압력 = 내압시험압력 $\times \dfrac{8}{10}$ = (상용압력 $\times 1.5$) $\times \dfrac{8}{10}$

$$= (35 \times 1.5) \times \dfrac{8}{10} = 42 \text{ MPa}$$

해답 42 MPa

---

09 프로판을 이론공기량으로 완전연소할 때 혼합가스 중 프로판의 농도(v/v %)는 얼마인가? (단, 공기 중 산소와 질소의 체적비는 21 : 79이다.)

풀이 ① 프로판(C_3H_8)의 완전연소 반응식

$$C_3H_8 + 5O_2 \rightarrow 3CO_2 + 4H_2O$$

② 혼합가스(프로판 + 공기) 중 프로판 농도(v/v%) 계산

$$프로판의\ 농도(\%) = \dfrac{프로판의\ 양}{혼합가스의\ 양} \times 100$$

$$= \dfrac{22.4}{22.4 + \left(\dfrac{5 \times 22.4}{0.21} \right)} \times 100 = 4.030 ≒ 4.03 \text{ v/v\%}$$

해답 4.03 v/v %

---

10 연소기구가 [보기]와 같이 설치된 도시가스 사용시설의 월사용예정량(m^3)을 계산하시오.

> **보기**
>
> • 산업용 보일러 250000 kcal/h, 2대
> • 열처리 및 가열로용 연소기 120000 kcal/h, 1대
> • 영업용 샘플 제조용 온수보일러 25000 kcal/h, 4대
> • 사무실 난방용 보일러 50000 kcal/h, 1대
> • 종업원 비상대기실의 가정용 가스보일러 15000 kcal/h, 1대

풀이 ① 산업용 가스소비량 계산

$$A = (250000 \times 2) + (120000 \times 1) = 620000 \text{ kcal/h}$$

② 산업용외(비산업용) 가스소비량 계산

$$B = (25000 \times 4) + (50000 \times 1) = 150000 \text{ kcal/h}$$

③ 월사용예정량 계산

$$Q = \frac{(A \times 240) + (B \times 90)}{11000} = \frac{(620000 \times 240) + (150000 \times 90)}{11000}$$

$$= 14754.545 ≒ 14754.55 \, m^3$$

해답 $14754.55 \, m^3$

참고 **가스소비량 합계 방법 : KGS FU551 도시가스 사용시설 기준**

(1) 월사용예정량 계산 시 가정용으로 사용하는 연소기의 가스소비량은 합산대상에서 제외한다.
　① 가정용 연소기라 함은 원칙적으로 일반 가정집의 취사 및 냉난방용 연소기를 의미하는 것으로 본다. 다만, 가정집 외의 건물에 거주하는 자가 취사 및 냉난방용 등 개인의 일상생활 영위를 위하여 사용하는 연소기도 그 사용목적상 가정용 연소기로 분류한다.
　② 가정용 연소기의 예는 여관 종업원의 취사 및 냉난방용 연소기, 종업원 비상대기실의 취사 및 냉난방용 연소기(근린생활시설에서 영업용을 제외한 가정용 시설)로 한다.
(2) 당해 가스를 이용하여 직접 제품을 생산, 판매(일반적인 유통방법에 의한 판매)하는 경우는 산업용으로, 그 밖의 경우는 비산업용으로 계산한다.

제2회 ○ 가스산업기사 필답형

01 아세틸렌의 공업적 제조법 중 탄화칼슘을 이용한 제조 방법을 반응식을 쓰고 설명하시오.

해답 ① 제조 반응식 : $CaC_2 + 2H_2O \rightarrow Ca(OH)_2 + C_2H_2$
　② 제조 방법 설명 : 탄화칼슘(CaC_2 : 카바이드)과 물(H_2O)이 반응하여 아세틸렌(C_2H_2) 가스가 발생한다.

02 연소기구를 사용하다가 부주의로 점화되지 않은 상태에서 콕이 전부 개방되었다. 이때 노즐로부터 분출되는 생가스의 양은 몇 m^3/h인가? (단, 유량계수는 0.8, 노즐 지름은 2 mm, 가스 비중은 1.52, 가스압력은 280 mmH₂O이다.)

풀이 $Q = 0.011 \, KD^2 \sqrt{\dfrac{P}{d}} = 0.011 \times 0.8 \times 2^2 \times \sqrt{\dfrac{280}{1.52}} = 0.477 ≒ 0.48 \, m^3/h$

해답 $0.48 \, m^3/h$

03 직류전철 등에 의한 누출전류의 영향을 받는 배관에 적합한 전기방식법의 명칭과 전위측정용 터미널 설치간격은 얼마인가?

해답 ① 전기방식법 : 배류법
　② 전위측정용 터미널 설치간격 : 300 m 이내

참고 ── **전기방식 방법 : KGS GC202 가스시설 전기방식 기준**

① 직류전철 등에 따른 누출전류의 영향이 없는 경우에는 외부전원법 또는 희생양극법으로 한다.
② 직류전철 등에 의한 누출전류의 영향을 받는 배관에는 배류법으로 하되, 방식효과가 충분하지 않을 경우에는 외부전원법 또는 희생양극법을 병용한다.

04 가연성 가스의 제조설비, 저장설비의 전기설비는 방폭성능을 가지는 것을 설치하여야 한다. 방폭전기 기기의 종류 4가지를 쓰시오.

해답 ① 내압 방폭구조   ② 유입 방폭구조   ③ 압력 방폭구조
④ 안전증 방폭구조   ⑤ 본질안전 방폭구조   ⑥ 특수 방폭구조

05 굴착으로 주위가 노출된 배관으로서 노출된 부분의 길이가 몇 m 이상인 것은 위급한 때에 그 부분에 유입되는 도시가스를 신속히 차단할 수 있도록 노출부분 양 끝에 차단장치를 설치하는가? (단, 호칭 지름이 100 mm 미만인 저압이 아닌 경우이다.)

해답 100 m

 참고 ──

노출 부분 양 끝으로부터 300 m 이내에 차단장치를 설치하거나 500 m 이내에 원격조작이 가능한 차단장치를 설치한다.

06 저비점 액화가스 등을 이송하는 펌프 입구에서 발생하는 베이퍼 로크 현상 발생원인 2가지를 쓰시오.

해답 ① 흡입관 지름이 작을 때   ② 펌프의 설치 위치가 높을 때
③ 외부에서 열량 침투 시   ④ 배관 내 온도 상승 시

07 공기액화 분리장치에서 액체산소 35 L 중 CH_4 2 g, C_4H_{10} 4 g이 혼합되어 있을 때 탄화수소의 탄소질량을 구하고, 공기액화 분리장치의 운전은 어떻게 하여야 하는지 조치방법을 쓰시오.

(1) 탄화수소의 탄소질량 계산 :
(2) 조치 방법 :

풀이 (1) 탄화수소의 탄소질량 계산

$$탄소질량 = \frac{\left(\dfrac{12}{16} \times 2000\right) + \left(\dfrac{48}{58} \times 4000\right)}{\dfrac{35}{5}} = 687.192 ≒ 687.19 \, mg$$

해답 (1) 탄소질량 : 687.19 mg
(2) 조치 방법 : 탄소질량이 500 mg이 넘으므로 운전을 중지하고 액화산소를 방출하여야 한다.

08 프로판가스 1 Sm³를 완전연소시키는 데 필요한 이론공기량은 몇 Sm³인지 계산하시오. (단, 공기 중 산소는 20 vol %이다.)

풀이 ① 프로판(C_3H_8)의 완전연소 반응식 : $C_3H_8 + 5O_2 \rightarrow 3CO_2 + 4H_2O$

② 이론공기량 계산

$$\therefore A_0 = \frac{O_0}{0.2} = \frac{5}{0.2} = 25\,\text{Sm}^3$$

해답 25 Sm³

09 다이어프램 가스 미터의 특징 3가지를 쓰시오.

해답 ① 가격이 저렴하다.

② 유지관리에 시간을 요하지 않는다.

③ 대용량의 것은 설치면적이 크다

④ 용량범위가 1.5~200 m³/h로 일반수용가에 사용된다.

참고

다이어프램 가스 미터는 막식 가스 미터이다.

10 물 27 kg을 전기분해하여 산소와 수소를 제조하여 내용적 30 L의 용기에다가 0℃에서 14 MPa로 충전한다면 제조된 가스를 모두 충전하는 데 필요한 최소 용기 수는 몇 개 인가?

풀이 ① 물의 전기분해 반응식에서, 물 27 kg을 전기분해할 때 생성되는 산소와 수소의 양 (m³) 계산

$2H_2O \rightarrow 2H_2 + O_2$

$36\,\text{kg}$: $2 \times 22.4\,\text{m}^3$: $22.4\,\text{m}^3$

$27\,\text{kg}$: $H_2\,[\text{m}^3]$: $O_2\,[\text{m}^3]$

$$\therefore H_2 = \frac{27 \times 2 \times 22.4}{36} = 33.6\,\text{m}^3$$

$$\therefore O_2 = \frac{27 \times 22.4}{36} = 16.8\,\text{m}^3$$

② 30L 충전용기 1개에 충전할 수 있는 가스량(m³) 계산

$$Q = (10P + 1) \times V = (10 \times 14 + 1) \times 30 \times 10^{-3} = 4.23\,\text{m}^3$$

③ 충전용기 수 계산

수소용기 수 $= \dfrac{33.6}{4.23} = 7.943 = 8$개, 산소용기 수 $= \dfrac{16.8}{4.23} = 3.971 = 4$개

$\therefore$ 총 용기 수 = 수소용기 수 + 산소용기 수 = 8 + 4 = 12개

해답 12개

| 제4회 | **⚬ 가스산업기사 필답형** |

---

01 저장탱크에 100m³의 프로판은 표준상태에서 몇 kg에 해당되는가?

[풀이] $PV = GRT$에서

$$G = \frac{PV}{RT} = \frac{10332 \times 100}{\dfrac{848}{44} \times 273} = 196.371 ≒ 196.37\,\text{kg}$$

[해답] 196.37 kg

---

02 폭발범위가 1.3~100 %인 가연성 가스로 반도체 공정에서 도핑액(doping agent)으로 사용되며, 분자량이 32이고 공기 중에서 자연 발화하는 가스의 명칭을 쓰시오.

[해답] 모노실란(SiH_4)

> **참고 ⚬ 모노실란(SiH_4)**
>
> 반도체 산업과 태양전지산업에서 각광을 받고 있는 신소재 물질로서 특이한 냄새(불쾌한 냄새)가 나는 무색의 기체이고, 강력한 환원제, 할로겐족(브롬, 염소 등)과 반응하며 가열 시 실리콘과 수소로 분해한다. 녹는점이 −184.7℃, 비점은 약 −112℃이고 1 % 이하는 불연성이지만 3 % 이상은 공기 중에서 자연 발화하며 독성 가스(TLV−TWA 5 ppm)로 분류된다.

---

03 시안화수소는 충전 후 24시간 정치한다. 다음 물음에 답하시오.

(1) 점검방법 :   (2) 검사횟수 :

[해답] (1) 질산구리벤젠지로 누출검사를 실시한다.
　　　(2) 1일 1회 이상

---

04 가스보일러를 설치 · 시공한 자는 그가 설치·시공한 시설에 대하여 시공자명칭 등이 포함된 것을 가스보일러에 부착하는데 이것을 무엇이라 하는가?

[해답] 시공표지판

---

05 25℃의 상태에서 지름이 40 m인 구형 가스홀더에 6 kgf/cm²·g의 압력으로 도시가스가 저장되어 있다. 이 가스를 압력이 2.5 kgf/cm²·g로 될 때까지 공급하였을 때 공급된 가스량(Sm³)을 계산하시오. (단, 가스 공급 시 온도 변화는 없으며, 대기압은 1.033 kgf/cm²이다.)

[풀이] ① 구형 가스홀더의 내용적(m³) 계산

$$V = \frac{\pi}{6} \times D^3 = \frac{\pi}{6} \times 40^3 = 33510.321 ≒ 33510.32\,\text{m}^3$$

② 공급된 가스량(Sm³) 계산

$$\Delta V = V \times \frac{P_1 - P_2}{P_0} \times \frac{T_0}{T_1}$$

$$= 33510.32 \times \frac{(6+1.033)-(2.5+1.033)}{1.033} \times \frac{273}{273+25}$$

$$= 104014.211 ≒ 104014.21 \, \text{Sm}^3$$

해답 $104014.21 \, \text{Sm}^3$

06 왕복동 다단압축기에서 대기압 상태의 20℃ 공기를 흡입하여 최종단에서 토출압력 25 kgf/cm²·g, 온도 60℃의 압축공기 28 m³/h를 토출하면 체적효율(%)은 얼마인가? (단, 1단 압축기의 이론적 흡입체적은 800 m³/h이다.)

풀이 ① 실제적 피스톤 압출량 계산 : 최종단의 토출가스량을 1단의 압력, 온도와 같은 조건으로 환산

$$\frac{P_1 V_1}{T_1} = \frac{P_2 V_2}{T_2} \text{에서}$$

$$V_1 = \frac{P_2 V_2 T_1}{P_1 T_2} = \frac{(25+1.0332) \times 28 \times (273+20)}{1.0332 \times (273+60)} = 620.761 ≒ 620.76 \, \text{m}^3/\text{h}$$

② 체적효율 계산

$$\eta_v = \frac{\text{실제적 피스톤 압출량}}{\text{이론적 피스톤 압출량}} \times 100 = \frac{620.76}{800} \times 100 = 77.595 ≒ 77.60 \, \%$$

해답 $77.6 \, \%$

07 일반도시가스사업의 배관 길이가 790 km일 때 안전관리원은 몇 명을 선임하여야 하는가?

해답 8명

참고 ─○ 일반도시가스사업 안전관리자의 자격과 선임 인원(도법 시행령 별표1)

사업구분	선임 인원	자 격
일반도시 가스사업	안전관리 총괄자 : 1명	–
	안전관리 부총괄자 : 사업장마다 1명	–
	안전관리 책임자 : 사업장마다 1명 이상	가스산업기사 이상의 자격을 가진 사람
	안전관리원 : 1. 배관 길이가 200 km 이하인 경우에는 5명 이상 2. 배관 길이가 200 km 초과 1000 km 이하인 경우에는 5명에 200 km마다 1명씩 추가한 인원 이상 3. 배관 길이가 1000 km를 초과하는 경우에는 10명 이상	가스기능사 이상의 자격을 가진 사람 또는 안전관리자 양성교육을 이수한 사람
	안전점검원 : 배관 길이 15 km를 기준으로 1명	가스기능사 이상의 자격을 가진 사람, 안전관리자 양성교육을 이수한 사람 또는 안전점검원 양성교육을 이수한 사람

08 본질안전 방폭구조의 안전막(safety barrier)이란 무엇인가?

해답 본질안전 방폭구조가 설치되는 0종 장소 등에서 위험장소와 비위험장소 사이에 설치하여 위험장소로 공급되는 전류치가 취급물질의 최소점화에너지를 초과하지 못하도록 하는 안전장치로 위험장소로 공급되는 전류치가 커지면 자동으로 전원이 차단되는 구조 회로 이다.

09 도시가스 본관을 30 m 설치할 때 도시가스사업자가 하여야 할 조치 사항 2가지를 쓰시오.

해답 ① 산업통상자원부장관 또는 시장·군수·구청장에게 공사계획의 승인을 받아야 한다.
② 해당 공사계획에 대하여 미리 한국가스안전공사의 의견을 들어야 한다.

 참고 ──○

도시가스사업법 제11조 시설공사계획의 승인 등, 도법 시행규칙 별표2

10 황화수소를 제거하는 탈황법 중 수산화제2철을 사용하여 제거하는 화학반응식을 쓰시오.

해답 $2Fe(OH)_3 + 3H_2S \rightarrow Fe_2S_3 + 6H_2O$

2013년도 가스산업기사 모의고사

제1회 ● **가스산업기사 필답형**

01 LPG 사용시설에 설치되는 지상배관(폭 3 cm의 2중띠를 부착하지 않았음)과 지하매설배관의 표면 색상을 각각 쓰시오.

해답 ① 지상배관 : 황색(노란색)

② 지하매설배관 : 황색(노란색) 또는 적색(붉은색)

02 석탄가스 냄새가 나며 산화, 중합이 일어나지 않는 화학적으로 안정된 화합물로 경제적인 부취제의 명칭을 쓰시오.

해답 THT(tetra hydro thiophen)

03 가스 비중이 0.55인 도시가스 배관이 수직으로 20 m 상승한 곳에 공급될 때 배관 내의 압력손실은 수주로 몇 mm인가?

풀이 $H = 1.293(S-1)h = 1.293 \times (0.55-1) \times 20 = -11.637 ≒ -11.64 \, \text{mmH}_2\text{O}$

해답 $-11.64 \, \text{mmH}_2\text{O}$

 참고 ---●

"－" 값은 가스가 공기보다 가볍기 때문에 압력이 상승되는 것을 의미한다.

04 부탄 200 kg/h를 기화시키는 데 20000 kcal/h의 열량이 필요한 경우 효율이 80 %인 온수순환식 기화기를 사용할 때 열교환기에 순환되는 온수량(L/h)은 얼마인가? (단, 열교환기 입구와 출구의 온수 온도는 60℃와 40℃이며, 온수의 비열은 1 kcal/kg·℃, 비중은 1이다.)

풀이 부탄 200 kg/h를 기화시키는 데 필요한 열량과 열교환기에 온수가 순환되어 공급되는 열량은 같다.

필요열량(Q)=공급열량(=순환온수량(G)×온수비열(C)×온수온도차(℃)×효율(η))

$\therefore G = \dfrac{Q}{C \times \Delta t \times \eta} = \dfrac{20000}{1 \times (60-40) \times 0.8} = 1250 \, \text{kg/h}$

$\therefore$ 순환온수량 $= \dfrac{G[\text{kg/h}]}{\text{비중}} = \dfrac{1250}{1} = 1250 \, \text{L/h}$

해답 $1250 \, \text{L/h}$

05 보기의 액화석유가스 사용시설의 배관설비 접합 기준에 대해 ( ) 안에 알맞은 숫자를 넣으시오.

> **보기**
>
> 배관의 접합은 용접시공하는 것을 원칙으로 한다. 이 경우 압력 (①) MPa 이상인 액화석유가스가 통하는 배관의 용접부와 압력 (②) MPa 미만인 액화석유가스가 통하는 호칭지름 80 A 이상의 배관의 용접부는 비파괴시험을 실시한다.

해답 ① 0.1 ② 0.1

06 고압가스 운반차량 등록대상 4가지를 쓰시오.

해답 ① 허용농도가 100만분의 200 이하인 독성 가스를 운반하는 차량
② 차량에 고정된 탱크로 고압가스를 운반하는 차량
③ 차량에 고정된 2개 이상을 이음매가 없이 연결한 용기로 고압가스를 운반하는 차량
④ 산업통상자원부령으로 정하는 탱크컨테이너로 고압가스를 운반하는 차량

해설 고법 시행령 제5조의4

07 지상에 설치되는 LNG 저장설비의 방호종류 3가지를 쓰시오.

해답 ① 단일 방호식 저장탱크 ② 이중 방호식 저장탱크 ③ 완전 방호식 저장탱크

08 각종 에너지의 열량단위가 다르므로 모든 에너지원의 발열량을 석유 1톤에 해당하는 발열량으로 환산하여 이들 단위를 비교하기 위한 것은 무엇인가?

해답 TOE

 참고

TOE : Ton of Oil Equivalent

09 가스보일러를 전용보일러실에 설치하지 않아도 되는 경우 2가지를 쓰시오.

해답 ① 밀폐식 가스보일러
② 옥외에 설치한 가스보일러
③ 전용급기통을 부착시키는 구조로 검사에 합격한 강제배기식 가스보일러

10 내용적 30 m³인 저장탱크에 공기압축기로 15.5 kgf/cm²·g의 압력으로 기밀시험을 한다. 토출량이 0.5 m³/min인 압축기를 사용할 때 기밀시험압력까지 상승시키는데 몇 시간이 소요되는가? (단, 온도변화, 압축기의 체적효율은 무시하며, 대기압은 1.033 kgf/cm2이다.)

풀이 ① 기밀시험에 해당하는 압력으로 가압할 공기량을 표준상태의 공기량으로 계산
$$\frac{P_0 V_0}{T_0} = \frac{P_1 V_1}{T_1} 에서 \ T_0 = T_1 이므로$$

$$V_0 = \frac{P_1 \times V_1}{P_0} = \frac{(15.5 + 1.033) \times 30}{1.033} = 480.145 ≒ 480.15\,\mathrm{m^3}$$

② 소요시간(t) 계산

$$t = \frac{\text{가압할 공기량(m}^3)}{\text{압축기 능력(m}^3\text{/h)}} = \frac{480.15}{0.5 \times 60} = 16.005 ≒ 16.01\text{시간}$$

해답 16.01시간

제2회 **○ 가스산업기사 필답형**

01 교류전원을 이용하여 금속의 표면이나 표면에 가까운 내부의 결함이나 조직의 부정, 성분의 변화 등의 검출에 적용되며 비자성 금속재료에 적합한 비파괴검사의 명칭을 쓰시오.

해답 와류검사

02 고압가스 안전관리법에서 정하는 가연성 가스이면서 독성인 가스 4가지를 쓰시오.

해답 ① 아크릴로니트릴 ② 일산화탄소 ③ 벤젠 ④ 산화에틸렌 ⑤ 모노메틸아민
⑥ 염화메탄 ⑦ 브롬화메탄 ⑧ 이황화탄소 ⑨ 황화수소 ⑩ 시안화수소

03 르샤틀리에의 법칙에 대하여 설명하시오.

해답 2종류 이상의 가연성 가스가 혼합되었을 때 혼합가스의 폭발범위 하한값과 상한값을 계산하는 것으로 공식은 다음과 같다.

$$\frac{100}{L} = \frac{V_1}{L_1} + \frac{V_2}{L_2} + \frac{V_3}{L_3} + \frac{V_4}{L_4} + \cdots$$

여기서, L : 혼합가스의 폭발한계치
V_1, V_2, V_3, V_4 : 각 성분 체적(%)
L_1, L_2, L_3, L_4 : 각 성분 단독의 폭발한계치

04 LPG를 사용하는 자동차에 고정된 용기에 충전하는 충전기의 충전호스 길이는 (①) m 이내(자동차 제조공정 중에 설치된 것은 제외한다.)로 하고, 그 끝에 축적되는 정전기를 유효하게 제거할 수 있는 (②)를(을) 설치한다.

해답 ① 5 ② 정전기 제거장치

05 아세틸렌을 2.5 MPa 압력으로 충전할 때 첨가하는 희석제의 종류 3가지를 쓰시오.

해답 ① 질소 ② 메탄 ③ 일산화탄소 ④ 에틸렌

06 열역학 제2법칙에서와 같이 소비와 환원이 이루어지지 않지만 최근 소비와 환원을 하는 장치로, 하나의 에너지원으로부터 전력을 생산한 후 배출되는 폐열을 회수하여 난방이나 급탕을 생산하는 데 이용하는 시스템의 명칭은 무엇인가?

해답 열병합 발전

07 NH_3 제조설비의 기밀시험을 CO_2로 하는 경우 예상되는 문제점을 반응식을 이용하여 설명하시오.

해답 ① 반응식 : $2NH_3 + CO_2 + H_2O \rightarrow (NH_4)_2CO_3$
　　② 문제점 : 암모니아(NH_3)와 이산화탄소(CO_2), 수분(H_2O)이 반응하여 탄산암모늄($(NH_4)_2CO_3$)이 생성되어 부식의 원인이 된다.

08 지름이 40 m인 구형 가스홀더에 25℃ 상태의 도시가스가 6 kgf/cm² · g으로 저장되어 있다. 이 가스를 압력이 4 kgf/cm² · g로 될 때까지 공급하였을 때 공급된 가스량(Nm^3)은 얼마인가? (단, 온도변화는 없으며, 대기압은 1 atm이다.)

풀이 ① 구형 가스홀더의 내용적 계산

$$V = \frac{\pi}{6} \times D^3 = \frac{\pi}{6} \times 40^3 = 33510.321 \fallingdotseq 33510.32\,\text{m}^3$$

② 공급된 가스량(Nm^3) 계산

$$\Delta V = V \times \frac{P_1 - P_2}{P_0} \times \frac{T_0}{T_1}$$

$$= 33510.32 \times \frac{(6 + 1.0332) - (4 + 1.0332)}{1.0332} \times \frac{273}{273 + 25}$$

$$= 59425.186 \fallingdotseq 59425.19\,\text{Nm}^3$$

해답 $59425.19\,\text{Nm}^3$

09 LPG를 자동차에 고정된 탱크에서 저장탱크로 이입, 충전하는 방법 3가지를 쓰시오.

해답 ① 차압에 의한 방법
　　② 액펌프에 의한 방법
　　③ 압축기에 의한 방법

10 SNG의 의미와 주성분은 무엇인가?

해답 ① SNG의 의미 : 대체 천연가스(또는 합성 천연가스)
　　② 주성분 : 메탄(CH_4)

제4회 ● **가스산업기사 필답형**

01 아세틸렌, 프로판, 메탄, 수소의 위험도를 구하고, 위험도가 큰 것부터 작은 순으로 쓰시오.

풀이 위험도 계산

① 아세틸렌 : $H = \dfrac{81 - 2.5}{2.5} = 31.4$　　② 프로판 : $H = \dfrac{9.5 - 2.2}{2.2} = 3.318 ≒ 3.32$

③ 메탄 : $H = \dfrac{15 - 5}{5} = 2$　　④ 수소 : $H = \dfrac{75 - 4}{4} = 17.75$

해답 ① 위험도 → 아세틸렌 : 31.4, 프로판 : 3.32, 메탄 : 2, 수소 : 17.75

② 순서 : 아세틸렌 → 수소 → 프로판 → 메탄

해설 ① 위험도(H) 계산식

$$H = \frac{U - L}{L}$$

여기서, U : 폭발범위 상한값　L : 폭발범위 하한값

② 각 가스의 공기 중 폭발범위

가스 명칭	공기 중 폭발범위
수소(H_2)	4~75 vol%
메탄(CH_4)	5~15 vol%
프로판(C_3H_8)	2.2~9.5 vol%
아세틸렌(C_2H_2)	2.5~81 vol%

02 LNG 460 kg을 1 atm, 10℃ 상태에서 기화시키면 부피는 몇 m^3가 되겠는가 계산하시오. (단, LNG는 메탄 90 vol%, 에탄 10 vol%이고, 액비중은 0.46이다.)

풀이 ① 혼합가스의 평균분자량 계산

$M = (16 \times 0.9) + (30 \times 0.1) = 17.4$

② 10℃에서 부피 계산

$PV = GRT$에서

$$V = \frac{GRT}{P} = \frac{460 \times \dfrac{848}{17.4} \times (273 + 10)}{10332} = 614.053 ≒ 614.05\,m^3$$

해답 $614.05\,m^3$

03 용접부에 대한 비파괴검사법 중 초음파탐상시험의 장점과 단점을 각각 2가지씩 쓰시오.

해답 (1) 장점

① 내부결함 및 불균일 층의 검사가 가능하다.

② 용입 부족 및 용입부의 결함을 검출할 수 있다.

③ 검사 비용이 저렴하다.

    (2) 단점
      ① 결함의 형태가 불명확하다.
      ② 결과의 보존성이 없다.

04 막식 가스계량기에서 부동과 불통에 대하여 설명하시오.

해답 ① 부동 : 가스는 계량기를 통과하나 지침이 작동하지 않는 고장
    ② 불통 : 가스가 계량기를 통과하지 못하는 고장

해설 **막식 가스계량기에서 부동과 불통의 원인**
   (1) 부동(不動)
     ① 계량막의 파손   ② 밸브의 탈락
     ③ 밸브와 밸브시트 사이에서의 누설   ④ 지시장치 기어 불량
   (2) 불통(不通)
     ① 크랭크축이 녹슬었을 때
     ② 밸브와 밸브시트가 타르 수분 등에 의해 붙거나 동결된 경우
     ③ 날개 조절기 등 회전장치 부분에 이상이 있을 때

05 용기 또는 저장탱크의 액화가스를 그 상태 또는 감압하여 열교환기에 넣어 전열 또는 온수 및 증기 등의 열원으로 강제적으로 기화시키는 기화기의 구성은 (①), (②), (③)로 이루어진다.

해답 ① 기화부 ② 제어부 ③ 조압부

해설 **기화기의 분류**
   ① 작동원리에 의한 분류 : 가온 감압방식, 감압 가온방식
   ② 가열방식에 의한 분류 : 대기온 이용방식, 열매체 이용방식
   ③ 구성형식에 의한 분류 : 다관식, 단관식, 사관식, 열판식

06 콕의 구조 및 치수에 관한 기준 중 콕의 핸들 열림방향이 시계바늘의 반대 방향인 구조에서 제외되는 콕의 명칭을 쓰시오.

해답 주물연소기용 노즐 콕

07 정압기의 정특성 종류 3가지는 (①), (②), (③)이다.

해답 ① 로크업(lock up) ② 오프셋(offset) ③ 시프트(shift)

08 내용적 47 L인 용기의 신규검사에서 30 kgf/cm² 의 압력으로 내압시험을 한 결과 용기 내용적이 47.117 L가 되었다. 압력을 제거한 후 대기압 상태에서 내용적이 47.005 L가 되었다면 영구증가율(%)을 계산하고 합격, 불합격을 판정하시오.

풀이 ① 영구증가율(%) 계산
$$영구증가율(\%) = \frac{영구증가량}{전증가량} \times 100 = \frac{47.005-47}{47.117-47} \times 100 = 4.273 ≒ 4.27 \%$$
② 판정 : 영구증가율이 10 % 이하이므로 합격이다.

해답 ① 영구증가율 : 4.27 % ② 판정 : 합격

09 [보기]와 같은 조건이 주어졌을 때 용접용기의 동판 두께(mm)를 계산하시오.

┌─ 보기 ┤
- 최고사용압력 : 3 MPa
- 인장강도 : 670 N/mm²
- 부식여유치 : 1 mm
- 안지름 : 1.2 m
- 용접효율 : 65 %

풀이 $t = \dfrac{P \cdot D}{2S \cdot \eta - 1.2P} + C = \dfrac{3 \times 1.2 \times 10^3}{2 \times 670 \times \dfrac{1}{4} \times 0.65 \ - \ 1.2 \times 3} + 1 = 17.810 ≒ 17.81 \, \text{mm}$

해답 17.81 mm

10 반도체 제조공정 중에서 발생하는 각종 독성 가스, 가연성 가스 및 유해가스를 정제해 배출하는 장비를 가스 스크러버(scrubber)라 하며 세정방식에 따라 습식, 건식, (   ) 등으로 분류된다. (   ) 안에 알맞은 용어를 쓰시오.

해답 연소식

2014년도 가스산업기사 모의고사

제1회 ○ 가스산업기사 필답형

01 가스용 폴리에틸렌관의 새들 융착이음 방법의 기준 4가지를 쓰시오.

해답 ① 접합부 전면에는 대칭형의 둥근 형상 이중 비드가 고르게 형성되어 있을 것
② 비드의 표면은 매끄럽고 청결할 것
③ 접합된 새들의 중심선과 배관의 중심선은 직각이 유지되도록 할 것
④ 비드의 높이는 이음관 높이 이하일 것
⑤ 시공이 불량한 융착이음부는 절단하여 제거하고 재시공할 것

02 내용적 100 L의 용기에 15℃에서 공기가 400 kPa 상태로 충전되어 있다. 며칠 후 용기를 확인해보니 온도가 40℃에서 300 kPa로 되어 있었다. 이때 누설된 공기량(kg)은 얼마인가?

풀이 ① 충전량(kg) 계산
$P_1 V_1 = G_1 R_1 T_1$에서

$$\therefore \; G_1 = \frac{P_1 V_1}{R_1 T_1} = \frac{(400 + 101.325) \times 0.1}{\frac{8.314}{29} \times (273 + 15)} = 0.607 \fallingdotseq 0.61 \, kg$$

② 잔량(kg) 계산
$P_2 V_2 = G_2 R_2 T_2$에서

$$\therefore \; G_2 = \frac{P_2 V_2}{R_2 T_2} = \frac{(300 + 101.325) \times 0.1}{\frac{8.314}{29} \times (273 + 40)} = 0.447 \fallingdotseq 0.45 \, kg$$

③ 누설량 계산
$$\therefore \; G = G_1 - G_2 = 0.61 - 0.45 = 0.16 \, kg$$

해답 0.16 kg

03 부식은 주위 환경과의 사이에 발생되는 전기 화학적 반응으로 강관을 부식시킨다. 이러한 반응을 일으키는 원인 4가지를 쓰시오.

해답 ① 이종 금속의 접촉   ② 금속재료의 조성, 조직의 불균일
③ 금속재료 표면상태의 불균일   ④ 금속재료의 응력상태, 표면온도의 불균일
⑤ 부식액의 조성, 유동상태의 불균일

04 산소, 수소, 메탄 3종류의 압축가스에서 비점이 낮은 것에서 높은 순서로 나열하시오.

해답 수소<산소<메탄

해설 각 가스의 비점

① 수소(H_2) : $-252℃$ ② 산소(O_2) : $-183℃$ ③ 메탄(CH_4) : $-161.5℃$

05 LPG를 자연기화방식으로 사용하는 곳에서 1일 1호당 평균가스 소비량이 1.48 kg /day, 소비호수가 40세대, 평균가스 소비율이 20 %일 때 피크 시 가스사용량(kg/h)을 계산하시오.

풀이 $Q = q \times N \times \eta = 1.48 \times 40 \times 0.2 = 11.84 \, \text{kg/h}$

해답 $11.84 \, \text{kg/h}$

06 부취제가 누설되었을 때 제거하는 방법 3가지를 쓰시오.

해답 ① 활성탄에 의한 흡착 ② 화학적 산화처리 ③ 연소법

07 [보기]에서 설명된 기호를 이용하여 왕복동형 압축기의 실제 피스톤 압출량 계산식을 완성하시오.

┌─ **보기** ─────────────────────────────────┐
- V : 실제 피스톤 압출량(m^3/h)   · D : 실린더 지름(m)
- L : 행정거리(m)   · N : 분당 회전수(rpm)
- n : 기통수   · η_v : 체적효율
└──┘

해답 $V = \dfrac{\pi}{4} \times D^2 \times L \times N \times n \times \eta_v \times 60$

08 가스미터에 공기를 통과시켰을 때 지시된 유량이 1.5 m^3/h 일 때 프로판(C_3H_8) 가스를 통과시키면 유량(kg/h)은 얼마인가? (단, C_3H_8 가스의 비중은 1.52, 밀도는 1.86 kg/m^3이며, 다른 조건은 변함이 없다.)

풀이 $Q = K\sqrt{\dfrac{D^5 \cdot H}{S \cdot L}}$ 에서 유량계수(K), 안지름(D), 압력손실(H), 배관길이(L)는 변함이 없으므로

$\therefore Q_1 = \dfrac{1}{\sqrt{S_1}}, \ Q_2 = \dfrac{1}{\sqrt{S_2}}$ 가 된다.

$\therefore \dfrac{Q_2}{Q_1} = \dfrac{\dfrac{1}{\sqrt{S_2}}}{\dfrac{1}{\sqrt{S_1}}}$ 에서

$\therefore Q_2 = \dfrac{\dfrac{1}{\sqrt{S_2}}}{\dfrac{1}{\sqrt{S_1}}} \times Q_1 = \dfrac{\dfrac{1}{\sqrt{1.52}}}{\dfrac{1}{\sqrt{1}}} \times 1.5 \times 1.86 = 2.262 ≒ 2.26 \, \text{kg/h}$

해답 2.26 kg/h

09 내용적 1000 m³인 구형 저장탱크에 액화가스를 충전할 때 충전량은 얼마인가 계산하시오. (단, 액화가스의 비중은 0.6이다.)

풀이 $W = 0.9 d \cdot V = 0.9 \times 0.6 \times 1000 = 540$ 톤

해답 540톤

10 가연성 가스 저온저장탱크에 내부압력이 외부보다 압력이 낮아질 때 그 저장탱크가 파괴되는 것을 방지하기 위하여 갖추어야 할 설비 2가지를 쓰시오.

해답 ① 압력계   ② 압력경보설비   ③ 진공안전밸브
④ 다른 저장탱크 또는 시설로부터의 가스도입배관(균압관)
⑤ 압력과 연동하는 긴급차단장치를 설치한 냉동제어설비
⑥ 압력과 연동하는 긴급차단장치를 설치한 송액설비

11 가연성 가스 또는 독성 가스의 고압가스 설비 중 특수반응설비와 긴급차단장치를 설치한 고압가스설비에 이상 사태가 발생하는 경우에 그 설비 안의 내용물을 설비 밖으로 긴급하고도 안전하게 처리할 수 있는 방법 4가지를 쓰시오.

해답 ① 플레어스택에서 안전하게 연소시킨다.
② 안전한 장소에 설치되어 있는 저장탱크 등에 임시 이송한다.
③ 벤트스택에서 안전하게 방출시킨다.
④ 독성 가스는 제독조치 후 안전하게 폐기시킨다.

12 기화된 LPG의 발열량을 조절하기 위하여 일정량의 공기를 혼합하는 벤투리 튜브 방식에 대하여 설명하시오.

해답 노즐로부터 가스의 분사 에너지에 의하여 혼합에 필요한 공기를 흡인하여 혼합하는 형식으로 동력원을 필요로 하지 않으며, 혼합가스의 열량을 조정하려면 노즐 압력을 조절하거나 노즐 지름을 변경하는 방법이 사용된다.

13 세대수 10000인 아파트에 비중이 0.65인 가스를 중압으로 길이 500 m인 배관에 초압 3 kgf/cm²·g, 종압 3 kgf/cm²·a 으로 공급하고 있다. 1호당 평균가스소비량이 1.5 m³/h, 공동사용률 15 %일 때 배관 안지름을 계산하시오. (단, 코크스의 상수는 52.31이다.)

풀이 $Q = K \sqrt{\dfrac{D^5 \cdot (P_1^2 - P_2^2)}{S \cdot L}}$ 에서

$\therefore D = \sqrt[5]{\dfrac{Q^2 S L}{K^2 (P_1^2 - P_2^2)}} = \sqrt[5]{\dfrac{(10000 \times 1.5 \times 0.15)^2 \times 0.65 \times 500}{52.31^2 \times \{(3 + 1.0332)^2 - 3^2\}}} = 9.628 ≒ 9.63 \,\text{cm}$

해답 9.63 cm

14 산소저장탱크를 보수하려고 작업자가 들어갈 때 저장탱크 치환 방법에 대하여 설명하시오.

해답 ① 가스설비의 내부가스를 실외까지 유도하여 다른 용기에 회수하거나 산소가 체류하지 아니하는 조치를 강구하여 대기 중에 서서히 방출한다.
② ①의 처리를 한 후 내부가스를 공기 또는 불활성가스 등으로 치환한다. 이 경우 가스 치환에 사용하는 공기는 기름이 혼입될 우려가 없는 것을 선택한다.
③ 산소측정기 등으로 치환 결과를 수시 측정하여 산소의 농도가 22 % 이하로 될 때까지 치환을 계속한다.
④ 공기로 재치환한 결과를 산소측정기 등으로 측정하고 산소의 농도가 18 %에서 22 %로 유지되도록 공기를 반복하여 치환한 후 작업자가 내부에 들어가 작업을 한다.

15 40℃ 상태의 공기 40 kg과 10℃ 상태의 산소 10 kg을 혼합하였을 때 열평형 온도를 계산하시오. (단, 공기와 산소의 정적비열은 각각 0.172 kcal/kg·℃, 0.156 kcal/kg·℃이다.)

풀이 $t_m = \dfrac{G_1 C_1 t_1 + G_2 C_2 t_2}{G_1 C_1 + G_2 C_2} = \dfrac{(40 \times 0.172 \times 40) + (10 \times 0.156 \times 10)}{(40 \times 0.172) + (10 \times 0.156)} = 34.454 ≒ 34.45 ℃$

해답 34.45℃

제2회 ○ **가스산업기사 필답형**

01 위험성 평가기법 중 사건수 분석기법(ETA)에 대하여 설명하시오.

해답 초기사건으로 알려진 특정한 장치의 이상이나 운전자의 실수로부터 발생되는 잠재적인 사고결과를 평가하는 것

02 밀도가 0.998g/cm³인 액체가 들어있는 저장탱크에서 액면 2 m 아래지점의 절대압력(kPa)은?

해설 절대압력(kPa)=대기압+게이지압력
$= 101.325 + (0.998 \times 10^3 \times 9.8 \times 2 \times 10^{-3}) = 120.885 ≒ 120.89 \ kPa \cdot abs$

해답 120.89 kPa·abs

 참고

① 밀도 $0.998 \ g/cm^3 = 0.998 kg/L = 0.998 \times 10^3 kg/m^3$
② 압력 $P = \gamma \times h = (\rho \times g) \times h \, [N/m^2 = Pa] = (\rho \times g) \times h \times 10^{-3} [kPa]$
③ 비중량(γ)의 절대단위($kg/m^2 \cdot s^2$), $\gamma = \rho \times g$

03 바깥지름과 안지름의 비가 1.2 이상인 경우 배관의 두께 계산식을 쓰시오. (단, t : 배관의 두께(mm), P : 상용압력(MPa), D : 안지름에서 부식여유를 뺀 수치(mm), f : 재료의 인장강도(N/mm²) 규격 최소치이거나 항복점(N/mm²) 규격 최소치의 1.6 배, C : 관내면의 부식여유(mm), S : 안전율이다.)

해답 $t = \dfrac{D}{2}\left\{\sqrt{\dfrac{\dfrac{f}{S}+P}{\dfrac{f}{S}-P}} - 1\right\} + C$

04 반도체 제조공정 등에서 사용하는 특수고압가스를 사용하기 위하여 용기를 장착하여 배관과 안전장치 등이 일체로 구성된 특정설비 명칭을 쓰시오.

해답 실린더 캐비닛

05 발열량이 10400kcal/Nm³, 비중이 0.65인 도시가스의 웨버지수를 계산하시오.

풀이 $WI = \dfrac{H_g}{\sqrt{d}} = \dfrac{10400}{\sqrt{0.65}} = 12899.612 ≒ 12899.61$

해답 12899.61

06 가스시설에서 배관 등을 용접한 후에 강도유지 및 수송하는 가스의 누출을 방지하기 위하여 비파괴시험 중 육안검사를 할 때 보강 덧붙임은 그 높이가 모재표면보다 낮지 않도록 하고 몇 mm 이하를 원칙으로 하는가?

해답 3 mm

07 토양이 다른 장소에 가스관을 매설할 때 통기가 좋은 사질토와 통기가 나쁜 점토질 중 양극이 형성되는 부분과 부식이 발생하는 토질은 각각 어느 곳인가?

해답 ① 양극 형성 부분 : 점토질
   ② 부식이 발생되는 토질 : 점토질

08 가스설비에서 이상 상태가 발생하는 경우 그 설비 내의 내용물을 설비 밖으로 긴급하고 안전하게 이송하는 설비 중 벤트스택에서 가스 방출 시 작동압력에서 대기압까지 방출 소요시간은 방출 시작으로부터 몇 분 이내로 하는가?

해답 60분

09 LPG 집단공급사업자의 수용가가 4300세대일 때 안전점검자(수요자 시설 점검원) 수는 몇 명인가?

해답 2명
해설 공급자의 안전점검자 인원 : 액화석유가스의 안전관리 및 사업법 시행규칙 제20조, 별표12

공급자 구분	안전점검자	인원
액화석유가스 충전사업자	충전원	충전 소요인력
	수요자 시설 점검원	가스배달 및 점검 소요인력
액화석유가스 집단공급사업자	수요자 시설 점검원	수용가 3000개소마다 1명
액화석유가스 판매사업자	수요자 시설 점검원	가스배달 및 점검 소요인력

10 퓨즈콕을 구조에 의하여 분류할 때 종류 3가지를 쓰시오.

해답 ① 배관과 호스를 연결하는 구조
② 호스와 호스를 연결하는 구조
③ 배관과 배관을 연결하는 구조
④ 배관과 커플러를 연결하는 구조

11 액화산소용기에 액화산소가 50 kg 충전되어 있다. 이때 용기 외부에서 액화산소에 대하여 5 kcal/h의 열량이 주어진다면 액화산소량이 반으로 감소되는 데 걸리는 시간은? (단, 산소의 증발잠열은 1600 cal/mol이다.)

풀이 ① 산소의 증발잠열을 kcal/kg으로 계산

$$\therefore 증발잠열 = \frac{1600(\text{cal/mol})}{32(\text{g/mol})} = 50\,\text{cal/g} = 50\,\text{kcal/kg}$$

② 걸리는 시간 계산

$$\therefore 시간 = \frac{필요열량}{시간당 공급열량} = \frac{\left(50 \times \frac{1}{2}\right) \times 50}{5} = 250\,시간$$

해답 250시간

12 저장탱크 및 용기의 저장능력을 합산하여 계산할 수 있는 경우는 저장탱크와 용기 사이의 중심거리는 몇 m 이하인가?

해답 30 m

13 연소기구에 접속된 염화비닐호스가 지름 0.5 mm의 구멍이 뚫려 수주 200 mm의 압력으로 LP가스가 10시간 유출하였을 경우 가스분출량은 몇 L인가? (단, LP가스의 분출압력 수주 200 mm에서 비중은 1.5이다.)

풀이 $Q = 0.009 D^2 \times \sqrt{\frac{P}{d}} = 0.009 \times 0.5^2 \times \sqrt{\frac{200}{1.5}} \times 1000 \times 10 = 259.807 ≒ 259.81\,\text{L}$

해답 259.81 L

14 정압기 특성 중 유량특성의 종류 3가지를 쓰시오.

해답 ① 직선형 ② 2차형 ③ 평방근형
해설 유량특성의 선도 및 종류에 대한 설명은 제2장 예상문제 142번 해설을 참고하기 바랍니다.

15 국내에서 독성가스 기준으로 적용하는 것을 [보기]에서 찾아 쓰시오.

> **보기**
>
> TLV-TWA, TLV-C, TLV-STEL, LC50

해답 LC50

제4회 ○ 가스산업기사 필답형

01 웨버지수에 대한 물음에 답하시오.

(1) 웨버지수를 설명하시오.

(2) 웨버지수 공식을 쓰고 각 인자에 대하여 설명하시오.

해답 (1) 도시가스의 총발열량(kcal/m³)을 도시가스 비중의 평방근으로 나눈 값으로 도시가스의 연소성을 판단하는 데 사용된다.

(2) $WI = \dfrac{H_g}{\sqrt{d}}$

WI : 웨버지수 $\qquad H_g$: 도시가스의 총발열량(kcal/m³) $\qquad d$: 도시가스 비중

02 1 MPa, 27 ℃ 공기를 11 MPa까지 단열압축하면 최종 온도는 몇 ℃인가? (단, 비열비는 1.15이다.)

풀이 표준대기압 1 atm=0.101325 MPa≒0.1 MPa을 대기압으로 적용하여 계산

$$\frac{T_2}{T_1} = \left(\frac{P_2}{P_1}\right)^{\frac{k-1}{k}} \text{에서}$$

$$\therefore T_2 = T_1 \times \left(\frac{P_2}{P_1}\right)^{\frac{k-1}{k}} = (273+27) \times \left(\frac{11+0.1}{1+0.1}\right)^{\frac{1.15-1}{1.15}}$$

$$= 405.572\,\text{K} - 273 = 132.572 \fallingdotseq 132.57\,℃$$

해답 132.57℃

03 15 ℃ 상태에서 고압가스 용기에 압력이 1기압으로 충전되어 있다. 이 용기의 온도가 상승되어 압력이 2배로 상승되었을 때 온도는 몇 ℃인가?

풀이 $\dfrac{P_1 V_1}{T_1} = \dfrac{P_2 V_2}{T_2}$ 에서 $V_1 = V_2$ 이므로

$$\therefore T_2 = \frac{P_2 T_1}{P_1} = \frac{2P_1 \times (273+15)}{P_1} = 576\,\text{K} - 273 = 303\,℃$$

해답 303 ℃

04 가스의 연소속도가 염공에서의 가스 유출속도보다 크게 됐을 때 불꽃이 버너 내부에 침입하여 노즐 선단에서 연소하는 현상은 무엇인가?

해답 역화

05 가스관련 시설의 내압시험을 물로 하는 이유 2가지를 쓰시오.

해답 ① 물은 비압축성이므로 시험 중에 파괴되어도 위험성이 적다.
② 장치 및 인체에 유해한 독성이 없다.
③ 구입이 쉽고 경제적이다.

06 황화수소를 제거하는 탈황법 중 수산화 제2철을 사용하여 제거하는 화학반응식을 쓰시오.

해답 $2Fe(OH)_3 + 3H_2S \rightarrow Fe_2S_3 + 6H_2O$

07 고압가스 충전용기의 재검사에서 열영향을 받은 용기를 판단하는 현상 4가지를 쓰시오.

해답 ① 도장의 그을음
② 용기의 일그러짐
③ 밸브 본체 또는 부품의 용융
④ 전기불꽃으로 인한 흠집, 용접불꽃의 흔적
해설 **열영향** : 용기가 과다한 열로 인하여 영향을 받은 것

08 고압가스 제조 사업소 안의 배관을 매몰 설치할 때 주의사항 4가지를 쓰시오.

해답 ① 지면으로부터 1 m 이상의 깊이에 매설한다.
② 도로 폭이 8 m 이상의 공도(公道)의 횡단부 지하에는 지면으로부터 1.2 m 이상인 곳에 매설한다.
③ ① 또는 ②에서 정한 매설깊이를 유지할 수 없을 경우는 커버 플레이트, 케이싱 등을 사용하여 보호한다.
④ 철도 등의 횡단부 지하에는 지면으로부터 1.2 m 이상인 곳에 매설하고 또는 강제의 케이싱을 사용하여 보호한다.
⑤ 지하철도(전철) 등을 횡단하여 매설하는 배관에는 전기방식 조치를 강구한다.

09 로터리형 압축기의 한 종류로 인벌류트 치형을 가진 2개의 맞물린 스크롤이 선회운동을 하면서 압축하는 압축기 명칭을 쓰시오.

해답 스크롤 압축기

10 과잉공기계수 1.5로 부탄 1 Nm³를 완전연소시키는 데 필요한 공기량은 몇 Nm³인가?

풀이 ① 부탄(C_4H_{10})의 완전연소 반응식
$C_4H_{10} + 6.5O_2 \rightarrow 4CO_2 + 5H_2O$
② 실제공기량 계산 : 부탄 1Nm³가 연소할 때 필요한 산소량은 연소반응식에서 산소몰 (mol) 수와 같다.

$$\therefore A = m \times A_0 = m \times \frac{O_0}{0.21} = 1.5 \times \frac{6.5}{0.21} = 46.428 \fallingdotseq 46.43\,\mathrm{Nm}^3$$

해답 $46.43\,\mathrm{Nm}^3$

11 도시가스 원료 중 나프타의 특징 4가지를 쓰시오.

해답 ① 가스화가 용이하기 때문에 높은 가스화 효율을 얻을 수 있다.
② 타르, 카본 등 부산물이 거의 생성되지 않는다.
③ 가스 중에는 불순물이 적어서 정제설비를 필요로 하지 않는 경우가 많다.
④ 대기오염, 수질오염의 환경문제가 적다.
⑤ 취급과 저장이 모두 용이하다.

12 도시가스 압력조정기의 입구 및 출구쪽 내압성능에 대하여 설명하시오.

해답 ① 입구쪽 : 압력조정기에 표시된 최대입구압력의 1.5배 이상의 압력
② 출구쪽 : 압력조정기에 표시된 최대출구압력 및 최대폐쇄압력의 1.5배 이상의 압력
해설 기밀성능
① 입구쪽 : 압력조정기에 표시된 최대입구압력 이상
② 출구쪽 : 압력조정기에 표시된 최대출구압력 및 최대폐쇄압력의 1.1배 이상의 압력

13 전기방식법 중 희생양극법을 설명하고 장점과 단점을 각각 1가지를 쓰시오.

해답 ① 희생양극법 : 양극(anode)과 매설배관(cathode : 음극)을 전선으로 접속하고 양극 금속과 배관 사이의 전지작용(고유 전위차)에 의해서 방식전류를 얻는 방법이다.
② 장점 : 시공이 간편하고, 단거리 배관에 경제적이다.
③ 단점 : 효과 범위가 좁고, 장거리 배관에는 비용이 많이 소요된다.
해설 희생양극법의 특징(장점 및 단점)
① 시공이 간편하다.　② 단거리의 배관에는 경제적이다.
③ 다른 매설 금속체로의 장해가 없다.　④ 과방식의 우려가 없다.
⑤ 효과 범위가 비교적 좁다.　⑥ 장거리 배관에는 비용이 많이 소요된다.
⑦ 전류 조절이 어렵다.　⑧ 관리장소가 많게 된다.
⑨ 강한 전식에는 효과가 없다.

14 LP가스 공급방식 중 생가스 공급방식의 특징 4가지를 쓰시오.

해답 ① 기화기에서 기화된 가스를 그대로 공급한다.
② 공기 혼합기 등이 필요 없으므로 설비가 간단하다.
③ 부탄의 경우 재액화 우려가 있다.
④ 재액화 현상을 방지하기 위하여 배관을 보온조치하여야 한다.

15 냉동설비 종류에 따른 냉동능력 산정기준에 대하여 쓰시오.

(1) 원심식 압축기를 사용하는 냉동설비 :
(2) 흡수식 냉동설비 :

해답 (1) 압축기의 원동기 정격출력 1.2 kW를 1일의 냉동능력 1톤으로 본다.
(2) 발생기를 가열하는 1시간의 입열량 6640 kcal를 1일의 냉동능력 1톤으로 본다.

2015년도 가스산업기사 모의고사

제1회 ● **가스산업기사 필답형**

01 아세틸렌 제조에 대한 물음에 답하시오.

(1) 용제의 종류 2가지를 쓰시오.
(2) 동 및 동합금 사용 시 동 함유량은 몇 %를 초과하는 것을 사용금지하고 있는가?

해답 (1) ① 아세톤   ② DMF (디메틸포름아미드)
     (2) 62 %

02 용접부에 대한 비파괴 검사 명칭을 쓰시오.

(1) AE :   (2) PT :   (3) MT :
(4) RT :   (5) UT :

해답 (1) 음향검사   (2) 침투탐상검사   (3) 자분탐상검사
     (4) 방사선투과검사   (5) 초음파탐상검사

03 고압가스 안전관리법령에서 정의하는 처리능력이란 용어에 대하여 설명하시오.

해답 처리설비 또는 감압설비에 의하여 압축, 액화나 그 밖의 방법으로 1일에 처리할 수 있는
     가스의 양으로 온도 0℃, 게이지 압력 0 Pa 상태를 기준으로 한다.

04 정압기를 평가 선정할 경우 각 특성이 사용조건에 적합하도록 정압기를 선정하여야
한다. 이때 정압기를 선정할 때 고려하여야 할 사항 4가지를 쓰시오.

해답 ① 정특성   ② 동특성   ③ 유량특성
     ④ 사용 최대 차압   ⑤ 작동 최소 차압

05 도시가스에 첨가하는 부취제의 냄새를 쓰시오.

(1) TBM :   (2) THT :   (3) DMS :

해답 (1) 양파 썩는 냄새   (2) 석탄가스 냄새   (3) 마늘 냄새

06 검사에 합격한 충전용기에 각인하는 기호에 대하여 단위까지 포함하여 설명하시오.

(1) V :   (2) W :   (3) TP :   (4) FP :

해답 (1) 내용적(단위 : L)

(2) 밸브 및 부속품을 포함하지 아니한 용기의 질량(단위 : kg)

(3) 내압시험압력(단위 : MPa)

(4) 압축가스 충전의 경우 최고충전압력(단위 : MPa)

07 일반용 액화석유가스 압력조정기의 역할 3가지를 쓰시오.

해답 ① 유출압력 조절

② 안정된 연소를 도모

③ 소비가 중단되면 가스를 차단

08 도시가스 시설의 내압시험에 대한 설명 중 ( ) 안에 알맞은 용어 및 숫자를 넣으시오.

> 내압시험은 (①)에 의하여 실시하며, 내압시험압력 (②)의 (③)배 이상으로 실시한다. 내압시험을 공기 등의 기체로 하는 경우에 먼저 상용압력의 (④)%까지 승압하고 그 후에는 상용압력의 (⑤)%씩 단계적으로 승압하여 내압시험 압력에 달하였을 때 누출 등의 이상이 없고, 그 후 압력을 내려 상용압력으로 하였을 때 팽창, 누출 등의 이상이 없으면 합격으로 한다.

해답 ① 수압   ② 최고사용압력   ③ 1.5   ④ 50   ⑤ 10

09 내용적 2 L의 고압용기에 암모니아를 충전하여 온도를 173℃로 상승시켰더니 압력이 220 atm을 나타내었다. 이 용기에 충전된 암모니아는 몇 g인가?(단, 173℃, 220 atm에서 암모니아의 압축계수는 0.4이다.)

풀이 $PV = Z\dfrac{W}{M}RT$에서

$$W = \frac{PVM}{ZRT} = \frac{220 \times 2 \times 17}{0.4 \times 0.082 \times (273 + 173)} = 511.320 = 511.32\ \text{g}$$

해답 511.32 g

10 전양정이 15 m인 원심펌프의 회전수를 1000 rpm에서 2000 rpm으로 변경시켰을 때 전양정은 몇 m가 되겠는가?(단, 펌프의 효율변화는 변함이 없다.)

풀이 $H_2 = H_1 \times \left(\dfrac{N_2}{N_1}\right)^2 = 15 \times \left(\dfrac{2000}{1000}\right)^2 = 60\ \text{m}$

해답 60 m

11 어느 음식점에서 0.5 kg/h의 가스를 연소시키는 버너를 10대 설치하고 1일 평균 5시간씩 사용할 때 필요 최저용기 수는 몇 개인가?(단, 사용 시 최저온도는 0℃이고, 용기는 50 kg 용기이며 잔액이 20 %일 때 교환하고 용기의 가스 발생능력은 800 g/h이다.)

풀이 필요 최저용기 수 $= \dfrac{\text{최대소비수량(kg/h)}}{\text{표준가스 발생능력(kg/h)}} = \dfrac{0.5 \times 10}{0.8} = 6.25 = 7\text{개}$

해답 7개

12 15℃ 상태의 공기 10 kg과 50℃ 상태의 산소 5 kg을 혼합하였을 때 열평형 온도를 계산하시오. (단, 공기와 산소의 정적비열은 각각 0.172 kcal/kg · ℃, 0.156 kcal/kg · ℃이다.)

풀이 $t_m = \dfrac{G_1 C_1 t_1 + G_2 C_2 t_2}{G_1 C_1 + G_2 C_2} = \dfrac{(10 \times 0.172 \times 15) + (5 \times 0.156 \times 50)}{(10 \times 0.172) + (5 \times 0.156)} = 25.92℃$

해답 25.92℃

13 원유를 상압에서 증류할 때 얻어지는 비점이 200℃ 이하인 유분으로 가솔린은 옥탄 가를 높이기 위하여 이것을 접촉개질한 것이 주체가 되고 있으며, 도시가스 원료로 사용되는 것의 명칭을 쓰시오.

해답 나프타

14 저압배관에서 관지름을 결정하기 위한 가스 사용 예정량 (m³/h) 공식을 쓰고 설명하시오.

해답 $Q = K\sqrt{\dfrac{D^5 \cdot H}{S \cdot L}}$

Q : 가스의 유량 (m³/h) D : 관 안지름 (cm)
H : 압력손실(mmH₂O) S : 가스의 비중
L : 관의 길이(m) K : 유량계수 (폴의 상수 : 0.707)

15 연소기의 안전성 및 편리성을 확보하기 위하여 갖추어야 할 안전장치 3가지를 쓰시오.

해답 ① 과열방지장치   ② 역풍방지장치   ③ 소화안전장치   ④ 불완전연소 방지장치
해설 연소기 종류별 안전장치 종류
① 이동식 부탄연소기 : 소화안전장치, 거버너, 과압안전장치
② 가스레인지 : 정전안전장치, 소화안전장치, 거버너, 과열방지장치
③ 용기내장형 가스난방기 : 정전안전장치, 소화안전장치, 거버너(세라믹버너를 사용하는 난방기만을 말한다), 불완전연소방지장치 또는 산소결핍안전장치, 전도안전장치, 저온 차단장치
④ 자연배기식 및 자연급배기식 가스온수보일러 : 정전안전장치, 역풍방지장치, 소화안전 장치, 조절서모스탯 및 과열방지안전장치, 점화장치, 물빼기장치, 가스거버너, 자동차 단밸브, 온도계, 순환펌프, 동결방지장치, 난방수여과장치
⑤ 강제배기식 및 강제급배기식 가스온수보일러 : 정전안전장치, 역풍방지장치, 소화안전 장치, 공기조절장치, 공기감시장치, 가스·공기비 제어장치, 자동버너 컨트롤 시스템, 조절서모스탯 및 과열방지안전장치, 점화장치, 물빼기장치, 가스거버너, 자동차단밸브, 온도계, 순환펌프, 동결방지장치, 난방수여과장치
⑥ 가스온수기 : 정전안전장치, 역풍방지장치, 소화안전장치, 거버너(세라믹 버너를 사용 하는 온수기만을 말한다), 과열방지장치, 물온도조절장치, 점화장치, 물빼기장치, 수압 자동가스밸브, 동결방지장치, 과압방지안전장치
⑦ 가스 사용 업무용 대형 연소기 : 정전안전장치, 역풍방지장치, 소화안전장치, 거버너, 과열방지장치, 동결방지장치
⑧ 그 밖의 연소기 : 정전안전장치, 역풍방지장치, 소화안전장치, 거버너

제2회 **o 가스산업기사 필답형**

01 가스의 공급압력이 높아 불꽃이 염공을 떠나 공간에서 연소하는 현상을 (①)라 하고, 불꽃 주위 기류에 의하여 불꽃이 염공에 정착하지 않고 떨어지게 되어 꺼지는 현상을 (②)라 한다. ( ) 안에 들어갈 용어를 쓰시오.

해답 ① 선화 (또는 리프팅, liffting)
② 블로오프 (blow off)

02 공동주택 부지 내에 매설되는 도시가스 배관의 매설깊이는 얼마인가?

해답 0.6 m 이상

03 다음 LP가스 조정기의 입구측 기밀시험압력의 범위는 얼마인가?

(1) 1단 감압식 저압조정기 :
(2) 2단 감압식 1차 조정기 :

해답 (1) 1.56 MPa 이상
(2) 1.8 MPa 이상

04 양정 15 m, 송수량 3.6 m³/min일 때 축동력 15 PS를 필요로 하는 원심펌프의 효율은 몇 %인가?

풀이 $PS = \dfrac{\gamma \cdot Q \cdot H}{75 \cdot \eta}$ 에서

$\eta\,(\%) = \dfrac{\gamma \cdot Q \cdot H}{75\,PS} \times 100 = \dfrac{1000 \times 3.6 \times 15}{75 \times 15 \times 60} \times 100 = 80\,\%$

해답 80 %

05 용기 종류별 부속품 기호를 각각 설명하시오.

(1) AG :   (2) LG :   (3) PG :   (4) LT :

해답 (1) 아세틸렌가스 충전용기 부속품
(2) 액화석유가스 외의 액화가스 충전용기 부속품
(3) 압축가스 충전용기 부속품
(4) 초저온 용기 및 저온용기의 부속품

06 최고충전압력이 5 kgf/cm² · g인 충전용기에 20℃에서 이상기체가 3 kgf/cm² · g로 충전되어 있다. 온도가 상승되어 압력이 최고충전압력까지 도달하였을 때 온도는 몇 ℃인가 계산하시오.

풀이 $\dfrac{P_1 V_1}{T_1} = \dfrac{P_2 V_2}{T_2}$ 에서 $V_1 = V_2$ 이므로

$$T_2 = \frac{P_2 T_1}{P_1}$$

$$= \frac{(5+1.0332)\times(273+20)}{3+1.0332} = 438.294\,\mathrm{K} - 273 = 165.294 ≒ 165.29\,℃$$

해답 165.29℃

07 금속의 부식을 자연부식과 전기부식으로 분류할 때 각각에 해당되는 부식 종류를 2가지씩 쓰시오.

해답 ① 자연부식 종류 : 주위 토양 속에 포함된 산 이온 및 알칼리 이온과 금속이 화학반응을 일으켜서 생기는 부식, 토양 속에 존재하는 황 박테리아 등에 의한 부식
② 전기부식 종류 : 이종 금속 접촉에 의한 부식, 농담전지에 의한 부식

08 가연성가스 저온저장탱크에는 내부압력이 외부압력보다 낮아짐에 따라 그 저장탱크가 파괴되는 것을 방지하기 위하여 갖추어야 할 설비 4가지를 쓰시오.

해답 ① 압력계
② 압력경보설비
③ 진공안전밸브
④ 다른 저장탱크 또는 시설로부터의 가스도입배관 (균압관)
⑤ 압력과 연동하는 긴급차단장치를 설치한 냉동제어설비
⑥ 압력과 연동하는 긴급차단장치를 설치한 송액설비

09 [보기] 반응과 같은 접촉분해 공정 중에서 카본생성을 억제하는 방법을 설명하시오.

┌─ 보기 ┐

반응식 : $CH_4 \rightleftarrows 2H_2 + C$ (카본)

해답 반응온도는 낮게, 압력은 높게 유지한다.
해설 카본 (C)을 제외한 반응식에서 반응 전 1 mol, 반응 후 2 mol로 반응 후의 mol수가 많으므로 온도가 높고, 압력이 낮을수록 반응이 잘 일어난다. 그러므로 카본 (C) 생성을 방지하려면 반응이 잘 일어나지 않도록 하여야 하므로 반응온도는 낮게, 압력은 높게 유지한다.

10 도시가스 시설에 전기방식 효과를 유지하기 위하여 빗물이나 그 밖에 이물질의 접촉으로 인한 절연의 효과가 상쇄되지 아니하도록 절연 이음매 등을 사용해 절연조치를 하는 장소 4개소를 쓰시오.

해답 ① 교량횡단 배관의 양단
② 배관과 강재 보호관 사이
③ 지하에 매설된 배관의 부분과 지상에 설치된 부분과의 경계
④ 다른 시설물과 접근 교차지점
⑤ 배관과 배관지지물 사이

11 절대압력 0.082 kgf/cm², 대기압 650 mmHg일 때 진공압력과 진공도를 각각 계산하시오.

풀이 ① 진공압력 계산 : "절대압력 = 대기압 – 진공압력"이다.

∴ 진공압력 = 대기압 – 절대압력

$$= \left(\frac{650}{760} \times 1.0332 \right) - 0.082 = 0.801 = 0.80 \text{ kgf/cm}^2 \cdot \text{v}$$

② 진공도(%) 계산

$$진공도 = \frac{진공압력}{대기압} \times 100 = \frac{0.8}{\left(\frac{650}{760} \times 1.0332 \right)} \times 100 = 90.532 = 90.53 \%$$

해답 ① 진공압력 : 0.8 kgf/cm² · v

② 진공도 : 90.53 %

12 도시가스 배관의 접합부분은 용접하는 것을 원칙으로 하며, 용접부에 대하여 비파괴시험을 실시하여 이상이 없어야 하지만, 비파괴시험을 하지 않아도 되는 배관 3가지를 쓰시오.

해답 ① 가스용 폴리에틸렌관

② 저압으로서 노출된 사용자 공급관

③ 관지름 80 mm 미만인 저압의 매설배관

13 프로판 85 v% 및 부탄 15 v%의 혼합가스 1 Sm³가 완전연소하는 데 필요한 이론 공기량은 몇 Sm³인가?

풀이 ① 프로판(C_3H_8)과 부탄(C_4H_{10})의 완전연소 반응식

$$C_3H_8 + 5O_2 \rightarrow 3CO_2 + 4H_2O$$

$$C_4H_{10} + 6.5O_2 \rightarrow 4CO_2 + 5H_2O$$

② 이론공기량 계산 : 기체연료 1 Sm³당 필요한 이론산소량(Sm³)은 연소반응식에서 몰(mol)수와 같다.

$$\therefore A_o = \frac{O_0}{0.21} = \frac{(5 \times 0.85) + (6.5 \times 0.15)}{0.21} = 24.880 = 24.88 \text{ Sm}^3$$

해답 24.88 Sm³

14 고압가스 안전관리법 적용을 받는 고압가스 중 35℃의 온도에서 압력이 0 Pa을 초과하는 액화가스에 해당하는 가스 종류 3가지를 쓰시오.

해답 ① 액화시안화수소

② 액화브롬화메탄

③ 액화산화에틸렌

해설 고압가스의 종류 및 범위 : 고압가스 안전관리법 시행령 제2조

① 상용(常用)의 온도에서 압력(게이지압력)이 1 MPa 이상이 되는 압축가스로서 실제로 그 압력이 1 MPa 이상이 되는 것 또는 35℃의 온도에서 압력이 1 MPa 이상이 되는 압축가스(아세틸렌가스는 제외)

② 15℃의 온도에서 압력이 0 Pa을 초과하는 아세틸렌가스

③ 상용의 온도에서 압력이 0.2 MPa 이상이 되는 액화가스로서 실제로 그 압력이 0.2 MPa 이상이 되는 것 또는 압력이 0.2 MPa이 되는 경우의 온도가 35℃ 이하인 액화가스

④ 35℃의 온도에서 압력이 0 Pa을 초과하는 액화가스 중 액화시안화수소, 액화브롬화메탄 및 액화산화에틸렌가스

15 가스도매사업 제조소 및 공급소 밖의 배관에 긴급차단장치의 설치 장소로 적합하지 않다고 인정하는 지역의 차단밸브 설치거리를 8 km에서 10 km로 늘릴 때 만족시켜야 할 조건 4가지를 쓰시오.

해답 ① 배관 두께를 규정에 정하는 지역의 설계기준으로 적용하는 경우

② 방출시간을 다음 계산식에 따라 산정한 수치 이하로 하는 경우

$$V = V_S - \{V_S \times (L - L_S)/L_S\}$$

여기서, V : 방출시간 (min)

V_S : 기준에서 정하고 있는 방출시간 (60 min)

L : 긴급차단장치 실제 설치거리(km)

L_S : 기준에서 정하고 있는 긴급차단장치 설치거리(8 km)

③ 매설배관의 충격 및 누출감지를 위한 실시간 감시 시스템을 설치하는 경우

④ 매설배관 피복손상 탐지를 매 5년마다 실시하는 경우

해설 ①의 규정에 정하는 지역 : 지하 4층 이상의 건축물 밀집지역 또는 교통량이 많은 지역으로서 지하에 여러 종류의 공익시설물 (전기, 가스, 수도 시설물 등)이 있는 지역

제4회 ○ 가스산업기사 필답형

01 소규모 LPG 가스사용시설에서 공급배관의 기밀시험을 실시한 후 가스치환을 하는 이유를 설명하시오.

해답 기밀시험에 사용된 공기 또는 질소가스가 배관에 충만되어 있기 때문에 LP가스를 소비자가 사용할 수 없으므로 배관 내에 LP가스를 봉입하여 공기 및 질소가스를 방출하여야 한다.

02 발열량이 10000 kcal/Sm³, 공급압력이 수주 280 mm, 가스비중이 0.6일 때 사용하는 연소기구 노즐 지름이 1.38 mm였다. 이 연소기구를 발열량이 20000 kcal/Sm³, 공급압력이 수주 200 mm, 가스비중이 0.55인 가스를 사용하는 것으로 변경할 경우 노즐 지름은 몇 mm인가?

풀이 $\dfrac{D_2}{D_1} = \dfrac{\sqrt{WI_1 \sqrt{P_1}}}{\sqrt{WI_2 \sqrt{P_2}}}$ 에서

$$\therefore D_2 = \sqrt{\frac{WI_1 \sqrt{P_1}}{WI_2 \sqrt{P_2}}} \times D_1 = \sqrt{\frac{\dfrac{10000}{\sqrt{0.6}} \times \sqrt{280}}{\dfrac{20000}{\sqrt{0.55}} \times \sqrt{200}}} \times 1.38 = 1.038 ≒ 1.04\,\text{mm}$$

해답 1.04 mm

03 [보기]는 배관을 시공할 때 온도변화에 의한 열팽창길이를 계산하는 공식을 나타낸 것이다. ( ) 안에 알맞은 용어를 쓰시오.

> **보기**
>
> 열팽창길이 = ( )×온도차×배관길이

해답 선팽창계수

04 수소 50 L 중에 포함된 산소가 7500 ppm일 때 압축이 가능한지 판정하시오.

풀이 수소 50 L 중 산소용량비율 (%) 계산 : 1 ppm은 $\dfrac{1}{10^6}$의 농도에 해당되는 것이다.

∴ 산소 (%) = $\dfrac{7500}{10^6} \times 100 = 0.75\,\%$

해답 산소용량이 2 % 미만이므로 압축이 가능하다.

> 참고 ○ **압축금지 기준**
>
> ① 가연성가스(C_2H_2, C_2H_4, H_2 제외) 중 산소용량이 전용량의 4 % 이상인 것
> ② 산소 중 가연성가스(C_2H_2, C_2H_4, H_2 제외) 용량이 전용량의 4 % 이상인 것
> ③ C_2H_2, C_2H_4, H_2 중의 산소용량이 전용량의 2 % 이상인 것
> ④ 산소 중 C_2H_2, C_2H_4, H_2의 용량 합계가 전용량의 2 % 이상인 것

05 25℃에서 충전용기에 산소를 최고충전압력 120 kgf/cm²으로 충전한 후 온도를 점차 상승시켰더니 안전밸브에서 가스가 분출되었다. 이때의 온도는 몇 ℃가 되겠는가?

풀이 ① 내압시험압력 계산 : 압축가스 충전용기 내압시험압력(TP)은 최고충전압력(FP)의 $\dfrac{5}{3}$ 배이다.

∴ $TP = FP \times \dfrac{5}{3} = 120 \times \dfrac{5}{3} = 200\,\mathrm{kgf/cm^2}$

② 안전밸브 작동압력 계산 : 안전밸브 작동압력은 내압시험압력(TP)의 $\dfrac{8}{10}$ 배 이하이다.

∴ 안전밸브 작동압력 = $TP \times \dfrac{8}{10} = 200 \times \dfrac{8}{10} = 160\,\mathrm{kgf/cm^2}$

③ 분출될 때의 온도계산

$\dfrac{P_1 \cdot V_1}{T_1} = \dfrac{P_2 \cdot V_2}{T_2}$ 에서 $V_1 = V_2$이므로

∴ $T_2 = \dfrac{T_1 \cdot P_2}{P_1} = \dfrac{(273+25) \times (160+1.0332)}{120+1.0332} = 396.485\,\mathrm{K} - 273 = 123.485 ≒ 123.49\,℃$

해답 123.49℃

06 릴리프식 안전장치가 내장된 조정기를 건축물 내에 설치하는 경우 실외의 안전한 장소에 설치하여야 하는 것은?

해답 가스방출구

07 비중이 0.64인 가스를 길이 400 m 떨어진 곳에 저압으로 시간당 200 m³로 공급하고자 한다. 압력손실이 수주로 20 mm이면 배관의 최소 관지름(cm)은 얼마인가?

풀이 $Q=K\sqrt{\dfrac{D^5 \cdot H}{S \cdot L}}$ 에서

$$\therefore D = \sqrt[5]{\frac{Q^2 \times S \times L}{K^2 \times H}} = \sqrt[5]{\frac{200^2 \times 0.64 \times 400}{0.707^2 \times 20}} = 15.925 ≒ 15.93 \, cm$$

해답 15.93 cm

08 황화수소를 제거하는 탈황법 중 수산화 제2철을 사용하여 제거하는 화학반응식을 쓰시오.

해답 $2Fe(OH)_3 + 3H_2S \rightarrow Fe_2S_3 + 6H_2O$

09 지름 20 mm, 표점거리 300 mm의 연강재 시험편을 인장시험한 결과 표점거리가 350 mm가 되었을 때 이 재료의 연신율(%)을 계산하시오.

풀이 연신율(%) $= \dfrac{L'-L}{L} \times 100 = \dfrac{350-300}{300} \times 100 = 16.666 ≒ 16.67\%$

해답 16.67 %

10 검사에 합격한 충전용기에 각인하는 기호에 대하여 단위까지 포함하여 설명하시오.
(1) V :   (2) W :   (3) TP :   (4) FP :

해답 (1) 내용적(단위 : L)
(2) 밸브 및 부속품을 포함하지 아니한 용기의 질량(단위 : kg)
(3) 내압시험압력(단위 : MPa)
(4) 압축가스 충전의 경우 최고충전압력(단위 : MPa)

11 메탄 1 Nm³를 완전 연소시키는 데 필요한 공기량은 몇 Nm³인가? (단, 공기 중 산소비율은 21 vol%, 과잉공기계수는 1.5이다.)

풀이 ① 메탄(CH_4)의 완전연소 반응식
$CH_4 + 2O_2 \rightarrow CO_2 + 2H_2O$
② 실제공기량 계산 : 메탄 1 Nm³가 연소할 때 필요한 산소량(Nm³)은 연소반응식에서 산소몰(mol)수와 같다.

$$\therefore A = m \times A_0 = m \times \frac{O_0}{0.21} = 1.5 \times \frac{2}{0.21} = 14.285 ≒ 14.29 \, Nm^3$$

해답 14.29 Nm³

12 카르노 사이클의 순환과정에서 열흡수 단계에 해당하는 과정은?

해답 정온팽창과정(등온팽창과정)
해설 **순환과정** : 정온팽창과정(열공급) → 단열팽창과정 → 정온압축과정(열방출) → 단열압축과정

13 원형관에 흐르는 유체의 마찰저항은 [보기] 중 어떤 것과 관계가 있는지 번호를 찾아 쓰시오.

> **보기**
> ① 비례한다.   ② 제곱에 비례한다.
> ③ 반비례한다.   ④ 무관하다.

(1) 관의 길이 :   (2) 관의 안지름 :
(3) 유속 :   (4) 유체 압력 :

해답 (1) ①   (2) ③   (3) ②   (4) ④

해설 달시-바이스바하 방정식에 의한 마찰저항 (h_f)은 다음과 같다.

$$h_f = f \times \frac{L}{D} \times \frac{V^2}{2g}$$

① 유속 (V)의 2승(제곱)에 비례한다.
② 관의 길이 (L)에 비례한다.
③ 관 안지름 (D)에 반비례한다.
④ 관 내벽의 상태와 관계있다 (내면의 상태가 거칠면 마찰저항이 커진다).
⑤ 압력과는 관계없다.
※ 2004년 제1회 02번 **해설** 에서 저압배관 유량식을 적용하여 설명한 것은 [보기] 중 ③번 내용이 '5제곱에 반비례한다.'로 제시되었기 때문이다.

14 비열이 0.8 kcal/kg·℃인 어떤 액체 1000 kg을 0℃에서 100℃로 상승시키는 데 필요한 프로판 사용량 (kg)은 얼마인가? (단, 프로판의 발열량은 12000 kcal/kg, 연소기 효율은 90 %이다.)

풀이 $G_f = \dfrac{G \cdot C \cdot \Delta t}{H_l \cdot \eta} = \dfrac{1000 \times 0.8 \times (100 - 0)}{12000 \times 0.9} = 7.407 \fallingdotseq 7.41\ \text{kg}$

해답 7.41 kg

15 스테인리스 배관을 용접할 때 용접용 가스로 Ar을 사용하는데 불활성 가스인 N_2를 사용하지 않는 이유가 무엇인지 서술하시오.

해답 질소를 사용하면 용융금속 내부에 질소가 체류하므로 기공 (blow hole)이 발생하여 용접 불량이 되기 때문에 사용하지 않는다.

2016년도 가스산업기사 모의고사

01 프로판가스 1 Sm³를 완전연소시키는 데 필요한 이론공기량은 몇 Sm³인가 계산하시오. (단, 공기 중 산소는 20 vol %이다.)

[풀이] ① 프로판(C_3H_8)의 완전연소 반응식 : $C_3H_8 + 5O_2 \rightarrow 3CO_2 + 4H_2O$
② 이론공기량 계산

$$\therefore \ A_0 = \frac{O_0}{0.2} = \frac{5}{0.2} = 25 \, \text{Sm}^3$$

[해답] 25 Sm³

02 산소 시설에 설치하는 압력계는 금유라 표시된 전용 압력계를 사용하는 이유를 설명하시오.

[해답] 산소는 화학적으로 활발한 원소로 산소 농도가 높으면 반응성이 풍부해져 오일(석유류, 유지류)과 접촉 시 인화, 폭발의 위험성이 있기 때문에 금유라 표시된 전용 압력계를 사용하여야 한다.

03 내용적 40 L인 충전용기를 수조식 내압시험 장치에서 내압시험을 한 결과 영구증가량이 25 mL, 전증가량이 300 mL일 때 영구증가율(%)을 계산하여 합격, 불합격을 판정하고 그 이유를 설명하시오.

[풀이] 영구증가율 (%) $= \dfrac{\text{영구증가량}}{\text{전증가량}} \times 100$

$$= \frac{25}{300} \times 100 = 8.333 \fallingdotseq 8.33 \%$$

[해답] ① 영구증가율 : 8.33 %
② 판정 : 합격
③ 이유 : 영구증가율이 10 % 이하가 합격이 되기 때문에

04 관지름 25 mm인 배관을 입상높이 25 m인 곳에 프로판(C_3H_8)을 공급할 때 압력손실은 수주로 몇 mm인가? (단, C_3H_8의 비중은 1.52이다.)

[풀이] $H = 1.293 \, (S-1) \, h = 1.293 \times (1.52-1) \times 25 = 16.809 \fallingdotseq 16.81 \, \text{mmH}_2\text{O}$

[해답] 16.81 mmH₂O

05 금속마다 선팽창계수가 다른 기계적 성질을 이용한 것으로 발열체의 발열 변화에 따라 굽히는 정도가 다른 2종의 얇은 금속판을 결합시켜 안전장치 등에 사용되는 것은 무엇인가?

해답 바이메탈

06 액화석유가스 및 도시가스를 사용하는 연소기에서 발생하는 역화(back fire)를 설명하시오.

해답 가스의 연소속도가 염공의 가스 유출속도보다 크게 됐을 때 불꽃이 버너 내부에 침입하여 노즐의 선단에서 연소하는 현상

해설 **역화의 발생 원인**
① 염공이 크게 되었을 때
② 노즐의 구멍이 너무 크게 된 경우
③ 콕이 충분히 개방되지 않은 경우
④ 가스의 공급압력이 저하되었을 때
⑤ 버너가 과열된 경우

07 도시가스의 제조공정 중 가스화 방식에 의한 분류 4가지를 쓰시오.

해답 ① 열분해 공정   ② 접촉분해 공정
③ 부분연소 공정   ④ 대체천연가스(SNG) 공정
⑤ 수소화 분해 공정

08 가스보일러를 전용 보일러실에 설치하지 않아도 되는 경우 2가지를 쓰시오.

해답 ① 밀폐식 가스보일러
② 옥외에 설치한 가스보일러
③ 전용 급기통을 부착시키는 구조로 검사에 합격한 강제배기식 가스보일러

09 용접부에 대한 비파괴검사법 중 자분탐상시험의 단점을 3가지 쓰시오.

해답 ① 비자성체에는 적용할 수 없다.
② 전원이 필요하다.
③ 검사 완료 후에 탈자(脫磁) 처리가 필요하다.
해설 장점 : 육안으로 검지할 수 없는 미세한 표면 및 피로 파괴나 취성 파괴에 적당하다.

10 가연성 가스의 정의를 폭발범위를 기준으로 설명하시오.

해답 폭발범위 하한이 10 % 이하인 것과 폭발범위 상한과 하한의 차가 20 % 이상인 것

11 LPG를 자동차에 고정된 탱크에서 저장탱크로 이입, 충전하는 방법 3가지를 쓰시오.

해답 ① 차압에 의한 방법
② 액펌프에 의한 방법
③ 압축기에 의한 방법

플랜트 유지보수

12 다음은 가연성 고압가스를 제조하여 저장탱크에 저장한 후 자동차에 고정된 탱크로 출하하는 시설을 나타낸 것이다. ①~⑤의 밸브 명칭과 역할에 대하여 설명하시오.

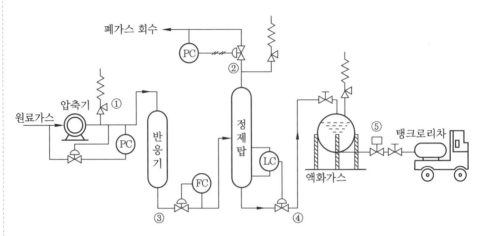

해답 ① 안전밸브 : 압축기 토출압력이 이상 상승 시 작동하여 토출가스를 분출시켜 압력을 정상 압력으로 유지시킨다.
② 압력조절밸브 : 폐가스 회수계의 압력을 조절하는 역할을 한다.
③ 유량조절밸브 : 반응기에서 정제탑으로 이송되는 가스의 양을 조절한다.
④ 액면조절밸브 : 정제탑의 액면이 일정량 이상으로 되면 밸브를 개방하여 액화가스 저장탱크로 이송하고, 액면이 일정량 이하에 도달하면 밸브가 폐쇄된다.
⑤ 긴급차단밸브 : 액화가스를 저장탱크에서 탱크로리로 이송할 때 이상사태가 발생하면 원격조작으로 밸브를 폐쇄시켜 피해가 확대되는 것을 방지한다.

13 도시가스 제조소 및 공급소의 기밀시험은 최고사용압력의 1.1배 또는 (①) 중 높은 압력 이상으로 실시한다. 다만, 최고사용압력이 저압인 가스홀더, 배관 및 그 부대설비 이외의 것으로서 최고사용압력이 (②) 이하인 것은 시험압력을 최고사용압력으로 할 수 있다. ( ) 안에 알맞은 압력을 쓰시오.

해답 ① 8.4 kPa   ② 30 kPa

14 일반용 액화석유가스용 압력조정기의 종류 4가지를 쓰시오.

해답 ① 1단 감압식 저압 조정기
② 1단 감압식 준저압 조정기
③ 2단 감압식 1차용 조정기
④ 2단 감압식 2차용 저압 조정기
⑤ 2단 감압식 2차용 준저압 조정기
⑥ 자동절체식 일체형 저압 조정기
⑦ 자동절체식 일체형 준저압 조정기

15 평형 벨로스형 안전밸브에 대하여 설명하시오.

해답 밸브의 토출측 배압의 변화로 인하여 성능 특성에 영향을 받지 않는 안전밸브이다.

제2회 **ㅇ 가스산업기사 필답형**

01 **전기방식법의 종류 4가지를 쓰시오.**

해답 ① 희생양극법(또는 유전양극법, 전기양극법)
② 외부전원법
③ 선택배류법(또는 배류법)
④ 강제배류법

02 **내압시험압력 및 기밀시험압력의 기준이 되는 압력으로서 사용 상태에서 해당설비 등의 각부에 작용하는 최고사용압력을 의미하는 것은?**

해답 상용압력

03 **직류전철 등에 의한 누출전류의 영향을 받는 배관에 적합한 전기방식법의 명칭은 무엇인가?**

해답 배류법

 참고 ⋯ㅇ 전기방식 방법 : KGS GC202 가스시설 전기방식 기준

① 직류전철 등에 따른 누출전류의 영향이 없는 경우에는 외부전원법 또는 희생양극법으로 한다.
② 직류전철 등에 의한 누출전류의 영향을 받는 배관에는 배류법으로 하되, 방식효과가 충분하지 않을 경우에는 외부전원법 또는 희생양극법을 병용한다.

04 **내용적 50L의 고압용기에 0℃에서 100 atm으로 산소가 충전되어 있다. 이 가스 3 kg 을 사용하였다면 압력(atm)은 얼마인가? (단, 온도변화는 없는 것으로 본다.)**

풀이 ① 충전상태의 질량(g) 계산

$$PV = \frac{W}{M}RT \text{에서}$$

$$\therefore \ W = \frac{PVM}{RT} = \frac{100 \times 50 \times 32}{0.082 \times 273} = 7147.324 ≒ 7147.32 \, \text{g}$$

② 사용 후 잔압(atm)

$$\therefore \ P = \frac{WRT}{VM} = \frac{(7147.32 - 3000) \times 0.082 \times 273}{50 \times 32} = 58.026 ≒ 58.03 \, \text{atm}$$

해답 58.03 atm

05 **LNG 490 kg을 20℃에서 기화시키면 부피는 몇 m³인가? (단, LNG는 CH₄ 90 %, C₂H₆ 10 %이고 액비중은 0.49이다.)**

풀이 ① 혼합가스의 평균분자량 계산

$$M = (16 \times 0.9) + (30 \times 0.1) = 17.4 \, \text{g}$$

② 20℃에서 부피 계산

$PV = GRT$에서

$$\therefore\ V = \frac{GRT}{P} = \frac{490 \times \frac{848}{17.4} \times (273 + 20)}{10332}$$

$$= 677.213 ≒ 677.21\ \mathrm{m}^3$$

『별해』 1 kmol = 22.4 m³이므로 17.4 kg : 22.4 m³ = 490 kg : $x(V_1)$m³

$$\therefore\ x(V_1) = \frac{490 \times 22.4}{17.4}\ \mathrm{m}^3$$ 이고 이것은 표준상태(0℃, 1기압)의 체적이므로 보일-샤를의

법칙을 적용하여 온도를 보정하면 $\dfrac{P_1 V_1}{T_1} = \dfrac{P_2 V_2}{T_2}$ 에서 $P_1 = P_2$이다.

$$\therefore\ V = V_1 \times \frac{T_2}{T_1} = \frac{490 \times 22.4}{17.4} \times \frac{273 + 20}{273}$$

$$= 677.017 ≒ 677.02\ \mathrm{m}^3$$

해답 677.21 m³

06 30℃에서 충전용기에 산소를 120 atm으로 충전한 후 온도를 점차 상승시켰더니 안전밸브에서 가스가 분출되었다. 이때의 온도는 몇 ℃가 되겠는가?

풀이 ① 내압시험압력 계산 : 압축가스 충전용기 내압시험압력(TP)은 최고충전압력(FP)의 $\dfrac{5}{3}$ 배이다.

$$\therefore\ TP = FP \times \frac{5}{3} = 120 \times \frac{5}{3} = 200\ \mathrm{atm}$$

② 안전밸브 작동압력 계산 : 안전밸브 작동압력은 내압시험압력(TP)의 $\dfrac{8}{10}$ 배 이하이다.

$$\therefore\ 안전밸브\ 작동압력$$

$$= TP \times \frac{8}{10} = 200 \times \frac{8}{10} = 160\ \mathrm{atm}$$

③ 분출될 때의 온도 계산

$$\frac{P_1 \cdot V_1}{T_1} = \frac{P_2 \cdot V_2}{T_2}\ 에서\ V_1 = V_2 이므로$$

$$\therefore\ T_2 = \frac{T_1 \cdot P_2}{P_1} = \frac{(273 + 30) \times 160}{120}$$

$$= 404\,\mathrm{K} - 273 = 131\ ℃$$

해답 131℃

07 염공(炎孔)이 갖추어야 할 조건 4가지를 쓰시오.

해답 ① 모든 염공에 빠르게 불이 옮겨서 완전히 점화될 것
② 불꽃이 염공 위에 안정하게 형성될 것
③ 가열불에 대하여 배열이 적정할 것
④ 먼지 등이 막히지 않고 청소가 용이할 것
⑤ 버너의 용도에 따라 여러 가지 형식의 염공이 사용될 수 있을 것

08 상자콕 구조에 대한 설명 중 ( ) 안에 알맞은 용어를 쓰시오.

> **보기**
>
> 가스유로를 핸들, 누름, 당김 등의 조작으로 개폐하고, (①)가 부착된 것으로서 밸브 핸들이 반개방 상태에서도 가스가 차단되어야 하며, (②)과(와) 커플러를 연결하는 구조이다.

해답 ① 과류차단 안전기구　　　　② 배관

09 도시가스 시설에 설치되는 정압기(governer)의 기능 3가지를 쓰시오.

해답 ① 도시가스 압력을 사용처에 맞게 낮추는 감압 기능
　　② 2차측의 압력을 허용범위 내의 압력으로 유지하는 정압 기능
　　③ 가스의 흐름이 없을 때는 밸브를 완전히 폐쇄하여 압력 상승을 방지하는 폐쇄 기능

10 가연성가스 또는 독성가스의 고압가스 설비 중 특수반응설비와 긴급차단장치를 설치한 고압가스설비에 이상사태가 발생하는 경우에 그 설비 안의 내용물을 설비 밖으로 긴급하고도 안전하게 처리할 수 있는 방법 4가지를 쓰시오.

해답 ① 플레어스택에서 안전하게 연소시킨다.
　　② 안전한 장소에 설치되어 있는 저장탱크 등에 임시 이송한다.
　　③ 벤트스택에서 안전하게 방출시킨다.
　　④ 독성가스는 제독조치 후 안전하게 폐기시킨다.

11 정압기 특성 중 사용 최대 차압을 설명하시오.

해답 메인 밸브에는 1차와 2차 압력의 차압이 작용하여 정압 성능에 영향을 주나, 이것이 실용적으로 사용할 수 있는 범위에서 최대로 되었을 때의 차압

12 [보기]와 같은 반응에 의하여 수소를 제조하는 공업적 제조법 명칭을 쓰시오.

> **보기**
>
> $$C_m H_n + m H_2 O \rightleftarrows m CO + \left(\frac{2m + n}{2} \right) H_2$$

해답 석유분해법의 수증기 개질법

13 가스액화 분리장치의 구성요소 3가지를 쓰시오.

해답 ① 한랭 발생장치　　　　② 정류장치
　　③ 불순물 제거장치

14 콕의 종류 3가지를 쓰시오.

해답 ① 퓨즈콕　　　　　　　② 상자콕
　　③ 주물 연소기용 노즐콕　　④ 업무용 대형 연소기용 노즐콕

15 방사선투과검사 시 촬영된 투과사진의 감도(상질) 및 검사방법의 적정성을 알아보기 위해 사용하는 것으로 시험체와 같은 재질의 것을 사용하여야 하며, 촬영할 때 반드시 시험체의 표면에 붙이고 촬영하는 것을 무엇이라 하는가?

해답 투과도계

제4회 ○ **가스산업기사 필답형**

01 LPG 강제기화 방식 중 생가스 공급방식을 설명하시오.

해답 기화기에서 기화된 가스를 그대로 공급하는 방식이다.

해설 LPG 강제기화에 의한 공급 방식
① 생가스 공급방식
② 공기혼합가스 공급방식
③ 변성가스 공급방식

02 화학평형에서 계의 상태를 결정하는 변수인 온도, 압력, 성분 농도 등의 조건을 변화시키면 그 계는 변화에 의해서 생기는 영향이 될 수 있는 대로 적게 하는 방향으로 진행되어 새로운 평형상태를 형성하는 법칙은 무엇인가?

해답 르샤틀리에의 법칙(또는 화학 평형 이동의 법칙)

03 플레어스택(flare stack)의 설치 목적을 설명하시오.

해답 긴급이송설비에 의하여 이송되는 가연성가스를 대기 중에 분출할 때 공기와 혼합하여 폭발성 혼합기체가 형성되지 않도록 연소에 의하여 처리하는 시설이다.

04 정압기를 평가 선정할 경우 각 특성이 사용조건에 적합하도록 정압기를 선정하여야 한다. 이때 정압기를 선정할 때 고려하여야 할 사항 4가지를 쓰시오.

해답 ① 정특성 ② 동특성
③ 유량특성 ④ 사용 최대 차압
⑤ 작동 최소 차압

05 아세틸렌을 용기에 충전할 때 사용하는 다공물질의 구비조건 4가지를 쓰시오.

해답 ① 고다공도일 것
② 기계적 강도가 클 것
③ 가스충전이 쉽고, 안전성이 있을 것
④ 경제적일 것
⑤ 화학적으로 안정할 것

06 자연 급배기식(BF) 보일러와 강제 급배기식(FF) 보일러는 밀폐식, 반밀폐식으로 구분할 때 어디에 해당되는지 쓰시오.

해답 밀폐식

해설 실내에 설치되는 연소기구의 분류

구 분		구분의 내용
개방식		연소용 공기를 실내에서 취하고, 연소 배기가스는 옥내로 배출하는 방식
반밀폐식	자연 배기식(CF)	연소용 공기를 실내에서 취하고, 연소 배기가스를 배기통을 사용해서 자연 통풍력에 의해서 실외로 배출하는 방식
	강제 배기식(FE)	연소용 공기를 실내에서 취하고, 연소 배기가스를 배기팬을 사용해서 강제적으로 실외로 배출하는 방식
밀폐식	자연 급배기식(BF)	급배기통을 외기에 접하는 벽을 관통하여 실외로 내보내고, 자연 통풍력에 의해서 급배기를 시키는 방식(약호 : BF-W)
		급배기통을 전용 급배기통(chamber) 내에 접속하고, 자연 통풍력에 의해서 복도에 급배기를 시키는 방식(약호 : BF-C)
		급배기통을 공용 급배기통(U 덕트 또는 SE 덕트) 내에 접속하고, 자연 통풍력에 의해서 급배기를 시키는 방식(약호 : BF-D)
	강제 급배기식(FF)	급배기통을 외기에 접하는 벽을 관통하여 실외로 내보내고, 팬에 의해서 강제적으로 급배기를 시키는 방식

07 어떤 고압장치의 상용압력이 10 MPa일 때 안전밸브의 최고 작동압력은 얼마인가?

풀이 안전밸브 작동압력 = 내압시험압력 $\times \dfrac{8}{10}$ = (상용압력 $\times 1.5$) $\times \dfrac{8}{10}$

$$= (10 \times 1.5) \times \dfrac{8}{10} = 12 \, \text{MPa}$$

해답 12MPa

08 소화안전장치의 종류 2가지를 쓰시오.

해답 ① 열전대식　　　　　　　② 광전관식(UV-cell 방식)
③ 플레임 로드식

09 가스용 냉난방기에서 사용하는 흡수제의 명칭을 쓰시오.

해답 리튬브로마이드(LiBr) (또는 취화리튬)

해설 흡수식 냉동기의 냉매 및 흡수제

냉매	흡수제
암모니아 (NH_3)	물 (H_2O)
물 (H_2O)	리튬브로마이드 (LiBr)
염화메틸(CH_3Cl)	사염화에탄
톨루엔	파라핀유

10 안전성 평가기법 4가지를 쓰시오.

해답 ① 체크리스트 기법   ② 사고예상 질문 분석 기법
③ 위험과 운전 분석 기법   ④ 작업자 실수 분석 기법
⑤ 결함수 분석 기법(FTA)   ⑥ 사건수 분석 기법(ETA)
⑦ 원인 결과 분석 기법(CCA)

11 TLV-TWA와 TLV-STEL에 대하여 설명하시오.

해답 ① TLV-TWA : 정상인이 1일 8시간 또는 1주 40시간 통상적인 작업을 수행함에 있어 건강상 나쁜 영향을 미치지 아니하는 정도의 공기 중의 가스의 농도를 말한다.
② TLV-STEL : 15분 이하의 비교적 단시간 이내에 연속적으로 노출되어 자극을 느끼거나, 생체조직에 만성적 또는 비가역적인 병변을 일으키거나, 마취작용에 의해 사고를 일으키기 쉽거나, 자제심이 없어지거나, 작업능률이 현저히 저하되는 증상이 발생하는 최고농도를 말한다.

해설 ① TLV-TWA (Threshold Limit Value-Time Weighted Average) : 치사허용 시간 가중치
② TLV-STEL (Threshold Limit Value-Short term exposure limit) : 단시간 치사허용 노출한계치

12 LPG 충전사업소 안의 건축물 외벽에 설치하는 유리창의 유리 재료 2가지를 쓰시오.

해답 ① 강화유리(tempered glass)
② 접합유리(laminated glass)
③ 망 판유리 및 선 판유리(wire glass)

13 CaC₂ 1kg을 25℃, 1기압 상태에서 1 L 물에 넣으면 아세틸렌은 몇 L 생성되는가? (단, Ca의 원자량은 40이다.)

풀이 ① 카바이드 (CaC_2)와 물 (H_2O)에 의한 아세틸렌 제조 반응식
$$CaC_2 + 2H_2O \rightarrow Ca(OH)_2 + C_2H_2$$
② 아세틸렌가스 발생량 계산
$$64 \text{ g} : 22.4 \text{ L} = 1000 \text{ g} : x[\text{L}]$$
$$\therefore \ x = \frac{1000 \times 22.4}{64} = 350 \text{ L}$$
③ 25℃의 상태 체적으로 계산
$$\frac{P_1 V_1}{T_1} = \frac{P_2 V_2}{T_2} \text{에서 } P_1 = P_2 \text{이므로}$$
$$\therefore \ V_2 = V_1 \times \frac{T_2}{T_1} = 350 \times \frac{273 + 25}{273} = 382.051 = 382.05 \text{ L}$$

해답 382.05 L

『별해』 ① 카바이드 64 g이 물과 반응하여 아세틸렌 26 g이 생성되므로 카바이드 1000 g이 물과 반응하여 생성되는 아세틸렌 질량을 계산하면
$$64 \text{ g} : 26 \text{ g} = 1000 \text{ g} : x$$
$$\therefore \ x = \frac{26 \times 1000}{64} = 406.25 \text{ g}$$

② 아세틸렌 질량 406.25 g을 25℃ 상태에서 체적 계산

$PV = \dfrac{W}{M}RT$ 에서

$\therefore V = \dfrac{WRT}{PM}$

$= \dfrac{406.25 \times 0.082 \times (273 + 25)}{1 \times 26}$

$= 381.812 ≒ 381.81\,L$

해설 아세틸렌 제조 반응식에서 카바이드(CaC_2)와 반응하는 물(H_2O)은 2 mol(다시 말하면 2 mol × 22.4 L/mol = 44.8 L)이기 때문에 문제에서 제시된 물 1 L로는 양이 부족하여 반응이 이루어질 수 없다고 생각할 수 있지만, 44.8 L는 기체(수증기)의 체적이고, 표준상태에서 물 1 L가 기체(수증기)로 되면 약 1244.44 L가 되므로 물이 부족한 상태는 아니다.

14 **고압가스 운반차량 등록대상 4가지를 쓰시오.**

해답 ① 허용농도가 100만분의 200 이하인 독성가스를 운반하는 차량
② 차량에 고정된 탱크로 고압가스를 운반하는 차량
③ 차량에 고정된 2개 이상을 이음매가 없이 연결한 용기로 고압가스를 운반하는 차량
④ 산업통상자원부령으로 정하는 탱크컨테이너로 고압가스를 운반하는 차량

해설 고법 시행령 제5조의4

15 **펌프 중심에서 아래로 5 m에 있는 물을 21 m 높이에 0.8 m³/min으로 송출할 때 축동력은 몇 kW인가? (단, 펌프의 효율은 80 %이고, 관로의 전손실수두는 4 m이다.)**

풀이 ① 펌프의 전양정(H) 계산
$\therefore H = $ 흡입양정 + 송출양정 + 손실수두
$= 5 + 21 + 4 = 30\,m$

② 축동력(kW) 계산
$\therefore kW = \dfrac{\gamma \cdot Q \cdot H}{102 \cdot \eta} = \dfrac{1000 \times 0.8 \times 30}{102 \times 0.8 \times 60} = 4.901 ≒ 4.90\,kW$

해답 4.9 kW

2017년도 가스산업기사 모의고사

제1회 **ㅇ 가스산업기사 필답형**

01 용접부에 대하여 실시하는 비파괴 검사법의 종류 4가지를 쓰시오.

해답 ① 음향검사 ② 침투탐상검사
③ 자분탐상검사 ④ 방사선투과검사
⑤ 초음파탐상검사 ⑥ 와류검사

02 내진설계에서 평균재현주기 500년 지진지반운동수준에 대한 평균재현주기별 지반운동수준의 비로 나타내는 것은 무엇인가?

해답 위험도계수

03 메탄(CH_4)을 주성분으로 하는 발열량이 12000 kcal/Nm^3인 가스에 공기를 희석하여 3600 kcal/Nm^3로 변경하려고 할 때 공기희석이 가능한지 설명하시오.

풀이 ① 공기량(m^3) 계산

$Q_2 = \dfrac{Q_1}{1+x}$ 에서

$x = \dfrac{Q_1}{Q_2} - 1 = \dfrac{12000}{3600} - 1 = 2.333 ≒ 2.33\,m^3$

② 혼합가스 중 메탄의 부피(%) 계산

메탄(CH_4)의 부피(%) $= \dfrac{\text{메탄의 부피}}{\text{메탄 부피} + \text{공기 부피}} \times 100$

$= \dfrac{1}{1+2.33} \times 100 = 30.030 ≒ 30.03\,\%$

③ 메탄(CH_4)의 폭발범위 5~15%를 벗어나므로 혼합이 가능하다.

해답 혼합이 가능하다.

04 다음에 설명하는 전기방식법의 명칭은 무엇인가?

┌─ **보기** ─┐
지중 또는 수중에 설치된 양극(anode)금속과 매설배관(cathode : 음극) 등을 전선으로 연결하여 양극금속과 매설배관 등 사이의 전지작용(고유 전위차)에 의하여 전기적 부식을 방지하는 방법이다.

해답 희생양극법(또는 유전양극법, 전류양극법, 전기양극법)

05 LNG 기화기의 종류 3가지를 쓰시오.

해답 ① 오픈 랙(open rack) 기화기
② 중간매체법
③ 서브머지드(submerged) 기화기

06 분젠식 연소기에서 불꽃의 이상 연소현상 3가지를 쓰시오.

해답 ① 역화 ② 선화
③ 엘로 팁 ④ 블로 오프

07 음식점에서 사용하는 연소기구의 수량과 가스 소비량이 [보기]의 조건과 같을 때 월 사용 예정량을 계산하시오.

> **보기**
> 가스레인지 : 33000 kcal/h, 1개   가스용 온수보일러 : 53000 kcal/h, 2개
> 가스 밥솥 : 16000 kcal/h, 1개   오븐 레인지 : 23000 kcal/h, 1개

풀이 $Q = \dfrac{(A \times 240) + (B \times 90)}{11000}$

$= \dfrac{\{(33000 \times 1) + (53000 \times 2) + (16000 \times 1) + (23000 \times 1)\} \times 90}{11000}$

$= 1456.363 ≒ 1456.36 \, \text{m}^3$

해답 $1456.36 \, \text{m}^3$

08 LPG를 자연기화방식으로 사용하는 곳에서 1일 1호당 평균가스 소비량이 0.12 kg/day, 소비호수가 200세대, 평균가스 소비율이 18 %일 때 피크 시 가스 사용량(kg/h)을 계산하시오.

풀이 $Q = q \times N \times \eta = 0.12 \times 200 \times 0.18 = 4.32 \, \text{kg/h}$

해답 $4.32 \, \text{kg/h}$

09 어떤 냉동기에서 0℃의 물로 얼음 4톤을 만드는 데 100 kWh의 일이 소요되었다면 이 냉동기의 성적계수는 얼마인가? (단, 얼음의 융해잠열은 80 kcal/kg이다.)

풀이 1 kWh = 860 kcal에 해당된다.

$\therefore \, COP_R = \dfrac{Q_2}{W} = \dfrac{G \times \gamma}{W} = \dfrac{4 \times 1000 \times 80}{100 \times 860} = 3.720 ≒ 3.72$

해답 3.72

10 고압가스 배관의 부식을 억제하는 방법 4가지를 쓰시오.

해답 ① 부식환경의 처리에 의한 방법
② 부식억제제(인히비터)에 의한 방법
③ 피복에 의한 방법
④ 전기 방식법

11 액화암모니아의 공급방식 3가지를 쓰시오.

해답 ① 충전용기에 의한 방법
② 자동차에 고정된 탱크(탱크로리)에 의한 방법
③ 배관에 의한 방법

12 프로판을 이론공기량으로 완전연소할 때 혼합가스 중 프로판의 농도(%)는 얼마인가? (단, 공기 중 산소와 질소의 체적비는 21 : 79이다.)

풀이 ① 프로판(C_3H_8)의 완전연소 반응식
$$C_3H_8 + 5O_2 \rightarrow 3CO_2 + 4H_2O$$
② 혼합가스(프로판+공기) 중 프로판 농도(%) 계산

$$프로판의\ 농도(\%) = \frac{프로판의\ 양}{혼합가스의\ 양} \times 100$$

$$= \frac{22.4}{22.4 + \left(\dfrac{5 \times 22.4}{0.21}\right)} \times 100 = 4.030 ≒ 4.03\,\%$$

해답 4.03 %

13 도시가스 제조법 중 수증기 개질법에서 일정 압력, 일정 온도 상태에서 수증기비가 증가하면 CH_4, CO가 감소하고 H_2, CO_2가 많은 가스가 생성되는 이유를 화학식을 이용하여 설명하시오.

해답 나프타(탄화수소)를 이용한 수증기 개질법에서 탄화수소와 수증기 간의 반응식은 다음과 같다.
$$A(C_mH_n) + B(H_2O) \rightarrow C(H_2) + D(CO) + E(CO_2) + F(CH_4) + G(C) + H(H_2O)$$
여기서 최종적으로 발생가스의 조성은 다음 3가지 식의 평형관계에 의하여 결정된다.
$$CO + H_2O \rightleftharpoons CO_2 + H_2 : 발열반응 \quad \cdots\cdots\cdots\cdots\cdots ①$$
$$CO + 3H_2 \rightleftharpoons CH_4 + H_2O : 발열반응 \quad \cdots\cdots\cdots\cdots ②$$
$$2CO + 2H_2 \rightleftharpoons CO_2 + CH_4 : 발열반응 \quad \cdots\cdots\cdots ③$$
수증기비가 증가하면 발생가스 중 H_2O의 분압이 증가한다. 따라서 ①식은 우방향으로, ②식은 좌방향으로 진행하기 쉽게 되며, CO_2 및 H_2는 증가하고 CH_4 및 CO는 감소한다.

14 고압장치에 설치하는 안전밸브에 대한 물음에 답하시오.

(1) 안전밸브를 제조하려는 자가 안전밸브를 검사하기 위하여 갖추어야 할 검사설비 중 계측기기의 종류 2가지를 쓰시오.
(2) 가연성 가스 및 독성 가스에 사용 못 하는 안전밸브를 쓰시오.

해답 (1) ① 초음파 두께 측정기, 나사 게이지, 버니어캘리퍼스 등 두께 측정기
② 표준이 되는 압력계
③ 표준이 되는 온도계
(2) 개방형 안전밸브

해설 안전밸브를 제조하려는 자가 갖추어야 할 검사설비 : KGS code AA319
① 초음파 두께 측정기, 나사 게이지, 버니어캘리퍼스 등 두께 측정기
② 내압시험설비

③ 기밀시험설비

④ 표준이 되는 압력계

⑤ 표준이 되는 온도계

⑥ 그 밖에 검사에 필요한 설비 및 기구

15 공업용 고압가스 충전용기의 외면 도색 색상을 쓰시오.

(1) 수소 :   (2) 아세틸렌 :

(3) 액화탄산가스 :   (4) 액화염소 :

해답 (1) 주황색   (2) 황색

        (3) 청색   (4) 갈색

제2회 **○ 가스산업기사 필답형**

01 나프타(naphtha)의 가스화에 따른 영향을 나타내는 것으로 PONA 치를 사용하는데 각각을 설명하시오.

해답 ① P : 파라핀계 탄화수소   ② O : 올레핀계 탄화수소

       ③ N : 나프텐계 탄화수소   ④ A : 방향족 탄화수소

02 액화석유가스 및 도시가스를 사용하는 연소기에서 발생하는 역화(back fire)를 설명하시오.

해답 가스의 연소속도가 염공의 가스 유출속도보다 크게 되었을 때 불꽃이 버너 내부에 침입하여 노즐의 선단에서 연소하는 현상

03 가스 미터에서 실측식과 추량식의 차이점을 설명하시오.

해답 ① 실측식 : 일정한 부피를 만들어 그 부피로 가스가 몇 회 통과되었는가를 적산(積算)하는 방법으로 건식(乾式)과 습식(濕式)으로 구분된다. 수용가에 부착되어 있는 것은 건식(막식형 독립내기식)이고, 습식은 액체를 봉입한 것으로 기준 가스 미터 및 실험실 등에서 사용된다.

      ② 추량식 : 유량과 일정한 관계가 있는 다른 양(임펠러의 회전수, 차압 등)을 측정함으로써 간접적으로 가스의 양을 측정하는 방법이다.

04 퓨즈 콕을 구조에 의하여 분류할 때의 종류 3가지를 쓰시오.

해답 ① 배관과 호스를 연결하는 구조   ② 호스와 호스를 연결하는 구조

      ③ 배관과 배관을 연결하는 구조   ④ 배관과 커플러를 연결하는 구조

05 액화가스를 충전용기에 충전한 후 과충전 액화가스 처리방법을 설명하시오.

해답 가스회수장치로 보내 초과량을 회수한다.

06 도시가스 제조 및 공급시설 중 가스홀더의 기능에 대하여 4가지를 쓰시오.

해답 ① 가스 수요의 시간적 변동에 대하여 공급 가스량을 확보한다.
② 공급설비의 일시적 중단에 대하여 어느 정도 공급량을 확보한다.
③ 공급가스의 성분, 열량, 연소성 등의 성질을 균일화한다.
④ 소비지역 근처에 설치하여 피크 시의 공급, 수송효과를 얻는다.

07 일반용 액화석유가스 압력조정기의 역할 2가지를 쓰시오.

해답 ① 유출압력 조절
② 안정된 연소를 도모
③ 소비가 중단되면 가스를 차단

08 프로판(C_3H_8) 22g이 공기 중에서 완전연소할 때 이산화탄소(CO_2) 생성량은 몇 g인가 계산하시오.

풀이 ① 프로판의 완전연소 반응식
$$C_3H_8 + 5O_2 \rightarrow 3CO_2 + 4H_2O$$
② 이산화탄소(CO_2) 생성량(g) 계산
$$44\,g : 3 \times 44\,g = 22\,g : x\,(CO_2)g$$
$$\therefore\ x = \frac{3 \times 44 \times 22}{44} = 66\,g$$

해답 66 g

09 프로판 가스의 총발열량은 24000 $kcal/m^3$이다. 이를 공기와 혼합하여 5000 $kcal/m^3$의 발열량을 갖는 가스로 제조하려면 프로판 가스 1 m^3에 대하여 얼마의 공기를 희석하여야 하는지 계산하시오.

풀이 $Q_2 = \dfrac{Q_1}{1+x}$ 에서
$$x = \frac{Q_1}{Q_2} - 1 = \frac{24000}{5000} - 1 = 3.8\,m^3$$

해답 3.8 m^3

10 동일한 온도에서 A기체 130 L의 압력이 6 atm이고, B기체 150 L의 압력이 8 atm이다. 2가지 기체를 내용적 500 L의 용기에 넣어 혼합하였다면 전압은 몇 atm인가?

풀이 $P = \dfrac{P_A V_A + P_B V_B}{V} = \dfrac{(6 \times 130) + (8 \times 150)}{500} = 3.96\,atm$

해답 3.96 atm

11 [보기]는 기어펌프의 정지 시 조치사항이다. 정지 시의 작업순서를 바르게 나열하시오.

> **보기**
> ① 흡입밸브를 서서히 닫는다.
> ② 토출밸브를 닫는다.
> ③ 드레인 밸브를 개방하여 펌프 내부의 액을 빼낸다.
> ④ 전동기 스위치를 끊는다.

해답 ④ → ① → ② → ③

12 아세틸렌을 2.5 MPa 압력으로 충전할 때 첨가하는 희석제의 종류 4가지를 쓰시오.

해답 ① 질소　　　　　　　　② 메탄
　　　③ 일산화탄소　　　　　④ 에틸렌

13 정압기의 특성 중 동특성(動特性)을 설명하시오.

해답 부하 변화가 큰 곳에 사용되는 정압기에 대한 중요한 특성으로 부하 변동에 대한 응답의 신속성과 안정성이 요구된다.

14 고압가스 제조 시 압축금지에 대한 내용 중 (　) 안에 알맞은 숫자를 넣으시오.

(1) 가연성 가스(아세틸렌, 에틸렌 및 수소 제외) 중 산소용량이 전체 용량의 (　)% 이상인 것
(2) 산소 중의 가연성 가스(아세틸렌, 에틸렌 및 수소 제외)의 용량이 전체 용량의 (　)% 이상인 것
(3) 아세틸렌, 에틸렌 또는 수소 중의 산소용량이 전체 용량의 (　)% 이상인 것
(4) 산소 중의 아세틸렌, 에틸렌 및 수소용량의 합계가 전체 용량의 (　)% 이상인 것

해답 (1) 4　　　　　　　　(2) 4
　　　(3) 2　　　　　　　　(4) 2

15 용기를 옥외 저장소에서 보관할 때 충전용기와 잔가스용기의 보관장소는 얼마 이상의 이격거리를 유지하여야 하는가?

해답 1.5 m

제4회 ○ **가스산업기사 필답형**

01 독성가스를 연소설비에 의하여 제독조치를 할 때의 장점 2가지와 단점 2가지를 각각 쓰시오.

해답 (1) 장점
① 가연성 배출가스에만 적용할 수 있다.
② 고농도의 가스일 경우 제독조치 효과가 양호하다.
③ 제독조치할 유량이 많은 경우에 적합하다.
④ 제독조치하는 가스의 가연성을 이용하므로 보조연료는 불필요하다.
(2) 단점
① 불연성 가스에는 부적합하다.
② 저농도의 가스일 경우 연소처리 유지가 어려워 다른 방법과의 조합이 필요하다.
③ 제독조치할 유량이 적은 경우에는 부적합하다.
④ 집진기능이 없으므로 별도로 집진을 위한 설비가 필요하다.

02 연소기구에 접속된 염화비닐호스가 지름 0.5 mm의 구멍이 뚫려 수주 200 mm의 압력으로 LP가스가 10시간 유출하였을 경우 가스분출량은 몇 L인가?(단, LP가스의 분출압력 수주 200 mm에서 비중은 1.50이다.)

풀이 $Q = 0.009D^2 \times \sqrt{\dfrac{P}{d}} = 0.009 \times 0.5^2 \times \sqrt{\dfrac{200}{1.5}} \times 1000 \times 10$

$= 259.807 ≒ 259.81L$

해답 259.81 L

03 LPG 사용시설에서 2단 감압방식을 사용할 때 장점 4가지를 쓰시오.

해답 ① 입상배관에 의한 압력손실을 보정할 수 있다.
② 가스배관이 길어도 공급압력이 안정된다.
③ 각 연소기구에 알맞은 압력으로 공급이 가능하다.
④ 중간 배관의 지름이 작아도 된다.

해설 2단 감압방식의 단점
① 설비가 복잡하고, 검사방법이 복잡하다.
② 조정기 수가 많아서 점검부분이 많다.
③ 부탄의 경우 재액화의 우려가 있다.
④ 시설의 압력이 높아서 이음방식에 주의하여야 한다.

04 원심압축기에서 발생하는 서징(surging) 현상 방지법 4가지를 쓰시오.

해답 ① 우상(右上)이 없는 특성으로 하는 방법
② 방출밸브에 의한 방법
③ 베인 컨트롤에 의한 방법

④ 회전수를 변경하는 방법

⑤ 교축밸브를 기계에 가까이 설치하는 방법

해설 **서징(surging) 현상** : 토출측 저항이 커지면 유량이 감소하고 맥동과 진동이 발생하여 불안전 운전이 되는 현상

05 도시가스 배관의 접합부분은 용접하는 것을 원칙으로 하며, 용접부에 대하여 비파괴시험을 실시하여 이상이 없어야 하지만, 비파괴시험을 하지 않아도 되는 배관의 지름과 압력을 쓰시오.

해답 ① 지름 : 80 mm 미만

② 압력 : 저압

해설 비파괴시험을 하지 않아도 되는 배관 종류

① 가스용 폴리에틸렌관

② 저압으로서 노출된 사용자 공급관

③ 관지름 80 mm 미만인 저압의 매설배관

06 다음의 조건일 때 도시가스 배관을 지하에 매설하는 깊이는?

(1) 공동주택 부지 내 :

(2) 폭 8 m 이상의 도로 :

(3) 폭 4 m 이상 8 m 미만인 도로 :

해답 (1) 0.6 m 이상

(2) 1.2 m 이상

(3) 1 m 이상

07 액화산소용기에 액화산소가 50 kg 충전되어 있다. 이때 용기 외부에서 액화산소에 대하여 6 kcal/h의 열량이 주어진다면 액화산소량이 반으로 감소되는 데 걸리는 시간은? (단, 산소의 증발잠열은 1600 cal/mol이다.)

풀이 ① 산소의 증발잠열을 kcal/kg으로 계산

$$\therefore 증발잠열 = \frac{1600\,cal/mol}{32\,g/mol} = 50\,cal/g = 50\,kcal/kg$$

② 걸리는 시간 계산

$$\therefore 시간 = \frac{필요열량}{시간당\ 공급열량} = \frac{\left(50 \times \frac{1}{2}\right) \times 50}{6} = 208.333 ≒ 208.33\ 시간$$

해답 208.33시간

08 도시가스 제조법 중 수증기 개질법에서 반응온도를 상승시키면 수소와 일산화탄소가 많고, 이산화탄소와 메탄이 적은 저발열량의 가스가 생성되는 이유를 설명하시오.

해답 나프타(탄화수소)를 이용한 수증기 개질법에서 탄화수소와 수증기 간의 반응식은 다음과 같다.

$$A(C_mH_n) + B(H_2O) \rightarrow C(H_2) + D(CO) + E(CO_2) + F(CH_4) + G(C) + H(H_2O)$$

여기서 최종적으로 발생가스의 조성은 다음의 3가지 식의 평형관계에 의하여 결정된다.

$CO + H_2O \rightleftarrows CO_2 + H_2$: 발열반응 ········· ①

$CO + 3H_2 \rightleftarrows CH_4 + H_2O$: 발열반응 ········· ②

$2CO + 2H_2 \rightleftarrows CO_2 + CH_4$: 발열반응 ········· ③

②, ③ 반응식에서 우방향은 발열반응이고 좌방향은 흡열반응이므로 반응온도를 상승시키면 좌방향으로 반응이 진행되기 쉽게 되어 수소(H_2)와 일산화탄소(CO)가 많고, 이산화탄소(CO_2)와 메탄(CH_4)이 적은 저발열량의 가스가 생성된다.

09 구조에 따른 정압기의 종류 3가지를 쓰시오.

해답 ① 피셔식

② 레이놀즈식

③ 액시얼플로식(AFV식)

10 공기보다 비중이 가벼운 도시가스 공급시설로서 공급시설이 지하에 설치된 경우의 통풍구조 기준에 대한 ( ) 안을 채워 넣으시오.

(1) 통풍구조는 환기구를 ( ) 이상으로 분산하여 설치한다.

(2) 배기구는 천장면으로부터 ( ) 이내에 설치한다.

(3) 흡입구 및 배기구의 관지름은 ( ) 이상으로 하되, 통풍이 양호하도록 한다.

(4) 배기가스 방출구는 지면에서 ( ) 이상의 높이에 설치하되, 화기가 없는 안전한 장소에 설치한다.

해답 (1) 2방향

(2) 30 cm

(3) 100 mm

(4) 3 m

11 비파괴검사법 중 내부결함을 검출할 수 있는 검사 2가지를 쓰시오.

해답 ① 방사선투과검사(RT)

② 초음파탐상검사(UT)

12 진발열량에 대하여 설명하시오.

해답 연료가 연소될 때 생성되는 총발열량에서 수증기의 응축잠열을 제외한 발열량으로 참발열량, 저위발열량이라 한다.

해설 **총발열량과 진발열량**

① 총발열량 : 연료가 연소될 때 생성되는 총발열량으로서 연소가스 중에 수증기의 응축잠열을 포함한 열량으로 고위발열량이라 한다.

② 진발열량 : 연료가 연소될 때 생성되는 총발열량에서 수증기의 응축잠열을 제외한 발열량으로 참발열량, 저위발열량이라 한다.

13 저압배관의 유량 계산식은 [보기]와 같다. 여기서 'S'와 'H'는 무엇을 의미하는지 쓰시오.

보기

$$Q = K \sqrt{\dfrac{D^5 \cdot H}{S \cdot L}}$$

해답 ① S : 가스의 비중
② H : 압력손실(mmH$_2$O)

해설 **저압배관 유량 계산식 각 기호의 의미**
Q : 가스의 유량(m^3/h)
D : 관 안지름(cm)
H : 압력손실(mmH$_2$O)
S : 가스의 비중
L : 관의 길이(m)
K : 유량계수(폴의 상수 : 0.707)

14 내부압력이 상승 시 파열사고를 방지할 목적으로 사용되는 안전밸브의 종류 3가지를 쓰시오.

해답 ① 스프링식 안전밸브
② 파열판식 안전밸브
③ 가용전식 안전밸브

15 메탄, 프로판, 부탄의 완전연소 반응식을 쓰고 이론공기량이 많이 필요한 것부터 적게 필요한 순서대로 나열하시오.

해답 (1) 완전연소 반응식
① 메탄 : $CH_4 + 2O_2 \rightarrow CO_2 + 2H_2O$
② 프로판 : $C_3H_8 + 5O_2 \rightarrow 3CO_2 + 4H_2O$
③ 부탄 : $C_4H_{10} + 6.5O_2 \rightarrow 4CO_2 + 5H_2O$
(2) 순서 : 부탄 → 프로판 → 메탄

2018년도 가스산업기사 모의고사

제1회 ○ 가스산업기사 필답형

01 암모니아의 공업적 제조법 반응식을 쓰시오.

해답 $N_2 + 3H_2 \rightarrow 2NH_3$

02 부취제 주입방식 중 액체주입방식 3가지를 쓰시오.

해답 ① 펌프 주입방식

② 적하 주입방식

③ 미터연결 바이패스방식

해설 **부취제의 주입방법**

① 액체주입식 : 부취제를 액상 그대로 가스흐름에 주입하는 방법으로 펌프 주입방식, 적하 주입방식, 미터연결 바이패스방식으로 분류한다.

② 증발식 : 부취제의 증기를 가스흐름에 혼합하는 방법으로 바이패스 증발식, 위크 증발식으로 분류한다.

03 지상에 설치되는 LNG 저장설비의 방호 종류 3가지를 쓰시오.

해답 ① 단일 방호식 저장탱크

② 이중 방호식 저장탱크

③ 완전 방호식 저장탱크

해설 **초저온 LNG 저장설비의 방호(containment) 종류 분류**

① 단일 방호(single containment)식 저장탱크 : 내부탱크와 단열재를 시공한 외부벽으로 이루어진 것으로 저장탱크에서 LNG의 유출이 발생할 때 이를 저장하기 위한 낮은 방류둑으로 둘러싸여 있는 형식이다.

② 이중 방호(double containment))식 저장탱크 : 내부탱크와 외부탱크가 각기 별도로 초저온의 LNG를 저장할 수 있도록 설계, 시공된 것으로 유출되는 LNG의 액이 형성하는 액면을 최소한으로 줄이기 위해 외부탱크는 내부탱크에서 6 m 이내의 거리에 설치하여 내부탱크에서 유출되는 액을 저장하도록 되어 있는 형식이다.

③ 완전 방호(full containment))식 저장탱크 : 내부탱크와 외부탱크를 모두 독립적으로 초저온의 액을 저장할 수 있도록 설계, 시공된 것으로 외부탱크 또는 벽은 내부탱크에서 1~2 m 사이에 위치하여 내부탱크의 사고 발생 시 초저온의 액을 저장할 수 있으며 누출된 액에서 발생된 BOG를 제어하여 벤트(vent)시킬 수 있도록 되어 있는 형식이다.

04 전기방식법 중 희생양극법을 설명하고 장점과 단점을 각각 1가지를 쓰시오.

해답 ① 희생양극법 : 양극(anode)과 매설배관(cathode : 음극)을 전선으로 접속하고 양극 금속과 배관 사이의 전지작용(고유 전위차)에 의해서 방식전류를 얻는 방법이다.
② 장점 : 시공이 간편하고, 단거리 배관에 경제적이다.
③ 단점 : 효과 범위가 좁고, 장거리 배관에는 비용이 많이 소요된다.

해설 **희생양극법의 특징(장점 및 단점)**
① 시공이 간편하다.
② 단거리의 배관에는 경제적이다.
③ 다른 매설 금속체로의 장해가 없다.
④ 과방식의 우려가 없다.
⑤ 효과 범위가 비교적 좁다.
⑥ 장거리 배관에는 비용이 많이 소요된다.
⑦ 전류 조절이 어렵다.
⑧ 관리장소가 많게 된다.
⑨ 강한 전식에는 효과가 없다.

05 도시가스 배관의 접합부분은 용접하는 것을 원칙으로 하며, 용접부에 대하여 비파괴시험을 실시하여 이상이 없어야 하지만, 비파괴시험을 하지 않아도 되는 배관 3가지를 쓰시오.

해답 ① 가스용 폴리에틸렌관
② 저압으로서 노출된 사용자 공급관
③ 관지름 80 mm 미만인 저압의 매설배관

06 왕복동 압축기의 실린더 안지름이 100 mm, 행정거리가 150 mm, 회전수가 600 rpm, 체적효율이 80 %일 때 피스톤 압출량(m^3/min)을 계산하시오.

풀이 $V = \dfrac{\pi}{4} \times D^2 \times L \times n \times N \times \eta_v$

$= \dfrac{\pi}{4} \times 0.1^2 \times 0.15 \times 1 \times 600 \times 0.8 = 0.565 = 0.57 \, \text{m}^3/\text{min}$

해답 $0.57 \, \text{m}^3/\text{min}$

07 르샤틀리에의 법칙에 대하여 설명하시오.

해답 2종류 이상의 가연성가스가 혼합되었을 때 혼합가스의 폭발범위 하한값과 상한값을 계산하는 것으로 공식은 다음과 같다.

$\dfrac{100}{L} = \dfrac{V_1}{L_1} + \dfrac{V_2}{L_2} + \dfrac{V_3}{L_3} + \dfrac{V_4}{L_4} + \cdots$

여기서, L : 혼합가스의 폭발한계치
V_1, V_2, V_3, V_4 : 각 성분 체적(%)
L_1, L_2, L_3, L_4 : 각 성분 단독의 폭발한계치

08 저장능력 10만 톤인 LNG 저압 지하식 저장탱크의 외면과 사업소 경계까지 유지하여야 하는 거리는 얼마인가? (단, 유지하여야 하는 거리 계산 시 적용하는 상수 C는 0.24로 한다.)

풀이 $L = C \times \sqrt[3]{143000\,W}$

$= 0.24 \times \sqrt[3]{143000 \times \sqrt{100000}} = 85.504 ≒ 85.50\,\text{m}$

해답 85.5 m 이상

해설 **가스도매사업 사업소 경계와의 거리 기준** : 액화천연가스(기화된 천연가스를 포함)의 저장설비와 처리설비는 그 외면으로부터 사업소 경계까지 다음 계산식에서 얻은 거리(그 거리가 50 m 미만의 경우에는 50 m) 이상을 유지한다.

$L = C \times \sqrt[3]{143000\,W}$

여기에서, L : 유지하여야 하는 거리(m)

C : 저압 지하식 탱크는 0.240, 그 밖의 가스저장설비 및 처리설비는 0.576

W : 저장탱크는 저장능력(톤)의 제곱근, 그 밖의 것은 그 시설 안의 액화천연가스의 질량(톤)

09 일반용 액화석유가스 압력조정기의 입구측 기밀시험 압력은 각각 얼마인가?

(1) 1단 감압식 저압조정기 :
(2) 2단 감압식 1차 조정기 :

해답 (1) 1.56 MPa 이상   (2) 1.8 MPa 이상

10 다음에 설명하는 방폭구조의 명칭을 쓰시오.

(1) 방폭전기기기의 용기 내부에 보호가스(신선한 공기 또는 불활성가스)를 압입하여 내부압력을 유지함으로써 가연성 가스가 용기 내부로 유입되지 않도록 한 구조

(2) 방폭전기기기의 용기 내부에서 가연성 가스의 폭발이 발생할 경우 그 용기가 폭발 압력에 견디고 접합면, 개구부 등을 통하여 외부의 가연성 가스에 인화되지 않도록 한 구조

(3) 방폭전기기기 용기 내부에 절연유를 주입하여 불꽃, 아크 또는 고온 발생부분이 기름 속에 잠기게 함으로써 기름면 위에 존재하는 가연성 가스에 인화되지 않도록 한 구조

(4) 정상운전 중에 가연성 가스의 점화원이 될 전기불꽃, 아크 또는 고온부분 등의 발생을 방지하기 위하여 기계적, 전기적 구조상 또는 온도 상승에 대하여 특히 안전도를 증가시킨 구조

(5) 정상 시 및 사고(단선, 단락, 지락 등) 시에 발생하는 전기불꽃, 아크 또는 고온부에 의하여 가연성 가스가 점화되지 않는 것이 점화시험, 기타 방법에 의하여 확인된 구조

해답 (1) 압력방폭구조
(2) 내압방폭구조
(3) 유입방폭구조
(4) 안전증방폭구조
(5) 본질안전방폭구조

11 일반용 액화석유가스 압력조정기가 그 압력조정기의 안전성과 편리성을 확보하기 위하여 갖추어야 할 제품 성능 5가지 중 4가지를 쓰시오.

해답 ① 내압 성능
② 기밀 성능
③ 내구 성능
④ 내한 성능
⑤ 다이어프램 성능

12 매설배관에 발생하는 부식에 대한 설명 중에서 (   ) 안에 알맞은 용어를 넣으시오.

┌ 보기 ┐
매설배관 주위의 토양 중에 포함되는 수분 및 기타의 화학성분 등에 의해서 형성되는 국부전지에 의한 부식으로써 부식이 발생하는 쉬운 곳으로는 pH가 극단적으로 다른 곳이나 모래와 점토질 등과 같이 토양 중의 (①)농도가 다른 경계 부근 등이 있고, 토양 속에 혐기성 황산염 환원박테리아가 존재하는 곳에서 (②)부식이 발생한다.

해답 ① 산소
② 자연

13 액화석유가스 용기를 실외저장소에 보관하는 기준이다. (   ) 안에 알맞을 숫자를 넣으시오.

⑴ 실외저장소 안의 용기군 사이에 통로를 설치할 때 용기의 단위 집적량은 (①)톤을 초과하지 않아야 한다.
⑵ 팰릿(pallet)에 넣어 집적된 용기군 사이의 통로는 그 너비가 (②)m 이상이 되어야 한다.
⑶ 팰릿에 넣지 아니한 용기군 사이의 통로는 그 너비가 (③)m 이상이 되어야 한다.
⑷ 실외저장소 안의 팰릿에 넣어 집적된 용기의 높이는 (④)m 이하가 되어야 한다.

해답 ① 30
② 2.5
③ 1.5
④ 5

14 가스화 방식 중 수증기 개질법에서 원료 중에 함유된 불순물을 제거하는 수첨 탈황법에 첨가하는 물질은 무엇인가?

해답 수소
해설 **수첨(수소화) 탈황법** : 유기유황 화합물은 황화수소보다 반응성이 낮아서 일반적인 황화수소 제거장치에서는 제거할 수 없어 유기유황 화합물을 황화합물로 변화시켜서 제거하여야 한다. 수첨(수소화) 탈황법은 촉매를 사용해서 수소를 첨가하여 유기유황 화합물을 황화수소로, 질소 화합물을 암모니아로, 산소 화합물을 물로 변화시켜 제거한다.

15 왕복동 다단압축기에서 대기압 상태의 20℃ 공기를 흡입하여 최종단에서 토출압력 25 kgf/cm² · g, 온도 60℃의 압축공기 28 m³/h를 토출하면 체적효율(%)은 얼마인가? (단, 1단 압축기의 이론적 흡입체적은 800 m³/h이고, 대기압은 1.033 kgf/cm²이다.)

풀이 ① 실제적 피스톤 압출량 계산 : 최종단의 토출가스량을 1단의 압력, 온도와 같은 조건으로 환산

$$\frac{P_1 V_1}{T_1} = \frac{P_2 V_2}{T_2} \text{ 에서}$$

$$\therefore \ V_1 = \frac{P_2 V_2 T_1}{P_1 T_2} = \frac{(25 + 1.033) \times 28 \times (273 + 20)}{1.033 \times (273 + 60)} = 620.876 ≒ 620.88 \, \text{m}^3/\text{h}$$

② 체적효율 계산

$$\therefore \ \eta_v = \frac{\text{실제적 피스톤 압출량}}{\text{이론적 피스톤 압출량}} \times 100 = \frac{620.88}{800} \times 100 = 77.61 \, \%$$

해답 77.61 %

가스산업기사 필답형

01 LPG 충전사업소에서 안전관리자가 상주하는 사업소와 현장사업소와의 사이에 설치해야 하는 통신설비 4가지를 쓰시오.

해답 ① 구내전화
② 구내방송 설비
③ 인터폰
④ 페이징 설비

02 수정이나 전기석 또는 로셀염 등의 결정체의 특정 방향에 압력을 가하면 기전력이 발생하고 발생한 전기량은 압력에 비례하는 현상을 무엇이라 하는가?

해답 압전현상

03 고압가스를 운반하는 차량에 고정된 탱크에 대한 물음에 답하시오.

(1) LPG를 제외한 가연성가스의 최대 내용적은 얼마인가?
(2) 액화암모니아를 제외한 독성가스의 최대 내용적은 얼마인가?

해답 (1) 18000 L
(2) 12000 L

04 도시가스 공급방식 중 공급압력에 따른 종류 3가지를 쓰시오.

해답 ① 저압 공급방식 : 0.1 MPa 미만
② 중압 공급방식 : 0.1 MPa 이상 1 MPa 미만
③ 고압 공급방식 : 1 MPa 이상

05 [보기]에서 설명하는 가스의 명칭을 화학식으로 쓰시오.

보기
① 가연성가스이다.
② 물과 반응하여 글리콜을 생성한다.
③ 암모니아와 반응하여 에탄올아민을 생성한다.
④ 물, 알코올, 에테르, 유기용제에 녹는다.

해답 C_2H_4O

해설 **산화에틸렌(C_2H_4O)의 특징**
① 무색의 가연성가스이다. (폭발범위 : 3~80 %)
② 독성가스(TLV-TWA 50 ppm, LC50 2900 ppm)이다.

③ 에테르취를 가지며, 고농도에서는 자극성의 냄새가 있다.
④ 물, 알코올, 에테르 등 유기용제에 용해된다.
⑤ 산, 알칼리, 산화철, 산화알루미늄 등에 의해 중합폭발 한다.
⑥ 액체 산화에틸렌은 연소하기 쉬우나 폭약과 같은 폭발은 없다.
⑦ 산화에틸렌 증기는 전기 스파크, 화염, 아세틸드 등에 의하여 폭발한다.
⑧ 구리와 직접 접촉을 피하여야 한다.

06 가스시설에서 배관 등을 용접한 후에 강도 유지 및 수송하는 가스의 누출을 방지하기 위하여 비파괴시험 중 육안검사를 할 때 보강 덧붙임은 그 높이가 모재표면보다 낮지 않도록 하고 몇 mm 이하를 원칙으로 하는가?

해답 3 mm

07 시안화수소는 충전 후 24시간 정치한다. 물음에 답하시오.

(1) 점검방법 :
(2) 검사횟수 :

해답 (1) 질산구리벤젠지로 누출검사를 실시한다.
(2) 1일 1회 이상

08 안지름 60 cm의 관을 사용하여 수평거리 500 m 떨어진 곳에 3 m/s의 속도로 송수하고자 한다. 관마찰로 인한 손실수두는 몇 m에 해당하는가? (단, 관의 마찰계수는 0.02이다.)

풀이 $h_f = f \times \dfrac{L}{D} \times \dfrac{V^2}{2g}$

$= 0.02 \times \dfrac{500}{0.6} \times \dfrac{3^2}{2 \times 9.8} = 7.653 \fallingdotseq 7.65 \, \text{mH}_2\text{O}$

해답 7.65mH$_2$O

09 [보기]와 같은 반응이 이루어지는 곳에 탄소강이 접촉되었을 때 어떤 문제점이 발생하는지 설명하시오.

┌─ **보기** ─────────────────────────────┐
① $Cl_2 + H_2O \rightarrow HCl + HClO$
② $Fe_3C + 2H_2 \rightarrow 3Fe + CH_4$
└──────────────────────────────────────┘

해답 ① 염소(Cl_2)와 수분(H_2O)이 반응하여 생성된 염산(HCl)이 탄소강을 심하게 부식시킨다.
② 고온, 고압에서 수소(H_2)는 탄소강(Fe_3C) 중의 탄소와 반응하여 수소취성(수소취화, 탈탄작용)을 일으킨다.

10 일반용 액화석유가스 압력조정기의 다이어프램 노화시험방법 2가지를 쓰시오.

해답 ① 공기가열 노화시험
② 오존 노화시험

해설 **다이어프램 노화시험 방법**
① 공기가열 노화시험 : 70℃의 공기 중에서 96시간 노화시킨 후 실온에서 48시간 방치한 다음 인장강도 및 신장률을 측정하였을 때 인장강도 변화율은 ±15 % 이내, 신장변화율은 ±25 % 이내, 강도 변화는 쇼어 경도(A형) 기준 ±10 이내인 것으로 한다.
② 오존 노화시험 : KS M 6518(가황고무 물리시험방법)의 오존균열시험에 따라 온도 40℃, 오존농도 25 pphm에서 시험편에 20 %의 신장을 가한 상태로 72시간 유지한 다음 신장력을 제거하였을 때 길이 변화가 없는 것으로 하고, 10배의 확대경으로 확인하였을 때 A2급 이상인 것으로 한다.
※ 참고 : 농도 표시 단위
   - ppm : part per million(백만분의 1)
   - pphm : part per hundred million(일억분의 1)
   - ppb : part per billion(십억분의 1)
   - ppt : part per trillion(일조분의 1)

11 카르노 사이클에서 공급온도 600℃, 방출온도 30℃일 때 열효율(%)을 구하시오.

풀이 $\eta = \dfrac{W}{Q_1} \times 100 = \dfrac{Q_1 - Q_2}{Q_1} \times 100 = \dfrac{T_1 - T_2}{T_1} \times 100$

$\quad = \dfrac{(273 + 600) - (273 + 30)}{273 + 600} \times 100 = 65.292 \fallingdotseq 65.29\,\%$

해답 65.29 %

12 [보기]는 용접용기 동판 두께를 산출하는 공식이다. 물음에 답하시오.

┌─ **보기** ┐

$$t = \frac{PD}{2S\eta - 1.2P} + C$$

(1) "S"는 무엇인가 설명하시오.
(2) "η"는 무엇인가 설명하시오.
(3) "P"는 무엇인가 설명하시오.
(4) "D"는 무엇인가 설명하시오.

해답 (1) 허용응력(N/mm^2)
(2) 용접효율
(3) 최고충전압력(MPa)
(4) 안지름(mm)

해설 **용접용기 동판 두께 산출 공식**
t : 동판 두께(mm)　　P : 최고충전압력(MPa)
D : 안지름(mm)　　　S : 허용응력(N/mm^2)
η : 용접효율　　　　C : 부식여유(mm)

13 지상에 일정량 이상의 저장능력을 갖는 액화가스 저장탱크 주위에 방류둑을 설치하는 목적을 설명하시오.

해답 가연성가스, 독성가스 또는 산소의 액화가스 저장탱크 주위에 액상의 가스가 누출된 경우에 액체상태의 가스가 저장탱크 주위의 한정된 범위를 벗어나서 다른 곳으로 유출되는 것을 방지하기 위하여 설치한다.

14 전기방식법 중 희생양극법의 장점과 단점을 각각 2가지씩 쓰시오.

해답 ① 장점 : 시공이 간편하다. 단거리 배관에 경제적이다.
② 단점 : 효과 범위가 좁다. 장거리 배관에는 비용이 많이 소요된다.

해설 **희생양극법의 특징(장점 및 단점)**
① 시공이 간편하다.
② 단거리 배관에는 경제적이다.
③ 다른 매설 금속체로의 장해가 없다.
④ 과방식의 우려가 없다.
⑤ 효과 범위가 비교적 좁다.
⑥ 장거리 배관에는 비용이 많이 소요된다.
⑦ 전류 조절이 어렵다.
⑧ 관리장소가 많게 된다.
⑨ 강한 전식에는 효과가 없다.

15 도시가스 제조 프로세스(process)에서 가열방식에 의한 분류 중 외열식과 축열식을 각각 설명하시오.

해답 ① 외열식 : 원료가 들어 있는 용기를 외부에서 가열하는 방법이다.
② 축열식 : 반응기 내에서 연료를 연소시켜 충분히 가열한 후 원료를 송입하여 가스화하는 방법이다.

해설 **도시가스 제조 프로세스 분류**
(1) 원료의 송입법에 의한 분류
① 연속식 : 원료가 연속적으로 송입되고, 가스 발생도 연속으로 이루어진다.
② 배치(batch)식 : 일정량의 원료를 가스화 실에 넣어 가스화하는 방법이다.
③ 사이클릭(cyclic)식 : 연속식과 배치식의 중간적인 방법이다.
(2) 가열방식에 의한 분류
① 외열식 : 원료가 들어 있는 용기를 외부에서 가열하는 방법이다.
② 축열식 : 반응기 내에서 연료를 연소시켜 충분히 가열한 후 원료를 송입하여 가스화하는 방법이다.
③ 부분 연소식 : 원료에 소량의 공기, 산소를 혼합하여 반응기에 넣어 원료의 일부를 연소시켜 그 열을 이용하여 원료를 가스화 열원으로 한다.
④ 자열식 : 가스화에 필요한 열을 발열반응에 의해 가스를 발생시키는 방식이다.

제4회 ● **가스산업기사 필답형**

---

01 LPG 성분 2가지를 쓰시오.

해답 ① 프로판(C_3H_8)
② 부탄(C_4H_{10})

해설 **LP가스의 조성** : 석유계 저급탄화수소의 혼합물로 탄소 수가 3개에서 5개 이하의 것으로 프로판(C_3H_8), 부탄(C_4H_{10}), 프로필렌(C_3H_6), 부틸렌(C_4H_8), 부타디엔(C_4H_6) 등이 포함되어 있다.

02 [보기]에서 설명하는 전기방식법의 명칭을 쓰시오.

┌ **보기** ┐
지중 또는 수중에 설치된 양극(anode)금속과 매설배관(cathode : 음극) 등을 전선으로 연결하여 양극금속과 매설배관 등 사이의 전지작용(고유 전위차)에 의하여 전기적 부식을 방지하는 방법이다.

해답 희생양극법(또는 유전양극법, 전류양극법, 전기양극법)

03 비중이 0.64인 가스를 길이 300 m 떨어진 곳에 저압으로 시간당 170 m^{3}로 공급하고자 한다. 압력손실이 수주로 27 mm이면 배관의 최소 관지름(mm)은 얼마인가?

풀이 $Q = K\sqrt{\dfrac{D^5 \cdot H}{S \cdot L}}$ 에서

$D = \sqrt[5]{\dfrac{Q^2 \times S \times L}{K^2 \times H}} = \sqrt[5]{\dfrac{170^2 \times 0.64 \times 300}{0.707^2 \times 27}} \times 10 = 132.678 = 132.68 \text{ mm}$

해답 132.68 mm

04 정압기 정특성 종류 3가지는 (①), (②), (③) 이다.

해답 ① 로크업(lock up)
② 오프셋(offset)
③ 시프트(shift)

해설 **정특성** : 정상상태에서의 유량과 2차 압력과의 관계이다.
① 로크업(lock up) : 유량이 0으로 되었을 때 끝맺음 압력과 기준압력(P_s)과의 차이
② 오프셋(offset) : 유량이 변화했을 때 2차 압력과 기준압력(P_s)과의 차이
③ 시프트(shift) : 1차 압력의 변화에 의하여 정압곡선이 전체적으로 어긋나는 것

05 과잉공기계수 1.5로 프로판 1 Nm^{3}를 완전 연소시키는데 필요한 공기량은 몇 Nm^{3}인가?

풀이 ① 프로판(C_3H_8)의 완전연소 반응식

$C_3H_8 + 5O_2 \rightarrow 3CO_2 + 4H_2O$

② 실제공기량 계산 : 프로판 $1\,Nm^3$가 연소할 때 필요한 이론산소량(O_0)은 연소반응식에서 산소 몰(mol) 수와 같다.

$$\therefore A = m \times A_0 = m \times \frac{O_0}{0.21} = 1.5 \times \frac{5}{0.21} = 35.714 ≒ 35.71\,Nm^3$$

해답 $35.71\,Nm^3$

06 도시가스 배관 종류 3가지를 쓰시오. (단, 관 종류는 제외한다.)

해답 ① 본관   ② 공급관   ③ 내관

해설 도시가스 배관 종류 : 도시가스사업법 시행규칙 제2조

① 배관이란 도시가스를 공급하기 위하여 배치된 관으로서 본관, 공급관, 내관 또는 그 밖의 관을 말한다.

② 본관이란 다음 각목의 것을 말한다.

㉮ 가스도매사업의 경우에는 도시가스제조사업소(액화천연가스의 인수기지를 포함)의 부지 경계에서 정압기지의 경계까지 이르는 배관. 다만, 밸브기지 안의 배관은 제외한다.

㉯ 일반도시가스사업의 경우에는 도시가스제조사업소의 부지 경계 또는 가스도매사업자의 가스시설 경계에서 정압기까지 이르는 배관

㉰ 나프타부생가스·바이오가스제조사업의 경우에는 해당 제조사업소의 부지 경계에서 가스도매사업자 또는 일반도시가스사업자의 가스시설 경계 또는 사업소 경계까지 이르는 배관

㉱ 합성천연가스제조사업의 경우에는 해당 제조사업소의 부지 경계에서 가스도매사업자의 경계 또는 사업소 경계까지 이르는 배관

③ 공급관이란 다음 각목의 것을 말한다.

㉮ 공동주택, 오피스텔, 콘도미니엄, 그 밖에 안전관리를 위하여 산업통상자원부장관이 필요하다고 인정하여 정하는 건축물(이하 "공동주택 등"이라 한다)에 가스를 공급하는 경우에는 정압기에서 가스사용자가 구분하여 소유하거나 점유하는 건축물의 외벽에 설치하는 계량기의 전단밸브(계량기가 건축물의 내부에 설치된 경우에는 건축물의 외벽)까지 이르는 배관

㉯ 공동주택 등 외의 건축물 등에 가스를 공급하는 경우에는 정압기에서 가스사용자가 소유하거나 점유하고 있는 토지의 경계까지 이르는 배관

㉰ 가스도매사업의 경우에는 정압기지에서 일반도시가스사업자의 가스공급시설이나 대량수요자의 가스사용시설까지 이르는 배관

㉱ 나프타부생가스·바이오가스제조사업 및 합성천연가스제조사업의 경우에는 해당 사업소의 본관 또는 부지 경계에서 가스사용자가 소유하거나 점유하고 있는 토지의 경계까지 이르는 배관

④ 사용자 공급관 : 제③호 ㉮목에 따른 공급관 중 가스사용자가 소유하거나 점유하고 있는 토지의 경계에서 가스사용자가 구분하여 소유하거나 점유하는 건축물의 외벽에 설치된 계량기의 전단밸브(계량기가 건축물의 내부에 설치된 경우에는 그 건축물의 외벽)까지 이르는 배관을 말한다.

⑤ 내관 : 가스사용자가 소유하거나 점유하고 있는 토지의 경계(공동주택 등으로서 가스사용자가 구분하여 소유하거나 점유하는 건축물의 외벽에 계량기가 설치된 경우에는 그 계량기의 전단밸브, 계량기가 건축물의 내부에 설치된 경우에는 건축물의 외벽)에서 연소기까지 이르는 배관을 말한다.

07 도시가스 배관 용접부 비파괴검사에 대한 설명 중 ( ) 안에 알맞은 명칭을 쓰시오.

> | 보기 |
>
> 도시가스 배관 등의 용접부는 전부에 대하여 (①)와[과] (②)을[를] 하여야 한다.
> 단, ②번을 실시하기 곤란한 곳에 대신할 수 있는 비파괴검사는 (③)와[과] (④)을
> [를] 할 수 있다.

해답 ① 육안검사
② 방사선투과시험
③ 초음파탐상시험
④ 자분탐상시험(또는 침투탐상시험)

08 강의 기계적 성질을 개선하기 위하여 실시하는 열처리 종류 4가지를 쓰시오.

해답 ① 담금질(quenching)
② 불림(normalizing)
③ 풀림(annealing)
④ 뜨임(tempering)

09 가스관련 시설의 내압시험을 물로 하는 이유(장점) 2가지를 쓰시오.

해답 ① 물은 비압축성이므로 시험 중에 파괴되어도 위험성이 적다.
② 장치 및 인체에 유해한 독성이 없다.
③ 구입이 쉽고 경제적이다.

10 LPG 저장탱크 내부를 청소하려고 할 때 내부의 LPG를 이송하는 방법 3가지를 쓰시오.

해답 ① 차압에 의한 방법
② 액펌프에 의한 방법
③ 압축기에 의한 방법

11 전기방식시설 중 관대지전위(管對地電位)의 점검주기는 얼마인가?

해답 1년에 1회 이상

해설 **전기방식시설의 유지관리 기준**
① 전기방식시설의 관대지전위(管對地電位) 등은 1년에 1회 이상 점검한다.
② 외부전원법에 따른 전기방식시설은 외부전원점 관대지전위, 정류기의 출력, 전압, 전류, 배선의 접속상태 및 계기류 확인 등은 3개월에 1회 이상 점검한다.
③ 배류법에 따른 전기방식시설은 배류점 관대지전위, 배류기의 출력, 전압, 전류, 배선의 접속상태 및 계기류 확인 등은 3개월에 1회 이상 점검한다.
④ 절연부속품, 역전류방지장치, 결선(bond) 및 보호절연체의 효과는 6개월에 1회 이상 점검한다.

12 전기기기의 방폭구조 중 안전증방폭구조를 설명하시오.

해답 정상운전 중에 가연성가스의 점화원이 될 전기불꽃아크 또는 고온 부분 등의 발생을 방지하기 위해 기계적, 전기적 구조상 또는 온도상승에 대해 특히 안전도를 증가시킨 구조이다.

13 [보기]는 나프타 및 LPG를 원료로 SNG를 제조하는 저온 수증기 개질 프로세스이다. ( )에 알맞은 공정을 쓰시오.

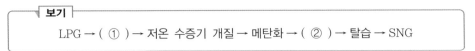

보기

LPG → (①) → 저온 수증기 개질 → 메탄화 → (②) → 탈습 → SNG

해답 ① 수소화 탈황   ② 탈탄산
해설 저온 수증기 개질에 의한 SNG 제조 프로세스

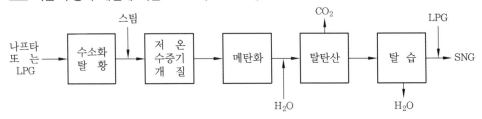

14 원심펌프를 직렬 및 병렬 운전할 때의 특성을 유량과 양정에 대하여 설명하시오.

해답 ① 직렬 운전 : 양정 증가, 유량 일정
     ② 병렬 운전 : 유량 증가, 양정 일정

15 도로에 매설된 도시가스 배관의 누출 여부를 검사하는 장비의 명칭을 영문 약자로 쓰시오.

(1) 불꽃 속에 탄화수소가 들어가면 시료 성분이 이온화됨으로써 불꽃 중에 놓여진 전극간의 전기전도도가 증대하는 것을 이용한 것
(2) 적외선 흡광 특성을 이용한 방식으로 차량에 탑재하여 메탄의 누출 여부를 탐지하는 것
해답 (1) FID   (2) OMD
해설 도시가스 매설배관 누출을 검사하는 장비(검지기)

① FID(Flame Ionization Detector) : 가스크로마토그래피 분석장치 검출기 중 하나로 불꽃 속에 탄화수소가 들어가면 시료 성분이 이온화됨으로써 불꽃 중에 놓여진 전극간의 전기전도도가 증대하는 것을 이용한 것으로 탄화수소에서 감도가 최고이고 H_2, O_2, CO_2, SO_2 등은 감도가 없다. 수소불꽃 이온화 검출기(또는 수소염이온화 검출기)라 한다.

② OMD(Optical Methane Detector) : 적외선 흡광방식으로 차량에 탑재하여 50 km/h로 운행하면서 도로상 누출과 반경 50 m 이내의 누출을 동시에 측정할 수 있고, GPS와 연동되어 누출지점 표시 및 실시간 데이터를 저장하고 위치를 표시하는 것으로 차량용 레이저 메탄 검지기라 한다.

2019년도 가스산업기사 모의고사

제1회 ○ 가스산업기사 필답형

01 [보기]와 같은 반응으로 진행되는 접촉분해(수증기 개질)공정에서 카본(C) 생성을 방지하는 방법에 대하여 온도, 압력, 수증기비의 관계를 설명하시오.

> **보기**
> $$CH_4 \rightleftarrows 2H_2 + C(카본) \cdots\cdots\cdots (1)$$
> $$2CO \rightleftarrows CO_2 + C(카본) \cdots\cdots\cdots (2)$$

해답 (1) 반응온도를 낮게, 반응압력을 높게 유지하고 수증기비(수증기량)를 증가시킨다.
(2) 반응온도를 높게, 반응압력은 낮게 유지하고 수증기비(수증기량)를 증가시킨다.

해설 **카본(C) 생성을 방지하는 방법**
① (1)번, (2)번 모두 반응에 필요한 수증기량 이상의 수증기를 가하면 카본 생성을 방지할 수 있다.
② (1)번 반응은 발열반응에 해당되고 반응 전 1 mol, 반응 후 카본(C)을 제외한 2 mol로 반응 후의 mol수가 많으므로 온도가 높고, 압력이 낮을수록 반응이 잘 일어난다. 그러므로 카본(C) 생성을 방지하려면 반응이 잘 일어나지 않도록 하여야 하므로 반응온도는 낮게, 반응압력은 높게 유지한다.
③ (2)번 반응은 발열반응에 해당되고 반응 전 2 mol, 반응 후 카본(C)을 제외한 1 mol로 반응 후의 mol수가 적으므로 온도가 낮고, 압력이 높을수록 반응이 잘 일어난다. 그러므로 카본(C) 생성을 방지하려면 반응이 잘 일어나지 않도록 하여야 하므로 반응온도는 높게, 반응압력은 낮게 유지하여야 한다.

02 레이놀즈(Reynolds)식 정압기의 특징 4가지를 쓰시오.

해답 ① 정압기 본체는 복좌밸브로 구성되며, 상부에 다이어프램이 있다.
② 언로딩(unloading)형이다.
③ 다른 정압기에 비하여 크기가 크다.
④ 정특성은 극히 좋으나 안정성이 부족하다.

03 고압가스 저장탱크의 열침입 원인 4가지를 쓰시오.

해답 ① 외면에서의 열복사
② 지지점에서의 열전도
③ 밸브, 안전밸브에 의한 열전도
④ 연결된 배관을 통한 열전도
⑤ 단열재를 충진한 공간에 남은 가스분자의 열전도

04 액화가스와 압축가스 저장탱크 및 용기가 배관으로 연결된 경우 저장능력을 합산한다. 이때 압축가스 $1\,m^3$는 액화가스로 몇 kg에 해당하는 것으로 계산하는가?

해답 $10\,kg$

해설 저장능력 산정기준(고법 시행규칙 별표1) : 저장탱크 및 용기가 다음 각 목에 해당하는 경우에는 저장능력 산정식에 따라 산정한 각각의 저장능력을 합산한다. 다만, 액화가스와 압축가스가 섞여 있는 경우에는 액화가스 $10\,kg$을 압축가스 $1\,m^3$로 본다.
① 저장탱크 및 용기가 배관으로 연결된 경우
② ①번의 경우를 제외한 경우로서 저장탱크 및 용기 사이의 중심거리가 $30\,m$ 이하인 경우 또는 구축물에 설치되어 있는 경우. 다만, 소화설비용 저장탱크 및 용기는 제외한다.

05 자연발화온도(autoignition temperature : AIT)에 영향을 주는 요인 4가지를 쓰시오.

해답 ① 농도
② 압력
③ 부피
④ 산소량
⑤ 촉매

해설 (1) 자연발화온도(AIT) : 가연혼합기의 온도를 점차 높여가면 외부로부터 불꽃이나 화염 등을 가까이 접근하지 않더라도 발화에 이르는 최저온도이다.
(2) 자연발화온도에 영향을 주는 요인
① 가연물의 농도가 클수록 증가한다.
② 압력이 증가하면 감소한다.
③ 부피가 큰 계일수록 감소한다.
④ 산소량이 증가하면 감소한다.
⑤ 촉매 존재 시 최소 AIT보다 낮은 온도에서 발화한다.

06 용접용기 재검사 항목 4가지를 쓰시오.

해답 ① 외관검사
② 내압검사
③ 누출검사
④ 다공질물 충전검사
⑤ 단열성능검사

해설 (1) 용접용기 종류별 재검사 항목
① 초저온용기 : 외관검사, 단열성능검사
② 아세틸렌용기 : 외관검사, 다공질물 충전검사
③ 액화석유가스 용기 : 외관검사, 내압검사, 누출검사, 도장검사, 수직도검사
④ 그 밖의 용기 : 외관검사, 내압검사
(2) 이음매 없는 용기 재검사 항목 : 외관검사, 음향검사, 내압검사

07 지하에 매설된 도시가스 배관에서 발생하는 부식의 원인 4가지를 쓰시오.

해답 ① 국부전지의 발생 ② 이종금속의 접촉
③ 통기차(토질의 차이) ④ 콘크리트의 접촉
⑤ 미주전류의 발생 ⑥ 토양 중의 박테리아(세균)

08 폭굉(detonation)의 정의에 대한 설명 중 ( ) 안에 알맞은 용어를 쓰시오.

> **보기**
> 가스 중의 (①)보다도 화염 전파속도가 큰 경우로서 가스의 경우 1000~3500 m/s 정도에 달하여 파면선단에 충격파라고 하는 (②)가 생겨 격렬한 파괴작용을 일으키는 현상이다.

해답 ① 음속 ② 압력파

09 배관지름이 14 cm인 관에 8 m/s로 물이 흐를 때 질량유량(kg/s)을 계산하시오. (단, 물의 밀도는 1000 kg/m³이다.)

풀이 $m = \rho \cdot A \cdot V = 1000 \times \dfrac{\pi}{4} \times 0.14^2 \times 8 = 123.150 \fallingdotseq 123.15 \, \text{kg/s}$

해답 $123.15 \, \text{kg/s}$

10 고압가스 안전관리법에 정한 액화가스의 정의에 대한 설명 중 ( ) 안에 알맞은 용어 및 숫자를 쓰시오.

> **보기**
> 액화가스란 가압, 냉각 등의 방법으로 액체 상태로 되어 있는 것으로서 대기압에서의 끓는점이 섭씨 (①)도 이하 또는 (②) 이하인 것을 말한다.

해답 ① 40
   ② 상용의 온도

해설 **도시가스사업법에 정한 액화가스** : 액화가스란 상용의 온도 또는 섭씨 35도의 온도에서 압력이 0.2 MPa 이상이 되는 것을 말한다.

11 냉동설비에 사용되는 냉매의 구비조건 4가지를 쓰시오.

해답 ① 응고점이 낮고 임계온도가 높으며 응축, 액화가 쉬울 것
   ② 증발잠열이 크고 기체의 비체적이 적을 것
   ③ 오일과 냉매가 작용하여 냉동장치에 악영향을 미치지 않을 것
   ④ 화학적으로 안정하고 분해하지 않을 것
   ⑤ 금속에 대한 부식성 및 패킹재료에 악영향이 없을 것
   ⑥ 인화 및 폭발성이 없을 것
   ⑦ 인체에 무해할 것(비독성가스일 것)
   ⑧ 액체의 비열은 작고, 기체의 비열은 클 것
   ⑨ 경제적일 것(가격이 저렴할 것)
   ⑩ 단위 냉동량당 소요 동력이 적을 것

12 소비호수가 50호인 액화석유가스 사용시설에서 피크 시 평균가스 소비량이 15.5 kg/h 이다. 50 kg 용기를 사용하여 가스를 공급하고, 외기온도가 5℃일 경우 가스발생능력이 1.7 kg/h라 할 때 표준 용기 설치수를 계산하시오. (단, 2일분 용기수는 4개이다.)

풀이 표준 용기수 = 필요 최저 용기수 + 2일분 용기수

$$= \frac{15.5}{1.7} + 4 = 13.117 = 14\,개$$

해답 14개

13 배관의 길이가 1 km이고, 선팽창계수 $\alpha = 1.2 \times 10^{-5}/℃$일 때 $-10℃$에서 $50℃$까지 사용되어지는 배관에서 신축량이 20 mm를 흡수할 수 있는 신축이음은 몇 개를 설치하여야 하는가?

풀이 ① 신축길이(mm) 계산

$$\therefore \Delta L = L \cdot \alpha \cdot \Delta t = 1000 \times 10^3 \times 1.2 \times 10^{-5} \times (50 + 10) = 720\,mm$$

② 신축이음 수 계산

$$\therefore 신축이음\ 수 = \frac{신축\ 길이}{신축\ 흡수\ 장치\ 1개당\ 흡수\ 길이} = \frac{720}{20} = 36\,개$$

해답 36개

14 정압기를 평가 선정할 경우 각 특성이 사용조건에 적합하도록 정압기를 선정하여야 한다. 이때 정압기를 선정할 때 고려하여야 할 사항 4가지를 쓰시오.

해답 ① 정특성
　② 동특성
　③ 유량특성
　④ 사용 최대 차압
　⑤ 작동 최소 차압

15 도시가스 제조공정 중 접촉개질공정에 대하여 설명하시오.

해답 촉매를 사용해서 반응온도 400~800℃에서 탄화수소와 수증기를 반응시켜 메탄(CH_4), 수소(H_2), 일산화탄소(CO), 이산화탄소(CO_2)로 변환하는 공정이다.

| 제2회 | ○ 가스산업기사 필답형 |

01 도시가스 원료 중 액체 성분에 해당하는 것 2가지를 쓰시오.

해답 ① 나프타(naphtha) ② LNG(액화천연가스) ③ LPG(액화석유가스)

02 도시가스 정압기 중 피셔(Fisher)식 정압기의 2차압 이상 저하의 원인과 예방 대책 4가지를 각각 쓰시오.

해답 (1) 2차압 이상 저하의 원인
　　① 정압기의 능력 부족
　　② 필터의 먼지류의 막힘
　　③ 파일럿의 오리피스의 녹 막힘
　　④ 센터 스템의 작동 불량
　　⑤ 스토로크 조정 불량
　　⑥ 주 다이어프램 파손
　　(2) 2차압 이상 저하의 예방 대책
　　① 적절한 능력을 갖는 정압기로 교체
　　② 필터의 교환
　　③ 정압기 분해 정비 및 부품 교체
　　④ 다이어프램 교환

03 도시가스 원료로 사용하는 오프가스(off gas)의 제조공정을 설명하시오.

해답 오프가스는 석유정제 오프가스와 석유화학 오프가스로 분류된다.
　　① 석유정제 오프가스는 원유를 상압증류, 감압증류 및 가솔린 생산을 위한 접촉개질공정 등에서 발생하는 가스를 회수한 것이다.
　　② 석유화학 오프가스는 나프타 분해에 의해 에틸렌을 제조하는 공정에서 발생하는 가스를 회수한 것이다.

04 비중이 0.64인 가스를 길이 300 m 떨어진 곳에 저압으로 시간당 145 m^{3}로 공급하고자 할 때 압력손실이 수주로 20 mm이면 배관의 최소 관지름(mm)은 얼마인가? (단, 폴의 정수 K는 0.707이다.)

풀이 $Q = K\sqrt{\dfrac{D^5 \cdot H}{S \cdot L}}$ 에서

$\therefore D = \sqrt[5]{\dfrac{Q^2 \times S \times L}{K^2 \times H}} = \sqrt[5]{\dfrac{145^2 \times 0.64 \times 300}{0.707^2 \times 20}} \times 10 = 132.200 ≒ 132.20\,\text{mm}$

해답 132.2 mm

05 압축가스 설비 저장능력 산정식을 쓰시오.(단, Q : 저장능력[m^3], P : 35℃에서 최고충전압력[MPa], V : 내용적[m^3]을 의미한다.)

해답 $Q = (10P + 1)\,V$

06 부탄 200 kg/h를 기화시키는데 20000 kcal/h의 열량이 필요한 경우 효율이 80 %인 온수순환식 기화기를 사용할 때 열교환기에 순환되는 온수량(L/h)은 얼마인가? (단, 열교환기 입구와 출구의 온수 온도는 60℃와 40℃이며, 온수의 비열은 1 kcal/kg · ℃, 비중은 1이다.)

풀이 부탄 200 kg/h를 기화시키는데 필요한 열량과 열교환기에 온수가 순환되어 공급되는 열량은 같다.

∴ 필요열량(Q) = 공급열량[= 순환 온수량(G) × 온수비열(C) × 온수온도차(℃) × 효율(η)]

∴ $G = \dfrac{Q}{C \times \Delta t \times \eta} = \dfrac{20000}{1 \times (60-40) \times 0.8} = 1250 \, \text{kg/h}$

∴ 순환온수량(L/h) = $\dfrac{G[\text{kg/h}]}{\text{비중}} = \dfrac{1250}{1} = 1250 \, \text{L/h}$

해답 1250 L/h

07 내진설계 시 지진기록 측정장비 종류 2가지를 쓰시오.

해답 ① 가속도계 ② 속도계

08 LPG를 이송하는 펌프에서 발생하는 베이퍼 로크(vapor lock) 현상의 방지법 4가지를 쓰시오.

해답 ① 실린더 라이너의 외부를 냉각한다.
② 흡입배관을 크게 하고 단열 처리한다.
③ 펌프의 설치위치를 낮춘다.
④ 흡입배관을 청소한다.

해설 (1) 베이퍼 로크 현상 : 저비점 액체 등을 이송 시 펌프의 입구에서 발생하는 현상으로 액의 끓음에 의한 동요를 말한다.
(2) 발생원인
① 흡입관 지름이 작을 때
② 외부에서 열량 침투 시
③ 펌프의 설치위치가 높을 때
④ 배관 내 온도 상승 시

09 고압가스설비에 부착하는 과압안전장치의 작동압력에 대한 기준 중 ( ) 안에 알맞은 숫자를 넣으시오.

> 액화가스의 고압가스설비 등에 부착되어 있는 스프링식 안전밸브는 상용의 온도에 있어서 당해 고압가스설비 등 내의 액화가스의 상용의 체적이 당해 고압가스설비 등 내의 내용적의 ( )%까지 팽창하게 되는 온도에 대응하는 당해 고압가스설비 등 안의 압력에서 작동하는 것일 것

해답 98

10 아세틸렌에서 발생하는 폭발 종류 3가지의 반응식을 쓰시오.

해답 ① 산화폭발 : $C_2H_2 + 2.5O_2 \rightarrow 2CO_2 + H_2O$
② 분해폭발 : $C_2H_2 \rightarrow 2C + H_2 + 54.2\ kcal$
③ 화합폭발 : $C_2H_2 + 2Cu \rightarrow Cu_2C_2 + H_2$
$C_2H_2 + 2Ag \rightarrow Ag_2C_2 + H_2$

해설 **아세틸렌의 폭발 종류**
① 산화폭발 : 산소와 혼합하여 점화하면 폭발을 일으킨다.
② 분해폭발 : 가압, 충격에 의해 탄소(C)와 수소(H_2)로 분해되면서 폭발을 일으킨다.
③ 화합폭발 : 동(Cu), 은(Ag), 수은(Hg) 등의 금속과 화합 시 폭발성의 아세틸드(구리 아세틸드[Cu_2C_2], 은 아세틸드[Ag_2C_2])를 생성하여 충격, 마찰에 의하여 폭발한다.

11 직동식 정압기의 기본 구조도를 보고 2차 압력이 설정압력보다 낮을 때 작동 원리에 대하여 설명하시오.

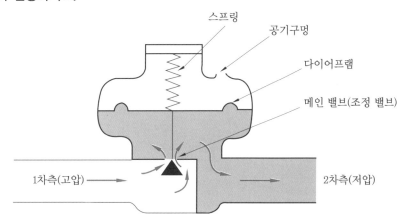

해답 정압기 스프링 힘이 다이어프램을 받치고 있는 힘보다 커서 다이어프램에 연결된 메인밸브를 열리게 하여 가스의 유량이 증가하게 되며 2차 압력을 설정압력으로 유지되도록 작동한다.

해설 **직동식 정압기의 작동 원리**
① 설정압력이 유지될 때 : 다이어프램에 걸려 있는 2차 압력과 스프링의 힘이 평형 상태를 유지하면서 메인밸브는 움직이지 않고 일정량의 가스가 메인밸브를 경유하여 2차측으로 가스를 공급한다.
② 2차측 압력이 설정 압력보다 높을 때 : 2차측 가스 사용량이 감소하여 2차측 압력이 설정 압력 이상으로 상승하며 이때 다이어프램을 들어 올리는 힘이 증가하여 스프링의 힘에 이기고 다이어프램에 연결된 메인밸브를 닫게 하여 가스의 유량을 제한하므로 2차 압력을 설정압력으로 유지되도록 작동한다.

12 가스압축에 사용하는 압축기에서 다단 압축의 목적 4가지를 쓰시오.

해답 ① 1단 단열압축과 비교한 일량의 절약
② 이용효율의 증가
③ 힘의 평형이 양호해진다.
④ 가스의 온도상승을 피할 수 있다.

13 압축기에서 용량 제어를 하는 이유 2가지를 쓰시오.

해답 ① 수요 공급의 균형 유지
② 압축기 보호
③ 소요 동력의 절감
④ 경부하 기동

해설 **압축기 용량 제어법**
(1) 왕복동형 압축기의 단계적인 용량 제어법
① 클리어런스 밸브에 의한 방법
② 흡입밸브 개방에 의한 방법
(2) 터보(turbo) 압축기의 용량제어 방법
① 속도제어에 의한 방법
② 토출밸브에 의한 방법
③ 흡입밸브에 의한 방법
④ 베인 컨트롤에 의한 방법
⑤ 바이패스에 의한 방법

14 고압가스 시설에서 전기방식조치 대상 2가지를 쓰시오.

해답 ① 지중 및 수중에 설치하는 강재배관
② 저장탱크

해설 **전기방식조치 대상**
① 액화석유가스 시설 : 지중 및 수중에 설치하는 강재배관 및 강재저장탱크
② 도시가스 시설 : 지중 및 수중에 설치하는 강재배관

15 고압가스설비에 설치하는 피해저감설비의 종류 2가지를 쓰시오.

해답 ① 방류둑
② 방호벽
③ 살수장치
④ 제독설비
⑤ 중화·이송설비
⑥ 온도상승방지설비

해설 **사고예방설비** : 과압안전장치, 가스누출경보 및 자동차단장치, 긴급차단장치, 역류방지장치, 역화방지장치, 전기방폭설비, 환기설비, 부식방지설비, 정전기제거설비

제4회　❍ **가스산업기사 필답형**

01 가스의 공급압력이 높아 불꽃이 염공을 떠나 공간에서 연소하는 현상을 (①)라 하고, 불꽃 주위 기류에 의하여 불꽃이 염공에 정착하지 않고 떨어지게 되어 꺼지는 현상을 (②)라 한다. ( ) 안에 들어갈 용어를 쓰시오.

해답 ① 선화(또는 리프팅, lifting)
　　② 블로오프(blow off)

02 정압기 특성 중 동특성을 설명하시오.

해답 부하변화가 큰 곳에 사용되는 정압기에 대하여 중요한 특성으로 부하변동에 대한 응답의 신속성과 안정성이 요구된다.

해설 **정압기 선정 시 고려하여야 할 특성**
① 정특성(靜特性) : 정상상태에 있어서 유량과 2차 압력의 관계
② 동특성(動特性) : 부하변화가 큰 곳에 사용되는 정압기에 대하여 중요한 특성으로 부하변동에 대한 응답의 신속성과 안정성이 요구된다.
③ 유량특성 : 메인밸브의 열림과 유량과의 관계
④ 사용 최대 차압 : 메인밸브에 1차와 2차 압력이 작용하여 최대로 되었을 때 차압
⑤ 작동 최소 차압 : 정압기가 작동할 수 있는 최소 차압

03 펌프에서 발생하는 수격작용(water hammering)을 설명하시오.

해답 펌프에서 물을 압송하고 있을 때 정전 등으로 펌프가 급히 멈춘 경우 관내의 유속이 급변하면 물에 심한 압력변화가 생기는 작용을 말한다.

해설 **수격작용 방지법**
① 관내 유속을 낮게 한다.
② 압력조절용 탱크를 설치한다.
③ 펌프에 플라이 휠(fly wheel)을 설치한다.
④ 밸브를 펌프 토출구 가까이 설치하고 적당히 제어한다.

04 굴착공사에 따른 매설된 도시가스배관을 보호하기 위한 파일박기 및 터파기에 대한 내용 중 ( ) 안에 알맞은 내용을 쓰시오.

(1) 가스배관과 수평 최단거리 ( )m 이내에서 파일박기를 하고자 할 때에는 도시가스 사업자의 입회하에 시험굴착을 통하여 가스배관의 위치를 정확히 확인한다.
(2) 가스배관과의 수평거리 ( )m 이내에서는 파일박기를 하지 아니한다.
(3) 가스배관의 주위를 굴착하고자 할 때에는 가스배관의 좌우 ( )m 이내의 부분은 인력으로 굴착한다.

해답 (1) 2　(2) 0.3　(3) 1

05 LP가스 공급방식 중 생가스 공급방식의 특징 4가지를 쓰시오.

해답 ① 기화기에서 기화된 가스를 그대로 공급한다.
② 공기 혼합기 등이 필요 없으므로 설비가 간단하다.
③ 부탄의 경우 재액화 우려가 있다.
④ 재액화 현상을 방지하기 위하여 배관을 보온조치하여야 한다.

06 플레어스택(flare stack)을 설치하는 이유를 설명하시오.

해답 긴급이송설비에 의하여 이송되는 가연성가스를 대기 중으로 분출하면 공기와 혼합하여 폭발성 혼합기체가 형성될 수 있으므로 연소시켜 대기로 안전하게 방출시키기 위하여

07 기체 상태의 프로판 100 Sm³를 액화시켰을 때 무게는 몇 kg인가?(단, 온도와 압력은 변화가 없다.)

풀이 기체 상태의 프로판 100 Sm³는 표준상태(0℃, 1기압 상태)의 체적이고 질량불변의 법칙에 의해 기체의 무게와 액체의 무게는 같으므로 이상기체 상태방정식 $PV = GRT$를 이용하여 무게를 계산한다. 1기압 상태(1 atm)는 101.325 kPa이고, 프로판(C_3H_8)의 분자량은 44이다.

$$\therefore\ G = \frac{PV}{RT} = \frac{101.325 \times 100}{\frac{8.314}{44} \times 273} = 196.424 \fallingdotseq 196.42\,\text{kg}$$

해답 196.42 kg

08 오스테나이트계 스테인리스강에서 입계부식이 발생하는 환경조건에 대하여 설명하시오.

해답 오스테나이트계 스테인리스강을 450~900℃로 가열하면 결정입계로 크롬탄화물이 석출되며 부식이 발생한다.

09 카바이드를 이용하여 아세틸렌을 제조하는 방식의 가스발생기 중 투입식을 설명하시오.

해답 물에 카바이드(CaC_2)를 넣는 방식으로 카바이드가 물속에 있으므로 온도상승이 크지 않고 불순가스 발생이 적고, 카바이드 투입량에 따라 아세틸렌가스 발생량을 조절할 수 있어 공업적으로 대량 생산에 적합한 방식이다.

해설 **아세틸렌가스 발생기 종류**
① 주수식 : 카바이드에 물을 넣는 방식으로 카바이드에 접촉하는 물이 적기 때문에 온도상승으로 인한 분해의 우려가 있고 불순가스 발생이 많다. 주수량 가감에 의해 가스 발생량을 조절할 수 있다.
② 침지식(접촉식) : 물과 카바이드를 소량씩 접촉시키는 방식으로 발생기의 온도상승과 불순물이 혼입될 우려가 있다.
③ 투입식 : 물에 카바이드를 넣는 방식

10 내용적 3 L의 고압용기에 암모니아를 충전하여 온도를 173℃로 상승시켰더니 압력이 220 atm을 나타내었다. 이 용기에 충전된 암모니아는 몇 g인가? (단, 173℃, 220 atm에서 암모니아의 압축계수는 0.4이다.)

풀이 $PV = Z\dfrac{W}{M}RT$에서

$$\therefore\; W = \frac{PVM}{ZRT} = \frac{220 \times 3 \times 17}{0.4 \times 0.082 \times (273+173)} = 766.980 ≒ 766.98\,\text{g}$$

해답 766.98 g

11 [보기]의 가스 중 같은 온도, 압력 조건에서 가장 많이 흐르는 가스부터 번호 순서대로 나열하시오.

> **보기**
> ① 수소   ② 천연가스   ③ 이산화탄소   ④ 질소

해답 ① → ② → ④ → ③

해설 (1) 저압배관의 유량식 $Q = K\sqrt{\dfrac{D^5 \cdot H}{S \cdot L}}$ 에서 조건이 모두 같고, 가스 종류가 각각 주어졌으므로 (가스비중이 다름), 유량은 가스비중(S)의 평방근에 반비례된다. 즉 분자량이 작은 것일수록 유량은 크게 된다.

(2) 각 가스의 분자량 및 가스비중

명칭	분자량(M)	가스비중$\left(S = \dfrac{M}{29}\right)$
수소(H_2)	2	0.0689
천연가스(CH_4)	16	0.551
이산화탄소(CO_2)	44	1.517
질소(N_2)	28	0.965

12 가연성 가스 및 방폭 전기기기의 폭발등급 분류 시 사용하는 최소점화전류비는 어느 가스의 최소점화전류를 기준으로 하는가?

해답 메탄(CH_4)

13 내용적 18 L의 LP가스 배관공사를 끝내고 나서 수주 880 mm의 압력으로 공기를 넣어 기밀시험을 실시했다. 기밀시험 소요시간 12분이 경과한 후 배관에 부착된 자기압력계를 보니 수주 660 mm의 압력을 나타내었다. 이 경우 기밀시험 개시 시의 약 몇 %의 공기가 누설되었나? (단, 기밀시험 실시 중 온도변화는 무시한다.)

풀이 ① 처음상태(기밀시험)의 공기체적을 표준상태(STP)의 체적으로 환산

$$\therefore\; V_0 = \frac{P_1 V_1}{P_0} = \frac{(0.088 + 1.0332) \times 18}{1.0332} = 19.533 ≒ 19.53\,\text{L}$$

② 12분 후 공기체적을 표준상태(STP)의 체적으로 환산

$$\therefore \; V_0{}' = \frac{P_2 V_2}{P_0{}'} = \frac{(0.066 + 1.0332) \times 18}{1.0332} = 19.149 \fallingdotseq 19.15 \, \text{L}$$

③ 누설량(%) 계산

$$\therefore \; 누설량(\%) = \frac{V_0 - V_0{}'}{V} \times 100 = \frac{19.53 - 19.15}{18} \times 100 = 2.111 \fallingdotseq 2.11 \, \%$$

해답 2.11 %

해설 $1 \, \text{atm} = 10332 \, \text{kgf/m}^2 = 10332 \, \text{mmH}_2\text{O} = 1.0332 \, \text{kgf/cm}^2$이므로 문제에서 주어진 수주 880 mm는 880 mmH$_2$O에 해당되며, 이것은 0.088 kgf/cm^{2}에, 수주 660 mm는 0.066 kgf/cm^{2}에 해당된다.

14 액화석유가스 사용시설에서 2단 감압방식을 설명하시오.

해답 저장시설(용기)의 가스압력을 소요 압력보다 약간 높은 압력으로 1차적으로 감압시켜 공급한 후, 사용시설 근처에서 소요압력으로 2차적으로 감압시켜 각 연소기에 알맞은 압력으로 공급하고 압력손실을 보정할 수 있어 안정적으로 액화석유가스를 공급하는 방법이다.

해설 **2단 감압방식**

(1) 사용하는 이유 : 액화석유가스 저장시설로부터 가스사용시설까지 거리가 먼 경우, 입상관에 의하여 압력손실이 크게 발생하는 경우, 가스사용량이 많은 경우, 연소기 종류에 따라 소요압력이 다를 경우에 사용한다.

(2) 장점
   ① 입상배관에 의한 압력손실을 보정할 수 있다.
   ② 가스 배관이 길어도 공급압력이 안정된다.
   ③ 각 연소기구에 알맞은 압력으로 공급이 가능하다.
   ④ 중간 배관의 지름이 작아도 된다.

(3) 단점
   ① 설비가 복잡하고, 검사방법이 복잡하다.
   ② 조정기 수가 많아서 점검부분이 많다.
   ③ 부탄의 경우 재액화의 우려가 있다.
   ④ 시설의 압력이 높아서 이음방식에 주의하여야 한다.

15 직동식 정압기에서 2차 압력이 설정압력보다 낮을 때 작동 원리에 대하여 설명하시오.

해답 정압기 스프링 힘이 다이어프램을 받치고 있는 힘보다 커서 다이어프램에 연결된 메인밸브를 열리게 하여 가스의 유량이 증가하게 되며 2차 압력을 설정압력으로 유지되도록 작동한다.

2020년도 가스산업기사 모의고사

제1회 **가스산업기사 필답형**

01 액화석유가스 소형저장탱크의 내용적이 800 L일 때 저장능력은 얼마인가? (단, 액화석유가스의 비중은 0.477이다.)

풀이 $W = 0.85dV = 0.85 \times 0.477 \times 800 = 324.36\,\text{kg}$

해답 324.36 kg

해설 액화가스 저장탱크 저장능력 산정식은 $W = 0.9dV$ 이지만 소형저장탱크의 충전량은 내용적의 85 % 이하이므로 0.85를 적용하여 계산하여야 한다.

02 도시가스 사용시설의 정압기 성능 중 기밀시험에 대한 내용이다. ( ) 안에 알맞은 숫자를 넣으시오.

> **보기**
>
> 정압기는 도시가스를 안전하고 원활하게 수송할 수 있도록 하기 위하여 정압기 입구측은 최고사용압력의 (①)배, 출구측은 최고사용압력의 (②)배 또는 (③) kPa 중 높은 압력 이상에서 기밀성능을 갖는 것으로 한다.

해답 ① 1.1, ② 1.1, ③ 8.4

03 '처리능력'이란 용어에 대하여 설명하시오.

해답 처리설비 또는 감압설비에 의하여 압축, 액화, 그 밖의 방법으로 1일에 처리할 수 있는 가스의 양이다.

해설 **가스의 양 기준**

① 처리능력은 공정흐름도(PFD : Process Flow Diagram)의 물질수지(material balance)를 기준으로 액화가스는 무게(kg)로 압축가스는 용적(온도 0 ℃, 게이지압력 0 Pa의 상태를 기준으로 한 m^3)으로 계산한다.

② 처리능력은 가스 종류별로 구분하고 원료가 되는 고압가스와 제조되는 고압가스가 중복되지 않도록 계산한다.

※ 처리능력 용어 및 가스의 양 기준은 KGS FP112(고압가스 일반제조 기준)에 규정된 내용이다.

04 용기 종류별 부속품 기호를 각각 설명하시오.

(1) PG :   (2) LG :   (3) LT :

해답 (1) 압축가스 충전용기 부속품

(2) 액화석유가스 외의 액화가스 충전용기 부속품

(3) 초저온용기 및 저온용기의 부속품

05 전기방식법 중 외부전원법과 선택배류법의 장점 2가지를 각각 쓰시오.

해답 (1) 외부전원법

① 효과 범위가 넓다.

② 평상시의 관리가 용이하다.

③ 전압, 전류의 조성이 일정하다.

④ 전식에 대해서도 방식이 가능하다.

⑤ 장거리 배관에는 전원 장치의 수가 적어도 된다.

(2) 선택배류법

① 유지관리비가 적게 소요된다.

② 전철과의 관계 위치에 따라 효과적이다.

③ 설치비가 저렴하다.

④ 전철 운행 시에는 자연부식의 방지효과도 있다.

해설 (1) 외부전원법의 단점

① 초기 설비비가 많이 소요된다.

② 과방식의 우려가 있다.

③ 전원을 필요로 한다.

④ 다른 매설금속체로의 장해에 대해 검토가 필요하다.

(2) 선택배류법(배류법)의 단점

① 과방식의 우려가 있다.

② 다른 매설금속체로의 장해에 대해 검토가 필요하다.

③ 전철 휴지기간에는 전기방식의 역할을 못한다.

06 일정 높이 이상의 건물로서 가스압력 상승으로 인하여 연소기에 실제 공급되는 가스의 압력이 연소기의 최고사용압력을 초과할 우려가 있는 건물은 가스압력 상승으로 인한 가스누출, 이상연소 등을 방지하기 위하여 (   )를[을] 설치한다. ( ) 안에 알맞은 용어를 쓰시오.

해답 승압방지장치

해설 **승압방지장치 설치 기준 : KGS FU551 도시가스 사용시설 기준**

① 높이가 80 m 이상인 고층 건물 등에 연소기를 설치할 때에는 승압방지장치 설치 대상인지 판단한 후 이를 설치한다.

② 승압방지장치는 한국가스안전공사의 성능인증품을 사용한다.

※ 승압방지장치는 액화석유가스의 안전관리 및 사업법령에 따른 도시가스용 압력조정기에 해당하지 아니하므로 도시가스 압력조정기의 기준을 적용하지 아니한다.

③ 승압방지장치의 전·후단에는 승압방지장치의 탈착이 용이하도록 차단밸브를 설치한다.

④ 승압방지장치의 설치위치 및 설치수량은 '건물높이 산정 방법'의 계산식에 따른 압력 상승값을 계산하였을 때 연소기에 공급되는 가스압력이 최고사용압력 이내가 되는 위치 및 수량으로 한다.

⑤ 승압방지장치 설치가 필요한 건물높이 산정 방법

$$H = \frac{P_h - P_0}{\rho \times (1-S) \times g}$$

여기서, H : 승압방지장치 최초 설치 높이(m)

P_h : 연소기 명판의 최고사용압력(Pa)

P_0 : 수직 배관 최초 시작지점의 가스압력(Pa)

ρ : 공기 밀도(1.293 kg/m^3)

S : 공기에 대한 가스 비중(0.62)

g : 중력가속도(9.8 m/s^2)

⑥ ⑤의 산출식에서 계산된 승압방지장치 최초 설치 높이는 제조사가 제시한 계량기의 압력손실 값을 반영하여 다음과 같이 가산 적용한다.

㉮ 계량기의 압력손실 값은 계량기의 최소 유량에서의 압력손실 값을 적용한다.

㉯ 압력손실 값 1 Pa 당 0.21 m의 높이를 가산하여 ⑤ 산정식에 의한 결과값에 반영한다.

⑦ 승압방지장치 설치가 필요한 건물높이 산출 예시

〈조건〉 1. 연소기의 최고사용압력 : 2.5 kPa

2. 수직 배관 최초 시작지점의 가스압력 : 2.1 kPa

3. 계량기 제조사에서 제시한 계량기 최소유량에서의 손실압력 : 20 Pa

－ 승압방지장치 최초 설치 높이 계산

$$\therefore \ H = \frac{P_h - P_0}{\rho \times (1-S) \times \mathrm{g}} = \frac{2500 - 2100}{1.293 \times (1-0.62) \times 9.8} = 83.071 \fallingdotseq 83.07 \ \mathrm{m}$$

－ 계량기의 압력손실을 반영한 높이 : 20 Pa × 0.21 m/Pa = 4.2 m

∴ 승압방지장치 설치 높이 = 83.07 + 4.2 = 87.27 m

---

07 독성가스 제조설비로부터 독성가스가 누출될 경우 그 독성가스로 인한 중독을 방지하기 위하여 독성가스 종류에 따라 보유하여야 할 제독제 종류를 1가지씩 쓰시오.

(1) 포스겐(COCl$_2$) :

(2) 황화수소(H$_2$S) :

(3) 아황산가스(SO$_2$) :

(4) 암모니아(NH$_3$) :

해답 (1) 가성소다 수용액, 소석회

(2) 가성소다 수용액, 탄산소다 수용액

(3) 가성소다 수용액, 탄산소다 수용액, 물

(4) 물

해설 **제조시설 제독제 보유량**

가스별	제독제	보유량	가스별	제독제	보유량
염소	가성소다 수용액	670 kg	시안화수소	가성소다 수용액	250 kg
	탄산소다 수용액	870 kg	아황산가스	가성소다 수용액	530 kg
	소석회	620 kg		탄산소다 수용액	700 kg
포스겐	가성소다 수용액	390 kg		물	다량
	소석회	360 kg	암모니아 산화에틸렌 염화메탄	물	다량
황화수소	가성소다 수용액	1140 kg			
	탄산소다 수용액	1500 kg			

08 부취제 주입방식 중 액체주입방식 3가지를 쓰시오.

해답 ① 펌프 주입방식

② 적하 주입방식

③ 미터연결 바이패스방식

해설 부취제의 주입방법

① 액체 주입식 : 부취제를 액상 그대로 가스흐름에 주입하는 방법으로 펌프 주입방식, 적하 주입방식, 미터연결 바이패스 방식으로 분류한다.

② 증발식 : 부취제의 증기를 가스흐름에 혼합하는 방법으로 바이패스 증발식, 위크 증발식으로 분류한다.

09 산소를 내용적 40L의 충전용기에 27℃, 130 atm으로 압축 저장하여 판매하고자 할 때 물음에 답하시오. (단, 산소는 이상기체로 가정한다.)

(1) 이 용기 속에는 산소가 몇 mol 들어 있는가?

(2) 이 산소는 몇 kg인가?

풀이 (1) $PV = nRT$ 에서

$$\therefore \ n = \frac{PV}{RT} = \frac{130 \times 40}{0.082 \times (273 + 27)} = 211.382 \fallingdotseq 211.38 \text{ mol}$$

(2) 산소 1 mol은 32 g이다.

$$\therefore \ W = 211.38 \times 32 \times 10^{-3} = 6.764 \fallingdotseq 6.76 \text{ kg}$$

해답 (1) 211.38 mol

(2) 6.76 kg

10 최고사용압력이 7 kgf/cm² · g, 최저압력이 2 kgf/cm² · g일 때 구형 가스홀더의 활동량이 60000 Nm³라면 이 구형 가스홀더의 안지름(m)을 계산하시오. (단, 온도변화는 없다.)

풀이 ① 가스홀더의 내용적(m³)

$$\Delta V = V \times \frac{(P_1 - P_2)}{P_0} \text{에서}$$

$$\therefore \ V = \frac{P_0 \times \Delta V}{P_1 - P_2} = \frac{1.0332 \times 60000}{(7 + 1.0332) - (2 + 1.0332)} = 12398.4 \text{ m}^3$$

② 가스홀더의 지름(m)

$$V = \frac{\pi}{6} D^3 \text{에서}$$

$$\therefore \ D = \sqrt[3]{\frac{6V}{\pi}} = \sqrt[3]{\frac{6 \times 12398.4}{\pi}} = 28.715 \fallingdotseq 28.72 \text{ m}$$

해답 28.72 m

11 LPG 기화장치를 사용할 때 장점 4가지를 쓰시오.

해답 ① 한랭 시에도 연속적으로 가스공급이 가능하다.

② 공급가스의 조성이 일정하다.

③ 설치면적이 좁아진다.

④ 기화량을 가감할 수 있다.

⑤ 설비비 및 인건비가 절약된다.

12 고압가스 용기는 그 용기의 안전성을 확보하기 위하여 용기 재료의 함유량에 제한을 두는 원소 3가지를 쓰시오.

해답 ① 탄소(C)
② 인(P)
③ 황(S)

해설 용접 용기의 재료는 스테인리스강, 알루미늄합금, 탄소·인 및 황의 함유량이 각각 0.33 % 이하·0.04 % 이하 및 0.05 % 이하인 강 또는 동등 이상의 기계적 성질 및 가공성 등을 가지는 것으로 한다. (단, 이음매 없는 용기는 탄소 0.55 % 이하, 인 0.04 % 이하, 황 0.05 % 이하이다.)

13 체적비로 메탄 55 %(폭발범위 : 5~15 %), 수소 30 %(폭발범위 : 4~75 %), 일산화탄소 15 %(폭발범위 : 12.5~74 %)의 혼합가스의 공기 중에서의 폭발범위 하한값(%)과 상한값(%)을 각각 계산하시오.

풀이 $\dfrac{100}{L} = \dfrac{V_1}{L_1} + \dfrac{V_2}{L_2} + \dfrac{V_3}{L_3}$ 에서 $L = \dfrac{100}{\dfrac{V_1}{L_1} + \dfrac{V_2}{L_2} + \dfrac{V_3}{L_3}}$ 이다.

① 폭발범위 하한값 계산

$\therefore L_l = \dfrac{100}{\dfrac{55}{5} + \dfrac{30}{4} + \dfrac{15}{12.5}} = 5.076 ≒ 5.08 \%$

② 폭발범위 상한값 계산

$\therefore L_h = \dfrac{100}{\dfrac{55}{15} + \dfrac{30}{75} + \dfrac{15}{74}} = 23.422 ≒ 23.42 \%$

해답 5.08~23.42 %

14 고온에서 암모니아와 마그네슘이 반응하는 반응식을 완성하시오.

해답 $2NH_3 + 3Mg \rightarrow Mg_3N_2 + 3H_2$

해설 ① 암모니아가 고온에서 마그네슘과 반응하는 경우 마그네슘이 암모니아의 모든 수소 원자를 치환하여 삼차 아마이드인 질화마그네슘(Mg_3N_2)을 만든다.
② 질화마그네슘(Mg_3N_2) : 무색의 입방정계(立方晶系) 결정으로 공기 중에서 가열하면 타서 산화물이 되고, 쉽게 가수분해를 하여 암모니아와 수산화마그네슘이 된다.

15 비열이 0.8 kcal/kg·℃인 어떤 액체 1000 kg을 0℃에서 100℃로 상승시키는데 필요한 프로판 사용량(kg)은 얼마인가? (단, 프로판의 발열량은 12000 kcal/kg, 연소기 효율은 90 %이다.)

풀이 $G_f = \dfrac{G \cdot C \cdot \Delta t}{H_l \cdot \eta} = \dfrac{1000 \times 0.8 \times (100-0)}{12000 \times 0.9} = 7.407 ≒ 7.41 \text{ kg}$

제2회 ○ **가스산업기사 필답형**

01 조정압력이 3.3 kPa 이하인 일반용 액화석유가스용 압력조정기의 안전장치에 대한 물음에 답하시오.

(1) 작동표준압력은 얼마인가?
(2) 작동개시압력은 얼마인가?
(3) 작동정지압력은 얼마인가?

해답 (1) 7.0 kPa
     (2) 5.6~8.4 kPa
     (3) 5.04~8.4 kPa

02 [보기]에서 설명하는 공기액화 사이클의 명칭을 쓰시오.

> **보기**
> − 공기의 압축압력은 약 7 atm 정도이다.
> − 열교환기에 축랭기를 사용하여 원료공기를 냉각시킴과 동시에 원료공기 중의 수분과 탄산가스를 제거한다.
> − 공기는 팽창식 터빈에서 −145℃ 정도로 90 % 처리한다.

해답 캐피자 공기액화 사이클

03 액화산소 1 L를 기화시키면 표준상태에서 체적은 몇 L이 되는가? (단, 산소의 비중은 1.105(기체), 1.14(액체, −183℃), 표준상태에서 밀도 1.429 g/L이다.)

풀이 ① 액화산소 1 L의 무게 계산
     ∴ $W=$ 액체체적(L) × 액 비중 $= 1 × 1.14 = 1.14$ kgf
     ② 표준상태(0℃, 1기압)에서 기화된 체적 계산 : 액화산소 중량 1.14 kgf을 질량 1.14 kg으로 보고 계산함

$$PV = \frac{W}{M}RT \text{에서}$$

$$\therefore V = \frac{WRT}{PM} = \frac{(1.14 × 10^3) × 0.082 × (273+0)}{1 × 32} = 797.501 ≒ 797.50 \text{ L}$$

해답 797.5 L

04 천연가스, 석탄·바이오매스 등을 열분해해 제조한 화합물로 6기압 −25℃에서 액화할 수 있어 운송과 저장이 용이하고, LPG와 물성이 비슷해 혼합이 가능하여 기존의 배관을 이용하여 사용할 수 있으며 자동차 연료로 사용할 수 있는 차세대 연료의 명칭을 쓰시오.

해답 디메틸에테르(DME)

05 배관 호칭 1B, 길이 30 m의 저압 배관에 프로판(C_3H_8) 가스를 6 m³/h로 공급할 때 압력손실이 15 mmH₂O이다. 이 배관에 부탄(C_4H_{10}) 가스를 7 m³/h로 공급하면 압력손실은 얼마인가? (단, 프로판 및 부탄의 비중은 각각 1.52, 2.05이다.)

풀이 $H = \dfrac{Q^2 \cdot S \cdot L}{K^2 \cdot D^5}$ 에서 유량계수(K), 관 길이(L), 배관 안지름(D)은 변화가 없다.

∴ $H_1 = Q_1^2 \times S_1$, $H_2 = Q_2^2 \times S_2$ 가 된다.

$\dfrac{H_2}{H_1} = \dfrac{Q_2^2 \times S_2}{Q_1^2 \times S_1}$ 에서

$H_2 = \dfrac{H_1 \times Q_2^2 \times S_2}{Q_1^2 \times S_1} = \dfrac{15 \times 7^2 \times 2.05}{6^2 \times 1.52} = 27.535 \fallingdotseq 27.54 \ \mathrm{mmH_2O}$

해답 27.54 mmH₂O

06 100 L의 물이 들어 있는 욕조에 온수기를 사용하여 온수를 넣은 결과 20분 후에 욕조의 온도가 45℃, 온수량이 300 L가 되었다. 이때의 온수기 효율(%)을 계산하시오. (단, 사용가스의 발열량은 10400 kcal/m³, 온수기의 가스소비량은 10 m³/h, 물의 비열은 1 kcal/kgf · ℃, 수도의 수온 및 욕조의 초기 수온은 5℃로 한다.)

풀이 ① 온수기에서 나오는 온수 온도(℃) 계산 : 물은 비중이 1이므로 1 L은 1 kgf에 해당된다.

$t_m = \dfrac{G_1 C_1 t_1 + G_2 C_2 t_2}{G_1 C_1 + G_2 C_2}$ 에서

$t_2 = \dfrac{\{t_m(G_1 C_1 + G_2 C_2)\} - G_1 C_1 t_1}{G_2 C_2}$

$\quad = \dfrac{\{45 \times (100 \times 1 + 200 \times 1)\} - (100 \times 1 \times 5)}{200 \times 1} = 65℃$

② 온수기 효율(%) 계산

$\eta = \dfrac{G \cdot C \cdot \Delta t}{G_f \cdot H_l} \times 100 = \dfrac{(300 - 100) \times 1 \times (65 - 5)}{10 \times 10400 \times \left(\dfrac{20}{60}\right)} \times 100 = 34.615 \fallingdotseq 34.62\ \%$

해답 34.62 %

해설 온수기에서 나오는 온수 온도(t_2)를 계산하는 식을 유도하는 과정은 '2011년 2회 04번 풀이'를 참고하기 바랍니다.

07 LPG 사용시설에서 2단 감압방식을 사용할 때 장점 4가지를 쓰시오.

해답 ① 입상배관에 의한 압력손실을 보정할 수 있다.
　② 가스배관이 길어도 공급압력이 안정된다.
　③ 각 연소기구에 알맞은 압력으로 공급이 가능하다.
　④ 중간 배관의 지름이 작아도 된다.

해설 2단 감압방식의 단점
　① 설비가 복잡하고, 검사방법이 복잡하다.
　② 조정기 수가 많아서 점검부분이 많다.
　③ 부탄의 경우 재액화의 우려가 있다.
　④ 시설의 압력이 높아서 이음방식에 주의하여야 한다.

08 정압기를 평가·선정할 경우 각 특성이 사용조건에 적합하도록 정압기를 선정하여야 한다. 이때 정압기를 선정할 때 고려하여야 할 사항 4가지를 쓰시오.

해답 ① 정특성 ② 동특성
③ 유량특성 ④ 사용 최대 차압
⑤ 작동 최소 차압

09 [보기]와 같은 반응에 의하여 수소를 제조하는 공업적 제조법 명칭을 쓰시오.

┌─ 보기 ─
│ $$C_mH_n + mH_2O \rightleftarrows mCO + \left(\frac{2m+n}{2}\right)H_2$$

해답 석유분해법의 수증기 개질법

10 기화된 LPG의 발열량을 조절하기 위하여 일정량의 공기를 혼합하는 벤투리 튜브방식에 대하여 설명하시오.

해답 노즐로부터 가스의 분사 에너지에 의하여 혼합에 필요한 공기를 흡인하여 혼합하는 형식으로 동력원을 필요로 하지 않으며, 혼합가스의 열량을 조정하려면 노즐 압력을 조절하거나 노즐 지름을 변경하는 방법이 사용된다.

11 냉동설비 종류에 따른 냉동능력 산정기준에 대하여 쓰시오.

(1) 원심식 압축기를 사용하는 냉동설비 :
(2) 흡수식 냉동설비 :

해답 (1) 압축기의 원동기 정격출력 1.2 kW를 1일의 냉동능력 1톤으로 본다.
(2) 발생기를 가열하는 1시간의 입열량 6640 kcal를 1일의 냉동능력 1톤으로 본다.

12 철과 동을 수용액 중에 접촉하였을 때 양극반응을 일으키는 것과 부식이 일어나는 것을 쓰시오.

해답 ① 양극반응 : 철
② 부식 : 철

13 공기압축기 내부윤활유에 대한 설명 중 ( ) 안에 알맞은 숫자를 넣으시오.

공기압축기의 내부윤활유는 재생유가 아닌 것으로서 잔류탄소의 질량이 전 질량의 (①) % 이하이며 인화점이 (②)℃ 이상으로서 170℃에서 8시간 이상 교반하여 분해되지 아니하거나, 잔류탄소의 질량이 (③) % 초과 (④) % 이하이며 인화점이 (⑤)℃ 이상으로서 170℃에서 12시간 이상 교반하여 분해되지 아니하는 것을 사용한다.

해답 ① 1, ② 200, ③ 1, ④ 1.5, ⑤ 230

금융 상태

해설 윤활제의 선택 및 사용 : KGS FP112 고압가스 일반제조의 시설·기술·검사 기준
① 석유류·유지류 또는 글리세린은 산소압축기의 내부윤활제로 사용하지 아니한다.
② 공기압축기 내부윤활유는 재생유가 아닌 것으로서 잔류탄소의 질량이 전 질량의 1 % 이하이며 인화점이 200℃ 이상으로서 170℃에서 8시간 이상 교반하여 분해되지 아니하거나, 잔류탄소의 질량이 1 % 초과 1.5 % 이하이며 인화점이 230℃ 이상으로서 170℃에서 12시간 이상 교반하여 분해되지 아니하는 것을 사용한다.

14 **초음파 탐상시험에 대한 물음에 답하시오.**

(1) 투과방법에 따른 종류 2가지 :
(2) 검사방법에 따른 분류 2가지 :

해답 (1) ① 수직법, ② 사각법
(2) ① 펄스반사법, ② 공진법, ③ 투과법

15 **파일럿 정압기를 구동방식에 따른 언로딩(unloading)형과 로딩(loading)형에서 2차 압력이 설정압력 이상으로 증가할 때 작동상태를 각각 설명하시오.**

해답 2차측의 압력이 설정압력 이상으로 증가하는 때는 2차 측의 사용량이 감소하는 경우이다.
① 언로딩형 : 파일럿(pilot) 다이어프램을 밀어 올리는 힘이 파일럿 스프링의 힘을 이겨서 파일럿 밸브를 위쪽으로 움직여 파일럿 계통에 흐르는 가스의 유량을 제한한다. 이에 의해서 구동압력이 높아지면서 본체 다이어프램을 밀어 올리는 힘이 스프링의 힘을 이겨내어 본체 밸브를 위쪽으로 밀어 올려서 가스 유량을 제한하여 2차 압력이 설정압력으로 되돌아가도록 작동한다.
② 로딩형 : 파일럿(pilot) 다이어프램을 밀어 올리는 힘이 파일럿 스프링의 힘을 이겨내고 파일럿 밸브를 위쪽으로 움직여서 파일럿 계통에 흐르는 가스량의 유량을 제한한다. 이에 의해서 구동압력이 낮아지고 본체 스프링의 힘이 본체 다이어프램을 밀어 올리는 힘을 이겨내어 본체 밸브를 아래쪽으로 내려 보내면서 가스의 유량을 제한하여 2차 압력이 설정압력으로 되돌아가도록 작동한다.

해설 (1) 파일럿식 정압기의 구조

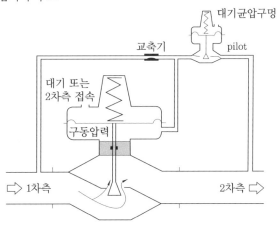

언로딩형 정압기

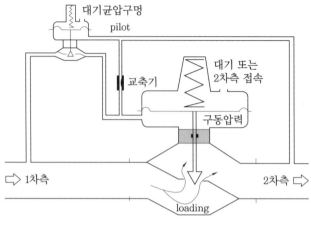

로딩형 정압기

(2) 작동상태
① 2차 압력이 설정압력으로 되어 있는 경우 : 평형상태 유지
　㉮ 언로딩형 : 파일럿 다이어프램에 가해지는 2차 압력과 파일럿 스프링 힘이 균형되어 있기 때문에 파일럿 밸브는 움직이지 않고 파일럿 계통에 일정량의 가스가 흐른다. 이 때문에 구동압력은 일정하고 본체 다이어프램에 가해지는 압력과 본체 스프링 힘이 균형을 유지하므로 본체 밸브도 움직이지 않고 일정량의 가스가 본체 밸브를 통과해서 2차측으로 흐른다.
　㉯ 로딩형 : 파일럿 다이어프램에 가해지는 2차 압력과 파일럿 스프링의 힘이 균형되어 있어 파일럿 밸브는 일정개도를 유지하고 있으므로 파일럿 계통에는 일정량의 가스가 흘러서 파일럿과 교축기 사이의 구동압력은 일정한 압력을 유지하고 본체 다이어프램에 가해지는 압력과 스프링 힘이 균형되는 위치에서 밸브는 정지되어 있고 일정량의 가스가 본체 밸브를 통과해서 2차측으로 흐른다.
② 2차 압력이 설정압력보다 낮은 경우 : 2차측의 사용량이 증가하면 2차측의 압력이 설정압력 이하로 저하된다.
　㉮ 언로딩형 : 파일럿 스프링 힘이 파일럿 다이어프램을 밀어 올리는 힘을 이기고 파일럿 밸브를 아래쪽으로 밀어 내려서 파일럿 계통에 흐르는 가스량을 증가시킨다. 이때 1차 압력은 교축기에 의해서 제한되어 있으므로 본체 구동압력이 저하되어 본체 스프링 힘이 본체 다이어프램을 밀어 올리는 힘을 이기고 밸브를 아래쪽으로 밀어 내려서 가스량을 증가시켜 2차 압력을 설정압력까지 회복하도록 작동한다.
　㉯ 로딩형 : 파일럿 스프링 힘이 파일럿 다이어프램을 밀어 올리는 힘을 이겨내어 파일럿 밸브를 아래쪽으로 움직여서 파일럿 계통에 공급하는 가스량을 증가시킨다. 이때 교축기에 의해서 구동압력이 2차측으로 빠져 나가는 것이 제한되기 때문에 구동압력이 상승하여 본체 다이어프램을 밀어 올리는 힘이 본체 스프링 힘을 이겨내고 본체 밸브를 위쪽으로 움직여서 가스량을 증가시켜 압력을 설정압력까지 회복하도록 작동한다.

제3회 ● **가스산업기사 필답형**

01 대기압이 100 kPa일 때 진공도가 30 %의 절대압력은 몇 kPa인가?

풀이 ① 진공도(%) = $\dfrac{진공압력}{대기압} \times 100$이다.

∴ 진공압력 = 대기압 × 진공도

② 절대압력 = 대기압 - 진공압력 = 대기압 - (대기압 × 진공도)

= $100 - (100 \times 0.3) = 70$ kPa · a

해답 70 kPa · a

02 저온장치에 사용되는 진공단열법의 종류 3가지를 쓰시오.

해답 ① 고진공 단열법

② 분말진공 단열법

③ 다층진공 단열법

03 안지름 100 mm인 수평원관으로 2 km 떨어진 곳에 원유를 0.12 m³/min으로 수송할 때 손실수두(m)는 얼마인가? (단, 원유의 점성계수는 0.02 N · s/m², 비중은 0.86이다.)

풀이 ① 속도(m/s) 계산 : 체적유량 $Q = A \cdot V$에서 속도 V를 계산하며, 유량은 초(s)당 유량을 적용한다.

∴ $V = \dfrac{Q}{A} = \dfrac{Q}{\dfrac{\pi}{4} \times D^2} = \dfrac{0.12}{\dfrac{\pi}{4} \times 0.1^2 \times 60} = 0.254 ≒ 0.25$ m/s

② 레이놀즈수 계산 : MKS SI단위로 계산하며, 점성계수 단위 'N · s/m²'은 'kg/m · s'와 같다.

∴ $Re = \dfrac{\rho \times D \times V}{\mu} = \dfrac{(0.86 \times 10^3) \times 0.1 \times 0.25}{0.02} = 1075$

∴ 1075 < 2100이므로 층류 흐름이다.

③ 하겐-푸와죄유 방정식을 적용하여 손실수두(mH₂O) 계산

∴ $h_L = \dfrac{128\mu L Q}{\pi D^4 \gamma} = \dfrac{128 \times 0.02 \times 2000 \times \dfrac{0.12}{60}}{\pi \times 0.1^4 \times (0.86 \times 10^3 \times 9.8)} = 3.867 ≒ 3.87$ mH₂O

해답 3.87 mH₂O

해설 ① 비중을 이용한 밀도(kg/m³) 계산 과정 : $\gamma = \rho \times$ g에서

∴ $\rho = \dfrac{\gamma}{g} = \dfrac{0.86 \times 10^3 \text{kgf}/\text{m}^3}{9.8 \text{m}/\text{s}^2} = \dfrac{0.86 \times 10^3}{9.8}$ (kgf · s²/m⁴) → 밀도의 공학단위이며, 공학단위를 절대단위(SI단위)로 환산할 때에는 중력가속도 9.8 m/s²을 곱하며 중력가속도를 곱해주면서 'f'는 삭제된다.

∴ $\rho = \dfrac{0.86 \times 10^3}{9.8}$ (kgf · s²/m⁴) × 9.8 m/s² = 0.86 × 10³ kg/m³

② 비중량의 절대단위 계산 : $\gamma = \rho \times$ g에서 ρ에 ①에서 구한 밀도의 절대단위를 대입한다.

$\therefore \ \gamma = 0.86 \times 10^3 \, \text{kg/m}^3 \times 9.8 \, \text{m/s}^2 = 0.86 \times 10^3 \times 9.8 \, \text{kg/m}^2 \cdot \text{s}^2$

[별해] 공학단위로 계산

① 속도(m/s) 계산 : 공학단위, 절대단위 구분없이 0.25 m/s로 동일하다.

② 레이놀즈수 계산 : MKS단위로 계산하며, 절대단위를 공학단위로 환산은 중력가속도 9.8 m/s^{2}으로 나눠 준다.

$$\therefore \ Re = \frac{\rho \times D \times V}{\mu} = \frac{\dfrac{\gamma}{g} \times D \times V}{\dfrac{\mu}{g}} = \frac{\dfrac{0.86 \times 10^3}{9.8} \times 0.1 \times 0.25}{\dfrac{0.02}{9.8}} = 1075$$

$\therefore \ 1075 < 2100$ 이므로 층류 흐름이다.

③ 하겐-푸와죄유 방정식을 적용하여 손실수두(mH$_2$O) 계산

$$\therefore \ h_L = \frac{128 \mu L Q}{\pi D^4 \gamma} = \frac{128 \times \dfrac{0.02}{9.8} \times 2000 \times \dfrac{0.12}{60}}{\pi \times 0.1^4 \times (0.86 \times 10^3)} = 3.867 \fallingdotseq 3.87 \, \text{mH}_2\text{O}$$

04 1단 감압식 저압조정기를 사용할 때 장점 및 단점을 각각 2가지씩 쓰시오.

해답 (1) 장점
　　① 장치가 간단하다.
　　② 조작이 간단하다.
　　(2) 단점
　　① 배관지름이 커야 한다.
　　② 최종 압력이 부정확하다.

05 안지름 200 mm인 저압 배관의 길이가 300 m이다. 이 배관에서 20 mmH$_2$O의 압력 손실이 발생할 때 통과하는 가스유량(m^3/h)을 계산하시오. (단, 가스 비중은 0.5, 폴의 정수 K는 0.7이다.)

풀이 $Q = K \sqrt{\dfrac{D^5 \cdot H}{S \cdot L}} = 0.7 \times \sqrt{\dfrac{20^5 \times 20}{0.5 \times 300}} = 457.238 \fallingdotseq 457.24 \, \text{m}^3/\text{h}$

해답 457.24 m^3/h

06 저비점 액화가스 등을 이송하는 펌프 입구에서 발생하는 베이퍼 로크 현상 발생원인 2가지를 쓰시오.

해답 ① 흡입관 지름이 작을 때
　　② 펌프의 설치 위치가 높을 때
　　③ 외부에서 열량 침투 시
　　④ 배관 내 온도 상승 시

해설 (1) 베이퍼 로크(vapor lock) 현상 : 저비점 액체 등을 이송 시 펌프의 입구에서 발생하는 현상으로 액의 끓음에 의한 동요를 말한다.

(2) 방지법

① 실린더 라이너 외부를 냉각

② 흡입배관을 크게 하고 단열처리

③ 펌프의 설치위치를 낮춘다.

④ 흡입관로의 청소

07 발열량이 12100 kcal/m³인 LPG+Air 가스의 웨버지수는 얼마인가? (단, 가스의 분자량[g/mol]은 34, 공기의 분자량은 28.8이다.)

풀이 ① LPG+Air 가스의 공기에 대한 비중 계산

$$\therefore d = \frac{가스 분자량}{공기 분자량} = \frac{34}{28.8} = 1.180 ≒ 1.18$$

② 웨버지수 계산

$$\therefore WI = \frac{Hg}{\sqrt{d}} = \frac{12100}{\sqrt{1.18}} = 11138.952 ≒ 11138.95$$

해답 11138.95

[별해] 하나의 과정으로 계산

$$\therefore WI = \frac{Hg}{\sqrt{d}} = \frac{12100}{\sqrt{\dfrac{34}{28.8}}} = 11136.331 ≒ 11136.33$$

※ 계산 과정을 다르게 적용하면 최종값에서 오차가 발생할 수 있지만 채점에는 영향이 없으니 선택하여 답안을 작성하면 됩니다.

해설 웨버지수는 단위가 없는 무차원수이다.

08 도시가스 제조공정 중 접촉개질공정에 대하여 설명하시오.

해답 촉매를 사용해서 반응온도 400~800℃에서 탄화수소와 수증기를 반응시켜 메탄(CH_4), 수소(H_2), 일산화탄소(CO), 이산화탄소(CO_2)로 변환하는 공정이다.

09 고압가스용 기화장치의 용어 설명 중 ( ) 안에 알맞은 용어를 쓰시오.

연결압력실이란 기화통의 동체 또는 경판과 교차하여 기화통에 종속된 압력실로 (①), (②), (③) 등을 말한다.

해답 ① 섬프(sump)

② 도움(dome)

③ 맨홀(manhole)

해설 고압가스용 기화장치에 관련된 용어의 정의 : KGS AA911

① 기화장치 : 액화가스를 증기·온수·공기 등 열매체로 가열하여 기화시키는 기화통을 주체로 한 장치이고, 이것에 부속된 기기·밸브류·계기류 및 연결관을 포함한 것(기화장치가 캐비닛 등에 격납된 것은 캐비닛 등의 외측에 부착된 밸브 또는 플랜지까지)을 말한다.

② 기화통 : 기화장치 중 액화가스를 증기·온수·공기 등 열매체로 가열하여 기화시키는 부분으로서 그 내부의 기구와 접속노즐을 포함한 것을 말한다.

③ 액화가스 : 가압·냉각 등의 방법으로 액체 상태로 되어 있는 것으로서 대기압에서의 비점이 섭씨 40도 이하 또는 상용의 온도 이하인 것을 말한다.

④ 연결압력실 : 기화통의 동체 또는 경판과 교차하여 기화통에 종속된 압력실로 섬프 (sump), 도움(dome), 맨홀(manhole) 등을 말한다.

10 정압기를 평가·선정할 경우 각 특성이 사용조건에 적합하도록 정압기를 선정하여야 한다. 이때 정압기를 선정할 때 고려하여야 할 사항 4가지를 쓰시오.

해답 ① 정특성 　　　　　　② 동특성
　　③ 유량특성 　　　　　　④ 사용 최대 차압
　　⑤ 작동 최소 차압

11 아세틸렌 가스는 공업적으로 여러 분야에 사용되고 있다. 아세틸렌 가스의 주된 용도 4가지를 쓰시오.

해답 ① 금속의 절단용으로 사용
　　② 금속의 가스용접용으로 사용
　　③ 염화비닐 제조 원료로 사용
　　④ 카본 블랙 제조 원료로 사용
　　⑤ 유기화학(아세톤, 초산비닐, 아크릴로니트릴 등) 제조 원료로 사용
　　⑥ 의약, 향료, 파인케미컬 합성원료로 사용

12 LPG 가스미터의 감도유량을 설명하시오.

해답 가스미터가 작동하는 최소유량이다.
해설 가스미터 감도유량
　　① 가정용 막식 가스미터 : 3 L/h
　　② LPG용 가스미터 : 15 L/h

13 자연기화방식에 의한 LPG 공급시설에서 1일 1호당 평균 가스소비량이 1.45 kg/day, 소비호수가 50세대, 평균 가스소비율이 20 %일 때 피크 시 가스 사용량(kg/h)을 계산하시오.

풀이 $Q = q \times N \times \eta = 1.45 \times 50 \times 0.2 = 14.5$ kg/h
해답 14.5 kg/h

14 가스 연소기구를 급·배기 방식에 따라 밀폐식과 반밀폐식으로 분류할 때 밀폐식에 대하여 설명하시오.

해답 가스기구가 설치되어 있는 실내의 공기와 완전히 격리된 연소기구의 연소실 내에 외기에서 흡입된 공기에 의해서 가스를 연소시키고 연소생성물(연소가스)도 직접 외기로 배출하는 형식의 것을 말한다.

해설 **연소기구의 급 · 배기 방식에 따른 분류**
① 개방형 연소기구 : 가스기구가 설치되어 있는 실내에서 연소용 공기를 취하고 연소생성물(연소가스)은 그대로 실내로 배출하는 형식의 가스기구로 입열량이 비교적 적은 주방용 기구, 소형 스토브 등이 해당된다.
② 반밀폐식 연소기구 : 연소용 공기는 가스기구가 설치되어 있는 실내에서 취하고 연소생성물(연소가스)은 배기통을 사용하여 배출하는 형식으로 자연 드래프트(draft)에 의해서 배출하는 자연 배기식(CF 방식)과 배기 팬(fan)을 이용해서 강제로 배출하는 강제 배기식(FE 방식)으로 분류한다.
③ 밀폐식 연소기구 : 가스기구가 설치되어 있는 실내의 공기와 완전히 격리된 연소기구의 연소실 내에 외기에서 흡입된 공기에 의해서 가스를 연소시키고 연소생성물(연소가스)도 직접 외기로 배출하는 형식의 것을 말한다.

15 **가스 배관에서 누설 발생을 사전에 방지할 수 있는 대책 4가지를 쓰시오.**

해답 ① 노후관의 조사 및 교체
② 매설위치가 불량한 관의 조사 및 교체
③ 타 공사에 대한 입회, 순회와 사전 보안조치 후 시공
④ 방식설비의 유지
⑤ 밸브, 신축이음 등의 설비에 대한 기능점검 및 분해 수리

※ 코로나 19로 인하여 제3회 가스산업기사 실기시험은 추가로 시행되었습니다.

제4회 **◦ 가스산업기사 필답형**

01 **도시가스 제조 및 공급시설 중 가스홀더의 기능에 대하여 4가지를 쓰시오.**

해답 ① 가스수요의 시간적 변동에 대하여 공급 가스량을 확보한다.
② 공급설비의 일시적 중단에 대하여 어느 정도 공급량을 확보한다.
③ 공급가스의 성분, 열량, 연소성 등의 성질을 균일화한다.
④ 소비지역 근처에 설치하여 피크시의 공급, 수송효과를 얻는다.

02 **고압가스 안전관리법에서 정하는 가연성 가스이면서 독성인 가스 4가지를 쓰시오.**

해답 ① 아크릴로니트릴   ② 일산화탄소
③ 벤젠   ④ 산화에틸렌
⑤ 모노메틸아민   ⑥ 염화메탄
⑦ 브롬화메탄   ⑧ 이황화탄소
⑨ 황화수소   ⑩ 시안화수소

03 폭발을 폭연과 폭굉으로 분류할 때 폭연과 폭굉의 차이는 무엇인가?

해답 화염전파속도

해설 **폭연과 폭굉의 정의**
① 폭연(Deflagration) : 음속 미만으로 진행되는 열분해 또는 음속 미만의 화염 전파속도로 연소하는 화재로 압력이 위험수준까지 상승할 수도 있고, 상승하지 않을 수도 있으며 충격파를 방출하지 않으면서 급격하게 진행되는 연소이다.
② 폭굉(detonation) : 가스 중의 음속보다도 화염 전파속도가 큰 경우로서 파면선단에 충격파라고 하는 압력파가 생겨 격렬한 파괴작용을 일으키는 현상이다.

04 도시가스 연료 중 가연성분 원소 중에서 가장 무거운 원소는?

해답 황(S)

해설 **연료의 가연성분** : 탄소(C), 수소(H), 황(S)

05 가연성 가스에서 산소의 농도나 분압이 높아짐에 따라 다음 사항은 어떻게 변화되는가?

(1) 연소속도 :   (2) 발화온도 :
(3) 폭발범위 :   (4) 최소점화에너지 :

해답 (1) 증가한다(또는 빨라진다).
(2) 낮아진다(또는 감소한다).
(3) 넓어진다(또는 증가한다).
(4) 감소한다(또는 낮아진다).

06 파일럿식 정압기와 비교하여 직동식 정압기의 동특성 특징에 대하여 설명하시오.

해답 ① 신호계통이 단순하므로 응답속도는 빠르다.
② 스프링 제어식에서는 상당한 안정성을 확보할 수 있다.

해설 직동식과 파일럿식의 특성 비교

구분		직동식	파일럿식
정특성	오프셋 (off set)	- 2차 압력을 신호겸 구동압력으로서 이용하기 때문에 오프셋이 크게 된다. - 1차 압력이 변화하면 메인밸브의 평형위치가 변화하므로 2차 압력도 시프트(shift) 된다.	- 파일럿에서 2차 압력의 작은 변화를 증폭해서 메인 정압기를 작동시키므로 오프셋은 적어진다. - 기본적으로 1차 압력변화의 영향은 적으나 1차 압력이 변화해도 2차 압력이 거의 시프트(shift)되지 않도록 할 수 있다.
	로크 업 (lock up)	- 2차 압력을 완전차단 압력으로서 이용하므로 로크 업은 크게 된다.	- 오프셋과 같은 이유로 로크 업은 적게할 수 있다.
동특성	응답속도	- 신호계통이 단순하므로 응답속도는 빠르다.	- 응답속도는 약간 늦어지지만 기종에 따라서는 상당히 빠른 것도 있다.
	안정성	- 스프링 제어식에서는 상당한 안정성을 확보할 수 있다.	- 직동식보다 안정성은 좋은 것이 많으나 추 제어식의 것은 안정성이 나빠진다.
적용성		- 소용량으로서 요구 유량제어 범위가 좁은 경우에 이용할 수 있다. - 낮은 차압으로 사용하는 경우에 적당하다.	- 대용량으로서 요구 유량제어 범위가 넓은 경우에 적당하다. - 높은 압력 제어정도가 요구되는 경우에 적당하다.

07 아보가드로의 법칙을 설명하시오.

해답 모든 기체 1몰(mol)은 표준상태(0℃, 1기압)에서 22.4 L의 부피를 차지하며 그 속에는 6.02×10^{23}개의 분자가 들어있다.

08 프로판(C_3H_8) 22 g이 공기 중에서 완전 연소할 때 이산화탄소(CO_2) 생성량은 몇 g인지 계산하시오.

풀이 ① 프로판의 완전연소 반응식 : $C_3H_8 + 5O_2 \rightarrow 3CO_2 + 4H_2O$
② 이산화탄소(CO_2) 생성량(g) 계산
$$44\,g : 3 \times 44\,g = 22\,g : x(CO_2)\,g$$
$$\therefore \ x = \frac{3 \times 44 \times 22}{44} = 66\,g$$

해답 66 g

09 접촉분해공정에서 고온수증기 개질법의 ICI방식의 공정 4단계를 순서대로 쓰시오.

해답 ① 원료의 탈황
② 가스의 제조
③ CO 변성
④ 열 회수

해설 ICI방식 : Imperrial Chemical Industries사의 약칭으로 수소(H_2)가 많고 연소속도가 빠른 발열량 3000 kcal/Nm^3 전후의 가스를 제조한다.

10 비중이 0.64인 가스를 길이 200 m 떨어진 곳에 저압으로 시간당 200 m^3로 공급하고자 한다. 압력손실이 수주로 20 mm이면 배관의 최소 관지름(cm)은 얼마인가? (단, 폴의 상수 K는 0.7055이다.)

풀이 $Q = K\sqrt{\dfrac{D^5 \cdot H}{S \cdot L}}$ 에서

$$\therefore \ D = \sqrt[5]{\frac{Q^2 \times S \times L}{K^2 \times H}} = \sqrt[5]{\frac{200^2 \times 0.64 \times 200}{0.7055^2 \times 20}} = 13.875 \fallingdotseq 13.88\,cm$$

해답 13.88 cm

11 도시가스 원료 선택 시 고려사항 4가지를 쓰시오.

해답 ① 제조설비의 건설비가 적게 소요될 것
② 이동 및 변동이 용이할 것
③ 수질 및 대기의 공해 문제가 적을 것
④ 원료의 취급이 간편할 것

12 [보기]는 바깥지름과 안지름의 비가 1.2 이상인 경우 배관의 두께 계산식이다. "f"와 "C"가 의미하는 것을 단위를 포함하여 설명하시오.

> **보기**
>
> $$t = \frac{D}{2}\left\{\sqrt{\frac{\frac{f}{S}+P}{\frac{f}{S}-P}}-1\right\}+C$$

해답 ① f : 재료의 인장강도(단위 : N/mm^2) 또는 항복점(단위 : N/mm^2)의 1.6배
② C : 부식여유치(단위 : mm)

13 스프링식 안전밸브와 비교한 파열판식 안전밸브의 특징 4가지를 쓰시오.

해답 ① 구조가 간단하여 취급, 점검이 쉽다.
② 밸브 시트의 누설이 없다.
③ 한번 작동하면 재사용이 불가능하다.
④ 부식성 유체, 괴상물질을 함유한 유체에 적합하다.

14 수소가스의 특성 중 폭명기의 종류 2가지의 반응식을 쓰고 설명하시오.

해답 ① 수소폭명기 : 수소가 공기 중 산소와 체적비 2 : 1로 반응하여 물을 생성한다.
반응식 : $2H_2+O_2 \rightarrow 2H_2O+136.6$ kcal
② 염소폭명기 : 수소와 염소의 혼합가스는 빛(직사광선)과 접촉하면 심하게 반응한다.
반응식 : $H_2+Cl_2 \rightarrow 2HCl+44$ kcal
해설 문제에서 반응식의 발생열량까지 요구하면 반드시 기록해야 하지만, 그렇지 않은 경우 기록하지 않아도 득점에는 영향이 없습니다. 발생열량의 수치를 틀리게 기록하면 반응식은 오답으로 처리되니 주의하길 바랍니다.

15 매설되는 도시가스배관에 현장도복을 시공하는 이유를 설명하시오.

해답 매설되는 도시가스배관의 현장 용접부 외면, 호칭지름 150 mm 미만의 관이음쇠 및 피복 손상부의 보수작업을 할 때 시공하여 방식(부식 방지)이 유지될 수 있도록 하기 위하여
해설 (1) 방식피복재료 : 방식테이프, 방식쉬트류, 열수축튜브
(2) 방식 재료별 사용처
① 열수축튜브 : 직관 용접부의 외면 방식, PE coated fitting과 직관의 용접부 외면
② 방식용 테이프 : 곡관부(90°, 45° 엘보 등)의 외면 방식에 사용
③ 마스틱 테이프 : 티이, 리듀서, 밸브 및 기타 이형부분의 외면 방식에 사용
※ 출처 : KGS FS551 일반도시가스사업 제조소 및 공급소 밖의 배관 기준 부록 D

※ 코로나19로 인하여 시행된 수시검정 제5회는 정기검정 제4회와 함께 시행되었습니다.

2021년도 **가스산업기사** 모의고사

01 일반용 액화석유가스 압력조정기 중 자동절체식 일체형 저압조정기의 입구압력과 조정압력을 각각 쓰시오.

해답 ① 입구압력 : 0.1~1.56 MPa

② 조정압력 : 2.55~3.30 kPa

해설 압력조정기의 종류에 따른 입구압력 · 조정압력

종류	입구압력(MPa)	조정압력(kPa)
1단 감압식 저압조정기	0.07~1.56	2.30~3.30
1단 감압식 준저압조정기	0.1~1.56	5.0~30.0 이내에서 제조자가 설정한 기준압력의 ±20%
2단 감압식 1차용 조정기 (용량 100 kg/h 이하)	0.1~1.56	57.0~83.0
2단 감압식 1차용 조정기 (용량 100 kg/h 초과)	0.3~1.56	57.0~83.0
2단 감압식 2차용 조정기	0.01~0.1 또는 0.025~0.1	2.30~3.30
2단 감압식 2차용 준저압조정기	조정압력 이상~0.1	5.0~30.0 내에서 제조자가 설정한 기준압력의 ±20%
자동절체식 일체형 저압조정기	0.1~1.56	2.55~3.30
자동절체식 일체형 준저압조정기	0.1~1.56	5.0~30.0 내에서 제조자가 설정한 기준압력의 ±20%
그 밖의 압력조정기	조정압력 이상~1.56	5 kPa을 초과하는 압력범위에서 상기 압력조정기의 종류에 따른 조정압력에 해당하지 않는 것에 한하며, 제조자가 설정한 기준압력의 ±20%일 것

02 도시가스 제조공정 중 접촉분해공정에 의하여 발생하는 가스 종류 4가지를 쓰시오.

해답 ① 메탄(CH_4)

② 수소(H_2)

③ 일산화탄소(CO)

④ 이산화탄소(CO_2)

해설 **접촉개질공정** : 촉매를 사용해서 반응온도 $400\sim800℃$에서 탄화수소와 수증기를 반응시켜 메탄(CH_4), 수소(H_2), 일산화탄소(CO), 이산화탄소(CO_2)로 변환하는 공정이다.

03 저압배관의 유량 계산식은 [보기]와 같다. 여기서 "D"와 "H"는 무엇을 의미하는지 설명하시오.

> **보기**
>
> $$Q = K\sqrt{\dfrac{D^5 \cdot H}{S \cdot L}}$$

해답 ① D : 관 안지름(cm)
② H : 압력손실(mmH_2O)

해설 **저압배관 유량 계산식 각 기호의 의미**
Q : 가스의 유량(m^3/h)
D : 관 안지름(cm)
H : 압력손실(mmH_2O)
S : 가스의 비중
L : 관의 길이(m)
K : 유량계수(폴의 상수 : 0.707)

04 가스액화 분리장치를 구성하는 기기 3가지를 쓰시오.

해답 ① 한랭 발생장치
② 정류장치
③ 불순물 제거장치

05 액화석유가스 충전용기를 이륜차에 적재하여 운반하는 경우에 대한 물음에 답하시오.

(1) 적재하는 충전용기의 충전량은 얼마인가?
(2) 적재하여 운반할 수 있는 용기는 몇 개인가?

해답 (1) 20 kg 이하
(2) 2개 이하

해설 **고압가스 충전용기 운반 기준** : 충전용기는 이륜차에 적재하여 운반하지 아니한다. 다만, 차량이 통행하기 곤란한 지역이나 그 밖에 시·도지사가 지정하는 경우에는 다음 기준에 적합한 경우에만 액화석유가스 충전용기를 이륜차(자전거는 제외)에 적재하여 운반할 수 있다.
① 넘어질 경우 용기에 손상이 가지 아니하도록 제작된 용기운반 전용적재함이 장착된 것인 경우
② 적재하는 충전용기는 충전량이 20 kg 이하이고, 적재수가 2개를 초과하지 아니한 경우

06 양정 15 m, 송수량 3.6 m^3/min일 때 축동력 15 PS를 필요로 하는 원심펌프의 효율은 몇 %인가?

풀이 $PS = \dfrac{\gamma \cdot Q \cdot H}{75 \cdot \eta}$에서 효율($\eta$)을 계산하며, 물의 비중량($\gamma$)은 1000 kgf/m^3을 적용한다.

$$\therefore \ \eta = \frac{\gamma \cdot Q \cdot H}{75\,PS} \times 100 = \frac{1000 \times 3.6 \times 15}{75 \times 15 \times 60} \times 100 = 80\,\%$$

해답 80 %

07 토양에 매설되는 강관은 토양이 물리적, 화학적으로 불균일하여 지표의 상황이나 매설 깊이 등의 영향을 받아 부식이 발생한다. 이때 매설관에서 부식이 발생하는 환경인자 4가지를 쓰시오.

해답 ① 국부전지의 발생　　② 통기차(토질의 차이)
　　 ③ 미주전류의 발생　　④ 토양 중의 박테리아(세균)

08 용접부에 대한 비파괴검사법 중 초음파탐상검사의 단점 4가지를 쓰시오.

해답 ① 결함의 형태가 불명확하다.
　　 ② 검출 능력은 결함과 초음파 빔의 방향에 따른 영향이 크다.
　　 ③ 검사절차에 대한 검사자의 지식이 필요하다.
　　 ④ 초음파의 전달 효율을 높이기 위해 접촉 매질이 필요하다.
　　 ⑤ 검사체의 내부 조직에 따른 영향을 받을 수 있다.

해설 초음파탐상검사의 장점
　　 ① 내부결함 및 불균일 층의 검사가 가능하다.
　　 ② 용입 부족 및 용입부의 결함을 검출할 수 있다.
　　 ③ 검사 비용이 저렴하고, 검사 결과를 신속히 알 수 있다.
　　 ④ 이동성이 좋고, 검사자 및 주변인에 대한 장해가 없다.

09 시안화수소(HCN)의 제조법 중 메탄, 암모니아, 산소를 원료로 제조하는 앤드루소(Andrussow)법의 반응식을 쓰시오.

해답 $CH_4 + NH_3 + \dfrac{3}{2}O_2 \rightarrow HCN + 3H_2O$

해설 시안화수소(HCN)의 제조법
　　 (1) 앤드루소(Andrussow)법 : 암모니아(NH_3), 메탄(CH_4)에 공기를 가하고 10 %의 로듐을 함유한 백금 촉매상을 1000~1100℃로 통하면 시안화수소(HCN)를 함유한 가스를 얻을 수 있고 이것에서 시안화수소를 분리, 정제하는 제조법이다.
　　 (2) 포름아미드(formamide)법 : 일산화탄소(CO)와 암모니아(NH_3)를 100~200 atm 정도의 고압으로 반응탑에 이송하고 메탄올 용액 중에서 반응시키면 포름아미드($HCONH_2$)가 생성되고 알루미나 제올라이트, 아연, 망간 등의 촉매를 사용하여 탈수하면 시안화수소를 얻는다.
　　　 ① 포름아미드 생성 반응식 : $CO + NH_3 \rightarrow HCONH_2$
　　　 ② 포름아미드 탈수 반응식 : $HCONH_2 \rightarrow HCN + H_2O$

10 초저온 액화가스 4가지를 쓰시오.

해답 ① 액화 산소　　　② 액화 아르곤
　　 ③ 액화 질소　　　④ 액화 메탄

11 절대압력 1 atm인 이상기체 1 m^3를 5 L의 용기에 충전하면 압력은 얼마로 변하겠는가? (단, 온도변화는 없는 것으로 한다.)

풀이 $\dfrac{P_1 \cdot V_1}{T_1} = \dfrac{P_2 \cdot V_2}{T_2}$ 에서 $T_1 = T_2$ 이고, $1\,m^3$ 는 1000 L이다.

$$\therefore\ P_2 = \frac{P_1 \cdot V_1}{V_2} = \frac{1 \times 1000}{5} = 200\,\text{atm} \cdot \text{a} - 1 = 199\,\text{atm} \cdot \text{g}$$

해답 199 atm · g

해설 보일-샤를의 법칙에 적용되는 압력은 절대압력이기 때문에 나중 상태의 압력을 계산한 것도 절대압력이 되며, 5 L 용기에 충전된 압력은 계산된 절대압력에서 대기압 1 atm을 뺀 게이지압력으로 계산한 것이다.

12 아세틸렌을 충전할 때 용기 내부에 다공물질을 충전하는 이유를 설명하시오.

해답 아세틸렌은 2기압 이상으로 압축 시 분해폭발을 일으키므로 충전용기 내부를 미세한 간격으로 구분하여 분해폭발이 일어나지 않도록 하고, 분해폭발이 일어나도 용기 전체로 파급되는 것을 방지하기 위하여 다공물질을 충전한다.

13 가스에 함유된 수분을 제거하는 방법 3가지를 쓰시오.

해답 ① 염화칼슘($CaCl_2$)을 이용하여 제거

② 진한 황산을 이용하여 제거

③ 수취기(drain separator)를 설치하여 제거

④ 소다석회를 이용하여 제거

해설 가스 중에 함유된 수분을 제거하는 방법

① 카바이드를 이용하여 아세틸렌을 제조할 때 발생된 아세틸렌가스 중의 수분은 저압건조기 및 고압건조기에서 염화칼슘($CaCl_2$)을 이용하여 제거한다.

② 염소, 포스겐에 함유된 수분은 진한 황산을 이용하여 제거한다.

③ 산소 또는 천연메탄을 용기에 충전하는 때에는 압축기와 충전용 지관 사이에 수취기를 설치하여 그 가스 중의 수분을 제거한다.

④ 암모니아에 함유된 수분은 염기성인 소다석회(CaO와 $NaOH$의 혼합물)를 이용하여 제거한다.

14 바깥지름 216.3 mm, 두께 5.8 mm인 200 A 강관에 내부압력이 9.9 kgf/cm^2 작용할 때 원주방향 응력(kgf/cm^2)을 계산하시오.

풀이 $\sigma_A = \dfrac{PD}{2t} = \dfrac{9.9 \times (216.3 - 2 \times 5.8)}{2 \times 5.8} = 174.700 ≒ 174.7\,\text{kgf/cm}^2$

해답 174.7 kgf/cm^2

15 BLEVE의 정의를 설명하시오.

해답 가연성 액체 저장탱크 주변에서 화재가 발생하여 기상부의 탱크가 국부적으로 가열되면 그 부분이 강도가 약해져 탱크가 파열되며 이때 내부의 액화가스가 급격히 유출, 팽창되어 화구(fire ball)를 형성하여 폭발하는 형태로 비등액체 팽창 증기폭발이라고 한다.

해설 BLEVE : Boiling Liquid Expanding Vapor Explosion(비등액체 팽창 증기폭발)

제2회 ○ **가스산업기사 필답형**

01 고압가스 충전용기 중 용접용기를 제조할 때 용기의 종류에 따른 부식여유 두께를 쓰시오.

용기의 종류		부식여유 두께(mm)
염소를 충전하는 용기	내용적이 1000 L 이하인 것	①
	내용적이 1000 L 초과한 것	②
암모니아를 충전하는 용기	내용적이 1000 L 이하인 것	③
	내용적이 1000 L 초과한 것	④

해답 ① 3 　　② 5 　　③ 1 　　④ 2

02 고압가스용 안전밸브 구조 및 성능에 대한 내용 중 ( ) 안에 알맞은 용어를 쓰시오.

(1) 가연성 또는 독성가스용의 안전밸브에는 ( )을[를] 사용하지 않는다.
(2) 분출관을 부착하는 안전밸브의 밸브몸통 출구쪽에는 밸브시트의 면보다 아래쪽에 개방된 ( )을[를] 설치한 것으로 한다.
(3) 안전밸브의 재료성능은 시험편을 채취한 밸브에 따른 적절한 ( ) 또는 항복점 및 연신율을 갖는 것으로 한다.
(4) 밀폐형의 기밀성능은 출구쪽으로부터 밸브 내부에 ( )MPa 이상의 압력을 가해서 입구 쪽 및 출구 쪽을 밀폐시켰을 때 몸체, 기타의 각부에 누출이 없는 것으로 한다.

해답 (1) 개방형
　　(2) 드레인 빼기
　　(3) 인장강도
　　(4) 0.6

해설 고압가스용 안전밸브 제조의 시설·기술·검사 기준 : KGS AA319

03 아세틸렌 충전작업에 대한 내용 중 ( ) 안에 알맞은 내용을 쓰시오.

(1) 아세틸렌을 2.5 MPa 압력으로 압축할 때에는 (①), (②), 일산화탄소 또는 에틸렌 등의 희석제를 첨가한다.
(2) 아세틸렌을 용기에 충전하는 때에는 미리 용기에 다공물질을 고루 채워 다공도가 75 % 이상 92 % 미만이 되도록 한 후 (③)이나 (④)를 고루 침윤시키고 충전한다.

해답 ① 질소　　② 메탄　　③ 아세톤　　④ 디메틸포름아미드

04 배관의 안지름이 4.16 cm, 길이 20 m인 배관에 비중 1.52인 가스를 저압으로 공급할 때 압력손실이 20 mmH₂O 발생되었다. 이때 배관을 통과하는 가스의 시간당 유량 (m³)을 계산하시오. (단, 폴의 상수는 0.7이다.)

풀이 $Q = K\sqrt{\dfrac{D^5 \cdot H}{S \cdot L}} = 0.7 \times \sqrt{\dfrac{4.16^5 \times 20}{1.52 \times 20}} = 20.040 ≒ 20.04\ \mathrm{m^3/h}$

해답 $20.04\ \mathrm{m^3/h}$

05 발열량이 24000 kcal/m³, 공급압력 2.8 kPa, 공기에 대한 가스 비중 1.55인 LPG를 사용하는 연소기구의 노즐 지름이 0.6 mm이었다. 이 연소기구를 발열량이 6000 kcal/m³, 공급압력 1.0 kPa, 공기에 대한 가스 비중 0.65인 도시가스를 사용하는 것으로 변경할 경우 노즐 지름은 몇 mm인가?

풀이 노즐 지름 변경률 계산식 $\dfrac{D_2}{D_1} = \sqrt{\dfrac{WI_1\sqrt{P_1}}{WI_2\sqrt{P_2}}}$ 에서 변경 후 노즐 지름(D_2)을 구한다.

$$\therefore\ D_2 = D_1 \times \sqrt{\dfrac{WI_1\sqrt{P_1}}{WI_2\sqrt{P_2}}} = D_1 \times \sqrt{\dfrac{\dfrac{H_1}{\sqrt{d_1}} \times \sqrt{P_1}}{\dfrac{H_2}{\sqrt{d_2}} \times \sqrt{P_2}}}$$

$$= 0.6 \times \sqrt{\dfrac{\dfrac{24000}{\sqrt{1.55}} \times \sqrt{2.8}}{\dfrac{6000}{\sqrt{0.65}} \times \sqrt{1.0}}} = 1.249 ≒ 1.25\ \mathrm{mm}$$

해답 $1.25\ \mathrm{mm}$

해설 노즐 지름 변경률 공식에서 사용압력 P_1, P_2의 단위가 'mmH₂O'이지만 분모, 분자에 동일한 단위가 적용되므로 단위 변환 없이 'kPa' 단위를 그대로 적용해서 계산할 수 있다.
[별해] LPG와 LNG의 웨버지수(WI)를 각각 구한 후 변경 후 노즐 지름을 구하는 방법

① 웨버 지수 계산

$$WI_1 = \dfrac{H_1}{\sqrt{d_1}} = \dfrac{24000}{\sqrt{1.55}} = 19277.263 ≒ 19277.26$$

$$WI_2 = \dfrac{H_2}{\sqrt{d_2}} = \dfrac{6000}{\sqrt{0.65}} = 7442.084 ≒ 7442.08$$

② 변경 후 노즐지름(D_2) 계산

$$D_2 = D_1 \times \sqrt{\dfrac{WI_1\sqrt{P_1}}{WI_2\sqrt{P_2}}} = 0.6 \times \sqrt{\dfrac{19277.26 \times \sqrt{2.8}}{7442.08 \times \sqrt{1.0}}} = 1.249 ≒ 1.25\ \mathrm{mm}$$

06 불소(플루오린)에 대한 물음에 답하시오.

(1) 분자식을 쓰시오.
(2) 기체 상태의 색상을 쓰시오.
(3) 연소성에 의하여 분류할 때 무엇에 해당되는지 쓰시오.
(4) 물과 반응했을 때 생성되는 것으로 인체에 유해한 물질의 명칭을 쓰시오.

해답 (1) F_2
　　　(2) 연한 황색(또는 황갈색, 연한 노란색)
　　　(3) 조연성(또는 지연성)
　　　(4) 불화수소(HF) (또는 플루오르수소, 불산, 불화수소산, 플루오린화수소산)

해설 불소(F_2)와 물(H_2O)이 반응했을 때 반응식

$$2F_2 + 2H_2O \rightarrow 4HF + O_2$$

07 부취제 주입방식 중 액체주입방식 3가지를 쓰시오.

해답 ① 펌프 주입방식
② 적하 주입방식
③ 미터연결 바이패스 방식

해설 **부취제 주입방식의 분류**
① 액체 주입식 : 펌프 주입방식, 적하 주입방식, 미터연결 바이패스 방식
② 증발식 : 바이패스 증발식, 위크 증발식

08 고압가스 안전관리법 적용을 받는 고압가스의 종류 및 범위에 대한 다음의 내용 중 ( ) 안에 공통적으로 들어갈 각각의 내용을 쓰시오.

(1) 상용의 온도에서 압력이 ( )MPa 이상이 되는 액화가스로서 실제로 그 압력이 ( ) MPa 이상이 되는 것 또는 압력이 ( )MPa이 되는 경우의 온도가 35℃ 이하인 액화가스

(2) 15℃의 온도에서 압력이 ( )Pa을 초과하는 아세틸렌가스

(3) 상용의 온도에서 압력(게이지압력)이 ( )MPa 이상이 되는 압축가스로서 실제로 그 압력이 ( )MPa 이상이 되는 것 또는 35℃의 온도에서 압력이 ( )MPa 이상 이 되는 압축가스(아세틸렌가스는 제외한다.)

(4) 35℃의 온도에서 압력이 ( )Pa을 초과하는 액화가스 중 액화시안화수소, 액화브 롬화메탄 및 액화산화에틸렌가스

해답 (1) 0.2 (2) 0
(3) 1 (4) 0

09 LPG를 자연기화방식으로 사용하는 곳에서 1일 1호당 평균가스소비량이 1.2 kg/day, 소비호 수가 200세대, 평균가스소비율이 18 %일 때 피크 시 가스사용량(kg/h)을 계 산하시오.

풀이 $Q = q \times N \times \eta = 1.2 \times 200 \times 0.18 = 43.2 \, kg/h$

해답 43.2 kg/h

해설 1일 1호당 평균가스소비량 단위 'kg/day'에서 피크 시 가스사용량 단위 'kg/h'로 환산 없이 변경될 수 있는 것은 '평균가스소비율' 때문에 가능한 것이다. 그 이유는 LPG를 사 용하는 가정에서 가스 소비를 24시간 계속 사용하는 것이 아니라 24시간 중 평균가스소 비율에 해당하는 시간만 사용하는 것이기 때문이다.

10 가스의 유출속도가 연소속도보다 커서 염공에 접하여 연소하지 않고 염공을 떠나 공 간에서 연소하는 현상은 무엇인가?

해답 선화(또는 리프팅[lifting])

11 정압기의 특성 중 사용최대차압에 대하여 설명하시오.

해답 메인밸브에 1차와 2차 압력이 작용하여 최대로 되었을 때 차압

해설 **정압기 특성**
① 정특성(靜特性) : 정상상태에 있어서 유량과 2차 압력의 관계
② 동특성(動特性) : 부하변화가 큰 곳에 사용되는 정압기에 대하여 중요한 특성으로 부하변동에 대한 응답의 신속성과 안정성이 요구된다.
③ 유량특성 : 메인밸브의 열림과 유량과의 관계
④ 사용최대차압 : 메인밸브에 1차와 2차 압력이 작용하여 최대로 되었을 때 차압
⑤ 작동최소차압 : 정압기가 작동할 수 있는 최소 차압

12 액화가스 저장탱크 주위에 액상의 가스가 누출된 경우에 그 가스의 유출을 방지할 수 있는 기능을 갖는 피해저감설비의 명칭을 쓰시오.

해답 방류둑

13 가스압축에 사용하는 압축기에서 다단 압축을 하는 이유 4가지를 쓰시오.

해답 ① 1단 단열압축과 비교한 일량의 절약
② 이용효율의 증가
③ 힘의 평형이 양호해진다.
④ 가스의 온도상승을 피할 수 있다.

14 비열의 SI단위를 쓰시오.

해답 $kJ/kg \cdot K$ (또는 $kJ/kg \cdot \text{℃}$, $J/g \cdot K$, $J/g \cdot \text{℃}$)

해설 비열은 어떤 물질 1 kg을 온도변화 1 K(또는 1℃)에 필요한 열량(kJ)이므로 절대온도(K) 또는 섭씨온도(℃)를 사용해도 관계없다. 온도 변화폭 1은 절대온도와 섭씨온도 동일한 범위이다.

15 내용적 40 L인 용기에 아세틸렌가스 6 kg(액비중 0.613)을 충전할 때 다공성물질의 다공도를 90 %라 하면 표준상태에서 안전공간은 몇 %인가? (단, 아세톤의 비중은 0.8이고, 주입된 아세톤량은 13.9 kg이다.)

풀이 ① 아세톤이 차지하는 체적(V_1) 계산
$$V_1 = \frac{\text{액체무게}}{\text{액비중}} = \frac{13.9}{0.8} = 17.375 ≒ 17.38 \, L$$
② 다공성 물질이 차지하는 체적(V_2) 계산
$$V_2 = 40 \times (1 - 0.9) = 4 \, L$$
③ 아세틸렌이 차지하는 체적(V_3) 계산 : 용기에 충전된 것은 액체상태의 아세틸렌이다.
$$V_3 = \frac{\text{액체무게}}{\text{액비중}} = \frac{6}{0.613} = 9.788 ≒ 9.79 \, L$$
④ 용기 내 내용물이 차지하는 체적(V) 계산
$$V = V_1 + V_2 + V_3 = 17.38 + 4 + 9.79 = 31.17 \, L$$
⑤ 안전공간(%) 계산
$$\text{안전공간(\%)} = \frac{V - E}{V} \times 100 = \frac{40 - 31.17}{40} \times 100 = 22.075 ≒ 22.08 \, \%$$

해답 22.08 %

| 제4회 | **가스산업기사 필답형** |

01 에틸렌의 위험도를 계산하고, 가연성가스의 위험도와 폭발범위와의 관계를 설명하시오. (단, 공기 중에서 에틸렌의 폭발범위는 3.1~32 %이다.)

풀이 ① 에틸렌(C_2H_4)의 위험도 계산

$$H = \frac{U-L}{L} = \frac{32-3.1}{3.1} = 9.322 ≒ 9.32$$

해답 ① 위험도 : 9.32

② 위험도와 폭발범위와의 관계 : 위험도는 가연성가스의 폭발가능성을 나타내는 수치(폭발범위를 폭발범위 하한계로 나눈 것)로 수치가 클수록 위험하다. 즉, 폭발범위가 넓을수록, 폭발범위 하한계가 낮을수록 위험성이 크다.

02 보일 오프가스(BOG : boil off gas)에 대한 물음에 답하시오.

(1) 정의를 쓰시오.

(2) 발생하는 원인 2가지를 쓰시오.

해답 (1) LNG 저장시설에서 자연 입열에 의하여 기화된 가스로 증발가스라 한다.

(2) ① 저장탱크 외부로부터 전도되는 열

② 롤 오버(roll over) 현상

해설 **롤 오버(roll over) 현상** : LNG 저장탱크에서 상이한 액체 밀도로 인하여 층상화된 액체의 불안정한 상태가 바로 잡히며 생기는 LNG의 급격한 물질 혼합 현상을 말하며 일반적으로 상당한 양의 증발가스가 탱크 내부에서 방출되는 현상이 수반된다.

03 혼합가스의 발열량이 7000 kcal/m³일 때 웨버지수는 얼마인가? (단, 혼합가스의 몰분율은 H_2 49.6 %, CO_2 16.5 %, N_2 4.1 %, CH_4 12.4 %, C_3H_8 17.4 %이고, 공기의 평균분자량은 28.9이다.)

풀이 ① 혼합가스 분자량 계산 : 혼합가스 분자량은 성분가스의 분자량에 몰분율을 곱한 값을 합산한 것이고, 각 성분의 분자량은 수소(H_2) 2, 이산화탄소(CO_2) 44, 질소(N_2) 28, 메탄(CH_4) 16, 프로판(C_3H_8) 44이다.

∴ $M = (2 \times 0.496) + (44 \times 0.165) + (28 \times 0.041) + (16 \times 0.124) + (44 \times 0.174) = 19.04$

② 혼합가스의 공기에 대한 비중 계산

$$d = \frac{혼합가스\ 분자량}{공기\ 분자량} = \frac{19.04}{28.9} = 0.658 ≒ 0.66$$

③ 웨버지수 계산

$$WI = \frac{H_g}{\sqrt{d}} = \frac{7000}{\sqrt{0.66}} = 8616.404 ≒ 8616.40$$

해답 8616.4

[별해] 혼합가스 분자량을 구한 값에서 하나의 과정으로 계산

$$WI = \frac{H_g}{\sqrt{d}} = \frac{7000}{\sqrt{\dfrac{19.04}{28.9}}} = 8624.094 ≒ 8624.09$$

해설 ① 웨버지수와 비중은 단위가 없는 무차원수이다.

② 분자량의 단위는 'g/mol'을 사용하지만 생략하여도 무방하다.

③ 계산과정을 다르게 적용하면 최종값에서 오차가 발생할 수 있지만 채점에는 영향이 없으니 '풀이'와 '별해' 중에 하나를 선택하여 답안을 작성하면 된다.

04 2중관으로 하여야 하는 독성가스 종류 4가지를 쓰시오.

해답 ① 포스겐 　　② 황화수소

③ 시안화수소 　④ 아황산가스

⑤ 산화에틸렌 　⑥ 암모니아

⑦ 염소 　　　　⑧ 염화메탄

05 LPG 및 LNG에 첨가하는 부취제의 종류 2가지를 영어 약자로 쓰시오.

해답 ① TBM　② THT　③ DMS

해설 **부취제의 종류 및 특징**

① TBM(tertiary buthyl mercaptan) : 양파 썩는 냄새가 나며 내산화성이 우수하고 토양투과성이 우수하며 토양에 흡착되기 어렵다.

② THT(tetra hydro thiophen) : 석탄가스 냄새가 나며 산화, 중합이 일어나지 않는 안정된 화합물이다. 토양의 투과성이 보통이며, 토양에 흡착되기 쉽다.

③ DMS(dimethyl sulfide) : 마늘 냄새가 나며 안정된 화합물이다. 내산화성이 우수하며 토양의 투과성이 아주 우수하며 토양에 흡착되기 어렵다.

06 고압가스 안전관리법령에 의하여 허가, 신고 및 등록을 한 자는 정기검사를 받아야 한다. 다음 검사대상별 검사주기는 각각 얼마인가?

(1) 고압가스 특정제조자 :

(2) 고압가스 특정제조자 외의 가연성가스, 독성가스 및 산소의 제조자 :

(3) 고압가스 특정제조자 외의 질소가스 제조자 :

해답 (1) 4년

(2) 1년

(3) 2년

해설 **정기검사의 대상별 검사주기 : 고법 시행규칙 별표19**

① 대상별 검사주기는 다음과 같다. 다만, 가스설비 안의 고압가스를 제거한 상태에서의 휴지기간은 정기검사기간 산정에서 제외한다.

검사대상	검사주기
고압가스 특정제조허가를 받은 자(이하 이 표에서 "고압가스 특정제조자"라 한다.)	매 4년
고압가스 특정제조자 외의 가연성가스·독성가스 및 산소의 제조자·저장자 또는 판매자(수입업자를 포함한다.)	매 1년
고압가스 특정제조자 외의 불연성가스(독성가스는 제외한다.)의 제조자·저장자 또는 판매자	매 2년
그 밖에 공공의 안전을 위하여 특히 필요하다고 산업통상자원부장관이 인정하여 지정하는 시설의 제조자 또는 저장자	산업통상자원부장관이 지정하는 시기

② 대상별 검사주기는 해당 시설의 설치에 대한 최초의 완성검사증명서를 발급 받은 날을 기준으로 ①호의 표에 따른 기간이 지난 날(①호 단서에 따른 정기검사를 받은 자의 경우에는 그 정기검사를 받은 날을 기준으로 2년이 지난 날)의 전후 15일 안에 받아야 한다.

07 지상에 일정량 이상의 저장능력을 갖는 가연성, 독성액화가스 및 액화산소 저장탱크 주위에 방류둑을 설치하는 목적을 설명하시오.

해답 가연성, 독성액화가스 및 액화산소 저장탱크 주위에 액상의 가스가 누출될 경우에 액체 상태의 가스가 저장탱크 주위의 한정된 범위를 벗어나서 다른 곳으로 유출되는 것을 방지하기 위하여 설치한다.

08 가연성가스를 압축하는 압축기와 오토클레이브와의 사이의 배관, 아세틸렌의 고압건조기와 충전용 교체밸브 사이의 배관 및 아세틸렌 충전용 지관에 설치하는 장치의 명칭을 쓰시오.

해답 역화방지장치

해설 **역화방지장치** : 아세틸렌, 수소 그 밖에 가연성가스의 제조 및 사용설비에 부착하는 건식 또는 수봉식(아세틸렌에만 적용한다)의 장치로서 상용압력이 0.1 MPa 이하인 것을 말한다.

09 제2종 보호시설 2가지를 쓰시오.

해답 ① 주택
② 사람을 수용하는 건축물(가설건축물 제외)로서 사실상 독립된 부분의 연면적이 100 m² 이상 1000 m² 미만인 것

해설 **제1종 보호시설**
① 학교·유치원·어린이집·놀이방·어린이 놀이터·학원·병원(의원 포함)·도서관·청소년수련시설·경로당·시장·공중목욕탕·호텔·여관·극장·교회 및 공회당(公會堂)
② 사람을 수용하는 건축물(가설건축물 제외)로서 사실상 독립된 부분의 연면적이 1000 m² 이상인 것
③ 예식장·장례식장 및 전시장, 그 밖에 이와 유사한 시설로서 300명 이상 수용할 수 있는 건축물
④ 아동복지시설 또는 장애인복지시설로서 수용능력이 20명 이상 수용할 수 있는 건축물
⑤ 문화재보호법에 따라 지정문화재로 지정된 건축물

10 아크 용접부에 발생하는 결함의 종류 4가지를 쓰시오.

해답 ① 오버랩(overlap)
② 슬래그 섞임(slag inclusion)
③ 기공(blow hole)
④ 언더컷(under cut)
⑤ 피트(pit)
⑥ 스패터(spatter)
⑦ 용입불량

11 1일 1호당 평균가스소비량 1.65 kg/day, 가구 수 30호인 곳에 자동절체식 조정기를 사용할 때 필요한 용기 수는 얼마인가? (단, 피크 시 소비율 24 %, 용기의 가스발생 능력 1.2 kg/h이다.)

풀이 ① 필요최저용기 수 계산

$$용기 \ 수 = \frac{피크 \ 시 \ 평균가스소비량}{용기의 \ 가스발생능력} = \frac{1.65 \times 30 \times 0.24}{1.2} = 9.9 ≒ 10개$$

② 예비용기 포함 용기 수 계산 : 자동절체식 조정기를 사용하므로 예비용기를 포함하여야 한다.

∴ 예비용기 포함 용기 수 = 필요최저용기 수 × 2 = 10 × 2 = 20개

해답 20개

해설 '필요최저용기 수'를 계산할 때 1일 1호당 평균가스소비량 단위 'kg/day'를 용기의 가스발생능력 단위 'kg/h'로 나눠주면 단위 환산 없이 용기 수가 계산되는 것은 '피크 시 소비율' 때문이다. 다시 말하면 하루 24시간 중 피크 시 소비율에 해당하는 시간만 가스를 소비하는 것이기 때문이다.

12 암모니아의 공업적 제조법인 하버-보시법의 반응식을 쓰시오.

해답 $N_2 + 3H_2 \rightarrow 2NH_3$

13 아보가드로의 법칙을 설명하시오.

해답 모든 기체 1몰(mol)은 표준상태(0℃, 1기압)에서 22.4 L의 부피를 차지하며 그 속에는 6.02×10^{23}개의 분자가 들어있다.

14 고온, 고압의 수소가 들어있는 곳에 탄소강을 사용하면 안 되는 이유를 설명하시오.

해답 수소는 고온, 고압 하에서 강재 중의 탄소와 반응하여 메탄(CH_4)을 생성하고 이것이 취성을 발생시키는 수소취성이 발생하기 때문이다.

해설 수소 취성 방지 원소 : 텅스텐(W), 바나듐(V), 몰리브덴(Mo), 티타늄(Ti), 크롬(Cr)

15 원유, 중유, 나프타 등 탄화수소를 고온에서 가열하여 약 10000 kcal/m³의 고열량 가스를 제조하는 공정 명칭을 쓰시오.

해답 열분해 공정

2022년도 가스산업기사 모의고사

제1회 ○ 가스산업기사 필답형

01 LPG 자동차에 고정된 용기 충전소에서 충전호스의 길이는 (①) m 이내로 하고, 충전호스에 부착하는 가스주입기는 (②)형으로 하여야 한다. ( ) 안에 알맞은 내용을 넣으시오.

해답 ① 5
② 원터치형

02 아세틸렌 제조 및 충전에 대한 물음에 법령에서 정해진 내용으로 답하시오.

(1) 아세틸렌을 2.5 MPa 압력으로 압축할 때 첨가하는 희석제를 1가지만 쓰시오.
(2) 습식 아세틸렌 발생기의 표면은 ( )℃ 이하의 온도로 유지한다.
(3) 아세틸렌을 용기에 충전 후에는 압력이 15℃에서 ( ) MPa 이하로 될 때까지 정치하여 둔다.
(4) 상하의 통으로 구성된 아세틸렌 발생장치로 아세틸렌을 제조하는 때에는 사용 후 그 통을 분리하거나 ( )이[가] 없도록 조치한다.

해답 (1) ① 질소(N_2)
② 메탄(CH_4)
③ 일산화탄소(CO)
④ 에틸렌(C_2H_4)
(2) 70
(3) 1.5
(4) 잔류가스

03 공기 중 체적비로 수소 10 %, 프로판 50 %, 에탄 40 %인 혼합가스의 폭발하한계를 계산과정과 함께 쓰시오. (단, 수소의 폭발범위는 4~75 %, 프로판은 2~10 %, 에탄은 3~13 %이다.)

풀이 혼합가스의 폭발범위 계산식 $\dfrac{100}{L} = \dfrac{V_1}{L_1} + \dfrac{V_2}{L_2} + \dfrac{V_3}{L_3}$ 에서 폭발범위 하한값 L을 구한다.

$$\therefore L = \frac{100}{\dfrac{V_1}{L_1} + \dfrac{V_2}{L_2} + \dfrac{V_3}{L_3}} = \frac{100}{\dfrac{10}{4} + \dfrac{50}{2} + \dfrac{40}{3}} = 2.448 \fallingdotseq 2.45\,\%$$

해답 2.45 %

04 펌프는 낮은 곳에서 물을 끌어올려 높은 곳으로 보내는 역할을 한다. 히트펌프(heat pump)는 이와 비슷하게 낮은 온도에서 높은 온도로 열을 끌어 올리는 역할을 하는 것으로 냉매의 기화열 또는 응축열을 이용해 저온의 열원을 고온으로 전달하는 냉방장치로, 반대로 고온의 열원을 저온으로 전달하는 난방장치로 사용할 수 있다. 이와 같은 히트펌프를 구성하는 요소 4가지를 쓰시오.

해답 ① 압축기 ② 응축기 ③ 팽창밸브 ④ 증발기

해설 히트펌프(heat pump)식 냉난방장치 : 증기압축식 냉동장치와 비슷한 구조로 이루어져 냉난방을 겸용할 수 있는 것으로 냉방용은 압축기에서 압축된 냉매가스를 응축기(실외기)에서 액화한 후 고온, 고압의 냉매액을 팽창밸브에서 저온, 저압으로 교축팽창을 시킨 후 증발기(실내기)에서 냉매가 기화하면서 냉방의 목적을 달성한다. 반대로 난방용은 사방밸브에 의해 냉매의 흐름을 반대로 변경시켜 냉방용과 반대로 순환시켜 난방의 목적을 달성하는 것이다(난방일 경우 실내기가 응축기 역할을, 실외기가 증발기 역할을 한다).

05 부취제의 구비조건 4가지를 쓰시오.

해답 ① 화학적으로 안정하고, 독성이 없을 것
② 보통 존재하는 냄새(생활취)와 명확하게 식별될 것
③ 극히 낮은 농도에서도 냄새가 확인될 수 있을 것
④ 가스관이나 가스미터 등에 흡착되지 않을 것
⑤ 배관을 부식시키지 않을 것
⑥ 물에 잘 녹지 않고 토양에 대하여 투과성이 클 것
⑦ 완전연소가 가능하고, 연소 후 냄새나 유해한 성질이 남지 않을 것

06 독성가스 중에서 특유의 색깔이 있어 누출 시 바로 그 사실을 알 수 있는 가스의 종류 4가지를 쓰시오.

해답 ① 염소
② 이산화질소
③ 불소(또는 플루오린)
④ 요오드펜타플루오르화
⑤ 질소트리산화물
⑥ 오존
⑦ 산소디플루오르화물

해설 각 가스의 색상 및 허용농도

명칭	기체 색깔	허용농도
염소(Cl_2)	황록색	TLV-TWA 1 ppm
이산화질소(NO_2)	갈색	TLV-TWA 3 ppm
불소(F_2)	연한 황색(황록색)	TLV-TWA 0.1 ppm
요오드펜타플루오르화(IF_5)	무색에서 노란색	LC50 1278 ppm
질소트리산화물(N_2O_3)	갈색, 녹색, 파란색	LC50 88 ppm
산소디플루오르화물(OF_2)	갈색, 무채색	LC50 136 ppm
오존(O_3)	무색에서 파란색까지	TLV-TWA 0.1 ppm

07 길이 500 m 배관에 비중이 1.52인 가스를 공급압력 1.5 kgf/cm² · g, 유출압력 1.3 kgf/cm² · g로 시간당 200 m³로 공급하기 위한 배관의 안지름(cm)을 계산하시오. (단, 콕크스 상수는 52.31이다.)

풀이 중고압 배관 유량식 $Q = K\sqrt{\dfrac{D^5 \cdot (P_1^2 - P_2^2)}{S \cdot L}}$ 에서 안지름 D를 구하며, 압력은 절대압력(kgf/cm² · a)을 적용하므로 대기압 1.0332 kgf/cm²를 대입한다.

$$\therefore D = \sqrt[5]{\frac{Q^2 \times S \times L}{K^2 \times (P_1^2 - P_2^2)}} = \sqrt[5]{\frac{200^2 \times 1.52 \times 500}{52.31^2 \times \{(1.5 + 1.0332)^2 - (1.3 + 1.0332)^2\}}}$$
$$= 6.478 \fallingdotseq 6.48\,\text{cm}$$

해답 6.48 cm

08 금속재료 중 탄소강에서 발생하는 저온취성에 대하여 설명하시오.

해답 탄소강은 온도가 저하함에 따라 인장강도, 항복점, 경도는 증가하지만 연신율, 단면수축율, 충격치는 감소한다. 탄소강의 경우 특히 −70℃ 부근에서는 충격치가 거의 0에 가깝게 되어 소성변형을 일으키는 성질이 없어지며 이와 같은 성질을 저온취성이라 한다.

09 직류전압 구배법, 피어슨법(Pearson survey) 등은 무엇을 목적으로 사용되는 것인가?

해답 지하에 매설된 도시가스 배관의 피복손상부를 조사하기 위하여

해설 피복손상부를 조사하는 방법 및 종류
(1) 직류에 의한 방법
① 직류전압 구배법
② 짧은 간격 전위법
(2) 교류에 의한 방법
① 피어슨법
② 우드베리법(Woodberry survey)
③ PCM(pipeline current mapper)

10 액화석유가스 변성가스 공급방식을 설명하시오.

해답 부탄을 고온의 촉매로서 분해하여 메탄, 수소, 일산화탄소 등의 연질가스로 변성시켜 공급하는 방법으로 재액화방지 외에 특수한 용도에 사용하기 위하여 변성한다.

11 1일 공급할 수 있는 최대 가스량이 50000 m³, 생산능력보다 소비량이 커지는 시간이 10 : 00부터 15 : 00이며 이때의 송출률이 40 %, 가스홀더의 유효가동량이 1일 공급량의 15 %일 때 필요한 제조가스량(m³/day)은 얼마인가?

풀이 $S \times a = \dfrac{t}{24} \times M + \Delta H$ 에서 1일 최대 공급량 $S = 50000\,\text{m}^3/\text{day}$, t시간의 송출률 $a = 40\,\%$, 가스홀더의 유효가동량 ΔH는 1일 공급량의 15 %이므로 50000×0.15, 제조능력보다 소비량이 커지는 시간 t는 10 : 00부터 15 : 00이므로 5시간을 대입하여 최대 제조능력 M을 구한다.

$$\therefore M = (S \times a - \Delta H) \times \frac{24}{t} = (50000 \times 0.4 - 50000 \times 0.15) \times \frac{24}{5} = 60000\,\text{m}^3/\text{day}$$

해답 60000 m³/day

12 일반도시가스사업자의 정압기실에 설치하는 가스누출경보기에 대한 내용 중 ( ) 안에 알맞은 내용을 쓰시오.

(1) 가스의 누출을 검지하여 그 농도를 ( )함과 동시에 경보가 울리는 것으로 한다.

(2) 미리 설정된 가스농도(폭발하한계의 4분의 1 이하)에서 ( ) 이내에 경보가 울리는 것으로 한다.

(3) 탐지부와 수신부가 분리되어 있는 형태의 경보기로서 ( ) 공업용으로 한다.

(4) 충분한 강도를 가지며, 취급과 정비[특히 ( )]가 용이한 것으로 한다.

해답 (1) 지시

(2) 60초

(3) 분리형

(4) 엘리먼트의 교체

13 내용적 30 L 이상 50 L 이하의 액화석유가스 용기에 부착되는 것으로서 가스충전구에서 압력조정기의 체결을 해체할 경우 가스공급을 자동적으로 차단하는 차단기구가 내장된 용기밸브의 명칭은?

해답 차단기능형 액화석유가스용 용기밸브

해설 과류차단형 액화석유가스용 용기밸브(KGS AA313) : 내용적 30 L 이상 50 L 이하의 액화석유가스 용기에 부착되는 것으로서 규정량 이상의 가스가 흐르는 경우에 가스공급을 자동적으로 차단하는 과류차단기구를 내장한 용기밸브이다.

14 피셔식 정압기의 작동상황 플로차트에서 빈칸을 채우시오. (단, 압력은 '상승, 하강'으로, 밸브는 '열린다, 닫힌다'에서 선택하여 적으시오.)

항목	수용가의 가스사용량	2차 압력	파일럿 다이어프램	파일럿 다이어프램 공급밸브	파일럿 다이어프램 배출밸브	구동압력	메인밸브
상황	사용량 감소	상승	①	②	③	④	⑤

해답 ① 내려간다.

② 열린다.

③ 닫힌다.

④ 하강

⑤ 닫힌다.

15 아황산가스가 누출되었을 때 사용할 수 있는 제독제 종류 4가지를 쓰시오.

해답 ① 가성소다 수용액

② 탄산소다 수용액

③ 물

④ 소석회

해설 제독제 종류

① 제조시설에 보유하여야 할 제독제

가스별	제독제	보유량 (단위 : kg)
염소	가성소다 수용액	670[저장탱크 등이 2개 이상 있을 경우 저장탱크의 수의 제곱근의 수치, 그 밖의 제조설비와 관계되는 저장설비 및 처리설비(내용적이 5 m³ 이상의 것에 한정한다)] 수의 제곱근의 수치를 곱하여 얻은 수량, 이하 염소는 탄산소다 수용액 및 소석회에 대하여도 같다.
	탄산소다 수용액	870
	소석회	620
포스겐	가성소다 수용액	390
	소석회	360
황화수소	가성소다 수용액	1140
	탄산소다 수용액	1500
시안화수소	가성소다 수용액	250
아황산가스	가성소다 수용액	530
	탄산소다 수용액	700
	물	다량
암모니아 산화에틸렌 염화메탄	물	다량

② 독성가스 용기 운반 시 응급조치에 필요한 제독제

품명	운반하는 독성가스의 양		비고
	액화가스 질량 100 kg		
	미만인 경우	이상인 경우	
소석회	20 kg 이상	40 kg 이상	염소, 염화수소, 포스겐, 아황산가스 등 효과가 있는 액화가스에 적용된다.

제2회 ◦ 가스산업기사 필답형

01 가스비중이 0.55인 도시가스를 20 m 높이에 공급할 때 압력손실은 몇 mmH₂O인가?

풀이 $H = 1.293 \times (S-1) \times h = 1.293 \times (0.55-1) \times 20$

$\qquad = -11.637 \fallingdotseq -11.64 \text{ mmH}_2\text{O}$

해답 $-11.64 \text{ mmH}_2\text{O}$

해설 압력손실이 마이너(−)값이 나오는 것은 공기보다 가볍기 때문에 압력이 상승하는 것을 의미한다.

02 가스크로마토그래피 분석장치의 원리를 설명하시오.

해답 운반기체(carrier gas)의 유량을 조절하면서 측정하여야 할 시료기체를 도입부를 통하여 공급하면 운반기체와 시료기체가 분리관을 통과하는 동안 분리되어 시료의 각 성분의 흡수력 차이(시료의 확산속도, 이동속도)에 따라 성분의 분리가 일어나고 시료의 각 성분이 검출기에서 측정된다.

03 LPG 사용시설에서 2단 감압방식을 사용할 때 장점 4가지를 쓰시오.

해답 ① 입상배관에 의한 압력손실을 보정할 수 있다.
② 가스배관이 길어도 공급압력이 안정된다.
③ 각 연소기구에 알맞은 압력으로 공급이 가능하다.
④ 중간 배관의 지름이 작아도 된다.

해설 2단 감압방식의 단점
① 설비가 복잡하고, 검사방법이 복잡하다.
② 조정기 수가 많아서 점검부분이 많다.
③ 부탄의 경우 재액화의 우려가 있다.
④ 시설의 압력이 높아서 이음방식에 주의하여야 한다.

04 서로 맞물려 회전하는 회전자(rotor)는 기어가 없는 땅콩형 모양으로 유입구와 유출구의 압력차에 의해서 회전하며 1회전 할 때마다 일정 용적의 유량을 케이스 밖으로 배출하는 구조이다. 고속회전이 가능하므로 소형으로 대용량을 계량할 수 있는 유량계의 명칭을 쓰시오.

해답 루트형 유량계

해설 용적식 유량계
① 오벌(oval) 기어식 : 케이스 내부에 2개의 타원형의 기어가 서로 맞물려 회전할 수 있도록 조립되어 있고, 입구와 출구의 압력차에 의하여 회전하며 회전수로부터 유량을 측정한다. 중유와 같은 고점도 유체의 유량 측정도 가능하다.
② 루트(root)형 : 회전자가 기어가 없는 매끈한 구조의 땅콩 모양(또는 누에고치 모양)으로 되어 있다. 회전자 전 후의 압력차에 의하여 2개의 회전자가 서로 회전하며 케이스와 회전자 사이에 형성되는 계량실의 부피와 회전수로부터 통과 유량을 측정한다.

05 안전성 평가기법 중 ETA에 대하여 설명하시오.

해답 초기사건으로 알려진 특정한 장치의 이상이나 운전자의 실수로부터 발생되는 잠재적인 사고결과를 평가하는 정량적 안전성 평가기법이다.

해설 ETA(event tree analysis) : 사건수 분석기법

06 방류둑 구조에 대한 내용 중 (   ) 안에 알맞은 내용을 쓰시오.

(1) 철근콘크리트, 철골·철근콘크리트는 (   ) 콘크리트를 사용하고 균열 발생을 방지하도록 배근, 리벳팅 이음, 신축이음 및 신축이음의 간격, 배치 등을 정하여야 한다.
(2) 방류둑은 (   ) 것으로 한다.
(3) 성토는 수평에 대하여 (   ) 이하의 기울기로 하여 쉽게 허물어지지 않도록 충분히 다져 쌓고, 강우 등으로 인하여 유실되지 않도록 그 표면에 콘크리트 등으로 보호한다.
(4) 성토 윗부분의 폭은 (   ) m 이상으로 한다.

해답 (1) 수밀성
(2) 액밀한
(3) 45°
(4) 0.3

---

07 고압가스설비와 배관의 기밀시험용으로 사용되는 기체 2가지를 쓰시오.

해답 ① 질소
② 공기

---

08 고압가스 제조시설에 설치하는 플레어스택의 구조에서 역화 및 공기 등과의 혼합폭발을 방지하기 위하여 갖추어야 할 시설 4가지를 쓰시오.

해답 ① liquid seal의 설치
② flame arrestor의 설치
③ vapor seal의 설치
④ purge gas(N_2, off gas 등)의 지속적인 주입
⑤ molecular seal 설치

---

09 아세틸렌에서 발생하는 폭발 종류 2가지를 각각 반응식과 함께 쓰시오.

해답 ① 분해폭발 : $C_2H_2 \rightarrow 2C + H_2$
② 산화폭발 : $C_2H_2 + 2.5O_2 \rightarrow 2CO_2 + H_2O$
③ 화합폭발 : $C_2H_2 + 2Cu \rightarrow Cu_2C_2 + H_2$
$C_2H_2 + 2Ag \rightarrow Ag_2C_2 + H_2$

해설 **아세틸렌의 폭발 종류**
① 분해폭발 : 가압, 충격에 의해 탄소(C)와 수소(H_2)로 분해되면서 폭발을 일으킨다.
② 산화폭발 : 산소와 혼합하여 점화하면 폭발을 일으킨다.
③ 화합폭발 : 동(Cu), 은(Ag), 수은(Hg) 등의 금속과 화합 시 폭발성의 아세틸드(구리 아세틸드[Cu_2C_2], 은 아세틸드[Ag_2C_2])를 생성하여 충격, 마찰에 의하여 폭발한다.

---

10 일산화탄소와 수소를 반응시켜 메탄올을 합성하는 제조 반응식을 쓰시오.

해답 $CO + 2H_2 \rightarrow CH_3OH$

해설 **일산화탄소(CO)와 수소(H_2)에 의한 메탄올(CH_3OH) 제조**
① 반응식 : $CO + 2H_2 \rightarrow CH_3OH$
② 촉매 : 동·아연계(CuO, ZnO), 아연·크롬계(ZnO, Cr_2O_3)
③ 온도 : 250~400℃
④ 압력 : 200~300 atm

---

11 양정 15 m, 송수량 5.25 m³/min일 때 축동력 20 PS를 필요로 하는 원심펌프의 효율은 몇 %인가? (단, 물의 비중은 1이다.)

풀이 원심펌프의 축동력(PS) 계산식 $PS = \dfrac{\gamma \cdot Q \cdot H}{75 \cdot \eta}$ 에서 효율 η를 구하며, 물의 비중량(γ)은 $1000\,kgf/m^3$, 유량(Q)은 초(s)당 유량(m^3/s)으로 변환하여 적용한다.

$$\therefore \eta = \frac{\gamma \times Q \times H}{75 \times PS} \times 100 = \frac{1000 \times 5.25 \times 15}{75 \times 20 \times 60} \times 100 = 87.5\,\%$$

해답 $87.5\,\%$

---

12 지하에 매설된 도시가스 배관에서 발생하는 부식의 원인 4가지를 쓰시오.

해답 ① 국부전지의 발생
② 이종금속의 접촉
③ 통기차(토질의 차이)
④ 콘크리트의 접촉
⑤ 미주전류의 발생
⑥ 토양 중의 박테리아(세균)

---

13 [보기]와 같은 반응으로 진행되는 접촉분해(수증기 개질)공정에서 카본(C) 생성을 방지하는 방법에 대하여 온도, 압력의 관계를 설명하시오.

┌─ **보기** ─────────────────────────────────┐

$$CH_4 \rightleftarrows 2H_2 + C(카본) \cdots\cdots\cdots (1)$$
$$2CO \rightleftarrows CO_2 + C(카본) \cdots\cdots\cdots (2)$$

└──┘

해답 (1) 반응온도를 낮게, 반응압력은 높게 유지한다.
(2) 반응온도를 높게, 반응압력은 낮게 유지한다.

해설 **카본(C) 생성을 방지하는 방법**
① (1)번, (2)번 모두 반응에 필요한 수증기량 이상의 수증기를 가하면 카본 생성을 방지할 수 있다.
② (1)번 반응은 발열반응에 해당되고 반응 전 1 mol, 반응 후 카본(C)을 제외한 2 mol로 반응 후의 mol수가 많으므로 온도가 높고, 압력이 낮을수록 반응이 잘 일어난다. 그러므로 카본(C) 생성을 방지하려면 반응이 잘 일어나지 않도록 하여야 하므로 반응온도를 낮게, 반응압력은 높게 유지한다.
③ (2)번 반응은 발열반응에 해당되고 반응 전 2 mol, 반응 후 카본(C)을 제외한 1 mol로 반응 후의 mol수가 적으므로 온도가 낮고, 압력이 높을수록 반응이 잘 일어난다. 그러므로 카본(C) 생성을 방지하려면 반응이 잘 일어나지 않도록 하여야 하므로 반응온도를 높게, 반응압력은 낮게 유지한다.

---

14 고압가스 안전관리법에서 정하는 특정고압가스 종류 4가지를 쓰시오.

해답 ① 수소
② 산소
③ 액화암모니아
④ 아세틸렌
⑤ 액화염소
⑥ 천연가스

⑦ 압축모노실란

⑧ 압축디보레인

⑨ 액화알진

⑩ 그 밖에 대통령령으로 정하는 고압가스

해설 ① 특정고압가스(고법 제20조) : 수소, 산소, 액화암모니아, 아세틸렌, 액화염소, 천연가스, 압축모노실란, 압축디보레인, 액화알진, 그 밖에 대통령령으로 정하는 고압가스

② 대통령령으로 정하는 고압가스(고법 시행령 제16조) : 포스핀, 세렌화수소, 게르만, 디실란, 오불화비소, 오불화인, 삼불화인, 삼불화질소, 삼불화붕소, 사불화유황, 사불화규소

③ 특수고압가스(고법 시행규칙 제2조) : 압축모노실란, 압축디보레인, 액화알진, 포스핀, 세렌화수소, 게르만, 디실란 및 그 밖에 반도체의 세정 등 산업통상자원부장관이 인정하는 특수한 용도에 사용되는 고압가스

④ 특수고압가스(KGS FU212 특수고압가스 사용시설 기준) : 특정고압가스 사용시설 중 압축모노실란, 압축디보레인, 액화알진, 포스핀, 세렌화수소, 게르만, 디실란, 오불화비소, 오불화인, 삼불화인, 삼불화질소, 삼불화붕소, 사불화유황, 사불화규소를 말한다.

15 [보기]의 증기압축식 냉동사이클에서 냉매가 순환되는 과정을 번호로 나열하시오.

> **보기**
> ① 팽창밸브 ② 증발기 ③ 응축기 ④ 수액기 ⑤ 압축기

해답 ⑤ → ③ → ④ → ① → ②

해설 증기압축식 냉동기의 각 기기 역할(기능)

① 압축기 : 저온, 저압의 냉매가스를 고온, 고압으로 압축하여 응축기로 보내 응축, 액화하기 쉽도록 하는 역할을 한다.

② 응축기 : 고온, 고압의 냉매가스를 공기나 물을 이용하여 응축, 액화시키는 역할을 한다.

③ 수액기 : 응축기에서 액화된 냉매를 일시 저장하는 역할을 한다.

④ 팽창밸브 : 고온, 고압의 냉매액을 증발기에서 증발하기 쉽게 저온, 저압으로 교축 팽창시키는 역할을 한다.

⑤ 증발기 : 저온, 저압의 냉매액이 피냉각 물체로부터 열을 흡수하여 증발함으로써 냉동의 목적을 달성한다.

제4회 **○ 가스산업기사 필답형**

---

01 펌프의 비교회전도(비속도)에 대한 설명 중 ( ) 안에 알맞은 내용을 쓰시오.

> **보기**
> 비교회전도(比較回轉度)란 1개의 임펠러를 대상으로 형상과 운전상태를 동일하게 유지하면서 그 크기를 변경하고, 유량 1 m^3/min에서 양정 1 m를 발생시킬 때 그 임펠러에 주어져야 할 회전수(rpm)로 비속도라고도 한다. 비교회전도가 크면 (①), (②) 펌프이고 작으면 (③), (④) 펌프 특성을 갖는다.

해답 ① 대유량 ② 저양정 ③ 소유량 ④ 고양정

02 이음매 없는 용기의 검사 항목 중 압궤시험에 대하여 설명하시오.

해답 꼭지각이 60°로서 그 끝을 반지름 13 mm의 원호로 다듬질한 2개의 강제 쐐기를 사용하여 시험 용기 또는 원통재료의 대략 중앙부에서 원통축에 직각으로 서서히 눌러서 양쪽 쐐기 사이의 거리가 일정량에 도달하여도 균열이 생겨서는 안 된다.

해설 ① 압궤시험용 강제 쐐기

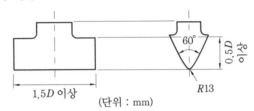

② 압궤시험 예

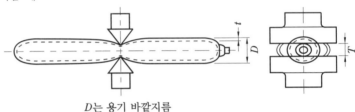

D는 용기 바깥지름
t는 용기 원통부의 두께
T는 양쪽 쐐기 사이의 거리

03 20℃에서 1 atm으로 용기에 충전된 가스의 온도가 상승되어 압력이 2.5배 증가되었다면 이때의 온도는 몇 ℃인가?

풀이 보일-샤를의 법칙 $\dfrac{P_1 V_1}{T_1} = \dfrac{P_2 V_2}{T_2}$ 에서 충전용기의 내용적은 일정($V_1 = V_2$)이므로 $\dfrac{P_1}{T_1} = \dfrac{P_2}{T_2}$

이다. 압력이 2.5배로 증가되는 것은 $\dfrac{P_2}{P_1}$ 의 값이 2.5배라는 것이므로 여기에 대입하여

변화된 후의 온도 T_2를 구하며, 이때의 온도는 절대온도이므로 섭씨온도로 변환한다.

$$\therefore T_2 = \frac{P_2}{P_1} \times T_1 = 2.5 \times (273 + 20) = 732.5\,\mathrm{K} - 273 = 459.5℃$$

해답 459.5℃

04 내용적 50 m³인 저장탱크에 비중 0.56인 액화석유가스 20톤을 저장할 때 물음에 답하시오.

(1) 저장탱크 저장능력(톤)은 얼마인가?

(2) 저장탱크 내용적 대비 액화석유가스가 차지하는 용적비(%)는 얼마인가?

풀이 (1) 저장탱크 저장능력 계산

$$\therefore W = 0.9\,d\,V = 0.9 \times 0.56 \times 50 = 25.2\,\text{톤}$$

(2) 용적비 계산

① 충전된 액화석유가스 20톤이 차지하는 체적 계산

$$\therefore 액화석유가스 체적 = \frac{액화석유가스 \ 질량(kg)}{액화석유가스 \ 비중(kg/L)}$$

$$= \frac{20 \times 1000}{0.56} = 35714.285\,L = 35.714\,m^3 ≒ 35.71\,m^3$$

② 용적비(%) 계산

$$\therefore 용적비 = \frac{충전된 \ 가스 \ 체적}{저장탱크 \ 내용적} \times 100 = \frac{35.71}{50} \times 100 = 71.42\%$$

해답 (1) 25.2톤

(2) 71.42%

해설 저장능력을 계산할 때 내용적(V)의 단위를 'L'를 적용하면 저장능력 단위는 'kg'이 되며, 내용적 단위를 'm^3'를 적용하면 저장능력 단위는 '톤(ton)'이 된다.

---

05 아세틸렌은 분해폭발의 위험성이 있어 충전할 때 주의하여야 한다. 아세틸렌 충전작업에 대하여 설명하시오.

해답 ① 아세틸렌을 2.5 MPa 압력으로 압축하는 때에는 질소·메탄·일산화탄소 또는 에틸렌 등의 희석제를 첨가한다.

② 아세틸렌을 용기에 충전하는 때에는 미리 용기에 다공물질을 고루 채워 다공도가 75% 이상 92% 미만이 되도록 한 후 아세톤 또는 디메틸포름아미드를 고루 침윤시키고 충전한다.

③ 아세틸렌을 용기에 충전하는 때의 충전 중의 압력은 2.5 MPa 이하로 하고, 충전 후에는 압력이 15℃에서 1.5 MPa 이하로 될 때까지 정치하여 둔다.

---

06 아세틸렌에 대한 최소산소농도값(MOC)을 추산하면 얼마인가? (단, 아세틸렌의 폭발범위는 2.5~81%이다.)

풀이 ① 아세틸렌(C_2H_2)의 완전연소 반응식 : $C_2H_2 + 2.5O_2 \rightarrow 2CO_2 + H_2O$

② 최소산소농도값(MOC) 계산 : 완전연소 반응식에서 아세틸렌 1몰에 대하여 산소 2.5몰이 필요하다.

$$\therefore MOC = LFL \times \frac{산소 \ 몰수}{연료 \ 몰수} = 2.5 \times \frac{2.5}{1} = 6.25\%$$

해답 6.25%

---

07 다음 각 설비 및 장치, 용기의 기밀시험압력에 대하여 각각 쓰시오.

(1) 고압가스 설비 및 배관 :

(2) 냉매설비 배관 :

(3) 아세틸렌 용기 :

(4) 납붙임 용기 :

해답 (1) 상용압력 이상으로 하되, 0.7 MPa를 초과하는 경우 0.7 MPa 압력 이상으로 한다.

(2) 설계압력 이상

(3) 최고충전압력의 1.8배

(4) 최고충전압력

해설 **충전용기 시험압력**

(1) 최고충전압력

① 압축가스를 충전하기 위한 용기 : 35℃의 온도에서 그 용기에 충전할 수 있는 가스의 압력 중 최고압력

② 아세틸렌 용기 : 15℃에서 그 용기에 충전할 수 있는 가스의 압력 중 최고압력

③ 초저온, 저온용기 : 상용압력 중 최고압력

④ 액화가스를 충전하기 위한 용기 : 내압시험압력의 5분의 3배

⑤ 접합 및 납붙임 용기

㉮ 압축가스를 충전하는 용기 : 35℃의 온도에서 그 용기에 충전할 수 있는 가스의 압력 중 최고압력

㉯ 액화가스를 충전하는 용기 : 규정에 정한 내압시험 압력의 5분의 3배. 다만, 내압시험 압력이 0.8 MPa를 초과하는 경우에는 0.8 MPa로 한다.

(2) 기밀시험압력

① 아세틸렌 용기 : 최고충전압력의 1.8배

② 초저온, 저온용기 : 최고충전압력의 1.1배의 압력

③ 그 밖의 용기(압축가스 용기) : 최고충전압력

④ 접합 및 납붙임 용기 : 최고충전압력

(3) 내압시험압력

① 압축가스 및 초저온, 저온용기에 충전하는 액화가스 : 최고충전압력의 3분의 5배

② 아세틸렌 용기 : 최고충전압력의 3배

③ 액화가스 : 액화가스 종류별로 정한 압력

④ 접합 및 납붙임 용기

㉮ 압축가스를 충전하는 용기 : 최고충전압력 수치의 3분의 5배

㉯ 액화가스를 충전하는 용기 : 액화가스 종류별로 규정에 정한 압력

---

08 고압가스 안전관리법에 규정된 액화가스의 정의를 쓰시오.

해답 액화가스란 가압(加壓)·냉각 등의 방법에 의하여 액체상태로 되어 있는 것으로서 대기압에서의 끓는점이 40℃ 이하 또는 상용온도 이하인 것을 말한다.

해설 '도시가스사업법 시행규칙'에 규정된 액화가스의 정의 : 액화가스란 상용의 온도 또는 35℃의 온도에서 압력이 0.2 MPa 이상이 되는 것을 말한다.

---

09 수소와 메탄이 체적비 50 : 50으로 이루어진 혼합가스를 취급하는 시설에 가스누출 검지 경보장치를 설치할 때 검지부의 경보농도 설정값을 계산하시오. (단, 수소의 폭발범위는 4~75 %, 메탄의 폭발범위는 5~15 %이다.)

풀이 ① 혼합가스의 폭발범위 하한계 계산 : 르샤틀리에 공식 $\dfrac{100}{L} = \dfrac{V_1}{L_1} + \dfrac{V_2}{L_2}$ 를 이용하여 폭발범위 하한계 L를 계산한다.

$$\therefore L = \frac{100}{\dfrac{V_1}{L_1} + \dfrac{V_2}{L_2}} = \frac{100}{\dfrac{50}{4} + \dfrac{50}{5}} = 4.444 \fallingdotseq 4.44\,\%$$

② 경보농도 설정값 계산 : 가스누출검지 경보장치 검지부의 경보농도 설정값은 폭발범위 하한계의 1/4 이하로 한다.

$$\therefore \text{경보농도 설정값} = \text{폭발범위 하한계} \times \frac{1}{4} = 4.44 \times \frac{1}{4} = 1.11\,\% \text{ 이하}$$

해답 1.11 % 이하

10 도시가스 제조법 중 수소화 분해 공정에 대하여 설명하시오.

해답 C/H비가 큰 탄화수소를 고온·고압의 수소기류 중에서 열분해 또는 접촉분해시켜서 메탄을 주성분으로 하는 고열량의 가스를 제조하는 방법으로 촉매로는 Ni(니켈) 등을 사용한다.

11 전기방식법 중 배류법에 대하여 설명하시오.

해답 매설배관의 전위가 주위의 타 금속 구조물의 전위보다 높은 장소에서 매설배관과 주위의 타 금속 구조물을 전기적으로 접속시켜 매설배관에 유입된 누출전류를 전기회로적으로 복귀시키는 방법이다.

해설 **전기방식(電氣防蝕)** : 지중 및 수중에 설치하는 강재배관 및 저장탱크 외면에 전류를 유입시켜 양극반응을 저지함으로써 배관의 전기적 부식을 방지하는 것이다.
① 희생양극법(犧牲陽極法) : 지중 또는 수중에 설치된 양극금속과 매설배관을 전선으로 연결해 양극금속과 매설배관 사이의 전지작용으로 부식을 방지하는 방법이다.
② 외부전원법(外部電源法) : 외부 직류전원장치의 양극(+)은 매설배관이 설치되어 있는 토양이나 수중에 설치한 외부전원용 전극에 접속하고, 음극(−)은 매설배관에 접속시켜 부식을 방지하는 방법이다.
③ 배류법(排流法) : 매설배관의 전위가 주위의 타 금속 구조물의 전위보다 높은 장소에서 매설배관과 주위의 타 금속 구조물을 전기적으로 접속시켜 매설배관에 유입된 누출전류를 전기회로적으로 복귀시키는 방법이다.

12 웨버지수는 연소성과 호환성을 판단하는 지수로 사용하며, 연소기에 웨버지수가 같은 다른 연료를 사용해도 이상이 없는 것이 일반적이다. LPG를 사용하던 연소기구를 LNG로 바꿀 때 변경해야 할 입력값(In-put)에 대하여 설명하시오.

해답 LNG는 LPG보다 단위 체적당 발열량이 낮아 웨버지수가 작으므로 LPG 연소기구의 노즐 지름을 크게 하여 웨버지수가 같아지도록 조정하면 호환이 가능하다.

해설 **웨버지수** : 도시가스 발열량(H_g : kcal/m³)을 가스 비중(d)의 평방근으로 나눈 값으로 가스의 연소성을 판단하는데 중요한 수치이다.

$$WI = \frac{H_g}{\sqrt{d}}$$

13 LPG 이입·충전에는 차압에 의한 방법, 펌프에 의한 방법, 압축기에 의한 방법이 있는데 이 중에서 압축기에 의한 방법을 설명하시오.

해답 저장탱크 상부의 가스를 압축기를 이용하여 흡입하여 압력을 올린 후 이것으로 탱크로리 상부를 가압하여 탱크로리의 LPG를 저장탱크로 이송시키며, 사방밸브를 조작하여 탱크로리 내의 잔가스를 회수할 수 있다. 액화석유가스 이송방법 중 속도가 가장 빨라 충전소 등에서 가장 많이 이용되고 있는 방법이다.

14 수소를 생산방식에 따라 4가지로 구분하여 쓰시오.

해답 ① 그린 수소
② 그레이 수소
③ 브라운 수소
④ 블루 수소

해설 ① 그린 수소(green hydrogen) : 태양광, 풍력 등 재생에너지에서 생산된 전기로 물을 전기분해(수전해)하여 생산한 수소이다. 수소를 생산하는 과정에서 오염물질이 배출되지 않으며, 전기에너지를 수소로 변환하여 쉽게 저장하므로 생산량이 고르지 않은 재생에너지의 단점을 보완할 수 있는 장점이 있는 반면 생산단가가 높고 전력 사용량이 많아 상용화에 어려움이 있다.
② 그레이 수소(gray hydrogen) : 천연가스를 고온·고압의 수증기와 반응시켜 물에 함유된 수소를 추출하는 개질방식(반응식 : $CH_4 + 2H_2O \rightarrow CO_2 + 4H_2$)과 석유화학이나 철강 공정 등에서 부수적으로 발생하는 부생수소도 포함된다. 수소 생산과정에서 이산화탄소가 가장 많이 발생한다.
③ 브라운 수소(brown hydrogen) : 석탄이나 갈탄을 고온·고압하에서 가스화하여 수소가 주성분인 합성가스를 만드는 방식이다.
④ 블루 수소(blue hydrogen) : 그레이 수소를 만드는 과정에서 발생한 이산화탄소를 포집·저장하여 탄소 배출을 줄인 수소를 말한다. 블루 수소는 그레이, 브라운 수소에 비해 친환경적인 생산방식으로 그린 수소에 비해 경제성이 뛰어나다.

15 브레이턴 사이클 과정 4가지를 쓰시오.

해답 ① 단열 압축 과정
② 정압 가열 과정
③ 단열 팽창 과정
④ 정압 방열 과정

해설 브레이턴 사이클(Brayton cycle) : 가스터빈의 이상 사이클로 2개의 단열과정과 2개의 정압과정으로 이루어진다.

2023년도 가스산업기사 모의고사

제1회 **○ 가스산업기사 필답형**

01 도시가스 및 액화석유가스 사용시설의 입상관의 정의를 쓰시오.

> 해답 수용가에 가스를 공급하기 위해 건축물에 수직으로 부착되어 있는 배관을 말하며, 가스의 흐름방향과 관계없이 수직배관은 입상관으로 본다.

02 위험장소 안에 있는 전기설비에는 그 전기설비가 누출된 가스의 점화원이 되는 것을 방지하기 위하여 가연성가스의 제조설비 또는 저장설비 중 전기설비는 방폭성능을 갖도록 설치하여야 하는데 암모니아와 브롬화메탄을 제외시키는 이유를 설명하시오.

> 해답 암모니아 및 브롬화메탄의 경우 다른 가연성가스에 비하여 상대적으로 폭발범위가 좁고, 최소발화에너지(MIE : minimum ignition energy)가 높기 때문에 전기설비로 인한 폭발의 가능성이 낮아 제외하고 있다.
>
> 해설 **암모니아 및 브롬화메탄 성질**
>
> | 구분 | 공기 중 폭발범위 | 최소발화에너지 |
> |---|---|---|
> | 암모니아(NH_3) | 15~28 % | 0.77×10^{-3} J |
> | 브롬화메탄(CH_3Br) | 8.6~16 % | – |
>
> ※ 브롬화메탄의 최소발화에너지에 대한 데이터가 없어 표시하지 못한 것임

03 도시가스 제조소 및 공급소에 설치하는 가스누출검지 경보장치의 검지부를 설치하는 위치는 가스의 성질·주위상황·각 설비의 구조 등의 조건에 따라 정하여야 한다. KGS code에 규정된 설치 제외장소 4가지 중 2가지를 선택하여 쓰시오.

> 해답 ① 증기, 물방울, 기름 섞인 연기 등이 직접 접촉될 우려가 있는 곳
> ② 주위온도 또는 복사열에 의한 온도가 40℃ 이상이 되는 곳
> ③ 설비 등에 가려져 누출가스의 유통이 원활하지 못한 곳
> ④ 차량 그 밖의 작업 등으로 인하여 경보기가 파손될 우려가 있는 곳

04 고압가스 안전관리법에서 규정하고 있는 충전용기의 정의를 쓰시오.

> 해답 고압가스의 충전질량 또는 충전압력의 2분의 1 이상이 충전되어 있는 상태의 용기를 말한다.
>
> 해설 **잔가스 용기** : 충전질량 또는 충전압력의 2분의 1 미만이 충전되어 있는 상태의 용기를 말한다.

05 직류 아크용접기와 교류 아크용접기의 특성을 비교한 표를 완성하시오.

구분	직류 용접기	교류 용접기
아크 안정성		
극성 이용		
역률		
전격의 위험		

해답

구분	직류 용접기	교류 용접기
아크 안정성	안정	불안정
극성 이용	가능	불가능
역률	양호	불량
전격의 위험	적다	많다

해설 직류 아크용접기와 교류 아크용접기의 비교

구분	직류 용접기	교류 용접기
아크 안정성	안정	불안정
극성 이용	가능	불가능
역률	양호	불량
전격의 위험	적다	많다
비피복 용접봉 사용	가능	불가능
무부하 전압	낮다	높다
구조	복잡	간단
유지	어렵다	쉽다
고장	많다	적다
가격	비싸다	싸다
소음	있다	없다
자기 쏠림 방지	불가능	가능

06 시안화수소의 충전작업 및 제독조치에 대한 기준 중 ( ) 안에 알맞은 내용을 쓰시오.

(1) 용기에 충전하는 시안화수소는 순도가 ( )% 이상으로 한다.
(2) 시안화수소를 충전한 용기는 충전 후 (①)하고, 그 후 1일 1회 이상 (②) 등의 시험지로 가스의 누출검사를 한다.
(3) 시안화수소를 제조하는 설비에 보유해야 할 제독제는 (①)이고, (②)kg 이상 보유하여야 한다.

해답 (1) 98
  (2) ① 24시간 정치   ② 질산구리벤젠
  (3) ① 가성소다 수용액   ② 250

〔해설〕 **시안화수소 충전작업 기준** : KGS FP112

① 용기에 충전하는 시안화수소는 순도가 98 % 이상이고 아황산가스 또는 황산 등의 안정제를 첨가한 것으로 한다.

② 시안화수소를 충전한 용기는 충전 후 24시간 정치하고, 그 후 1일 1회 이상 질산구리 벤젠 등의 시험지로 가스의 누출검사를 하며, 용기에 충전 연월일을 명기한 표지를 붙이고, 충전한 후 60일이 경과되기 전에 다른 용기에 옮겨 충전한다. 다만, 순도가 98 % 이상으로서 착색되지 아니한 것은 다른 용기에 옮겨 충전하지 않을 수 있다.

※ 독성가스 종류에 따른 제독제 및 보유량은 20년 1회 산업기사 필답형 07번 해설, 19년 1회 기사 필답형 07번 해설을 참고하기 바랍니다.

07 **바닥면적 33 m²인 액화석유가스 저장설비실의 통풍구조에 대한 물음에 답하시오.**

(1) 강제환기설비를 설치하였을 때 통풍능력은 얼마인가?

(2) 자연환기설비를 설치하였을 때 환기구의 통풍 가능 면적 합계는 얼마인가?

(3) 자연환기설비를 설치하였을 때 환기구는 몇 개를 설치해야 하는가?

〔풀이〕 (1) 통풍능력은 바닥면적 $1\,m^2$마다 $0.5\,m^3/min$ 이상으로 한다.

$$\therefore\ 33 \times 0.5 = 16.5\,m^3/min\ \text{이상}$$

(2) 환기구의 통풍 가능 면적의 합계는 바닥면적 $1\,m^2$마다 $300\,cm^2$의 비율로 계산한 면적 이상으로 한다.

$$\therefore\ 33 \times 300 = 9900\,cm^2\ \text{이상}$$

(3) 환기구 1개의 면적은 $2400\,cm^2$ 이하로 한다.

$$\therefore\ \text{환기구 수} = \frac{\text{통풍 가능 면적 합계}}{\text{1개소의 면적}} = \frac{9900}{2400} = 4.125 \fallingdotseq 5\,\text{개 이상}$$

〔해답〕 (1) $16.5\,m^3/min$ 이상 (2) $9900\,cm^2$ 이상 (3) 5개 이상

〔해설〕 **LPG 시설의 환기설비 설치 기준** : KGS FP331

(1) 자연환기설비 설치

① 외기를 향하게 설치된 환기구의 통풍 가능 면적의 합계는 바닥면적 $1\,m^2$마다 $300\,cm^2$의 비율로 계산한 면적 이상으로 하고, 환기구 1개의 면적은 $2400\,cm^2$ 이하로 한다.

㉮ 환기구에 철망, 환기구 틀이 부착될 경우 이것이 차지하는 단면적을 뺀 면적으로 계산한다.

㉯ 환기구에 알루미늄 또는 강판제 갤러리가 부착된 경우 환기구 면적의 50 %로 계산한다.

㉰ 한 방향 이상이 전면 개방되어 있는 경우 개방된 부분의 바닥면으로부터 높이 0.4 m까지의 개구부 면적으로 계산한다.

㉱ 한 방향의 환기구 통풍 가능 면적은 전체 환기구 필요 통풍 가능 면적의 70 %까지만 계산한다.

② 사방을 방호벽 등으로 설치할 경우 환기구의 방향은 2방향 이상으로 분산 설치한다.

③ 환기구는 가로의 길이를 세로의 길이보다 길게 한다.

(2) 강제환기설비 설치

① 통풍능력은 바닥면적 $1\,m^2$마다 $0.5\,m^3/min$ 이상으로 한다.

② 흡입구는 바닥면 가까이에 설치한다.

③ 배기가스 방출구는 지면에서 5 m 이상의 높이에 설치한다.

※ 환기구 및 흡입구의 위치, 방출구 높이 등은 도시가스시설의 환기구 설치 기준과 다르니 구별하길 바랍니다.

08 폭굉 유도거리가 짧아질 수 있는 조건 4가지를 쓰시오.

해답 ① 정상 연소속도가 큰 혼합가스일수록
② 관속에 방해물이 있거나 지름이 작을수록
③ 압력이 높을수록
④ 점화원의 에너지가 클수록

해설 ① 폭굉의 정의 : 가스 중의 음속보다도 화염 전파속도가 큰 경우로서 가스의 경우 1000 ~3500 m/s 정도에 달하여 파면선단에 충격파라고 하는 압력파가 생겨 격렬한 파괴작용을 일으키는 현상을 말한다.
② 폭굉유도거리 : 최초의 완만한 연소가 격렬한 폭굉으로 발전될 때까지의 거리

09 게이뤼삭 법칙을 설명하시오.

해답 압력이 일정할 때 기체의 부피는 온도에 비례하여 변한다.

해설 게이뤼삭(Gay Lussac)의 법칙을 샤를(Charles)의 법칙이라 한다.

10 흡수식 냉동기(냉온수기)에 사용하는 냉매에 따른 흡수제를 각각 쓰시오.

(1) 암모니아(NH_3) :
(2) 물(H_2O) :
(3) 염화메틸(CH_3Cl) :
(4) 톨루엔 :

해답 (1) 물(H_2O)
(2) 리튬브로마이드(LiBr)
(3) 사염화에탄
(4) 파라핀유

11 수소 30 %, 일산화탄소 70 %인 혼합가스 1 Nm³가 완전연소할 때 필요한 이론공기량 (Nm³)은 얼마인가?

풀이 ① 수소(H_2)와 일산화탄소(CO)의 완전연소 반응식

$$H_2 + \frac{1}{2}O_2 \rightarrow H_2O$$

$$CO + \frac{1}{2}O_2 \rightarrow CO_2$$

② 이론공기량 계산 : 기체 1 kmol의 부피는 22.4 Nm³이고, 체적으로 이론공기량(A_0)은 이론산소량(O_0)을 공기 중 산소의 체적비 21 %로 나눠준다.

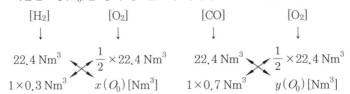

$$\therefore\ A_0 = \frac{x(O_0)}{0.21} + \frac{y(O_0)}{0.21} = \frac{\left(\frac{1}{2} \times 22.4\right) \times (1 \times 0.3)}{22.4 \times 0.21} + \frac{\left(\frac{1}{2} \times 22.4\right) \times (1 \times 0.7)}{22.4 \times 0.21}$$

$$= \frac{\left(\frac{1}{2} \times 0.3\right) + \left(\frac{1}{2} \times 0.7\right)}{0.21} = 2.380 ≒ 2.38 \,\mathrm{Nm^3}$$

해답 $2.38\,\mathrm{Nm^3}$

해설 ① 공기 중 산소의 체적비에 대하여 언급이 없으면 21 %를 적용하며, 질량비는 23.2 %를 적용합니다.

② $1\,\mathrm{Nm^3}$는 표준상태(0℃, 1기압)의 체적을 의미하는 것으로 $\mathrm{Sm^3}$와 병용해서 사용합니다.

12 가스 온수기를 가정집의 목욕탕과 같은 곳에 설치하는 것을 제한하는 이유를 설명하시오.

해답 화장실과 같은 환기가 잘 되지 않는 곳에 설치하여 사용하면 연소용 공기(산소)의 공급이 원활하게 이루어지지 않아 불완전연소가 되며, 이때 발생하는 일산화탄소(CO)에 중독되어 사망할 수 있는 사고가 발생할 가능성이 크기 때문에 제한하는 것이다.

13 도시가스 월사용예정량 산정식을 쓰고 설명하시오.

해답 $Q = \dfrac{(A \times 240) + (B \times 90)}{1100}$

여기서, Q : 월사용예정량($\mathrm{m^3}$)

A : 산업용으로 사용하는 연소기의 명판에 기재된 가스소비량의 합계(kcal/h)

B : 산업용이 아닌 연소기의 명판에 기재된 가스소비량의 합계(kcal/h)

14 수소제조시설에서 수소의 누출여부를 검지하기 위하여 설치하는 가스누설검지 경보장치의 경보농도는 몇 % 이하로 하는가?

풀이 ① 공기 중에서 수소의 폭발범위는 4~75 %이다.

② 경보농도는 가연성가스의 경우 폭발 하한계의 4분의 1 이하이다.

$\therefore$ 경보농도 = 폭발범위 하한계 $\times \dfrac{1}{4} = 4 \times \dfrac{1}{4} = 1\,\%$

해답 1 % 이하

해설 **가스누출경보 및 자동차단장치 경보농도(KGS FP112)** : 경보농도는 검지경보장치의 설치 장소, 주위 분위기 온도에 따라 가연성가스는 폭발 하한계의 4분의 1 이하, 독성가스는 TLV-TWA(threshold limit value-time weight average : 정상인이 1일 8시간 또는 주 40시간 통상적인 작업을 수행함에 있어 건강상 나쁜 영향을 미치지 아니하는 정도의 공기 중 가스농도를 말한다) 기준농도 이하로 한다. (다만, 암모니아를 실내에서 사용하는 경우에는 50 ppm으로 할 수 있다.)

15 내용적 100 L 용기에 다음과 같은 조건으로 혼합가스가 있을 때 용기의 전압은 게이지압력으로 몇 atm인가?

구분	몰분율(%)	압력(atm · a)
에탄	10	38
프로판	50	8.4
부탄	40	1.75

[풀이] 기체 1몰(mol)은 22.4 L의 체적을 가지므로 몰분율은 체적비율과 같으며, 문제에서 제시된 몰분율은 내용적 100 L 용기에서 각각의 기체가 차지하는 체적비율이다. 각 성분의 압력이 절대압력으로 제시되었으므로 대기압 1 atm을 적용해서 게이지압력으로 변환한다.

$$\therefore \ P = \frac{P_1 V_1 + P_2 V_2 + P_3 V_3}{V} = \frac{(38 \times 100 \times 0.1) + (8.4 \times 100 \times 0.5) + (1.75 \times 100 \times 0.4)}{100}$$

$$= 8.7 \text{ atm} \cdot a - 1 = 7.7 \text{ atm} \cdot g$$

[해답] 7.7 atm · g

[별해] 기체 1몰(mol)은 22.4 L의 체적을 가지므로 몰분율은 체적비율과 같으며, 각 성분의 압력은 100 L 용기에서 나타내고 있는 것이므로 전압을 계산할 때 내용적은 고려하지 않는다. 각 성분의 압력이 절대압력으로 제시되었으므로 대기압 1 atm을 적용해서 게이지압력으로 변환한다.

$$\therefore \ P = P_1 X_1 + P_2 X_2 + P_3 X_3 = (38 \times 0.1) + (8.4 \times 0.5) + (1.75 \times 0.4)$$

$$= 8.7 \text{ atm} \cdot a^{-1} = 7.7 \text{ atm} \cdot g$$

제2회 ○ 가스산업기사 필답형

01 1단 감압식 저압조정기를 사용할 때 장점 및 단점을 각각 2가지씩 쓰시오.

[해답] (1) 장점
① 장치가 간단하다.
② 조작이 간단하다.
(2) 단점
① 배관지름이 커야 한다.
② 최종 압력이 부정확하다.

02 비중이 0.6인 가스를 길이 400 m 떨어진 곳에 저압으로 시간당 200 m³로 공급하고자 한다. 압력손실이 수주로 25 mm이면 배관의 최소 관지름(cm)은 얼마인가?

[풀이] 저압배관 유량식 $Q = K \sqrt{\dfrac{D^5 \cdot H}{S \cdot L}}$ 에서 관지름 D를 구한다.

$$\therefore \ D = \sqrt[5]{\frac{Q^2 \times S \times L}{K^2 \times H}} = \sqrt[5]{\frac{200^2 \times 0.6 \times 400}{0.707^2 \times 25}} = 15.034 \fallingdotseq 15.03 \text{ cm}$$

[해답] 15.03 cm

[해설] ① 저압배관 및 중고압배관 유량식은 단위 정리가 되지 않는 공식에 해당됩니다.
② '루트 5승'은 공학용 계산기로만 계산이 가능하며, 조작 방법은 계산기에 따라 다르므로 소지하고 있는 공학용 계산기의 조작 방법은 숙지하길 바랍니다.

03 가연성가스 저온저장탱크에는 그 저장탱크의 내부압력이 외부압력보다 낮아짐에 따라 그 저장탱크가 파괴되는 것을 방지하기 위하여 설치하여야 할 설비 2가지를 쓰시오.

해답 ① 압력계
② 압력경보설비
③ 진공안전밸브
④ 다른 저장탱크 또는 시설로부터의 가스도입배관(균압관)
⑤ 압력과 연동하는 긴급차단장치를 설치한 냉동제어설비
⑥ 압력과 연동하는 긴급차단장치를 설치한 송액설비

해설 저장탱크 부압파괴 방지조치(KGS FP112) : 가연성가스 저온저장탱크에는 그 저장탱크의 내부압력이 외부압력보다 낮아짐에 따라 그 저장탱크가 파괴되는 것을 방지하기 위하여 다음의 부압파괴방지설비를 설치한다.
① 압력계
② 압력경보설비
③ 그 밖의 다음 중 어느 하나 이상의 설비
  ㉮ 진공안전밸브
  ㉯ 다른 저장탱크 또는 시설로부터의 가스도입배관(균압관)
  ㉰ 압력과 연동하는 긴급차단장치를 설치한 냉동제어설비
  ㉱ 압력과 연동하는 긴급차단장치를 설치한 송액설비

04 내용적 40 L인 용기에 0℃ 상태에서 산소가 절대압력 180 kgf/cm²으로 충전되어 있을 때 무게는 몇 kg인가?

풀이 절대단위 이상기체 상태방정식 $PV = \dfrac{W}{M}RT$에서 무게 W를 구하는데 단위가 'g'이므로 'kg'으로 변환하여야 하며, 용기에 충전된 압력은 절대압력으로 주어졌으므로 그대로 'atm' 단위로 변환하여 계산하고, 산소(O_2)의 분자량(M)은 32이다.

$$\therefore W = \frac{PVM}{RT} = \frac{\dfrac{180}{1.0332} \times 40 \times 32}{0.082 \times (273+0) \times 1000} = 9.961 ≒ 9.96 \, \text{kg}$$

해답 9.96 kg

[별해] SI단위 이상기체 상태방정식 $PV = GRT$를 이용하여 계산 : 문제에서 제시된 조건을 공식의 각 기호에 맞는 단위로 변환하여 적용한다. (1 atm은 101.325 kPa, 40 L은 0.04 m³이다.)

$$\therefore G = \frac{PV}{RT} = \frac{\left(\dfrac{180}{1.0332} \times 101.325\right) \times 0.04}{\dfrac{8.314}{32} \times (273+0)} = 9.955 ≒ 9.96 \, \text{kg}$$

05 피셔식 정압기의 작동상황 플로차트에서 빈칸을 채우시오. (단, 압력은 '상승, 하강'으로, 밸브는 '열린다, 닫힌다'에서 선택하여 적으시오.)

항목	수용가의 가스사용량	2차 압력	파일럿 다이어프램	파일럿 다이어프램 공급밸브	파일럿 다이어프램 배출밸브	구동압력	메인밸브
상황	사용량 감소	상승	①	②	③	④	⑤

해답 ① 내려간다.　　② 열린다.
③ 닫힌다.　　④ 하강
⑤ 닫힌다.

06 고압가스 안전관리법에서 규정하고 있는 초저온 저장탱크의 정의를 쓰시오.

해답 섭씨 영하 50도 이하의 액화가스를 저장하기 위한 저장탱크로서 단열재를 씌우거나 냉동설비로 냉각시키는 등의 방법으로 저장탱크 내의 가스온도가 상용의 온도를 초과하지 아니하도록 한 것을 말한다.

해설 **용어의 정의** : 고법 시행규칙 제2조

> **참고 ● 초저온 용기의 정의**
>
> 섭씨 영하 50도 이하의 액화가스를 저장하기 위한 용기로서 단열재를 씌우거나 냉동설비로 냉각시키는 등의 방법으로 용기 내의 가스온도가 상용의 온도를 초과하지 아니하도록 한 것을 말한다.
> ※ 초저온 저장탱크와 초저온 용기의 정의는 '저장탱크'와 '용기'만 변경하면 되는 사항이다.

07 아황산가스(SO_2)가 누출될 경우 그 가스로 인한 중독을 방지하기 위하여 보유하여야 할 제독제 3가지를 쓰시오.

해답 ① 가성소다 수용액
② 탄산소다 수용액
③ 물

해설 ① 제독제 보유량 : KGS FP111, KGS FP112, KGS FP211

가스별	제독제	보유량(kg)
염소	가성소다 수용액	670[저장탱크 등이 2개 이상 있을 경우 저장탱크에 관계되는 저장탱크의 수의 제곱근의 수치, 그 밖의 제조설비와 관계되는 저장설비 및 처리설비(내용적이 5 m^3 이상의 것에 한정한다)수의 제곱근의 수치를 곱하여 얻은 수량, 이하 염소는 탄산소다 수용액 및 소석회에 대하여도 같다.]
	탄산소다 수용액	870
	소석회	620
포스겐	가성소다 수용액	390
	소석회	360
황화수소	가성소다 수용액	1140
	탄산소다 수용액	1500
시안화수소	가성소다 수용액	250
아황산가스	가성소다 수용액	530
	탄산소다 수용액	700
	물	다량
암모니아 산화에틸렌 염화메탄	물	다량

② '소석회'는 운반과정 중에 보유해야 할 제독제이며(22년 산업기사 1회 필답형 참고) 문제의 조건에서 제조시설 및 충전시설이 명시되어 있지 않아 '소석회'라고 답한 수험생이 정답 여부를 공단에 민원을 넣어 확인해 본 결과 KGS FP111의 제독제 보유 규정에 근거한 문제라는 답변을 받았음

08 공기액화 분리장치의 폭발원인 4가지를 쓰시오.

해답 ① 공기 취입구로부터 아세틸렌(C_2H_2)의 혼입
② 압축기용 윤활유 분해에 따른 탄화수소의 생성
③ 공기 중 질소화합물(NO, NO_2)의 혼입
④ 액체 공기 중에 오존(O_3)의 혼입
※ 답안의 각 물질 분자기호는 작성하지 않아도 되며(단, 답안을 물질명 분자기호로 요구하는 경우도 있음), '질소화합물'을 '질소산화물'로 표현해도 무방합니다.

해설 폭발방지대책
① 장치 내 여과기를 설치한다.
② 아세틸렌이 흡입되지 않는 장소에 공기 흡입구를 설치
③ 양질의 압축기 윤활유 사용
④ 장치는 1년에 1회 정도 내부를 사염화탄소(CCl_4)를 사용하여 세척한다.

09 압력계에 지시된 26 kgf/cm² 을 수두(水頭)로 변환하면 몇 m인가?

풀이 환산압력 $= \dfrac{\text{주어진 압력}}{\text{주어진 압력의 표준대기압}} \times \text{구하려 하는 표준대기압}$

$= \dfrac{26}{1.0332} \times 10.332 = 260 \text{ mH}_2\text{O}$

해답 260 mH₂O

해설 $1 \text{ atm} = 760 \text{ mmHg} = 76 \text{ cmHg} = 0.76 \text{ mHg} = 29.9 \text{ inHg} = 760 \text{ torr}$
$= 10332 \text{ kgf/m}^2 = 1.0332 \text{ kgf/cm}^2 = 10.332 \text{ mH}_2\text{O} = 10332 \text{ mmH}_2\text{O}$
$= 101325 \text{ N/m}^2 = 101325 \text{ Pa} = 101.325 \text{ kPa} = 0.101325 \text{ MPa}$
$= 1.01325 \text{ bar} = 1013.25 \text{ mbar} = 14.7 \text{ lb/in}^2 = 14.7 \text{ psi}$

10 아세틸렌, 프로판, 메탄, 수소의 위험도를 구하고, 위험도가 큰 것부터 작은 순으로 쓰시오.

풀이 위험도(H) 계산식 $H = \dfrac{U-L}{L}$ 에 각 가스의 폭발범위 상한값(U)과 하한값(L)을 대입하여 구한다.

① 아세틸렌 : $H = \dfrac{81-2.5}{2.5} = 31.4$

② 프로판 : $H = \dfrac{9.5-2.2}{2.2} = 3.318 ≒ 3.32$

③ 메탄 : $H = \dfrac{15-5}{5} = 2$

④ 수소 : $H = \dfrac{75-4}{4} = 17.75$

해답 (1) 위험도 : ① 아세틸렌 : 31.4

② 프로판 : 3.32

③ 메탄 : 2

④ 수소 : 17.75

(2) 순서 : 아세틸렌 → 수소 → 프로판 → 메탄

해설 ① 각 가스의 공기 중에서 폭발범위

가스 명칭	공기 중 폭발범위(vol%)
아세틸렌(C_2H_2)	2.5~81
프로판(C_3H_8)	2.2~9.5
메탄(CH_4)	5~15
수소(H_2)	4~75

② 문제에서 제시된 가스 종류에 번호를 부여하고 위험도 순서를 번호로 나열하는 형태로 제시될 수 있으니 문제 내용을 정확히 파악하길 바랍니다.

11 도시가스 제조 프로세스 중 접촉분해 프로세스에 대하여 설명하시오.

해답 촉매를 사용해서 반응온도 400~800℃에서 탄화수소와 수증기를 반응시켜 메탄(CH_4), 수소(H_2), 일산화탄소(CO), 이산화탄소(CO_2)로 변환하는 공정이다.

해설 도시가스의 가스화 방식에 의한 분류

① 열분해 공정(process)

② 접촉분해 공정(접촉개질 공정)

③ 부분연소 공정

④ 대체천연가스(SNG) 공정

⑤ 수소화 분해 공정

12 가스배관 경로를 선정할 때 고려사항 4가지를 쓰시오.

해답 ① 최단거리로 할 것

② 구부러지거나 오르내림이 적을 것

③ 은폐, 매설을 피할 것

④ 옥외에 설치할 것

13 정압기를 평가 선정할 경우 각 특성이 사용조건에 적합하도록 정압기를 선정하여야 한다. 이때 고려하여야 할 특성 4가지를 쓰시오.

해답 ① 정특성

② 동특성

③ 유량특성

④ 사용 최대 차압

⑤ 작동 최소 차압

14 국내에 적용하고 있는 독성가스 기준인 허용농도를 표시하는 영문 약자를 쓰시오.

해답 LC50

해설 ① 독성가스의 정의(고법 시행규칙 제2조) : 공기 중에 일정량 이상 존재하는 경우 인체에 유해한 독성을 가진 가스로서 허용농도가 100만분의 5000 이하인 것을 말한다. → LC50(치사농도[致死濃度] 50 : Lethal concentration 50)으로 표시

② 허용농도 : 해당 가스를 성숙한 흰쥐 집단에게 대기 중에서 1시간 동안 계속하여 노출시킨 경우 14일 이내에 그 흰쥐의 2분의 1 이상이 죽게 되는 가스의 농도를 말한다.

15 LPG 및 도시가스를 사용하는 기기에서 파일럿 버너(pilot burner)란 무엇인가?

해답 주 버너의 화염을 점화하기 위해서 사용되는 작은 불꽃의 버너를 지칭하는 것이다.

제4회 ○ 가스산업기사 필답형

01 가스압축에 사용하는 압축기에서 다단 압축을 하는 목적 4가지를 쓰시오.

해답 ① 1단 단열압축과 비교한 일량의 절약
② 이용효율의 증가
③ 힘의 평형이 양호해진다.
④ 가스의 온도상승을 피할 수 있다.

02 LPG 자연기화방식과 비교한 강제기화방식의 장점 4가지를 쓰시오.

해답 ① 한랭 시에도 연속적으로 가스공급이 가능하다.
② 공급가스의 조성이 일정하다.
③ 설치면적이 좁아진다.
④ 기화량을 가감할 수 있다.
⑤ 설비비 및 인건비가 절약된다.

03 정압기를 평가·선정할 경우 각 특성이 사용조건에 적합하도록 정압기를 선정하여야 한다. 이때 고려하여야 할 사항 4가지를 쓰시오.

해답 ① 정특성
② 동특성
③ 유량특성
④ 사용 최대 차압
⑤ 작동 최소 차압

04 온도변화에 따른 배관의 열팽창을 흡수하는 상온스프링(cold spring)을 설명하시오.

해답 배관의 자유팽창량(열팽창)을 미리 계산하여 자유팽창량의 1/2만큼 배관을 짧게 절단한 후 강제 배관을 하여 신축을 흡수하는 장치(신축이음쇠)이다.

05 비중이 0.55인 부탄을 내용적 50 m^3인 저장탱크에 20톤 저장할 때 저장탱크 내용적 대비 부탄이 차지하는 체적비는 몇 %인가?

풀이 ① 저장탱크에 저장된 부탄 20톤이 차지하는 체적 계산 : 부탄은 액화가스이므로 비중 0.55는 액비중이다.

$$\therefore \text{액화 부탄 체적} = \frac{\text{액화 부탄 질량}(\text{kg})}{\text{부탄 액비중}(\text{kg/L})} = \frac{20 \times 1000}{0.55}$$
$$= 36363.636 \, \text{L} = 36.363 \, \text{m}^3 \fallingdotseq 36.36 \, \text{m}^3$$

② 체적비(%) 계산

$$\therefore \text{체적비} = \frac{\text{충전된 액화 부탄 체적}}{\text{저장탱크 내용적}} \times 100 = \frac{36.36}{50} \times 100$$
$$= 72.72 \, \%$$

해답 72.72 %

06 프로판 10 Sm^3를 과잉공기량 20 %로 완전연소시킬 때 필요한 공기량은 몇 Sm^3인가?

풀이 ① 프로판(C_3H_8)의 완전연소 반응식

$C_3H_8 + 5O_2 \rightarrow 3CO_2 + 4H_2O$

② 실제공기량 계산 : 프로판 1 Sm^3가 완전연소할 때 필요한 이론 산소량(O_0)은 연소반응식에서 산소 몰(mol)수와 같고, 과잉공기량 20 %는 공기비(m) 1.2로 연소시키는 것이다.

$$\therefore A = m \times A_0 = m \times \frac{O_0}{0.21} = \left(1.2 \times \frac{5}{0.21}\right) \times 10 = 285.714 \fallingdotseq 285.71 \, \text{Sm}^3$$

해답 285.71 Sm^3

07 중압 이상인 도시가스 배관에 실시하는 내압시험 및 기밀시험 압력 기준을 쓰시오.

해답 ① 내압시험 : 최고사용압력의 1.5배 이상의 압력
② 기밀시험 : 최고사용압력의 1.1배 또는 8.4 kPa 중 높은 압력 이상

08 냉매의 구비조건 중 물리적 조건 4가지를 쓰시오.

해답 ① 증발잠열이 클 것
② 증기의 비열은 크고, 액체의 비열은 작을 것
③ 임계온도가 높을 것
④ 증발압력이 너무 낮지 않을 것
⑤ 응고점이 낮을 것
⑥ 비점이 낮을 것
⑦ 비열비가 작을 것

해설 냉매의 구비조건 중 화학적 조건
① 화학적으로 결합이 양호하고, 분해하지 않을 것
② 패킹재료에 악영향을 미치지 않을 것
③ 금속에 대한 부식성이 없을 것
④ 인화 및 폭발성이 없을 것
⑤ 윤활유에 용해되지 않을 것

09 **가스액화 분리장치를 구성하는 요소(기기) 3가지를 쓰시오.**

해답 ① 한랭 발생장치
② 정류장치
③ 불순물 제거장치

해설 각 장치의 역할
① 한랭 발생장치 : 냉동사이클, 가스액화 사이클의 응용으로 가스액화 분리장치에서 액화가스를 채취할 때에 그것에 필요한 한랭을 보급한다.
② 정류장치 : 분축(分縮), 흡수(吸收) 장치로 원료 가스를 저온에서 분리, 정제하는 역할을 한다.
③ 불순물 제거장치 : 저온도가 되면 동결하는 원료 가스 중의 수분, 탄산가스 등을 제거하는 역할을 한다.

참고
① 분축(分縮) : 혼합기체의 일부 성분만을 응축하여 끓는점이 높은 성분과 낮은 성분으로 분리하는 일
② 흡수(吸收) : 외부의 물질을 안으로 빨아들임

10 **원심펌프를 직렬 및 병렬 운전할 때의 특성을 유량과 양정에 대하여 설명하시오.**

해답 ① 직렬 운전 : 유량 일정, 양정 증가
② 병렬 운전 : 유량 증가, 양정 일정

11 **가스계량기에 대한 물음에 답하시오**

(1) 가스계량기와 화기 사이에 유지해야 할 우회거리는 얼마인가?
(2) 전기계량기 및 전기개폐기와 유지해야 할 거리는 얼마인가?
(3) 절연조치를 하지 않은 전선과 유지해야 할 거리는 얼마인가?
(4) 가스계량기를 공동주택의 대피공간에 설치 여부를 가능, 불가능으로 답하시오.

해답 (1) 2 m 이상 (2) 0.6 m 이상 (3) 0.15 m 이상 (4) 불가능

해설 가스계량기 설치 제한 : KGS FU551
① 가스계량기는 '건축법 시행령'에 따라 공동주택의 대피공간, 방·거실 및 주방 등 사람이 거처하는 곳에 설치하지 않는다.
② 가스계량기에 나쁜 영향을 미칠 우려가 있는 다음 장소에는 설치하지 않는다.
㉮ 진동의 영향을 받는 장소
㉯ 석유류 등 위험물을 저장하는 장소
㉰ 수전실, 변전실 등 고압전기설비가 있는 장소

12 고압가스 제조시설의 상용압력이 15 MPa일 때 내압시험압력, 기밀시험압력 및 안전밸브 작동압력을 각각 쓰시오.

풀이 ① 고압가스 설비와 배관은 상용압력의 1.5배 이상의 압력으로 내압시험을 실시한다.

$\therefore$ 내압시험압력 = 상용압력 × 1.5배 = 15 × 1.5 = 22.5 MPa 이상

② 고압가스 설비와 배관의 기밀시험압력은 상용압력 이상으로 하되, 0.7 MPa를 초과하는 경우 0.7 MPa 압력 이상으로 한다.

③ 안전밸브 작동압력은 내압시험압력의 10분의 8 이하에서 작동한다.

$\therefore$ 안전밸브 작동압력 = 내압시험압력 × 8/10 = (상용압력 × 1.5) × 8/10

= (15 × 1.5) × 8/10 = 18 MPa 이하

해답 ① 내압시험압력 : 22.5 MPa 이상

② 기밀시험압력 : 0.7 MPa 이상

③ 안전밸브 작동압력 : 18 MPa 이하

13 35℃에서 최고충전압력이 5 MPa인 질소가 내용적 1000 m³인 저장탱크에 충전되어 있을 때 저장능력은 얼마인가?

풀이 압축가스 저장능력 산정식을 이용하여 구한다.

$\therefore Q = (10P+1) \times V = (10 \times 5 + 1) \times 1000 = 51000 \text{ m}^3$

해답 51000 m³

14 액화석유가스 사용시설에 설치하는 가스누출 자동차단장치에 대한 물음에 답하시오.

(1) 가스누출 경보차단장치나 가스누출 자동차단장치를 설치하여야 할 식품접객업소의 영업장 면적은 얼마인가?

(2) 가스누출경보기 연동차단기능의 (   )를 설치한 경우에는 설치하지 않을 수 있다. (   ) 안에 알맞은 내용을 쓰시오.

해답 (1) 100 m² 이상

(2) 다기능 가스안전계량기

15 2020년에 도시가스 사용시설에 정압기(단독 사용자 정압기)를 설치하였을 때 2030년을 기준으로 최초로 분해점검을 실시한 때는 (①)년이고, 이후 (②)년에 실시하여 총 (③)회 이상을 실시하여야 한다. (   ) 안에 알맞은 내용을 넣으시오.

해답 ① 2023

② 2027

③ 2

해설 정압기 분해점검 시기(주기)

① 일반도시가스사업자 정압기(KGS FS552) : 정압기는 2년에 1회 이상 분해점검을 실시하고, 필터는 가스 공급 개시 후 1월 이내 및 가스 공급 개시 후 매년 1회 이상 분해점검을 실시하고, 1주일에 1회 이상 작동 상황을 점검한다.

② 사용시설(KGS FU551) : 정압기와 필터의 경우에는 설치 후 3년까지는 1회 이상, 그 이후에는 4년에 1회 이상 분해 점검을 실시하고, 작동 상황은 1주일에 1회 이상 점검한다.

Industrial Engineer Gas

Part 3

안전관리 실무
동영상 예상문제

동영상 예상문제

1 ○ 충전용기

예상문제 1

LPG 충전용기에 대한 물음에 답하시오.

(1) 용기의 재질은 무엇인가?
(2) 제조방법에 의한 용기 명칭을 쓰시오.
(3) 탄소(C), 인(P), 황(S)의 화학 성분비는 얼마인가?

해답 (1) 탄소강
(2) 용접용기(또는 심용기, 계목(繼目)용기)
(3) ① 탄소(C) : 0.33 % 이하
② 인(P) : 0.04 % 이하
③ 황(S) : 0.05 % 이하

해설 LPG 충전용기

(1) 제조방법에 의한 분류 : 용접용기
(2) 용접용기 제조방법 : 심교용기, 종계용기
(3) 용접용기의 특징
① 강판을 사용하므로 제작비가 저렴하다.
② 이음매 없는 용기에 비해 두께가 균일하다.
③ 용기의 형태, 치수 선택이 자유롭다.
④ 고압에 견디기 어렵다.
(4) LPG 충전량 계산식

$$G = \frac{V}{C}$$

G : 충전질량(kg) V : 용기 내용적(L)
C : 충전상수(C_3H_8 : 2.35, C_4H_{10} : 2.05)

예상문제 2

다음 LPG 용기는 상부 프로텍터 내부에 밸브가 2개 설치되어 있다. 물음에 답하시오.

(1) 이 용기 명칭을 쓰시오. (단, 제조방법, 충전가스에 의한 명칭은 제외한다.)
(2) 용기밸브 핸들이 회색과 적색으로 부착되어 있는데 각각의 밸브에서 유출되는 것을 액체와 기체로 구분하여 답하시오.
(3) 이 용기는 원칙적으로 ( )가 설치되어 있는 시설에서만 사용한다. ( ) 안에 알맞은 내용을 쓰시오.

해답 (1) 사이펀 용기
(2) ① 회색 : 기체 ② 적색 : 액체
(3) 기화장치

아세틸렌 용기에 각인된 기호는 무엇을 의미하는지 설명하시오.

(1) TP :   (2) TW :
(3) V :   (4) FP :

해답 (1) 내압시험압력(MPa)
(2) 용기의 질량에 다공물질, 용제 및 밸브의 질량을
    합한 질량(kg)
(3) 내용적(L)
(4) 최고충전압력(MPa)

아세틸렌 용기에 대한 물음에 답하시오.

(1) 용기 재질은 무엇인가?
(2) 다공물질의 종류 4가지를 쓰시오.
(3) 다공도 기준은 얼마인가?

해답 (1) 탄소강
(2) ① 규조토 ② 석면 ③ 목탄 ④ 석회
    ⑤ 산화철 ⑥ 탄산마그네슘 ⑦ 다공성 플라스틱
(3) 75 ~ 92 % 미만

해설 (1) 다공물질의 구비조건
    ① 고다공도일 것
    ② 기계적 강도가 클 것
    ③ 가스 충전이 쉽고 안정성이 있을 것
    ④ 경제적일 것
    ⑤ 화학적으로 안정할 것
(2) 다공도 시험 방법
    ① 다공질물의 다공도는 다공질물을 용기에 충전
      한 상태로 20℃에서 아세톤, 디메틸포름아미
      드 또는 물의 흡수량으로 측정한다.
    ② 동일 용기 제조소에서 6개월 동안에 1회씩
      동일 재료로서 동일한 방법으로 제조된 다공질
      물을 동일한 방법으로 용기에 고루 채운 용기
      에서 임의로 채취한 1개의 용기에 대하여 실
      시한다.
    ③ 다공도 시험에 불합격된 경우에는 그 2배수
      의 용기를 채취하여 이에 대하여 1회에 한하
      여 다공도 시험을 할 수 있다.

동영상 예상문제

예상문제 **5**

아세틸렌을 충전작업에 대한 물음에 답하시오.

(1) 용기 내부에 충전하는 용제의 종류 2가지를 쓰시오.
(2) 2.5 MPa 이상의 압력으로 충전 시 첨가하는 희석제의 종류 4가지를 쓰시오.
(3) 최고충전압력은 얼마인가?
(4) 아세틸렌 압축기 내부 윤활유는 무엇인가?

해답 (1) ① 아세톤   ② 디메틸포름아미드(DMF)
(2) ① 질소(N_2)   ② 메탄(CH_4)
   ③ 일산화탄소(CO)   ④ 에틸렌(C_2H_4)
(3) 15℃에서 최고압력
(4) 양질의 광유

예상문제 **6**

아세틸렌 용기에 대한 물음에 답하시오.

(1) 지시하는 부분의 명칭을 쓰시오.
(2) 이것이 녹는 적정온도는 얼마인가?

해답 (1) 가용전식 안전밸브
(2) 105±5℃

예상문제 **7**

산소 충전용기에 대한 물음에 답하시오.

(1) 제조방법에 의한 용기 명칭을 쓰시오.
(2) 제조방법 3가지를 쓰시오.
(3) 이 용기의 화학 성분비(탄소 : 인 : 황)는 얼마인가?
(4) 제조방법에 따른 용기의 특징 4가지를 쓰시오.

해답 (1) 이음매 없는 용기 (또는 무계목(無繼目) 용기, 심리스 용기)

(2) ① 만네스만식 ② 에르하트식 ③ 디프 드로잉식

(3) ① 탄소(C) 0.55% 이하 ② 인(P) 0.04% 이하
③ 황(S) 0.05% 이하

(4) ① 고압에 견디기 쉬운 구조이다.
② 내압에 대한 응력분포가 균일하다.
③ 제작비가 비싸다.
④ 두께가 균일하지 못할 수 있다.

해설 **충전용기의 화학성분비**

구 분	탄소(C)	인(P)	황(S)
용접용기	0.33% 이하	0.04% 이하	0.05% 이하
이음매 없는 용기	0.55% 이하	0.04% 이하	0.05% 이하

예상문제 8

산소 충전시설에 대한 물음에 답하시오.

(1) 충전작업 시 주의사항 4가지를 쓰시오.

(2) 품질검사 시 산소의 순도와 압력은 얼마인가?

(3) 산소를 충전할 때 압축기와 충전용 지관 사이에 설치하여야 할 기기는 무엇인가?

해답 (1) ① 밸브와 용기 내부의 석유류, 유지류를 제거할 것
② 용기와 밸브 사이에 가연성 패킹을 사용하지 않을 것
③ 압력계는 산소 전용 압력계를 사용할 것
④ 기름 묻은 장갑으로 취급을 금지할 것
⑤ 급격한 충전은 피할 것

(2) ① 순도 : 99.5% 이상
② 압력 : 35℃에서 11.8MPa 이상

(3) 수취기(drain separator)

해설 **품질검사 방법 및 기준**

(1) 품질검사 방법
① 검사는 1일 1회 이상 가스제조장에서 실시
② 검사는 안전관리책임자가 실시, 검사 결과는 안전관리 부총괄자와 안전관리 책임자가 확인

(2) 품질검사 기준

가스 종류	순도	시약	시험방법	충전압력
산소	99.5% 이상	동·암모니아 시약	오르사트법	35℃에서 11.8MPa 이상
수소	98.5% 이상	피로갈롤 또는 하이드로 설파이드 시약	오르사트법	35℃에서 11.8MPa 이상
아세틸렌	98% 이상	발연황산 시약	오르사트법	—
		브롬 시약	뷰렛법	
		질산은 시약	정성시험	

예상문제 9

다음은 압축가스 충전시설이다. 지시하는 부분의 명칭을 쓰시오.

해답 (1) 충전용 주관 압력계

(2) 충전용 주관 밸브

(3) 방호벽

해설 **방호벽 종류 및 설치 기준**

(1) 방호벽 기준

구분	규격		구 조
	두께	높이	
철근 콘크리트	12 cm 이상	2 m 이상	9 mm 이상의 철근을 40×40 cm 이하의 간격으로 배근 결속함
콘크리트 블록	15 cm 이상	2 m 이상	9 mm 이상의 철근을 40×40 cm 이하의 간격으로 배근 결속 하고, 블록 공동부에는 콘크리트 모르타르로 채움
박강판	3.2 mm 이상	2 m 이상	30×30 mm 이상의 앵글강을 40×40 cm 이하의 간격으로 용 접 보강하고 1.8 m 이하의 간격 으로 지주를 세움
후강판	6 mm 이상	2 m 이상	1.8 m 이하의 간격으로 지주를 세움

(2) 방호벽 기초 기준

① 일체로 된 철근콘크리트 기초

② 기초의 높이 350 mm 이상, 되메우기 깊이 300 mm 이상

③ 기초의 두께 : 방호벽 최하부의 120 % 이상

(3) 압력계 점검 기준 : 표준이 되는 압력계로 기능 검사

① 충전용 주관(主管)의 압력계 : 매월 1회 이상

② 그 밖의 압력계 : 3개월에 1회 이상

③ 압력계의 최고 눈금 범위 : 상용압력의 1.5배 이상 2배 이하

예상문제 **10**

다음 산소 충전용기가 신규검사 후 경과년수가 10년일 때 재검사 주기는 얼마인가?

해답 5년

해설 **충전용기 검사**

(1) 신규검사 항목

① 강으로 제조한 이음매 없는 용기 : 외관검사, 인장시험, 충격시험(Al용기 제외), 파열시험(Al 용기 제외), 내압시험, 기밀시험, 압궤시험

② 강으로 제조한 용접용기 : 외관검사, 인장시험, 충격시험(Al용기 제외), 용접부 검사, 내압시험, 기밀시험, 압궤시험

③ 초저온 용기 : 외관검사, 인장시험, 용접부 검사, 내압시험, 기밀시험, 압궤시험, 단열성능시험

④ 납붙임 접합용기 : 외관검사, 기밀시험, 고압 가압시험

※ 파열시험을 한 용기는 인장시험, 압궤시험을 생략할 수 있다.

(2) 재검사

① 재검사를 받아야 할 용기

㉮ 일정한 기간이 경과된 용기

㉯ 합격 표시가 훼손된 용기

㉰ 손상이 발생된 용기

㉱ 충전가스 명칭을 변경할 용기

㉲ 열 영향을 받은 용기

② 재검사 주기

구 분		15년 미만	15년 이상~ 20년 미만	20년 이상
용접용기 (LPG용 용접 용기 제외)	500 L 이상	5년	2년	1년
	500 L 미만	3년	2년	1년
LPG용 용접용기	500 L 이상	5년	2년	1년
	500 L 미만	5년		2년
이음매 없는 용기 또는 복합재료 용기	500 L 이상	5년		
	500 L 미만	신규검사 후 경과 연수가 10 년 이하인 것은 5년, 10년을 초과한 것은 3년마다		
용기 부속품	용기에 부착되지 아니한 것	2년		
	용기에 부착된 것	검사 후 2년이 지나 용기 부 속품을 부착한 해당 용기의 재검사를 받을 때마다		

예상문제 **11**

초저온 용기에 대한 물음에 답하시오.

(1) 초저온 용기의 정의를 쓰시오.
(2) 초저온 용기에 충전하는 가스의 종류 3가지를 쓰시오.
(3) 단열성능시험 계산식을 쓰고 설명하시오.
(4) 취급 시 주의사항 4가지를 쓰시오.

해답 (1) −50℃ 이하의 액화가스를 충전하기 위한 용기로서 단열재를 씌우거나 냉동설비로 냉각시키는 등의 방법으로 용기 내의 가스 온도가 상용 온도를 초과하지 아니하도록 한 것

(2) ① 액화산소 ② 액화질소 ③ 액화아르곤

(3) $Q = \dfrac{W \cdot q}{H \cdot \Delta t \cdot V}$

Q : 침입열량(J/h·℃·L)

W : 측정 중 기화가스량(kg)

q : 시험용 액화가스의 기화잠열(J/kg)

H : 측정시간(h)

Δt : 시험용 액화가스의 비점과 외기온도와의 온도 차(℃)

V : 용기 내용적(L)

(4) ① 용기에 낙하, 외부의 충격을 금한다.
② 용기는 직사광선, 빗물, 눈 등을 피한다.
③ 습기, 인화성 물질, 염류 등이 있는 곳을 피하여 보관한다.
④ 통풍이 양호한 곳에 보관한다.
⑤ 기름 묻은 장갑, 면장갑을 사용하지 말고, 가죽장갑을 사용하여 취급한다.
⑥ 전선, 어스선 등 전기시설물 근처를 피하여 보관한다.

해설 **초저온 용기 단열성능시험**

(1) 시험방법

① 단열성능시험은 액화질소, 액화산소 또는 액화아르곤을 사용하여 실시한다.
② 용기에 시험용 가스를 충전하고 기상부에 접속된 가스방출밸브를 완전히 열고 다른 모든 밸브는 잠그며, 초저온 용기에서 가스를 대기 중으로 방출하여 기화가스량이 거의 일정하게 될 때까지 정지한 후 가스방출밸브에서 방출된 기화량을 중량계(저울) 또는 유량계를 사용하여 측정한다.
③ 시험용 가스의 충전량은 충전한 후 기화가스량이 거의 일정하게 되었을 때 시험용 가스의 용적이 초저온 용기 내용적의 $\dfrac{1}{3}$ 이상 $\dfrac{1}{2}$ 이하가 되도록 충전한다.

(2) 합격기준

내용적 구분	침입 열량
1000 L 미만	0.0005 kcal/h·℃·L 이하 (2.09 J/h·℃·L 이하)
1000 L 이상	0.002 kcal/h·℃·L 이하 (8.37 J/h·℃·L 이하)

예상문제 **12**

다음은 초저온 용기의 상부 모습이다. 물음에 답하시오.

(1) 초저온 용기에 사용하는 안전밸브의 명칭을 쓰시오.
(2) 지시하는 부분의 명칭을 쓰시오.

해답 (1) 스프링식과 파열판식을 병용 설치

(2) ① 액면계 ② 안전밸브 ③ 압력계
④ 케이싱 파열판

해설 초저온 용기 상부 구조 및 명칭

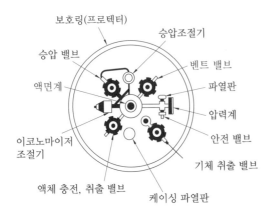

(1) 이코노마이저(economizer) 조절기 : 가스를 소량 사용하는 경우에도 압력을 재빨리 조정압력까지 내리는 기구로 용기 압력이 조정압력 이상으로 된 경우만 기상부에서 가스를 배출한다.
(2) 승압 조절기(보압 조정 밸브) : 용기 압력이 조정압 이하로 된 경우에 열리고 용기 압력이 조정압력이 되면 닫히는 밸브로 자동으로 용기 사용압력을 일정하게 유지시켜 준다.
(3) 승압 밸브(보압 밸브) : 가압 기구의 작동을 정지시키기 위한 것이다.
(4) 액체 충전, 취출 밸브 : 액체를 취출하는 경우에 사용하며 기화기에 연결하여 기화 가스로 하여 사용한다. 용기의 저부에서 액화 가스를 충전할 때에도 사용한다.
(5) 벤트 밸브(방출 밸브) : 용기의 기상 공간의 가스를 방출하기 위한 밸브이다. 용기가 소정의 압력을 초과한 경우에는 밸브를 열어 압력을 내린다.
(6) 기체 취출 밸브 : 용기의 상부에서 가스만을 배출할 경우에 사용한다.

예상문제 **13**

초저온 용기에 대한 물음에 답하시오.

(1) 초저온 용기 재료 2가지를 쓰시오.
(2) 초저온 용기의 내통과 외통 사이를 진공상태로 만드는 이유를 설명하시오.

해답 (1) ① 18-8 스테인리스강   ② 알루미늄합금
(2) 진공에 의한 열전달을 차단하기 위하여

예상문제 **14**

다음은 액화산소 충전용 초저온 용기이다. 산소의 (1) 비등점, (2) 임계온도, (3) 임계압력은 각각 얼마인가?

해답 (1) −183℃
(2) −118.4℃
(3) 50.1 atm

예상문제 **15**

다음과 같은 에어졸 용기의 누출시험 시 온수의 온도는 얼마인가?

46~50℃ 미만

16

다음은 고압가스 충전용기 보관 장소이다. 충전용기 보관 기준과 비교해 잘못된 부분 2가지를 쓰시오.

① 가연성 가스(아세틸렌)와 산소용기를 각각 구분하여 보관하지 않았음
② 충전용기 밸브의 손상을 방지하는 조치를 하지 않았음(캡 미부착)

고압가스 충전용기 보관 기준
① 충전용기와 잔가스 용기는 각각 구분하여 놓을 것
② 가연성 가스, 독성 가스 및 산소의 용기는 각각 구분하여 놓을 것
③ 용기 보관 장소에는 계량기 등 작업에 필요한 물건 외에는 두지 않을 것
④ 용기 보관 장소 2 m 이내에는 화기, 인화성, 발

화성 물질을 두지 않을 것
⑤ 충전용기는 40℃ 이하로 유지하고, 직사광선을 받지 않도록 조치
⑥ 충전용기는 넘어짐 방지조치를 할 것
⑦ 가연성 가스 용기 보관 장소에는 방폭형 휴대용 손전등 외의 등화를 지니고 들어가지 않을 것

17

다음 공업용 용기에 충전하는 가스 명칭을 쓰시오.

(1)   (2)

(3)   (4)

(1) 아세틸렌(C_2H_2)   (2) 산소(O_2)
(3) 이산화탄소(CO_2) (4) 수소(H_2)

용기의 도색 및 표시

가스 종류	용기 도색	
	공업용	의료용
산소(O_2)	녹색	백색
수소(H_2)	주황색	–
액화탄산가스(CO_2)	청색	회색
액화석유가스	밝은 회색	–

아세틸렌(C_2H_2)	황 색	–
암모니아(NH_3)	백 색	–
액화염소(Cl_2)	갈 색	–
질소(N_2)	회 색	흑 색
아산화질소(N_2O)	회 색	청 색
헬륨(He)	회 색	갈 색
에틸렌(C_2H_4)	회 색	자 색
사이크로 프로판	회 색	주황색
기타의 가스	회 색	–

예상문제 18

다음과 같이 충전용기를 차량에 적재할 때 주의사항 3가지를 쓰시오.

해답 ① 고압가스 전용 차량에 세워서 적재할 것
② 차량의 최대 적재량을 초과하지 아니할 것
③ 납붙임, 접합 용기는 포장상자에 적재하고, 보호망을 적재함 위에 씌울 것

해설 (1) 충전용기 적재 운반 기준
① 충전용기를 싣거나 내릴 때에 충격이 완화될 수 있도록 완충판 등을 사용할 것
② 충전용기 몸체와 차량과의 사이에 헝겊, 고무링 등을 사용하여 마찰 및 홈, 찌그러짐을 방지할 것
③ 고정된 프로텍터가 없는 용기는 보호캡을 부착한 후 운반할 것

④ 전용 로프를 사용하여 충전용기가 떨어지지 않게 할 것
⑤ 납붙임, 접합용기는 포장상자 외면에 가스의 종류, 용도 및 취급 시 주의사항을 기재할 것
(2) 충전용기 적재 차량 주정차 기준
① 지형이 평탄하고 교통량이 적은 안전한 장소를 택할 것
② 정차 시 엔진을 정지시킨 다음 주차 브레이크를 걸어놓고 반드시 차량고정목을 사용할 것
③ 제1종 보호시설과 15 m 이상 떨어지고, 제2종 보호시설이 밀집되어 있는 지역은 가능한 피한다.
④ 차량의 고장 등으로 정차하는 경우는 적색 표지판 등을 설치한다.

예상문제 19

LPG 용기 검사 장비에 대한 물음에 답하시오.
(1) 이 검사 장비의 명칭을 쓰시오.
(2) 이 검사 장비의 특징 3가지를 쓰시오.

해답 (1) 수조식 내압시험 장치
(2) ① 보통 소형 용기에 행한다.
② 내압시험 압력까지 팽창이 정확히 측정된다.
③ 비수조식에 비하여 측정 결과에 대한 신뢰성이 크다.

예상문제 **20**

다음 LPG 용기 검사 장비의 명칭을 쓰시오.

해답 기밀시험 장치

해설 충전용기 시험압력

구분	최고충전 압력(FP)	기밀시험 압력(AP)	내압시험 압력(TP)	안전밸브 작동압력
압축가스 용기	35℃, 최고충전 압력	최고충전 압력	$FP \times \frac{5}{3}$ 배	TP×0.8 배 이하
아세틸렌 용기	15℃에서 최고압력	FP×1.8 배	FP×3 배	가용전식 (105±5 ℃)
초저온, 저온 용기	상용압력 중 최고압력	FP×1.1 배	$FP \times \frac{5}{3}$ 배	TP×0.8 배 이하
액화가스 용기	$TP \times \frac{3}{5}$ 배	최고충전 압력	액화가스 종류별로 규정	TP×0.8 배 이하

예상문제 **21**

고압가스 충전용기의 충전용 밸브이다. 충전구 형식은 무엇인가?

(1)

(2)

(3)

해답 (1) A형(숫나사)　(2) B형(암나사)
(3) C형(충전구 나사가 없는 것)

해설 **충전용기 충전 밸브**
(1) 충전구 형식에 의한 분류
　① A형 : 가스 충전구가 숫나사
　② B형 : 가스 충전구가 암나사
　③ C형 : 가스 충전구에 나사가 없는 것
(2) 충전구 나사 형식에 의한 분류
　① 가연성 가스 용기 : 왼나사(단, 액화브롬화메탄,
　　액화암모니아의 경우 오른나사)
　② 기타 가스용기 : 오른나사

예상문제 **22**

충전용기 밸브를 보고 물음에 답하시오.

(1) 충전하는 가스 명칭을 쓰시오.
(2) 안전밸브의 형식(종류)을 쓰시오.
(3) 안전밸브의 특징 4가지를 쓰시오.
(4) 밸브 몸체에 각인된 "PG"를 설명하시오.

해답 (1) 산소(O_2)
(2) 파열판식 안전밸브
(3) ① 구조가 간단하여 취급, 점검이 쉽다.
② 밸브 시트의 누설이 없다.
③ 한번 작동하면 재사용이 불가능하다.
④ 부식성 유체, 괴상물질을 함유한 유체에 적합하다.
(4) 압축가스 충전용기 부속품

예상문제 23

충전용기 밸브를 보고 물음에 답하시오.
(1) 충전하는 가스 명칭을 쓰시오.
(2) 밸브 몸체에 각인된 "AG"를 설명하시오.

해답 (1) 아세틸렌(C_2H_2)
(2) 아세틸렌가스 충전용기 부속품

해설 아세틸렌 충전용기에는 가용전식 안전밸브를 사용하여 충전용기 밸브에는 안전장치가 부착되어 있지 않다.(가용전 용융온도 : 105±5℃)

예상문제 24

충전용기 밸브를 보고 물음에 답하시오.
(1) 충전하는 가스 명칭을 쓰시오.
(2) 안전밸브의 형식(종류)을 쓰시오.
(3) 밸브 몸체에 각인된 "LG"를 설명하시오.

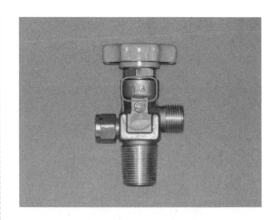

해답 (1) 이산화탄소(CO_2)　(2) 파열판식 안전밸브
(3) 액화석유가스 외의 액화가스 충전용기 부속품

예상문제 25

충전용기 밸브를 보고 물음에 답하시오.
(1) 충전하는 가스 명칭을 쓰시오.
(2) 밸브 몸체 재질과 스핀들 재질은 무엇인가?

해답 (1) 염소(Cl_2)
(2) ① 몸체 재질 : 황동, 주강
② 스핀들 : 18-8 스테인리스강

해설 염소 충전용기에는 가용전식 안전밸브를 사용하여 충전용기 밸브에는 안전장치가 부착되어 있지 않다.(가용전 용융온도 : 65~68℃)

예상문제 / 26

충전용기 밸브를 보고 물음에 답하시오.

(1) 충전하는 가스 명칭을 쓰시오.
(2) 스프링식 안전밸브에서 스프링을 고정하는 방법 2가지를 쓰시오.
(3) 과류 차단형 밸브(또는 차단 기능형)를 부착하는 용기 내용적은 얼마인가?
(4) 충전용기 밸브에 부착된 청색 캡(또는 적색 캡)의 역할을 쓰시오.

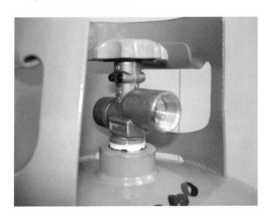

해답 (1) LPG(액화석유가스)
(2) ① 플러그형 ② 캡형
(3) 30 L 이상 50 L 이하
(4) 스프링식 안전밸브에 이물질이 들어가는 것을 방지하고, 조절 스프링을 조작하는 것을 방지하기 위하여 부착한다.

해설 스프링식 안전밸브의 특징
① 일반적으로 가장 널리 사용된다.
② 밸브 시트 누설이 있다.
③ 작동 후 압력이 정상으로 되돌아오면 재사용이 가능하다.
④ 작동압력은 내압시험압력의 $\frac{8}{10}$ 이하에서 작동한다.

예상문제 / 27

다음은 산소-아세틸렌 화염을 사용하는 시설이다. 지시하는 부분의 명칭을 쓰시오.

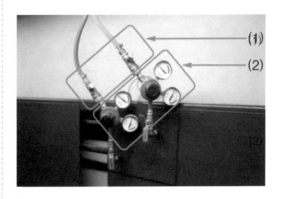

해답 (1) 역화방지기
(2) 압력조정기

해설 **역화방지기**
(1) 기능 : 화염의 역류로 인한 인화폭발을 방지하기 위하여 설치
(2) 설치 장소
   ① 가연성 가스를 압축하는 압축기와 오토클레이브 사이의 배관
   ② 아세틸렌의 고압건조기와 충전용 교체밸브 사이의 배관
   ③ 아세틸렌 충전용 지관
   ④ 수소화염 또는 산소-아세틸렌 화염을 사용하는 시설의 분기되는 각각의 배관
(3) 역류방지 밸브 설치
   ① 가연성 가스를 압축하는 압축기와 충전용 주관과의 사이 배관
   ② 아세틸렌을 압축하는 압축기의 유분리기와 고압 건조기와의 사이 배관
   ③ 암모니아 또는 메탄올의 합성탑 및 정제탑과 압축기와의 사이 배관

2 ○ 계측기기

예상문제 28

가스 크로마토그래피(gas chromatography) 장치에 대한 물음에 답하시오.

(1) 가스 크로마토그래피의 측정원리는 무엇인가?
(2) 이 분석기의 3대 구성 요소를 쓰시오.
(3) 운반 기체(carry gas)의 종류 4가지를 쓰시오.

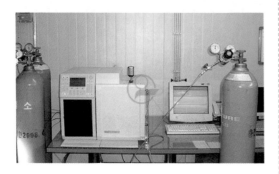

해답 (1) 가스의 확산속도 이용
(2) ① 분리관(column) ② 검출기(detector)
  ③ 기록계
(3) ① 수소(H_2) ② 헬륨(He) ③ 아르곤(Ar)
  ④ 질소(N_2)

해설 (1) 가스 크로마토그래피(gas chromatography) 특징
  ① 여러 종류의 가스를 분석할 수 있다.
  ② 선택성이 좋고, 고감도로 측정할 수 있다.
  ③ 미량 성분의 분석이 가능하다.
  ④ 응답속도가 늦으나 분리 능력이 좋다.
  ⑤ 동일 가스의 연속 측정이 불가능하다.
(2) 검출기(detector)의 종류
  ① 열전도도 검출기(TCD)
  ② 수소불꽃 이온화 검출기(FID)
  ③ 전자포획 이온화 검출기(ECD)
  ④ 염광광도형 검출기(FPD)
  ⑤ 알칼리성 이온화 검출기(FTD)

예상문제 29

부르동관(bourdon tube) 압력계에 대한 물음

에 답하시오.
(1) 부르동관의 재질을 저압용과 고압용으로 구분하여 쓰시오.
(2) 고압가스 설비에 사용되는 압력계의 최고 눈금 범위 기준은?
(3) 탄성 압력계의 종류 4가지를 쓰시오.

해답 (1) ① 저압용 : 황동, 인청동, 청동
  ② 고압용 : 니켈강, 스테인리스강
(2) 상용압력의 1.5배 이상 2배 이하
(3) ① 부르동관식 ② 벨로스식
  ③ 다이어프램식 ④ 캡슐식

예상문제 30

차압식 유량계의 단면을 나타낸 것으로 명칭은 무엇인가?

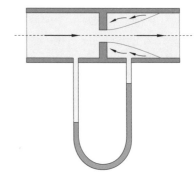

해답 오리피스미터

해설 **차압식 유량계**
(1) 측정 원리 : 베르누이 방정식
(2) 종류 : 오리피스미터, 플로노즐, 벤투리미터

3 　 ● 초저온, 액화산소

예상문제 **31**

다음은 공기액화 분리장치가 설치된 액화산소 제조소이다. 공기액화 분리장치 폭발 원인 4가지를 쓰시오.

해답 ① 공기 취입구로부터 아세틸렌(C_2H_2)의 혼입
② 압축기용 윤활유 분해에 따른 탄화수소의 생성
③ 공기 중 질소화합물의 혼입(NO, NO_2)
④ 액체 공기 중에 오존(O_3)의 혼입

해설 (1) 폭발방지 대책
　① 장치 내 여과기 설치
　② 아세틸렌이 혼입되지 않는 장소에 공기 흡입 구를 설치
　③ 양질의 압축기 윤활유 사용
　④ 장치는 1년에 1회 이상 사염화탄소(CCl_4)를 사용하여 세척
(2) 불순물 유입 금지 : 공기액화 분리기에 설치된 액화산소통 안의 액화산소 5L 중 아세틸렌 질량이 5 mg, 탄화수소의 탄소의 질량이 500 mg을 넘을 때에는 운전을 중지하고 액화산소를 방출시킬 것

예상문제 **32**

다음은 액화산소, 액화질소, 액화아르곤 등 초저온 액화가스를 저장하는 탱크이다. 지시하는 부분의 명칭은 무엇인가?

해답 차압식 액면계 (또는 햄프슨식 액면계)

해설 차압식 액면계(햄프슨식 액면계) : 액화산소와 같은 극저온의 저장조의 상·하부를 U자관에 연결하여 차압에 의하여 액면을 측정하는 방식이다.

예상문제 **33**

다음은 LNG 저장탱크의 단면 모형이다. 보랭재로 사용되는 것 3가지를 쓰시오.

해답 ① 펄라이트
② 경질폴리우레탄폼
③ 폴리염화비닐폼

예상문제 34

액화산소를 저장하는 초저온 저장탱크에 대한 물음에 답하시오.

(1) 지시하는 부분의 명칭과 역할을 쓰시오.
(2) 지시하는 부분의 장치를 내압시험을 물로 하지 못할 때 공기를 사용하여 할 경우 시험압력은 얼마인가?
(3) 이 탱크에 설치되는 안전장치의 종류 3가지를 쓰시오.
(4) 저장시설에 설치된 경계책 높이는 얼마인가?

해답 (1) ① 명칭 : 기화기
② 역할 : 액체 상태의 산소를 대기의 열을 이용하여 기화시켜 기체 상태의 산소를 공급하는 시설
(2) 설계압력의 1.1배
(3) ① 안전밸브
② 긴급차단장치
③ 릴리프 밸브
④ 액면계
(4) 1.5 m 이상

해설 고압가스용 기화장치의 내압성능 및 기밀성능 <개정 2017. 6. 2>
(1) 내압성능
① 내압시험은 물을 사용하는 것을 원칙으로 한다.
② 내압시험 압력 : 설계 압력의 1.3배 이상
③ 질소 또는 공기 등으로 하는 경우 설계압력의 1.1배의 압력으로 실시할 수 있다.
(2) 기밀성능
① 기밀시험은 공기 또는 불활성가스 사용
② 기밀시험 압력 : 설계 압력 이상의 압력

4 압축기, 펌프

예상문제 35

다음 압축기를 보고 물음에 답하시오.
(1) 이 압축기의 명칭을 쓰시오.
(2) 이 압축기의 특징 4가지를 쓰시오.

(3) 이 압축기에서 행정거리를 반으로 줄였을 경우 피스톤 압출량 변화는 어떻게 되겠는가?
(4) 압축기 실린더에서 이상음 발생원인 4가지를 쓰시오.

해답 (1) 왕복동식 압축기

(2) 특징

① 용적형으로 고압이 쉽게 형성된다.

② 오일윤활식, 무급유식이다.

③ 용량 조정 범위가 넓고, 압축효율이 높다.

④ 압축이 단속적이므로 진동이 크고 소음이 크다.

⑤ 배출가스 중 오일이 혼입될 우려가 있다.

(3) $\frac{1}{2}$로 감소

(4) 이상음 발생원인

① 실린더와 피스톤이 닿는다.

② 피스톤링이 마모되었다.

③ 실린더 내에 액해머가 발생하고 있다.

④ 실린더에 이물질이 혼입되고 있다.

⑤ 실린더 라이너에 편감 또는 홈이 있다.

해설 **왕복동식 압축기 용량 제어**

(1) 용량 제어의 목적

① 수요 공급의 균형 유지

② 압축기 보호

③ 소요 동력의 절감

④ 경부하 기동

(2) 연속적인 용량 제어법

① 흡입 주밸브를 폐쇄하는 방법

② 타임드 밸브 제어에 의한 방법

③ 회전수를 변경하는 방법

④ 바이패스 밸브에 의한 방법

(3) 단계적인 용량 제어법

① 클리어런스 밸브에 의한 조정

② 흡입 밸브 개방에 의한 방법

예상문제 **36**

CNG(압축천연가스)를 압축하는 다단압축기에 대한 물음에 답하시오.

(1) 다단압축을 하는 목적 4가지를 쓰시오.

(2) 단수 결정 시 고려할 사항 4가지를 쓰시오.

(3) 압축비 증대 시 영향 4가지를 쓰시오.

해답 (1) 다단압축의 목적

① 1단 단열압축과 비교한 일량의 절약

② 이용효율의 증가

③ 힘의 평형이 좋아진다.

④ 가스의 온도 상승을 피할 수 있다.

(2) 단수 결정 시 고려할 사항

① 최종의 토출압력   ② 취급가스량

③ 취급가스의 종류   ④ 연속 운전의 여부

⑤ 동력 및 제작의 경제성

(3) 압축비 증대 시 영향

① 소요동력이 증대한다.

② 실린더 내의 온도가 상승한다.

③ 체적효율이 저하한다.

④ 토출가스량이 감소한다.

예상문제 **37**

다음은 압축기의 단면을 나타낸 것이다. 물음에 답하시오.

(1) 압축기의 명칭을 쓰시오.

(2) 특징 4가지를 쓰시오.

해답 (1) 나사압축기(screw compressor)
(2) 특징
① 용적형이며 무급유식 또는 급유식이다.
② 흡입, 압축, 토출의 3행정을 가지고 있다.
③ 연속적으로 압축하고, 맥동현상이 없다.
④ 용량 조정이 어렵고(70~100%), 효율은 떨어진다.
⑤ 토출압력은 $30\,kgf/cm^2$까지 가능하고, 소음방지가 필요하다.
⑥ 두 개의 암(female), 수(male)의 치형을 가진 로터의 맞물림에 의해 압축한다.
⑦ 고속회전이므로 형태가 작고, 경량이며 설치면적이 작다.
⑧ 토출압력 변화에 의한 용량 변화가 적다.

예상문제 **38**

원심압축기에 대한 물음에 답하시오.

(1) 특징 4가지를 쓰시오.
(2) 구성요소 3가지를 쓰시오.
(3) 용량제어방법 3가지를 쓰시오.

해답 (1) 특징
① 원심형 무급유식이다.
② 연속토출로 맥동현상이 적다.
③ 고속회전이 가능하므로 전동기와 직결 사용이 가능하다.
④ 형태가 작고 경량이어서 기초, 설치면적이 적다.
⑤ 용량 조정 범위가 좁고(70~100%) 어렵다.
⑥ 압축비가 적고, 효율이 좋지 않다.
⑦ 토출압력 변화에 의해 용량 변화가 크다.
⑧ 운전 중 서징(surging) 현상이 발생할 수 있다.
(2) ① 임펠러 ② 디퓨저 ③ 가이드 베인
(3) 용량 제어 방법
① 속도 제어에 의한 방법
② 토출 밸브에 의한 방법
③ 흡입 밸브에 의한 방법
④ 베인 컨트롤에 의한 방법
⑤ 바이패스에 의한 방법

예상문제 **39**

원심펌프 축봉장치에 메커니컬 실(mechanical seal)을 채택하는 경우 2가지를 쓰시오.

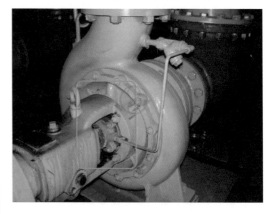

해답 ① 가연성 액화가스를 이송할 때
② 독성 액화가스를 이송할 때

해설 (1) 메커니컬 실(mechanical seal)의 종류 및 특징
① 내장형(inside type) : 고정면이 펌프측에 있는 것으로 일반적으로 사용된다.

② 외장형(outside type) : 회전면이 펌프측에 있는 것으로 구조재, 스프링재가 내식성에 문제가 있거나 고점도(100 cP 초과), 저응고 점액일 때 사용한다.
③ 싱글 실형 : 습동면(접촉면)이 1개로 조립된 것
④ 더블 실형 : 습동면(접촉면)이 2개로 누설을 완전히 차단하고 유독액 또는 인화성이 강한 액일 때, 누설 시 응고액, 내부가 고진공, 보온 보랭이 필요할 때 사용한다.
⑤ 언밸런스 실 : 펌프의 내압을 실의 습동면에 직접 받는 경우 사용한다.
⑥ 밸런스 실 : 펌프의 내압이 큰 경우 고압이 실의 습동면에 직접 접촉하지 않게 한 것으로 LPG, 액화가스와 같이 저비점 액체일 때 사용한다.

(2) 메커니컬 실 냉각법
① 플래싱 : 축봉부 고압측 액체가 있는 곳에 냉각액을 주입하는 방법으로 가장 많이 사용
② 퀜칭 : 냉각액을 실 단면의 내경부에 직접 접촉하도록 주입하는 냉각방법
③ 쿨링 : 실의 밀봉 단면이 아닌 그 외부를 냉각하는 방법으로 냉각효과가 낮다.

예상문제 40

다음 펌프는 진흙탕이나 모래가 많은 물 또는 특수 약액을 이송하는데 적합한 것으로 고무막을 상하로 운동시켜 액체를 이송한다. 이 펌프의 명칭은 무엇인가?

해답 다이어프램 펌프

예상문제 41

다음 펌프의 명칭을 쓰시오.

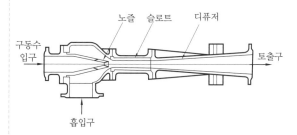

해답 제트 펌프

해설 제트 펌프의 3대 요소 : 노즐, 슬롯, 디퓨저

예상문제 42

원심 펌프에서 발생하는 이상 현상 4가지를 쓰시오.

해답 ① 캐비테이션(cavitation) 현상
② 서징(surging) 현상
③ 수격작용(water hammering)
④ 베이퍼 로크(vapor lock) 현상

예상문제 43

원심 펌프에서 전동기 과부하의 원인 4가지를 쓰시오.

해답 ① 양정이나 수량이 증가한 때
② 액의 점도가 증가되었을 때
③ 액비중이 증가되었을 때
④ 임펠러, 베인에 이물질이 혼입되었을 때

5 ○ 배관 부속

예상문제 44

다음 배관 부속의 명칭을 쓰시오.

(1)

(2)

② 관을 도중에 분기할 때 : 티(tee), 와이(Y), 크로스(cross)
③ 동일 지름의 관을 연결할 때 : 소켓(socket), 니플(nipple), 유니언(union)
④ 이경관을 연결할 때 : 리듀서(reducer), 부싱(bushing), 이경 엘보, 이경 티
⑤ 관 끝을 막을 때 : 플러그(plug), 캡(cap)
⑥ 관의 분해, 수리가 필요할 때 : 유니언, 플랜지

해답 (1) ① 소켓(socket) ② 45° 엘보
③ 90° 엘보   ④ 니플(nipple) ⑤ 티(tee)
⑥ 크로스(cross)
(2) ① 캡(cap)   ② 유니언(union)
③ 90° 엘보   ④ 소켓(socket)

해설 사용 용도에 의한 관 이음쇠의 분류
① 배관의 방향을 전환할 때 : 엘보(elbow), 벤드(bend)

예상문제 45

다음 밸브의 명칭과 특징 4가지를 쓰시오.

해답 (1) 명칭 : 글로브 밸브 (또는 스톱 밸브, 옥형변)

(2) 특징

① 유량 조정용에 적합하다.

② 유체의 저항이 크다.

③ 유체의 흐름 방향과 평행하게 개폐된다.

④ 찌꺼기가 체류할 가능성이 크다.

예상문제 / **46**

다음 밸브의 명칭과 특징 4가지를 쓰시오.

해답 (1) 명칭 : 슬루스 밸브 (또는 게이트 밸브, 사절변)

(2) 특징

① 유로 개폐용에 사용된다.

② 관내 마찰저항 손실이 적다.

③ 유량 조정용 밸브로 부적합하다.

④ 찌꺼기가 체류해서는 안 되는 난방배관용에 적합하다.

예상문제 / **47**

다음은 배관에 설치되는 밸브의 한 종류이다. 물음에 답하시오.

(1) 이 밸브의 명칭을 쓰시오.

(2) 이 밸브의 기능(역할)을 설명하시오.

(3) 이 밸브의 종류 2가지와 배관에 설치할 수 있는 경우를 설명하시오.

해답 (1) 체크 밸브 (또는 역지 밸브, 역류방지 밸브)

(2) 유체 흐름의 역류를 방지한다.

(3) ① 스윙식 : 수평, 수직 배관에 설치

② 리프트식 : 수평 배관에 설치

예상문제 / **48**

다음 밸브의 명칭을 쓰시오.

(1)

(2)

해답 (1) 볼 밸브 (2) 버터플라이 밸브

다음 배관 부속의 명칭과 기능을 설명하시오.

해답 (1) 명칭 : 여과기(strainer)
(2) 기능 : 배관에 설치되는 밸브, 트랩, 기기(機器) 등의 앞에 설치하여 이물질을 제거함으로써 기기의 성능을 유지하고 고장을 방지한다.

LPG 및 도시가스 사용 시설에 사용하는 부품의 명칭을 각각 쓰시오.

(1)

(2)

해답 (1) 퓨즈 콕
(2) 상자 콕

해설 **콕의 종류 및 구조**
(1) 종류 : 퓨즈 콕, 상자 콕, 주물연소기용 노즐콕, 업무용 대형 연소기용 노즐 콕
(2) 구조
  ① 퓨즈 콕 : 가스유로를 볼로 개폐하고, 과류차단 안전기구가 부착된 것으로서 배관과 호스, 호스와 호스, 배관과 배관 또는 배관과 커플러를 연결하는 구조이다.
  ② 상자 콕 : 가스유로를 핸들, 누름, 당김 등의 조작으로 개폐하고, 과류차단 안전기구가 부착된 것으로서 밸브 핸들이 반개방 상태에서도 가스가 차단되어야 하며, 배관과 커플러를 연결하는 구조이다. <개정 13. 12. 31>
  ③ 주물연소기용 노즐콕 : 주물연소기용 부품으로 사용하는 것으로 볼로 개폐하는 구조이다.
  ④ 업무용 대형 연소기용 노즐콕 : 업무용 대형 연소기용 부품으로 사용하는 것으로 가스 흐름을 볼로 개폐하는 구조이다.
(3) 퓨즈 콕 표면에 표시된 Ⓕ 1.2의 의미 : 과류차단 안전기구가 작동하는 유량이 $1.2\,m^3/h$
(4) 과류차단 안전기구 : 표시유량 이상의 가스량이 통과되었을 경우 가스유로를 차단하는 안전장치이다.

6 　o 가스보일러

예상문제 **51**

도시가스용 가스보일러를 배기방식에 따른 명칭을 쓰시오.

(1)

(2)

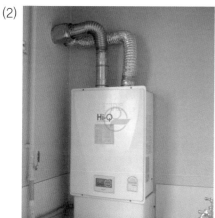

해답 (1) 단독·반밀폐식·강제 배기식
(2) 단독·밀폐식·강제 급배기식

해설 (1) 연소장치의 구분

구분	연소용 공기	연소 가스	비　고
개방식	실내	실내	환기구 및 환풍기 설치
반밀폐식	실내	실외	급기구 및 배기통 설치
밀폐식	실외	실외	배기통 설치

(2) 배기방식에 의한 구분
　① 자연 배기식 : CF방식(Conventional Flue type)
　② 강제 배기식 : FE방식(Forced Exhaust type)
　③ 강제 급배기식 : FF방식(Forced draft balanced Flue type)

예상문제 **52**

가스보일러 설치기준 중 ( ) 안에 알맞은 용어를 쓰시오.

> 가스보일러의 가스 접속 배관은 (①) 또는 가스 용품 검사에 합격한 (②)를(을) 사용하고, 가스의 누출이 없도록 확실히 접속하여야 한다.

해답 ① 금속 배관 ② 연소기용 금속 플렉시블 호스

해설 가스보일러 공통 설치기준
① 전용 보일러실에는 부압(대기압보다 낮은 압력) 형성의 원인이 되는 환기팬을 설치하지 아니한다.

② 전용 보일러실에는 사람이 거주하는 거실, 주방 등과 통기될 수 있는 가스레인지 배기덕트(후드) 등을 설치하지 아니한다.

③ 가스보일러는 지하실 또는 반지하실에 설치하지 아니한다. 다만, 밀폐식 보일러 및 급배기 시설을 갖춘 전용 보일러실에 설치된 반밀폐식 보일러의 경우에는 지하실 또는 반지하실에 설치할 수 있다.

④ 가스보일러의 가스 접속 배관은 금속 배관 또는 가스 용품 검사에 합격한 연소기용 금속 플렉시블 호스를 사용하고, 가스의 누출이 없도록 확실히 접속하여야 한다.

⑤ 가스보일러를 설치 시공한 자는 그가 설치, 시공한 시설에 대하여 시공표지판을 부착하고 내용을 기록한다.

⑥ 배기통의 재료는 스테인리스 강판 또는 배기가스 및 응축수에 내열, 내식성이 있는 것으로서 배기통은 한국가스안전공사 또는 공인시험기관의 성능인준을 받은 것이어야 한다.

⑦ 가스보일러 연통의 호칭지름은 가스보일러의 연통 접속부의 호칭지름 이상으로 하며, 연통과 가스보일러의 접속부는 내열 실리콘, 내열실리콘 밴드 등(석고 붕대를 제외함)으로 마감 조치하여 기밀이 유지되도록 하여야 한다.

예상문제 53

가스보일러를 전용 보일러실에 설치하지 않아도 되는 경우 3가지를 쓰시오.

해답 ① 밀폐식 가스보일러
② 옥외에 설치한 가스보일러
③ 전용 급기통을 부착시키는 구조로 검사에 합격한 강제배기식 가스보일러

해설 단독 · 밀폐식 · 강제급배기식 설치기준
① 터미널과 좌우 또는 상하에 설치된 돌출물간의 이격거리는 150 cm 이상이 되도록 한다.
② 터미널은 전방 15 cm 이내에 장애물이 없는 장소에 설치한다.
③ 터미널의 높이는 바닥면 또는 지면으로부터 15 cm 위쪽으로 한다.
④ 터미널과 상방향에 설치된 구조물과의 이격거리는 25 cm 이상으로 한다.
⑤ 터미널 개구부로부터 60 cm 이내에 배기가스가 실내로 유입할 우려가 있는 개구부가 없도록 한다.
⑥ 배기통이 벽을 관통하는 부분은 배기가스가 실내로 들어오지 아니하도록 확실하게 밀폐한다.

예상문제 54

강제배기식 단독 배기통 방식의 연소장치 배기통 및 연돌의 터미널에는 새, 쥐 등의 지름 몇 cm 이상의 물체가 들어가지 않는 내식성의 구조물을 설치하여야 하는가?

해답 1.6

해설 강제배기식(반밀폐식) 단독 배기통 방식 급·배기설비 설치 기준

① 배기통의 유효단면적은 보일러 또는 배기팬의 배기통 접속부 유효단면적 이상으로 한다.

② 배기통은 기울기를 주어 응축수가 외부로 배출될 수 있도록 설치한다. 다만, 콘덴싱 보일러의 경우에는 응축수가 실내로 유입될 수 있도록 설치할 수 있다.

③ 배기통은 점검 및 유지가 용이한 장소에 설치하되, 부득이하여 천장 속 등의 은폐부에 설치되는 경우에는 배기통을 단열조치하고, 수리나 교체에 필요한 점검구 및 외부환기구를 설치할 것

④ 배기통 및 연돌의 터미널에는 새, 쥐 등이 들어가지 아니하도록 지름 1.6 cm 이상의 물체가 들어가지 아니하는 내식성의 구조물을 설치한다.

⑤ 터미널 상하 주위 60 cm(방열판이 설치된 것은 30 cm) 이내에는 가연성 구조물이 없도록 한다.

⑥ 터미널 개구부로부터 60 cm 이내에는 배기가스가 실내로 유입할 우려가 있는 개구부가 없도록 한다.

⑦ 보일러실의 급기구 및 상부 환기구는 다음 기준에 따라 설치한다.

　㉮ 급기구 및 상부 환기구의 유효단면적은 배기통의 단면적 이상으로 한다.

　㉯ 상부 환기구는 될 수 있는 한 높게 설치하며, 최소한 보일러 역풍방지장치보다 높게 설치한다.

　㉰ 상부 환기구 및 급기구는 외기와 통기성이 좋은 장소에 개구되어 있도록 한다.

　㉱ 급기구 또는 상부 환기구는 유입된 공기가 직접 보일러 연소실에 흡입되어 불이 꺼지지 않는 구조로 한다.

예상문제 **55**

도시가스용 가스보일러의 안전장치의 종류 4가지를 쓰시오.

해답 ① 소화 안전장치
② 동결 방지장치
③ 과열방지 안전장치
④ 정전 및 통전시의 안전장치
⑤ 저가스압 차단장치
⑥ 물온도 조절장치

해설 (1) 소화안전장치 : 파일럿 버너 또는 메인 버너의 불꽃이 꺼지거나 연소기구 사용 중에 가스 공급이 중단 또는 불꽃 검지부에 고장이 생겼을 때 자동으로 가스 밸브를 닫히게 하여 불이 꺼졌을 때 가스가 유출되는 것을 방지하는 안전장치이다.

(2) 연소기의 소화 안전장치(연소 안전장치)의 종류

① 열전대식 : 열전대의 원리를 이용한 것으로 열전대가 가열되어 기전력이 발생되면서 전자밸브가 개방된 상태가 유지되고, 소화된 경우에는 기전력 발생이 감소되면서 스프링에 의해서 전자밸브가 닫혀 가스를 차단하는 것으로 가스레인지 등에 적용한다.

② 광전관식(UV-cell 방식) : 불꽃의 빛을 감지하는 센서를 이용한 방식으로 연소 중에는 전자밸브를 개방시키고 소화 시에는 전자밸브를 닫히도록 한 것이다.

③ 플레임 로드(flame rod)식 : 불꽃의 도전성에 의한 정류성을 이용하여 불꽃을 감지하는 방식으로 대용량의 연소기에 사용하는 방식이다.

7 **○ LPG**

예상문제 56

LPG 이입·충전 시 사용하는 펌프에 대한 물음에 답하시오.

(1) 펌프 사용 시 장점 2가지를 쓰시오.
(2) 펌프 사용 시 단점 3가지를 쓰시오.
(3) 이입·충전 시 사용하는 펌프 종류 3가지를 쓰시오.

해답 (1) ① 재액화 현상이 없다.
　② 드레인 현상이 없다.
(2) ① 충전시간이 길다.
　② 잔가스 회수가 불가능하다.
　③ 베이퍼 로크 현상이 일어나 누설의 원인이 된다.
(3) ① 원심 펌프
　② 기어 펌프
　③ 베인 펌프

예상문제 57

LPG 이입·충전 시 압축기를 사용할 때 특징 5가지를 쓰시오.

해답 ① 펌프에 비해 이송시간이 짧다.
② 잔가스 회수가 가능하다.
③ 베이퍼 로크 현상이 없다.
④ 부탄의 경우 재액화 현상이 있다.
⑤ 드레인의 원인이 된다.

예상문제 58

LPG 이송용 압축기에 대한 물음에 답하시오.

(1) 지시하는 부분의 명칭과 기능을 쓰시오.
(2) LPG 압축기 내부 윤활유는 무엇을 사용하는가?

해답 (1) ① 명칭 : 액트랩(또는 액분리기)

② 기능 : 가스 흡입측에 설치하여 흡입가스 중 액을 분리하고 액압축을 방지한다.

(2) 식물성유

예상문제 59

LPG 이송용 압축기에서 지시하는 부분의 명칭과 기능에 대하여 쓰시오.

해답 ① 명칭 : 사방밸브(또는 4로 밸브, 4-way valve)

② 기능 : 압축기의 흡입측과 토출측을 전환하여 액이송과 가스 회수를 동시에 할 수 있다.

예상문제 60

LPG 이송에 사용하는 차량에 고정된 탱크(탱크로리)에 대한 물음에 답하시오.

(1) 차량 앞, 뒤에 부착된 경계표지의 크기 기준 3가지를 쓰시오.

(2) 운전석 외부에 부착하는 적색 삼각기의 규격(가로×세로)은 얼마인가?

(3) 탱크 정상부의 높이가 차량 정상부의 높이보다 높을 때 설치하는 것의 명칭은 무엇인가?

(4) 탱크로리 탱크의 내용적은 얼마로 제한하고 있는가?

해답 (1) ① 가로치수 : 차체폭의 30% 이상

② 세로치수 : 가로치수의 20% 이상

③ 차량 구조상 정사각형 또는 이에 가까운 형상으로 표시할 때는 면적이 $600\,cm^2$ 이상

(2) $40 \times 30\,cm$

(3) 높이 측정 기구(검지봉)

(4) 내용적 제한 없음

해설 (1) 탱크로리 내용적 제한 기준

① 가연성 가스, 산소 : $18000\,L$ 초과 금지(단, LPG 제외)

② 독성 가스 : $12000\,L$ 초과 금지(단, 액화암모니아 제외)

(2) 탱크 및 부속품 보호 : 뒷범퍼와의 수평거리

① 후부취출식 탱크 : $40\,cm$ 이상 유지

② 후부취출식 탱크 외의 탱크 : $30\,cm$ 이상 유지

③ 조작상자 : $20\,cm$ 이상 유지

예상문제 61

LPG 이송에 사용하는 차량에 고정된 탱크(탱크로리)에 대한 물음에 답하시오.

(1) 탱크 내부에 액면 요동을 방지하기 위하여 설치하는 것의 명칭은 무엇인가?

(2) 탱크 외면에 기록한 가스 명칭 글자 크기는 얼마인가?

(3) 탱크의 외벽에 화염에 의하여 국부적으로 가열될 경우 탱크의 파열을 방지하기 위한 폭발방지제의 열전달 매체 재료로서 가장 적당한 것은?

(4) 차량에 고정된 탱크에는 상온에서 탱크에 충전하는 당해 가스의 최고 액면을 정확히

측정할 수 있도록 설치하는 액면계의 종류 2가지를 쓰시오.

(5) 차량에 고정된 탱크(탱크로리)에 설치된 긴급차단장치는 온도가 몇 ℃일 때 자동적으로 작동되어야 하는가?

해답 (1) 방파판

(2) 탱크 지름의 $\frac{1}{10}$ 이상

(3) 다공성 벌집형 알루미늄박판

(4) ① 슬립 튜브식 ② 차압식

(5) 110℃

해설 (1) 방파판 설치 기준

① 방파판 면적 : 탱크 횡단면적의 40 % 이상

② 위치 : 상부 원호부 면적이 탱크 횡단면의 20 % 이하가 되는 위치

③ 두께 : 3.2 mm 이상

④ 설치 수 : 탱크 내용적 5 m³ 이하마다 1개씩

(2) 2개 이상의 탱크를 동일한 차량에 고정하여 운반하는 기준

① 탱크마다 탱크의 주밸브를 설치한다.

② 탱크 상호간 또는 탱크와 차량과의 사이를 단단하게 부착하는 조치를 한다.

③ 충전관에는 안전밸브, 압력계 및 긴급탈압밸브를 설치한다.

예상문제 62

다음은 LPG 이입·충전 작업을 하기 위하여 저장탱크와 차량에 고정된 탱크(탱크로리)를 연결한 로딩 암(loading arm)이다. 물음에 답하시오.

(1) 로딩 암 "A"와 "B"라인에 흐르는 LPG의 상태를 액체와 기체로 구별하여 답하시오.

(2) 이입·충전작업을 할 때 정전기를 제거하기 위하여 연결하는 부분의 명칭과 접지선의 단면적은 얼마인가?

(3) 접지 저항치 총합은 몇 Ω 이하인가? (단, 피뢰설비가 설치된 경우가 아니다.)

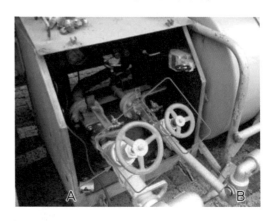

해답 (1) ① A라인 : 액체

② B라인 : 기체

(2) ① 명칭 : 접지탭 (또는 접지코드)

② 규격 : 5.5 mm² 이상

(3) 100Ω 이하 (피뢰설비 설치 시 10Ω 이하)

해설 로딩 암(loading arm)의 성능

(1) 제품 성능

① 내압 성능 : 상용압력의 1.5배 이상의 수압으로 내압시험을 5분간 실시하여 이상이 없는 것으로 한다.

② 기밀 성능 : 상용압력의 1.1배 이상의 압력으로 기밀시험을 10분간 실시한 후 누출이 없는 것으로 한다.

③ 내구 성능 : 600회 이상의 작동시험 후 기밀시험에 이상이 없는 것으로 한다.

(2) 작동 성능(운전 성능)

① 암(arm)의 운동 각도 범위는 10° 이상 70° 이하인 것으로 한다.

② 차량과 로딩 암의 위치가 직각에서 ±20°에서도 이입, 충전 작업이 가능한 것으로 한다.

예상문제 **63**

차량에 고정된 탱크가 주정차하는 위치에 설치된 냉각살수장치에 대한 물음에 답하시오.

(1) 저장탱크 표면적 1 m^2 당 분당 방사량은 얼마인가? (단, 준내화구조의 경우가 아니다.)
(2) 조작위치는 저장탱크 외면에서 얼마인가?
(3) 냉각살수장치의 수원은 몇 분간 방사할 수 있는 양이어야 하는가?

해답 (1) 5 L 이상 (2) 5 m 이상 (3) 30분 이상

해설 (1) 준내화구조의 경우 방사량 : 2.5 L/min · m^2 이상
(2) 살수장치의 종류
  ① 살수관식 : 배관에 지름 4 mm 이상의 다수의 작은 구멍을 뚫거나 살수 노즐을 배관에 부착
  ② 확산판식 : 확산판을 살수 노즐 끝에 부착한 것으로 구형 저장탱크에 설치

예상문제 **64**

LPG 저장탱크에 설치된 액면계에 대한 물음에 답하시오.

(1) 액면계 명칭은 무엇인가?
(2) 액면계의 기능 2가지를 쓰시오.
(3) 액면계 상하에 설치되는 스톱 밸브의 역할 (기능)은 무엇인가?

해답 (1) 클린카식 액면계
(2) ① 저장탱크 내 LPG 액면을 지시하여 잔량 상태 확인
  ② LPG 이입 · 충전 시 과충전을 방지
(3) 액면계 파손 및 검사 시에 LPG의 누설을 방지하기 위하여

예상문제 **65**

다음은 지하에 설치된 LPG 저장탱크 배관에 부착된 기기들이다. 지시하는 부분의 명칭을 쓰시오.

해답 (1) 온도계
(2) 디지털 액면표시장치
(3) 압력계
(4) 슬립튜브식 액면계

예상문제 66

다음은 LPG 저장탱크가 지하에 매설된 부분에 설치된 부분이다. 명칭과 기능(역할)을 쓰시오.

해답 ① 명칭 : 맨홀(man hole)
② 기능 : 정기검사 및 수리, 점검 시 저장탱크 내부에 작업자가 들어가기 위한 것

해설 (1) 저장탱크 지하 설치 기준
① 천장, 벽, 바닥의 두께 : 30 cm 이상의 철근 콘크리트
② 저장탱크의 주위 : 마른 모래를 채울 것
③ 매설깊이 : 60 cm 이상
④ 2개 이상 설치 시 : 상호 간 1 m 이상 유지
⑤ 지상에 경계표지 설치
⑥ 안전밸브 방출관 설치(방출구 높이 : 지면에서 5 m 이상)
(2) LPG 저장탱크 지하 설치 기준 : LPG 저장탱크에만 적용되는 기준임
① 저장탱크실 바닥은 저장탱크실에 침입한 물 또는 기온 변화에 따라 생성된 물이 모이도록 구배를 가지는 구조로 하고, 바닥의 낮은 곳에 집수구를 설치하며, 집수구에 고인 물을 쉽게 배수할 수 있도록 한다.
㉮ 집수구 크기 : 가로 30 cm, 세로 30 cm, 깊이 30 cm 이상
㉯ 집수관 : 80A 이상
㉰ 집수구 및 집수관 주변 : 자갈 등으로 조치, 펌프로 배수
㉱ 검지관 : 40 A 이상으로 4개소 이상 설치
② 저장탱크 설치 거리
㉮ 내벽 이격 거리 : 바닥면과 저장탱크 하부와

60 cm 이상, 측벽과 45 cm 이상, 저장탱크 상부와 상부 내측벽과 30 cm 이상 이격
㉯ 저장탱크실의 상부 윗면은 주위 지면보다 최소 5 cm, 최대 30 cm까지 높게 설치
③ 점검구 설치
㉮ 설치 수 : 저장능력이 20톤 이하인 경우 1개소, 20톤 초과인 경우 2개소
㉯ 위치 : 저장탱크 측면 상부의 지상에 맨홀 형태로 설치
㉰ 크기 : 사각형 0.8 m×1 m 이상, 원형은 지름 0.8m 이상의 크기

예상문제 67

다음과 같이 LPG 저장탱크를 지하에 매설 시 저장탱크실은 수밀성(水密性) 콘크리트로 시공하여야 한다. 저장탱크실 콘크리트 설계강도는 몇 MPa인가?

해답 21 MPa 이상

해설 저장탱크실은 레디믹스 콘크리트(ready-mixed concrete)를 사용하여 수밀성 콘크리트로 시공

항 목	규 격
굵은 골재의 최대치수	25 mm
슬럼프(slump)	120~150 mm
물-결합재비	50 % 이하
설계 강도	21 MPa 이상
공기량	4 % 이하
기타	KS F 4009에 의한 규정

동영상 예상문제

예상문제 / **68**

LPG 용기 충전사업소에 설치된 저장탱크이다. 이 저장탱크의 저장능력이 25톤이라면 사업소 경계까지 유지하여야 할 안전거리는 얼마인가?

해답 30 m 이상

해설 저장설비 안전거리 유지 기준
① 사업소 경계까지 다음 거리 이상을 유지(단, 저장설비를 지하에 설치하거나 지하에 설치된 저장설비 안에 액중 펌프를 설치하는 경우에는 사업소 경계와의 거리에 0.7을 곱한 거리)

저장능력	사업소 경계와의 거리
10톤 이하	24 m
10톤 초과 20톤 이하	27 m
20톤 초과 30톤 이하	30 m
30톤 초과 40톤 이하	33 m
40톤 초과 200톤 이하	36 m
200톤 초과	39 m

② 충전설비 : 사업소 경계까지 24 m 이상 유지
③ 탱크로리 이입·충전장소 : 정차 위치 표시, 사업소 경계까지 24 m 이상 유지
④ 저장설비, 충전설비 및 탱크로리 이입·충전장소 : 보호시설과 거리 유지

예상문제 / **69**

다음은 LPG를 충전용기에 충전하는 회전식 충전기이다. 충전설비와 사업소 경계까지 유지하여야 할 안전거리는 얼마인가?

해답 24 m 이상

예상문제 / **70**

다음 LPG 저장탱크에 대한 물음에 답하시오.
(1) 지시하는 부분의 명칭과 지면에서의 설치 높이는 얼마인가?
(2) 저장탱크의 침하상태 측정 주기는 얼마인가?
(3) 저장량이 몇 톤 이상일 때 방류둑을 설치하여야 하는가?

해답 (1) ① 명칭 : 안전밸브 방출구
  ② 높이 : 5 m 이상
(2) 1년에 1회 이상
(3) 1000톤 이상

해설 (1) 안전밸브 설치 기준
 ① 안전밸브 방출구 위치 : 지면으로부터 5 m 이상 또는 탱크 정상부에서 2 m 중 높은 위치

② 안전밸브 작동압력 : 내압시험압력의 $\frac{8}{10}$배 이하 (내압시험압력=상용압력의 1.5배 이상)

③ 안전밸브 작동검사 주기 : 2년에 1회 이상

④ 스프링식 안전밸브를 설치하기 부적당할 때 사용할 수 있는 것 : 파열판, 자동압력제어장치

⑤ 펌프 및 배관에 액체의 압력 상승을 방지하기 위한 경우 : 릴리프 밸브, 스프링식 안전밸브, 자동압력제어장치

(2) 가스방출관의 방출구는 안전밸브 규격에 따라 방출구 수직상방향 연장선으로부터 수평거리 이내에 장애물이 없는 안전한 곳으로 분출하는 구조로 한다.

입구 호칭지름	수평거리
15 A 이하	0.3 m
15 A 초과 20 A 이하	0.5 m
20 A 초과 25 A 이하	0.7 m
25 A 초과 40 A 이하	1.3 m
40 A 초과	2.0 m

예상문제 71

LPG 충전사업소의 배관에 설치된 안전밸브의 명칭(형식)을 쓰시오.

해답 스프링식 안전밸브

예상문제 72

지시하는 부분은 LPG 저장탱크 배관에 설치된 기기이다. 명칭을 쓰시오.

해답 릴리프 밸브

해설 릴리프 밸브 : 액체 배관 내의 압력이 일정압력 상승 시 작동하여 저장탱크나 펌프의 흡입측으로 되돌려진다.

예상문제 73

지시하는 부분은 LPG 저장탱크 배관에 설치된 기기이다. 물음에 답하시오.

(1) 명칭을 쓰시오.

(2) 동력원의 종류 4가지를 쓰시오.

(3) 이 설비(기기)의 조작스위치(조작밸브)는 저장탱크 외면으로부터 몇 m 이상 떨어져 설치하여야 하는가?

해답 (1) 긴급차단장치(또는 긴급차단밸브)
(2) ① 액압 ② 기압 ③ 전기식 ④ 스프링식
(3) 5 m 이상

해설 (1) 긴급차단장치 차단조작기구 설치 장소
① 안전관리자가 상주하는 사무실 내부
② 충전기 주변
③ 액화석유가스의 대량 유출에 대비하여 충분히 안전이 확보되고 조작이 용이한 곳
(2) 긴급차단장치의 개폐 상태를 표시하는 시그널 램프 등을 설치하는 경우 그 설치 위치는 해당 저장탱크의 송출 또는 이입에 관련된 계기실 또는 이에 준하는 장소로 한다.
(3) 긴급차단장치 또는 역류방지밸브에는 그 차단에 따라 그 긴급차단장치 또는 역류방지밸브 및 접속하는 배관 등에서 워터 해머(water hammer)가 발생하지 아니하는 조치를 강구한다.

정상부에서 1 m 중 높은 위치
(4) 1 m 이상

해설 소형 저장탱크 설치 기준
① 소형 저장탱크 수 : 6기 이하, 충전질량 합계 5000 kg 미만
② 지면보다 5 cm 이상 높게 콘크리트 바닥 등에 설치
③ 경계책 설치 : 높이 1 m 이상 (충전질량 1000 kg 이상만 해당)
④ 소형 저장탱크와 기화장치와의 우회거리 : 3 m 이상
⑤ 충전량 : 내용적의 85 % 이하

예상문제 **74**

LPG 소형 저장탱크에 대한 물음에 답하시오.

(1) 소형 저장탱크를 동일 장소에 설치할 때 설치 수와 충전질량 합계는 얼마인가?
(2) 소형 저장탱크의 충전용 접속부 및 안전밸브 방출구는 연소기용 공기흡입구, 환기용 공기흡입구와 얼마 이상의 거리를 유지하여야 하는가?
(3) 안전밸브 방출관 방출구 높이는 얼마인가?
(4) 경계책 설치 높이는 얼마인가?

해답 (1) ① 설치 수 : 6기 이하
② 충전질량 합계 : 5000 kg 미만
(2) 3 m 이상
(3) 지면으로부터 2.5 m 이상 또는 소형 저장탱크

예상문제 **75**

다음 LPG 소형 저장탱크의 충전질량이 2500kg 일 때 가스 충전구로부터 토지 경계선까지 이격 거리는 얼마인가?

해답 5.5 m 이상

해설 소형 저장탱크의 설치거리 기준

충전질량	가스 충전구로부터 토지 경계선에 대한 수평거리(m)	탱크 간 거리(m)	가스 충전구로부터 건축물 개구부에 대한 거리(m)
1000 kg 미만	0.5 이상	0.3 이상	0.5 이상
1000~2000 kg 미만	3.0 이상	0.5 이상	3.0 이상
2000 kg 이상	5.5 이상	0.5 이상	3.5 이상

① 토지 경계선이 바다, 호수, 하천, 도로 등과 접하는 경우에는 그 반대편 끝을 토지 경계선으로 본다.
② 충전질량 1000 kg 이상인 경우에 방호벽을 설치한 경우 토지 경계선과 건축물 개구부에 대한 거리의 1/2 이상의 직선거리를 유지
③ 방호벽의 높이는 소형 저장탱크 정상부보다 50 cm 이상 높게 유지하여야 한다.

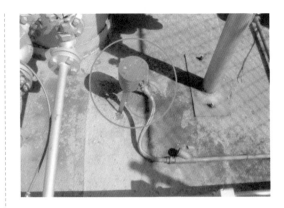

해답 가스누설 검지기

해설 설치높이 : 바닥면에서 30 cm 이내

예상문제 76

자동차에 고정된 탱크(벌크로리)에서 소형 저장탱크에 액화석유가스를 충전할 때의 기준 4가지를 쓰시오.

해답 ① 수요자가 LPG 사업허가, LPG 특정사용자, 소형 저장탱크 검사 여부 확인
② 소형 저장탱크의 잔량을 확인 후 충전
③ 수요자가 채용한 안전관리자 입회 하에 충전
④ 과충전 방지 등 위해방지를 위한 조치를 할 것
⑤ 충전 완료 시 세이프티 커플링으로부터의 가스 누출 여부 확인

예상문제 78

다음은 LPG 저장탱크가 설치된 곳의 배관이다. 지시하는 부분의 기기 명칭을 쓰시오.

해답 (1) 글로브 밸브(또는 스톱 밸브)
(2) 체크 밸브
(3) 긴급차단장치 (4) 바이패스 라인

예상문제 77

다음은 LPG 저장탱크가 있는 장소에 설치된 기기이다. 명칭을 쓰시오.

예상문제 79

LPG 저장설비·가스설비실의 통풍구 크기는 바닥면적 $1m^2$ 당 얼마인가?

해답 $300 \mathrm{~cm}^2$ 이상

해설 통풍구 및 강제 통풍시설 설치 : 저장설비·가스설비실 및 충전용기 보관실
① 통풍 구조 : 바닥면적 $1 \mathrm{~m}^2$ 마다 $300 \mathrm{~cm}^2$의 비율로 계산(1개소 면적 : $2400 \mathrm{~cm}^2$ 이하)
② 환기구는 2방향 이상으로 분산 설치
③ 강제 통풍장치
　㉮ 통풍능력 : 바닥면적 $1 \mathrm{~m}^2$ 마다 $0.5 \mathrm{~m}^3$/분 이상
　㉯ 흡입구 : 바닥면 가까이 설치
　㉰ 배기가스 방출구 : 지면에서 $5 \mathrm{~m}$ 이상의 높이에 설치

예상문제 **80**

LPG 충전용기 보관 장소의 바닥면적이 $30 \mathrm{~m}^2$일 때 통풍구 면적은 얼마 이상 확보하여야 하는가?

해답 통풍구 면적은 바닥면적 $1 \mathrm{~m}^2$당 $300 \mathrm{~cm}^2$ 이상이므로 $30 \mathrm{~m}^2 \times 300 \mathrm{~cm}^2/\mathrm{m}^2 = 9000 \mathrm{~cm}^2$

예상문제 **81**

LPG 자동차용 충전소에는 시설의 안전 확보에 필요한 사항을 기재한 게시판을 주위에서 보기 쉬운 위치에 게시하여야 한다. "충전 중 엔진 정지"와 "화기엄금" 표지판의 바탕색과 글씨 색상은 각각 어떻게 되는가?

해답 ① 충전 중 엔진정지 : 황색 바탕에 흑색 글씨
② 화기엄금 : 백색 바탕에 적색 글씨

예상문제 **82**

다음은 LPG 자동차용 충전기(dispenser)이다. 충전기의 충전호스 기준에 대하여 3가지를 쓰시오.

해답 ① 충전호스 길이는 5 m 이내일 것
② 충전호스에 정전기 제거장치를 설치할 것
③ 충전호스에 과도한 인장력이 가해졌을 때 충전
  기와 가스 주입기가 분리될 수 있는 안전장치를
  설치할 것
④ 가스 주입기는 원터치형으로 할 것

해답 80 cm 이상〈개정 19. 8. 14〉

예상문제 83

LPG 자동차용 충전기에서 과도한 인장력이 작
용했을 때 충전기와 주입기가 분리되는 안전장
치의 명칭은 무엇인가?

예상문제 85

LPG 자동차 용기에서 지시하는 부분의 명칭과
용기 내부에 부착된 것의 명칭은 무엇인가?

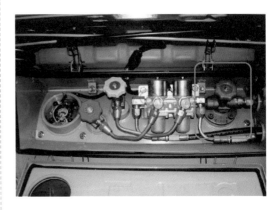

해답 세이프티 커플링(safety coupling)

해설 세이프티 커플링(safety coupling) 성능
① 분리성능 : 커플링은 연결된 상태에서 압력을 가
  하여 2.7~3.3 MPa에서 분리될 것
② 당김 성능 : 커플링은 연결된 상태에서 30±10
  mm/min의 속도로 당겼을 때 490.4~588.4 N
  에서 분리되는 것으로 할 것

해답 ① 명칭 : 충전 밸브
② 내부 : 과충전 방지 장치

해설 각부 명칭(좌측으로 부터)
① 플로트식 액면표시장치
② 적색 밸브 : 액체 밸브
③ 황색 밸브 : 기체 밸브
④ 백색 부분 : 긴급차단 밸브, 과류방지 밸브
⑤ 녹색 밸브 : 충전 밸브

예상문제 84

LPG 자동차용 충전기에서 보호대의 높이는 지
면에서 얼마인가?

예상문제 **86**

LPG 자동차 용기에서 용기 내부의 안전장치
(과충전 방지장치)의 작동 범위는 얼마인가?

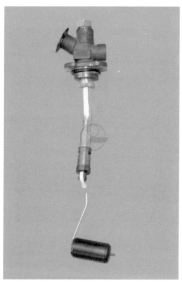

내부에 설치된 기기

해답 내용적의 85 % 이하

예상문제 **87**

LPG 자동차 용기에 부착되는 장치에 대한 물
음에 답하시오.

(1) 이 장치의 명칭을 쓰시오.
(2) LPG 자동차 용기에 부착되는 안전장치의
종류 4가지를 쓰시오.

(3) 충전량은 내용적의 몇 %까지 충전할 수 있
는가?

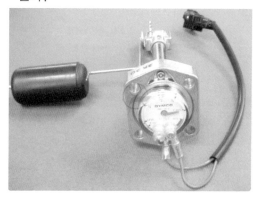

해답 (1) 플로트식 액면표시장치
(2) ① 액면표시장치　② 과충전방지 밸브
　　③ 과류방지 밸브　　④ 안전밸브
　　⑤ 긴급차단장치
(3) 85% 이하

예상문제 **88**

단단 감압식 저압조정기에 대한 물음에 답하
시오.

(1) 조정기의 사용 목적을 쓰시오.
(2) 조정기의 용량은 얼마인가?
(3) 조정기 입구압력과 출구압력(조정압력)을 쓰
시오.
(4) 단단 감압식 저압조정기 사용 시 장점과 단
점을 각각 2가지씩 쓰시오.

해답 (1) 유출압력(공급압력) 조절로 안정된 연소를 도모하고, 소비가 중단되면 가스를 차단한다.
(2) 총 가스 소비량의 150% 이상
(3) ① 입구압력 : 0.07~1.56 MPa
　② 출구압력(조정압력) : 2.3~3.3 kPa
(4) 장점
　① 장치가 간단하다.
　② 조작이 간단하다.
　단점
　① 배관지름이 커야 한다.
　② 최종 압력이 부정확하다.

해설 **단단 감압식 저압조정기의 성능**
(1) 최대폐쇄압력 : 3.5 kPa 이하
(2) 안전장치 작동압력
　① 작동표준압력 : 7.0 kPa
　② 작동개시압력 : 5.6~8.4 kPa
　③ 작동정지압력 : 5.04~8.4 kPa

예상문제 **89**

2단 감압식 2차 조정기에 대한 물음에 답하시오.
(1) 2단 감압식 조정기를 사용할 때 장점 4가지를 쓰시오.
(2) 2단 감압식 조정기를 사용할 때 단점 4가지를 쓰시오.

해답 (1) 장점
　① 입상배관에 의한 압력손실을 보정할 수 있다.
　② 가스배관이 길어도 공급압력이 안정된다.

③ 중간배관이 가늘어도 된다.
④ 각 연소기구에 알맞은 압력으로 공급이 가능하다.
(2) 단점
　① 설비가 복잡하다.
　② 조정기수가 많아서 점검 개소가 많다.
　③ 부탄의 경우 재액화의 우려가 있다.
　④ 검사방법이 복잡하고 시설의 압력이 높아서 이음방식에 주의하여야 한다.

예상문제 **90**

LPG 집합공급설비에 자동절체식 조정기를 사용할 때의 장점 4가지를 쓰시오.

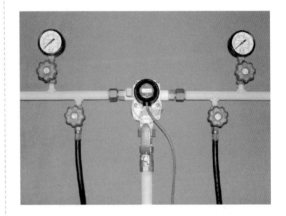

해답 ① 전체 용기의 수량이 수동교체식의 경우보다 적어도 된다.
② 잔액이 거의 없어질 때까지 소비된다.
③ 용기 교환주기의 폭을 넓힐 수 있다.
④ 분리형을 사용하면 단단 감압식 조정기의 경우보다 배관의 압력손실을 크게 해도 된다.

예상문제 **91**

LPG 충전용기 집합장치에 대한 물음에 답하시오.
(1) 지시하는 부분의 명칭을 쓰시오.
(2) 집합장치에 설치된 LPG 충전용기의 명칭을 쓰시오.

(3) 이 용기는 원칙적으로 (   )가 설치되어 있는 시설에서만 사용이 가능하다. (   ) 안에 알맞은 기기 명칭을 쓰시오.

(4) 이 시설에 기체배관이 설치되어 있는데 기체배관 설치 시 제외되는 시설은 무엇인가?

해답 (1) 액자동절체기
(2) 사이펀 용기
(3) 기화장치
(4) 비상전력 공급설비

해설 액자동절체기 : 사용측 용기의 LPG를 모두 소비하면 자동으로 예비측 용기의 액을 공급하여 주는 기기로 LPG의 공급이 중단되지 않게 한다.

예상문제 92

다음 압력조정기의 조절 스프링을 고정한 상태에서 입구압력의 최저 및 최대 유량을 통과시킬 때 조정압력의 범위는 얼마인가?

해답 ±20%

해설 **압력조정기와 정압기의 구별**
(1) 압력조정기 : 입구 50 A 이하 또는 최대표시유량 300 Nm^3/h 이하인 것 (점검주기 : 1년에 1회 이상)
(2) 정압기 : 압력조정기 이외의 것

예상문제 93

LPG 기화장치에 대한 물음에 답하시오.
(1) 기화기의 구성요소 3가지를 쓰시오.
(2) 기화기 사용 시 장점 4가지를 쓰시오.

해답 (1) ① 기화부 ② 제어부 ③ 조압부
(2) ① 한랭시에도 연속적으로 가스공급이 가능하다.
  ② 공급가스의 조성이 일정하다.
  ③ 설치면적이 좁아진다.
  ④ 기화량을 가감할 수 있다.
  ⑤ 설비비 및 인건비가 절약된다.

예상문제 94

LPG 사용시설에 설치된 가스검지기의 설치높이는 얼마인가?

해답 바닥면으로부터 검지부 상단까지 30 cm 이하

해설 (1) LPG 사용시설의 검지부의 설치 기준

① 설치 수 : 연소기 버너에서 수평거리 4 m 이내에 검지부 1개 이상
② 설치높이 : 바닥면으로부터 검지부 상단까지 30 cm 이하
(2) 도시가스 사용시설의 검지부 설치 기준
① 공기보다 가벼운 경우 : 연소기에서 수평거리 8 m 이내 1개 이상, 천장에서 30 cm 이내
② 공기보다 무거운 경우 : 연소기에서 수평거리 4 m 이내 1개 이상, 바닥면에서 30 cm 이내
(3) 검지부 설치 제외 장소
① 출입구 부근 등으로서 외부의 기류가 통하는 곳
② 환기구 등 공기가 들어오는 곳으로부터 1.5 m 이내
③ 연소기의 폐가스가 접촉하기 쉬운 곳

8 ○ 가스 사용시설

예상문제 95

가스자동차단장치의 구성 모습이다. 지시하는 장치의 명칭과 기능을 설명하시오.

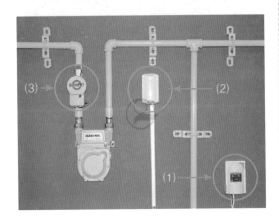

해답 (1) 제어부 : 차단부에 자동차단신호를 보내는 기능, 차단부를 원격 개폐할 수 있는 기능 및 경보기능을 가진 것
(2) 검지부 : 누출된 가스를 검지하여 제어부로 신호를 보내는 기능을 가진 것
(3) 차단부 : 제어부로부터 보내진 신호에 따라 가

스의 유로를 개폐하는 기능을 가진 것

해설 도시가스 사용시설의 가스누출 자동차단장치(또는 가스누출 자동차단기) 설치 기준
(1) 설치 장소
① 영업장 면적이 100 m² 이상인 식품접객업소의 가스사용시설
② 지하에 있는 가스사용시설(가정용 제외)
(2) 설치 제외 장소
① 월 사용예정량 2000 m³ 미만으로서 연소기가 연결된 배관에 퓨즈콕, 상자콕 및 연소기에 소화안전장치가 부착되어 있는 경우
② 가스공급이 차단될 경우 재해 및 손실 발생의 우려가 있는 가스사용시설
③ 가스누출 경보기 연동차단기능의 다기능가스 안전계량기를 설치하는 경우

예상문제 96

다음과 같은 가스누출 자동차단장치를 차단방식에 따라 4가지로 구분하여 설명하시오.

해답 ① 핸들 작동식 : 밸브 핸들을 움직여 차단하는 방식
② 밸브 직결식 : 차단부와 밸브 스템이 직접 연결되는 구조
③ 전자밸브식 : 차단부를 솔레노이드 밸브(solenoid valve)로 사용한 방식
④ 플런저 작동식 : 차단부가 유압 액추에이터로 구동되는 방식

해설 차단부 압력에 의한 가스누출 자동차단장치의 구분
① 중압용 : 0.1 MPa 이상
② 준저압용 : 0.01 MPa~0.1 MPa 미만
③ 저압용 : 0.01 MPa 미만

예상문제 **97**

가스누출검지 경보장치에 대한 물음에 답하시오.

(1) 경보장치의 종류 3가지와 적용가스를 쓰시오.
(2) 경보농도에 대하여 3가지로 구분하여 쓰시오.
(3) 경보장치 지시계 눈금범위에 대하여 3가지로 구분하여 쓰시오.

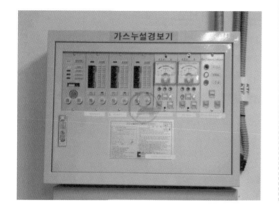

해답 (1) ① 접촉연소방식 : 가연성 가스
② 격막갈바니 전지방식 : 산소
③ 반도체 방식 : 가연성 가스, 독성 가스
(2) ① 가연성 가스 : 폭발하한계의 1/4 이하
② 독성 가스 : TLV-TWA 기준농도 이하
③ 암모니아(실내 사용) : 50 ppm
(3) ① 가연성 가스 : 0~폭발하한계 값
② 독성 가스 : 0~TLV-TWA 기준농도의 3배 값
③ 암모니아(실내 사용) : 150 ppm

해설 (1) 경보기의 정밀도
① 가연성 가스 : ±25% 이하
② 독성 가스 : ±30% 이하
(2) 검지에서 발신까지 걸리는 시간 : 30초 이내
(단, 암모니아, 일산화탄소 : 1분 이내)

예상문제 **98**

LPG 및 도시가스를 사용하는 연소기구에 대한 물음에 답하시오.

(1) 불완전연소 원인 4가지를 쓰시오.
(2) 불완전연소가 발생하였을 때 완전연소가 될 수 있도록 조절하는 것 명칭을 쓰시오.
(3) 연소기구가 갖추어야 할 조건 3가지를 쓰시오.

해답 (1) ① 공기(산소) 공급량 부족
② 배기 및 환기 불충분
③ 가스 조성의 불량
④ 가스기구의 부적합
⑤ 프레임 냉각

(2) 공기조절장치
(3) ① 가스를 완전 연소시킬 수 있을 것
   ② 연소열을 유효하게 이용할 수 있을 것
   ③ 취급이 쉽고, 안전성이 높을 것

해설 연소방식의 분류
① 적화(赤化)식 : 연소에 필요한 공기를 2차 공기로 취하는 방식

② 분젠식 : 가스를 노즐로부터 분출시켜 주위의 공기를 1차 공기로 흡입하는 방식
③ 세미분젠식 : 적화식과 분젠식의 혼합형(1차 공기량 40% 미만 취함)
④ 전 1차 공기식 : 연소용 공기를 송풍기로 압입하여 가스와 강제 혼합하여 필요한 공기를 모두 1차 공기로 하여 연소하는 방식

---

9 ○ 가스미터

예상문제 **99**

다음 가스미터를 보고 물음에 답하시오.

(1) 명칭을 쓰시오.
(2) 특징 4가지를 쓰시오.
(3) 용도 2가지를 쓰시오.

해답 (1) 습식 가스미터
(2) 특징
   ① 계량이 정확하다.
   ② 사용 중에 오차의 변동이 적다.
   ③ 사용 중에 수위조정 등의 관리가 필요하다.
   ④ 설치면적이 크다.
(3) ① 기준용   ② 실험실용

해설 ① 습식 가스미터의 원리 : 고정된 원통 안에 4개로 구성된 내부드럼이 있고, 입구에서 반은 물에 잠겨 있는 내부드럼으로 들어가 가스압력으로 밀어 올려 내부드럼이 1회전하는 동안 통과한 가스체적을 환산한다.
② 용량범위 : $0.2 \sim 3000 \, \mathrm{m}^3/\mathrm{h}$

예상문제 **100**

다음은 도시가스용에 사용되는 가스미터이다. 물음에 답하시오.

(1) 명칭을 쓰시오.
(2) 특징 3가지를 쓰시오.
(3) 용도를 쓰시오.
(4) 용량범위(m^3/h)를 쓰시오.
(5) 가스미터에 표시된 "0.5 L/rev"와 "MAX 1.5m^3/h"를 설명하시오.

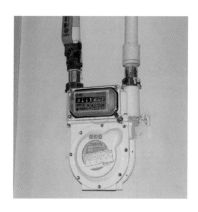

해답 (1) 막식 가스미터

(2) 특징

　① 가격이 저렴하다.

　② 설치 후의 유지관리에 시간을 요하지 않는다.

　③ 대용량의 것은 설치면적이 크다.

(3) 일반 수용가

(4) 1.5~200 m³/h

(5) ① 0.5 L/rev : 계량실의 1주기 체적이 0.5 L이다.

　② 사용 최대유량이 시간당 1.5 m³이다.

해설 막식 가스미터의 측정원리 : 가스를 일정용적의 통속에 넣어 충만시킨 후 배출하여 그 횟수를 용적단위로 환산하여 적산한다.

예상문제 101

다음 도시가스용 가스미터를 보고 물음에 답하시오.

(1) 바닥으로부터 설치높이는 얼마인가?

(2) 전기계량기와 이격거리는 얼마인가?

(3) 화기와의 우회거리는 몇 m 인가?

해답 (1) 1.6~2 m 이내

(2) 60 cm 이상

(3) 2 m 이상

해설 (1) 가스미터 설치 높이 : 바닥으로부터 1.6 m 이상 2 m 이내(단, 보호상자 내에 설치 시 바닥으로부터 2 m 이내)

(2) 가스미터와 유지거리

　① 전기계량기, 전기개폐기 : 60 cm 이상

　② 단열조치를 하지 않은 굴뚝, 전기점멸기, 전기접속기 : 30 cm 이상

　③ 절연조치를 하지 않은 전선 : 15 cm 이상

(3) 가스미터의 성능

　① 기밀시험 : 10 kPa

　② 가스미터 및 배관에서의 허용압력손실 : 0.3 kPa 이하

　③ 검정공차 : ±1.5%

　④ 사용공차 : 검정기준에서 정하는 최대허용오차의 2배 값

　⑤ 검정유효기간 : 5년 (단, LPG 가스미터 : 3년, 기준가스미터 : 2년)

(4) 가스미터 표시사항

　① 가스미터의 형식　　　② 사용최대유량

　③ 계량실의 1주기 체적　④ 형식승인번호

　⑤ 가스의 흐름 방향(입구, 출구)

　⑥ 검정 및 합격표시

예상문제 102

다음 가스미터에서 지시하는 부분의 명칭을 쓰시오.

해답 (1) 온도압력 보정장치
(2) 터빈식 가스미터

해설 (1) 온도압력 보정장치 : 가스계량기 내 온도
　와 압력을 측정하여 가스도매사업자의 가스공급
　적용 기준인 0℃, 1기압 상태로 부피를 보정하
　는 장치
(2) 온도압력 보정장치 설치기준
　① KS표시 허가 제품 또는 "계량에 관한 법률"에
　　따른 형식승인과 검정을 받은 것을 설치할 것
　② 수시로 환기가 가능한 장소에 설치할 것
　③ 화기와는 2m 이상의 우회거리를 유지할 것
　④ 수직, 수평으로 설치하고 밴드, 보호가대 등
　　고정장치로 견고하게 고정 설치할 것
　⑤ 기존 배관을 분리(절단)하는 때에는 배관내부
　　의 가스를 외부의 안전한 장소로 퍼지(purge)
　　후 배관 내부 가스농도가 폭발하한계의 1/4
　　이하가 된 것을 확인 후 작업을 실시할 것
　⑥ 최고사용압력의 1.1배 또는 8.4 kPa 중 높은
　　압력 이상의 압력으로 기밀시험을 실시할 것
　⑦ 온도압력보정장치와 배관 또는 가스계량기와
　　연결되는 전선(전선에 3.8 V 이하의 전압이 걸
　　리는 경우에 한함)은 이격거리 기준을 적용하
　　지 않는다.
(3) 터빈식 가스미터 : 날개에 부딪치는 유체의 운동
　량으로 회전체를 회전시켜 운동량과 회전량의 변
　화량으로 가스 흐름량을 측정하는 계량기로 유속
　식 유량계의 한 종류이다.
　① 측정범위가 넓고 고압 및 저압에서도 정도가
　　우수하다.
　② 압력손실이 적고 산업용 가스미터로 사용된다.
　③ 적용가스의 범위가 넓다(LNG, LPG, 석탄가
　　스, 에틸렌, 수소, 아세틸렌, 질소, 공기 등).
　④ 윤활유를 정기적으로 주입하여야 한다.
　⑤ 터빈 임펠러의 재질 : 합성수지, 알루미늄 합
　　금 사용

예상문제 103

**다기능 가스 안전계량기의 작동 성능(기능) 4가
지를 쓰시오. (단, 유량 계량기능은 제외한다.)**

해답 ① 합계유량차단 성능
② 증가유량차단 성능
③ 연속사용시간차단 성능
④ 미소사용유량등록 성능
⑤ 미소누출검지 성능
⑥ 압력저하차단 성능

해설 (1) 다기능 가스 안전계량기 : 액화석유가스 또
　는 도시가스 사용시설에 설치되는 다기능 가스
　안전계량기로 가스계량기에 이상유량차단, 가스
　누출차단 등 가스안전기능을 수행하는 안전장치
　가 부착된 가스용품으로 마이콤 미터라 한다.
(2) 다기능 가스 안전계량기의 성능
　① 합계유량차단 성능 : 합계유량차단 값을 초과
　　하는 가스가 흐를 경우에 75초 이내에 차단하
　　는 것으로 한다.
　※ 합계유량차단 값=연소기구 소비량의 총합×
　　1.13
　② 증가유량차단 성능 : 통상의 사용 상태에서
　　증가유량차단 값을 초과하여 유량이 증가하는
　　경우 차단하는 것으로 한다.
　※ 증가유량차단 값=연소기구 중 최대소비량×
　　1.13
　③ 연속사용시간차단 성능 : 유량이 변동 없이
　　장시간 연속하여 흐를 경우 차단하는 것으로
　　한다.
　④ 미소사용유량등록 성능 : 정상 사용 상태에서
　　미소유량을 감지하여 오경보를 방지할 수 있는
　　것으로 한다. 다만, 미소유량은 40 L/h 이하로
　　하고 설정기 등으로 미소유량을 설정 또는 변
　　경할 수 있는 것으로 한다.
　⑤ 미소누출검지 성능 : 유량을 연속으로 30일간
　　검지할 때에 표시하는 기능이 있고, 또한 그

밖에 원인으로 인하여 차단 복귀하더라도 해당 기능에 영향을 주지 아니하는 것으로 한다.

⑥ 압력저하차단 성능 : 통상의 사용 상태에서 다 기능 계량기 출구쪽 압력저하를 감지하여 압력이 $0.6 \pm 0.1 \text{kPa}$에서 차단하는 것으로 한다.

10 ○ 도시가스 배관

예상문제 104

다음은 가스배관용 배관의 종류이다. 각각의 명칭을 쓰시오.

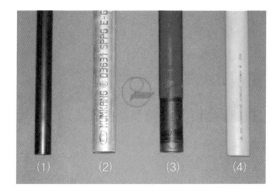

(1)   (2)   (3)   (4)

해답 (1) 배관용 탄소강관 흑관
(2) 배관용 탄소강관 백관(또는 아연도금강관)
(3) 폴리에틸렌 피복강관(PLP관)
(4) 가스용 폴리에틸렌관(PE관)

해설 (1) 가스배관 재료의 구비조건
  ① 관내의 가스 유통이 원활할 것
  ② 내부의 가스압, 외부의 하중에 견디는 강도를 가지는 것
  ③ 토양, 지하수 등에 대하여 내식성이 있을 것
  ④ 용접 및 절단가공이 용이할 것
  ⑤ 누설을 방지할 수 있을 것
  ⑥ 가격이 저렴할 것(경제성이 있을 것)
(2) 매설배관에 사용할 수 있는 것 : 가스용 폴리에틸렌관, 폴리에틸렌 피복강관, 분말용착식 폴리에틸렌 피복강관

예상문제 105

가스용 폴리에틸렌관(PE)의 SDR값에 따른 사용압력(MPa) 범위를 3가지로 구분하여 쓰시오.

해답 ① SDR 11 이하 : 0.4 MPa 이하
② SDR 17 이하 : 0.25 MPa 이하
③ SDR 21 이하 : 0.2 MPa 이하

해설 (1) SDR값에 따른 사용압력(MPa) 범위

구 분	SDR 범위	사용압력
1호관	11 이하	0.4 MPa 이하
2호관	17 이하	0.25 MPa 이하
3호관	21 이하	0.2 MPa 이하

(2) $\text{SDR} = \dfrac{D(\text{바깥지름})}{t(\text{최소두께})}$

(SDR : standard dimension ratio)

(3) PE배관 접합 방법(기준)
  ① PE배관의 접합은 관의 재질, 설치조건 및 주위여건 등을 고려하여 실시하며 눈, 우천 시에는 천막 등으로 보호조치를 한 후 용착한다.
  ② 관은 수분, 먼지 등의 이물질을 제거한 후 접합하여야 한다.

동영상 예상문제

③ 접합 전에는 접합부를 접합전용 스크레이프 등을 사용하여 다듬질하여야 한다.

④ 금속관의 접합은 T/F(transition fitting)를 사용하여야 한다.

⑤ 관의 지름이 상이할 경우의 접합은 관이음매를 사용하여 접합하여야 한다.

⑥ 그 밖의 사항은 관의 제작사가 제공하는 시공지침을 따라야 한다.

예상문제 106

가스용 폴리에틸렌관(PE관)을 사용할 때의 특징 4가지를 쓰시오.

해답 ① 염분이나 수분에 의한 영향이 없어 부식 우려가 없다.

② 화학적으로 안정하여 사용가스와 반응우려가 없다.

③ 강관보다 경제적이고 시공이 간편하다.

④ 유연성이 좋아 진동이나 지진 등에 안전하다.

⑤ 충격에 강하고 −80℃까지 사용이 가능하여 동파 우려가 없다.

해설 가스용 폴리에틸렌관 설치기준

① 관은 매몰하여 시공하여야 한다.(다만, 지상배관의 연결부분은 금속관을 사용하여 보호조치를 한 경우에는 지면에서 30 cm 이하로 노출하여 시공할 수 있다.)

② 관의 굴곡허용 반지름 : 바깥지름의 20배 이상(굴곡반지름이 20배 미만일 경우에는 엘보를 사용)

③ 탐지형 보호포, 로케팅 와이어(전선의 굵기 6 mm^2 이상) 등을 설치할 것

④ 관은 온도가 40℃ 이상이 되는 장소에 설치하지 아니한다. (다만, 파이프 슬리브 등을 이용하

여 단열조치를 한 경우 제외)

⑤ 관의 시공은 폴리에틸렌 융착원 양성교육을 이수한 자가 실시하여야 한다.

예상문제 107

가스용 폴리에틸렌관(PE관)의 이음방법 명칭을 쓰시오.

해답 맞대기 융착이음

해설 (1) 맞대기 융착이음(butt fusion) 방법 기준

① 공칭외경 90 mm 이상의 직관 연결에 적용

② 비드(bead)는 좌·우 대칭형으로 둥글고 균일하게 형성되어 있을 것

③ 비드의 표면은 매끄럽고 청결할 것

④ 접합면의 비드와 비드 사이의 경계부위는 배관의 외면보다 높게 형성될 것

⑤ 이음부의 연결오차는 배관두께의 10% 이하일 것

(2) 호칭지름별 비드 폭은 다음 식에 의해 산출한 최소치 이상, 최대치 이하이어야 한다.

① 계산식 : 최소=3+0.5t, 최대=5+0.75t (t : 배관두께)

② 산출 예〈2015.4.14 삭제〉

호칭지름	비드 폭 (mm)		
	제1호관	제2호관	제3호관
75	7~11	–	–
100	8~13	6~10	–
125	–	7~11	–
150	11~16	8~12	7~11
175	–	9~13	8~12
200	13~20	9~15	8~13

(3) 융착이음의 3요소 : 온도, 압력, 시간

예상문제 **108**

가스용 폴리에틸렌관(PE관)의 이음방법의 명칭을 쓰시오.

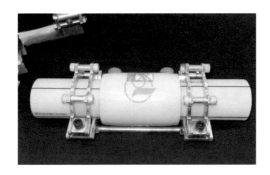

해답 소켓 융착이음

해설 소켓 융착이음(socket fusion) 방법 및 기준
① 용융된 비드는 접합부 전면에 고르게 형성되고 관 내부로 밀려나오지 않도록 할 것
② 배관 및 이음관의 접합은 일직선을 유지할 것
③ 비드 높이는 이음관의 높이 이하일 것
④ 융착작업은 홀더(holder) 등을 사용하고 관의 용융부위는 소켓 내부 경계턱까지 완전히 삽입되도록 할 것

예상문제 **109**

가스용 폴리에틸렌관(PE관)의 이음방법의 명칭을 쓰시오.

해답 새들 융착이음

해설 새들 융착이음(saddle fusion) 방법 및 기준
① 접합부 전면에는 대칭형의 둥근 형상 이중비드가 고르게 형성되어 있을 것
② 비드의 표면은 매끄럽고 청결할 것
③ 접합된 새들의 중심선과 배관의 중심선은 직각이 유지되도록 할 것
④ 비드의 높이는 이음관 높이 이하일 것
⑤ 시공이 불량한 융착이음부는 절단하여 제거하고 재시공할 것

예상문제 **110**

도시가스 배관(PE관)을 지하에 매설할 때 사용하는 부품이다. 물음에 답하시오.
(1) 명칭을 쓰시오.
(2) 장점 4가지를 쓰시오.

해답 (1) 가스용 폴리에틸렌 밸브(가스용 PE 밸브)
(2) ① 시공이 간편하다.
② 부식이 없어 수명이 반영구적이다.
③ 조작하기 쉽다.
④ 맨홀이 소형이다.

해설 가스용 폴리에틸렌 밸브
(1) 종류 : 매몰형 폴리에틸렌 플러그 밸브, 매몰형

폴리에틸렌 볼 밸브
(2) 사용 조건
① 사용온도 : -29℃ 이상 38℃ 이하
② 사용압력 : 0.4 MPa 이하
③ 지하에 매몰하여 사용

착 슬리브를 사용하여 행한다.
⑤ 보호 슬리브가 설치되어 있는 경우에는 보호 슬리브의 외측을 따라 설치한다.
⑥ 로케팅 와이어는 일정 간격을 두고 측정할 수 있는 측정함을 설치한다.

예상문제 / **111**

다음은 가스용 폴리에틸렌관(PE관)을 지하에 매설하는 과정에서 배관과 같이 설치하는 전선의 명칭은 무엇인가?

해답 로케팅 와이어

해설 **로케팅 와이어(locating wire) 설치 기준**
(1) 설치목적 : 가스용 폴리에틸렌관을 지하에 매설한 후 파이프 로케이터 사용에 의해 매설위치를 지상에서 탐지 및 관의 유지관리를 위하여 설치
(2) 탐지원리 : 전도체에 전기가 흐르면 도체 주변에 자장이 형성되는 원리를 이용
(3) 규격 : 단면적 6 mm^2 이상의 전선(나선은 제외)을 사용
(4) 배선 및 설치 방법
① 로케팅 와이어는 폴리에틸렌관을 따라 배선하며 로케이터용의 끝단부는 입상관을 따라 마감한다.
② 로케팅 와이어는 강관 및 주철관과 접속하면 부식의 우려가 있으므로 주의한다.
③ 로케팅 와이어는 폴리에틸렌관을 따라 다소 헐겁게 설치하며, 3~5 m 정도의 간격으로 표시테이프 등으로 고정시킨다.
④ 로케팅 와이어의 접속은 압착 커넥터 또는 압

예상문제 / **112**

다음은 가스용 폴리에틸렌관(PE관) 부속 종류이다. 각각의 명칭을 쓰시오.

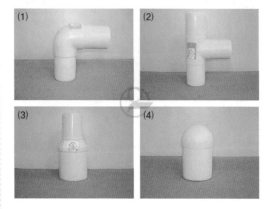

해답 (1) 엘보　　　　(2) 티
(3) 리듀서(reducer)　(4) 캡

예상문제 / **113**

다음 가스 배관의 이음방법의 명칭은 무엇인가?

해답 (1) 플랜지 이음　(2) 용접이음
(3) 나사이음　　　(4) 융착이음

동영상 예상문제

예상문제 **114**

가스배관을 용접접합에 의하여 이음하는 것에 대한 물음에 답하시오.

(1) 배관상호 길이 이음매는 원주방향에서 몇 mm 이상 떨어지게 하여야 하는가?

(2) 지그(jig)를 사용하여 이음할 때는 어느 부분부터 위치를 맞추어 작업을 하여야 하는가?

(3) 관의 두께가 다른 배관의 맞대기 이음 시 관두께가 완만히 변화되도록 길이방향 기울기는 얼마로 하여야 하는가?

해답 (1) 50 mm 이상　(2) 가운데 부분
(3) 1/3 이하

해설 배관을 맞대기 용접하는 경우 평행한 용접이음매의 간격은 다음 식에 의한 계산값 이상으로 할 것. 다만, 최소 간격은 50mm로 한다.

$$D = 2.5\sqrt{(R_m \cdot t)}$$

　여기서　D : 용접 이음매의 간격(mm)
　　　　　R_m : 배관의 두께 중심까지의 반지름(mm)
　　　　　t : 배관의 두께(mm)

예상문제 **115**

지시하는 부분은 도시가스 매설배관 공사를 완료하고 관 내부의 이물질을 제거하는 것으로 이것의 명칭을 쓰시오.

해답 피그(pig)

해설 피그(pig) : 도시가스 매설배관 공사가 완료되고 내압시험 및 기밀시험을 하기 전에 피그를 공기압을 통해서 배관 내의 수분, 이물질, 먼지 등을 제거하는 것이다.

예상문제 **116**

도시가스 매설배관으로 사용할 수 있는 배관재료(또는 배관명칭) 2가지를 쓰시오.

해답 ① 가스용 폴리에틸렌관(PE관)
② 폴리에틸렌 피복강관(PLP관)
③ 분말 용착식 폴리에틸렌 피복강관

해설 가스용 폴리에틸렌관은 최고사용압력 0.4 MPa 이하의 경우에 사용할 수 있다.

예상문제 **117**

도시가스 매설배관의 매설깊이 기준 4가지를 설명하시오. (단, 도시가스 도매사업자의 경우는 제외한다.)

해답 ① 공동주택 등의 부지 내 : 0.6 m 이상
② 폭 8 m 이상의 도로 : 1.2 m 이상
③ 폭 4 m 이상 8 m 미만의 도로 : 1 m 이상
④ ① 내지 ③에 해당하지 않는 곳 : 0.8 m 이상

예상문제 **118**

도시가스 배관을 지하에 매설할 때 보호판 시공에 대한 물음에 답하시오.

(1) 보호판을 설치하는 경우 3가지를 쓰시오.
(2) 보호판의 설치 위치는 배관 정상부에서 얼마인가?
(3) 보호판의 두께를 저압 및 중압배관, 고압배관으로 구분하여 쓰시오.

해답 (1) ① 도로 밑에 배관을 매설하는 경우 도시가스 배관을 보호하기 위하여
② 지하 구조물, 암반, 그 밖의 특수한 사정으로 매설깊이를 확보할 수 없을 때
③ 도로 밑에 최고사용압력이 중압 이상인 배관을 매설할 때
(2) 30 cm 이상
(3) ① 저압 및 중압배관 : 4 mm 이상
② 고압배관 : 6 mm 이상

해설 보호판 규격
(1) 재료 : KS D 3503(일반구조용 압연강재)
(2) 도막두께 : 80 μm 이상되도록 에폭시 타입 도료를 2회 이상
(3) 보호판에는 지름 30 mm 이상 50 mm 이하의 구멍을 3 m 이하의 간격으로 뚫어 누출된 가스가 지면으로 확산되도록 한다.

예상문제 **119**

도시가스 매설배관의 되메우기 작업 시 보호포를 시공하는 것에 대한 물음에 답하시오.

(1) 최고사용압력에 따른 보호포 바탕색을 구별하여 쓰시오.
(2) 보호포에 표시사항 3가지를 쓰시오.
(3) 보호포 위치를 3가지로 구분하여 답하시오.

해답 (1) ① 저압배관 : 황색
② 중압 이상 : 적색
(2) ① 가스명 ② 사용압력 ③ 공급자명

(3) ① 저압배관 : 배관 정상부로부터 60 cm 이상
   ② 중압 이상 배관 : 보호판 상부로부터 30 cm
      이상
   ③ 공동주택 부지 내에 설치된 배관 : 배관 정상
      부로부터 40 cm 이상

해설 (1) 보호포의 종류 : 일반형 보호포, 탐지형
   보호포
(2) 보호포의 재질 : 폴리에틸렌수지, 폴리프로필렌
   수지
(3) 보호포의 규격
   ① 폭 : 15 cm 이상
   ② 설치(시공)할 때 폭 : 배관폭에 10 cm를 더한 폭
   ③ 두께 : 0.2 mm 이상

예상문제 120

도시가스 매설배관의 누설을 탐지하는 차량에
사용되는 가스누출검지기의 명칭을 쓰시오.

탐지부 상세도

해답 수소불꽃 이온화 검출기 (또는 FID, 수소염 이
온화 검출기)

예상문제 121

도시가스 배관을 시가지 외의 지역에 매설하였을
때 설치하는 표지판에 대한 물음에 답하시오.

(1) 표지판은 몇 m 간격으로 설치하여야 하는가?
(2) 표지판의 규격(가로×세로)은 몇 mm 이상
   인가?

해답 (1) 200 m 이내
(2) 200×150 mm 이상

예상문제 122

도시가스 배관을 도로에 매설 시 표시하는 것
에 대한 물음에 답하시오.

(1) 이것의 명칭을 쓰시오.
(2) 도시가스 배관이 직선으로 매설된 경우 몇
   m마다 설치하여야 하는가?

해답 (1) 라인마크   (2) 50 m

해설 라인마크는 배관길이 50 m마다 1개 이상 설
치하되 주요 분기점, 구부러진 지점 및 그 주위 50
m 이내에 설치하여야 한다.

예상문제 123

다음 라인마크를 설명하시오.

(1)

(2)

해답 (1) 도시가스 매설배관이 분기(삼방향)되는 곳
(2) 도시가스 매설배관이 직선(직선방향)으로 매설된 곳

해설 (1) 라인마크의 모양

① 직선방향   ② 일방향

③ 양방향   ④ 삼방향

⑤ 135° 방향   ⑥ 관말지점

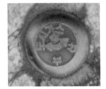   

(2) 라인마크의 규격
몸체 부분의 지름과 두께 : 60 mm×7 mm

예상문제 124

도시가스 배관을 일정간격으로 고정 설치하였다. 관지름에 따른 고정장치의 설치기준에 대하여 쓰시오.

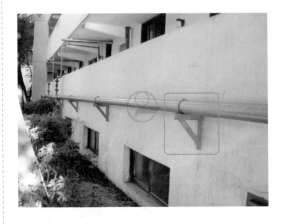

해답 ① 관지름 13 mm 미만 : 1 m마다
② 관지름 13 mm 이상 33 mm 미만 : 2 m마다
③ 관지름 33 mm 이상 : 3 m마다

해설 교량 등에 설치하는 가스배관 및 횡으로 설치하는 가스배관의 설치·고정 및 지지 기준
① 배관은 온도변화에 의한 열응력과 수직 및 수평 하중을 동시에 고려하여 설계·설치한다.
② 배관의 재료는 강재를 사용하고 접합은 용접으로 하도록 한다.
③ 배관 지지대는 배관 하중 및 축방향의 하중에 충분히 견디는 강도를 갖는 구조로 설치하고 지지대의 부식 등을 감안하여 가능한 한 여유 있게 설치한다.
④ 지지대, U볼트 등의 고정장치와 배관 사이에는 고무판, 플라스틱 등 절연물질을 삽입한다.
⑤ 배관의 고정 및 지지를 위한 지지대의 최대지지 간격은 다음 표를 기준으로 하되, 호칭지름 600 A를 초과하는 배관은 배관 처짐량의 500배 미만이 되는 지점마다 지지한다.

호칭지름별 지지간격

호칭지름	지지간격
100 A	8 m
150 A	10 m
200 A	12 m
300 A	16 m
400 A	19 m
500 A	22 m
600 A	25 m

예상문제 **125**

최고사용압력이 고압 또는 중압인 도시가스 배관에서 방사선투과시험에 합격된 배관은 통과하는 가스를 시험가스로 사용할 때 가스농도가 몇 % 이하에서 작동하는 가스검지기를 사용하여야 하는가?

해답 0.2 %

예상문제 **126**

다음과 같은 저전위 금속을 배관과 접속하여 애노드(anode)로 하고 피방식체를 캐소드(cathode)하여 부식을 방지하는 전기방식법의 명칭을 쓰시오.

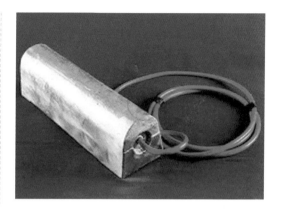

해답 희생양극법(또는 유전양극법, 전기양극법, 전류양극법)

해설 희생 양극법(유전 양극법)의 원리 : 양극(anode)과 매설배관(cathode : 음극)을 전선으로 접속하고 양극금속과 배관사이의 전지작용(고유 전위차)에 의해서 방식전류를 얻는 방법이다. 양극 재료로는 마그네슘(Mg), 아연(Zn)이 사용되며 토양 중에 매설되는 배관에는 마그네슘이 사용되고 있다.

예상문제 **127**

다음과 같이 도시가스 매설배관에 시공하는 전기방식 명칭은 무엇인가?

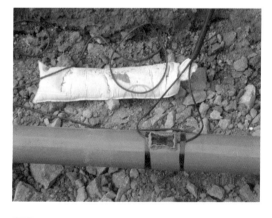

해답 희생양극법(또는 유전양극법, 전기양극법, 전류양극법)

예상문제 **128**

땅속에 매설한 애노드(anode)에 강제전압을 가하여 피방식 금속체를 캐소드(cathode)하는 방식의 전기방식법 명칭은 무엇인가?

해답 외부 전원법

해설 (1) 외부 전원법의 원리 : 외부의 직류전원 장치(정류기)로 부터 양극(+)은 매설배관이 설치되어 있는 토양에 설치한 외부전원용 전극(불용성 양극)에 접속하고, 음극(−)은 매설배관에 접속시켜 부식을 방지하는 방법으로 직류전원장치(정류기), 양극, 부속배선으로 구성된다.
(2) 정류기의 역할 : 한전의 교류전원을 직류전원으로 바꾸어 주어 도시가스 배관에 방식전류를 흘려보내 배관부식을 방지한다.

예상문제 **129**

다음은 직류전철이 운행하는 곳에 설치된 배류기이다. 배류기를 이용한 전기방식의 명칭은 무엇인가?

해답 배류법

해설 배류법의 원리 : 직류 전기철도의 레일에서 유입된 누설전류를 전기적인 경로를 따라 철도레일로 되돌려 보내서 부식을 방지하는 방법으로 전철이 가까이 있는 곳에 설치하며, 배류기를 설치하여야 한다.

예상문제 **130**

직류전철 등에 의한 누출전류의 영향을 받지 않는 도시가스 매설배관에 부식을 방지하는 방법 2가지를 쓰시오.

해답 ① 희생양극법 ② 외부전원법

해설 전기방식방법
① 직류전철 등에 따른 누출전류의 영향이 없는 경우에는 외부전원법 또는 희생양극법으로 한다.
② 직류전철 등에 의한 누출전류의 영향을 받는 배관에는 배류법으로 하되, 방식효과가 충분하지 않을 경우에는 외부전원법 또는 희생양극법을 병용할 것

예상문제 **131**

도시가스 매설배관을 희생양극법으로 전기방식할 때 포화황산동 기준전극으로 황산염환원 박테리아가 번식하는 토양의 경우 방식전위는 얼마인가?

해답 −0.95 V 이하

해설 도시가스 배관의 부식방지를 위한 전위상태
① 전기방식 전류가 흐르는 상태에서 토양 중에 있
  는 배관 등의 방식전위는 포화황산동 기준전극으
  로 −0.85 V 이하(황산염환원 박테리아가 번식하
  는 토양에서는 −0.95 V 이하)이어야 하고, 방식
  전위 하한값은 전기철도 등의 간섭영향을 받는
  곳을 제외하고는 포화황산동 기준전극으로 −2.5
  V 이상이 되도록 한다.
② 방식전류가 흐르는 상태에서 자연전위와의 전위
  변화가 최소한 −300 mV 이하로 한다.

예상문제 **132**

도시가스시설의 전기방식 전위측정용 터미널 박스에 대한 물음에 답하시오.

(1) 희생양극법 및 배류법과 외부전원법일 경우
  설치간격은 몇 m인가?
(2) 전위측정용 터미널 박스 설치장소 4가지를
  쓰시오.

해답 (1) ① 희생양극법 및 배류법 : 300 m 이내
  ② 외부전원법 : 500 m 이내

(2) ① 직류전철 횡단부 주위
  ② 지중에 매설되어 있는 배관절연부의 양측
  ③ 강재보호관 부분의 배관과 강재보호관
  ④ 타금속 구조물과 근접 교차부분
  ⑤ 밸브 스테이션
  ⑥ 교량 및 횡단배관의 양단부

예상문제 **133**

지하에 매설된 LPG 저장탱크의 지상에 설치된 기기이다. 이것의 명칭을 쓰시오.

해답 지하매설 저장탱크 전위측정용 터미널

예상문제 **134**

다음 용접부 결함의 명칭을 쓰시오.

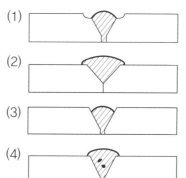

해답 (1) 언더컷   (2) 오버랩
(3) 용입불량   (4) 슬래그 혼입

예상문제 **135**

다음은 비파괴 검사의 장비 및 방법을 나타낸 것이다. 각각의 검사 명칭을 쓰시오.

(1)

(2)

(3)

(4)

해답 (1) 침투탐상검사(PT)
(2) 자분탐상검사(MT)
(3) 초음파탐상검사(UT)
(4) 방사선투과검사(RT)

해설 ① PT : penetrant test
② MT : magnetic particle test
③ UT : ultrasonic test
④ RT : rdiographic test

예상문제 **136**

방사선투과검사의 장점과 단점을 각각 3가지씩 쓰시오.

해답 (1) 장점
① 내부결함의 검출이 가능하다.
② 결함의 크기, 모양을 알 수 있다.
③ 검사 기록 결과가 유지된다.
(2) 단점
① 장치의 가격이 고가이다.
② 고온부, 두께가 두꺼운 곳은 부적당하다.
③ 취급상 방호에 주의하여야 한다.
④ 선에 평행한 크랙 등은 검출이 불가능하다.

예상문제 **137**

다음과 같이 자석의 S극과 N극을 이용하여 결함 여부를 검사하는 비파괴검사 명칭은 무엇인가?

해답 자분탐상검사(MT)

해설 자분탐상검사(MT : Magnetic Particle Test) : 피검사물의 자화한 상태에서 표면 또는 표면에 가까운 손상에 의해 생기는 누설 자속을 사용하여 검출하는 방법으로 육안으로 검지할 수 없는 결함(균열, 손상, 개재물, 편석, 블로홀 등)을 검지할 수 있다. 비자성체는 검사를 하지 못하며 전원이 필요하다.

11 ㅇ 도시가스 시설

예상문제 **138**

아파트 외벽에 설치된 도시가스 입상관 및 밸브에 대한 물음에 답하시오.

(1) 지시하는 밸브의 설치높이는 얼마인가?
(2) 입상배관에 어떤 표시를 하면 아파트 외벽과 같은 색상으로 도색할 수 있는가?

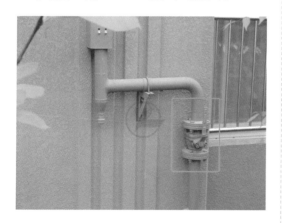

해답 (1) 1.6~2 m 이내
(2) 바닥에서 1 m 높이에 폭 3 cm의 황색띠를 2중으로 표시

예상문제 **139**

아파트 외부 벽면에 설치된 도시가스 입상관에 대한 물음에 답하시오.

(1) 입상관의 정의에 대하여 쓰시오.
(2) 지시하는 "ㄷ"자 부분의 명칭은 무엇인가?
(3) 지시하는 부분의 장치를 설치하는 이유를 설명하시오.

해답 (1) 수용가에 가스를 공급하기 위해 건축물에 수직으로 부착되어 있는 배관을 말하며, 가스의 흐름방향과 관계없이 수직배관은 입상배관으로 본다.
(2) 신축흡수장치 (또는 신축이음장치, 신축조인트, Expansion joint)
(3) 온도변화에 따른 배관의 열팽창(수축, 팽창)을 흡수하기 위하여

예상문제 140

25층 아파트에 설치한 도시가스 입상관에 대한 물음에 답하시오.

(1) 지시하는 신축흡수장치는 최소 몇 개 설치하여야 하는가?

(2) 그림과 같이 각 세대에 분기되어 벽체를 관통하는 부분의 보호관은 분기관 바깥지름의 몇 배인가?

(1)

(2)

해답 (1) 2개 (2) 1.5배 이상

해설 입상관의 신축흡수 조치 기준
① 분기관 : 1회 이상의 굴곡부(90° 엘보 1개 이상 사용) 반드시 설치
② 보호관 규격(안지름) : 분기관 바깥지름의 1.2배 이상 (단, 2회 이상의 굴곡이 있는 경우 1.5배 이상)

③ 분기관 길이 및 곡관수

구 분	분기관 길이	곡관 수	비 고
10층 이하	50cm 이상	-	분기관이 2회 이상의 굴곡이 있고 보호관 안지름이 분기관 바깥지름의 1.5배 이상으로 할 경우 분기관 길이를 제한하지 않음
11층 이상 20층 이하	50cm 이상	1개 이상	
21층 이상	50cm 이상	11층 이상 20층 이하 수에 10층마다 1개 이상의 수	

예상문제 141

도시가스 사용시설에서 배관 이음부와 유지하여야 할 거리 기준에 대하여 쓰시오. (단, 용접 이음매는 제외한다.)

해답 ① 전기계량기, 전기개폐기 : 60 cm 이상
② 전기점멸기, 전기접속기 : 15 cm 이상
③ 절연조치를 하지 않은 전선, 단열조치를 하지 않은 굴뚝 : 15 cm 이상
④ 절연전선 : 10 cm 이상

해설 도시가스 계량기와 유지거리
① 전기계량기, 전기개폐기 : 60 cm 이상
② 단열조치를 하지 않은 굴뚝, 전기점멸기, 전기접속기 : 30 cm 이상
③ 절연조치를 하지 않은 전선 : 15 cm 이상

동영상 예상문제

예상문제 **142**

도시가스 배관에 표시하여야 할 사항 3가지를 쓰시오.

해답 ① 사용가스명 ② 최고사용압력
③ 가스흐름방향

예상문제 **143**

다음은 도시가스 정압기실 내부 모습이다. 정압기실에서 안전관리자가 상주하는 곳에 통보할 수 있는 감시장치의 종류 4가지를 쓰시오.

해답 ① 이상압력 통보장치(또는 이상압력 통보설비)
② 가스누출검지 통보설비
③ 출입문 개폐통보장치
④ 긴급차단장치(밸브) 개폐 여부 통보장치

해설 정압기실 감시장치 종류
① 이상압력 통보장치 : 정압기 출구측 압력이 설정압력보다 상승하거나 저하 시에 이상 유무를 도시가스 상황실(안전관리실)에서 알 수 있도록 경보음(70 dB 이상) 등으로 알려주는 설비
② 가스누출검지 통보설비 : 누출된 가스가 검지되었을 때 통보
③ 출입문 개폐통보장치 : 정압기실 출입문 개폐 여부를 확인
④ 긴급차단장치(밸브) 개폐 여부 통보장치 : 긴급차단장치(밸브)의 개폐 여부를 확인

예상문제 **144**

도시가스 정압기실에 대한 물음에 답하시오.
(1) 지시하는 부분의 기기 명칭을 쓰시오.
(2) ①번과 ③번 기기의 분해·점검 주기에 대하여 쓰시오.
(3) 정압기의 작동상황 점검주기는 얼마인가?

해답 (1) ① 정압기
② 긴급차단장치(또는 긴급차단밸브)
③ 정압기 필터
(2) ① 정압기 : 2년에 1회 이상
③ 정압기 필터 : 가스 공급 개시 후 1개월 이내, 가스 공급 개시 후 매년 1회 이상
(3) 1주일에 1회 이상

해설 가스사용 시설(단독사용자 시설)의 정압기 및 필터 점검주기 : 설치 후 3년까지는 1회 이상, 그 이후에는 4년에 1회 이상

예상문제 **145**

다음은 도시가스 정압기실에 설치된 긴급차단 장치이다. 주정압기에 설치되는 긴급차단장치의 작동압력은 얼마인가? (단, 상용압력이 2.5 kPa이다.)

해답 3.6 kPa 이하

해설 정압기에 설치되는 안전장치의 설정압력

구 분		상용압력이 2.5 kPa인 경우	그 밖의 경우
이상압력 통보설비	상한값	3.2 kPa 이하	상용압력의 1.1배 이하
	하한값	1.2 kPa 이상	상용압력의 0.7배 이상
주 정압기에 설치되는 긴급차단장치		3.6 kPa 이하	상용압력의 1.2배 이하
안전밸브		4.0 kPa 이하	상용압력의 1.4배 이하
예비 정압기에 설치되는 긴급차단장치		4.4 kPa 이하	상용압력의 1.5배 이하

예상문제 **146**

다음은 도시가스 정압기이다. 2차 압력을 감지하여 그 2차 압력의 변동을 메인밸브에 전달하는 것의 명칭을 쓰시오.

해답 다이어프램

예상문제 **147**

다음은 도시가스 정압기로서 주 다이어프램과 메인밸브를 고무슬리브 1개를 공용으로 사용하며 매우 콤팩트한 구조로 이루어진 정압기의 명칭을 쓰시오.

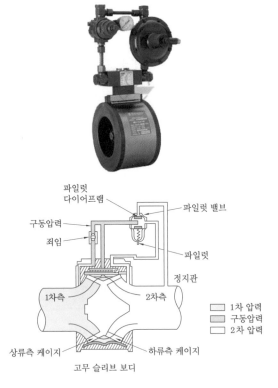

해답 액시얼 플로식 정압기(또는 AFV식 정압기)

예상문제 **148**

정압기실의 조명도는 얼마인가?

해답 150룩스 이상

예상문제 **149**

다음은 정압기실에 설치된 기기이다. 지시하는 기기의 명칭을 쓰시오.

해답 이상압력 통보설비

해설 이상압력 통보설비 : 정압기의 작동상태를 감시하는 장치로 고압(high-pressure)과 저압(low-pressure)을 설정(setting)하여 가스압력이 설정압력(high-low) 범위를 벗어나게 되면 안전관리자가 상주하는 곳에 경보를 울려주는 장치이다.

예상문제 **150**

정압기실에 설치된 기기에 대한 물음에 답하시오.

(1) 지시하는 기기의 명칭을 쓰시오.
(2) 이 기기의 용도 2가지를 쓰시오.

해답 (1) 자기압력기록계(또는 자기압력 기록장치)
(2) ① 정압기의 1주일간의 압력상태를 기록
  ② 기밀시험 압력을 측정 기록

예상문제 **151**

정압기 필터에 설치된 기기에 대한 물음에 답하시오.

(1) 지시하는 기기의 명칭을 쓰시오.
(2) 이 기기의 용도(기능)를 쓰시오.

해답 (1) 차압계

(2) 정압기 필터 내의 불순물 축적 여부를 판단하는 데 사용한다.

예상문제 **152**

정압기실에 설치되는 가스누설검지 통보장치의 검지부에 대한 물음에 답하시오.

(1) 검지부 설치 수 기준을 쓰시오.
(2) 작동상황 점검 주기는 얼마인가?

해답 (1) 정압기실 바닥면 둘레 20 m에 대하여 1개 이상
(2) 1주일에 1회 이상

예상문제 **153**

지시하는 것은 정압기실 출입문 문틀에 부착된 기기이다. 명칭을 쓰시오.

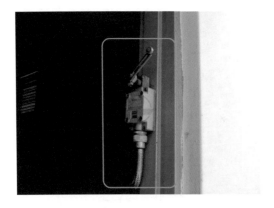

해답 출입문 개폐통보장치

예상문제 **154**

LNG를 사용하는 도시가스 정압기실에 대한 물음에 답하시오.

(1) 지시하는 정압기 안전밸브 방출관 높이는 지면에서 얼마인가? (단, 전기시설물과 접촉 등으로 인한 사고의 우려가 없는 장소이다.)
(2) 정압기실 경계책 설치높이는 얼마인가?
(3) 경계표시에 기재하여야 할 내용 3가지를 쓰시오.

해답 (1) 지면에서 5 m 이상
(2) 1.5 m 이상
(3) ① 시설명
② 공급자
③ 연락처

해설 전기시설물과의 접촉 등으로 인한 사고의 우려가 있는 장소에는 방출관 높이는 3 m 이상이다.

예상문제 **155**

정압기실에 설치된 기기에 대한 물음에 답하시오.

(1) 지시하는 기기의 명칭을 쓰시오.
(2) 정압기 입구측 압력이 0.5 MPa 이상일 때 분출부(방출관) 크기는 얼마인가?

해답 (1) 정압기 안전밸브

(2) 50A 이상

해설 정압기 안전밸브 분출부(방출관) 크기 기준

(1) 정압기 입구측 압력이 0.5 MPa 이상 : 50A 이상

(2) 정압기 입구측 압력이 0.5 MPa 미만

　① 정압기 설계유량이 $1000\,\mathrm{Nm^3/h}$ 이상 : 50A
　　이상

　② 정압기 설계유량이 $1000\,\mathrm{Nm^3/h}$ 미만 : 25A
　　이상

예상문제 **156**

지시하는 부분은 도시가스 정압기실 환기구이
다. 환기구 통풍가능면적 기준을 쓰시오.

해답 바닥면적 $1\,\mathrm{m^2}$당 $300\,\mathrm{cm^2}$ 이상

예상문제 **157**

지하 매설용 정압기 설치 시 장점 4가지를 쓰
시오.

해답 ① 설치 면적을 적게 차지한다.

② 소음 발생이 적다.

③ 주변 경관에 영향이 없다.

④ 패키지 형태로 설치되어 유지관리가 편리하다.

예상문제 **158**

지시하는 부분은 LNG를 도시가스로 공급하는
정압기실이 지하에 설치된 곳의 배기구이다.
물음에 답하시오.

(1) 배기구의 최소 관지름은 얼마인가?

(2) 배기구의 높이는 얼마인가?

(3) 기계환기설비의 통풍능력은 바닥면적 $1\mathrm{m^2}$
　당 얼마인가?

해답 (1) 100 mm 이상
(2) 3 m 이상
(3) 0.5 m³/분 이상

해설 공기보다 가벼운 공급시설이 지하에 설치된 경우의 통풍구조
① 환기구 : 2방향 이상 분산 설치
② 배기구 : 천장면으로부터 30 cm 이내 설치
③ 흡입구 및 배기구 지름 : 100 mm 이상
④ 배기가스 방출구 : 지면에서 3 m 이상의 높이에 설치
※ 배기가스 방출구 높이는 기준이 5 m 이상이지만, 공기보다 비중이 가벼운 배기가스인 경우 또는 전기시설물과의 접촉 등으로 사고 우려가 있는 경우 3 m 이상으로 설치할 수 있다.

예상문제 159

지시하는 것은 도시가스 정압기실 외부에 설치되는 장치이다.
(1) 지시하는 장치의 명칭을 쓰시오.
(2) 이 장치의 기능(역할)을 설명하시오.

해답 (1) RTU장치
(2) 정압기실의 상황(온도, 압력, 가스누설 유무 등)을 도시가스 상황실로 전송하여 정압기실을 무인으로 감시하는 통신시설 및 정전 시 비상전력을 공급할 수 있는 시설이 갖추어져 있다.

해설 RTU : Remote Terminal Unit

예상문제 160

공동주택 등에 압력조정기를 설치할 때 공급되는 가스압력이 중압이면 전체세대수는 얼마인가?

해답 150세대 미만

해설 한국가스안전공사의 안전성 평가를 받고 그 결과에 따라 안전관리 조치를 한 경우 다음 ①항 및 ②항 규정세대수의 2배로 할 수 있다.
① 저압공급 : 250세대 미만
② 중압공급 : 150세대 미만

예상문제 161

다음은 도시가스 도매사업의 1일 처리능력이 250000 m³인 압축기이다. 이 압축기와 액화천연가스(LNG)의 저장탱크 외면과 유지하여야 하는 거리는 얼마인가?

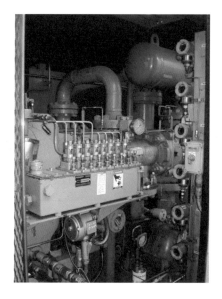

해답 30 m 이상

해설 제조소의 위치 기준
(1) 안전거리
　① 액화천연가스의 저장설비 및 처리설비 유지거리(단, 거리가 50 m 미만의 경우에는 50 m)
$$L = C \times \sqrt[3]{143000\,W}$$
　　여기서, L : 유지하여야 하는 거리(m)
　　　　C : 상수(저압 지하식 저장탱크 : 0.240, 그 밖의 가스저장설비 및 처리설비 : 0.576)
　　　　W : 저장탱크는 저장능력(단위 : 톤)의 제곱근, 그 밖의 것은 그 시설 안의 액화천연가스의 질량(단위 : 톤)
　② 액화석유가스의 저장설비 및 처리설비와 보호시설까지 거리 : 30 m 이상
(2) 설비 사이의 거리
　① 고압인 가스공급시설의 안전구역 면적 : 20000 m^2 미만
　② 안전구역 안의 고압인 가스공급시설과의 거리 : 30 m 이상
　③ 2개 이상의 제조소가 인접하여 있는 경우 : 20 m 이상
　④ 액화천연가스의 저장탱크와 처리능력이 20만 m^3 이상인 압축기와의 거리 : 30 m 이상
　⑤ 저장탱크와의 거리 : 두 저장탱크의 최대지름을 합산한 길이의 1/4 이상에 해당하는 거리 유지(1 m 미만인 경우 1 m 이상의 거리 유지)
　　→ 물분무장치 설치 시 제외

예상문제 **162**

다음은 LNG를 저장탱크로 이입·충전하는 과정 중의 한 부분이다. 물음에 답하시오.
(1) LNG의 주성분은 무엇인가?
(2) LNG 주성분에 해당하는 물질(탄화수소)의 비점과 분자량은 얼마인가?

해답 (1) 메탄(CH_4)
(2) ① 비점 : $-161.5℃$　② 분자량 : 16

해설 메탄의 특징
(1) 물리적 성질
　① 파라핀계 탄화수소의 안정된 가스이다.
　② 천연가스(NG)의 주성분이다.
　③ 무색, 무취, 무미의 가연성 기체이다. (폭발범위 : 5~15 v%)
　④ 유기물의 부패나 분해 시 발생한다.
　⑤ 메탄의 분자는 무극성이고, 수(水) 분자와 결합하는 성질이 없어 용해도는 적다.
(2) 화학적 성질
　① 공기 중에서 연소가 쉽고 화염은 담청색의 빛을 발한다.
　② 염소와 반응하면 염소화합물이 생성된다.
　③ 고온에서 산소, 수증기와 반응시키면 일산화탄소와 수소를 생성한다. (촉매 : 니켈)

예상문제 **163**

LNG 저장탱크 주위에 액상의 가스가 누출된 경우 그 유출을 방지할 수 있는 방류둑을 설치

동영상 예상문제

하여야 하는 저장능력은 몇 톤인가?

해답 500톤 이상

해설 저장능력별 방류둑 설치 대상
(1) 고압가스 특정제조
　① 가연성 가스 : 500톤 이상
　② 독성 가스 : 5톤 이상
　③ 액화산소 : 1000톤 이상
(2) 고압가스 일반제조
　① 가연성, 액화산소 : 1000톤 이상
　② 독성 가스 : 5톤 이상
　③ 냉동제조 시설(독성 가스 냉매 사용) : 수액기 내용적 10000 L 이상
(3) 액화석유가스 충전사업 : 1000톤 이상
(4) 도시가스
　① 도시가스 도매사업 : 500톤 이상
　② 일반도시가스 사업 : 1000톤 이상

예상문제 **164**

LNG를 기화시키는 기화장치에 대한 물음에 답하시오.
(1) 오픈 랙(open rack) 기화장치의 열매체로 사용하는 것은 무엇인가?
(2) 천연가스 연소열을 이용하므로 운전비용이 많이 소요되는 기화장치 명칭은?

해답 (1) 바닷물(또는 해수)
(2) 서브머지드(submerged)법

해설 LNG 기화장치의 종류
① 오픈 랙(open rack) 기화법 : 베이스로드용으로 수직 병렬로 연결된 알루미늄 합금제의 핀튜브 내부에 LNG가, 외부에 바닷물을 스프레이하여 기화시키는 구조이다. 바닷물을 열원으로 사용하므로 초기시설비가 많으나 운전비용이 저렴하다.
② 중간 매체법 : 베이스로드용으로 프로판(C_3H_8), 펜탄(C_5H_{12}) 등을 사용한다.
③ 서브머지드(submerged)법 : 피크로드용으로 액 중 버너를 사용한다. 초기 시설비가 적으나 운전비용이 많이 소요된다. SMV(submerged vaporizer)식이라 한다.

예상문제 **165**

LNG를 기화시킨 후 부취제를 주입하는 정량펌프에 대한 물음에 답하시오.
(1) 액체주입방식 3가지와 증발식 2가지를 쓰시오.
(2) 부취제의 착취농도(감지농도)는 공기 중에서 얼마인가?
(3) 정량펌프를 사용하는 이유를 설명하시오.

(2) 1/1000 (또는 0.1%)

(3) 일정량의 부취제를 직접 가스 중에 주입하기 위하여

[해설] 부취제의 종류 및 특징

① TBM(tertiary butyl mercaptan) : 양파 썩는 냄새가 나며 내산화성이 우수하고 토양투과성이 우수하며 토양에 흡착되기 어렵다. 냄새가 가장 강하다.

② THT(tetra hydro thiophen) : 석탄가스 냄새가 나며 산화, 중합이 일어나지 않는 안정된 화합물이다. 토양의 투과성이 보통이며, 토양에 흡착되기 쉽다.

③ DMS(dimethyl sulfide) : 마늘 냄새가 나며 안정된 화합물이다. 내산화성이 우수하며 토양의 투과성이 아주 우수하며 토양에 흡착되기 어렵다. 일반적으로 다른 부취제와 혼합해서 사용한다.

[해답] (1) ① 액체주입방식 : 펌프주입방식, 적하주입방식, 미터연결 바이패스 방식
② 증발식 : 바이패스 증발식, 위크 증발식

---

12 ○ CNG

예상문제 166

고정식 압축도시가스 자동차 충전시설의 시설 기준에 대한 물음에 답하시오.

(1) 처리설비, 압축가스설비 및 충전설비 외면으로부터 사업소 경계까지 안전거리는 얼마인가?

(2) 처리설비, 압축가스설비로부터 몇 m 이내에 보호시설이 있는 경우 방호벽을 설치하여야 하는가?

(3) 처리설비, 압축가스설비 및 충전설비는 철도와 몇 m 이상 거리를 유지하여야 하는가?

(4) 충전설비는 도로의 경계와 몇 m 이상의 거리를 유지하여야 하는가?

[해답] (1) 10 m 이상 (2) 30 m 이내
(3) 30 m 이상 (4) 5 m 이상

[해설] (1) 저장설비, 처리설비, 압축가스설비 및 충전설비 외면과 화기와의 거리 기준
① 고압전선(직류의 경우 750 V 초과, 교류의 경우 600 V를 초과하는 전선)과 수평거리 5 m 이상
② 저압전선(직류의 경우 750 V 이하, 교류의 경우 600 V 이하의 전선)과 수평거리 1 m 이상
③ 설비 외면으로부터 화기를 취급하는 장소까지는 8 m 이상의 우회거리 유지
④ 인화성물질 또는 가연성물질의 저장소로부터 8 m 이상의 거리를 유지
(2) 유동방지시설 기준
① 유동방지시설 : 저장설비로부터 누출된 가스

가 유동하는 것을 방지하는 시설로 저장설비와 화기를 취급하는 장소와의 사이에 설치
② 유동방지시설은 높이 2 m 이상의 내화성 벽으로 하고, 저장설비 등과 화기를 취급하는 장소와의 사이는 우회수평거리 8 m 이상을 유지
③ 불연성 건축물 안에서 화기를 사용하는 경우 저장설비 등으로부터 수평거리 8m 이내에 있는 그 건축물 개구부는 방화문 또는 망입유리로 폐쇄하고, 사람이 출입하는 출입문은 2중문으로 한다.

예상문제 167

압축도시가스를 충전하는 충전기(dispenser)에 대한 물음에 답하시오.

(1) 자동차 주입호스(충전호스) 길이는 얼마인가?
(2) 충전기 보호대 높이는 얼마인가?
(3) 충전호스에는 충전 중 자동차의 오발진으로 인한 충전기 및 충전호스의 파손을 방지하기 위하여 설치하는 장치 명칭과 이 장치가 분리될 수 있는 힘(N)은 얼마인가?

해답 (1) 8 m 이하 (2) 80 cm 이상
(3) ① 명칭 : 긴급분리장치
  ② 분리힘 : 666.4 N (68 kgf) 미만

해설 긴급분리장치 설치기준
① 자동차가 충전호스와 연결된 상태로 출발할 경우 가스의 흐름이 차단될 수 있도록 긴급분리장치를 지면 또는 지지대에 고정 설치한다.

② 긴급분리장치는 각 충전설비마다 설치한다.
③ 긴급분리장치는 수평방향으로 당길 때 666.4N (68kgf) 미만의 힘으로 분리되는 것으로 한다.
④ 긴급분리장치와 충전설비 사이에는 충전자가 접근하기 쉬운 위치에 90° 회전의 수동밸브를 설치한다.

예상문제 168

고정식 압축도시가스 충전시설 내에 설치된 압축가스설비의 모든 밸브와 배관 부속품의 주위에는 안전한 작업을 위하여 확보하여야 할 공간은 얼마인가?

해답 1 m 이상

해설 가스설비 설치 기준
(1) 설치 위치 : 처리설비, 압축가스설비 및 충전설비는 지상에 설치하는 것을 원칙으로 한다.
(2) 설치방법
① 압축가스설비의 모든 밸브와 배관부속품의 주위에는 안전한 작업을 위하여 1 m 이상의 공간을 확보한다.
② 처리설비 및 압축가스설비는 불연재료로 격리된 구조물 안에 설치한다.
③ 처리설비 및 압축가스설비는 충분한 환기를 유지할 수 있도록 한다.
  ㉮ 환기구의 환기가능면적 합계 : 바닥면적 1 m²마다 300 cm² 이상 유지
  ㉯ 기계환기설비 환기능력 : 바닥면적 1 m²마다 0.5 m³/분 이상

④ 처리설비 및 압축가스설비는 충전소에 출입하는 자동차의 진·출입로 이외의 장소에 설치하며 자동차로 인한 충격 등으로부터 처리설비 및 압축가스설비를 보호할 수 있는 조치를 한다.

예상문제 / 169

고정식 압축도시가스 충전시설에 설치된 저장설비 안전밸브 방출관 높이는 얼마인가?

해답 지상으로부터 5 m 이상의 높이 또는 저장설비 정상부로부터 2 m 이상의 높이 중 높은 위치

13 o 폭발 및 방폭

예상문제 / 170

다음은 LPG 자동차 충전소의 폭발사고를 보여주는 모습으로 LPG가 누설되어 가연성액체 저장탱크 주변에서 화재가 발생하여 기상부의 탱크가 국부적으로 가열되면 그 부분의 강도가 약해져 탱크가 파열된다. 이 때 내부의 액화가스가 급격히 유출 팽창되어 화구(fire ball)를 형성하여 폭발하는 형태를 영문 약자로 적으시오.

해답 BLEVE

해설 (1) BLEVE(비등액체팽창 증기폭발) : Boiling Liquid Expanding Vapor Explosion
(2) 액화석유가스 충전사업소에서 폭발사고가 발생 시 사업자가 한국가스안전공사에 제출하여야 하는 보고서 중 기술하여야 할 내용
① 통보자의 소속, 직위, 성명 및 연락처
② 사고 발생 일시
③ 사고 발생 장소
④ 사고 내용
⑤ 시설 현황
⑥ 피해 현황(인명 및 재산)

예상문제 / 171

정전기는 점화원이 될 수 있으므로 제거하여야 한다. 제거방법(방지대책) 4가지를 쓰시오.

정전기 제거용 접지선

해답 ① 대상물을 접지한다.
② 상대습도를 70 % 이상 유지한다.
③ 공기를 이온화한다.
④ 절연체에 도전성을 갖게 한다.
⑤ 정전의, 정전화를 착용하여 대전을 방지한다.

해설 (1) 가연성 가스 제조설비 등에서 발생하는 정
전기를 제거하는 조치 기준
① 탑류, 저장탱크, 열교환기, 회전기계, 벤트스
택 등은 단독으로 접지하여야 한다. 다만, 기
계가 복잡하게 연결되어 있는 경우 및 배관 등
으로 연속되어 있는 경우에는 본딩용 접속선으
로 접속하여 접지하여야 한다.
② 본딩용 접속선 및 접지접속선은 단면적 5.5
mm^2 이상의 것(단선은 제외)을 사용하고 경납
붙임, 용접, 접속금구 등을 사용하여 확실히
접속하여야 한다.
③ 접지 저항치는 총합 100Ω(피뢰설비를 설치
한 것은 총합 10Ω) 이하로 하여야 한다.
(2) 정전기 제거설비 점검(확인) 사항
① 지상에서 접지 저항치
② 지상에서의 접속부의 접속 상태
③ 지상에서의 절선 그밖에 손상부분의 유무

예상문제 **172**

다음은 베릴륨 합금으로 만들어진 공구이다.
가연성 가스를 취급하는 시설에서 베릴륨 합금
제 공구를 사용하는 이유를 설명하시오.

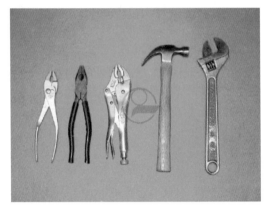

해답 충격, 마찰에 의한 불꽃이 발생하지 않기 때문에

예상문제 **173**

방폭구조의 종류 6가지와 그 기호를 각각 쓰시오.

해답 ① 내압방폭구조 : d
② 압력방폭구조 : p
③ 유입방폭구조 : o
④ 안전증 방폭구조 : e
⑤ 본질안전 방폭구조 : ia, ib
⑥ 특수방폭구조 : s

예상문제 **174**

다음은 탱크 내부의 폭발 모습이다. 그림과 함께 설명하는 방폭구조의 명칭은 무엇인가?

> 내부에서 폭발성 가스의 폭발이 일어날 경우에 용기가 폭발압력에 견디고, 외부의 폭발성 분위기에 불꽃의 전파를 방지하도록 한 구조이다. 또 폭발한 고열가스가 용기의 틈으로부터 누설되어도 틈의 냉각효과로 외부의 폭발성 가스에 착화될 우려가 없도록 만들어진 구조이다.

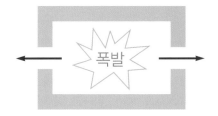

[해답] 내압(內壓)방폭구조

예상문제 **175**

다음은 방폭전기기기의 구조에 대한 설명이다. 이 방폭구조의 명칭은 무엇인가?

> 용기 내부에 보호가스(신선한 공기 또는 불활성가스)를 압입하여 내부 압력을 유지함으로써 가연성 가스가 용기 내부로 유입되지 않도록 한 구조이다.

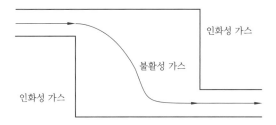

[해답] 압력방폭구조

예상문제 **176**

다음 설명하는 방폭구조의 명칭을 쓰시오.

> 용기 내부에 절연유를 주입하여 불꽃, 아크 또는 고온발생 부분이 기름 속에 잠기게 함으로써 기름면 위에 존재하는 가연성 가스에 인화되지 아니하도록 한 구조로 탄광에서 처음으로 사용하였다.

[해답] 유입방폭구조

예상문제 **177**

방폭전기기기 결합부의 나사류를 외부에서 쉽게 조작함으로써 방폭성능을 손상시킬 우려가 있는 것은 드라이버, 스패너, 플라이어 등의 일반공구로 조작할 수 없도록 한 구조의 명칭은 무엇인가?

[해답] 자물쇠식 죄임구조

예상문제 **178**

방폭전기기기에 표시된 내용에 대하여 설명하시오.

(1) Ex :   (2) d :

(3) ⅡB :   (4) T4 :

해답 (1) 방폭구조

(2) 내압방폭구조

(3) 내압방폭 전기기기의 폭발등급(최대 안전틈새범위 0.5 mm 초과 0.9 mm 미만)

(4) 방폭전기기기의 온도등급(가연성 가스의 발화도 (℃) 범위 : 135℃ 초과 200℃ 이하)

해설 (1) 가연성 가스의 폭발등급과 발화도(위험등급)

① 내압방폭구조의 폭발등급 분류

최대 안전틈새 범위(mm)	0.9 이상	0.5 초과 0.9 미만	0.5 이하
가연성 가스의 폭발등급	A	B	C
방폭 전기기기의 폭발등급	ⅡA	ⅡB	ⅡC

[비고] 최대 안전틈새는 내용적이 8L이고 틈새 깊이가 25 mm인 표준용기 내에서 가스가 폭발할 때 발생한 화염이 용기 밖으로 전파하여 가연성 가스에 점화되지 아니하는 최댓값

② 본질안전 방폭구조의 폭발등급 분류

최소 점화전류비의 범위(mm)	0.8 초과	0.45 이상 0.8 이하	0.45 미만
가연성 가스의 폭발등급	A	B	C
방폭 전기기기의 폭발등급	ⅡA	ⅡB	ⅡC

[비고] 최소 점화전류비는 메탄가스의 최소 점화전류를 기준으로 나타낸다.

(2) 가연성 가스의 발화도 범위에 따른 방폭 전기기기의 온도등급

가연성 가스의 발화도(℃) 범위	방폭 전기기기의 온도등급
450 초과	T1
300 초과 450 이하	T2
200 초과 300 이하	T3
135 초과 200 이하	T4
100 초과 135 이하	T5
85 초과 100 이하	T6

예상문제 **179**

방폭전기기기 설치에 사용되는 정션박스(junction box), 풀박스(pull box), 접속함 및 부속품의 방폭구조 명칭 2가지를 쓰시오.

해답 ① 내압방폭구조

② 안전증방폭구조

해설 (1) 위험장소의 분류

① 1종 장소 : 상용상태에서 가연성 가스가 체류하여 위험하게 될 우려가 있는 장소, 정비보수 또는 누출 등으로 인하여 종종 가연성 가스가 체류하여 위험하게 될 우려가 있는 장소

② 2종 장소

㉠ 밀폐된 용기 또는 설비 내에 밀봉된 가연성 가스가 그 용기 또는 설비의 사고로 인해 파

손되거나 오조작의 경우에만 누출할 위험이 있는 장소

ⓛ 확실한 기계적 환기조치에 의하여 가연성 가스가 체류하지 않도록 되어 있으나 환기 장치에 이상이나 사고가 발생한 경우에는 가연성 가스가 체류하여 위험하게 될 우려가 있는 장소

ⓒ 1종 장소 주변 또는 인접한 실내에서 위험한 농도의 가연성 가스가 종종 침입할 우려가 있는 장소

③ 0종 장소 : 상용의 상태에서 가연성 가스의 농도가 연속해서 폭발하는 한계 이상으로 되는 장소(폭발한계를 넘는 경우에는 폭발한계 내로 들어갈 우려가 있는 경우를 포함)

(2) 방폭전기기기의 선정 및 설치

① 0종 장소 : 본질안전방폭구조의 것을 사용

② 방폭전기기기 설비 부속품 : 내압방폭구조 또는 안전증방폭구조

예상문제 / **180**

다음은 고압가스 설비에서 이상 상태가 발생하는 경우 그 설비 내의 내용물을 설비 밖으로 긴급하고 안전하게 이송하는 설비이다.

(1) 이 설비의 명칭을 쓰시오.

(2) 이 설비의 높이를 착지농도 기준으로 가연성 가스와 독성 가스일 때 각각 설명하시오.

(3) 이 설비에서 가스 방출 시 작동압력에서 대기압까지의 방출 소요시간은 방출 시작으로부터 몇 분 이내로 하는가?

해답 (1) 벤트스택

(2) ① 가연성 가스 : 폭발하한계값 미만

② 독성 가스 : TLV-TWA 기준농도값 미만

(3) 60분

해설 (1) 벤트스택 지름 : 150 m/s 이상 되도록

(2) 방출구 위치

① 긴급용 벤트스택 : 10 m 이상

② 그 밖의 벤트스택 : 5 m 이상

예상문제 / **181**

다음은 고압가스 설비에서 이상 상태가 발생하는 경우 그 설비 내의 내용물을 설비 밖으로 긴급하고 안전하게 이송하여 연소에 의하여 처리하는 설비이다.

(1) 이 설비의 명칭을 쓰시오.

(2) 이 설비의 높이 및 위치는 지표면에 미치는 복사열(kcal/m^2·h)이 얼마 이하가 되어야 하는가?

(3) 이 설비에서 역화 및 공기와 혼합폭발을 방지하기 위한 시설 및 방법 4가지를 쓰시오.

해답 (1) 플레어스택(flare stack)

(2) 4000 kcal/m^2·h 이하

(3) ① liquid seal의 설치

② flame arrestor의 설치

③ vapor seal의 설치

④ purge gas(N₂, off gas 등)의 지속적인 주입

⑤ molecular seal의 설치

안전관리 실무
동영상 모의고사

2010년도 가스산업기사 모의고사

제1회 ㅇ 가스산업기사 동영상

문제 1

회전식 압축기의 단면으로 이 압축기의 명칭을 쓰시오.

해답 나사 압축기(screw compressor)

문제 2

도시가스 사용시설에 부착된 가스계량기에 표시된 사항이다. 각각 무엇을 뜻하는지 설명하시오.

(1) MAX 3.1 m³/h :　　(2) 0.7 L/rev :

해답 (1) 시간당 최대유량이 $3.1\,\mathrm{m^3}$이다.
　　(2) 계량실의 1주기 체적이 $0.7\,\mathrm{L}$이다.

문제 3

지시하는 것은 LPG를 이입, 충전할 때 사용하는 압축기에 접지선을 연결한 것이다. 정전기 제거방법 4가지를 쓰시오.

해답 ① 대상물을 접지한다.
　　② 상대습도를 70 % 이상 유지한다.
　　③ 공기를 이온화한다.
　　④ 절연체에 도전성을 갖게 한다.
　　⑤ 정전의, 정전화를 착용하여 대전을 방지한다.

문제 **4**

도시가스 배관을 지하에 매설하는 것에 대한 물음에 답하시오.

(1) 도시가스 배관과 상수도관 등 다른 시설물과 이격거리는 얼마인가?

(2) 도시가스 배관 매설 시 보호판을 설치하는 이유 2가지를 쓰시오.

(1)   (2)

해답 (1) 0.3 m 이상

(2) ① 규정된 매설깊이를 확보하지 못했을 경우

② 배관을 도로 밑에 매설하는 경우

③ 중압 이상의 배관을 매설하는 경우

문제 **5**

LPG 충전용기에 부착되는 것으로 밸브 명칭을 쓰시오.

해답 스프링식 안전밸브

문제 **6**

액화산소의 경우 저장탱크 저장능력이 얼마 이상일 때 방류둑을 설치하고, 방류둑 용량은 얼마인가?

해답 ① 방류둑 설치 : 저장능력 1000톤 이상

② 방류둑 용량 : 저장탱크 저장능력 상당용적의 60 % 이상

문제 **7**

고정식 압축도시가스(CNG) 자동차 충전시설의 충전설비와 고압전선까지의 수평거리 및 화기와의 우회거리는 각각 얼마인가?

해답 ① 고압전선 : 5 m 이상

② 화기 : 8 m 이상

문제 **8**

도시가스를 사용하는 연소기구에서 불완전연소의 원인 4가지를 쓰시오.

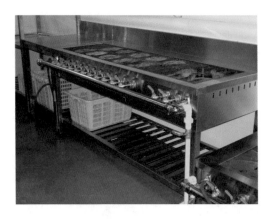

해답 ① 공기 공급량 부족
② 프레임 냉각
③ 배기 및 환기 불충분
④ 가스 조성의 불량
⑤ 가스 기구의 부적합

문제 **9**

방폭전기기기에 대한 [보기]의 설명과 제시되는 그림을 보고 방폭구조의 명칭과 기호를 각각 쓰시오.

┌─ **보기** ─┐

용기 내부에 보호가스(신선한 공기 또는 불활성가스)를 압입하여 내부압력을 유지함으로써 가연성 가스가 용기 내부로 유입되지 않도록 한 구조이다.

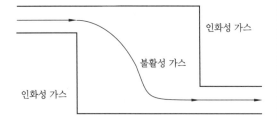

해답 ① 명칭 : 압력방폭구조 ② 기호 : p

문제 **10**

도시가스 매설 배관의 용접부에 대한 비파괴검사를 하는 것으로 그림을 포함한 비파괴검사 방법 3가지를 쓰시오.

해답 ① 방사선투과검사
② 초음파탐상검사
③ 자분탐상검사
④ 침투탐상검사

제2회 ◦ 가스산업기사 동영상

문제 1

도시가스를 사용하는 가스보일러에 설치기준에 대한 ( ) 안에 알맞은 용어를 쓰시오.

> 가스보일러의 접속배관은 (①) 또는 (②)를(을) 사용하고, 가스의 누출이 없도록 확실히 접속하여야 한다.

해답 ① 금속배관
② 연소기용 금속 플렉시블 호스

문제 2

공업용 용기에 충전하는 가스 명칭을 쓰시오.

(1)   (2)

(3)   (4)

해답 (1) 아세틸렌   (2) 산소
(3) 이산화탄소   (4) 수소

문제 3

공기액화 분리장치의 폭발원인 4가지를 쓰시오.

해답 ① 공기 취입구로부터 아세틸렌의 혼입
② 압축기용 윤활유 분해에 따른 탄화수소의 생성
③ 공기 중 질소산화물의 혼입
④ 액체공기 중에 오존의 혼입

동영상 문제편

문제 **4**

도시가스 정압기실에 설치된 장치 및 기기들의 명칭을 각각 쓰시오.

(1)

(2)

(3)

(4)

해답 (1) RTU 장치
(2) 출입문 개폐통보장치
(3) 가스누설 검지기
(4) 이상 압력 통보설비

문제 **5**

도시가스 사용시설 배관에 대한 물음에 답하시오.

(1) 배관 이음부와 절연조치를 하지 않은 전선과의 유지거리는 얼마인가?

(2) 가스계량기와 절연조치를 하지 않은 전선과의 유지거리는 얼마인가?

(1)   (2)

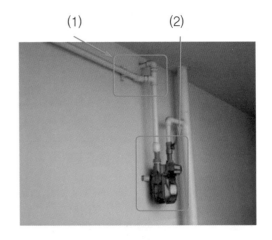

해답 (1) 15 cm 이상
(2) 15 cm 이상

문제 **6**

지시하는 것은 정전기를 제거하기 위한 접지선이다. 정전기를 제외한 점화원의 종류 4가지를 쓰시오.

해답 ① 전기불꽃
② 단열압축
③ 충격 및 마찰열
④ 복사열

문제 7

가스보일러를 전용 보일러실에 설치하지 않아도 되는 경우 2가지를 쓰시오.

해답 ① 밀폐식 가스보일러
② 옥외에 설치한 가스보일러
③ 전용 급기통을 부착시키는 구조로 검사에 합격한 강제배기식 가스보일러

문제 8

LNG 시설에 설치된 벤트스택(vent stack)으로 방출된 가스의 착지농도(着地濃度) 기준은 (   ) 값 미만이다. (   ) 안에 알맞은 용어를 쓰시오.

해답 폭발하한계

문제 9

다음은 도시가스 정압기로서 주 다이어프램과 메인 밸브를 고무 슬리브 1개를 공용으로 사용하는 매우 컴팩트한 구조로 이루어진 정압기이다. 명칭을 쓰시오.

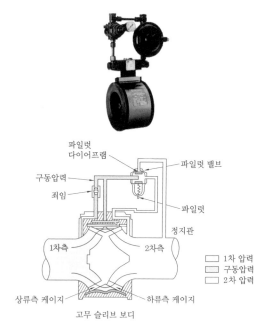

해답 AFV식 정압기

문제 10

액화천연가스(LNG)를 이용한 실험장면에서 −161라는 숫자가 의미하는 것은 무엇인가?

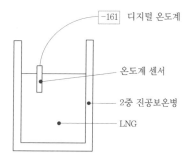

해답 액화천연가스(LNG)의 주성분인 메탄(CH_4)의 비점이 −161℃라는 것

제4회 ｜ **ㅇ 가스산업기사 동영상**

문제 **1**

지시하는 것은 LPG 저장탱크 배관에 설치된 긴급차단장치로 조작스위치는 저장탱크로부터 얼마 이상 떨어져 설치하여야 하는가?

해답 5 m 이상

문제 **2**

이음매 없는 용기의 신규검사 항목 중 재질검사 항목 3가지를 쓰시오

해답 ① 인장시험
② 충격시험
③ 압궤시험

문제 **3**

메탄과 같은 유기화합물을 검출하는 검출기로 불꽃이온화검출기(FID)라 불리며, 이것은 특정 가스와의 반응을 이용한 것으로 이 가스는 무엇인가?

해답 수소(H_2)

문제 **4**

가스용 폴리에틸렌관의 융착이음 종류 2가지를 쓰시오.

해답 ① 맞대기 융착이음
② 소켓 융착이음
③ 새들 융착이음

문제 **5**

저장능력 140000 kL의 LNG 탱크가 설치된 곳에서 부속시설 및 배관 외의 것을 설치하지 아니하여야 하는 거리는 얼마인가?

해답 방류둑 외면으로부터 10 m 이내

문제 **6**

다기능 가스 안전계량기의 작동 성능 4가지를 쓰시오. (단, 유량 계량 성능은 제외한다.)

해답 ① 합계유량 차단 성능
② 증가유량 차단 성능
③ 연속사용시간 차단 성능
④ 미소사용유량 등록 성능
⑤ 미소누출검지 성능
⑥ 압력저하 차단 성능

문제 **7**

도시가스 및 LPG를 사용하는 연소기구에서 불완전연소가 발생하였을 때 무엇을 조절하면 완전연소가 될 수 있는가?

해답 공기조절기를 이용하여 공기량을 조절한다.

문제 **8**

보여주는 충전용기는 공업용 용기이다. 의료용 용기 중 산소와 탄산가스 용기의 도색은?

해답 ① 산소 : 백색
② 탄산가스 : 회색

동영상 모의고사

문제 **9**

가스레인지와 같이 연소용 공기를 실내에서 취해서 연소 후 폐가스를 대기 중으로 배출하는 방식은?

해답 개방형

문제 **10**

방폭전기기기 명판에 표시된 사항에 대하여 설명하시오.

(1) Ex :   (2) d :   (3) ib :

(4) ⅡB :   (5) T6 :

해답 (1) 방폭구조
(2) 내압방폭구조
(3) 본질안전방폭구조
(4) ① 내압방폭전기기기의 폭발등급(최대안전틈새 범위 0.5 mm 초과 0.9 mm 미만)
　　② 본질안전방폭전기기기의 폭발등급(최소 점화 전류비의 범위 0.45 mm 이상 0.8 mm 이하)
(5) 방폭전기기기의 온도등급(가연성 가스의 발화도(℃) 범위 : 85℃ 초과 100℃ 이하)

2011년도 가스산업기사 모의고사

제1회 ◦ 가스산업기사 동영상

문제 1

도시가스 사용시설에서 사용되는 가스 용품으로 각각의 명칭을 쓰시오.

(1)   (2)

해답 (1) 퓨즈콕
(2) 상자콕

문제 2

도시가스(LNG) 지하 정압기실에 설치된 강제 통풍장치의 배기구 최소 관지름과 방출구 최소 높이는 각각 얼마인가?

해답 ① 배기구 최소 관지름 : 100 mm
② 방출구 최소 높이 : 지면에서 3 m

문제 3

LPG 충전사업소에서 폭발사고가 발생하였을 때 사업자가 한국가스안전공사에 제출하여야 하는 사고보고서 중 기술하여야 할 내용은 무엇인가?

해답 ① 통보자의 소속, 직위, 성명 및 연락처
② 사고 발생 일시
③ 사고 발생 장소
④ 사고 내용
⑤ 시설 현황
⑥ 피해 현황(인명 및 재산)

문제 **4**

매설된 도시가스 배관의 누설을 탐지하는 차량으로 이곳에서 사용하는 가스누출검지기의 명칭을 쓰시오.

해답 수소불꽃 이온화 검출기(또는 수소염 이온화 검출기, FID)

문제 **5**

[보기]에서 설명하는 방폭구조의 명칭과 기호를 쓰시오.

> **보기**
> 용기 내부에 절연유를 주입하여 불꽃, 아크 또는 고온발생 부분이 기름 속에 잠기게 함으로써 기름면 위에 존재하는 가연성 가스에 인화되지 아니하도록 한 구조로 탄광에서 처음으로 사용하였다.

해답 ① 명칭 : 유입방폭구조 ② 기호 : o

문제 **6**

고압가스를 충전하는 용기에 대한 물음에 답하시오.

(1) "A" 충전용기는 충전 후 15℃에서 압력이 얼마로 될 때까지 정치하여야 하는가?
(2) "B" 충전용기에 충전하는 가스의 품질검사 순도는 얼마인가?

"A" 용기

"B" 용기

해답 (1) 1.5 MPa 이하
(2) 98.5 % 이상

문제 **7**

다음과 같이 자석의 S극과 N극을 이용하여 용접부를 검사하는 비파괴검사 명칭은 무엇인가?

해답 자분탐상검사(MT)

문제 **8**

초저온 용기에 충전하는 가스의 최고온도는 얼마인가?

해답 $-50℃$

문제 **9**

지시하는 것은 LPG용 차량에 고정된 탱크가 정차하는 위치에 설치된 냉각살수장치로 저장탱크 표면적 1 m² 당 물분무능력(L/min)은 얼마인가?

해답 5 L/min 이상

문제 **10**

LPG 자동차 충전소 충전기(dispenser)에 대한 물음에 답하시오.

(1) 충전호스 끝부분에 설치되는 장치는 무엇인가?
(2) 충전호스에 과도한 인장력이 작용하였을 때 분리되는 안전장치의 명칭은 무엇인가?

해답 (1) 정전기 제거장치
　　 (2) 세이프티 커플링(safety coupling)

제2회 ○ 가스산업기사 동영상

문제 1

다기능 가스 안전계량기의 작동성능 4가지를 쓰시오. (단, 유량 계량성능은 제외한다.)

해답 ① 합계유량 차단 성능
② 증가유량 차단 성능
③ 연속사용시간 차단 성능
④ 미소사용유량 등록 성능
⑤ 미소누출검지 성능
⑥ 압력저하 차단 성능

문제 2

용기 내의 온도가 설정 온도 이상이 되면 안전장치가 녹아 가스를 외부로 배출시키는 기능을 하고 염소, 아세틸렌 용기에 부착하는 안전밸브 명칭은 무엇인가?

해답 가용전식 안전밸브

문제 3

LNG의 주성분인 CH_4의 대기압 상태에서 비점과 분자량(g/mol)은 얼마인가?

해답 ① 비점 : $-161.5℃$
② 분자량 : 16

문제 4

도시가스 정압기실에 설치된 장치 및 기기이다. 각각의 명칭을 쓰시오.

(1)

(2)

해답 (1) 긴급차단장치(또는 긴급차단밸브)
(2) 정압기 안전밸브

문제 **5**

단독·밀폐식·강제급배기식 터미널은 전방 몇 cm 이내에 장애물이 없는 장소에 설치하여야 하는가?

해답 15 cm

참고 단독·밀폐식·강제급배기식 설치 기준

① 터미널과 좌우 또는 상하에 설치된 돌출물 간의 이격거리는 150 cm 이상이 되도록 한다.
② 터미널은 전방 15 cm 이내에 장애물이 없 는 장소에 설치한다.
③ 터미널의 높이는 바닥면 또는 지면으로부터 15 cm 위쪽으로 한다.
④ 터미널과 상방향에 설치된 구조물과의 이격 거리는 25 cm 이상으로 한다.
⑤ 터미널 개구부로부터 60 cm 이내에 배기가 스가 실내로 유입할 우려가 있는 개구부가 없도록 한다.

문제 **6**

실내에 설치된 LPG 기화장치에 대한 물음에 답하시오.
(1) 액체 상태로 열교환기 밖으로 유출을 방지 하는 장치의 명칭을 쓰시오.
(2) 액 유출 시 나타나는 현상 2가지를 쓰시오.

해답 (1) 액유출방지장치
(2) ① 인화, 폭발의 위험
② 산소 부족으로 인한 질식
③ 피부 노출 시 저온으로 인한 동상

문제 **7**

LPG 자동차 충전기(dispenser)에 대한 물음에 답하시오.
(1) 충전호스의 길이는 얼마인가?
(2) 충전호스 끝부분에 설치되는 장치는 무엇 인가?

해답 (1) 5 m 이내
(2) 정전기 제거장치

실전모의고사

문제 8

도시가스 매설배관의 전기방식에 사용되는 설비의 외부와 내부 모습으로 이 설비의 기능(역할)은 무엇인가?

외부 모습　　　　　내부 모습

해답 매설배관의 전기방식용 전위를 측정하기 위한 터미널 박스이다.

문제 9

액화산소의 경우 저장탱크 저장능력이 얼마 이상일 때 방류둑을 설치하고, 방류둑 용량은 얼마인가?

해답 ① 방류둑 설치 : 저장능력 1000톤 이상
② 방류둑 용량 : 저장탱크 저장능력 상당용적의 60% 이상

문제 10

방폭등과 같이 방폭전기기기 결합부의 나사류를 외부에서 쉽게 조작함으로써 방폭성능을 손상시킬 우려가 있는 것은 드라이버, 스패너, 플라이어 등의 일반공구로 조작할 수 없도록 한 구조의 명칭과 "ⅡB"에 대하여 각각 설명하시오.

해답 ① 자물쇠식 죄임구조
② 방폭전기기기의 폭발등급

제4회　　**○ 가스산업기사 동영상**

---- 문제 / **1**

도시가스 사용시설의 내관을 시공하고 기밀시험을 할 때 사용하는 기기이다. 이 기기의 명칭과 기밀시험압력 유지시간은 얼마인가? (단, 내관 내용적은 50 L이다.)

[해답] ① 명칭 : 자기압력기록계　② 10분

[참고] 내관 내용적에 따른 기밀시험압력 유지시간

배관 내용적	기밀시험압력 유지시간
10 L 이하	5분
10 L 초과 50 L 이하	10분
50 L 초과	24분

---- 문제 / **2**

에어졸 용기의 누출시험 시 온수의 온도는 얼마인가?

[해답] 46℃~50℃ 미만

---- 문제 / **3**

공정에 존재하는 위험요소들과 공정의 효율을 떨어뜨릴 수 있는 운전상의 문제점을 찾아낼 수 있는 정성적인 위험평가기법으로 산업체(화학공장)에서 가장 일반적으로 사용되는 것은?

[해답] 위험과 운전 분석(Hazard And Operablity Studies, HAZOP) 기법

---- 문제 / **4**

충전용기 밸브에 부착된 안전밸브의 종류를 쓰시오.

(1)　　　　　　　　(2)

(3)

해답 (1) 파열판식 (2) 스프링식 (3) 파열판식
해설 파열판식과 가용전식 구별은 2018년 1회 산업기사 8번〈해설〉을 참고하시기 바랍니다.

_ 문제 ___ **5**

지시하는 것은 압축기에서 발생하는 정전기를 제거하는 방법 중 무엇을 한 것인가?

해답 대상물을 접지한 것임

_ 문제 ___ **6**

고압가스 설비에서 이상 상태가 발생하는 경우 그 설비 내의 내용물을 설비 밖으로 긴급하고 안전하게 이송하는 설비에 대한 물음에 답하시오.

(1) 이 설비의 명칭을 쓰시오.
(2) 이 설비의 방출구 위치는 작업원이 정상작업을 하는 장소 및 항시 통행하는 장소로부터 얼마 이상 떨어져 설치해야 하는가?

해답 (1) 벤트스택(vent stack)
(2) ① 긴급용 벤트스택 : 10 m 이상
    ② 그 밖의 벤트스택 : 5 m 이상

_ 문제 ___ **7**

방폭전기기기 명판에 표시된 내용에 대하여 각각 설명하시오.

(1) Ex :　　　　　　　(2) p :

명판 표시사항 : Exp ⅡB

해답 (1) 방폭구조
    (2) 압력방폭구조

문제 **8**

방폭구조로 된 방폭등으로서 방폭전기기기 결합부의 나사류를 외부에서 쉽게 조작함으로써 방폭성능을 손상시킬 우려가 있는 것을 드라이버, 스패너, 플라이어 등의 일반공구로 조작할 수 없도록 한 구조 명칭은 무엇인가?

해답 자물쇠식 죄임구조

문제 **9**

LPG를 사용하는 용기내장형 가스난방기의 안전장치 종류 3가지를 쓰시오.

해답 ① 소화안전장치
　　　② 전도안전장치
　　　③ 불완전연소방지장치 또는 산소결핍안전장치

문제 **10**

가스용 폴리에틸렌관(PE관)과 금속관을 연결하는 이음관 명칭을 쓰시오.

해답 이형질 이음관(또는 T/F 이음관)

2012년도 가스산업기사 모의고사

제1회 ○ 가스산업기사 동영상

문제 1

고압가스 설비에 설치하는 압력계는 상용압력의 (①)배 이상 (②)배 이하의 최고눈금이 있는 것으로 하고, 처리할 수 있는 가스의 용적이 1일 100 m³ 이상인 사업소에는 국가표준기본법에 의한 제품인증을 받은 압력계를 (③)개 이상 비치하여야 한다. ( ) 안에 알맞은 숫자를 넣으시오.

해답 ① 1.5 ② 2 ③ 2

문제 2

다음 시설은 긴급이송설비에 부속된 처리설비로 이송되는 설비 내의 내용물을 배관에 연결하여 벤트(vent)시키는 시설로 가연성 가스일 때 설치 높이 기준은 착지농도가 ( )값 미만이다. ( ) 안에 알맞은 용어를 쓰시오.

해답 폭발하한계

문제 3

도시가스 매설배관의 부식 방지를 위한 전기방식을 시공하는 모습으로 이 방법의 전위측정 터미널 설치간격은 얼마인가?

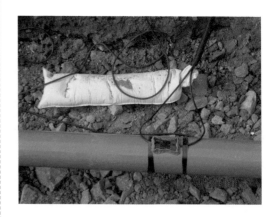

해답 300 m 이내

문제 **4**

도시가스를 사용하는 연소기구에서 지시하는 부분의 명칭은 무엇인가?

해답 공기조절기

문제 **5**

지하에 설치되는 도시가스(LNG) 정압기실 배기구 높이는 지면에서 얼마인가?

해답 3 m 이상

문제 **6**

지시하는 것은 LPG용 차량에 고정된 탱크가 정차하는 위치에 설치된 것으로 이것의 명칭과 저장탱크 표면적 1 m² 당 물분무능력(L/min)은 얼마인지 각각 쓰시오.

해답 ① 명칭 : 냉각살수장치
② 물분무능력 : 5 L/min 이상

문제 **7**

이음매 없는 용기의 신규검사 항목 중 재질검사 항목 3가지를 쓰시오

해답 ① 인장시험
② 충격시험
③ 압궤시험

문제 **8**

고정식 압축도시가스 자동차 충전시설에서 저장설비, 처리설비, 압축가스설비 및 충전설비는 그 외면으로부터 사업소경계까지 (①) m 이상의 안전거리를 유지한다. 다만, 처리설비 및 압축가스설비 주위에 방호벽을 설치하는 경우에는 (②) m 이상의 안전거리를 유지할 수 있다. ( ) 안에 알맞은 숫자를 넣으시오.

해답 ① 10   ② 5

문제 **9**

도시가스 사용시설에 사용되는 가스 용품으로 몸체에 표시된 "Ⓕ1.2"에 대하여 설명하시오.

해답 ① Ⓕ : 퓨즈콕
② 1.2 : 과류차단 안전기구가 작동하는 유량이 $1.2 \, m^3/h$이다.

문제 **10**

방폭전기기기에 표시된 내용에 대하여 설명하시오.

(1) Ex :
(2) d :
(3) ⅡB :
(4) T4

해답 (1) 방폭구조
(2) 내압방폭구조
(3) 내압 방폭전기기기의 폭발등급(최대안전틈새범위 0.5 mm 초과 0.9 mm 미만)
(4) 방폭전기기기의 온도등급(가연성 가스의 발화도(℃) 범위 : 135℃ 초과 200℃ 이하)

제2회 ○ 가스산업기사 동영상

문제 1

시험편에 일정한 충격을 가해 파괴시켜 금속재료를 시험하는 장치이다. 이 장치의 명칭과 시험 목적을 쓰시오.

해답 ① 명칭 : 충격시험기
② 목적 : 금속재료의 인성과 취성을 확인

문제 2

다음은 LPG 자동차 충전소의 폭발사고 모습으로 LPG가 누설되어 가연성 액체 저장탱크 주변에서 화재가 발생하여 기상부의 탱크가 국부적으로 가열되면 그 부분이 강도가 약해져 탱크가 파열된다. 이때 내부의 액화가스가 급격히 유출 팽창되어 화구(fire ball)를 형성하여 폭발하는 형태를 무엇이라 하는지 영문 약자로 쓰시오.

해답 BLEVE

문제 3

도로 및 공동주택 등의 부지 안 도로에 도시가스 배관을 매설하는 경우에 매설 표시를 하는 것이다. 이 설비의 명칭을 쓰시오.

해답 라인마크

문제 4

지시하는 것은 LPG용 차량에 고정된 탱크가 정차하는 위치에 설치된 냉각살수장치로 저장탱크 표면적 1 m² 당 물분무능력(L/min)은 얼마인지 쓰시오.

해답 5 L/min 이상

문제 5

희생양극법에 대한 물음에 답하시오.

(1) 전위측정용 터미널 설치거리는 얼마인가?

(2) 포화황산동 기준 전극으로 황산염환원 박테리아가 번식하는 토양의 경우 방식전위는 얼마인가?

해답 (1) 300 m 이내 (2) −0.95 V 이하

문제 6

도시가스 정압기실에서 정압기 전단 및 후단에 설치되는 안전장치의 명칭을 쓰시오.

해답 ① 전단 : 긴급차단장치
② 후단 : 정압기 안전밸브

문제 7

도시가스 사용시설에서 가스누설 검지기를 설치하면 안 되는 장소 3가지 쓰시오.

해답 ① 출입구 부근 등으로서 외부의 기류가 통하는 곳
② 환기구 등 공기가 들어오는 곳으로부터 1.5 m 이내
③ 연소기의 폐가스가 접촉하기 쉬운 곳

문제 8

공업용 용기에 충전하는 가스 명칭을 쓰시오.

(1)

(2)

(3)

(4)

해답 (1) 아세틸렌　(2) 산소
(3) 이산화탄소　(4) 수소

문제 / **9**

가스용 폴리에틸렌관(PE관)을 지하에 매설할 때 사용하는 이 설비의 명칭을 쓰시오.

해답 가스용 PE밸브

문제 / **10**

충전용기 밸브 몸체에 각인된 "LG"를 설명하시오.

해답 액화석유가스 외의 액화가스 충전용기 부속품

제4회 ○ 가스산업기사 동영상

문제 / **1**

파일럿 버너 또는 메인 버너의 불꽃이 꺼지거나 연소기구 사용 중에 가스 공급이 중단 또는 불꽃 검지부에 고장이 생겼을 때 자동으로 가스 밸브를 닫히게 하여 불이 꺼졌을 때 가스가 유출되는 것을 방지하는 안전장치로 종류에는 열전대식, UV-cell 방식 등이 있다. 이 장치의 명칭을 쓰시오.

해답 소화안전장치

문제 / **2**

가스용 폴리에틸렌관을 맞대기 융착이음할 때 이음부 연결오차는 배관두께의 얼마인가?

해답 10 % 이하

문제 3

고압가스를 충전하는 용기에 대한 물음에 답하시오.

(1) "A" 충전용기는 충전 후 15℃에서 압력이 얼마로 될 때까지 정치하여야 하는가?
(2) "B" 충전용기에 충전하는 가스의 품질검사 순도는 얼마인가?

"A" 용기   "B" 용기

해답 (1) 1.5 MPa 이하   (2) 98.5% 이상

문제 4

LPG 자동차 충전기(dispenser)에 대한 물음에 답하시오.

(1) 충전호스 길이는 얼마인가?
(2) 충전호스에 과도한 인장력이 작용하였을 때 분리되는 안전장치의 명칭은 무엇인가?

해답 (1) 5 m 이내
    (2) 세이프티 커플링(safety coupling)

문제 5

도시가스 사용시설에서 사용되는 가스 용품으로 각각의 명칭을 쓰시오.

(1)   (2)

해답 (1) 퓨즈콕   (2) 상자콕

문제 6

방폭전기기기 명판에 표시된 [보기]에 대하여 설명하시오.

보기

Exd ⅡB T4

해답 ① Ex d : 내압방폭구조
② ⅡB : 내압방폭전기기기의 폭발등급(최대안전틈새 범위 0.5 mm 초과 0.9 mm 미만)
③ T4 : 방폭전기기기의 온도등급(가연성 가스의 발화도(℃) 범위 : 135℃ 초과 200℃ 이하)

---- 문제 **7**

건축물 내부에 호칭지름 20 mm 배관을 300m 설치하였을 때 배관 고정장치는 몇 개를 설치하여야 하는가?

풀이 호칭지름 20mm 배관의 고정장치 설치 간격 은 2 m 이다.

$$\therefore 고정장치 \ 수 = \frac{300}{2} = 150개$$

해답 150개

---- 문제 **8**

도시가스 중압배관을 시공하는 것이다. 용접부에 대한 비파괴검사 중 외관검사를 제외한 종류 3가지를 쓰시오.

해답 ① 침투탐상검사
② 자분탐상검사
③ 방사선투과검사
④ 초음파탐상검사

---- 문제 **9**

도시가스 배관을 지하에 매설할 때 허용되는 배관 종류 2가지를 쓰시오.

해답 ① 가스용 폴리에틸렌관
② 폴리에틸렌 피복강관
③ 분말용착식 폴리에틸렌 피복강관

---- 문제 **10**

밀폐식 보일러를 사람이 거처하는 곳에 부득이 설치할 때 바닥면적이 5 m²이면 통풍구 면적은 최소 몇 cm²인가?

풀이 통풍구 면적은 바닥면적 $1 \ m^2$ 당 $300 \ cm^2$ 이 상이므로 $5 \times 300 = 1500 \ cm^2$가 된다.

해답 $1500 \ cm^2$

2013년도 가스산업기사 모의고사

제1회 ○ 가스산업기사 동영상

문제 1

방폭전기기기 결합부의 나사류를 외부에서 쉽게 조작함으로써 방폭성능을 손상시킬 우려가 있는 것은 드라이버, 스패너, 플라이어 등의 일반공구로 조작할 수 없도록 한 구조의 명칭과 ⅡB에 대하여 설명하시오.

해답 ① 구조의 명칭 : 자물쇠식 죄임 구조
② ⅡB : 방폭전기기기의 폭발등급

문제 2

공업용 용기에 충전하는 가스 명칭을 쓰시오.

(1)   (2)

(3)   (4)

해답 (1) 아세틸렌(C_2H_2)   (2) 산소(O_2)
(3) 이산화탄소(CO_2)   (4) 수소(H_2)

문제 3

[보기]에서 설명하는 방폭구조의 명칭과 기호를 각각 쓰시오.

보기
용기 내부에 절연유를 주입하여 불꽃, 아크 또는 고온 발생 부분이 기름 속에 잠기게 함으로써 기름면 위에 존재하는 가연성 가스에 인화되지 아니하도록 한 구조로 탄광에서 처음으로 사용하였다.

해답 ① 명칭 : 유입방폭구조 ② 기호 : o

문제 4

다음 충전용기 밸브의 안전밸브 종류를 쓰시오.

(1)

(2)

(3)

해답 (1) 파열판식 (2) 스프링식 (3) 파열판식

해설 파열판식과 가용전식 구별은 2018년 1회 산
업기사 8번〈해설〉을 참고하시기 바랍니다.

문제 5

액화산소 저장탱크가 설치된 곳에 방류둑을 설치
하여야 할 저장능력과 방류둑 용량은 얼마인가?

해답 ① 저장능력 1000톤 이상

② 저장탱크 저장능력 상당용적의 60% 이상

문제 6

LPG 충전사업소에서 폭발사고가 발생하였을
때 사업자가 한국가스안전공사에 제출하여야
하는 사고보고서 중 기술하여야 할 내용은 무
엇인가?

해답 ① 통보자의 소속, 직위, 성명 및 연락처

② 사고 발생 일시   ③ 사고 발생 장소

④ 사고 내용   ⑤ 시설 현황

⑥ 피해 현황(인명 및 재산)

문제 7

보여주는 장미는 LNG(비점 −162℃)에 넣었다
빼낸 것으로 꽃잎이 쉽게 부스러진다. 100 %
CH_4를 Cl_2와 반응시키면 HCl과 냉매로 사용되는
물질이 생성되는데 이 물질의 명칭은 무엇인가?

해답 염화메틸(CH_3Cl) (또는 염화메탄)

문제 **8**

액화가스 저장탱크가 설치된 장소의 방류둑 단면으로 지시하는 것의 기능과 이것이 평상시에 닫혀 있는지, 열려 있는지 쓰시오.

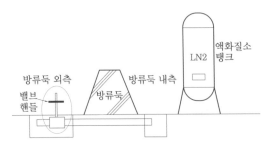

해답 ① 기능 : 방류둑 안에 고인 물을 외부로 배출할 수 있는 배수 밸브
② 닫혀 있어야 한다.

문제 **9**

고정식 압축도시가스(CNG) 자동차 충전시설에서 충전설비와 고압전선(교류 600V 초과, 직류 750V 초과인 경우)까지의 수평거리 및 화기와의 우회거리는 각각 얼마인가?

해답 ① 고압전선 : 5 m 이상
② 화기 : 8 m 이상

문제 **10**

도시가스 매설배관용으로 사용되는 가스용 폴리에틸렌관은 배관의 바깥지름과 최소두께와의 비에 의하여 최고사용압력에 제한을 두는데 이를 무엇이라 하는가?

해답 SDR

제2회 ○ 가스산업기사 동영상

문제 1

LPG 탱크로리 정차 위치에 설치된 장치이다. 지시하는 부분의 명칭은 무엇이며, 저장탱크 표면적 1m^2 당 물분무능력은 얼마인가?

해답 ① 명칭 : 냉각살수장치
② 물분무능력 : 5 L/min 이상

문제 2

지시하는 것은 LPG 저장시설에 설치된 기기이다. 각각의 명칭을 쓰시오.

(1)   (2)

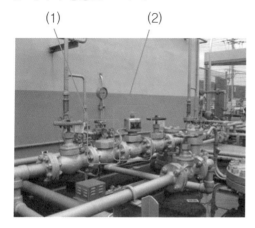

해답 (1) 체크밸브   (2) 긴급차단장치

문제 3

정전기 제거방법(방지대책) 4가지를 쓰시오.

접지선

해답 ① 대상물을 접지한다.
② 상대습도를 70% 이상 유지한다.
③ 공기를 이온화한다.
④ 절연체에 도전성을 갖게 한다.
⑤ 정전의, 정전화를 착용하여 대전을 방지한다.

문제 4

LPG를 사용하는 용기내장형 가스난방기의 안전장치 종류 3가지를 쓰시오.

동영상 예상문제

해답 ① 소화안전장치
② 전도안전장치
③ 불완전연소 방지장치 또는 산소결핍 안전
장치

문제 **5**

LPG 저장소에 대한 물음에 답하시오.

(1) 통풍구가 바닥쪽 벽면에 설치하는 이유를
설명하시오.
(2) 바닥면적이 200 m² 일 때 통풍구 최소 설
치 수는 몇 개인가?

해답 (1) LPG는 공기보다 무거워 누설 시 바닥에
체류하기 때문에
(2) ① 통풍구 크기 계산 : 바닥면적 1 m² 당 300
cm² 이상이므로
∴ 통풍구 크기=200×300=60000 cm²
② 통풍구 개수 계산 : 1개소 통풍구 크기는
2400 cm² 이하이므로
$$\therefore \text{통풍구 수} = \frac{\text{통풍구 전체면적}}{\text{1개소 최대면적}}$$
$$= \frac{60000}{2400} = 25개$$

문제 **6**

**방폭전기기기에 표시된 내용에 대하여 설명하
시오.**

(1) Ex :   (2) p :   (3) Ⅱ :   (4) T6 :

해답 (1) 방폭구조
(2) 압력방폭구조
(3) 방폭전기기기(기기분류)
(4) 방폭전기기기의 온도등급(가연성 가스의 발
화도(℃) 범위 : 85℃ 초과 100℃ 이하)

문제 **7**

도로폭이 20 m인 곳에 도시가스 배관을 매설할 때 매설깊이는 얼마인가?

해답 1.2 m 이상

문제 **8**

도시가스 정압기실에 대한 물음에 답하시오.

(1) 2년에 1회 이상 분해점검을 하는 것의 명칭을 쓰시오.

(2) 가스 공급 개시 후 매년 1회 이상 분해점검을 하는 것의 명칭을 쓰시오.

해답 (1) 정압기
(2) 정압기 필터

문제 **9**

다음 비파괴검사법의 명칭을 쓰시오. (동영상에서 백색 및 적색의 스프레이 하는 모습을 보여 줌)

해답 침투탐상검사

문제 **10**

호칭지름 25 mm 도시가스 배관을 고정설치할 때 작업자가 지켜야 할 사항 2가지를 쓰시오.

해답 ① 고정장치를 2 m마다 설치한다.
② 배관과 고정장치 사이에 절연조치를 한다.

동영상 핕기시험

제4회 ○ 가스산업기사 동영상

---- 문제 / **1**

도시가스 (①)는 2년에 1회 이상 분해점검을 실시하고, 필터는 가스 공급 개시 후 (②) 이 내 및 가스 공급 개시 후 매년 1회 이상 분해점검을 실시하고 (③)에 1회 이상 작동상황을 점검한다. ( ) 안에 알맞은 용어 및 숫자를 넣으시오.

해답 ① 정압기 ② 1월 ③ 1주일

---- 문제 / **2**

지시하는 것은 LPG용 차량에 고정된 탱크가 정차하는 위치에 설치된 냉각살수장치로 저장탱크 표면적 $1m^2$ 당 물분무능력(L/min)과 탱크표면적을 충분히 적실 수 있는 방사량은 얼마인가?

해답 ① 물분무능력 : 5 L/min 이상
② 방사량 : 30분간 방사할 수 있는 양

---- 문제 / **3**

실내에 설치된 기화장치에 대한 물음에 답하시오.

(1) 액체 상태로 열교환기 밖으로 유출을 방지하는 장치의 명칭을 쓰시오.

(2) 액 유출 시 나타나는 현상 2가지를 쓰시오.

해답 (1) 액유출방지장치
(2) ① 인화, 폭발의 위험
② 산소 부족으로 인한 질식
③ 피부 노출 시 저온으로 인한 동상

---- 문제 / **4**

공업용 용기에 충전하는 가스 명칭을 쓰시오.

(1)   (2)

(3)　　　　　　　　(4)

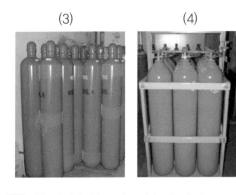

해답 (1) 아세틸렌(C$_2$H$_2$)　　(2) 산소(O$_2$)
　　　(3) 이산화탄소(CO$_2$)　(4) 수소(H$_2$)

문제 **5**

도시가스 정압기실에 설치된 장치의 명칭을 각각 쓰시오.

(1)　　　　　　　　(2)

(3)　　　　　　　　(4)

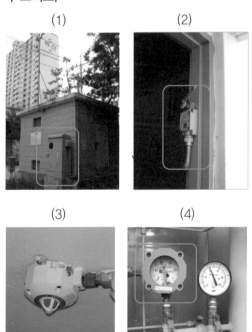

해답 (1) RTU장치
　　　(2) 출입문 개폐통보장치
　　　(3) 가스누설검지기
　　　(4) 이상압력 통보설비

문제 **6**

충전용기에 각인된 "TW"에 대하여 설명하시오.

해답 아세틸렌 용기 질량에 다공물질, 용제 및 밸브의 질량을 합한 질량(kg)

문제 **7**

그림은 탱크 내부의 폭발모습으로 [보기]에서 설명하는 방폭구조의 명칭과 기호를 쓰시오.

보기
방폭전기기기의 용기 내부에서 가연성 가스의 폭발이 발생할 경우 그 용기가 폭발압력에 견디고 접합면, 개구부 등을 통하여 외부의 가연성 가스에 인화되지 아니하도록 한 구조

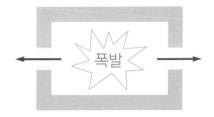

해답 ① 명칭 : 내압(耐壓)방폭구조
　　　② 기호 : d

문제 8

산소 충전용기 벨브의 안전밸브 형식(명칭)을 쓰시오.

해답 파열판식 안전밸브

문제 9

에어졸 충전용기의 누출시험을 할 때 온수시험 탱크의 온도는 얼마인가?

해답 46℃ 이상 50℃ 미만

문제 10

고정식 압축도시가스(CNG) 자동차 충전시설에 대한 물음에 답하시오.

(1) 처리설비, 압축가스설비, 충전설비에서 그 외면으로부터 사업소 경계까지 유지하여야 할 안전거리는 얼마인가?

(2) 처리설비, 압축가스설비 주위에 철근콘크리트벽(방호벽)을 설치하였을 경우 유지하여야 할 안전거리는 얼마인가?

해답 (1) 10 m 이상
     (2) 5 m 이상

2014년도 가스산업기사 모의고사

문제 1

가스용 폴리에틸렌관(PE관)을 지하에 매설할 때 사용하는 이 설비의 명칭을 쓰시오.

해답 가스용 PE밸브

문제 2

매설된 도시가스 배관의 누설을 탐지하는 차량으로 이곳에서 사용하는 가스누출검지기의 명칭을 쓰시오.

해답 수소불꽃 이온화 검출기(또는 수소염 이온화 검출기, FID)

문제 3

공기액화 분리장치의 폭발원인 2가지를 쓰시오.

해답 ① 공기 취입구로부터 아세틸렌의 혼입
② 압축기용 윤활유 분해에 따른 탄화수소의 생성
③ 공기 중 질소산화물의 혼입
④ 액체공기 중에 오존의 혼입

문제 4

LNG 시설에 설치된 벤트스택(vent stack)으로 방출된 가스의 착지농도(着地濃度) 기준은 (   )값 미만이다. (   ) 안에 알맞은 용어를 쓰시오.

해답 폭발하한계

문제 5

LPG 자동차 충전기(dispenser)에 대한 물음에 답하시오.

(1) 충전호스의 길이는 얼마인가?

(2) 충전호스 끝부분에 설치되는 장치는 무엇 인가?

해답 (1) 5m 이내 (2) 정전기 제거장치

문제 6

도시가스를 사용하는 연소 기구에서 지시하는 부분의 명칭은 무엇인가?

해답 공기조절기

문제 7

방폭전기기기 명판에 표시된 사항에 대하여 설명하시오.

(1) Ex : (2) d : (3) ib : (4) ⅡB : (5) T6 :

해답 (1) 방폭구조

(2) 내압 방폭구조

(3) 본질안전 방폭구조

(4) ① 내압 방폭 전기기기의 폭발등급(최대 안전 틈새 범위 0.5 mm 초과 0.9 mm 미만)

② 본질안전 방폭 전기기기의 폭발등급(최소 점화 전류비의 범위 0.45 mm 이상 0.8 mm 이하)

(5) 방폭 전기기기의 온도등급(가연성 가스의 발화 도(℃) 범위 : 85℃ 초과 100℃ 이하)

문제 8

도시가스 정압기실에 설치된 장치 및 기기의 명칭을 쓰시오.

(1)   (2)

해답 (1) 긴급차단장치(또는 긴급차단밸브)

(2) 정압기 안전밸브

문제 **9**

가스 자동차단장치의 구성 모습이다. 지시하는 (1), (2), (3)의 명칭과 기능을 설명하시오.

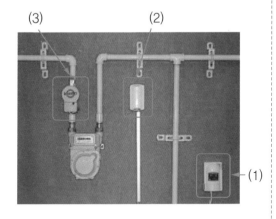

해답 (1) 제어부 : 차단부에 자동차단신호를 보내는 기능, 차단부를 원격 개폐할 수 있는 기능 및 경보 기능을 가진 것
 (2) 검지부 : 누출된 가스를 검지하여 제어부로 신호를 보내는 기능을 가진 것
 (3) 차단부 : 제어부로부터 보내진 신호에 따라 가스의 유로를 개폐하는 기능을 가진 것

문제 **10**

다기능 가스안전계량기 작동 성능에 대한 물음에 답하시오.

(1) 합계유량차단 성능에서 합계유량차단 값을 초과하는 가스가 흐를 경우 몇 초 이내에 차단하는가 ?
(2) 압력저하차단 성능은 계량기 출구쪽 압력이 얼마일 때 차단되는가 ?

해답 (1) 75초 이내
 (2) 0.6 ± 0.1 kPa

제2회 ◦ 가스산업기사 동영상

문제 1

LNG를 도시가스로 공급하는 정압기실에서 지시하는 정압기 안전밸브 방출관 높이는 지면에서 얼마인가?(단, 전기시설물과 접촉사고 등으로 인한 사고의 우려가 없는 장소이다.)

해답 5 m 이상

문제 2

저장능력 20만 톤인 LNG 저압 지하식 저장탱크의 외면과 사업소 경계까지 유지하여야 하는 안전거리는 몇 m 이상인가?

풀이 $L = C \times \sqrt[3]{143000\ W}$

$= 0.240 \times \sqrt[3]{143000 \times \sqrt{200000}}$

$= 95.975 ≒ 95.98\,\text{m}$

해답 95.98 m

해설 액화천연가스(LNG)의 저장설비와 처리설비 외면으로부터 사업소 경계까지 안전거리 계산식 중 W는 저압 지하식 저장탱크는 저장능력(단위 :

톤)의 제곱근, 그 밖의 것은 그 시설 안의 액화천연가스의 질량(단위 : 톤)에 해당된다.

문제 3

다음과 같이 금속재료에 대하여 실시하는 시험 명칭과 목적을 쓰시오. (제시되는 동영상에서 금속재료 시험편에 충격적인 힘을 작용하여 파괴되는 시험과정을 보여 줌)

해답 ① 명칭 : 충격시험
② 목적 : 금속재료의 인성과 취성을 확인

문제 4

지상에 설치된 정압기실에 대한 물음에 답하시오.

(1) 경계책 설치 높이는 얼마인가?
(2) 경계표시 내용 2가지를 쓰시오.

해답 (1) 1.5 m 이상
(2) ① 시설명 ② 공급자 ③ 연락처

문제 **5**

충전용기 밸브 몸체에 각인된 "LG"를 설명하시오.

해답 액화석유가스 외의 액화가스 충전용기 부속품

문제 **6**

다기능 가스 안전계량기의 작동 성능 4가지를 쓰시오. (단, 유량 계량 성능은 제외한다.)

해답 ① 합계유량 차단 성능
② 증가유량 차단 성능
③ 연속사용시간 차단 성능
④ 미소사용유량 등록 성능
⑤ 미소누출검지 성능
⑥ 압력저하 차단 성능

문제 **7**

방폭전기기기에 대한 [보기]의 설명과 제시되는 그림을 보고 방폭구조의 명칭과 기호를 각각 쓰시오.

┌─ **보기** ─┐
용기 내부에 보호가스(신선한 공기 또는 불활성가스)를 압입하여 내부압력을 유지함으로써 가연성 가스가 용기 내부로 유입되지 않도록 한 구조이다.

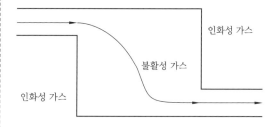

해답 ① 명칭 : 압력방폭구조 ② 기호 : p

문제 **8**

LNG의 주성분인 CH_4의 대기압 상태에서 비점과 분자량(g/mol)은 얼마인가?

해답 ① 비점 : -161.5℃
② 분자량 : 16

문제 9

고정식 압축도시가스(CNG) 자동차 충전시설에 대한 물음에 답하시오.

(1) 처리설비, 압축가스설비, 충전설비에서 그 외면으로부터 사업소 경계까지 유지하여야 할 안전거리는 얼마인가 ?

(2) 처리설비, 압축가스설비 주위에 철근콘크리트벽을 설치하였을 경우 유지하여야 할 안전거리는 얼마인가 ?

해답 (1) 10 m 이상

(2) 5 m 이상

문제 10

공정에 존재하는 위험요소들과 공정의 효율을 떨어뜨릴 수 있는 운전상의 문제점을 찾아내어 그 원인을 제거하는 위험성 평가기법의 명칭을 쓰시오.

해답 위험과 운전 분석(HAZOP) 기법

제4회 **ㅇ 가스산업기사 동영상**

문제 **1**

액화천연가스(LNG)를 이용한 실험장면에서 −161 이라는 숫자가 의미하는 것은 무엇인가? (동영 상에서 이중 진공보온병에 담긴 LNG에 디지털 온도계로 온도를 측정하며 온도계에 "−161"이 라는 숫자가 표시됨)

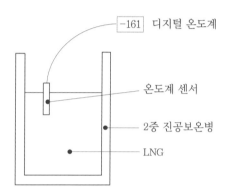

해답 액화천연가스(LNG)의 주성분인 메탄(CH_4)의 비점이 −161℃라는 것

문제 **2**

도시가스용 가스보일러를 배기방식에 따른 명 칭을 쓰시오.

해답 단독·반밀폐식·강제배기식

문제 **3**

CNG 저장시설에서 지시하는 부분의 명칭을 쓰 시오.

해답 스프링식 안전밸브

문제 **4**

방폭전기기기에 표시된 내용에 대하여 설명하 시오.
(1) Ex :   (2) d :
(3) ⅡB :   (4) T4 :

해답 (1) 방폭구조   (2) 내압방폭구조
(3) 내압 방폭전기기기의 폭발등급(최대안전틈새범위 0.5 mm 초과 0.9 mm 미만)
(4) 방폭전기기기의 온도등급(가연성 가스의 발화도 (℃) 범위 : 135℃ 초과 200℃ 이하)

문제 **5**

충전용기 어깨부분에 각인된 기호의 의미를 설명하시오.

(1) TP :　　　　　　(2) FP :

해답 (1) 내압시험압력

(2) 압축가스 충전의 경우 최고충전압력

문제 **6**

도시가스 누설검사 차량에 탑재하여 누설검사에 사용되는 장비로 우리나라 대부분의 도시가스 공급회사에서 사용하는 장비는?

해답 수소불꽃 이온화 검출기(또는 수소염 이온화 검출기, FID)

문제 **7**

도시가스 사용시설에서 사용되는 가스 용품으로 각각의 명칭을 쓰시오.

(1)　　　　　　　　　(2)

해답 (1) 퓨즈콕　(2) 상자콕

문제 **8**

아세틸렌가스를 용기에 2.5 MPa 이상으로 충전할 때 첨가하는 희석제의 종류 4가지를 쓰시오.

해답 ① 질소

② 메탄

③ 일산화탄소

④ 에틸렌

문제 **9**

도시가스 매설배관의 되메우기 작업 시 배관 상부에 보호포를 시공하는 것으로 최고사용압력(저압, 중압)을 기준으로 보호포 색상을 쓰시오.

해답 ① 저압 : 황색
② 중압 이상 : 적색

문제 **10**

최고사용압력이 고압 또는 중압인 배관에서 (①)에 합격된 배관은 통과하는 가스를 시험가스로 사용할 때 가스 농도가 (②)% 이하에서 작동하는 가스검지기를 사용한다. ( ) 안에 알맞은 용어 및 숫자를 넣으시오.

해답 ① 방사선투과시험
② 0.2

2015년도 가스산업기사 출제문제

제1회   ○ 가스산업기사 동영상

문제 1

도로 및 공동주택 등의 부지 안 도로에 도시가스 배관을 매설하는 경우에 매설 표시를 하는 것의 명칭을 쓰시오.

해답 라인마크

문제 2

보여주는 장미는 LNG(비점 −162℃)에 넣었다 빼낸 것으로 꽃잎이 쉽게 부스러진다. 100% CH_4를 Cl_2와 반응시키면 HCl과 냉매로 사용되는 물질이 생성되는데 이 물질의 명칭은 무엇인가?

해답 염화메틸(CH_3Cl) (또는 염화메탄)

문제 3

지시하는 것은 정전기를 제거하기 위한 접지선이다. 정전기를 제외한 점화원의 종류 4가지를 쓰시오.

해답 ① 전기불꽃   ② 단열압축
③ 충격 및 마찰열   ④ 복사열

문제 4

용기부속품(충전용기 밸브)에 각인된 기호에 대하여 설명하시오.

(1) W :   (2) TP :

해답 (1) 질량(kg)   (2) 내압시험압력(MPa)

문제 5

그림은 탱크 내부의 폭발 모습이다. 그림과 함께 설명하는 방폭구조의 명칭을 쓰시오.

내부에서 폭발성 가스의 폭발이 일어날 경우 용기가 폭발압력에 견디고, 외부의 폭발성 분위기에 불꽃의 전파를 방지하도록 한 구조이다. 또 폭발한 고열가스가 용기의 틈으로부터 누설되어도 틈의 냉각효과로 외부의 폭발성 가스에 착화될 우려가 없도록 만들어진 구조이다.

점화원
폭발

해답 내압방폭구조

문제 6

다기능 가스 안전계량기의 작동 성능 4가지를 쓰시오. (단, 유량 계량 성능은 제외한다.)

해답 ① 합계유량 차단 성능
② 증가유량 차단 성능
③ 연속사용시간 차단 성능
④ 미소사용유량 등록 성능
⑤ 미소누출검지 성능
⑥ 압력저하 차단 성능

문제 7

LPG 충전사업소에서 폭발사고가 발생하였을 때 사업자가 한국가스안전공사에 제출하여야 하는 사고보고서 중 기술하여야 할 내용은 무엇인가?

해답 ① 통보자의 소속, 직위, 성명 및 연락처
② 사고 발생 일시   ③ 사고 발생 장소
④ 사고 내용   ⑤ 시설 현황
⑥ 피해 현황(인명 및 재산)

문제 8

도시가스(LNG) 지하 정압기실에 설치된 강제 통풍장치에 대한 물음에 답하시오.

(1) 배기구 관지름은 몇 mm 이상인가?
(2) 방출구는 지면에서 몇 m 이상의 높이에 설치해야 하는가?

해답 (1) 100 mm 이상   (2) 3 m 이상

문제 **9**

도시가스 배관을 폭이 6 m인 도로에 매설할 때의 물음에 답하시오.

(1) 매설깊이는 얼마인가?

(2) 최고사용압력이 저압인 배관을 횡으로 분기하여 수요가에게 직접 연결할 때 매설깊이는 얼마인가?

해답 (1) 1 m 이상

(2) 0.8 m 이상

문제 **10**

LPG 시설에 설치된 설비에 대한 물음에 답하시오.

(1) 지시하는 것의 명칭을 쓰시오.

(2) 이 설비를 설치하는 이유를 설명하시오.

해답 (1) 스프링식 안전밸브

(2) 내부 압력이 이상 상승하였을 때 압력을 외부로 배출시켜 파열사고 등을 방지한다.

제2회 ◦ 가스산업기사 동영상

문제 **1**

충전용기에 각인된 "TW"에 대하여 설명하시오.

해답 아세틸렌 용기 질량에 다공물질, 용제 및 밸브의 질량을 합한 질량(kg)

문제 **2**

가스용 폴리에틸렌관(PE관)을 지하에 매설할 때 사용하는 이 설비의 명칭을 쓰시오.

해답 가스용 PE밸브

문제 **3**

도시가스 매설배관의 누설검사 차량에 탑재하여 누설검사에 사용되는 장비로 우리나라 대부분의 도시가스 공급회사에서 사용하는 장비는?

해답 수소불꽃 이온화 검출기(또는 수소염 이온화 검출기, FID)

문제 **4**

LNG 저장탱크에서 저장능력이 (①)톤 이상일 때 (②)을[를] 설치한다. ( ) 안에 알맞은 용어 및 숫자를 넣으시오.

해답 ① 500   ② 방류둑

LPG 충전사업소에서 지하에 설치된 저장탱크 저장능력이 30톤일 경우 사업소 경계와의 거리는 얼마인가?

해답 21 m 이상

해설 저장설비를 지하에 설치하였을 경우 저장능력별 사업소 경계와의 유지거리(동영상 예상문제 68번 해설 참고)에 0.7을 곱한 거리 이상을 유지하여야 한다.

그림은 탱크 내부의 폭발모습으로 [보기]에서 설명하는 방폭구조의 명칭과 기호를 쓰시오.

┌─ 보기 ─┐

방폭전기기기의 용기 내부에서 가연성가스의 폭발이 발생할 경우 그 용기가 폭발압력에 견디고 접합면, 개구부 등을 통하여 외부의 가연성가스에 인화되지 아니하도록 한 구조

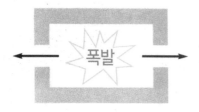

해답 ① 명칭 : 내압 (耐壓)방폭구조
  ② 기호 : d

25층 아파트에 설치된 입상관에 대한 물음에 답하시오.

(1) 입상관에 설치하는 신축이음은 최소 몇 개 설치하여야 하는가?
(2) 각 세대에 분기되어 벽체를 관통하는 부분의 보호관은 분기관 바깥지름의 몇 배인가?(동영상에서 분기관의 굴곡부가 2개소인 것을 보여줌)

(1)

(2)

해답 (1) 2개
  (2) 1.5배 이상

문제 8

도시가스 중압배관을 매설 시공하는 것이다. 용접부에 대한 비파괴검사 중 외관검사를 제외한 종류 3가지를 쓰시오.

해답 ① 방사선투과검사
② 초음파탐상검사
③ 자분탐상검사
④ 침투탐상검사

문제 9

밀폐식 보일러를 사람이 거처하는 곳에 부득이 설치할 때 바닥면적이 5 m²이면 통풍구 면적은 최소 몇 cm²인가?

풀이 통풍구 면적은 바닥면적 1 m²당 300 cm² 이상이므로 5×300 = 1500 cm²가 된다.
해답 1500 cm²

문제 10

LPG 자동차 충전기(dispenser)에 대한 물음에 답하시오.

(1) 충전호스 길이는 얼마인가?
(2) 충전호스에 과도한 인장력이 작용하였을 때 분리되는 안전장치의 명칭은 무엇인가?

해답 (1) 5 m 이내
(2) 세이프티 커플링(safety coupling)

제4회 ○ 가스산업기사 동영상

문제 1

LNG의 주성분인 CH_4의 대기압 상태에서 비점과 분자량(g/mol)은 얼마인가?

해답 ① 비점 : -161.5℃
② 분자량 : 16 g/mol

문제 2

가연성가스 또는 독성가스 설비에서 이상 상태가 발생하는 경우 그 설비 내의 내용물을 설비 밖으로 긴급하고 안전하게 이송하는 설비의 명칭을 쓰시오.

해답 벤트스택(vent stack)

문제 3

다음은 LPG 자동차 충전소의 폭발사고 모습으로 LPG가 누설되어 가연성액체 저장탱크 주변에서 화재가 발생하여 기상부의 탱크가 국부적으로 가열되면 그 부분이 강도가 약해져 탱크가 파열된다. 이때 내부의 액화가스가 급격히 유출 팽창되어 화구(fire ball)를 형성하여 폭발하는 형태를 무엇이라 하는지 영문 약자로 쓰시오.

해답 BLEVE

문제 4

다음과 같이 금속재료에 대하여 실시하는 시험 명칭과 목적을 쓰시오. (제시되는 동영상에서 금속재료 시험편에 충격적인 힘을 작용하여 파괴되는 시험과정을 보여 줌)

해답 ① 명칭 : 충격시험
② 목적 : 금속재료의 인성과 취성을 확인

문제 5

건축물 내부에 호칭지름 20 mm 배관을 300 m 설치하였을 때 배관 고정장치는 몇 개를 설치하여야 하는가?

풀이 호칭지름 20 mm 배관의 고정장치 설치간격은 2 m이다.

$$\therefore \text{고정장치 수} = \frac{300}{2} = 150개$$

해답 150개

문제 6

LNG를 도시가스로 공급하는 정압기실에서 지시하는 안전밸브 방출관에 대한 물음에 답하시오.

(1) 방출관 높이는 지면에서 얼마인가?
(2) 방출관이 전기시설물과의 접촉 등으로 인한 사고의 우려가 있는 장소일 때 높이는 지면에서 얼마인가?

해답 (1) 5 m 이상   (2) 3 m 이상

문제 7

LPG 자동차 충전소 충전기(dispenser)에 대한 물음에 답하시오.

(1) 충전호스 끝부분에 설치되는 장치는 무엇인가?
(2) 충전호스에 과도한 인장력이 작용하였을 때 분리되는 안전장치의 명칭은 무엇인가?

해답 (1) 정전기 제거장치
    (2) 세이프티 커플링(safety coupling)

문제 8

가스용 폴리에틸렌관을 맞대기 융착이음할 때 최소 관지름은 몇 mm인가?

해답 공칭외경 90

문제 9

공업용 용기에 충전하는 가스 명칭을 쓰시오.

(1)

(2)

(3)

(4)

해답 (1) 아세틸렌 (C_2H_2)
(2) 산소 (O_2)
(3) 이산화탄소 (CO_2)
(4) 수소 (H_2)

문제 10

LPG를 이입, 충전할 때 사용하는 압축기에서 정전기를 제거하기 위한 것으로 지시하는 것의 방법은 무엇인가?

해답 대상물을 접지한다.

2016년도 가스산업기사 모의고사

제1회 ○ 가스산업기사 동영상

문제 1

도시가스용 가스보일러를 배기방식에 따른 명칭을 쓰시오.

해답 단독 · 반밀폐식 · 강제배기식

문제 2

도시가스 사용시설에서 사용되는 가스용품으로 각각의 명칭을 쓰시오.

(1)   (2)

해답 (1) 퓨즈콕   (2) 상자콕

문제 3

원심펌프에서 발생할 수 있는 이상 현상 4가지를 쓰시오.

해답 ① 캐비테이션 현상
     ② 서징 현상
     ③ 수격작용
     ④ 베이퍼 로크 현상

문제 4

메탄과 같은 유기화합물을 검출하는 검출기로 불꽃이온화검출기(FID)라 불리며, 이것은 특정 가스와의 반응을 이용한 것으로 이 가스는 무엇인가?

해답 수소(H_2)

---- 문제 | **5**

맞대기 융착이음을 하는 가스용 폴리에틸렌관의 두께가 20 mm일 때 비드 폭의 최소치($B_{\min}$)와 최대치($B_{\max}$)를 각각 계산하시오.

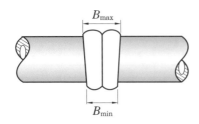

풀이 ① $B_{\min} = 3 + 0.5t = 3 + 0.5 \times 20 = 13$ mm

② $B_{\max} = 5 + 0.75t = 5 + 0.75 \times 20 = 20$ mm

해답 ① 최소치 : 13 mm

② 최대치 : 20 mm

---- 문제 | **6**

LPG 탱크로리 정차 위치에 설치된 냉각살수장치이다. 저장탱크 표면적 1 m^2당 물분무능력은 얼마인가?

해답 5 L/min 이상

---- 문제 | **7**

도시가스 도매사업의 1일 처리능력이 25만 m^3인 압축기와 액화천연가스(LNG) 저장탱크 외면과 유지하여야 하는 거리는 얼마인가?

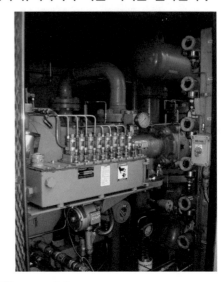

해답 30 m 이상

---- 문제 | **8**

매설된 도시가스 배관의 전기방식 중 배류법 및 외부전원법의 경우 전위측정용 터미널(TB) 설치 간격은 얼마인가?

해답 ① 배류법 : 300 m 이내

② 외부전원법 : 500 m 이내

문제 **9**

액화천연가스 (LNG)의 비점은 몇 ℃인가? (LNG를 이용한 실험장면 동영상에서 2중 진공보온병에 담긴 LNG에 디지털 온도계로 온도를 측정하며 온도계에 "－161"이라는 숫자가 표시됨)

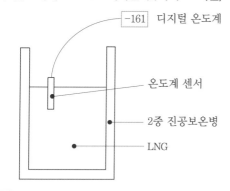

-161 디지털 온도계

온도계 센서

2중 진공보온병

LNG

해답 －161.5℃ (또는 －161℃)

문제 **10**

방폭전기기기에 표시된 내용에 대하여 설명하시오.

(1) Ex :   (2) p :
(3) Ⅱ :   (4) T6 :

해답 (1) 방폭구조
(2) 압력방폭구조
(3) 방폭전기기기(기기분류)
(4) 방폭전기기기의 온도등급(가연성 가스의 발화도(℃) 범위 : 85℃ 초과 100℃ 이하)

제2회 ○ 가스산업기사 동영상

문제 1

자석의 S극과 N극을 이용하여 검사하는 비파괴검사의 명칭은 무엇인가?

해답 자분탐상검사(MT)

문제 2

LPG 저장소에서 통풍구 크기(면적)는 바닥면적의 몇 % 이상을 확보하여야 하는가?

풀이 통풍구 크기는 바닥면적 $1\,m^2$당 $300\,cm^2$ 이상이고 $1\,m^2 = 10000\,cm^2$이다.

$$\therefore\ 면적비 = \frac{통풍구면적}{바닥면적} \times 100$$

$$= \frac{300}{1 \times 100^2} \times 100 = 3\,\%$$

해답 3 %

문제 3

공업용 용기에 충전하는 가스 명칭을 쓰시오.

(1)

(2)

(3)

(4)

해답 (1) 아세틸렌 (C_2H_2)　　(2) 산소 (O_2)
　　　(3) 이산화탄소 (CO_2)　　(4) 수소 (H_2)

문제 4

보여주는 장미는 LNG (비점 −162℃)에 넣었다 빼낸 것으로 꽃잎이 쉽게 부스러진다. 100 % CH_4를 Cl_2와 반응시키면 HCl과 냉매로 사용되는 물질이 생성되는데 이 물질의 명칭은 무엇인가?

해답 염화메틸(CH_3Cl) (또는 염화메탄)

문제 5

다음과 같이 횡으로 설치된 도시가스 배관의 호칭지름이 100 A일 때 고정장치 설치거리(지지간격)는 얼마인가?

해답 8 m

해설 교량 및 횡으로 설치하는 가스배관의 호칭지름별 지지간격

호칭지름	지지간격
100 A	8 m
150 A	10 m
200 A	12 m
300 A	16 m
400 A	19 m
500 A	22 m
600 A	25 m

문제 6

다음과 같이 지상에 설치된 LPG 저장탱크의 지름이 각각 30 m, 34 m일 때 저장탱크 상호간 유지하여야 할 안전거리는 몇 m인가? (단, 물분무장치가 설치되지 않은 경우이다.)

풀이 두 저장탱크 최대지름을 합산한 길이의 4분의 1 이상에 해당하는 거리(4분의 1이 1 m 미만인 경우 1 m 이상의 거리)를 유지한다.

$$\therefore \ L = \frac{D_1 + D_2}{4} = \frac{30 + 34}{4} = 16\,\text{m}$$

해답 16 m 이상

문제 7

방폭전기기기에 표시된 내용에 대하여 설명하시오.

(1) Ex :   (2) d :
(3) ⅡB :   (4) T4 :

해답 (1) 방폭구조
　　(2) 내압방폭구조
　　(3) 내압 방폭전기기기의 폭발등급(최대안전틈새 범위 0.5 mm 초과 0.9 mm 미만)
　　(4) 방폭전기기기의 온도등급(가연성 가스의 발화도(℃) 범위 : 135℃ 초과 200℃ 이하)

문제 8

산소 충전용기 밸브의 안전밸브 형식(명칭)을 쓰시오.

해답 파열판식 안전밸브

문제 **9**

공정에 존재하는 위험요소들과 공정의 효율을 떨어뜨릴 수 있는 운전상의 문제점을 찾아내어 그 원인을 제거하는 위험성 평가기법의 명칭을 쓰시오.

해답 위험과 운전 분석(HAZOP) 기법

문제 **10**

액화가스가 저장된 저장시설에 설치되는 방류둑 성토의 기울기는 수평에 대하여 ( )도 이하로 하며, 성토 윗부분의 폭은 30 cm 이상으로 한다. ( ) 안에 알맞은 숫자를 넣으시오.

해답 45

제4회 ○ **가스산업기사 동영상**

문제 1

지시하는 것은 LPG 이송에 사용하는 차량에 고정된 탱크(탱크로리)에서 차량 운전석 외부에 설치된 것으로 명칭과 역할을 쓰시오.

[해답] ① 명칭 : 높이 측정 기구(또는 검지봉)
　　② 역할 : 차량에 고정된 탱크의 정상부 높이가 차량 정상부의 높이보다 높을 경우 충돌사고를 방지하기 위하여

문제 2

도시가스 배관을 지하에 매설하는 것에 대한 물음에 답하시오.

(1) 도시가스 배관과 상수도관 등 다른 시설물과 이격거리는 얼마인가?
(2) 도시가스 배관 매설 시 보호판을 설치하는 이유 2가지를 쓰시오.

(1) 　　(2)

[해답] (1) 0.3m 이상
(2) ① 규정된 매설깊이를 확보하지 못했을 경우
　　② 배관을 도로 밑에 매설하는 경우
　　③ 중압 이상의 배관을 매설하는 경우

문제 3

도시가스 배관에서 관지름 30 mm 배관의 길이가 500 m이고, 150 mm 배관의 길이가 3000 m일 때 배관 고정장치는 몇 개를 설치하여야 하는가?

[풀이] ① 30 mm 배관 고정장치 수

$$= \frac{500}{2} = 250개$$

② 150 mm 배관 고정장치 수

$$= \frac{3000}{10} = 300개$$

③ 합계 = 250+300 = 550개

[해답] 550개

[해설] 고정장치 수는 30 mm 배관은 2 m마다, 호칭지름 100 A 이상의 경우는 예상문제 124번 해설을 참고하기 바랍니다.

문제 **4**

방폭전기기기 결합부의 나사류를 외부에서 쉽게 조작함으로써 방폭성능을 손상시킬 우려가 있는 것은 드라이버, 스패너, 플라이어 등의 일반공구로 조작할 수 없도록 한 구조의 명칭과 ⅡB에 대하여 설명하시오.

해답 ① 구조의 명칭 : 자물쇠식 죄임구조
② ⅡB : 방폭전기기기의 폭발등급

문제 **5**

실내에 설치된 기화장치에 대한 물음에 답하시오.

(1) 액체 상태로 열교환기 밖으로 유출을 방지하는 장치의 명칭을 쓰시오.
(2) 액 유출 시 나타나는 현상 2가지를 쓰시오.

해답 (1) 액유출방지장치
(2) ① 인화, 폭발의 위험
② 산소 부족으로 인한 질식
③ 피부 노출 시 저온으로 인한 동상

문제 **6**

정전기 제거방법(방지대책) 4가지를 쓰시오.

접지선

해답 ① 대상물을 접지한다.
② 상대습도를 70 % 이상 유지한다.
③ 공기를 이온화한다.
④ 절연체에 도전성을 갖게 한다.
⑤ 정전의, 정전화를 착용하여 대전을 방지한다.

문제 **7**

공업용 용기에 충전하는 가스 명칭을 쓰시오.

(1)   (2)

(3)   (4)

해답 (1) 아세틸렌 (C_2H_2)   (2) 산소 (O_2)
(3) 이산화탄소 (CO_2)   (4) 수소 (H_2)

문제 **8**

가스용 폴리에틸렌관의 열융착이음 종류 2가지를 쓰시오.

해답 ① 맞대기 융착이음
② 소켓 융착이음
③ 새들 융착이음

문제 **9**

LPG 시설에 설치된 설비에 대한 물음에 답하시오.

(1) 지시하는 것의 명칭을 쓰시오.
(2) 이 설비를 설치하는 이유를 설명하시오.

해답 (1) 스프링식 안전밸브
(2) 내부 압력이 이상 상승하였을 때 압력을 외부로 배출시켜 파열사고 등을 방지한다.

문제 **10**

지하에 설치되는 도시가스(LNG) 정압기 안전밸브 방출관 최소 높이는 지면에서 얼마인가? (단, 전기시설물과 접촉 우려가 없는 장소이다.)

해답 5 m

해설 정압기 안전밸브 방출관의 방출구는 주위에 불등이 없는 안전한 위치로서 지면으로부터 5 m 이상의 높이에 설치한다. 다만, 전기시설물과의 접촉 등으로 사고의 우려가 있는 장소에서는 3 m 이상으로 할 수 있다.

※ 지시된 부분의 큰 배관이 정압기실 강제통풍장치의 배기구이고, 작은 배관이 정압기 안전밸브 방출관이다.

2017년도 가스산업기사 모의고사

제1회 ○ 가스산업기사 동영상

문제 1

이음매 없는 용기의 신규검사 항목 중 재질검사 항목 3가지를 쓰시오.

해답 ① 인장시험
② 충격시험
③ 압궤시험

문제 2

도시가스 매설배관의 누설검사 차량에 탑재하여 누설검사에 사용하며, 우리나라 대부분의 도시가스 공급회사에서 사용하는 장비의 방식은 무엇인가?

해답 수소불꽃 이온화 검출기(또는 수소염 이온화 검출기, FID)

문제 3

가스용 폴리에틸렌관(PE관)을 소켓 융착이음할 때 기준 4가지를 쓰시오.

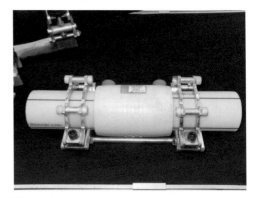

해답 ① 용융된 비드는 접합부 전면에 고르게 형성되고 관 내부로 밀려나오지 않도록 할 것
② 배관 및 이음관의 접합은 일직선을 유지할 것
③ 비드 높이는 이음관의 높이 이하일 것
④ 융착작업은 홀더(holder) 등을 사용하고 관의 용융부위는 소켓 내부 경계턱까지 완전히 삽입되도록 할 것

문제 / 4

대기압 상태에서 액화천연가스(LNG)의 비점과 분자량(g/mol)은 얼마인가? (LNG를 이용한 실험장면 동영상에서 2중 진공보온병에 담긴 LNG에 디지털 온도계로 온도를 측정하며 온도계에 "−161"이라는 숫자가 표시됨)

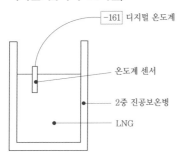

해답 ① 비점 : −161.5℃
　　② 분자량 : 16

문제 / 5

LPG 충전사업소에서 폭발사고가 발생하였을 때 사업자가 한국가스안전공사에 제출하여야 하는 사고보고서 중 기술하여야 할 내용은 무엇인가?

해답 ① 통보자의 소속, 직위, 성명 및 연락처
　　② 사고 발생 일시
　　③ 사고 발생 장소
　　④ 사고 내용
　　⑤ 시설 현황
　　⑥ 피해 현황(인명 및 재산)

문제 / 6

가스용 폴리에틸렌관의 융착이음을 보고 물음에 답하시오.

(1) 융착이음의 종류 3가지를 쓰시오.
(2) 동영상에서 보여주는 융착이음의 명칭은?

해답 (1) ① 맞대기 융착이음
　　　② 소켓 융착이음
　　　③ 새들 융착이음
　　(2) 맞대기 융착이음

문제 / 7

방폭전기기기의 방폭구조 종류 6가지를 쓰시오.

해답 ① 내압방폭구조
　　② 압력방폭구조
　　③ 유입방폭구조
　　④ 안전증방폭구조
　　⑤ 본질안전방폭구조
　　⑥ 특수방폭구조

문제 8

LPG 자동차 충전소에 설치된 고정식 충전설비(dispenser)에서 지시하는 부분의 명칭을 쓰시오.

(1)   (2)

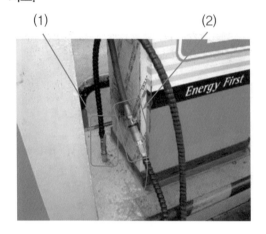

※ 동영상에서 보여주는 (1)번의 상세 사진

해답 (1) 가스 주입기
(2) 세이프티 커플링(safety coupling)

문제 9

고정식 압축도시가스(CNG) 자동차 충전시설 내에 설치된 압축가스설비의 밸브 및 배관 주위에 안전한 작업을 위하여 확보하는 공간은 얼마인가 ?

해답 1 m 이상

문제 10

직류전철 등에 의한 누출전류의 영향을 받지 않는 도시가스 매설배관에 부식을 방지하는 방법 2가지를 쓰시오.

해답 ① 희생양극법
② 외부전원법

제2회　　o 가스산업기사 동영상

문제 **1**

용기 내의 온도가 설정온도 이상이 되면 안전 장치가 녹아 가스를 외부로 배출시키는 기능을 하는 것으로 염소, 아세틸렌 용기에 부착하는 안전밸브 종류를 쓰시오.

해답 가용전식

문제 **2**

액화가스 저장탱크가 설치된 장소의 방류둑 단면으로 지시하는 것의 기능과 이것이 평상시에 닫혀 있는지, 열려 있는지 쓰시오.

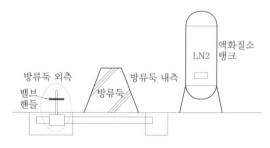

해답 ① 기능 : 방류둑 안에 고인 물을 외부로 배출 할 수 있는 배수밸브
② 평상시 상태 : 닫혀 있어야 한다.

문제 **3**

고압가스 설비에서 이상 상태가 발생하는 경우 그 설비 내의 내용물을 설비 밖으로 긴급하고 안 전하게 이송하는 설비에 대한 물음에 답하시오.

(1) 이 설비의 명칭을 쓰시오.

(2) 이 설비의 방출구 위치는 작업원이 정상작업 을 하는 장소 및 항시 통행하는 장소로부터 얼마 이상 떨어져 설치해야 하는가?

해답 (1) 벤트스택(vent stack)
(2) ① 긴급용 벤트스택 : 10 m 이상
② 그 밖의 벤트스택 : 5 m 이상

문제 **4**

공동주택에 압력조정기를 설치할 때 공급되는 도시가스의 압력이 중압 이상인 경우 공급세대 수는 얼마인가?

해답 150세대 미만

문제 **5**

건축물 내부에 호칭지름 20 mm 도시가스 배관을 200 m 설치하였을 때 배관 고정장치는 몇 개를 설치하여야 하는가?

풀이 호칭지름 20 mm 배관의 고정장치 설치간격은 2 m이다.

$$\therefore \ \text{고정장치 } 수 = \frac{200}{2} = 100개$$

해답 100개

문제 **6**

LPG용 차량에 고정된 탱크 정차 위치에 설치된 장치에 대한 물음에 답하시오.

(1) 지시하는 부분의 명칭을 쓰시오.
(2) 저장탱크 표면적 1 m²당 물분무능력은 얼마인가?

해답 (1) 냉각살수장치
    (2) 5 L/min 이상

문제 **7**

메탄과 같은 유기화합물을 검출하는 검출기로 불꽃 이온화 검출기(FID)라 불리며, 이것은 특정가스와의 반응을 이용한 것이다. 이 가스는 무엇인가?

해답 수소(H_2)

문제 **8**

도로 및 공동주택 등의 부지 안 도로에 도시가스 배관을 매설하는 경우에 매설 표시를 하는 것의 명칭을 쓰시오.

해답 라인마크

문제 **9**

LPG를 이입, 충전할 때 사용하는 압축기에서 정전기를 제거하기 위한 것으로 지시하는 것의 방법은 무엇인가?

해답 대상물을 접지한다.

문제 **10**

그림은 탱크 내부의 폭발 모습이다. 그림과 함께 설명하는 방폭구조의 기호와 의미는 무엇인가?

> 내부에서 폭발성 가스의 폭발이 일어날 경우 용기가 폭발압력에 견디고, 외부의 폭발성 분위기에 불꽃의 전파를 방지하도록 한 구조이다. 또 폭발한 고열가스가 용기의 틈으로부터 누설되어도 틈의 냉각효과로 외부의 폭발성 가스에 착화될 우려가 없도록 만들어진 구조이다.

점화원

폭발

해답 ① 기호 : d
② 의미 : 내압방폭구조

제4회 가스산업기사 동영상

문제 1

최고사용압력이 고압 또는 중압인 배관에서 (①)에 합격된 배관은 통과하는 가스를 시험가스로 사용할 때 가스 농도가 (②) % 이하에서 작동하는 가스검지기를 사용한다. ( ) 안에 알맞은 용어 및 숫자를 넣으시오.

해답 ① 방사선투과시험   ② 0.2

문제 2

도시가스 정압기실에 대한 물음에 답하시오.

(1) 2년에 1회 이상 분해점검을 하는 것의 명칭을 쓰시오.

(2) 가스 공급 개시 후 매년 1회 이상 분해점검을 하는 것의 명칭을 쓰시오.

해답 (1) 정압기 (2) 정압기 필터

문제 3

보여주는 장미는 LNG(비점 −162℃)에 넣었다 빼낸 것으로 꽃잎이 쉽게 부스러진다. 100 % CH_4를 Cl_2와 반응시키면 HCl과 냉매로 사용되는 물질이 생성되는데 이 물질의 명칭은 무엇인가?

해답 염화메틸(CH_3Cl) (또는 염화메탄)

문제 4

액화가스가 저장된 저장시설에 설치되는 방류둑 성토의 기울기는 수평에 대하여 ( )도 이하로 하며, 성토 윗부분의 폭은 30 cm 이상으로 한다. ( ) 안에 알맞은 숫자를 넣으시오.

해답 45

문제 5

방폭구조로 된 방폭등으로서 방폭전기기기 결합부의 나사류를 외부에서 쉽게 조작함으로써 방폭성능을 손상시킬 우려가 있는 것을 드라이버, 스패너, 플라이어 등의 일반공구로 조작할 수 없도록 한 구조 명칭은 무엇인가?

해답 자물쇠식 죄임구조

문제 6

도시가스를 사용하는 연소기에서 황염이 발생하는 이유 2가지를 설명하시오. (동영상에서 공기조절기를 조절하면서 불꽃 색깔이 황색으로 변하는 것을 보여 줌)

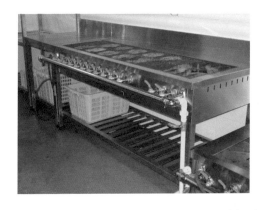

해답 ① 연소반응이 충분한 속도로 진행되지 않을 때
② 1차 공기량 부족으로 불완전연소가 되는 경우
③ 불꽃이 저온의 물체에 접촉하였을 때

문제 7

공업용 용기에 충전하는 가스 명칭을 쓰시오.

(1)

(2)

(3)

(4)

해답 (1) 아세틸렌 (C_2H_2)
(2) 산소 (O_2)
(3) 이산화탄소 (CO_2)
(4) 수소 (H_2)

동영상 머리글자

문제 **8**

단독 · 반밀폐식 · 강제배기식 가스보일러 설치 방법에 대한 물음에 답하시오.

(1) 방열판이 설치되지 않은 터미널의 상 · 하 · 주위와 가연성 구조물과는 몇 cm 이상 떨어져야 하는가?

(2) 터미널 개구부로부터 배기가스가 실내로 유입할 우려가 있는 개구부는 몇 cm 이상 떨어져야 하는가?

해답 (1) 60
(2) 60

해설 용어의 정의 : KGS GC208

① 단독 · 반밀폐식 · 강제배기식 : 하나의 가스보일러를 사용하는 배기시스템으로서 연소용 공기는 가스보일러가 설치된 실내에서 급기하고, 배기가스는 실외로 배기하며(연돌을 통하여 배기하는 것 포함), 송풍기를 사용하여 강제적으로 배기하는 시스템을 말한다.

② 터미널(terminal) : 배기가스를 건축물 바깥 공기 중으로 배출하기 위하여 배기시스템 말단에 설치하는 부속품(배기통과 터미널이 일체형인 경우에는 배기가스가 배출되는 말단부분)을 말한다.

문제 **9**

방폭전기기기에 대한 [보기]의 설명과 제시되는 그림을 보고 방폭구조의 명칭과 기호를 각각 쓰시오.

보기

용기 내부에 보호가스(신선한 공기 또는 불활성가스)를 압입하여 내부압력을 유지함으로써 가연성 가스가 용기 내부로 유입되지 않도록 한 구조이다.

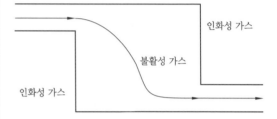

해답 ① 명칭 : 압력방폭구조 ② 기호 : p

문제 **10**

고압가스설비에 설치된 압력계는 (①)의 (②)배 이상, (③)배 이하의 최고눈금이 있는 것이어야 하며, 사업소에는 국가표준기본법에 의한 교정을 받은 표준이 되는 압력계를 2개 이상 비치하여야 한다. ( ) 안에 알맞은 용어 및 숫자를 넣으시오.

해답 ① 상용압력 ② 1.5 ③ 2

2018년도 가스산업기사 모의고사

문제 **1**

용기부속품(충전용기 밸브)에 각인된 기호에 대하여 설명하시오.

(1) W : (2) TP :

해답 (1) 질량(kg) (2) 내압시험압력(MPa)

문제 **2**

조리개 전후에 연결된 액주계의 압력차를 이용하여 유량을 측정하는 차압식 유량계는 ( ) 원리를 응용한 것이다. ( ) 안에 알맞은 용어를 쓰시오.

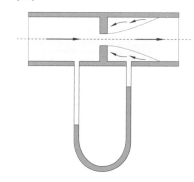

해답 베르누이 방정식(또는 베르누이 정리)

문제 **3**

방폭전기기기 명판에 표시된 사항을 설명하시오.

(1) Ex : (2) p : (3) T6 :

해답 (1) 방폭구조 (2) 압력방폭구조
  (3) 방폭전기기기의 온도등급(가연성 가스의 발화도(℃) 범위 : 85℃ 초과 100℃ 이하)

문제 **4**

가스도매사업의 1일 처리능력이 25만 m³인 압축기와 액화천연가스(LNG) 저장탱크 외면과 유지하여야 하는 최소 거리는 얼마인가?

해답 30 m

문제 5

도시가스 배관에서 관지름 30 mm 배관의 길이가 500 m이고, 150 mm 배관의 길이가 3000 m일 때 배관 고정장치는 몇 개를 설치하여야 하는가?

풀이 ① 30 mm 배관 고정장치 수 $= \dfrac{500}{2} = 250$개

② 150 mm 배관 고정장치 수 $= \dfrac{3000}{10} = 300$개

③ 합계 $= 250 + 300 = 550$개

해답 550개

문제 6

다음은 LPG 자동차 충전소의 폭발사고 모습으로 LPG가 누설되어 가연성액체 저장탱크 주변에서 화재가 발생하여 기상부의 탱크가 국부적으로 가열되면 그 부분이 강도가 약해져 탱크가 파열된다. 이때 내부의 액화가스가 급격히 유출 팽창되어 화구(fire ball)를 형성하여 폭발하는 형태를 무엇이라 하는지 영문 약자로 쓰시오.

해답 BLEVE

문제 7

다기능 가스 안전계량기의 작동 성능 4가지를 쓰시오. (단, 유량 계량 성능은 제외한다.)

해답 ① 합계유량 차단 성능
② 증가유량 차단 성능
③ 연속사용시간 차단 성능
④ 미소사용유량 등록 성능
⑤ 미소누출검지 성능
⑥ 압력저하 차단 성능

문제 8

다음 충전용기 밸브의 안전밸브 종류를 쓰시오.

(1)   (2)

(3)

해답 (1) 파열판식 (2) 스프링식 (3) 파열판식

해설 파열판식과 가용전식 안전밸브 구별 : 아래 사진에서 왼쪽 용기밸브와 같이 캡 부분에 배출구멍이 뚫려 있는 것은 파열판식이고, 오른쪽 용기밸브와 같이 캡 부분 배출구멍이 납 등으로 막혀 있는 것은 가용전식에 해당되므로 동영상에서 제시되는 화면을 정확히 보고 판단하여야 합니다.

문제 9

도시가스 정압기 입구압력이 0.5 MPa일 때 물음에 답하시오.

(1) 정압기 설계유량이 900 Nm^3/h일 때 안전밸브 방출관 크기는 얼마인가?

(2) 상용압력이 2.5 kPa인 경우 안전밸브 설정압력은 얼마인가?

해답 (1) 50 A 이상   (2) 4.0 kPa 이하

해설 (1) 정압기 안전밸브 분출부(방출관) 크기 기준

① 정압기 입구측 압력이 0.5 MPa 이상 : 50 A 이상

② 정압기 입구측 압력이 0.5 MPa 미만

  ㉮ 정압기 설계유량이 1000 Nm^3/h 이상 : 50 A 이상

  ㉯ 정압기 설계유량이 1000 Nm^3/h 미만 : 25 A 이상

※ 문제에서 입구압력이 0.5 MPa로 주어졌으므로 정압기 안전밸브 방출관 크기는 설계유량에 관계없이 50 A 이상이 되어야 함

(2) 정압기에 설치되는 안전장치의 설정압력 기준은 동영상 예상문제 145번 [해설]을 참고하기 바랍니다.

문제 10

지시하는 것은 도시가스 정압기실에 설치된 장치이다.

(1) 명칭을 쓰시오.

(2) 기능(역할) 2가지를 쓰시오.

해답 (1) RTU 장치

(2) ① 정압기실 상황(온도, 압력, 가스누설 유무 등)을 도시가스 상황실로 전송하여 무인감시하는 기능

② 정전 시 비상전력을 공급하는 기능

제2회 ◦ 가스산업기사 동영상

문제 1

LPG 자동차용 충전기(dispenser) 충전호스 설치에 대한 설명 중 ( ) 안에 알맞은 숫자 및 용어를 넣으시오.

(1) 충전기의 충전호스 길이는 ( )m 이내로 한다.
(2) 충전호스에 부착하는 가스주입기는 ( )으로 한다.

해답 (1) 5
(2) 원터치형

문제 2

밀폐식 보일러를 사람이 거처하는 곳에 부득이 설치할 때 바닥면적이 $5\,m^2$이면 통풍구 면적은 최소 몇 cm^2인가?

풀이 통풍구 면적은 바닥면적 $1\,m^2$당 $300\,cm^2$ 이상이므로 $5 \times 300 = 1500\,cm^2$가 된다.

해답 $1500\,cm^2$

문제 3

도시가스 사용시설 배관에 대한 물음에 답하시오.

(1) 배관 이음부와 절연조치를 하지 않은 전선과의 유지거리는 얼마인가?
(2) 가스계량기와 절연조치를 하지 않은 전선과의 유지거리는 얼마인가?

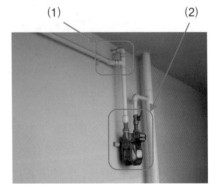

해답 (1) 15 cm 이상
(2) 15 cm 이상

문제 4

도시가스 매설배관의 누설검사 차량에 탑재하여 누설검사에 사용되는 장비로 우리나라 대부분의 도시가스 공급회사에서 사용하는 장비 명칭을 영문 약자로 쓰시오.

해답 FID
해설 FID : 수소불꽃 이온화 검출기, 수소염 이온화 검출기

문제 **5**

가스용 폴리에틸렌관의 열융착이음 종류 2가지를 쓰시오.

해답 ① 맞대기 융착이음
② 새들 융착이음

문제 **6**

가스 도매사업의 1일 처리능력이 25만 m³인 압축기와 액화천연가스(LNG) 저장탱크 외면과 유지하여야 하는 최소 거리는 얼마인가?

해답 30 m

문제 **7**

액화천연가스(LNG)를 이용한 실험장면에서 −161이라는 숫자가 의미하는 것은 무엇인가? (동영상에서 2중 진공보온병에 담긴 LNG에 디지털 온도계로 온도를 측정하며 온도계에 "−161"이라는 숫자가 표시됨)

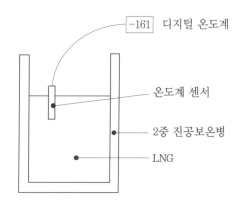

해답 액화천연가스(LNG)의 주성분인 메탄(CH_4)의 비점이 −161℃라는 것

문제 **8**

방폭전기기기의 방폭구조 종류 4가지를 쓰시오.

해답 ① 내압방폭구조　② 압력방폭구조
③ 유입방폭구조　④ 안전증방폭구조
⑤ 본질안전방폭구조　⑥ 특수방폭구조

문제 **9**

방폭전기기기에 표시된 내용에 대하여 설명하시오.

(1) Ex :
(2) d :
(3) ⅡB :
(4) T4 :

해답 (1) 방폭구조
(2) 내압방폭구조
(3) 내압방폭 전기기기의 폭발등급(최대 안전틈새범위 0.5 mm 초과 0.9 mm 미만)
(4) 방폭전기기기의 온도등급(가연성 가스의 발화도 (℃) 범위 : 135℃ 초과 200℃ 이하)

문제 **10**

공업용 용기에 충전하는 가스 명칭을 쓰시오.

(1)   (2)

(3)   (4)

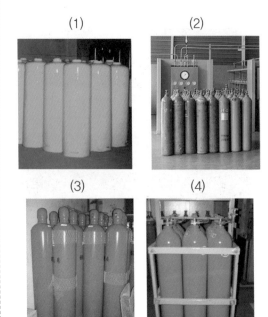

해답 (1) 아세틸렌 (C_2H_2)
(2) 산소 (O_2)
(3) 이산화탄소 (CO_2)
(4) 수소 (H_2)

제4회 ○ 가스산업기사 동영상

문제 **1**

아세틸렌 충전용기에 각인된 "TW"에 대하여 설명하시오.

해답 아세틸렌 용기 질량에 다공질물, 용제 및 밸브의 질량을 합한 질량(kg)

문제 **2**

LPG 자동차 충전소에 설치된 고정식 충전설비(dispenser)에서 지시하는 부분의 명칭을 쓰시오.

해답 세이프티 커플링(safety coupling)

문제 **3**

얇은 평판 또는 돔 모양의 원판 주위를 고정하여 용기나 설비에 설치하는 것으로, 구조가 간단하며 취급, 점검이 용이한 안전밸브의 명칭을 쓰시오.

해답 파열판식 안전밸브

문제 **4**

[보기]에서 설명하는 방폭구조의 명칭과 기호를 각각 쓰시오.

─ 보기 ─
용기 내부에 절연유를 주입하여 불꽃, 아크 또는 고온 발생 부분이 기름 속에 잠기게 함으로써 기름면 위에 존재하는 가연성가스에 인화되지 아니하도록 한 구조로 탄광에서 처음으로 사용하였다.

해답 ① 명칭 : 유입방폭구조
② 기호 : o

문제 5

정전기 제거방법(방지대책) 4가지를 쓰시오.

접지선

해답 ① 대상물을 접지한다.
② 상대습도를 70 % 이상 유지한다.
③ 공기를 이온화한다.
④ 절연체에 도전성을 갖게 한다.
⑤ 정전의, 정전화를 착용하여 대전을 방지한다.

문제 6

막식 계량기에 표시된 내용을 설명하시오.

(1) MAX 3.1 m^3/h :

(2) 0.7 L/rev :

해답 (1) 사용 최대유량이 시간당 3.1 m^{3}이다.
(2) 계량실 1주기 체적이 0.7 L이다.

문제 7

도시가스 매설배관에서 저압과 고압 배관의 배관색을 다르게 하는 이유를 설명하시오.

해답 저압 배관과 중압 및 고압 배관을 구별하여 사후관리 및 주변 굴착공사 시 배관의 파손 방지와 안전관리를 유지하기 위하여

문제 8

도시가스 정압기실 실내의 조명도는 몇 룩스 이상인가?

해답 150

고압가스 설비에서 이상 상태가 발생하는 경우 그 설비 내의 내용물을 설비 밖으로 긴급하고 안전하게 이송하는 벤트스택의 설치기준을 쓰시오.

해답 ① 벤트스택의 높이는 방출된 가스의 착지농도가 폭발하한계값 미만이 되도록 충분한 높이로 하고, 독성가스인 경우에는 TLV-TWA 기준농도값 미만이 되도록 충분한 높이로 한다.
② 벤트스택 방출구의 위치는 작업원이 정상작업을 하는데 필요한 장소 및 작업원이 항상 통행하는 장소로부터 긴급용은 10 m 이상, 그 밖의 벤트스택은 5 m 이상 떨어진 곳에 설치한다.
③ 벤트스택에는 정전기 또는 낙뢰 등으로 인한 착화를 방지하는 조치를 강구하고 만일 착화된 경우에는 즉시 소화할 수 있는 조치를 강구한다.
④ 벤트스택 또는 그 벤트스택에 연결된 배관에는 응축액의 고임을 제거 또는 방지하기 위한 조치를 강구한다.
⑤ 액화가스가 함께 방출되거나 또는 급랭될 우려가 있는 벤트스택에는 그 벤트스택과 연결된 가스공급시설의 가장 가까운 곳에 기액분리기(氣液分離器)를 설치한다.

지하에 설치되는 도시가스(LNG) 정압기 안전밸브 방출관 최소 높이는 지면에서 얼마인가? (단, 전기시설물과 접촉우려가 없는 장소이다.)

해답 5 m

해설 정압기 안전밸브 방출관의 방출구는 주위에 불 등이 없는 안전한 위치로서 지면으로부터 5 m 이상의 높이에 설치한다. 다만, 전기시설물과의 접촉 등으로 사고의 우려가 있는 장소에서는 3 m 이상으로 할 수 있다.
※ 지시된 부분의 큰 배관이 정압기실 강제통풍장치의 배기구이고, 작은 배관이 정압기 안전밸브 방출관이다.

2019년도 가스산업기사 모의고사

제1회 ○ 가스산업기사 동영상

문제 1

공업용 용기에 충전하는 가스 명칭을 쓰시오.

(1)

(2)

(3)

(4)

해답 (1) 아세틸렌 (C_2H_2)　(2) 산소 (O_2)
(3) 이산화탄소 (CO_2)　(4) 수소 (H_2)

문제 2

메탄과 같은 유기화합물을 검출하는 검출기로 불꽃 이온화 검출기(FID)라 불리며, 이것은 특정가스와의 반응을 이용한 것이다. 이 가스는 무엇인가?

해답 수소(H_2)

문제 3

방폭등과 같이 방폭전기기기 결합부의 나사류를 외부에서 쉽게 조작함으로써 방폭성능을 손상시킬 우려가 있는 것은 드라이버, 스패너, 플라이어 등의 일반공구로 조작할 수 없도록 한 구조의 명칭과 ⅡB에 대하여 설명하시오. (제시되는 동영상에서 방폭등 명판에 각인된 "Exd ⅡB T4"를 확대하여 보여주고 있음)

해답 ① 구조의 명칭 : 자물쇠식 죄임구조
② ⅡB : 내압방폭전기기기의 폭발등급(최대안전틈새 범위 0.5 mm 초과 0.9 mm 미만)

문제 **4**

매설된 도시가스 배관의 전기방식 중 희생양극법 및 외부전원법의 경우 전위측정용 터미널 (TB) 설치 간격은 얼마인가?

해답 ① 희생양극법 : 300 m 이내
② 외부전원법 : 500 m 이내

문제 **5**

도시가스 배관을 지하에 매설하는 경우 지면에서 매설위치를 확인하는 것에 대한 물음에 답하시오.

(1) 도로 및 공동주택 부지 안 도로에 도시가스 배관을 매설할 때 설치하는 것의 명칭을 쓰시오.

(2) 직선배관일 때 설치간격 기준에 대하여 쓰시오.

해답 (1) 라인마크(line-mark)
(2) 배관길이 50 m마다 1개 이상 설치한다.

문제 **6**

LPG 탱크로리 정차 위치에 설치된 냉각살수장치는 저장탱크 표면적 1 m^{2}당 물분무능력은 얼마인가?

해답 5 L/min 이상

문제 **7**

액화석유가스의 저장설비, 가스설비실, 용기보관실 등에 설치된 자연환기설비의 환기구의 통풍가능면적 합계 기준에 대하여 쓰시오.

해답 바닥면적 1 m^{2}마다 300 cm^{2}의 비율로 계산한 면적 이상으로 한다.

문제 8

가스용 폴리에틸렌관(PE관)의 맞대기 융착이음은 공칭외경이 최소 몇 mm일 때 적용가능한가?

해답 90

문제 9

공정에 존재하는 위험요소들과 공정의 효율을 떨어뜨릴 수 있는 운전상의 문제점을 찾아내어 그 원인을 제거하는 위험성 평가기법의 명칭을 쓰시오.

해답 위험과 운전 분석(HAZOP) 기법

문제 10

도시가스 사용시설에서 호스가 파손되는 것 등에 의해 가스가 누출할 때의 이상 과다 유량을 감지하여 가스유로를 차단하는 것의 명칭을 쓰시오.

해답 퓨즈콕

해설 과류차단 안전기구 : 표시유량 이상의 가스량이 통과되었을 경우 가스유로를 차단하는 장치

제2회 ● 가스산업기사 동영상

문제 1

다음과 같이 횡으로 설치된 도시가스 배관의 호칭지름이 150 A일 때 고정장치의 최대지지 간격은 얼마인가?

해답 10 m

해설 교량 및 횡으로 설치하는 가스배관의 호칭지름별 최대지지간격

호칭지름	지지간격
100 A	8 m
150 A	10 m
200 A	12 m
300 A	16 m
400 A	19 m
500 A	22 m
600 A	25 m

문제 2

가연성가스 고압가스 설비에서 설치하는 벤트 스택에 대한 물음에 답하시오.

(1) 이 설비의 방출구 위치는 작업원이 정상작 업을 하는 장소 및 항시 통행하는 장소로부 터 얼마 이상 떨어져 설치하는가?

(2) 착지농도 기준으로 이 설비의 높이는 얼마 인가?

해답 (1) ① 긴급용 벤트스택 : 10 m 이상

② 그 밖의 벤트스택 : 5 m 이상

(2) 폭발하한계값 미만

문제 3

충전용기 밸브의 안전밸브 종류를 쓰시오.

해답 가용전식

해설 제시되는 동영상 밸브에서 캡 부분 배출구멍 이 막혀 있어 가용전식으로 판단한 것이며, 파열 판식과 가용전식 안전밸브의 구별은 2018년 1회 산업기사 동영상 8번 해설을 참고하기 바랍니다.

문제 **4**

LPG용 차량에 고정된 탱크 정차 위치에 설치된 장치에 대한 물음에 답하시오.

(1) 지시하는 부분의 명칭을 쓰시오.
(2) 저장탱크 표면적 1 m²당 물분무능력은 얼마인가?

해답 (1) 냉각살수장치 (2) 5 L/min 이상

문제 **5**

도시가스 매설배관 표지판에 대한 물음에 답하시오.

(1) 표지판 설치간격은 얼마인가?
(2) 표지판 재질에 대하여 쓰시오.

해답 (1) 200 m 이내
    (2) 일반 구조용 압연강재(KS D 3503)

해설 매설배관 표지판 설치간격
① 가스도매사업자 배관 : 500 m 이내
② 일반도시가스 사업자 배관 : 200 m 이내
③ 고압가스 배관 : 지하에 설치된 배관은 500 m 이하, 지상에 설치된 배관은 1000 m 이하의 간격

문제 **6**

LNG의 주성분인 메탄(CH_4)의 임계압력 및 임계온도는 각각 얼마인가?

해답 ① 임계압력 : 45.8 atm
    ② 임계온도 : -82.1℃

문제 **7**

파일럿 버너 또는 메인 버너의 불꽃이 꺼지거나 연소기구 사용 중에 가스 공급이 중단 또는 불꽃 검지부에 고장이 생겼을 때 자동으로 가스 밸브를 닫히게 하여 불이 꺼졌을 때 가스가 유출되는 것을 방지하는 안전장치로 종류에는 열전대식, UV-cell 방식 등이 있다. 이 장치의 명칭을 쓰시오.

해답 소화안전장치

문제 8

액화천연가스의 저장설비와 처리설비는 그 외면으로부터 사업소경계까지 유지하여야 하는 최소거리는 얼마인가?

해답 50 m

해설 사업소 경계와의 거리 : 액화천연가스(기화된 천연가스 포함한다)의 저장설비와 처리설비(1일 처리능력 52500 m^3 이하인 펌프, 압축기, 응축기 및 기화장치는 제외한다)는 그 외면으로부터 사업소 경계까지 다음 계산식에서 얻은 거리(그 거리가 50 m 미만의 경우에는 50 m) 이상을 유지한다.

$$L = C \times \sqrt[3]{143000\,W}$$

여기서, L : 유지하여야 하는 거리(m)

C : 저압 지하식 저장탱크는 0.240, 그 밖의 가스저장설비 및 처리설비는 0.576

W : 저장탱크는 저장능력(톤)의 제곱근, 그 밖의 것은 그 시설 안의 액화천연가스의 질량(톤)

문제 9

전기 방식법 중 외부전원법의 장점 3가지를 쓰시오.

해답 ① 효과 범위가 넓다.
② 평상시의 관리가 용이하다.
③ 전압, 전류의 조성이 일정하다.
④ 전식에 대해서도 방식이 가능하다.
⑤ 장거리 배관에는 전원 장치 수가 적어도 된다.

해설 외부전원법의 단점
① 초기 설비비가 많이 소요된다.
② 과방식의 우려가 있다.
③ 전원을 필요로 한다.
④ 다른 매설 금속체로의 장해에 대해 검토가 필요하다.

문제 10

탱크 내부의 폭발 모습으로 방폭전기기기의 용기 내부에서 가연성가스의 폭발이 발생할 경우 그 용기가 폭발압력에 견디고 접합면, 개구부 등을 통하여 외부의 가연성가스에 인화되지 아니하도록 한 구조의 방폭구조 명칭과 기호를 쓰시오.

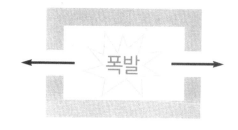

해답 ① 명칭 : 내압(耐壓)방폭구조   ② 기호 : d

제4회 ○ 가스산업기사 동영상

문제 1

방폭전기기기에 대한 [보기]의 설명과 제시되는 그림을 보고 방폭구조의 명칭과 기호를 각각 쓰시오.

> **보기**
> 용기 내부에 보호가스(신선한 공기 또는 불활성가스)를 압입하여 내부압력을 유지함으로써 가연성 가스가 용기 내부로 유입되지 않도록 한 구조이다.

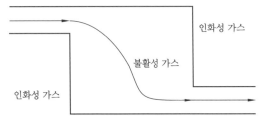

해답 ① 명칭 : 압력방폭구조
② 기호 : p

문제 2

도시가스 배관을 지하에 매설한 후 다음과 같은 전기방식법을 시공하였을 때 터미널 박스 설치간격은 얼마인가?

해답 300 m 이내

문제 3

도시가스를 사용하는 연소기구에서 1차 공기량이 부족할 경우, 연소반응이 충분한 속도로 진행되지 않을 때 불꽃의 끝이 적황색으로 되어 연소하는 현상을 무엇이라 하는가? [동영상에서 공기조절장치의 공기량을 줄이면서 불꽃이 적황색으로 변화하는 과정을 보여줌]

해답 옐로 팁[yellow tip] (또는 황염[黃炎])

문제 4

도시가스 배관을 지하에 매설하는 공정에 대한 물음에 답하시오.

(1) 도시가스 배관과 상수도관 등 다른 시설물과 이격거리는 얼마인가?
(2) 도시가스 배관 매설 시 보호판을 설치하는 이유 2가지를 쓰시오.

(1)　　　　　　　　　(2)

해답 (1) 0.3 m 이상
(2) ① 규정된 매설깊이를 확보하지 못했을 경우
② 배관을 도로 밑에 매설하는 경우
③ 중압 이상의 배관을 매설하는 경우

문제 5

LNG의 주성분인 기체상태의 CH₄에 대한 물음에 답하시오. (단, 소수점 셋째 자리까지 구하시오.)

(1) 밀도는 얼마인가?
(2) 비중은 얼마인가?

해답 (1) $\rho = \dfrac{\text{분자량}}{22.4} = \dfrac{16}{22.4} = 0.714\,\text{kg/m}^3$

(2) $s = \dfrac{\text{분자량}}{29} = \dfrac{16}{29} = 0.551$

문제 6

공업용 용기에 충전하는 가스 명칭을 쓰시오.

(1)

(2)

(3)

(4)

해답 (1) 아세틸렌 (C₂H₂)
(2) 산소 (O₂)
(3) 이산화탄소 (CO₂)
(4) 수소 (H₂)

문제 7

다음은 LPG 자동차 충전소의 폭발사고 모습으로 LPG가 누설되어 가연성액체 저장탱크 주변에서 화재가 발생하여 기상부의 탱크가 국부적으로 가열되면 그 부분이 강도가 약해져 탱크가 파열된다. 이때 내부의 액화가스가 급격히 유출 팽창되어 화구(fire ball)를 형성하여 폭발하는 형태를 무엇이라 하는지 영문 약자로 쓰시오.

해답 BLEVE

문제 **8**

도시가스 정압기실에서 정압기 전단 및 후단에 설치되는 안전장치의 명칭을 쓰시오.

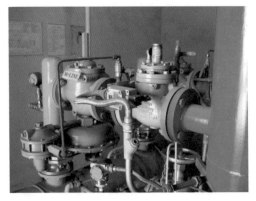

해답 ① 전단 : 긴급차단장치
　　 ② 후단 : 정압기 안전밸브

문제 **9**

맞대기 융착이음을 하는 가스용 폴리에틸렌 관의 두께가 20 mm일 때 비드 폭의 최소치($B_{\min}$)와 최대치($B_{\max}$)를 각각 계산하시오.

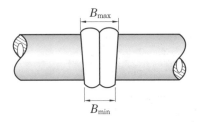

풀이 ① $B_{\min} = 3 + 0.5t = 3 + 0.5 \times 20 = 13$ mm
　　 ② $B_{\max} = 5 + 0.75t = 5 + 0.75 \times 20 = 20$ mm
해답 ① 최소치 : 13 mm
　　 ② 최대치 : 20 mm

문제 **10**

LPG 충전용기에 부착되는 밸브 내부에 설치되는 안전장치의 명칭을 쓰시오.

해답 스프링식 안전밸브
해설 실제시험에서는 LPG용기 내부에 부착되는 안전장치로 질문하였음

2020년도 가스산업기사 모의고사

문제 1

공업용 용기에 충전하는 가스 명칭을 쓰시오.

(1)

(2)

(3)

(4)

해답 (1) 아세틸렌 (C_2H_2)
(2) 산소 (O_2)
(3) 이산화탄소 (CO_2)
(4) 수소 (H_2)

문제 2

아세틸렌 충전용기에 각인된 "TW"에 대하여 설명하시오.

해답 아세틸렌 용기 질량에 다공물질, 용제 및 밸브의 질량을 합한 질량(kg)

문제 3

충전용기 밸브의 안전밸브 종류를 쓰시오.

해답 가용전식

해설 제시되는 동영상 밸브에서 캡 부분 배출구멍이 막혀 있어 가용전식으로 판단한 것이며, 파열판식과 가용전식 안전밸브의 구별은 2018년 1회 산업기사 동영상 8번 해설을 참고하기 바랍니다.

--- 문제 **4**

지하에 매설된 도시가스 배관을 전기방식 조치를 하기 위하여 설치된 정류기로 이 전기방식법의 전위측정용 터미널 설치간격은 얼마인가?

해답 500 m 이내

--- 문제 **5**

다기능 가스 안전계량기의 작동 성능 4가지를 쓰시오. (단, 유량 계량 성능은 제외한다.)

해답 ① 합계유량 차단 성능
② 증가유량 차단 성능
③ 연속사용시간 차단 성능
④ 미소사용유량 등록 성능
⑤ 미소누출검지 성능
⑥ 압력저하 차단 성능

--- 문제 **6**

실내에 설치된 기화장치에 대한 물음에 답하시오.

(1) 액체 상태로 열교환기 밖으로 유출을 방지하는 장치의 명칭을 쓰시오.
(2) 실내로 액체가 유출 시 발생할 수 있는 문제점 2가지를 쓰시오.

해답 (1) 액유출방지장치
(2) ① 인화, 폭발의 위험
② 산소 부족으로 인한 질식
③ 피부 노출 시 저온으로 인한 동상

--- 문제 **7**

보여주는 장미는 LNG(비점 −162℃)에 넣었다 빼낸 것으로 꽃잎이 쉽게 부스러진다. 100 % CH_4를 Cl_2와 반응시키면 HCl과 냉매로 사용되는 물질이 생성되는데 이 물질의 명칭은 무엇인가?

해답 염화메틸(CH_3Cl) (또는 염화메탄)

문제 8

도시가스 배관의 용접부에 비파괴 검사를 하는 것으로 이 검사법의 명칭을 영문약자로 쓰시오.

해답 RT

해설 비파괴검사법 영문 약자
① 침투탐상검사 : PT
② 자분탐상검사 : MT
③ 초음파탐상검사 : UT
④ 방사선투과검사 : RT

문제 9

가스용 폴리에틸렌관 (PE관)을 맞대기 융착이음 할 때 최소 공칭외경은 얼마인가?

해답 90 mm

문제 10

액화석유가스의 저장설비, 가스설비실, 용기보관실 등에 설치된 자연환기설비의 환기구의 통풍가능면적 합계 기준에 대하여 쓰시오.

해답 바닥면적 $1\,m^2$마다 $300\,cm^2$의 비율로 계산한 면적 이상으로 한다.

제2회 **○ 가스산업기사 동영상**

문제 **1**

가스용 폴리에틸렌관(PE관)을 지하에 매설할 때 사용하는 이 설비의 명칭을 쓰시오.

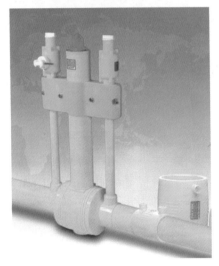

해답 가스용 PE밸브

문제 **2**

지시하는 것은 LPG저장시설에 설치된 기기이다. 각각의 명칭을 쓰시오.

해답 (1) 체크밸브
(2) 긴급차단장치

문제 **3**

자석의 S극과 N극을 이용하여 검사하는 비파괴검사의 명칭은 무엇인가?

해답 자분탐상검사(MT)

문제 **4**

다음 공업용 용기에 충전하는 가스 명칭을 쓰시오.

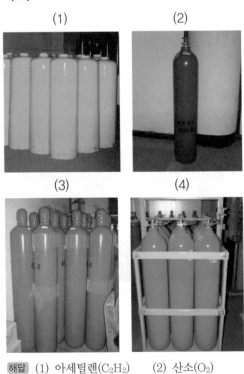

해답 (1) 아세틸렌(C_2H_2)　(2) 산소(O_2)
(3) 이산화탄소(CO_2)　(4) 수소(H_2)

문제 5

가스용 폴리에틸렌관의 열융착이음의 종류 3가지를 쓰시오.

해답 ① 맞대기 융착이음
　　② 소켓 융착이음
　　③ 새들 융착이음

문제 6

액화산소 저장탱크가 설치된 곳에 방류둑을 설치하여야 할 때 저장능력과 방류둑 용량은 얼마인가?

해답 ① 저장능력 : 1000톤 이상
　　② 방류둑 용량 : 저장탱크 저장능력 상당용적의
　　　60 % 이상

문제 7

고압가스를 충전하는 용기에 대한 물음에 답하시오.

(1) "A" 충전용기는 충전 후 15℃에서 압력이 얼마로 될 때까지 정치하여야 하는가?
(2) "B" 충전용기는 충전하는 가스의 품질검사 순도는 얼마인가?

　　　　"A" 용기　　　　　　　"B" 용기

해답 (1) 1.5 MPa 이하
　　(2) 98.5 % 이상

문제 8

도로 및 공동주택 등의 부지 안 도로에 도시가스 배관을 매설하는 경우에 배관길이 50 m 마다 1개 이상 설치하여 배관이 매설되었다는 것을 표시하는 것의 명칭을 쓰시오.

해답 라인마크

문제 **9**

LPG를 이입, 충전할 때 사용하는 압축기에서 정전기를 제거하기 위한 방법 중 지시하는 것은 어떤 방법에 해당되는가?

해답 대상물을 접지한다.

문제 **10**

주거용 가스보일러와 연통을 접합하는 방법 2가지를 쓰시오.

해답 ① 나사식
② 플랜지식
③ 리브식

해설 KGS GC208(주거용 가스보일러 설치기준) : 가스보일러는 방, 거실, 그 밖에 사람이 거처하는 곳과 목욕탕, 샤워장, 베란다 그 밖에 환기가 잘 되지 않아 가스보일러의 배기가스가 누출되는 경우 사람이 질식할 우려가 있는 곳에 설치하지 아니한다. 다만, 밀폐식 가스보일러로서 다음 중 어느 하나의 조치를 한 경우에는 설치할 수 있다.

① 가스보일러와 연통의 접합은 나사식, 플랜지식 또는 리브식으로 하고, 연통과 연통의 접합은 나사식, 플랜지식, 클램프식, 연통일체형 밴드조임식 또는 리브식 등으로 하여 연통이 이탈되지 아니하도록 설치하는 경우

② 막을 수 없는 구조의 환기구가 외기와 직접 통하도록 설치되어 있고, 그 환기구의 크기가 바닥면적 $1\,m^3$ 마다 $300\,cm^2$의 비율로 계산한 면적(철망 등을 부착할 때는 철망이 차지하는 면적을 뺀 면적으로 한다) 이상인 곳에 설치하는 경우

③ 실내에서 사용 가능한 전이중급배기통(coaxial flue pipe)을 설치하는 경우

제3회 ◦ **가스산업기사 동영상**

문제 1

도시가스 사용시설 배관에 대한 물음에 답하시오.

(1) 배관 이음부와 절연조치를 하지 않은 전선과의 유지거리는 얼마인가?

(2) 가스계량기와 절연조치를 하지 않은 전선과의 유지거리는 얼마인가?

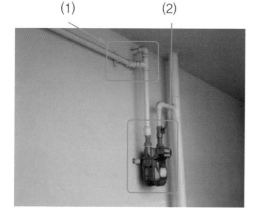

(1)   (2)

해답 (1) 15 cm 이상
        (2) 15 cm 이상

문제 2

용기 내의 온도가 설정온도 이상이 되면 안전장치가 녹아 가스를 외부로 배출시키는 기능을 하는 것으로 염소, 아세틸렌 용기에 부착하는 안전밸브 종류를 쓰시오.

해답 가용전식

문제 3

매설된 도시가스 배관의 전기방식 중 희생양극법 및 외부전원법의 경우 전위측정용 터미널(TB)의 설치간격은 몇 m 이내인가?

해답 ① 희생양극법 : 300 m 이내
        ② 외부전원법 : 500 m 이내

문제 4

액화천연가스(LNG)를 이용한 실험장면에서 -161라는 숫자가 의미하는 것은 무엇인가?
[제시되는 동영상에서 2중 진공보온병에 담긴 LNG에 디지털 온도계로 온도를 측정하며 온도계에 "-161"이라는 숫자가 표시됨]

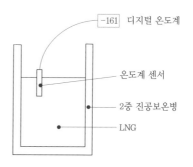

-161 디지털 온도계

온도계 센서

2중 진공보온병

LNG

해답 액화천연가스(LNG)의 주성분인 메탄(CH_4)의 비점이 −161℃라는 것

가스산업기사 동영상

문제 5

LPG용 차량에 고정된 탱크 정차 위치에 설치된 장치에 대한 물음에 답하시오.

(1) 지시하는 부분의 명칭을 쓰시오.
(2) 저장탱크 표면적 1 m²당 물분무능력은 얼마인가?

해답 (1) 냉각살수장치
　　 (2) 5 L/min 이상

문제 6

동영상에서 사용된 방폭구조의 명칭 2가지를 쓰고 설명하시오. (동영상에서 "Ex d ib ⅡB T6"가 각인된 방폭전기기기의 명판을 보여주고 있음)

해답 ① 내압방폭구조 : 방폭전기기기의 용기 내부에서 가연성 가스의 폭발이 발생한 경우

그 용기가 폭발압력에 견디고 접합면, 개구부 등을 통하여 외부의 가연성 가스에 인화되지 아니하도록 한 구조이다.

② 본질안전방폭구조 : 정상 시 및 사고(단선, 단락, 지락 등) 시에 발생하는 전기불꽃, 아크 또는 고온부에 의하여 가연성 가스가 점화되지 아니하는 것이 점화시험, 기타 방법 등에 의하여 확인된 구조이다.

해설 방폭전기기기의 구조에 따른 기호
　　 ① 내압방폭구조 : d
　　 ② 유입방폭구조 : o
　　 ③ 압력방폭구조 : p
　　 ④ 안전증 방폭구조 : e
　　 ⑤ 본질안전방폭구조 : ia, ib
　　 ⑥ 특수방폭구조 : s

[참고] 방폭구조의 종류에 대한 설명은 교재 203쪽 내용을 참고하기 바랍니다.

문제 7

아세틸렌 충전작업에 대한 물음에 답하시오.

(1) 2.5 MPa 압력으로 압축하는 때에 첨가하는 희석제 종류 2가지를 쓰시오.
(2) 용기에 충전하는 때에 미리 용기에 침윤시키는 것 2가지를 쓰시오.

해답 (1) ① 질소
　　　 ② 메탄
　　　 ③ 일산화탄소
　　　 ④ 에틸렌
　　 (2) ① 아세톤
　　　 ② 디메틸포름아미드

문제 **8**

제시되는 정압기의 2차 압력이 상승 시 작동상태를 설명하시오.

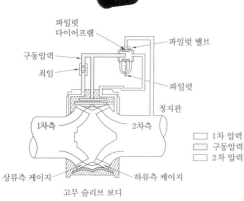

해답 2차측 압력이 상승하면 파일럿 다이어프램이 아래쪽으로 밀려 내려와 파일럿 밸브가 닫히게 된다. 그러면 1차 압력이 고무슬리브와 보디 사이에 도입되어 이 때문에 고무 슬리브 상류측과의 차압이 없어져 고무 슬리브는 수축하여 게이지에 밀착한다. 이로 인하여 고무 슬리브는 하류측에 있어서 1차 압력과 2차 압력의 차압을 받아 가스를 완전히 차단한다.

해설 2차 압력이 저하할 때 작동상태 : 2차 압력이 저하하면 파일럿 스프링이 작동하여 파일럿 다이어프램을 위쪽으로 밀어 올린다. 이에 의하여 파일럿 밸브가 열리면서 작동압력은 2차측으로 빠져나간다. 이때 1차측에서 가스가 흘러들어오나 조리개로 제한되어 있으므로 작동압력이 저하하기 때문에 고무 슬리브 내외에 압력차가 생겨서 고무 슬리브가 바깥쪽으로 확장되어 가스가 흐른다.

문제 **9**

LPG 저장설비 및 가스설비실의 통풍구조에 대한 물음에 답하시오.

(1) 환기구의 통풍가능면적 합계는 바닥면적 1 m² 당 얼마인가?

(2) 환기구 1개의 면적은 얼마인가?

해답 (1) 300 cm² 이상

(2) 2400 cm² 이하

구분	연소성	분자량
아세틸렌(C_2H_2)	가연성	26
산소(O_2)	조연성	32
이산화탄소(CO_2)	불연성	44
수소(H_2)	가연성	2

※ 공기의 평균분자량 29보다 큰 가스가 공기보다 무거워 누설 시 바닥에 체류한다.

※ 코로나19로 인하여 제3회 가스산업기사 실기시험은 추가로 시행되었습니다.

문제 **10**

동영상에서 제시되는 용기에 대한 물음에 답하시오.

(1) 가연성 가스가 충전되는 용기를 기호로 모두 적으시오.
(2) "D" 용기에 충전하는 가스의 임계온도 및 임계압력(MPa)은 얼마인가?
(3) 용기에 가스를 충전할 때 압축기와 충전용 지관 사이에 수취기를 설치하는 것은 어느 것인지 기호로 쓰시오.
(4) 누설 시 바닥에 체류하는 가스가 충전되는 용기를 기호로 모두 적으시오.

"A"   "B"

"C"   "D"

해답 (1) A, D
　　 (2) ① 임계온도 : −239.9℃
　　　　　 ② 임계압력 : 1.28 MPa
　　 (3) B
　　 (4) B, C

해설 ① 각 용기에 충전되는 가스 명칭
"A" 용기 : 아세틸렌(C_2H_2), "B" 용기 : 산소(O_2)
"C" 용기 : 이산화탄소(CO_2), "D" 용기 : 수소(H_2)
② 각 가스의 연소성 및 분자량

제4회 ○ **가스산업기사 동영상**

문제 1

제시해 주는 용기에 대한 물음에 답하시오.

(1) 용기 명칭을 쓰시오. (단, 제조방법에 의한 명칭, 충전하는 가스에 의한 명칭은 제외한다.)

(2) 일반 가정용으로 사용하는 용기와 비교해서 특징을 설명하시오.

해답 (1) 사이펀 용기

(2) 원칙적으로 기화장치가 설치되어 있는 시설에서만 사용이 가능하며, 기화장치가 고장 등에 의하여 액화석유가스를 공급하지 못하는 경우 회색 핸들의 기체용 밸브를 개방하여 기체를 일시적으로 공급할 수 있다.

해설 동영상에서 제시되는 용기는 그림과 같이 길이방향으로 절반 정도 절개하여 내부에 손가락 정도의 굵기를 갖는 작은 배관이 적색핸들의 용기밸브부터 용기 아랫부분까지 이어져 내려온 것을 보여주고 있음

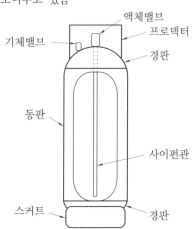

문제 2

방폭전기기기 명판에 표시된 'Ex d ib ⅡB T6'에서 방폭구조 2가지 명칭을 쓰시오.

해답 ① d : 내압방폭구조
② ib : 본질안전방폭구조

문제 3

고압가스설비에 설치된 압력계는 상용압력의 (①)배 이상 (②)배 이하의 최고눈금이 있는 것이어야 하며, 사업소에는 국가표준기본법에 의한 교정을 받은 표준이 되는 압력계를 2개 이상 비치하여야 한다. ( ) 안에 알맞은 내용을 쓰시오.

해답 ① 1.5
② 2

문제 **4**

LPG를 이입, 충전할 때 사용하는 압축기에서 정전기를 제거하기 위한 방법 중 지시하는 것은 어떤 방법에 해당되는가?

해답 대상물을 접지한다.

문제 **5**

고압가스 제조설비가 누출된 가스가 체류할 우려가 있는 장소에 설치될 때 바닥면 둘레가 55 m이면 가스누출 검지경보장치의 검출부 설치 수는 몇 개인가?

해답 3개

해설 고압가스 제조시설 검지부 설치 수

① 건축물 안에 고압가스 설비가 설치되는 경우 : 바닥면 둘레 10 m에 대하여 1개 이상의 비율
② 건축물 밖에 고압가스 설비가 설치되는 경우 : 바닥면 둘레 20 m마다 1개 이상의 비율
③ 특수반응설비가 설치된 장소 : 바닥면 둘레 10 m 마다 1개 이상의 비율
④ 가열로 등 발화원이 있는 장소 : 바닥면 둘레 20 m마다 1개 이상의 비율

문제 **6**

액화산소 저장탱크에 대한 물음에 답하시오.
(1) 방류둑을 설치하여야 할 저장능력은 얼마인가?
(2) 방류둑 용량은 저장탱크 저장능력 상당용적의 얼마인가?

해답 (1) 1000톤 이상
(2) 60 % 이상

문제 7

막식 가스미터에 표시된 내용을 설명하시오.

(1) MAX 3.1 m³/h :

(2) 0.7 L/rev :

해답 (1) 사용 최대유량이 시간당 3.1 m³이다.

(2) 계량실 1주기 체적이 0.7 L이다.

문제 8

LPG 자동차 충전소 충전기(dispenser)에 대한 물음에 답하시오.

(1) 충전호스 끝부분에 설치되는 장치는 무엇인가?

(2) 충전호스에 과도한 인장력이 작용하였을 때 분리되는 안전장치의 명칭은 무엇인가?

해답 (1) 정전기 제거장치

(2) 세이프티 커플링(safety coupling)

문제 9

고정식 압축도시가스 자동차 충전소의 시설 기준에 대한 물음에 답하시오.

(1) 압축가스설비 외면으로부터 사업소 경계까지 안전거리는 얼마인가?(단, 압축가스설비의 주위에 철근콘크리트제 방호벽이 설치되어 있다.)

(2) 처리설비, 압축가스설비로부터 몇 m 이내에 보호시설이 있는 경우 방호벽을 설치하여야 하는가?

(3) 충전설비는 도로의 경계와 유지하여야 할 거리는 얼마인가?

(4) 처리설비, 압축가스설비 및 충전설비는 철도까지 유지하여야 할 거리는 얼마인가?

해답 (1) 5 m 이상

(2) 30 m 이내

(3) 5 m 이상

(4) 30 m 이상

----- 문제 **10**

LPG 자동차용 충전기 보호대에 대한 물음에 답하시오.

(1) 탄소강관 외에 보호대로 사용할 수 있는 것을 쓰시오.

(2) 보호대 높이는 얼마인가?

해답 (1) 두께 12 cm 이상의 철근콘크리트
　　　(2) 80 cm 이상

해설 LPG 자동차 고정충전설비(충전기)

(1) 보호대 〈개정, 신설 19. 8. 14〉
　① 두께 12 cm 이상의 철근콘크리트
　② 호칭지름 100 A 이상의 KS D 3507(배관용 탄소강관) 또는 이와 동등 이상의 기계적 강도를 가진 강관
　③ 높이는 80 cm 이상으로 한다.
　④ 차량의 충돌로부터 충전기를 보호할 수 있는 형태로 한다. 다만, 말뚝형태일 경우 말뚝은 2개 이상 설치하고, 간격은 1.5 m 이하로 한다.

(2) 보호대 기초 〈개정 19. 8. 14〉
　① 철근콘크리트제 보호대는 콘크리트기초에 25 cm 이상의 깊이로 묻고, 바닥과 일체가 되도록 콘크리트를 타설한다.
　② 강관제 보호대는 기초에 묻거나 앵커볼트를 사용하여 고정한다.

(3) 보호대 외면에는 야간식별이 가능하도록 야광 페인트로 도색하거나 야광 테이프 또는 반사지 등으로 표시한다.

※코로나19로 인하여 시행된 수시검정 제5회는 정기검정 제4회와 함께 시행되었습니다.

2021년도 가스산업기사 모의고사

제1회 ○ 가스산업기사 동영상

문제 1

가스용 폴리에틸렌관의 열융착이음의 종류 3가지를 쓰시오.

해답 ① 맞대기 융착이음
② 소켓 융착이음
③ 새들 융착이음

문제 2

초저온 용기에 충전하는 가스의 최고온도는 얼마인가?

해답 −50℃

문제 3

[보기]에서 설명하는 방폭구조의 명칭을 쓰시오.

보기

방폭전기기기 용기 내부에 절연유를 주입하여 불꽃, 아크 또는 고온발생 부분이 기름 속에 잠기게 함으로써 기름면 위에 존재하는 가연성가스에 인화되지 아니하도록 한 구조로 탄광에서 처음으로 사용하였다.

해답 유입방폭구조

문제 4

액화가스 저장탱크가 설치된 장소의 방류둑 단면으로 지시하는 것의 기능과 이것이 평상시에 닫혀 있는지, 열려 있는지 쓰시오.

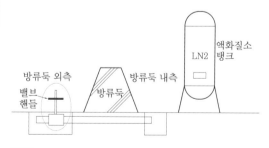

해답 ① 기능 : 방류둑 안에 고인 물을 외부로 배출할 수 있는 배수밸브
② 평상시 상태 : 닫혀 있어야 한다.

문제 **5**

주거용 가스보일러 설치기준에 대한 내용 중 ( ) 안에 알맞은 용어를 쓰시오.

⑴ 배기통 및 연돌의 터미널에는 새, 쥐 등 직경 ( ) mm 이상인 물체가 통과할 수 없는 방조망을 설치한다.

⑵ 전용 보일러실에는 대기압보다 낮은 압력인 음압 형성의 원인이 되는 ( )을 설치하지 않는다.

⑶ 가스보일러는 ( )에 설치하지 아니한다.

⑷ ⑶번의 조건에도 불구하고 가스보일러를 설치할 수 있는 경우를 쓰시오.

해답 ⑴ 16

⑵ 환기팬

⑶ 지하실 또는 반지하실

⑷ 밀폐식 가스보일러 및 급배기 시설을 갖춘 전용보일러실에 설치하는 반밀폐식 가스보일러의 경우

문제 **6**

도로폭이 20 m인 곳에 도시가스 배관을 매설할 때 매설깊이는 얼마인가?

해답 1.2 m 이상

해설 도시가스 배관 매설깊이 기준

① 공동주택 등의 부지 내 : 0.6 m 이상

② 폭 8 m 이상의 도로 : 1.2 m 이상

③ 폭 4 m 이상 8 m 미만의 도로 : 1 m 이상

④ ① 내지 ③에 해당되지 않는 곳 : 0.8 m 이상

문제 **7**

LPG 충전사업소에서 지하에 설치된 저장탱크 저장능력이 30톤일 경우 사업소 경계와의 거리는 얼마인가?

해답 21 m 이상

해설 ① 저장능력별 사업소 경계와의 유지거리 기준은 동영상 예상문제 68번 해설을 참고하기 바랍니다.

② 저장설비를 지하에 설치하였을 경우 저장능력별 사업소 경계와의 유지거리에 0.7을 곱한 거리 이상을 유지하여야 하는 기준을 적용합니다.

문제 8

다음과 같이 횡으로 설치된 도시가스 배관의 호칭지름이 150 A일 때 고정장치의 최대지지 간격은 얼마인가?

해답 10 m

해설 교량 및 횡으로 설치하는 가스배관의 호칭지 름별 최대지지간격

호칭지름	지지간격	호칭지름	지지간격
100 A	8 m	400 A	19 m
150 A	10 m	500 A	22 m
200 A	12 m	600 A	25 m
300 A	16 m		

문제 9

지상에 설치된 LPG 저장탱크 지름이 "A"가 30 m, "B"가 34 m일 때 저장탱크 상호간 유지 하여야 할 최소 안전거리는 몇 m인가? (단, 저 장탱크에 물분무장치가 설치되지 않은 경우이다.)

풀이 두 저장탱크 최대지름을 합산한 길이의 4분의 1 이상에 해당하는 거리(4분의 1이 1 m 미만인 경우 1 m 이상의 거리)를 유지한다.

$$\therefore \ L = \frac{D_A + D_B}{4} = \frac{30 + 34}{4} = 16\,\mathrm{m}$$

해답 16 m

문제 10

산소가 충전된 용기에 각인된 기호 및 숫자를 보고 물음에 답하시오.

(1) 내압시험압력($\mathrm{kg/cm^2}$)은 얼마인가?
(2) 최고충전압력($\mathrm{kg/cm^2}$)은 얼마인가?

해답 (1) 250
　　　(2) 150

해설 문제에서 압력의 단위가 $\mathrm{kg/cm^2}$으로 제시되었 으므로 답란에 단위를 작성하지 않는 경우 또는 $\mathrm{kgf/cm^2}$으로 작성해도 득점에는 영향이 없음

제2회 ○ **가스산업기사 동영상**

문제 1

그림과 같은 구조를 갖는 내압방폭구조를 설명하시오.

점화원 → 폭발

[해답] 방폭전기기기의 용기 내부에서 가연성가스의 폭발이 발생할 경우 그 용기가 폭발압력에 견디고 접합면, 개구부 등을 통해 외부의 가연성가스에 인화되지 않도록 한 구조를 말한다.

문제 2

매설된 도시가스 배관의 전기방식법 중 외부전원법에 대하여 설명하시오.

[해답] 외부 직류전원장치의 양극(+)은 매설배관이 설치되어 있는 토양이나 수중에 설치한 외부전원용 전극에 접속하고, 음극(−)은 매설배관에 접속시켜 부식을 방지하는 방법이다.

문제 3

액화천연가스 시설에서 내진설계 대상에서 제외되는 경우 2가지를 쓰시오.

[해답] ① 저장능력이 3톤(압축가스의 경우 300 m³) 미만인 저장탱크 또는 가스홀더
② 지하에 설치되는 시설
③ 건축법령에 따라 내진설계를 하여야 하는 것으로서 같은 법령이 정하는 바에 따라 내진설계를 한 시설

문제 4

도시가스 정압기 설계유량이 1000 Nm³/h 미만일 때 물음에 답하시오.

(1) 안전밸브 방출관 크기는 얼마인가?
(2) 상용압력이 2.5 kPa인 경우 안전밸브 설정압력은 얼마인가?

해답 (1) 25 A 이상 (2) 4.0 kPa 이하

해설 1. 정압기 안전밸브 분출부(방출관) 크기 기준
　(1) 정압기 입구측 압력이 0.5 MPa 이상 : 50 A
　　이상
　(2) 정압기 입구측 압력이 0.5 MPa 미만
　　① 정압기 설계유량이 1000 Nm³/h 이상 :
　　　50 A 이상
　　② 정압기 설계유량이 1000 Nm³/h 미만 :
　　　25 A 이상
　2. 정압기 안전장치 설정압력 기준 : 상용압력이
　　2.5 kPa인 경우

구분		설정압력
이상압력 통보설비	상한값	3.2 kPa 이하
	하한값	1.2 kPa 이상
주 정압기에 설치되는 긴급차단장치		3.6 kPa 이하
안전밸브		4.0 kPa 이하
예비 정압기에 설치되는 긴급차단장치		4.4 kPa 이하

문제 5

초저온 용기에 충전하는 가스의 최고온도는 얼마인가?

해답 -50℃

문제 6

다음과 같이 금속재료에 대하여 실시하는 시험 명칭과 목적을 쓰시오. [제시되는 동영상에서 금속재료(둥근 원형의 쇠막대기) 시험편에 충격적인 힘을 가하여 파괴되는 시험과정을 보여주고 있음]

해답 ① 시험 명칭 : 충격시험
　② 시험 목적 : 금속재료의 인성과 취성을 확인

문제 7

정압기실에 설치되는 가스누출검지 통보장치의 검지부에 대한 물음에 답하시오.

(1) 검지부 설치 수 기준을 쓰시오.
(2) 작동상황 점검 주기는 얼마인가?

해답 (1) 정압기실 바닥면 둘레 20 m에 대하여 1개 이상
　(2) 1주일에 1회 이상

문제 8

가스용 폴리에틸렌관(PE관)을 맞대기 융착이음할 때 이음부 연결오차는 배관두께의 얼마인가?

해답 10% 이하

문제 9

고압가스설비에 설치하는 압력계에 대한 기준 중 ( ) 안에 알맞은 내용을 쓰시오.

(1) 고압가스설비에 설치하는 압력계는 상용압력의 (①)배 이상 (②)배 이하의 최고눈금이 있는 것으로 한다.
(2) 충전용 주관의 압력계는 (①) 이상, 그 밖의 압력계는 (②) 이상 표준이 되는 압력계로 그 기능을 검사한다.

해답 (1) ① 1.5 ② 2
　　 (2) ① 매월 1회
　　　　 ② 3월에 1회

문제 10

지상에 저장탱크를 설치한 곳의 방류둑에 대한 물음에 답하시오. [제시되는 동영상에서 저장탱크 외면에 "LNG"라는 가스명칭이 표시된 것을 보여줌]

(1) 이 시설 내측 및 그 외면으로부터 일정 거리에는 그 저장탱크의 부속설비 외의 것을 설치하지 않아야 한다. 이때 외면으로부터 거리는 얼마인가?
(2) 방류둑을 설치하여야 할 저장탱크 저장능력은 얼마인가?
(3) 방류둑 용량은 얼마인가?

해답 (1) 10 m 이내 (2) 500톤 이상
(3) 저장탱크의 저장능력에 상당하는 용적 이상(또는 저장능력 상당용적 이상)
해설 방류둑을 설치하여야 할 저장탱크 저장능력 기준
(1) 고압가스 특정제조
　　 ① 가연성가스 : 500톤 이상
　　 ② 독성가스 : 5톤 이상
　　 ③ 액화산소 : 1000톤 이상
(2) 고압가스 일반제조
　　 ① 가연성가스, 액화산소 : 1000톤 이상
　　 ② 독성가스 : 5톤 이상
(3) 냉동제조시설(독성가스 냉매 사용) : 수액기 내용적 1만 L 이상
(4) 액화석유가스 : 1000톤 이상
(5) 도시가스
　　 ① 가스도매사업 : 500톤 이상
　　 ② 일반도시가스사업 : 1000톤 이상
※ LNG 저장탱크는 가스도매사업자의 시설에 해당

제4회 ○ **가스산업기사 동영상**

___문제___ **1**

압축가스 및 액화가스를 충전하는 용기를 용접 유무에 의하여 구분할 때 명칭을 쓰시오.

해답 이음매 없는 용기(또는 심리스 용기, 무계목 용기)

___문제___ **2**

LNG에 대한 물음에 답하시오.

(1) LNG의 주성분인 물질의 완전연소 반응식을 완성하시오.
(2) LNG의 주성분인 물질과 염소를 반응시키면 냉매로 사용되는 물질이 생성되는데 이 물질의 명칭은 무엇인가?

해답 (1) $CH_4 + 2O_2 \rightarrow CO_2 + 2H_2O$
(2) 염화메틸(CH_3Cl) (또는 염화메탄)

___문제___ **3**

공칭외경 90 mm 이상인 가스용 폴리에틸렌관 (PE관)을 지하에 매설할 때 접합하는 것으로 이음방법 명칭을 쓰시오.

해답 맞대기 융착이음

___문제___ **4**

도시가스 사용시설에 호칭지름 43 mm인 배관을 노출하여 설치할 때 물음에 답하시오.

(1) 고정장치 설치간격은 얼마인가?
(2) 배관 외부에 표시할 사항 2가지를 쓰시오.

해답 (1) 3 m 마다
(2) ① 사용가스명
② 최고사용압력
③ 가스의 흐름방향

도시가스 배관의 신축흡수조치에 대한 내용 중
( ) 안에 알맞은 용어를 쓰시오.

> 매설되어 있는 배관 외의 배관에 신축흡수조
> 치를 할 때 (①)을[를] 사용하거나 (②)
> 이나 (③) 등의 신축이음매를 사용할 수 있
> 다. 건축물 내에 설치된 수직 배관은 길이가
> (④)을[를] 초과하는 경우에는 신축흡수조치
> 를 한다.

해답 ① 곡관(bent pipe)
② 벨로스형
③ 슬라이드형
④ 60 m

탱크 내부의 폭발 모습으로 방폭전기기기의 용기
내부에서 가연성가스의 폭발이 발생할 경우 그
용기가 폭발압력에 견디고 접합면, 개구부 등을
통하여 외부의 가연성가스에 인화되지 아니하도
록 한 구조의 방폭구조 명칭과 기호를 쓰시오.

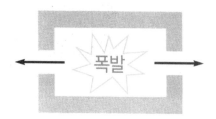

해답 ① 명칭 : 내압(耐壓)방폭구조
② 기호 : d

도시가스(LNG) 지하 정압기실에 설치된 강제
통풍장치에 대한 물음에 답하시오.

(1) 배기구 관지름은 몇 mm 이상인가?
(2) 방출구는 지면에서 몇 m 이상의 높이에 설
치해야 하는가?

해답 (1) 100 mm 이상
(2) 3 m 이상

LNG 저장시설에서 저장능력이 (①) 이상일
때 (②)을[를] 설치한다. ( ) 안에 알맞은
용어 및 숫자를 넣으시오.

해답 ① 500톤
② 방류둑

문제 **9**

용기보관실에서 가스 누출 시 화재 확산 예방법에 대하여 2가지를 쓰시오.

해답 ① 용기보관실은 그 외면으로부터 화기를 취급하는 장소까지 2 m 이상의 우회거리를 유지한다.

② 용기보관실은 불연성 재료를 사용하고, 그 지붕은 불연성 재료를 사용한 가벼운 지붕을 설치한다.

③ 용기보관실에는 분리형 가스누출경보기를 설치한다.

④ 용기보관실에 설치된 전기설비는 방폭구조로 하고 용기보관실 내에는 방폭등 외의 조명등을 설치하지 아니한다.

⑤ 용기보관실에는 누출된 액화석유가스가 머물지 아니하도록 자연환기설비나 강제환기설비를 설치한다.

문제 **10**

도시가스 배관을 도로 폭이 6m인 곳에 매설할 때 매설깊이는 얼마로 하여야 하는가?

해답 1 m 이상

해설 도로 폭에 따른 매설깊이 기준

① 공동주택 등의 부지 내 : 0.6 m 이상

② 폭 8 m 이상의 도로 : 1.2 m 이상

③ 폭 4 m 이상 8 m 미만의 도로 : 1 m 이상

④ ① 내지 ③에 해당하지 않은 곳 : 0.8 m 이상

2022년도 가스산업기사 모의고사

제1회 ○ 가스산업기사 동영상

문제 1

자석의 S극과 N극을 이용하여 용접부에 비파괴검사를 하는 것의 명칭을 영문약자로 쓰시오.

해답 MT

해설 MT : 자분탐상검사

문제 2

LPG 자동차용 충전기 보호대에 대한 물음에 답하시오.

(1) 탄소강관 외에 보호대로 사용할 수 있는 것을 쓰시오.

(2) 보호대 높이는 얼마인가?

해답 (1) 두께 12 cm 이상의 철근콘크리트

　　 (2) 80 cm 이상

해설 보호대 설치 기준은 20년 산업기사 4회 10번 [해설]을 참고하기 바랍니다.

문제 3

LNG 저장설비 외면으로부터 사업소 경계까지 유지하여야 할 계산식은 [보기]와 같다. 여기서 "W"의 의미를 단위까지 포함하여 쓰시오.

> **보기**
> $$L = C \times \sqrt[3]{143000\,W}$$

해답 저장탱크는 저장능력(톤)의 제곱근, 그 밖의 것은 그 시설 안의 액화천연가스의 질량(톤)

해설 사업소 경계까지 유지거리 계산식의 각 기호의 의미

L : 유지하여야 하는 거리(m)

C : 상수(저압 지하식 저장탱크 0.240, 그 밖의 가스저장설비 및 처리설비 0.576)

문제 4

다음은 압축기의 단면을 나타낸 것이다. 명칭을 쓰시오.

해답 나사 압축기(또는 스크류 압축기, screw compressor)

문제 5

가스도매사업의 제조소 및 공급소에서 내진설계 대상에서 제외되는 LNG 저장탱크는 저장능력이 (   )톤 미만인 경우이다. (   ) 안에 알맞은 내용을 쓰시오.

해답 3

해설 가스도매사업의 내진설계 제외 대상 : 도법 시행규칙 별표5
① 저장능력이 3톤(압축가스의 경우 $300 \, \mathrm{m^3}$) 미만인 저장탱크 또는 가스홀더
② 지하에 설치되는 시설
③ 건축법령에 따라 내진설계를 하여야 하는 것으로서 같은 법령이 정하는 바에 따라 내진설계를 한 시설

문제 6

LPG 저장시설 배관에 설치된 장치에 대한 물음에 답하시오.
(1) 지시하는 것의 명칭을 쓰시오.
(2) 이 장치를 작동하는 동력원 종류 4가지를 쓰시오.

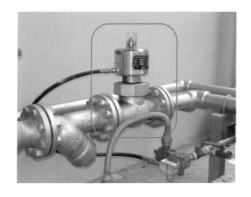

해답 (1) 긴급차단장치(또는 긴급차단밸브)
(2) ① 액압
② 기압
③ 전기식
④ 스프링식

문제 **7**

밀폐식 보일러를 사람이 거처하는 곳에 부득이 설치할 때 바닥면적이 5 m²이면 통풍구(환기구) 면적은 얼마인가?

해답 1500 cm² 이상

해설 통풍구(환기구) 면적은 바닥면적 1 m²당 300 cm²의 비율로 계산한 면적 이상이므로 5×300 = 1500 cm² 이상 확보하여야 한다.

※ KGS GC208 부록 D 46쪽에 수록된 93. 11. 28 이후 17. 8. 24 이전 가스보일러 설치기준을 적용한 것임

문제 **8**

방폭전기기기에 표시된 기호의 의미 및 ( ) 안에 알맞은 내용을 쓰시오.

(1) Ex :

(2) d :

(3) ⅡB : 방폭전기기기의 ( )

(4) T4 : 방폭전기기기의 ( )

해답 (1) 방폭구조
　　(2) 내압방폭구조
　　(3) 폭발등급
　　(4) 온도등급

문제 **9**

퓨즈콕에 대한 물음에 답하시오.

(1) 이 가스용품 내부에 설치된 안전기구의 명칭을 쓰시오.

(2) 핸들 등이 반개방 상태에서도 가스유로가 열리지 않는 장치의 명칭을 쓰시오.

해답 (1) 과류차단 안전기구
　　(2) 온-오프(ON-OFF) 장치

해설 ① 과류차단안전기구 : 표시유량 이상의 가스량이 통과되었을 경우 가스유로를 차단하는 장치를 말한다.
　　② 온-오프(ON-OFF) 장치 : 과류차단 안전기구를 가지며, 핸들 등이 반개방 상태에서도 가스유로가 열리지 않는 것을 말한다.

문제 **10**

다음 용기에 대한 물음에 답하시오.

(1) 용기 명칭을 쓰시오. (단, 제조방법 및 충전 하는 가스에 의한 명칭은 제외한다.)

(2) 일반 가정용으로 사용하는 용기와 비교해서 구분되는 점을 설명하시오.

해답 (1) 사이펀 용기

　(2) 원칙적으로 기화장치가 설치되어 있는 시설 에서만 사용이 가능하며, 기화장치가 고장 등에 의하여 액화석유가스를 공급하지 못하 는 경우 기체용 밸브(회색 핸들)를 개방하여 기체를 일시적으로 공급할 수 있다.

해설 동영상에서 제시되는 용기는 그림과 길이방향 으로 절반 정도 절개하여 내부에 손가락 정도의 굵기를 갖는 작은 배관이 적색핸들의 용기밸브부 터 용기 아랫부분까지 이어져 내려온 것을 보여 주고 있음

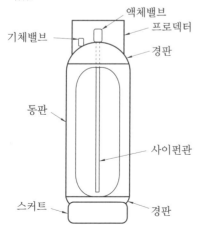

제2회 ○ 가스산업기사 동영상

문제 1

도시가스 사용시설에서 사용하는 것으로 내부에 과류차단 안전기구가 설치된 가스용품 명칭을 쓰시오.

해답 퓨즈콕

문제 2

가스용 폴리에틸렌관(PE배관) 융착이음에 대한 물음에 답하시오.

(1) 동영상에서 보여주는 융착이음 명칭을 쓰시오.

(2) 동영상에서 보여주는 융착이음을 할 때 공칭외경은 몇 mm 이상인가?

해답 (1) 맞대기 융착이음
  (2) 90

문제 3

메탄과 같은 유기화합물을 검출하는 검출기로 불꽃 이온화 검출기(FID)라 불리며, 이것은 특정가스와의 반응을 이용한 것이다. 이 가스는 무엇인가?

해답 수소(H_2)

문제 4

LPG를 저장탱크 또는 차량에 고정된 탱크에 이입·충전할 때 사용되는 가스용품의 명칭을 쓰시오.

해답 로딩 암(loading arms)

---- 문제 / **5**

그림은 탱크 내부의 폭발 모습이다. 그림과 함께 설명하는 방폭구조의 명칭을 쓰시오.

내부에서 폭발성 가스의 폭발이 일어날 경우 용기가 폭발압력에 견디고, 외부의 폭발성 분위기에 불꽃의 전파를 방지하도록 한 구조이다. 또 폭발한 고열가스가 용기의 틈으로부터 누설되어도 틈의 냉각효과로 외부의 폭발성 가스에 착화될 우려가 없도록 만들어진 구조이다.

점화원

폭발

해답 내압방폭구조

---- 문제 / **6**

도시가스 정압기 입구측 압력이 0.5 MPa 미만이고, 설계유량이 1000 Nm^3/h 미만일 때 물음에 답하시오.

(1) 안전밸브 방출관 크기는 얼마인가?
(2) 상용압력이 2.5 kPa인 경우 주정압기에 설치되는 긴급차단장치의 설정압력은 얼마인가?

해답 (1) 25 A 이상
　　(2) 3.6 kPa 이하

해설 1. 정압기 안전밸브 분출부(방출관) 크기 기준
　　(1) 정압기 입구측 압력이 0.5 MPa 이상 : 50 A 이상
　　(2) 정압기 입구측 압력이 0.5 MPa 미만
　　　① 설계유량 1000 Nm^3/h 이상 : 50 A 이상
　　　② 설계유량 1000 Nm^3/h 미만 : 25 A 이상
　　2. 정압기 안전장치 설정압력 기준 : 상용압력이 2.5 kPa인 경우

구분		설정압력
이상압력 통보설비	상한값	3.2 kPa 이하
	하한값	1.2 kPa 이상
주 정압기에 설치되는 긴급차단장치		3.6 kPa 이하
안전밸브		4.0 kPa 이하
예비 정압기에 설치되는 긴급차단장치		4.4 kPa 이하

---- 문제 / **7**

LPG 시설에 설치된 설비에 대한 물음에 답하시오.

(1) 지시하는 것의 명칭을 쓰시오.
(2) 지상에 설치된 저장탱크에 이와 같은 설비를 설치하였을 때 방출구 높이 기준에 대하여 설명하시오.

해답 (1) 스프링식 안전밸브
　　(2) 지면으로부터 5 m 이상 또는 저장탱크 정상부에서 2 m 이상 중 높은 위치

해설 ① 제시된 스프링식 안전밸브 내부 구조

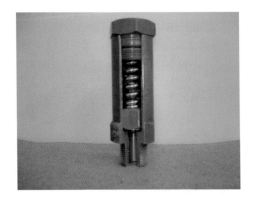

② 제시된 스프링식 안전밸브는 수직배관 중간에 설치하며, 밸브 위쪽에 연결된 배관으로 가스방출이 이루어진다.

문제 **8**

액화천연가스 저장설비와 처리설비는 그 외면으로부터 사업소 경계까지 유지하여야 하는 최소 거리는 얼마인가?

해답 50 m

해설 사업소 경계와의 거리 : 액화천연가스(기화된 천연가스 포함한다)의 저장설비와 처리설비(1일 처리능력 52500 m^3 이하인 펌프, 압축기, 응축기 및 기화장치는 제외한다)는 그 외면으로부터 사업소 경계까지 다음 계산식에서 얻은 거리(그 거리가 50 m 미만의 경우에는 50 m) 이상을 유지한다.
$$L = C \times \sqrt[3]{143000\,W}$$
여기에서,

L : 유지하여야 하는 거리(m)

C : 저압 지하식 저장탱크는 0.240, 그 밖의 가스저장설비 및 처리설비는 0.576

W : 저장탱크는 저장능력(톤)의 제곱근, 그 밖의 것은 그 시설 안의 액화천연가스의 질량(톤)

문제 **9**

LPG 자동차에 고정된 용기에 충전하는 충전기(dispenser)에 대한 물음에 답하시오.

(1) 충전호스에 설치하는 장치의 명칭과 역할을 쓰시오.

(2) 충전 중에 발생할 수 있는 사고를 방지하기 위하여 충전호스에 설치되는 안전장치의 명칭과 역할을 쓰시오.

해답 (1) ① 장치 : 정전기 제거장치

② 역할 : 충전호스에 축적되는 정전기를 제거하여 정전기로 인한 인화, 폭발을 방지한다.

(2) ① 명칭 : 세이프티 커플링(safety coupling)

② 역할 : LPG 충전 중 충전호스에 과도한 인장력이 가해졌을 때 충전기와 가스주입기가 자동으로 분리됨과 동시에 폐쇄되어 LPG 누출로 인한 사고를 사전에 방지한다.

해설 세이프티 커플링 작동성능

① 분리성능 : 커플링은 연결된 상태에서 압력을 가하여 2.7~3.3 MPa에서 분리되는 것으로 한다.

② 당김성능 : 커플링은 연결된 상태에서 30±10 mm/min의 속도로 당겼을 때 490.4~588.4

N에서 분리되는 것으로 한다.

③ 회전성능 : 커플링은 결합 후 암수 커플링이 자유롭게 회전되는 것으로 한다.

문제 / **10**

가스용 폴리에틸렌관(PE배관) 매설에 대한 물음에 답하시오.

(1) 도로폭이 10 m일 때 매설깊이는 얼마인가?

(2) 매설깊이를 확보할 수 없는 경우 조치사항에 대하여 설명하시오.

해답 (1) 1.2 m 이상

(2) 금속제의 보호관 또는 보호판으로 배관을 보호하며, 보호관이나 보호판 외면과 지면 또는 노면과는 0.3 m 이상의 깊이를 유지한다.

해설 일반도시가스 사업자 배관의 매설깊이 기준

① 공동주택 등의 부지 안에서는 0.6 m 이상

② 폭 8 m 이상의 도로에서는 1.2 m 이상. 다만, 도로에 매설된 최고사용압력이 저압인 배관에서 횡으로 분기하여 수요가에게 직접 연결되는 배관의 경우에는 1 m 이상으로 할 수 있다.

③ 폭 4 m 이상 8 m 미만인 도로에서는 1 m 이상. 다만, 다음 어느 하나에 해당하는 경우에는 0.8 m 이상으로 할 수 있다.

㉮ 호칭지름 300 mm(가스용 폴리에틸렌관의 경우에는 공칭외경 315 mm) 이하로서 최고사용압력이 저압인 배관

㉯ 도로에 매설된 최고사용압력이 저압인 배관에서 횡으로 분기하여 수요가에게 직접 연결되는 배관

④ ①부터 ③까지에 해당되지 않는 곳에서는 0.8 m 이상. 다만, 다음 어느 하나에 해당하는 경우에는 0.6 m 이상으로 할 수 있다.

㉮ 폭 4 m 미만인 도로에 매설하는 배관

㉯ 암반·지하매설물 등에 의하여 매설깊이의 유지가 곤란하다고 시장·군수·청장이 인정하는 경우

※ 보호관 및 보호판과 거리에서 동영상 예상문제 118번 (2)의 해답과 같이 배관 정상부에서 30 cm 이상은 본래부터 보호판을 설치해야만 하는 조건일 때이고, 문제에서 지면 및 노면과 0.3 m 이상은 PE배관을 매설할 때 불가피하게 매설깊이를 확보 못할 때 보완책으로 보호관 및 보호판을 설치하는 조건일 때임

제4회 ○ 가스산업기사 동영상

문제 1

다음은 수소자동차 충전시설에 설치된 것으로 명칭을 각각 쓰시오. (동영상에서 충전설비가 설치된 캐노피 천장부분에 설치된 기기를 보여주고 있음)

(1)	(2)

해답 (1) 수소불꽃검지기
(2) 수소누출검지경보장치의 검지부

해설 수소불꽃은 파장이 짧기 때문에 일반불꽃과 같이 육안으로 확인하기가 어려워 수소충전소에는 수소불꽃을 감지할 수 있는 수소불꽃검지기를 설치한다.

문제 2

가스용 폴리에틸렌관의 열용착이음 종류 3가지를 쓰시오.

해답 ① 맞대기 융착이음

② 소켓 융착이음
③ 새들 융착이음

문제 3

가스사용시설에 설치된 가스미터의 설치높이는 바닥으로부터 얼마인가?

해답 1.6 m 이상 2 m 이내(또는 1.6~2 m 이내)

문제 4

도시가스를 사용하는 연소기구에서 1차 공기량이 부족한 경우, 연소반응이 충분한 속도로 진행되지 않을 때 불꽃의 끝이 적황색으로 되어 연소하는 현상을 무엇이라 하는가? (영상에서 공기조절장치의 공기량을 줄이면서 불꽃이 적황색으로 변화하는 과정을 보여줌)

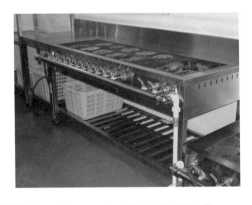

해답 옐로 팁(yellow tip) (또는 황염[黃炎])

문제 5

액화가스가 저장된 저장시설에 설치되는 방류둑 성토의 기울기는 수평에 대하여 ( )도 이하로 하며, 성토 윗부분의 폭은 30 cm 이상으로 한다. ( ) 안에 알맞은 내용을 쓰시오.

해답 45

문제 6

LPG 용기충전시설에 설치된 소형저장탱크에 대한 물음에 답하시오. (단, 충전질량은 1000 kg이다.)

(1) 경계책 높이는 얼마인가?
(2) 소형저장탱크 부근에 비치하여야 할 소화설비 기준을 쓰시오.

해답 (1) 1 m 이상
　(2) ABC용 B-12 이상의 분말소화기를 2개 이상 비치

문제 7

도시가스 배관이 매설된 부분에 설치된 것으로 이것의 용도를 쓰시오.

해답 도시가스 매설배관의 전기방식용 전위를 측정하기 위한 터미널 박스

문제 8

도시가스 표지판에 대한 물음에 답하시오.

(1) 표지판을 설치하는 경우에 대하여 쓰시오.
(2) 설치간격은 얼마인가?

해답 (1) 배관을 시가지 외 도로·산지·농지 또는 하천부지·철도부지 내에 매설하는 경우
　(2) 500 m 이내

해설 도시가스 표지판 설치간격
　① 가스도매사업자 배관 : 500 m 이내
　② 일반도시가스사업자 배관 : 200 m 이내
　　※ 동영상에서 보여주는 표지판은 고압가스관
　　　(고압공급관)이므로 가스도매사업자의 규정
　　　을 적용하였음
[참고] 일반도시가스사업자 배관 표지판

문제 9

도시가스 배관을 매설하는 것에 대한 물음에 답하시오.

(1) 배관과 상수도관 등 다른 시설물과 이격거리는 얼마인가?

(2) 보호판을 설치해야 하는 경우를 쓰시오.

해답 (1) 0.3 m 이상
(2) ① 지하 구조물, 암반 그 밖의 특수한 사정으로 매설깊이를 확보할 수 없을 때
　② 타시설물과 0.3 m 이상의 간격을 유지하지 못하는 배관을 매설하는 경우
　③ 도로 밑에 최고사용압력이 중압 이상인 배관을 매설할 때

해설 사업 주체별 보호판을 설치하는 경우
(1) 가스도매사업자 배관
　① 도로 밑에 배관을 매설하는 경우에는 그 도로와 관련이 있는 공사로 손상을 받지 않도록 하기 위하여
(2) 일반도시가스사업자 배관
　① 지하 구조물·암반 그 밖의 특수한 사정으로 매설깊이를 확보할 수 없는 곳
　② 배관의 외면과 상수도관·하수관거·통신케이블 등 타 시설물과 0.3 m 이상의 간격을 유지하지 못하는 경우
　③ 도로 밑에 최고사용압력이 중압 이상인 배관을 매설할 때 굴착공사로 인한 배관손상을 방지하기 위하여
(3) 가스사용시설 배관
　① 배관의 외면과 상수도관·하수관거·통신케이블 등 타 시설물과 0.3 m 이상의 간격을 유지하지 못하는 경우
　② 지하 구조물·암반 그 밖의 특수한 사정으로 매설깊이를 확보할 수 없는 곳
　③ 고압배관을 설치할 때 배관의 매설 심도를 확보할 수 없는 경우

문제 10

동영상에서 제시해 주는 전기방식에 대한 물음에 답하시오.

(1) 전기방식 명칭을 쓰시오.

(2) 양극재료로 사용하는 금속을 쓰시오.

해답 (1) 희생양극법
(2) ① 마그네슘(Mg)
　② 아연(Zn)

2023년도 가스산업기사 모의고사

제1회 ○ 가스산업기사 동영상

문제 1

고정식 압축도시가스 자동차 충전시설의 저장설비 · 처리설비 · 압축가스설비 및 충전설비에서 다음의 전선과 유지하여야 할 거리는 얼마인가?

(1) 고압전선 :
(2) 저압전선 :

해답 (1) 5 m 이상
(2) 1 m 이상

해설 ① 고압전선 : 직류의 경우에는 750 V를 초과하는 전선을, 교류의 경우에는 600 V를 초과하는 전선

② 저압전선 : 직류의 경우에는 750 V 이하의 전선을, 교류의 경우에는 600 V 이하의 전선

문제 2

도시가스 매설배관 누설검사를 하는 차량에 탑재하여 사용되는 장비의 명칭과 원리를 설명하시오.

해답 ① 명칭 : 수소불꽃 이온화 검출기(또는 수소염 이온화 검출기, FID)

② 원리 : 불꽃 속에 탄화수소가 들어가면 시료 성분이 이온화됨으로써 불꽃 중에 놓여진 전극간의 전기전도도가 증대하는 것을 이용한 것이다.

문제 **3**

용기가스 소비자에게 액화석유가스를 공급하려는 가스공급자가 가스소비자와 체결하는 안전공급 계약에 포함되어야 하는 사항 4가지를 쓰시오.

해답 ① 액화석유가스의 전달방법
② 액화석유가스의 계량방법과 가스요금
③ 공급설비와 소비설비에 대한 비용부담
④ 공급설비와 소비설비의 관리방법
⑤ 위해 예방조치에 관한 사항
⑥ 계약의 해지
⑦ 계약기간
⑧ 소비자보장책임보험 가입에 관한 사항

문제 **4**

도시가스 배관을 지하에 매설하는 경우 배관의 직상부에 보호포를 설치한다. 이때 최고사용압력에 따른 보호포의 바탕색을 각각 쓰시오.

해답 ① 저압 : 황색
② 중압 이상 : 적색
해설 보호포 표시사항 : 가스명, 최고사용압력, 공급자명 등

문제 **5**

도시가스 배관을 지하에 매설한 후 다음과 같은 전기방식법을 시공하였을 때 터미널박스 설치간격은 얼마인가?

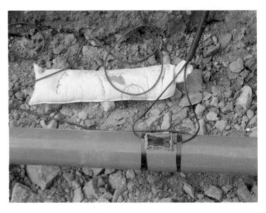

해답 300 m 이내

문제 **6**

도시가스 정압기실에서 정압기 전단 및 후단에 설치되는 안전장치의 명칭을 쓰시오.

해답 ① 전단 : 긴급차단장치
② 후단 : 정압기 안전밸브

해설 정압기를 기준으로 '전단'은 1차측(입구측)을, '후단'은 2차측(출구측)을 지칭하는 것이다.

문제 **7**

건축물 내부에 호칭지름 20 mm 배관을 200 m 설치하였을 때 배관 고정장치는 몇 개를 설치해야 하는가?

풀이 호칭지름 20 mm 배관의 고정장치 설치간격은 2 m이다.

$$\therefore \ \text{고정장치 수} = \frac{\text{배관길이}}{\text{설치간격}} = \frac{200}{2} = 100\text{개}$$

해답 100개

문제 **8**

공업용 용기에 충전하는 가스 명칭을 쓰시오.

(1)   (2)

(3)   (4)

해답 (1) 아세틸렌(C_2H_2)
(2) 산소(O_2)
(3) 이산화탄소(CO_2)
(4) 수소(H_2)

---- 문제 / **9**

맞대기 융착이음을 하는 가스용 폴리에틸렌관의 두께가 30 mm일 때 비드 폭의 최소치($B_{\min}$)와 최대치($B_{\max}$)를 각각 계산하시오.

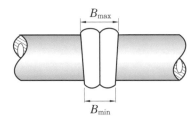

풀이 ① $B_{\min} = 3 + 0.5\,t = 3 + (0.5 \times 30) = 18 \text{ mm}$
② $B_{\max} = 5 + 0.75\,t = 5 + (0.75 \times 30) = 27.5 \text{ mm}$

해답 ① 최소치($B_{\min}$) : 18 mm
② 최대치($B_{\max}$) : 27.5 mm

---- 문제 / **10**

수소자동차 충전소의 상부 지붕이 V자형(또는 아치형)으로 되어 있는 이유를 설명하시오.

해답 수소는 폭발범위가 4~75 %로 넓고, 공기보다 가볍기 때문에 누출이 되었을 때 대기 중으로 확산이 잘 될 수 있도록 하여 폭발사고를 방지할 목적으로 V자형(또는 아치형)으로 설치한다.

문제 1

도시가스 배관을 매설하는 경우 다음과 같은 전기방식을 시공하였을 때 전기방식법 명칭과 터미널 박스 설치 간격을 각각 쓰시오.

해답 ① 명칭 : 희생양극법
② 설치 간격 : 300 m 이내

문제 2

고압가스 충전용기에 대한 물음에 기호(A, B, C, D)로 답하시오.

(1) 가연성가스를 충전한 용기 :
(2) 조연성가스를 충전한 용기 :
(3) 불연성가스를 충전한 용기 :

A

B

C

D

해답 (1) B, D (2) A (3) C
해설 각 용기에 충전하는 가스 명칭
A : 산소
B : 암모니아
C : 이산화탄소
D : 아세틸렌

문제 **3**

도시가스 사용시설에 설치하는 가스누출 자동 차단장치의 검지부를 설치하지 않아야 할 장소 2가지를 쓰시오.

해답 ① 출입구 부근 등으로서 외부의 기류가 통하는 곳
② 환기구 등 공기가 들어오는 곳으로부터 1.5 m 이내의 곳
③ 연소기의 폐가스에 접촉하기 쉬운 곳

문제 **4**

액화천연가스 저장설비와 처리설비는 그 외면으로부터 사업소경계까지 유지해야 하는 최소거리는 얼마인가?

해답 50 m

해설 가스도매사업 사업소 경계와의 거리 기준(KGS FP451) : 액화천연가스(기화된 천연가스를 포함)의 저장설비와 처리설비는 그 외면으로부터 사업소 경계까지 다음 계산식에서 얻은 거리(그 거리가 50 m 미만의 경우에는 50 m) 이상을 유지한다.

$$L = C \times \sqrt[3]{143000\,W}$$

여기서, L : 유지하여야 하는 거리(m)
C : 저압 지하식 탱크는 0.240, 그 밖의 가스저장설비 및 처리설비는 0.576
W : 저장탱크는 저장능력(톤)의 제곱근, 그 밖의 것은 그 시설 안의 액화천연가스의 질량(톤)

문제 **5**

LPG 용기에 대한 물음에 답하시오.

(1) 용기 명칭을 쓰시오.
(2) 일반 가정용으로 사용하는 용기와 비교해서 구분되는 점을 설명하시오.

해답 (1) 사이펀 용기
(2) 사이펀 용기는 원칙적으로 기화장치가 설치되어 있는 시설에서만 사용이 가능하며, 기화장치가 고장 등에 의하여 액화석유가스를 공급하지 못하는 경우 기체용 밸브(회색 핸들)를 개방하여 기체를 일시적으로 공급할 수 있다.

문제 6

가스도매사업자의 가스공급시설에 설치되는 벤트스택에 대한 물음에 답하시오.

(1) 벤트스택의 높이 기준인 방출된 가스의 착지농도를 쓰시오.
(2) 액화가스가 함께 방출되거나 급랭될 우려가 있는 벤트스택에 설치하여야 하는 것을 쓰시오.

해답 (1) 폭발하한계 값 미만
(2) 기액분리기(氣液分離器)

문제 7

호칭지름 25 mm 도시가스 배관을 고정설치할 때 작업자가 지켜야 할 사항 2가지를 쓰시오.

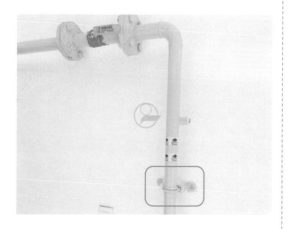

해답 ① 고정장치를 2 m마다 설치한다.
② 배관과 고정장치 사이에 절연조치를 한다.

문제 8

LPG를 이입·충전할 때 사용하는 압축기에서 정전기를 제거하기 위한 방법 중 지시하는 것은 어떤 방법에 해당되는가?

해답 대상물을 접지한다.

문제 9

LPG 자동차 충전기(dispenser)에 대한 물음에 답하시오.

(1) 충전호스 길이는 얼마인가?
(2) 충전호스 끝부분에 설치되는 장치는 무엇인가?

해답 (1) 5 m 이내
(2) 정전기 제거장치

---- 문제 **10**

도로 및 공동주택 등의 부지 안 도로에 도시가스 배관을 매설하는 경우에 매설표시를 하는 것에 대한 물음에 답하시오.

(1) 제시되는 것의 명칭을 쓰시오.

(2) 종류 2가지를 쓰시오. (단, 금속재는 제외한다.)

해답 (1) 라인마크

(2) ① 스티커형 라인마크
   ② 네일형 라인마크

해설 라인마크의 종류

① 금속재 라인마크

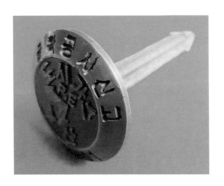

② 스티커형 라인마크

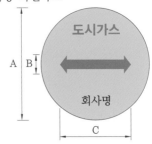

A	B	C	두께
100 mm	10 mm	70 mm	1.5±0.2 mm

[비고] 글씨는 8~10 mm 장방형으로 한다.

③ 네일형 라인마크

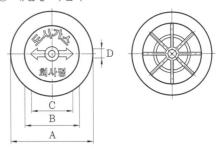

A	B	C	D	두께
60 mm	40 mm	30 mm	6 mm	7 mm

[비고] 글씨는 6~10 mm 장방형에 음각으로 한다.

제4회 ○ 가스산업기사 동영상

문제 1

고압가스설비에 설치하는 압력계에 대한 기준 중 ( ) 안에 알맞은 내용을 쓰시오.

(1) 고압가스설비에 설치하는 압력계는 상용압력의 ( )에 해당하는 최고눈금이 있는 것으로 한다.

(2) 충전용 주관의 압력계는 ( ) 이상 표준이 되는 압력계로 그 기능을 검사한다.

해답 (1) 1.5배 이상 2배 이하

(2) 매월 1회

해설 압력계 설치 : KGS FP112

① 고압가스설비에 설치하는 압력계는 상용압력의 1.5배 이상 2배 이하의 최고눈금이 있는 것으로 하고, 압축·액화 그 밖의 방법으로 처리할 수 있는 가스의 용적이 1일 100 m³ 이상인 사업소에는 '국가표준기본법'에 의한 제품인증을 받은 압력계를 2개 이상 비치한다.

② 충전용 주관의 압력계는 매월 1회 이상, 그 밖의 압력계는 3월에 1회 이상 표준이 되는 압력계로 그 기능을 검사한다.

　※ "3월"에 1회 이상은 해당년도 3월달이 아니고 3개월 주기로 검사한다는 것이다.

③ 고압가스 특정제조(KGS FP111)의 경우 주관의 압력계 기능 검사주기는 동일하지만, 그 밖의 압력계는 1년에 1회 이상이니 구별하여 기억하길 바랍니다.

문제 2

정압기 부속설비인 압력기록장치는 정압기 어느 쪽 압력을 측정·기록하는가?

해답 정압기 출구

해설 압력기록장치 설치(KGS FS552) : 정압기 출구에는 가스의 압력을 측정·기록(또는 출구 압력을 원격으로 감시·기록하는 장치로 대체 가능)할 수 있는 장치를 설치한다.

[참고] 법령 및 KGS code에는 정압기 출구 압력을 측정하는 것으로 규정되어 있으나 현장에 설치되는 압력기록장치는 정압기 입구와 출구를 동시에 측정·기록하는 것이 일반적이다(사진에서 적색관이 정압기 입구 압력 유입관, 황색관이 출구 압력 유입관이다).

동영상 예상문제

문제 3

충전용기 어깨부분에 각인된 "TP"와 "FP" 기호에 대하여 각각 설명하시오.

해답 ① TP : 내압시험압력(MPa)
② FP : 최고충전압력(MPa)

해설 ① 용기에 각인된 압력 수치가 3자리의 경우는 공학단위인 "kgf/cm²"으로, 2자리의 경우는 SI단위인 "MPa"로 판단하길 바랍니다.
② 압력 수치가 3자리인 용기는 공학단위를 기본으로 사용하던 시기에 제조된 용기로 생각하면 됩니다.

문제 4

다음 충전용기 밸브의 안전밸브 종류를 쓰시오.

(1)

(2)

(3)

해답 (1) 파열판식
(2) 스프링식
(3) 가용전식

해설 파열판식과 가용전식 안전밸브 구별 : 아래 사진 왼쪽과 같이 캡(cap) 부분에 배출구멍이 뚫려 있으면 파열판식이고, 오른쪽과 같이 캡 부분 배출구멍이 납 등으로 막혀 있으면 가용전식에 해당되므로 동영상에서 제시되는 화면을 정확히 보고 판단하길 바랍니다.

문제 5

공기액화분리기의 불순물 유입금지 기준에 대한 내용 중 ( ) 안에 알맞은 내용을 쓰시오.

> 공기액화분리기에 설치된 액화산소통 안의 액화산소 (①) 중 아세틸렌의 질량이 (②) 또는 탄화수소의 탄소의 질량이 (③)을 넘을 때에는 그 공기액화분리기의 운전을 중지하고 액화산소를 방출하여야 한다.

해답 ① 5 L ② 5 mg ③ 500 mg

문제 6

LPG 시설에 설치된 설비에 대한 물음에 답하시오.

(1) 지시하는 것의 명칭을 쓰시오.
(2) 이 설비를 설치하는 이유를 설명하시오.

해답 (1) 스프링식 안전밸브
(2) 내부 압력이 이상 상승하였을 때 압력을 외부로 배출시켜 파열사고 등을 방지한다.

문제 7

LPG 자동차용 충전기(dispenser) 충전호스 설치에 대한 설명 중 ( ) 안에 알맞은 내용을 넣으시오.

(1) 충전기의 충전호스 길이는 ( )m 이내로 한다.
(2) 충전호스에 부착하는 가스주입기는 ( )으로 한다.

해답 (1) 5 (2) 원터치형

문제 8

가정용 가스보일러의 배기방식에 따른 명칭을 쓰시오.

(1) (2)

해답 (1) 단독·반밀폐식·강제배기식

(2) 단독·밀폐식·강제급배기식

해설 가스보일러 본체와 배기통이 하나가 연결된 것이 반밀폐식, 두 개가 연결된 것이 밀폐식이며, 밀폐식에서 은박지 주름관 형태로 이루어진 것이 연소용 공기가 외부에서 유입되는 통로이다.

문제 9

LPG 저장시설의 경계책 및 경계표지에 대한 물음에 답하시오.

(1) 경계책 높이는 얼마인가?

(2) 화기엄금 이라고 표시된 경계표지는 경계책 외부에 몇 개소 이상 설치하여야 하는가?

해답 (1) 1.5 m 이상

(2) 3개소 이상

해설 기계실·지상 저정탱크실의 "화기엄금" 경계표지 설치 기준 : KGS FP331

① 규격 : 1.5×0.4 m 이상

② 색상 : 바탕(흰색), 화기엄금(적색), 통제구역(청색)

③ 수량 : 3개소 이상

④ 게시위치 : 기계실 출입문

※ 경계표지 예

```
화 기 엄 금
(통 제 구 역)
```

문제 10

가스용 폴리에틸렌 밸브(PE밸브)에 대한 물음에 답하시오.

(1) 사용압력(MPa)은 얼마인가?

(2) 사용온도(℃)는 얼마인가?

(3) 개폐용 핸들의 열림 방향은 시계 방향, 시계 반대 방향에서 선택하시오.

(4) PE밸브의 상당압력등급(SDR)이 11 이하일 때 최고사용압력은 얼마인가?

해답 (1) 0.4 MPa 이하

(2) −29℃ 이상 38℃ 이하

(3) 시계 반대 방향

(4) 0.4 MPa

해설 PE밸브가 완전히 열렸을 때 핸들 방향과 유로의 방향이 평행인 것으로 하고, 볼의 구멍과 유로와는 어긋나지 않는 것으로 한다.

부록

- 단위환산 및 자주하는 질문
- 간추린 가스 관련 공식 100선(選)

단위환산 및 자주하는 질문

1 ◦ 단위환산

(1) 'kgf/cm²'을 'kgf/m²'으로 환산 : 분모에 있는 'cm²'을 없애야 하므로 현재 단위 뒤에 분수를 만들고 분자에 'cm²' 놓고 분모에는 'm²'을 놓은 다음 각 단위의 숫자 관계를 대입(1 m는 100 cm의 관계)하는데 이때 큰 단위에 해당하는 'm'를 기준으로 하고 숫자도 제곱(2승)을 해 줍니다.

$$\therefore \frac{\mathrm{kgf}}{\mathrm{cm}^2} \times \frac{(100\,\mathrm{cm})^2}{(1\,\mathrm{m})^2} = \frac{\mathrm{kgf}}{\mathrm{cm}^2} \times \frac{100^2\,\mathrm{cm}^2}{1^2\,\mathrm{m}^2} = \frac{\mathrm{kgf}}{\mathrm{cm}^2} \times \frac{10000\,\mathrm{cm}^2}{1\,\mathrm{m}^2} = 10000 \times \frac{\mathrm{kgf}}{\mathrm{m}^2}$$

> 'kgf/cm²'을 'kgf/m²'으로 단위를 환산할 때에는 1만을 곱하고, 반대로 'kgf/m²'을 'kgf/cm²'으로 환산할 때에는 1만으로 나눠줍니다.

(2) 'kgf/cm²'을 'kgf/mm²'으로 환산 : 분모에 있는 'cm²'을 없애야 하므로 현재 단위 뒤에 분수를 만들고 분자에 'cm²' 놓고 분모에는 'mm²'을 놓은 다음 각 단위의 숫자 관계를 대입(1 cm는 10 mm의 관계)하는데 이때 큰 단위에 해당하는 'cm'를 기준으로 하고 숫자도 제곱(2승)을 해 줍니다.

$$\therefore \frac{\mathrm{kgf}}{\mathrm{cm}^2} \times \frac{(1\,\mathrm{cm})^2}{(10\,\mathrm{mm})^2} = \frac{\mathrm{kgf}}{\mathrm{cm}^2} \times \frac{1^2\,\mathrm{cm}^2}{10^2\,\mathrm{mm}^2} = \frac{\mathrm{kgf}}{\mathrm{cm}^2} \times \frac{1\,\mathrm{cm}^2}{100\,\mathrm{mm}^2} = \frac{1}{100} \times \frac{\mathrm{kgf}}{\mathrm{mm}^2}$$

> 'kgf/cm²'을 'kgf/mm²'으로 단위를 환산할 때에는 100으로 나눠주고, 반대로 'kgf/mm²'을 'kgf/cm²'으로 환산할 때에는 100을 곱해 줍니다.

(3) SI단위 'Pa', 'kPa', 'MPa'의 관계

① 국제 단위계의 접두어

인자	접두어	기호	인자	접두어	기호
10^1	데카	da	10^{-1}	데시	d
10^2	헥토	h	10^{-2}	센티	c
10^3	킬로	k	10^{-3}	밀리	m
10^6	메가	M	10^{-6}	마이크로	μ
10^9	기가	G	10^{-9}	나노	n
10^{12}	테라	T	10^{-12}	피코	p
10^{15}	페타	P	10^{-15}	펨토	f
10^{18}	엑사	E	10^{-18}	아토	a
10^{21}	제타	Z	10^{-21}	젭토	z
10^{24}	요타	Y	10^{-24}	욕토	y

② 'kPa'은 'Pa'의 1000배에 해당되고 'MPa'은 'kPa'의 1000배, 'Pa'의 100만 배에 해당됩니다.

㉮ 'kPa' → 'Pa' 단위로 표시 : 'k(킬로)'는 1000배이므로 '1 kPa'은 '1000 Pa' 으로 표시합니다.

㉯ 'Pa' → 'kPa' 단위로 표시 : 1000으로 나눠주어야 하므로 '1 Pa'은 '1/1000 kPa'입니다.

㉰ 'MPa' → 'kPa' 단위로 표시 : 'M(메가)'는 'k(킬로)'의 1000배이므로 '1 MPa' 은 '1000 kPa'입니다.

㉱ 'kPa' → 'MPa' 단위로 표시 : 1000으로 나눠주어야 하므로 '1 kPa'은 '1/1000 MPa'입니다.

(4) 대기압을 이용한 환산압력 계산 : 1 MPa을 kgf/cm^2 단위로 환산하는 경우 (1)~(3) 에서 설명한 방법으로는 곤란한 경우입니다.

① 표준 대기압

$$1 \text{ atm} = 760 \text{ mmHg} = 76 \text{ cmHg} = 0.76 \text{ mHg} = 29.9 \text{ inHg} = 760 \text{ torr}$$

$$= 10332 \text{ kgf/m}^2 = 1.0332 \text{ kgf/cm}^2 = 10.332 \text{ mH}_2\text{O} = 10332 \text{ mmH}_2\text{O}$$

$$= 101325 \text{ N/m}^2 = 101325 \text{ Pa} = 1013.25 \text{ hPa} = 101.325 \text{ kPa}$$

$$= 0.101325 \text{ MPa} = 1.01325 \text{ bar} = 1013.25 \text{ mbar} = 14.7 \text{ lb/in}^2 = 14.7 \text{ psi}$$

② 환산압력 계산

$$환산압력 = \frac{주어진\ 압력}{주어진\ 압력의\ 표준\ 대기압} \times 구하려\ 하는\ 표준\ 대기압$$

예 $1\,MPa$을 kgf/cm^2 단위로 환산하면 얼마인가?

$$\therefore\ 환산압력 = \frac{1\,MPa}{0.101325\,MPa} \times 1.0332\,kgf/cm^2$$

$$= 10.1968\,kgf/cm^2 ≒ 10\,kgf/cm^2$$

※ 환산압력을 계산하기 위해서는 표준 대기압에 해당하는 압력 모두를 기억하고 있어야 가능하니 꼭 기억해 놓길 바랍니다.

주요 물리량의 단위 비교

물리량	SI단위	공학단위
힘	$N(kg \cdot m/s^2)$	kgf
압력	$Pa(N/m^2)$	kgf/m^2
열량	$J(N \cdot m)$	kcal
일	$J(N \cdot m)$	$kgf \cdot m$
에너지	$J(N \cdot m)$	$kgf \cdot m$
동력	$W(J/s)$	$kgf \cdot m/s$

2 ○ 자주하는 질문

(1) 이상기체 상태방정식 적용 문제

> 내용적 110 L의 LPG 용기에 부탄(C_4H_{10})이 50 kg 충전되어 있다. 이 부탄을 10시간 소비한 후 용기 내의 압력을 측정하니 27℃에서 4 kgf/cm^2·g이었다면 남아 있는 부탄은 몇 kg인가? (단, 27℃에서 포화증기압은 9 kgf/cm^{2}이다.)

풀이 $PV = \dfrac{W}{M}RT$에서

$$W = \frac{PVM}{RT} = \frac{\left(\dfrac{4 + 1.0332}{1.0332}\right) \times 110 \times \boxed{58}}{0.082 \times (273 + 27) \times \boxed{1000}} = 1.263 ≒ 1.26\,kg$$

해답 1.26 kg

설명 ① 풀이과정에서 분자에 적색 원으로 표시한 첫 번째 부분은 용기에 남아있는 압력 4 kgf/cm^2·g을 atm으로 환산하는 과정이고 atm 단위는 별도의 언급이 없으면 절대압력으로 판단하여 계산합니다. 그래서 게이지압력 4 kgf/cm^2·g에 대기압 1.0332 kgf/cm^{2}을 더해 절대압력으로 환산한 후 다시 대기압으로 나눠 atm 단위로 환산한 것입니다.

② 분자의 58은 부탄(C_4H_{10})의 분자량입니다.

③ 분모에 적용한 1000은 풀이에 적용한 공식의 질량(W)의 단위는 g(그램)인데 문제에서 계산하여야 할 단위는 kg이기 때문에 1000으로 나눠 준 것입니다.

◇ SI단위 공식을 적용하여 풀이

풀이 $PV = GRT$에서

$$G = \frac{PV}{RT} = \frac{\left(\frac{4 + 1.0332}{1.0332} \times 101.325\right) \times \left(110 \times 10^{-3}\right)}{\frac{8.314}{58} \times (273 + 27)} = 1.262 ≒ 1.26\,kg$$

설명 ① 풀이과정에서 분자에 적색 원으로 표시한 첫 번째 부분은 용기의 압력 게이지압력에 대기압을 더해 절대압력으로 환산한 후 대기압으로 나눠 'atm'으로 변환한 후 여기에 'kPa'단위 대기압 101.325 kPa을 곱해 절대압력 kPa로 변환한 것입니다.

② 분자 마지막 부분 (110×10^{-3})에서 10^{-3}은 공식에서 체적(V)의 단위는 m^3인데 문제에서 주어진 것은 L(리터)이며, $1\,m^3$는 1000 L이기 때문에 L를 m^3로 환산하기 위해 1000으로 나눠 준 것입니다(나눠 주는 계산식을 "$-$"승을 곱하는 것으로 표시하여도 똑같은 의미입니다).

③ 풀이에 적용한 공식에서 무게(G)의 단위는 kg이기 때문에 단위환산이 필요 없는 것입니다.

◇ 공학단위 공식을 적용하여 풀이

풀이 $PV = GRT$에서

$$G = \frac{PV}{RT} = \frac{(4 + 1.0332) \times \boxed{10000} \times \left(110 \times 10^{-3}\right)}{\frac{848}{58} \times (273 + 27)} = 1.262 ≒ 1.26\,kg$$

설명 ① 분자에 10000을 곱한 것은 풀이에 적용한 공식의 압력(P)에 해당하는 단위가 절대압력으로 kgf/m^2이기 때문입니다. 즉 문제에서 주어진 게이지압력 $4\,kgf/cm^2 \cdot g$에 표준 대기압 $1.0332\,kgf/cm^2$을 더해 절대압력 kgf/cm^2으로 계산한 후 kgf/m^2으로 단위를 환산하기 위해서는 10000을 곱한 것입니다.

② 분자 마지막 부분 (110×10^{-3})에서 10^{-3}은 공식에서 체적(V)의 단위는 m^3인데 문제에서 주어진 것은 L(리터)이며, $1\,m^3$는 1000 L이기 때문에 L를 m^3로 환산하기 위해 1000으로 나눠 준 것입니다(나눠 주는 계산식을 "$-$"승을 곱하는 것으로 표시하여도 똑같은 의미입니다).

③ 풀이 계산식에서 무게(G)의 단위는 kg이기 때문에 단위환산이 필요 없는 것입니다.

결론

이상기체 상태방정식을 적용하는 문제는 제시된 조건과 요구하는 내용의 단위에 따라 3가지 공식 중에서 선택하여 답안을 작성하길 바랍니다. 3가지 공식에 따라 최종값에서 오차는 발생하며 채점에는 영향이 없으니 반드시 교재에 설명된 공식을 이용하지 않아도 됩니다. 3가지 공식 중에 어느 공식을 선택하여 적용할지는 수험자 본인이 결정하길 바랍니다.

(2) LPG 집합설비 충전용기 수 계산

[보기]의 설계조건과 그래프를 이용하여 물음에 답하시오.

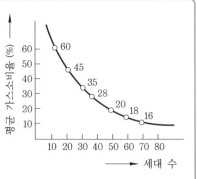

보기

- 1일 1호당 평균 가스소비량 : 1.35 kg/day
- 세대 수 : 50호
- 사용 용기 질량 : 50 kg
- 용기의 가스발생능력 : 1.10 kg/h
- 외기온도 : 0℃
- 자동절환식 일체형 조정기 사용

(1) 피크 시 평균 가스소비량(kg/h)을 계산하시오.

(2) 필요 최저용기 수를 계산하시오.

(3) 2일분 용기 수를 계산하시오.

(4) 표준용기 설치 수는 몇 개인가?

(5) 2열 용기 수는 몇 개인가?

풀이 (1) $Q = q \times N \times \eta = 1.35 \times 50 \times 0.2 = 13.5 \, \text{kg/h}$

(2) 필요 최저용기 수 $= \dfrac{\text{피크 시 평균 가스소비량(kg/h)}}{\text{피크 시 용기 가스발생능력(kg/h)}} = \dfrac{13.5}{1.10} = 12.272 ≒ 12.27$개

(3) 2일분 용기 수 $= \dfrac{\text{1일 1호당 평균 가스소비량(kg/day)} \times 2일 \times 세대 수}{\text{용기의 질량(크기)}}$

$= \dfrac{1.35 \times 2 \times 50}{50} = 2.7$개

(4) 표준용기 수 = 필요 최저용기 수 + 2일분 용기 수 = 12.27 + 2.7 = 14.97개

(5) 2열 용기 수 = 14.97 × 2 = 29.94 ≒ 30개

해답 (1) 13.5 kg/h   (2) 12.27개

(3) 2.7개   (4) 14.97개

(5) 30개

설명 ① (1)번 항목에서 '피크 시 평균 가스소비량(kg/h)'을 계산할 때 피크 시 평균 가스소비율(η)은 그래프에서 가로축의 세대 수를 선택한 후 수직으로 선을 연장하여 선도에서 만나는 지점에서 세로축의 소비율을 찾아 적용합니다(이 선도에서 세대 수 50호를 수직으로 연장하면 선도의 20 %와 만나기 때문에 이 값을 적용한 것이며, 실제 시험에서는 오차가 발생할 수 있기 때문에 조건이 일정 수치로 주어지는 경우가 대부분입니다).

② '피크 시 평균 가스소비량(kg/h)'을 계산할 때 적용되는 항목이 1일 1호당 평균 가스소비량의 단위가 'kg/day'인데 계산된 결과값은 'kg/h'로 되는 이유는 '피크 시 평균 가스소비율' 때문입니다. '피크 시 평균 가스소비율'의 의미는 가정에서 LPG를 사용할 때 24시간 연속으로 사용하는 것이 아니라 아침과 저녁 등 식사 준비시간 등과 같이 하루 24시간 중 일정시간만 사용하고 있을 것이고 풀이에 적용된 20 %

는 하루 24시간 중 20 %에 해당하는 시간만 LPG를 사용하고 나머지 시간에는 소비하지 않는다는 의미이며, 이것 때문에 단위가 'kg/day'에서 'kg/h'로 변경될 수 있는 것입니다.

③ 문제와 같이 용기 수를 계산할 때 항목별로 주어지면 각각의 계산과정에서 발생되는 소수점은 살려 나가는 방법으로 계산하고, 최종 '2열 용기 수'에서 발생되는 소수는 크기에 관계없이 무조건 1개로 올려 계산하여야 합니다.

④ '2일분 용기 수'의 의미는 LPG 판매점이 편의점과 같이 24시간 영업을 하지 않기 때문에 저녁부터 다음날 아침까지는 LPG를 배달하지 않을 겁니다. LPG가 배달되지 않는 이 시간 동안 사용할 수 있는 최소의 가스량으로 생각하길 바랍니다.

소비자 1일 1호당 평균 가스소비량 1.4 kg/day, 소비호수 5호, 자동절체식 조정기 사용 시 예비용기를 포함한 용기 수는? (단, 용기는 50 kg이며 가스발생능력은 1.10 kg/h, 소비율은 40 %이다.)

풀이 ① 필요 최저용기 수 계산

$$용기 \ 수 = \frac{피크 \ 시 \ 평균 \ 가스소비량}{용기의 \ 가스발생능력} = \frac{1.4 \times 5 \times 0.4}{1.10} = 2.545 ≒ 3개$$

② 예비용기 포함 용기 수 계산

예비용기 포함 용기 수 = 필요 최저용기 수 × 2 = 3 × 2 = 6개

해답 6개

설명 문제와 같이 용기 수를 계산하는데 필요한 조건이 제시되고, 요구하는 사항이 항목별이 아닌 최종 용기 수로 질문하면 '필요 최저용기 수'에서 계산되는 소수는 크기에 관계없이 무조건 1개로 올려 계산하여야 합니다. 이유는 앞 문제에서 질문한 '2일분 용기수', '표준용기 수'가 생략되었기 때문입니다.

(3) 노즐에서 가스 분출량 계산

LPG를 사용하는 연소기구의 밸브가 열려 0.6 mm의 노즐에서 수주 280 mm의 압력으로 LP가스가 4시간 유출하였을 경우 가스 분출량은 몇 L인가? (단, 분출압력 280 mmH$_2$O에서 LP가스의 비중은 1.7이다.)

풀이 $Q = 0.009 D^2 \times \sqrt{\dfrac{P}{d}} = 0.009 \times 0.6^2 \times \sqrt{\dfrac{280}{1.7}} \times \boxed{1000 \times 4}$

$= 166.325 ≒ 166.33 \ \text{L}$

해답 166.33 L

설명 ① 노즐에서 분출되는 가스량(Q)의 단위는 'm^3/h'인데 문제에서 묻는 것은 4시간 동안 유출된 가스량을 'L(리터)'단위로 묻고 있으므로 'm^3'를 'L'로 변환하기 위해 '1000'을 곱한 것이고, 4시간 동안 유출된 가스량을 계산하기 위해 '4'를 곱한 것입니다.

② 1 m^3 = 1000 L, 1 L = 1000 mL = 1000 cc, 비중이 1인 물의 경우 1 L = 1 kg, 1 m^3 = 1000 kg = 1톤 등은 상식적으로 기억하고 있어야 합니다.

(4) 펌프의 축동력 계산

> 전양정 25 m, 유량이 1.5 m³/min인 펌프로 물을 이송하는 경우 이 펌프의 축동력
> (kW)을 계산하시오. (단, 펌프의 효율은 75 %이다.)

풀이 $kW = \dfrac{\gamma \cdot Q \cdot H}{102\eta} = \dfrac{1000 \times 1.5 \times 25}{102 \times 0.75 \times \boxed{60}} = 8.169 ≒ 8.17\,kW$

해답 8.17 kW

설명 ① 비중량(γ)은 별도로 언급이 없으면 물의 비중량 $1000\,kgf/m^3$을 적용합니다. 이유
는 물의 비중은 1이기 때문입니다.

② 분모에 '60'을 적용한 이유는 축동력 공식에서 유량(Q)의 단위가 'm³/s'인데 분
(min)당 유량으로 주어진 것을 초(s)당 유량으로 변환하기 위한 것입니다. 만약에
시간당 유량(m³/h)으로 주어지면 '3600'을 적용해야 합니다.

(5) 원주방향 및 축방향 응력 계산

> 200 A 강관에 내압 10 kgf/cm²을 받을 경우 관에 생기는 원주방향 응력(kgf/cm²)
> 과 축방향 응력(kgf/cm²)을 계산하시오. (단, 200 A 강관의 바깥지름(D)은 216.3
> mm, 두께(t)는 5.8 mm이다.)

풀이 ① 원주방향 응력 계산

$$\sigma_A = \frac{PD}{2t} = \frac{10 \times \boxed{(216.3 - 2 \times 5.8)}}{2 \times 5.8} = 176.465 ≒ 176.47\,kgf/cm^2$$

② 축방향 응력 계산

$$\sigma_B = \frac{PD}{4t} = \frac{10 \times \boxed{(216.3 - 2 \times 5.8)}}{4 \times 5.8} = 88.232 ≒ 88.23\,kgf/cm^2$$

해답 ① 원주방향 응력 : 176.47 kgf/cm²

② 축방향 응력 : 88.23 kgf/cm²

설명 ① 원주방향 및 축방향 응력 계산식에서 D는 안지름을 의미하므로 문제에서 주어진
바깥지름(외경)에서 안지름을 계산하기 위해서는 좌·우에 있는 두께 2개소를 제외
시켜야 안지름이 계산됩니다.

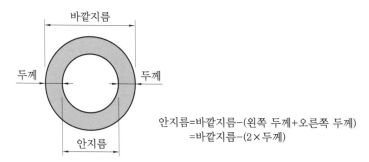

안지름=바깥지름-(왼쪽 두께+오른쪽 두께)
　　　=바깥지름-(2×두께)

② 안지름과 두께의 단위는 'cm'가 되어야 하지만 분모, 분자에 동일한 단위를 적용
하면 약분되어 최종값에는 변화가 없기 때문에 'mm'단위를 적용해도 이상이 없는
사항입니다.

(6) 압축가스 저장탱크 및 용기 충전량 산정식

> 내용적 500 L, 압력이 12 MPa이고 용기 본수는 120개일 때 압축가스의 저장능력은 몇 m³인가?

풀이 $Q = (10P+1) \cdot V = (10 \times 12 + 1) \times 0.5 \times 120 = 7260 \, \mathrm{m}^3$

해답 $7260 \, \mathrm{m}^3$

설명 압축가스를 저장탱크 및 용기에 충전할 때 충전량 산정식에서 $Q = (10P+1) \cdot V_1$과 $Q = (P+1) \cdot V_1$이 어떻게 다른지 구별이 필요합니다. 결론부터 이야기하면 $Q = (10P+1) \cdot V_1$에서 압력(P)의 단위는 'MPa'이고, $Q = (P+1) \cdot V_1$에서 압력(P)의 단위는 'kgf/cm²'입니다. 압축가스의 충전압력이 SI단위인지, 공학단위인지 확인을 하고 어떤 공식을 적용해야 하는지 판단하길 바랍니다.

(7) 용접용기 동판 두께 계산식

> 최고충전압력 2.0 MPa, 동체의 안지름 65 cm인 강재 용접용기의 동판 두께는 몇 mm인가? (단, 재료의 인장강도 500 N/mm², 용접효율 100 %, 부식여유 1 mm이다.)

풀이 $t = \dfrac{P \cdot D}{2S \cdot \eta - 1.2P} + C = \dfrac{2 \times \boxed{65 \times 10}}{2 \times \boxed{500 \times \dfrac{1}{4}} \times 1 - 1.2 \times 2} + 1 = 6.250 \fallingdotseq 6.25 \, \mathrm{mm}$

해답 $6.25 \, \mathrm{mm}$

설명 ① 동판 두께 계산식의 각 기호의 의미와 단위

t : 동판의 두께(mm) P : 최고충전압력(MPa)

D : 안지름(mm) S : 허용응력(N/mm²)

η : 용접효율 C : 부식여유수치(mm)

② 풀이과정 분자의 '65×10'은 안지름을 'mm'단위로 변환하는 과정입니다.

③ 풀이과정 분모의 '$500 \times \dfrac{1}{4}$'은 재료의 인장강도 500 N/mm²를 이용하여 '허용응력(N/mm²)'을 계산하는 과정이고 '인장강도', '허용응력', '안전율'의 관계는 다음과 같습니다.

㉮ 안전율 $= \dfrac{\text{인장강도} \, (\mathrm{N/mm}^2)}{\text{허용응력} \, (\mathrm{N/mm}^2)}$ 이므로

허용응력(S) $= \dfrac{\text{인장강도}}{\text{안전율}} = \text{인장강도} \times \dfrac{1}{\text{안전율}}$ 입니다.

㉯ 안전율이 별도로 주어지지 않으면 '4'를 적용합니다. 다만, 스테인리스제일 경우에는 3.5를 적용합니다. (2013. 기사 제2회 필답형 02번, 2016. 기사 제1회 필답형 13번 참고)

④ 공학단위일 경우 공식

$t = \dfrac{P \cdot D}{200S \cdot \eta - 1.2P} + C$ 이고 압력(P)은 kgf/cm², 허용응력(S)은 kgf/mm²을 적용합니다.

결론 저장탱크 동판 두께 계산, 구형 가스홀더 동판 두께 계산, 배관의 스케줄 번호 등을 계산할 때 재료의 인장강도가 주어졌는지, 허용응력으로 주어졌는지 꼭 확인하고 풀이 과정을 작성하길 바랍니다.

(8) 공기액화 분리장치의 불순물 유입금지 기준

> 공기액화 분리장치의 액화산소 5 L 중에 CH_4이 250 mg, C_4H_{10}이 200 mg 함유하고 있다면 공기액화 분리장치의 운전이 가능한지 판정하시오. (단, 공기액화 분리장치의 공기 압축량이 1000 m^3/h 이상이다.)

풀이 ① 탄화수소 중 탄소질량 계산

$$\therefore \text{탄소질량} = \left(\frac{12}{16} \times 250\right) + \left(\frac{48}{58} \times 200\right) = 353.017 ≒ 353.02\,\text{mg}$$

② 판정 : 500 mg이 넘지 않으므로 운전이 가능하다.

해답 탄화수소 중 탄소질량이 353.02 mg으로 500 mg을 넘지 않으므로 운전이 가능하다.

설명 ① 공기액화분리기의 불순물 유입금지 기준(KGS FP112) : 공기액화분리기(1시간의 공기 압축량이 1000 m^3 이하의 것은 제외한다)에 설치된 액화산소통 안의 액화산소 5 L 중 아세틸렌 질량이 5 mg 또는 탄화수소의 탄소의 질량이 500 mg을 넘을 때에는 그 공기액화분리기의 운전을 중지하고 액화산소를 방출한다.

② 탄화수소 중 탄소질량 계산 : 탄화수소 중 탄소질량은 문제에서 주어진 탄화수소류의 질량에 이 탄화수소 중 탄소가 차지하는 질량비율만큼 있는 것이므로 질량비를 곱하면 됩니다.

$$\therefore \text{탄소의 질량비} = \frac{\text{탄소질량}}{\text{분자량}}$$

$$\therefore \text{탄소질량} = A\text{물질의 탄소량} + B\text{물질의 탄소량}$$
$$= (A\text{물질 탄소의 질량비} \times A\text{물질량}) + (B\text{물질 탄소의 질량비} \times B\text{물질량})$$
$$= \left(\frac{12}{16} \times 250\right) + \left(\frac{48}{58} \times 200\right) = 353.017 ≒ 353.02\,\text{mg}$$

> 공기액화 분리장치에서 액화산소 35 L 중 메탄 2 g, 부탄 4 g이 혼합되어 있을 때 탄화수소의 탄소질량을 구하고, 공기액화 분리장치의 운전은 어떻게 하여야 하는지 조치방법을 쓰시오.
> (1) 탄화수소의 탄소질량 계산 :
> (2) 조치 방법 :

풀이 (1) 탄소질량 $= \dfrac{\left(\dfrac{12}{16} \times 2000\right) + \left(\dfrac{48}{58} \times 4000\right)}{\boxed{\dfrac{35}{5}}} = 687.192 ≒ 687.19\,\text{mg}$

해답 (1) 687.19 mg

(2) 탄화수소 중 탄소질량이 500 mg을 넘으므로 운전을 중지하고 액화산소를 방출하여야 한다.

설명 문제에서 액화산소가 35 L로 주어졌으므로 주어진 액화산소는 기준량 5 L에 7배 $\left(\dfrac{35}{5} = 7\right)$에 해당되는 양이며, 메탄 2 g과 부탄 4 g도 액화산소 기준량에 7배에 해당되는 양에 포함된 양이므로 계산된 탄소량을 7배로 나눠주면 액산 5 L에 함유된 양이 됩니다. 탄화수소류의 질량 단위 중 1 g은 1000 mg에 해당됩니다.

$$\therefore \text{탄소질량} = \frac{A\text{물질 중 탄소량} + B\text{물질 중 탄소량}}{\text{액산 기준량의 배수}}$$

$$= \frac{\left(\dfrac{12}{16} \times 2000\right) + \left(\dfrac{48}{58} \times 4000\right)}{\dfrac{35}{5}} = 687.192 \fallingdotseq 687.19\,\text{mg}$$

3 ○ 단위정리가 이루어지지 않는 공식

계산공식에 적용하는 각 기호의 인자에 대한 각각의 단위를 정리하면 최종값 단위와 일치하는 것이 일반적인데 그렇지 않은 공식을 정리한 것입니다. 단위정리가 이루어지지 않는 공식이 존재하는 이유는 실험이나 경험 등에 의하여 만들어진 공식이 대부분이고 최종값의 오차를 보정하기 위하여 상수(C)값을 적용하는 것이 일반적입니다.

① 입상배관에 의한 압력손실

$$H = 1.293(S-1)h$$

여기서, H : 입상배관에 의한 압력손실(mmH$_2$O) S : 가스의 비중
    h : 입상높이(m)

※ 가스비중이 공기보다 작은 경우 "$-$"값이 나오면 압력이 상승되는 것이다.

※ '1.293'은 공기의 밀도$\left(\rho = \dfrac{M}{22.4} = \dfrac{28.965}{22.4} = 1.293\,\text{kg/m}^3\right)$이며, 공학단위가 기본으로 적용될 때 질량 1 kg은 중량 1 kgf으로 적용할 수 있었으므로 이것을 적용하면 최종값 단위는 'kg/m^2'으로 나오고 이것은 'mmH$_2$O'와 변환이 가능하다.

② 저압배관의 유량식

$$Q = K\sqrt{\frac{D^5 \cdot H}{S \cdot L}}$$

여기서, Q : 가스의 유량(m^3/h) D : 관 안지름(cm)
    H : 압력손실(mmH$_2$O) S : 가스의 비중
    L : 관의 길이(m) K : 유량계수(폴의 상수 : 0.707)

③ 중·고압배관의 유량식

$$Q = K\sqrt{\frac{D^5 \cdot (P_1^2 - P_2^2)}{S \cdot L}}$$

여기서, Q : 가스의 유량(m^3/h) D : 관 안지름(cm)
    P_1 : 초압(kgf/cm^2·a) P_2 : 종압(kgf/cm^2·a)
    S : 가스의 비중 L : 관의 길이(m)
    K : 유량계수(코크스의 상수 : 52.31)

④ 노즐에서의 가스 분출량 계산식

$$Q = 0.011K \cdot D^2 \sqrt{\frac{P}{d}} = 0.009D^2 \sqrt{\frac{P}{d}}$$

여기서, Q : 분출가스량(m^3/h)　　　　　　　K : 유출계수(0.8)
　　　　D : 노즐의 지름(mm)　　　　　　　d : 가스비중
　　　　P : 노즐 직전의 가스압력(mmH_2O)

⑤ 웨버지수

$$WI = \frac{H_g}{\sqrt{d}}$$

여기서, WI : 웨버지수
　　　　H_g : 도시가스의 총발열량($kcal/m^3$)
　　　　d : 도시가스의 비중
※ 웨버지수는 단위가 없는 무차원수입니다.

⑥ 연소기의 노즐 조정

$$\frac{D_2}{D_1} = \frac{\sqrt{WI_1 \sqrt{P_1}}}{\sqrt{WI_2 \sqrt{P_2}}}$$

여기서, D_1 : 변경 전 노즐 지름(mm)　　　　D_2 : 변경 후 노즐 지름(mm)
　　　　WI_1 : 변경 전 가스의 웨버지수　　　WI_2 : 변경 후 가스의 웨버지수
　　　　P_1 : 변경 전 가스의 압력(mmH_2O)　　P_2 : 변경 후 가스의 압력(mmH_2O)

⑦ 배관의 스케줄 번호(schedule number)

$$Sch\ No = 10 \times \frac{P}{S}$$

여기서, P : 사용압력(kgf/cm^2)
　　　　S : 재료의 허용응력(kgf/mm^2)

⑧ 용접용기 동판 두께 산출식

$$t = \frac{P \cdot D}{2S \cdot \eta - 1.2P} + C$$

여기서, t : 동판의 두께(mm)　　　　　P : 최고충전압력(MPa)
　　　　D : 안지름(mm)　　　　　　　S : 허용응력(N/mm^2)
　　　　η : 용접효율　　　　　　　　C : 부식여유수치(mm)

※ 단위가 정리되지 않는 공식을 몇 시간, 심한 경우 며칠씩이나 각각의 기호에 대입해 보고 정리가 되지 않아 고민하면서 금쪽과 같은 시간을 허비(虛費)하지 않기를 바랍니다.

간추린 가스 관련 공식 100선(選)

1 온도

① $\mathrm{℃} = \dfrac{5}{9}(\mathrm{℉} - 32)$

② $\mathrm{℉} = \dfrac{9}{5}\mathrm{℃} + 32$

③ 절대온도

  $\mathrm{K} = \mathrm{℃} + 273$ $\mathrm{°R} = \mathrm{℉} + 460$

2 압력

① 절대압력 = 대기압 + 게이지압력

       = 대기압 − 진공압력

② 압력환산

  환산압력 = $\dfrac{\text{주어진 압력}}{\text{주어진 압력 표준대기압}} \times$

  구하려고 하는 표준대기압

> **참고**
>
> $1\mathrm{MPa} = 10.1968\ \mathrm{kgf/cm^2} ≒ 10\ \mathrm{kgf/cm^2}$
> $1\mathrm{kPa} = 101.968\ \mathrm{mmH_2O} ≒ 100\ \mathrm{mmH_2O}$

3 비열비

$k = \dfrac{C_p}{C_v} > 1$

$C_p - C_v = AR$ $C_p = \dfrac{k}{k-1}AR$

$C_v = \dfrac{1}{k-1}AR$

  k : 비열비
  C_p : 정압비열(kcal/kgf · ℃)
  C_v : 정적비열(kcal/kgf · ℃)

A : 일의 열당량 $\left(\dfrac{1}{427}\mathrm{kcal/kgf \cdot m}\right)$

R : 기체상수 $\left(\dfrac{848}{M}\mathrm{kgf \cdot m/kg \cdot K}\right)$

[SI 단위]

$C_p - C_v = R$ $C_p = \dfrac{k}{k-1}R$

$C_v = \dfrac{1}{k-1}R$

  C_p : 정압비열(kJ/kg · ℃)
  C_v : 정적비열(kJ/kg · ℃)
  R : 기체상수 $\left(\dfrac{8.314}{M}\mathrm{kJ/kg \cdot K}\right)$

4 현열과 잠열

① 현열

  $Q = G \cdot C \cdot \Delta t$

    Q : 현열(kcal)
    G : 물체의 중량(kgf)
    C : 비열(kcal/kgf · ℃)
    Δt : 온도변화(℃)

② 잠열

  $Q = G \cdot r$

    Q : 잠열(kcal)
    G : 물체의 중량(kgf)
    r : 잠열량(kcal/kgf)

[SI 단위]

① 현열(감열)

  $Q = m \cdot C \cdot \Delta t$

    Q : 현열(kJ)
    m : 물체의 질량(kg)
    C : 비열(kJ/kg · ℃)
    Δt : 온도변화(℃)

② 잠열

$$Q = m \cdot r$$

Q : 잠열(kJ) m : 물체의 질량(kg)

r : 잠열량(kJ/kg)

5 엔탈피

$$h = U + A \cdot P \cdot v$$

h : 엔탈피(kcal/kgf)

U : 내부에너지(kcal/kgf)

A : 일의 열당량$\left(\dfrac{1}{427} \text{kcal/kgf} \cdot \text{m}\right)$

P : 압력(kgf/m^2)

v : 비체적(m^3/kgf)

[SI 단위]

$$h = U + P \cdot v$$

h : 엔탈피(kJ/kg)

U : 내부에너지(kJ/kg)

P : 압력(kPa)

v : 비체적(m^3/kg)

6 엔트로피

$$dS = \frac{dQ}{T} = U + \frac{A \cdot P \cdot v}{T}$$

dS : 엔트로피 변화량(kcal/kgf·K)

dQ : 열량변화(kcal/kgf)

T : 그 상태의 절대온도(K)

A : 일의 열당량$\left(\dfrac{1}{427} \text{kcal/kgf} \cdot \text{m}\right)$

P : 압력(kgf/m^2)

v : 비체적(m^3/kgf)

[SI 단위]

$$dS = \frac{dQ}{T} = U + \frac{P \cdot v}{T}$$

dS : 엔트로피 변화량(kJ/kg·K)

dQ : 열량변화(kJ/kg)

T : 그 상태의 절대온도(K)

P : 압력(kPa)

v : 비체적(m^3/kg)

7 열평형 온도(열역학 제0법칙)

$$t_m = \frac{G_1 \cdot C_1 \cdot t_1 + G_2 \cdot C_2 \cdot t_2}{G_1 \cdot C_1 + G_2 \cdot C_2}$$

t_m : 평균온도(℃)

G_1, G_2 : 각 물질의 중량(kgf)

C_1, C_2 : 각 물질의 비열(kcal/kgf·℃)

t_1, t_2 : 각 물질의 온도(℃)

8 줄의 법칙

$$Q = A \cdot W \qquad W = J \cdot Q$$

Q : 열량(kcal) W : 일량(kgf·m)

A : 일의 열당량$\left(\dfrac{1}{427} \text{kcal/kgf} \cdot \text{m}\right)$

J : 열의 일당량(427 kgf·m/kcal)

[SI 단위]

$$Q = W$$

Q : 열량(kJ) W : 일량(kJ)

9 비중

① 가스 비중

$$\text{가스 비중} = \frac{\text{기체분자량(질량)}}{\text{공기의 평균분자량(29)}}$$

② 액체 비중

$$\text{액체 비중} = \frac{t\,℃의\ 물질의\ 밀도}{4\,℃\ 물의\ 밀도}$$

10 가스 밀도, 비체적

① 가스 밀도(g/L, kg/m^3) $= \dfrac{\text{분자량}}{22.4}$

② 가스비체적(L/g, m^3/kg)

$$= \frac{22.4}{\text{분자량}} = \frac{1}{\text{밀도}}$$

11 보일-샤를의 법칙

① 보일의 법칙

$$P_1 \cdot V_1 = P_2 \cdot V_2$$

② 샤를의 법칙

$$\frac{V_1}{T_1} = \frac{V_2}{T_2}$$

③ 보일-샤를의 법칙

$$\frac{P_1 \cdot V_1}{T_1} = \frac{P_2 \cdot V_2}{T_2}$$

P_1 : 변하기 전의 절대압력

P_2 : 변한 후의 절대압력

V_1 : 변하기 전의 부피

V_2 : 변한 후의 부피

T_1 : 변하기 전의 절대온도(K)

T_2 : 변한 후의 절대온도(K)

12 이상기체 상태 방정식

① $PV = nRT \qquad PV = \dfrac{W}{M} RT$

$$PV = Z \frac{W}{M} RT$$

P : 압력(atm) $\qquad V$: 체적(L)

n : 몰(mol) 수

R : 기체상수(0.082 L·atm/mol·K)

M : 분자량(g) $\qquad W$: 질량(g)

T : 절대온도(K) $\qquad Z$: 압축계수

② $PV = GRT$

P : 압력(kgf/m²·a) $\;V$: 체적(m³)

G : 중량(kgf) $\qquad T$: 절대온도(K)

R : 기체상수 $\left(\dfrac{848}{M} \text{kgf·m/kg·K}\right)$

[SI 단위]

$\quad PV = GRT$

P : 압력(kPa·a) $\qquad V$: 체적(m³)

G : 질량(kg) $\qquad T$: 절대온도(K)

R : 기체상수 $\left(\dfrac{8.314}{M} \text{kJ/kg·K}\right)$

13 실제기체 상태 방정식 (Van der Walls식)

① 실제기체가 1mol의 경우

$$\left(P + \frac{a}{V^2}\right)(V - b) = RT$$

② 실제기체가 n[mol]의 경우

$$\left(P + \frac{n^2 \cdot a}{V^2}\right)(V - n \cdot b) = nRT$$

a : 기체분자간의 인력(atm·L²/mol²)

b : 기체분자 자신이 차지하는 부피(L/mol)

14 달톤의 분압법칙

$$P = P_1 + P_2 + P_3 + \cdots + P_n$$

P : 전압

P_1, P_2, P_3, P_n : 각 성분 기체의 압력

15 아메가의 분적법칙

$$V = V_1 + V_2 + V_3 + \cdots + V_n$$

V : 전부피

V_1, V_2, V_3, V_n : 각 성분 기체의 부피

16 전압

$$P = \frac{P_1 V_1 + P_2 V_2 + P_3 V_3 + \cdots + P_n V_n}{V}$$

P : 전압 $\quad V$: 전부피

P_1, P_2, P_3, P_n : 각 성분 기체의 분압

V_1, V_2, V_3, V_n : 각 성분 기체의 부피

17 분압

$$분압 = 전압 \times \frac{성분\ 몰수}{전\ 몰수}$$

$$= 전압 \times \frac{성분\ 부피}{전\ 부피}$$

$$= 전압 \times \frac{성분\ 분자수}{전\ 분자수}$$

18 혼합가스의 조성

① $\text{mol}(\%) = \dfrac{어느\ 성분\ 기체의\ mol수}{가스\ 전체의\ mol수}$

② $체적(\%) = \dfrac{어느\ 성분\ 기체의\ 체적}{가스\ 전체의\ 체적}$

③ 중량(%) = $\dfrac{\text{어느 성분 기체의 중량}}{\text{가스 전체의 중량}}$

19 혼합가스의 확산속도(그레이엄의 법칙)

$$\frac{U_2}{U_1} = \sqrt{\frac{M_1}{M_2}} = \frac{t_1}{t_2}$$

U_1, U_2 : 1번 및 2번 기체의 확산속도
M_1, M_2 : 1번 및 2번 기체의 분자량
t_1, t_2 : 1번 및 2번 기체의 확산시간

20 르샤틀리에의 법칙(폭발한계 계산)

$$\frac{100}{L} = \frac{V_1}{L_1} + \frac{V_2}{L_2} + \frac{V_3}{L_3} + \frac{V_4}{L_4} + \cdots$$

L : 혼합가스의 폭발한계치
V_1, V_2, V_3, V_4 : 각 성분 체적(%)
L_1, L_2, L_3, L_4 : 각 성분 단독의 폭발한계치

21 다공도 계산식

$$\text{다공도(\%)} = \frac{V - E}{V} \times 100$$

V : 다공물질의 용적(m^3)
E : 아세톤의 침윤 잔용적(m^3)
※ 다공도 기준 : 75~92% 미만

22 횡형 원통형 저장탱크

① 내용적 계산식

$$V = \frac{\pi}{4} D_1^2 L_1 + \frac{\pi}{12} D_1^2 \cdot L_2 \times 2$$

② 표면적 계산식

$$A = \pi D_2 L_1 + \frac{\pi}{4} D_2^2 \times 2$$

V : 저장탱크 내용적(m^3)
A : 저장탱크 표면적(m^2)
D_1 : 저장탱크 안지름(m)
D_2 : 저장탱크 바깥지름(m)
L_1 : 원통부의 길이(m)
L_2 : 경판의 길이(m)

23 구형(球形) 저장탱크 내용적 계산식

$$V = \frac{4}{3} \pi \cdot r^3 = \frac{\pi}{6} D^3$$

V : 구형 저장탱크의 내용적(m^3)
r : 구형 저장탱크의 반지름(m)
D : 구형 저장탱크의 지름(m)

24 집합공급 설비 용기 수 계산

① 피크 시 평균가스 소비량(kg/h)
= 1일 1호당 평균가스 소비량(kg/day)×
세대수×피크 시의 평균가스 소비율

② 필요 최저 용기 수
= $\dfrac{\text{피크 시 평균가스 소비량(kg/h)}}{\text{피크 시 용기 가스발생능력(kg/h)}}$

③ 2일분 용기 수 =
$\dfrac{\text{1일 1호당 평균가스소비량(kg/day)×2일×세대수}}{\text{용기의 질량(크기)}}$

④ 표준 용기 설치 수
= 필요 최저 용기 수+2일분 용기 수

⑤ 2열 합계 용기 수 = 표준 용기 수×2

25 영업장의 용기 수 계산

$$\text{용기 수} = \frac{\text{최대소비수량(kg/h)}}{\text{표준가스 발생능력(kg/h)}}$$

26 용기 교환주기 계산

$$\text{교환주기} = \frac{\text{총 가스량}}{\text{1일 가스소비량}}$$

$$= \frac{\text{용기의 크기(kg)×용기 수}}{\text{가스소비량(kg/h)×연소기수×1일 평균사용시간}}$$

27 입상배관에 의한 압력손실

$$H = 1.293(S - 1)h$$

H : 입상배관에 의한 압력손실(mmH$_2$O)
S : 가스의 비중 h : 입상높이(m)

※가스비중이 공기보다 작은 경우 "−" 값이 나오면 압력이 상승되는 것이다.

28 저압배관의 유량 결정

$$Q = K\sqrt{\frac{D^5 \cdot H}{S \cdot L}}$$

Q : 가스의 유량(m^3/h)

D : 관 안지름(cm)

H : 압력손실(mmH_2O)

S : 가스의 비중

L : 관의 길이(m)

K : 유량계수(폴의 상수 : 0.707)

29 중·고압배관의 유량 결정

$$Q = K\sqrt{\frac{D^5 \cdot (P_1^2 - P_2^2)}{S \cdot L}}$$

Q : 가스의 유량(m^3/h)

D : 관 안지름(cm)

P_1 : 초압($kgf/cm^2 \cdot a$)

P_2 : 종압($kgf/cm^2 \cdot a$)

S : 가스의 비중 L : 관의 길이(m)

K : 유량계수(코크스의 상수 : 52.31)

30 배관의 스케줄 번호

(schedule number)

$$Sch \ No = 10 \times \frac{P}{S}$$

P : 사용압력(kgf/cm^2)

S : 재료의 허용응력(kgf/mm^2)

$$\left(S = \frac{인장강도(kgf/mm^2)}{안전율(4)}\right)$$

31 배관의 두께 계산

① 바깥지름과 안지름의 비가 1.2 미만인 경우

$$t = \frac{P \cdot D}{2 \cdot \dfrac{f}{S} - P} + C$$

② 바깥지름과 안지름의 비가 1.2 이상인 경우

$$t = \frac{D}{2}\left\{\sqrt{\frac{\dfrac{f}{S} + P}{\dfrac{f}{S} - P}} - 1\right\} + C$$

t : 배관의 두께(mm) P : 상용압력(MPa)

D : 안지름에서 부식여유에 상당하는 부분을 뺀 수치(mm)

f : 재료의 인장강도(N/mm^2) 또는 항복점(N/mm^2)의 1.6배

C : 부식여유치(mm)

S : 안전율

32 열팽창에 의한 신축길이

$$\Delta L = L \cdot \alpha \cdot \Delta t$$

ΔL : 관의 신축길이(mm)

L : 관 길이(mm)

α : 선팽창계수(1.2×10^{-5} /℃)

Δt : 온도차(℃)

33 원형관의 압력손실

① 다르시−바이스바하식

$$h_f = f \times \frac{L}{D} \times \frac{V^2}{2g}$$

② 패닝(Fanning)의 식

$$h_f = 4f \times \frac{L}{D} \times \frac{V^2}{2g}$$

h_f : 손실수두(mH_2O)

f : 관마찰계수

L : 관길이(m) D : 관지름(m)

V : 유체의 속도(m/s)

g : 중력가속도($9.8m/s^2$)

34 노즐에서의 가스 분출량 계산식

$$Q = 0.011K \cdot D^2 \sqrt{\frac{P}{d}} = 0.009D^2\sqrt{\frac{P}{d}}$$

Q : 분출가스량(m^3/h)

K : 유출계수(0.8)

D : 노즐의 지름(mm)

d : 가스 비중

P : 노즐 직전의 가스압력(mmH$_2$O)

35 가스홀더의 활동량(ΔV) 계산

$$\Delta V = V \times \frac{(P_1 - P_2)}{P_0} \times \frac{T_0}{T_1}$$

ΔV : 가스홀더의 활동량(Nm^3)
V : 가스홀더의 내용적(m^3)
P_1 : 가스홀더의 최고사용압력(kgf/cm^2·a)
P_2 : 가스홀더의 최저사용압력(kgf/cm^2·a)
P_0 : 표준대기압(1.0332kgf/cm^2)
T_0 : 표준상태의 절대온도(273K)
T_1 : 가동상태의 절대온도(K)

36 가스홀더의 제조 능력

$$M = (S \times a - H) \times \frac{24}{t}$$

M : 1일의 최대 필요 제조 능력
S : 1일의 최대 공급량
a : 17시~22시 공급률
H : 가스홀더 활동량
t : 시간당 공급량이 제조 능력보다도 많은 시간(피크사용시간)

37 도시가스 월사용 예정량 산정식

$$Q = \frac{(A \times 240) + (B \times 90)}{11000}$$

Q : 월사용 예정량(m^3)
A : 공장 등 산업용 연소기 가스소비량 합계(kcal/h)
B : 음식점 등 영업용(산업용 외) 연소기 가스소비량 합계(kcal/h)

38 공기 희석 시 조정 발열량

$$Q_2 = \frac{Q_1}{1 + x}$$

Q_2 : 조정된 발열량(kcal/m^3)
Q_1 : 변경 전 발열량(kcal/m^3)
x : 희석배수(공기량 : m^3)

39 웨버지수

$$WI = \frac{H_g}{\sqrt{d}}$$

H_g : 도시가스의 총발열량(kcal/m^3)
d : 도시가스의 비중

40 연소속도 지수

$$Cp = K \frac{1.0H_2 + 0.6(CO + C_mH_n) + 0.3CH_4}{\sqrt{d}}$$

H_2 : 가스중의 수소 함량(vol%)
CO : 가스중의 일산화탄소 함량(vol%)
C_mH_n : 가스중의 탄화수소의 함량(vol%)
d : 가스의 비중
K : 가스중의 산소 함량에 따른 정수

41 연소기의 노즐 조정

$$\frac{D_2}{D_1} = \frac{\sqrt{WI_1}\sqrt{P_1}}{\sqrt{WI_2}\sqrt{P_2}}$$

D_1 : 변경 전 노즐 지름(mm)
D_2 : 변경 후 노즐 지름(mm)
WI_1 : 변경 전 가스의 웨버지수
WI_2 : 변경 후 가스의 웨버지수
P_1 : 변경 전 가스의 압력(mmH$_2$O)
P_2 : 변경 후 가스의 압력(mmH$_2$O)

42 왕복동형 압축기 피스톤 압출량

① 이론적 피스톤 압출량

$$V = \frac{\pi}{4} \cdot D^2 \cdot L \cdot n \cdot N \cdot 60$$

② 실제적 피스톤 압출량

$$V' = \frac{\pi}{4} \cdot D^2 \cdot L \cdot n \cdot N \cdot 60 \cdot \eta_v$$

V : 이론적인 피스톤 압출량(m^3/h)
V' : 실제적인 피스톤 압출량(m^3/h)
D : 피스톤 지름(m)
L : 행정거리(m) n : 기통수
N : 분당 회전수(rpm)
η_v : 체적효율(%)

43 회전식 압축기 피스톤 압출량

$$V = 60 \times 0.785 \cdot t \cdot N \cdot (D^2 - d^2)$$

V : 피스톤 압출량(m^3/h)
t : 회전 피스톤의 가스 압축부분의 두께(m)
N : 회전 피스톤의 회전수(rpm)
D : 피스톤 기통의 안지름(m)
d : 회전 피스톤의 바깥지름(m)

44 나사식 압축기 토출량

$$Q_{th} = C_v \cdot D^2 \cdot L \cdot N$$

Q_{th} : 이론 토출량(m^3/min)
D : 암 로터의 지름(m)
L : 로터의 길이(m)
N : 숫 로터의 회전수(rpm)
C_v : 로터 모양에서 결정되는 상수

45 압축비

① 1단 압축비

$$a = \frac{P_2}{P_1}$$

② 다단 압축비

$$a^m = \sqrt[n]{\frac{P_2}{P_1}}$$

P_1 : 흡입압력(절대압력)
P_2 : 최종압력(절대압력)
n : 단수

46 압축기 효율

① 체적효율(%)

$$\eta_v = \frac{\text{실제적 피스톤 압출량}}{\text{이론적 피스톤 압출량}} \times 100$$

② 압축효율(%)

$$\eta_c = \frac{\text{이론동력}}{\text{실제소요동력(지시동력)}} \times 100$$

③ 기계효율(%)

$$\eta_m = \frac{\text{실제적 소요동력(지시동력)}}{\text{축동력}} \times 100$$

47 펌프 효율

① 체적효율(%)

$$\eta_v = \frac{\text{실제적 흡출량}}{\text{이론적 흡출량}} \times 100$$

② 수력효율(%)

$$\eta_h = \frac{\text{최종압력 증가량}}{\text{평균 유효압력}} \times 100$$

③ 기계효율(%)

$$\eta_m = \frac{\text{실제적 소요동력(지시동력)}}{\text{축동력}} \times 100$$

④ 펌프의 전효율

$$\eta = \frac{L_W}{L_S} = \eta_v \times \eta_h \times \eta_m$$

η : 펌프의 전효율　　L_w : 수동력
L_s : 축동력　　　　　η_v : 체적효율
η_h : 수력효율　　　　η_m : 기계효율

48 비교회전도(비속도)

$$N_S = \frac{N\sqrt{Q}}{\left(\dfrac{H}{n}\right)^{\frac{3}{4}}}$$

N_s : 비교회전도(비속도)(rpm·m^3/min·m)
N : 회전수(rpm)　　H : 양정(m)
Q : 풍량(m^3/min)　　n : 단수

49 전동기(motor) 회전수

$$N = \frac{120f}{P} \times \left(1 - \frac{s}{100}\right)$$

N : 전동기 회전수(rpm)　f : 주파수(Hz)
P : 극수　　s : 미끄럼률

50 압축기 축동력

① PS(미터마력)

$$PS = \frac{P \cdot Q}{75\eta}$$

② kW

$$kW = \frac{P \cdot Q}{102\eta}$$

P : 토출압력(kgf/m^2)　Q : 유량(m^3/s)
η : 효율

51 펌프의 축동력

① PS(미터마력)   ② kW

$$PS = \frac{\gamma \cdot Q \cdot H}{75\,\eta} \qquad kW = \frac{\gamma \cdot Q \cdot H}{102\,\eta}$$

γ : 액체의 비중량(kgf/m^3)
Q : 유량(m^3/s) H : 전양정(m)
η : 효율

52 원심펌프 상사법칙

① 유량

$$Q_2 = Q_1 \times \left(\frac{N_2}{N_1}\right) \times \left(\frac{D_2}{D_1}\right)^3$$

② 양정

$$H_2 = H_1 \times \left(\frac{N_2}{N_1}\right)^2 \times \left(\frac{D_2}{D_1}\right)^2$$

③ 동력

$$L_2 = L_1 \times \left(\frac{N_2}{N_1}\right)^3 \times \left(\frac{D_2}{D_1}\right)^5$$

Q_1, Q_2 : 변경 전, 후의 유량
H_1, H_2 : 변경 전, 후의 양정
L_1, L_2 : 변경 전, 후의 동력
N_1, N_2 : 변경 전, 후의 임펠러 회전수
D_1, D_2 : 변경 전, 후의 임펠러 지름

53 응력(stress)

$$\sigma = \frac{W}{A}$$

σ : 응력(kgf/cm^2) W : 하중(kgf)
A : 단면적(cm^2)

① 원주방향 응력   ② 축방향 응력

$$\sigma_A = \frac{PD}{2t} \qquad \sigma_B = \frac{PD}{4t}$$

σ_A : 원주방향 응력(kgf/cm^2)
σ_B : 축방향 응력(kgf/cm^2)
P : 사용압력(kgf/cm^2)
D : 안지름(mm)
t : 두께(mm)

③ 인장하중에 의한 응력

$$\sigma = \frac{\epsilon \times \Delta L}{L}$$

σ : 응력(kgf/cm^2) ϵ : 영률(kgf/cm^2)
ΔL : 늘어난 길이(cm)
L : 길이(cm)
※ 충격하중에 의한 응력은 인장하중에 의한 응력의 2배이다.

54 용기 두께 산출식

① 용접 용기 동판 두께 산출식

$$t = \frac{P \cdot D}{2S \cdot \eta - 1.2P} + C$$

t : 동판의 두께(mm)
P : 최고충전압력(MPa)
D : 안지름(mm) S : 허용응력(N/mm^2)
η : 용접효율 C : 부식여유수치(mm)

② 산소 용기 두께 산출식

$$t = \frac{P \cdot D}{2S \cdot E}$$

t : 두께(mm)
P : 최고충전압력(MPa)
D : 바깥지름(mm)
S : 인장강도(N/mm^2)
E : 안전율

③ 프로판 용기 두께 산출식

$$t = \frac{P \cdot D}{0.5S \cdot \eta - P} + C$$

t : 동판의 두께(mm)
P : 최고충전압력(MPa)
D : 안지름(mm)
S : 인장강도(N/mm^2)
η : 용접효율
C : 부식여유수치(mm)

④ 염소 용기 두께 산출식

$$t = \frac{P \cdot D}{2S}$$

t : 동판의 두께(mm) P : 증기압력(MPa)
D : 바깥지름(mm)
S : 인장강도(N/mm^2)

⑤ 구형 가스홀더 두께 산출식

$$t = \frac{P \cdot D}{4 f \cdot \eta - 0.4 P} + C$$

  t : 동판의 두께(mm)
  P : 최고충전압력(MPa)
  D : 안지름(mm)
  f : 허용응력(N/mm^2)
  η : 용접효율
  C : 부식여유수치(mm)

55 저장능력 산정식

① 압축가스의 저장탱크 및 용기

$$Q = (10 P + 1) \cdot V_1$$

② 액화가스 저장탱크

$$W = 0.9 d \cdot V_2$$

③ 액화가스 용기(충전용기, 탱크로리)

$$W = \frac{V_2}{C}$$

  Q : 저장능력(m^3)
  P : 35℃에서 최고충전압력(MPa)
  V_1 : 내용적(m^3) W : 저장능력(kg)
  V_2 : 내용적(L) d : 액화가스의 비중
  C : 액화가스 충전상수(C_3H_8 : 2.35,
       C_4H_{10} : 2.05, NH_3 : 1.86)

56 안전공간 계산

$$Q = \frac{V - E}{V} \times 100$$

  Q : 안전공간(%)
  V : 저장시설의 내용적
  E : 액화가스의 부피

57 항구(영구)증가율(%) 계산

$$항구(영구)증가율(\%) = \frac{항구증가량}{전증가량} \times 100$$

58 비수조식 내압시험장치 전증가량 계산

$$\Delta V = (A - B) - \{(A - B) + V\} \times P \times \beta$$

  ΔV : 전증가량(cm^3)
  V : 용기 내용적(cm^3)
  P : 내압시험압력(MPa)
  A : 내압시험압력 P 에서의 압입수량(수량
       계의 물 강하량)(cm^3)
  B : 내압시험압력 P 에서의 수압펌프에서
       용기까지의 연결관에 압입된 수량(용기
       이외의 압입수량)(cm^3)
  β : 내압시험 시 물의 온도에서 압축계수
  t : 내압시험 시 물의 온도(℃)

59 온도변화에 의한 액화가스의 액팽창량

$$\Delta V = V \cdot \alpha \cdot \Delta t$$

  ΔV : 액팽창량(L)
  V : 액화가스의 체적(L)
  α : 액팽창계수(℃)
  Δt : 온도변화(℃)

60 압력변화에 의한 액변화량

$$\Delta V = V_0 \cdot \beta \cdot \Delta P$$

  ΔV : 가압한 물의 체적변화량(L)
  V_0 : 내용적 + 가압한 물의 양(L)
  β : 압축계수(atm)
  ΔP : 압력변화(atm)

61 초저온 용기의 단열성능시험
   (침입열량 계산식)

$$Q = \frac{W \cdot q}{H \cdot \Delta t \cdot V}$$

  Q : 침입열량(J/h · ℃ · L)
  W : 측정중의 기화가스량(kg)
  q : 시험용 액화가스의 기화잠열(J/kg)
  H : 측정시간(h)
  Δt : 시험용 액화가스의 비점과 외기와의
       온도차(℃)
  V : 용기 내용적(L)

62 안전밸브 작동압력

$$P = 내압시험압력 \times \frac{8}{10} \text{ 이하}$$

내압시험압력 = 상용압력 × 1.5배
(단, 설비, 장치, 배관의 경우만 해당)

63 안전밸브 분출면적

$$a = \frac{W}{230\,P\,\sqrt{\dfrac{M}{T}}}$$

a : 분출부 유효면적(cm^2)
W : 시간당 분출가스량(kg/h)
P : 분출압력($kgf/cm^2 \cdot a$)
M : 가스 분자량
T : 분출직전의 가스의 절대온도(K)

64 압력용기 안전밸브 지름

$$d = C\sqrt{\left(\frac{D}{1000}\right) \times \left(\frac{L}{1000}\right)}$$

d : 안전밸브 지름(mm)
C : 가스 정수
D : 압력용기 바깥지름(mm)
L : 압력용기 길이(mm)

65 용기 내장형 가스난방기용 용기밸브 안전밸브 분출량

$$Q = 0.0278\,P \cdot W$$

Q : 분출량(m^3/min)
P : 작동절대압력(MPa)
W : 용기 내용적(L)

66 충전용기 시험압력

① 최고충전압력(FP)
  ㉮ 압축가스 용기 : 35℃ 최고충전압력
  ㉯ 아세틸렌용기 : 15℃에서 최고압력
  ㉰ 초저온, 저온 용기 : 상용압력 중 최고 압력
  ㉱ 액화가스 용기 : TP × $\frac{3}{5}$ 배

② 기밀시험압력(AP)
  ㉮ 압축가스 용기 : 최고충전압력(FP)
  ㉯ 아세틸렌 용기 : FP × 1.8배
  ㉰ 초저온, 저온 용기 : FP × 1.1배
  ㉱ 액화가스 용기 : 최고충전압력(FP)

③ 내압시험압력(TP)
  ㉮ 압축가스 용기 : FP × $\frac{5}{3}$ 배
  ㉯ 아세틸렌 용기 : FP × 3배
  ㉰ 재충전 금지 용기 압축가스 : FP × $\frac{5}{4}$ 배
  ㉱ 초저온, 저온 용기 : FP × $\frac{5}{3}$ 배
  ㉲ 액화가스 용기 : 액화가스 종류별로 규정된 압력

67 연소기 효율

$$\eta(\%) = \frac{\text{유효하게 이용된 열량}}{\text{공급열량}} \times 100$$

$$= \frac{G \cdot C \cdot \Delta t}{G_f \cdot H_l} \times 100$$

η : 연소기 효율(%) G : 온수량(kg)
C : 온수 비열($kcal/kgf \cdot$ ℃)
Δt : 온도차(℃)
G_f : 연료사용량(kgf)
H_l : 연료의 저위발열량(kcal/kgf)

68 냉동능력 산정식

$$R = \frac{V}{C}$$

R : 1일의 냉동능력(톤)
V : 피스톤 압출량(m^3/h)
C : 냉매에 따른 정수

69 냉동기 성적계수

① 이론 성적계수

$$= \frac{\text{증발 절대온도}}{\text{응축절대온도} - \text{증발절대온도}}$$

$$= \frac{\text{냉동력(kcal/kgf)}}{\text{이론적 소요동력}}$$

$$= \frac{Q_2}{Q_1 - Q_2} = \frac{T_2}{T_1 - T_2}$$

② 실제 성적계수

$$= \frac{\text{증발열량}}{\text{압축열량}} = \frac{\text{냉동력(kcal/kgf)}}{\text{압축기 소요동력} \times 860}$$

$$= \text{이론성적계수} \times \text{압축효율} \times \text{기계효율}$$

$$= \epsilon \times \eta_c \times \eta_m$$

70 자연배기식 배기통 높이

$$h = \frac{0.5 + 0.4n + 0.1L}{\left(\dfrac{1000 A_V}{6Q} \right)^2}$$

h : 배기통의 높이(m)

n : 배기통의 굴곡수

L : 역풍방지장치 개구부 하단부로부터 배기통 끝의 개구부까지의 전길이(m)

A_V : 배기통의 유효단면적(cm^2)

Q : 가스소비량(kcal/h)

71 배기통 유효단면적

$$A = \frac{20 \cdot q \cdot Q}{1400 \sqrt{H}}$$

A : 배기통 유효단면적(m^2)

q : 연료 1kg당 이론폐가스량(m^3/kg)

Q : 연소기구 가스소비량(kg/h)

H : 배기통의 높이(m)

72 환풍기에 의한 유효환기량

$$Q = 20 K \cdot H$$

Q : 유효환기량(m^3/h)

K : 상수

H : 가스소비량(m^3/h)

73 공동 · 반밀폐식 · 강제배기식 연돌의 유효단면적

$$A = Q \times 0.6 \times K \times F + P$$

A : 연돌의 유효단면적(mm^2)

Q : 가스보일러의 가스소비량 합계(kcal/h)

K : 형상계수

F : 가스보일러의 동시 사용률

P : 배기통의 수평투영면적(mm^2)

74 폭발방지장치 후프링 접촉압력

$$P = \frac{0.01 \, Wh}{D \times b} \times C$$

P : 접촉압력(MPa)

Wh : 폭발방지제의 중량+지지봉의 중량+후프링의 자중(N)

D : 동체의 안지름(cm)

b : 후프링의 접촉폭(cm)

C : 안전율(4)

75 액화천연가스 안전거리

$$L = C \times \sqrt[3]{143000 \, W}$$

L : 안전거리(m)

W : 저압 지하식 저장탱크는 저장능력(톤)의 제곱근, 그 밖의 것은 그 시설 안의 액화천연가스 질량(톤)

C : 상수(저압 지하식 저장탱크 : 0.240, 그 밖의 설비 : 0.576)

76 자유 피스톤형 압력계

$$P = \left\{ \frac{W + W'}{a} \right\} + P_1$$

P : 압력($\text{kgf/cm}^2 \cdot \text{a}$)

W : 추의 무게(kg)

W' : 피스톤의 무게(kg)

a : 피스톤의 단면적(cm^2)

P_1 : 대기압(kgf/cm^2)

77 U자형 액주형 압력

$$P_2 = P_1 + \gamma \cdot h$$

P_2 : 측정 절대압력(mmH_2O, kgf/m^2)

P_1 : 대기압(mmH_2O, kgf/m^2)

γ : 액체의 비중량(kgf/m^3)

h : 액주 높이(m)

78 유량 계산

① 체적유량 : $Q = A \cdot V$

② 중량유량 : $G = \gamma \cdot A \cdot V$

③ 질량유량 : $M = \rho \cdot A \cdot V$

Q : 체적유량(m^3/s)　G : 중량유량(kgf/s)
M : 질량유량(kg/s)　γ : 비중량(kgf/m^3)
ρ : 밀도(kg/m^3)　　A : 단면적(m^2)
V : 유속(m/s)

79 베르누이 방정식

$$H = h_1 + \frac{P_1}{\gamma} + \frac{V_1^2}{2g} = h_2 + \frac{P_2}{\gamma} + \frac{V_2^2}{2g}$$

H : 전수두(m)　　　$h_1,\ h_2$: 위치수두

$\dfrac{P_1}{\gamma},\ \dfrac{P_2}{\gamma}$: 압력수두

$\dfrac{V_1^2}{2g},\ \dfrac{V_2^2}{2g}$: 속도수두

80 차압식 유량계 유량 계산

$$Q = CA \sqrt{\frac{2g}{1-m^4} \times \frac{P_1 - P_2}{\gamma}}$$

$$= CA \sqrt{\frac{2gh}{1-m^4} \times \frac{\gamma_m - \gamma}{\gamma}}$$

Q : 유량(m^3/s)　　C : 유량계수
A : 단면적(m^2)
g : 중력가속도(9.8m/s^2)
m : 교축비$\left(\dfrac{D_2^2}{D_1^2}\right)$

h : 마노미터(액주계) 높이차(m)
P_1 : 교축기구 입구측 압력(kgf/m^2)
P_2 : 교축기구 출구측 압력(kgf/m^2)
γ_m : 마노미터 액체 비중량(kgf/m^3)
γ : 유체의 비중량(kgf/m^3)

81 피토관 유량계 유량 계산

$$Q = CA \sqrt{2g \times \frac{P_t - P_S}{\gamma}}$$

$$= CA \sqrt{2gh\frac{\gamma_m - \gamma}{\gamma}}$$

Q : 유량(m^3/s)　　C : 유량계수
A : 단면적(m^2)
g : 중력가속도(9.8m/s^2)
P_t : 전압(kgf/m^2)　P_s : 정압(kgf/m^2)
h : 마노미터(액주계) 높이 차(m)
γ_m : 마노미터 액체 비중량(kgf/m^3)
γ : 유체의 비중량(kgf/m^3)

82 오차

$$오차율(\%) = \frac{측정값 - 참값}{측정값(또는 \ 참값)} \times 100$$

83 기차

$$E = \frac{I - Q}{I} \times 100$$

E : 기차(%)　I : 시험용 미터의 지시량
Q : 기준미터의 지시량

84 감도

$$감도 = \frac{지시량 \ 변화}{측정량 \ 변화}$$

85 비례대

$$비례대(\%) = \frac{동작신호폭(측정온도차)}{조절기 \ 눈금} \times 100$$

86 정량분석 체적

$$V_0 = \frac{V(P - P') \times 273}{760 \times (273 + t)}$$

V_0 : 표준상태의 체적
V : 분석 측정시의 가스체적
P : 대기압(mmHg)
P' : $t\,^\circ\text{C}$의 가스봉액의 증기압(mmHg)
t : 분석 측정시의 온도($^\circ\text{C}$)

87 가스 크로마토그래피 관련식

① 지속용량

$$지속용량 = \frac{유량 \times 피크길이}{기록지\ 속도}$$

② 이론단 수

$$N = 16 \times \left\{ \frac{Tr}{W} \right\}^2$$

  N : 이론단 수

  Tr : 시료 도입점으로부터 피크 최고점까지 길이(mm)

  W : 봉우리 폭(mm)

③ 이론단 높이

$$이론단\ 높이 = \frac{L}{N}$$

  L : 분리관 길이(mm) N : 이론단 수

---

88 폭발범위 계산 (Lennard Jones식)

① 폭발범위 하한값

  $x_1 = 0.55\, x_0$

② 폭발범위 상한값

  $x_2 = 4.8\, \sqrt{x_0}$

  $$x_0 = \frac{1}{1 + \dfrac{n}{0.21}} \times 100 = \frac{0.21}{0.21 + n} \times 100$$

  n : 완전연소 반응식에서 산소 몰(mol)

---

89 위험도 계산

$$H = \frac{U - L}{L}$$

  H : 위험도

  U : 폭발범위 상한 값

  L : 폭발범위 하한 값

---

90 탄화수소의 완전연소 반응식

$$C_m H_n + \left(m + \frac{n}{4} \right) O_2 \rightarrow m CO_2 + \frac{n}{2} H_2 O$$

---

91 고체, 액체 연료의 이론산소량(O_0), 이론공기량(A_0) 계산

$$O_0\,[\text{kg/kg}] = 2.67C + 8 \left(H - \frac{O}{8} \right) + 1S$$

$$O_0\,[\text{Nm}^3/\text{kg}] = 1.867C + 5.6 \left(H - \frac{O}{8} \right) + 0.7S$$

$$A_0\,[\text{kg/kg}] = \frac{O_0}{0.232}$$

$$A_0\,[\text{Nm}^3/\text{kg}] = \frac{O_0}{0.21}$$

  C : 탄소함유량   H : 수소함유량

  O : 산소함유량   S : 황 함유량

---

92 공기비 관련 공식

① 공기비(과잉공기계수)

$$m = \frac{A}{A_0} = \frac{A_0 + B}{A_0} = 1 + \frac{B}{A_0}$$

② 과잉공기량(B)

  $B = A - A_0 = (m - 1)\, A_0$

③ 과잉공기율(%)

$$\% = \frac{B}{A_0} \times 100 = \frac{A - A_0}{A_0} \times 100$$

  $= (m - 1) \times 100$

④ 과잉공기비 $= m - 1$

---

93 배기가스 분석에 의한 공기비 계산

① 완전연소

$$m = \frac{N_2}{N_2 - 3.76\, O_2}$$

② 불완전연소

$$m = \frac{N_2}{N_2 - 3.76\,(O_2 - 0.5\,CO)}$$

  N_2 : 질소함유율(%) O_2 : 산소함유율(%)

  CO : 일산화탄소 함유율(%)

---

94 발열량 계산

① 고위발열량

  $H_h = H_l + 600\,(9H + W)$

② 저위발열량

$$H_l = H_h - 600\,(9\,H + W)$$

  H : 수소 함유량
  W : 수분 함유량

---

95 화염온도

① 이론 연소온도

$$t = \frac{H_l}{G \times C_p}$$

② 실제 연소온도

$$t_2 = \frac{H_l + 공기현열 - 손실열량}{G_s \times C_p} + t_1$$

  t : 이론 연소온도(℃)
  t_2 : 실제 연소온도(℃)
  t_1 : 기준온도(℃)
  H_l : 연료의 저위발열량(kcal)
  G : 이론 연소가스량(Nm^3/kgf)
  C_p : 연소가스의 정압비열(kcal/Nm^3·℃)
  G_s : 실제 연소가스량(Nm^3/kgf)

---

96 열기관 효율

$$\eta = \frac{A\,W}{Q_1} \times 100$$

$$= \frac{Q_1 - Q_2}{Q_1} \times 100 = \left(1 - \frac{Q_2}{Q_1}\right) \times 100$$

$$= \frac{T_1 - T_2}{T_1} \times 100 = \left(1 - \frac{T_2}{T_1}\right) \times 100$$

  η : 열기관 효율(%)
  $A\,W$: 유효일의 열당량(kcal)
  Q_1 : 공급열량(kcal)
  Q_2 : 방출열량(kcal)
  T_1 : 작동 최고온도(K)
  T_2 : 작동 최저온도(K)

---

97 냉동기 성적계수

$$COP_R = \frac{Q_2}{A\,W} = \frac{Q_2}{Q_1 - Q_2} = \frac{T_2}{T_1 - T_2}$$

---

98 히트펌프 성적계수

$$COP_H = \frac{Q_1}{A\,W} = \frac{Q_1}{Q_1 - Q_2}$$

$$= \frac{T_1}{T_1 - T_2} = 1 + COP_R$$

---

99 레이놀즈 수(Reynolds number)

$$Re = \frac{\rho \cdot D \cdot V}{\mu} = \frac{D \cdot V}{\nu} = \frac{4\,Q}{\pi \cdot D \cdot \nu}$$

  ρ : 밀도(kg/m^3)
  D : 관지름(m)
  V : 유속(m/s)
  μ : 점성계수(kg/m·s)
  ν : 동점성계수(m^2/s)
  Q : 유량(m^3/s)

---

100 마하 수

$$M = \frac{V}{C} = \frac{V}{\sqrt{k \cdot g \cdot R \cdot T}}$$

  V : 물체의 속도(m/s)
  C : 음속(m/s)
  k : 비열비
  g : 중력가속도(9.8m/s^2)
  R : 기체상수$\left(\dfrac{848}{M}\text{kgf} \cdot \text{m} / \text{kg} \cdot \text{K}\right)$
  T : 절대온도(K)

[SI단위]

$$C = \sqrt{k \cdot R \cdot T}$$

  R : 기체상수$\left(\dfrac{8314}{M}\text{J} / \text{kg} \cdot \text{K}\right)$

가스산업기사 실기

2022년 2월 25일 1판 1쇄
2023년 2월 25일 1판 2쇄
2024년 1월 10일 2판 1쇄

저자 : 서상희
펴낸이 : 이정일

펴낸곳 : 도서출판 **일진사**
www.iljinsa.com
04317 서울시 용산구 효창원로 64길 6
대표전화 : 704-1616, 팩스 : 715-3536
이메일 : webmaster@iljinsa.com
등록번호 : 제1979-000009호(1979.4.2)

값 44,000원

ISBN : 978-89-429-1909-3